2025 최신개정

名品

최신 **출제기준** 반영

에너지관리기능사

최갑규 저

필기

BEST
명품강의
보러가기
www.kisa.co.kr

실시간 카톡문의
@kisa
1544-8509

머리말

우리나라는 급속한 경제성장과 더불어 산업시설의 발달로 에너지 취급이 큰 폭으로 증가하고 있다. 에너지를 취급하는 모든 시설에는 법적으로 자격증을 선임하도록 되어 있다.

에너지관리기능사 자격증은 실생활에 꼭 필요한 자격증이라 할 수 있다.

이에 저자는 에너지관리기능사 필기를 짧은 기간 동안 한 권으로 공부할 수 있도록 기출문제를 완벽·정리하였고 또한 각 문제마다 충분한 해설로 수험생이 최대한 쉽게 이해할 수 있도록 본 교재를 집필하게 되었다.

본서는 국가기술자격시험에서 출제되는 기준과 출제경향을 철저하고 세밀하게 파악·분석하여 시험에 응시하는 모든 수험생들이 가장 쉽고 빠르게 접근할 수 있도록 국가기술자격증에 출제되었던 과년도 문제와 CBT모의고사를 체계적으로 복습하게 구성이 되어 있다.

필기 문제를 최대한 많이 수록하려고 노력하였고 출제된 기출문제 중심으로 에너지관리기능사 시험에 대비할 수 있도록 구성하였다.

이에 에너지관리기능사 시험을 준비하시는 여러분께 많은 도움이 되었으면 좋겠고 많은 합격자가 이 책을 통해서 배출 되었으면 하는 바람이다.

마지막으로 본 교재를 집필하는데 있어 오타나 잘못된 내용이 나오지 않도록 최대한 노력을 기울였으나 내용 중에 본의 아니게 미비된 부분이나 오타가 있으면 지속적으로 수정할 것을 약속드리며 수험생 여러분의 최종 합격을 기원하며 본 교재가 출판되도록 도움을 주신 ㈜올배움 관계자 여러분께 감사드립니다.

저자 최갑규

자격시험안내

1. 개요

에너지를 효율적으로 이용하고 배기가스로 인한 환경오염을 예방하기 위하여 보일러설치, 시공, 운전 및 유지관리에 필요한 배관, 용접, 검사, 조작, 보수, 정비 등을 수행

2. 시행기관 및 원서접수

한국산업인력공단(www.q-net.or.kr)

3. 진로 및 전망

· 입직 경로는 전문대학이나 공업계 고등학교 혹은 직업훈련기관에서 소방설비, 냉난방관리, 보일러시공, 산업설비 등을 전공하고 관련자격을 취득한 후에 건물설비관리업체 및 생산관리업체 등에 취업할 수 있다. 그리고 숙련기능공의 보조원으로 일하다가 현장경력이 쌓이면 기능공으로 활동할 수도 있다. 한편 대학에서 건축설비학과 등 건물 설비관련 분야를 전공하고 관련업체에 취업하는 경우도 있는데 이 경우 현장의 경험을 쌓은 후 대규모 빌딩의 중간관리자가 되기도 한다.
· 일정한 경력이 쌓이면 건물전문 관리업체의 감독자 및 관리자로 일하거나 보일러분야, 공조냉동설비분야 등에서 창업을 할 수도 있다.

4. 시험과목 및 검정방법

구분	시험과목	검정방법
필기시험	열설비 설치, 운전관리	객관식 4지 택일형 60문항 (60분)
실기시험	열설비취급실무	작업형(3시간 정도)

5 합격기준

① 필기 : 100점을 만점으로 하여 과목당 40점 이상, 전 과목 평균 60점 이상
② 실기 : 100점을 만점으로 하여 60점 이상

6 응시절차

1	필기원서접수	Q-net를 통한 인터넷 원서접수
		필기접수 기간내 수험원서 인터넷 제출
		사진(6개월 이내에 촬영한 90*120픽셀 사진파일(JPG) 수수료 전자결제
		시험장소 본인 선택(선착순)
2	필기시험	수험표, 신분증, 필기구(흑색 싸인펜 등) 지참
3	합격자 발표	Q-net을 통한 합격 확인(마이페이지 등)
		응시자격(기술사, 기능사, 산업기사, 서비스 분야 일부 종목)
		제한 종목은 합격예정자 발표일로부터 8일 이내에(토, 공휴일 제외)
		반드시 응시자격서류를 제출하여야 되며 단, 실기접수는 4일 임
4	실기원서 접수	실기접수기간내 수험원서 인터넷(www.Q-net.co.kr) 제출
		사진(6개월 이내에 촬영한 반명함판 사진파일(JPG), 수수료(정액)
		시험일시, 장소, 본인 선택(선착순)
		단, 기술사 면접시험은 시행 10일전 공고
5	실기시험	수험표, 신분증, 필기구 지참
6	최종합격자 발표	Q-net를 통한 합격확인(마이페이지 등)
7	자격증 발급	(인터넷) 공인인증 등을 통한 발급, 택배 가능 (방문수령) 여권규격사진 및 신분확인서류

모두 바르게 빨리 **올배움** 한다.

이러닝교육기관 올배움이 특별한 이유!

- **01** SINCE 1997 국가기술자격증 이러닝교육기관 올배움
- **02** 고객이 신뢰하는 브랜드대상 수상기관
- **03** 합격생이 인정하는 최고의 명품강의

올배움 www.kisa.co.kr 1544-8509  카톡 ID : kisa

[전국 한국산업인력공단 안내]

기관명	기술자격시험팀 연락처	주소
울산지사	• 자격시험부 : 052-220-3223~4 / 052-220-3210~3218	울산시 중구 종가로 347(교동)
서울지역본부	• 응시자격서류 제출검사 : 02-2137-0503~6 • 자격증발급 : [우편]02-2137-0516 [방문]02-2137-0509 • 실기(필답, 작업)시험 : 02-2137-0521~4	서울 동대문구 장안벚꽃로 279(휘경동 49-35)
서울서부지사 (구, 서울동부지사)	• 필기 및 실기 응시자격 서류 제출심사 및 자격증 발급 (필기서류제출심사) 02-2024-1707, 1708, 1710, 1728 (자격증발급)02-2204-1728 • 실기(필답, 작업)시험 : 02-2024-1702,1704,1706,1711,1712	서울시 은평구 진관3로 36(진관동 산100-23)
서울남부지사	• 자격증발급 : 02-6907-7137 • 필기 및 실기 : 02-6907-7133~9, 7151~156	서울시 영등포구 버드나루로 110(당산동)
강원지사(춘천)	• 자격증발급 : 033-248-8516 • 국가기술자격시험 : 033-248-8512~3, 8515~9	강원도 춘천시 동내면 원창 고개길 135(학곡리)
강원동부지사(강릉)	• 자격증발급 : 033-650-5711 • 국가기술자격시험 : 033-650-5713(필), 033-650-5717(실)	강원도 강릉시 사천면 방동길 60(방동리)
부산지역본부	• 국가기술자격시험 : 051-330-1918, 1922, 1925~6, 1928	부산시 북구 금곡대로 441번길 26(금곡동)
부산남부지사	• 자격시험부 : 051-620-1910~9	부산시 남구 신선로 454-18(용당동)
경남지사	• 자격시험부 : 0522-212~7240~245, 248, 250	경남 창원시 성산구 두대로 239(중앙동)
대구지역본부	• 국가기술자격시험 : 053-580-2451~2361	대구시 달서구 성서공단로 213(갈산동)
경북지사	• 국가자격검정(자격시험부) : 054-840-3031~34	경북 안동시 서후면 학가산 온천길 42(명리)
경북동부지사(포항)	• 국가자격검정(자격시험부) : 054-230-3251~8	경북 포항시 북구 법원로 140번길 9(장성동)
경북서부지사	• 국가기술자격시험 : 054-713-3022~3025	경북 구미시 산호대로 253(구미첨단의료기술타워)
인천지역본부 (구, 중부지역본부)	• 자격시험부 : 032-820-8619,8622~8635 • 자격증발급 및 응시자격 : 032-820-8679	인천시 남동구 남동서로 209(고잔동)
경기지사	• 자격증 발급 : 031-249-1224 • 기술자격 필,실기시험 : 031-249-1212~7, 219, 221, 224	경기도 수원시 권선구 호매실로 46-68(탑동)
경기북부지사	• 자격시험(필기) : 031-850-9122,9123,9127,9128 • 자격시험(실기) : 031-850-9123, 9173	경기도 의정부시 추동로 140(신곡동)
경기동부지사 (성남)	• 시험시행 및 응시자격서류 : 031-750-6222~9, 6216 • 자격증 발급 : 031-750-6226, 6215	경기 성남시 수정구 성남대로 1217(수진동)
경기남부지사	• 자격시험부 : 031-615-9001~9006 • 응시자격서류 및 자격증 발급 : 031-615-9001	경기 안성시 공도읍 공도로 51-23
광주지역본부	• 기술자격시험 : 062-970-1761~67, 69, 99	광주광역시 북구 첨단벤처로 82(대촌동)
전북지사	• 국가기술자격시험 : 063-210-9221~7	전북 전주시 덕진구 유상로 69(팔복동)
전남지사	• 정기시험 : 061-720-8531,8532,8534~8536,8539,8561	전남 순천시 순광로 35-2(조례동)
전남서부지사(목포)	• 기사필(실기) : 061-288-3327, • 기능사필(실기) : 061-288-3326	전남 목포시 영산로 820(대양동)
제주지사	• 국가자격검정(자격시험부) : 064-729-0701~2 • 국가기술자격 : 064-729-0712,0715,0717~8	제주 제주시 복지로 19(도남동)
대전지역본부	042-580-9131~7, 9139	대전광역시 중구 서문로 25번길 1(문화동)
충북지사	• 국가기술(정기) : 043-279-9041~9046	충북 청주시 흥덕구 1순환로 394번길 81(신봉동)
충남지사	• 국가기술자격 정기시험 : 041-620-7632~9	충남 천안시 서북구 천일고 1길 27(신당동)
세종지사	• 자격시험부 : 044-410-8021-8023	세종특별자치시 한누리대로 296(나성동)

출제기준(필기)

직무분야	환경·에너지	중직무분야	에너지·기상	자격종목	에너지관리기능사	적용기간	2023.1.1.~2025.12.31.
○ 직무내용 : 에너지 관련 열설비에 대한 기기의 설치, 배관, 용접 등의 작업과 에너지 관련 설비를 정비, 유지관리 하는 직무이다.							
필기검정방법	객관식		문제 수		60	시험시간	1시간

필기과목 명	문제 수	주요항목	세부항목	세세항목
열설비 설치, 운전 및 관리	60	1. 보일러 설비 운영	1. 열의 기초	1. 온도 2. 압력 3. 열량 4. 비열 및 열용량 5. 현열과 잠열 6. 열전달의 종류
			2. 증기의 기초	1. 증기의 성질 2. 포화증기와 과열증기
			3. 보일러 관리	1. 보일러 종류 및 특성
		2. 보일러 부대 설비 설치 및 관리	1. 급수설비와 급탕 설비 설치 및 관리	1. 급수탱크, 급수관 계통 및 급수내관 2. 급수펌프 및 응축수 탱크 3. 급탕 설비
			2. 증기설비와 온수설비 설치 및 관리	1. 기수분리기 및 비수방지관 2. 증기밸브, 증기관 및 감압밸브 3. 증기헤더 및 부속품 4. 온수 설비
			3. 압력용기 설치 및 관리	1. 압력용기 구조 및 특성
			4. 열교환장치 설치 및 관리	1. 과열기 및 재열기 2. 급수예열기(절탄기) 3. 공기예열기 4. 열교환기
		3. 보일러 부속 설비 설치 및 관리	1. 보일러 계측기기 설치 및 관리	1. 압력계 및 온도계 2. 수면계, 수위계 및 수고계 3. 수량계, 유량계 및 가스미터

필기과목 명	문제 수	주요항목	세부항목	세세항목
			2. 보일러 환경설비 설치	1. 집진장치의 종류와 특성 2. 매연 및 매연 측정장치
			3. 기타 부속장치	1. 분출장치 2. 슈트블로우 장치
		4. 보일러 안전장치 정비	1. 보일러 안전장치 정비	1. 안전밸브 및 방출밸브 2. 방폭문 및 가용마개 3. 저수위 경보 및 차단장치 4. 화염검출기 및 스택스위치 5. 압력제한기 및 압력조절기 6. 배기가스 온도 상한 스위치 및 가스누설긴급 차단밸브 7. 추기장치 8. 기름 저장탱크 및 서비스 탱크 9. 기름가열기, 기름펌프 및 여과기 10. 증기 축열기 및 재증발 탱크
		5. 보일러 열효율 및 정산	1. 보일러 열효율	1. 보일러 열효율 향상기술 2. 증발계수(증발력) 및 증발배수 3. 전열면적 계산 및 전열면 증발율, 열부하 4. 보일러 부하율 및 보일러 효율 5. 연소실 열발생율
			2. 보일러 열정산	1. 열정산 기준 2. 입출열법에 의한 열정산 3. 열손실법에 의한 열정산
			3. 보일러 용량	1. 보일러 정격용량 2. 보일러 출력
		6. 보일러설비설치	1. 연료의 종류와 특성	1. 고체연료의 종류와 특성 2. 액체연료의 종류와 특성 3. 기체연료의 종류와 특성
			2. 연료설비 설치	1. 연소의 조건 및 연소형태 2. 연료의 물성(착화온도, 인화점, 연소점) 3. 고체연료의 연소방법 및 연소장치 4. 액체연료의 연소방법 및 연소장치 5. 기체연료의 연소방법 및 연소장치

필기과목 명	문제 수	주요항목	세부항목	세세항목
			3. 연소의 계산	1. 저위 및 고위 발열량 2. 이론산소량 3. 이론공기량 및 실제공기량 4. 공기비 5. 연소가스량
			4. 통풍장치와 송기장치 설치	1. 통풍의 종류와 특성 2. 연도, 연돌 및 댐퍼 3. 송풍기의 종류와 특성
			5. 부하의 계산	1. 난방 및 급탕부하의 종류 2. 난방 및 급탕부하의 계산 3. 보일러의 용량 결정
			6. 난방설비 설치 및 관리	1. 증기난방 2. 온수난방 3. 복사난방 4. 지역난방 5. 열매체난방 6. 전기난방
			7. 난방기기 설치 및 관리	1. 방열기 2. 팬코일유니트 3. 콘백터 등
			8. 에너지절약장치 설치 및 관리	1. 에너지절약장치 종류 및 특성
		7. 보일러 제어설비 설치	1. 제어의 개요	1. 자동제어의 종류 및 특성 2. 제어 동작 3. 자동제어 신호전달 방식
			2. 보일러 제어설비 설치	1. 수위제어 2. 증기압력제어 3. 온수온도제어 4. 연소제어 5. 인터록 장치 6. O_2 트리밍 시스템(공연비 제어장치)
			3. 보일러 원격제어장치 설치	1. 원격제어

필기과목 명	문제 수	주요항목	세부항목	세세항목
		8. 보일러 배관 설비 설치 및 관리	1. 배관도면 파악	1. 배관 도시기호 2. 방열기 도시 3. 관 계통도 및 관 장치도
			2. 배관재료 준비	1. 관 및 관 이음쇠의 종류 및 특징 2. 신축이음쇠의 종류 및 특징 3. 밸브 및 트랩의 종류 및 특징 4. 패킹재 및 도료
			3. 배관 설치 및 검사	1. 배관 공구 및 장비 2. 관의 절단, 접합, 성형 3. 배관지지 4. 난방 배관 시공 5. 연료 배관 시공
			4. 보온 및 단열재 시공 및 점검	1. 보온재의 종류와 특성 2. 보온효율 계산 3. 단열재의 종류와 특성 4. 보온재 및 단열재시공
		9. 보일러 운전	1. 설비 파악	1. 증기 보일러의 운전 및 조작 2. 온수 보일러의 운전 및 조작
			2. 보일러가동 준비	1. 신설 보일러의 가동 전 준비 2. 사용중인 보일러의 가동 전 준비
			3. 보일러 운전	1. 기름 보일러의 점화 2. 가스 보일러의 점화 3. 증기발생시의 취급
			4. 보일러 가동후 점검하기	1. 정상 정지시의 취급 2. 보일러 청소 3. 보일러 보존법
			5. 보일러 고장시 조치하기	1. 비상 정지시의 취급
		10. 보일러 수질 관리	1. 수처리설비 운영	1. 수처리 설비
			2. 보일러수 관리	1. 보일러 용수의 개요 2. 보일러 용수 측정 및 처리 3. 청관제 사용방법

필기과목 명	문제 수	주요항목	세부항목	세세항목
		11. 보일러 안전관리	1. 공사 안전관리	1. 안전일반 2. 작업 및 공구 취급 시의 안전 3. 화재 방호 4. 이상연소의 원인과 조치 5. 이상소화의 원인과 조치 6. 보일러 손상의 종류와 특징 7. 보일러 손상 방지대책 8. 보일러 사고의 종류와 특징 9. 보일러 사고 방지대책
		12. 에너지 관계 법규	1. 에너지법	1. 법, 시행령, 시행규칙
			2. 에너지이용 합리화법	1. 법, 시행령, 시행규칙
			3. 열사용기자재의 검사 및 검사면제에 관한 기준	1. 특정열사용기자재 2. 검사대상기기의 검사 등
			4. 보일러 설치시공 및 검사기준	1. 보일러 설치시공기준 2. 보일러 설치검사기준 3. 보일러 계속사용 검사기준 4. 보일러 개조검사기준 5. 보일러 설치장소변경 검사기준

차례

제1장 열 및 증기 ·· 1

제2장 보일러 종류 및 특성 ··· 9

제3장 보일러 부속장치 및 부속품 ··· 19

제4장 보일러 시공 취급 및 안전관리 ··· 49

제5장 배관일반 ··· 61

제6장 에너지이용합리화법 ··· 79

에너지관리기능사 과년도 출제문제

2012년 제1회 ··· 94
2012년 제2회 ··· 113
2012년 제3회 ··· 133
2012년 제4회 ··· 151
2013년 제1회 ··· 167
2013년 제2회 ··· 184
2013년 제3회 ··· 202
2013년 제4회 ··· 222

2014년 제1회	238
2014년 제2회	256
2014년 제3회	273
2014년 제4회	290
2015년 제1회	307
2015년 제2회	327
2015년 제3회	342
2015년 제4회	358
2016년 제1회	375
2016년 제2회	391
2016년 제3회	407
CBT모의고사문제 제1회	424
CBT모의고사문제 제2회	441
CBT모의고사문제 제3회	458
CBT모의고사문제 제4회	474
CBT모의고사문제 제5회	491
CBT모의고사문제 제6회	508
CBT모의고사문제 제7회	526
CBT모의고사문제 제8회	544
CBT모의고사문제 제9회	563
CBT모의고사문제 제10회	584

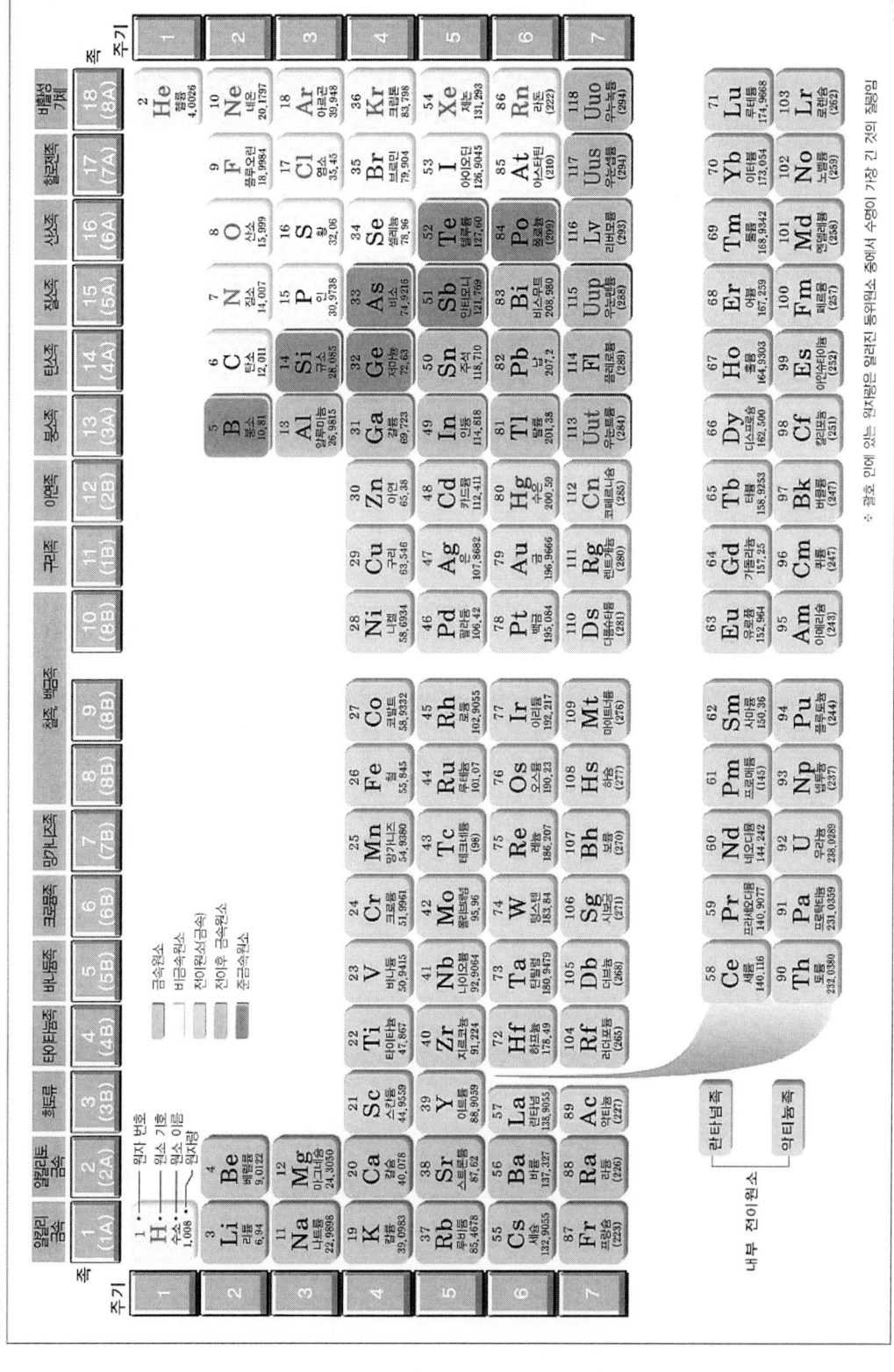

제1장

열 및 증기

1. **온도**
   ① 섭씨온도(℃) : 표준대기압하에서 순수한 물의빙점을 0℃ 비점을 100℃로 하여 두 점 사이를 100등분한 눈금사이를 1℃라 한다.
   ② 화씨온도(℉) : 섭씨와 동일조건하에서 순수한 물의 빙점을 32℉, 비점을 212℉로 두 점 사이를 180등분한 값 중 1등분을 1℉라 한다.
   ③ 섭씨와 화씨와의 관계식
   $$\frac{℃}{100} = \frac{(℉ - 32)}{180}$$
   ④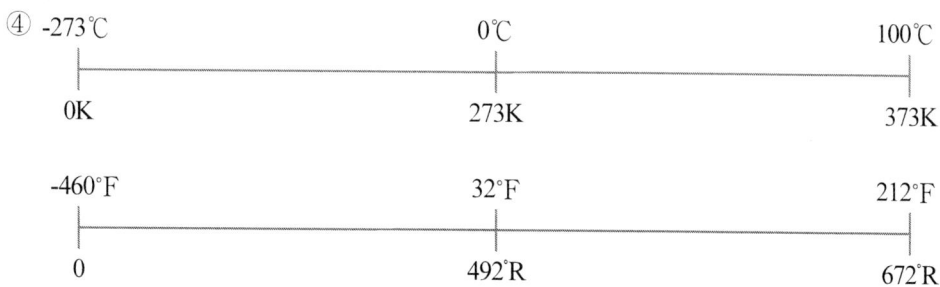

   ⑤ $℃ = \frac{5}{9}(℉ - 32)$

   $℉ = \frac{9}{5} \times ℃ + 32$

   $°K = ℃ + 273$

   $°R = ℉ + 460$

2. **압력(pressure)**

① 표준대기압 = 1 atm = 1.0332 kg/cm² = 1033.2 g/cm² = 10332 kg/m²
  = 29.92 inHg = 14.7 PSI = 10.332 mH₂O = 1033.2 cmH₂O
  = 10332 mmH₂O = 76 cmHg = 760 mmHg = 0.76 mHg = 1013 hPa
  = 101325 Pa = 101325 N/m² = 1.013 bar = 1013 mbar = 760 Torr

② 공학기압 = 1 at = 1 kg/cm² = 1000 g/cm² = 10000 kg/m²
  = 14.2 PSI = 10 mH₂O = 1000 cmH₂O = 10000 mmH₂O
  = 73.55 cmHg = 735.5 mmHg = 0.1 MPa

③ 절대압력(kg/cm²·a)

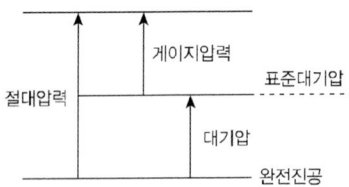

  ㉠ 절대압력 = 게이지압력 + 대기압
  ㉡ 게이지압력 = 절대압력 - 대기압
  ㉢ 대기압 = 절대압력 - 게이지압

④ 진공압력 : 대기압보다 압력이 낮은 압력

  ㉠ 진공도 = $\dfrac{진공압력}{대기압력} \times 100$

3. **열량**

① 1 kcal : 순수한물 1 kg을 1℃ 상승시키는데 필요한 열량
② 15℃ kcal : 순수한 물 1 kg을 표준상태에서 14.5℃에서 15.5℃로 1℃ 상승시키는데 필요한 열량
③ 1 BTU(British Thermal Unit) : 순수한 물 1 lb(파운드)를 60.5°F에서 61.5°F로 1°F 상승시키는데 필요한 열량
④ 1 CHU(Centigrade Head Unit) : 순수한 물 1 lb을 14.5℃에서 15.5℃로 1℃ 상승시키는데 필요한 열량
⑤ 1 kcal = 3.968 BTU = 2.205 CHU = 4.186 kJ
⑥ 1 kWh = 102 kg.m/sec × $\dfrac{1 \text{ kcal}}{427 \text{ kg} \cdot \text{m}}$ × 3600 sec/1 h = 860 kcal/h

  1 psh = 75 kg.m/sec × $\dfrac{1 \text{ kcal}}{427 \text{ kg} \cdot \text{m}}$ × 3600 sec/1 h = 632 kcal/h

4. **비열과 열용량**

① 비열 : 어떤 물질 1 kg을 1℃ 올리는데 필요한 열량
  ㉠ 물의 비열 : 1 kcal/kg ℃   ㉡ 얼음의 비열 : 0.5 kcal/kg · ℃

② 비열비$(K) = \dfrac{C_p}{C_v}$

③ $Q = G \cdot C \cdot \Delta t$

④ 열용량(kcal/℃) : 어떤 물질의 온도를 1℃ 변화 시키는데 필요한 열량
  열용량 = 질량×비열

⑤ 두 물질 이상의 혼합시 평균온도식
  평균온도 $= \dfrac{G_1 C_1 \Delta t_1 + G_2 C_2 \Delta t_2}{G_1 C_1 + G_2 C_2}$

5. **현열과 잠열**

① 현열(감열) : 물질의 상태변화 없이 온도만 변화
  $Q_1 = G_1 \cdot C_1 \cdot \Delta t_1$

② 잠열 : 온도변화없이 상태만 변함
  $Q_2 = G_2 \cdot r_2$

③ 융해잠열(0℃) : 79.68 kcal/kg(80)
  증발잠열(100℃) : 539 kcal/kg

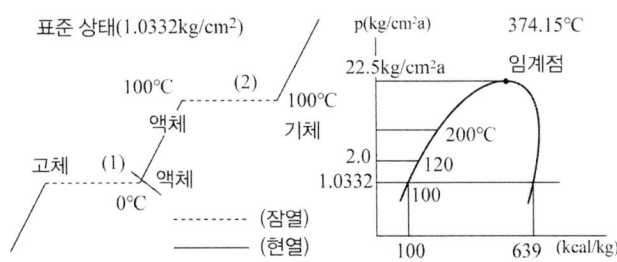

④ 임계점(Critical point) : 포화수가 증발현상이 없고 액체와 기체의 구별이 없어지는 지점이며 증발잠열이 0 kcal/kg이 된다.

6. **열역학의 법칙**

① 열역학 제0의 법칙(열평형의 법칙)
  두 물질이 또 다른 물질과 열평형을 이루고 있으면 그 물질은 서로 열평형 상태에 있다. 즉, 온도가 높은 물질과 낮은 물질을 접촉시킬 때 온도가 높은 물질에서 낮은 물질로 이동하여 두 물질은 동일한 상태가 된다.

② 열역학 제1의 법칙(에너지 보존의 법칙)

열은 일과 같은 것이며 열은 일로, 다시 일은 열로 변화시킬 수 있다(제1종 영구기관).

$$W = J \times Q$$

$$Q = \frac{W}{J} = \frac{1}{J} \times W = AW$$

※ 열과 일의 관계

1[kcal] = 427[kg·m] = 4186[J]

> ※ J = 열의 일당량[427kg·m/kcal]
> Q = 열량[kcal]
> W = 일[kg·m]
> $\frac{1}{J} = A$: 일의 열당량[$\frac{1}{427}$ kcal/kg·m]
> $1J = 0.24$[cal]

③ 열역학 제2법칙(일을 할 수 있는 능력에 관한 법칙)

하나의 열원에서 열을 취득하여 그것을 전부 일로 바꾸고 다른 것으로는 아무런 변화를 일으키지 않고 계속하여 작용하는 기관. 즉, 열의 그 자신으로는 다른 물체에 아무런 변화도 주지 않고선 저온의 물체에서 고온의 물체로 이동하지 않는다.

> ◆ **켈빈-플랭크(Kelvin-Plank)** : "고온체로부터 받은 열량을 전부 일로 전환시키는 열기관은 있을 수 없으며 그 일부는 반드시 저온체로 전달되어야 한다. 따라서 열효율이 100[%]인 기관은 만들 수 없다."
> ◆ **클라시우스(Clausius)** : "일을 소비하지 않고 열을 저온체에서 고온체로 이동시킬 수 없다."

④ 열역학 제3의 법칙 : 어떤 경우라도 절대온도 0K에 도달할 수 없다는 법칙

7. **엔탈피, 엔트로피**

① 엔탈피(kcal/kg) : 열역학 상태량으로 어떤 단위중량당 물질이 가지는 총 에너지 열량

$$H = u + APV$$

이때, u(내부에너지), APV(외부에너지)

여기서, A(일의열당량) : 1kcal/427kg·m

P(압력) : kg/m²

V(체적) : m³

② 엔트로피(kcal/kg·K) : 가열량을 가열할 때의 그 상태의 절대온도로 나눈 값

8. **베르누이 방정식(열역학 제1법칙 적용)**

$$\frac{V_1^{\ 2}}{2g_1}+\frac{P_1}{\gamma_1}+Z_1=\frac{V_2^{\ 2}}{2g_2}+\frac{P_2}{\gamma_2}+Z_2$$

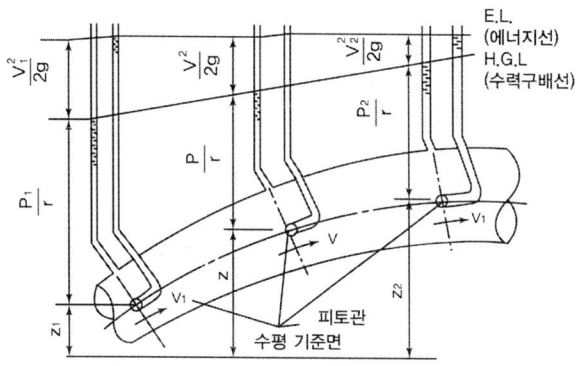

〈베르누이 방정식에서의 수두〉

이때, $\dfrac{V}{2g}$(속도수두), $\dfrac{P}{\gamma}$(압력수두), Z(위치수두)

9. **습포화증기엔탈피 = 포화수엔탈피 + 건조도 × 증발잠열**

    건포화증기엔탈피 = 포화수엔탈피 + 증발잠열

    과열증기엔탈피 = 건포화증기엔탈피 + $C \times \Delta t$

10. ① 전도

    ◆ **퓨리에(Joseph Fourier)의 열전도 법칙** : 고온체의 열이 고체의 벽을 통해 저온체로 이동되는 현상

    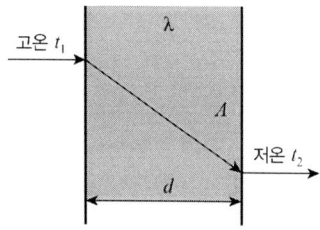

    Q = 열량[kcal/h] $\quad\quad\lambda$ = 전도도[kcal/mh℃]
    A = 면적[m²] $\quad\quad d$ = 두께[m]
    t_1 = 고온측 온도 $\quad t_2$ = 저온측온도

$$Q = \frac{\lambda \cdot A \cdot (t_1 - t_2)}{d} \text{[kcal/h]} \cdots \text{(고체의 벽이 하나인 경우)}$$

$$Q = \frac{A(t_1 - t_2)}{\dfrac{d_1}{\lambda_1} + \dfrac{d_2}{\lambda_2} + \dfrac{d_3}{\lambda_3}} \text{[kcal/h]} \cdots \text{(고체의 벽이 2개 이상인 경우)}$$

$Q = \alpha A \triangle t$[kcal/h] …… 열전달량 α : 열전달율[kcal/m²h℃]

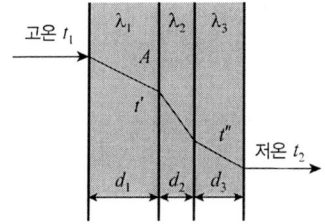

② 복사
　㉠ 스테판 볼쯔만(Stefan-Boltzmann)의 법칙 : 완전흑체에서의 복사열, 전달열은 절대 온도의 4승에 비례한다. 입사에너지를 모두 흡수하는 물체를 완전흑체라 하며 반대로 입사 에너지를 모두 반사하는 물체를 완전백체라 한다.

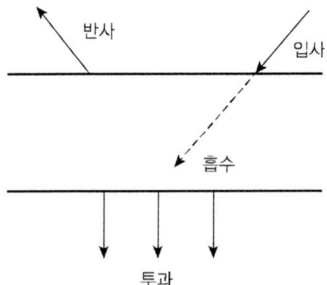

　㉡ (복사전열량) $Q\text{[kcal/h]} = 4.88 \times \epsilon \times A\left[\left(\dfrac{T_1}{100}\right)^4 - \left(\dfrac{T_2}{100}\right)^4\right]$

　㉢ (복사열전달율) $a_r(\text{kcal/m}^2\text{h℃}) = \dfrac{4.88 \times \epsilon \times \left[\left(\dfrac{T_1}{100}\right)^4 - \left(\dfrac{T_2}{100}\right)^4\right]}{t_1 - t_2}$

　ϵ = 흑도, T_1 = 표면부의 절대온도[°K], T_2 = 실내의 절대온도[°K],
　A = 면적[m²], t_1 = 표면부 온도[℃], t_2 = 실내 온도[℃]

③ 열관류
　열이 한 유체에서 벽을 통하여 다른 유체로 전달되는 현상으로 열통과라고도 한다.

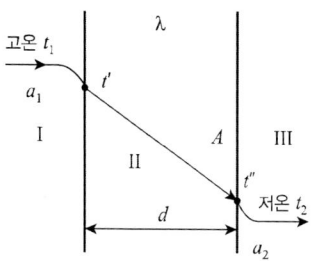

$$Q = \frac{A(t_1 - t_2)}{\dfrac{1}{\alpha_1} + \dfrac{d}{\lambda} + \dfrac{1}{\alpha_2}} \text{ [kcal/h]}$$

Q = 열량[kcal/m²h℃], α_1 = 고온측 경막계수[kcal/m²h℃]
α_2 = 저온측 경막계수[kcal/m²h℃], A = 면적[m²], d = 두께[m],
λ = 열전도율[kcal/mh℃], t_1 = 고온측 온도[℃], t_2 = 저온측 온도[℃]

11. **완전가스상태방정식**

    ① 보일의 법칙(T = 일정)

    $$P_1 V_1 = P_2 V_2 \quad \therefore \quad V_2 = \frac{P_1 \times V_1}{P_2}$$

    ∴ 온도가 일정할 때 기체의 체적은 (V_2) 압력에 (P_2) 반비례한다.

    ② 샬의 법칙(P = 일정)

    $$\frac{V_1}{T_1} = \frac{V_2}{T_2} \quad \therefore \quad V_2 = \frac{V_1 \times T_2}{T_1}$$

    ∴ 압력이 일정할 때 기체의 체적은 절대온도(T_2)에 비례한다.

    ③ 보일-샬의 법칙

    $$\frac{P_1 V_1}{T_1} = \frac{P_2 V_2}{T_2} \quad \therefore \quad V_2 = \frac{P_1 \times V_1 \times T_2}{T_1 \times P_2}$$

    ∴ 기체의 체적은 압력에 반비례하고 절대온도에 비례한다.

제 2 장

보일러 종류 및 특성

1. **보일러 3대 구성**
   ① 보일러본체   ② 연소장치   ③ 부속장치

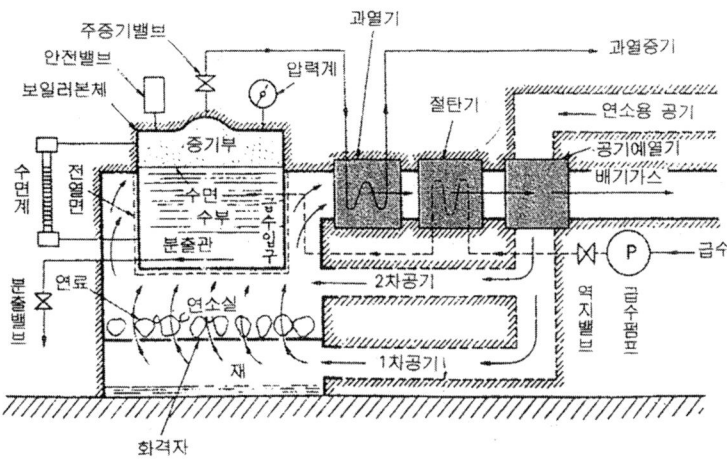

2. **횡관(겔로웨이관)**
   ① 관수순환촉진
   ② 전열면적증가
   ③ 화실내벽강도보강

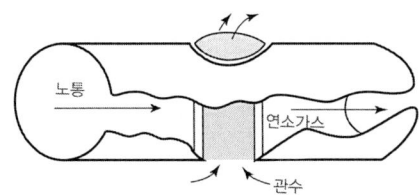

3. **보일러의 종류**
    ① 원통형 보일러
        ㉠ 입형보일러 : 입형연관, 입형횡관, 코크란
        ㉡ 횡형보일러 : ⓐ 노통보일러 : 코르니쉬, 랭커셔
                        ⓑ 연관보일러 : 횡연관, 기관차, 케와니
                        ⓒ 노통연관보일러 : 노통연관펙케이지형, 하우덴존슨, 스코치
    ② 수관식보일러
        ㉠ 자연순환식 : 바브콕, 쓰네기찌, 타꾸마, 2동D형, 3동A형
        ㉡ 강제순환식 : 벨록스, 라몽
        ㉢ 관류식 : 슬처, 옛모스, 벤숀, 람진
    ③ 특수보일러
        ㉠ 열매체보일러 : 모빌섬, 수은, 다우삼, 카네크롤, 세큐리티53
        ㉡ 간접가열보일러 : 슈미트, 레플러
        ㉢ 폐열보일러 : 하이내, 리히

4. **입형연관보일러**
    ① 특징
        ㉠ 효율은 일반적으로 낮다.
        ㉡ 설치장소에 제한을 받지 않는다.
        ㉢ 연소실이 좁아 완전연소곤란

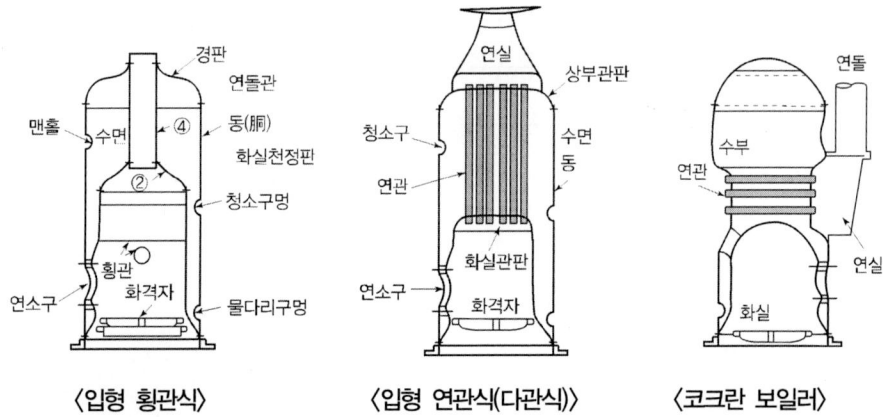

〈입형 횡관식〉   〈입형 연관식(다관식)〉   〈코크란 보일러〉

5. **노통보일러**
    ① 코르니쉬 보일러(노통이 1개)
        ㉠ 장점 : ⓐ 급수처리가 간단하다.

ⓑ 구조가 간단하여 청소, 검사, 수리가 쉽다.
ⓒ 수면이 넓어 기수공발이 적다.
ⓓ 보유수량이 많아 부하변동에 큰 영향이 없다.
ⓛ 단점 : ⓐ 보유수량이 많아 폭발시 피해가 크다.
ⓑ 내분식이어서 연료의 질이나 연소공간의 확보가 어렵다.
ⓒ 예열부하가 커서 부하에 대응하기 어렵다.
ⓓ 전열면적이 형체에 비해 적어 효율이 적다.
② 란카샤 보일러(노통이 2개)

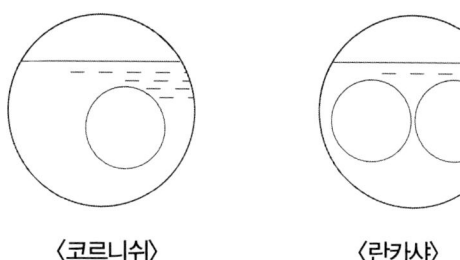

〈코르니쉬〉　　〈란카샤〉

③ 전열면적 계산 : ㉠ 코르니쉬(A)= πDL
㉡ 란카샤(A)= $4DL$
D(cm)동의 외경, L : 동의 길이(cm)

6. **파형노통과 평형노통의 특징**
① 파형노통의 특징
㉠ 제작비가 비싸다.
㉡ 열가스지연의 효과가 있다.
㉢ 강도가 크다.
② 평형노통의 특징
㉠ 제작비가 싸다.
㉡ 열가스 지연의 효과가 없다.
㉢ 제작비가 비싸다.

7. **아담슨접합**
노통의 열응력에 다른 신축 문제를 고려 1~2[m] 정도로 분할제작 플랜지형식으로 접합한 방식으로 강도보강, 노통 후부의 이음부를 보호하는 특징을 갖고 있다.

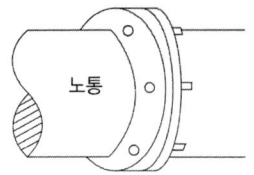

〈아담슨 접합〉

8. **브레이징 스페이스(Breathing space)** : 노통 호흡장소
   노통 보일러의 경우 경판과 동판의 강도를 보강하기 위해 가셋트 스테이를 설치하게 되는데 가셋트 스테이의 하단부와 노통 사이의 거리를 브레이징 스페이스라 하고 최소 225[mm]

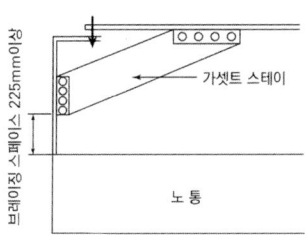

〈브레이징 스페이스의 예〉

9. **외분식 연소장치의 특징**
   ① 완전연소가 가능하다.
   ② 연소실의 크기의 제한을 받지 않는다.
   ③ 연료의 질에 크게 상관하지 않는다.
   ④ 노벽 방사 손실이 있다.
   ⑤ 연소효율이 좋아 노내온도상승이 쉽다.

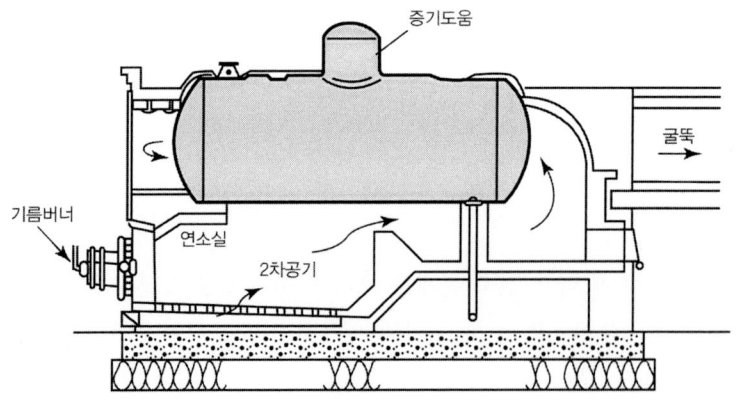

〈외분 연관 보일러〉

10. 스테이(stay)

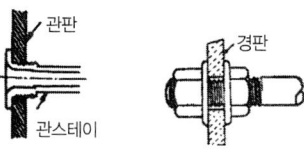
〈관 스테이〉

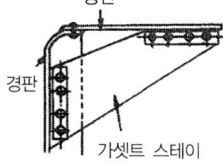
〈바아 스테이〉

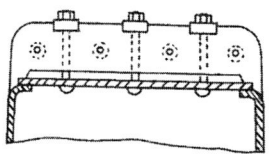
〈가셋트 스테이〉

〈도리 스테이〉

종류	사용장소(목적)
관 스테이	연관과 경판 선단 부위에 관을 확관 마찰이나 마모에 견디게 한다.
바아 스테이	경판, 화실, 천정판의 강도 보강용
보울트 스테이	평행판의 강도보강(횡연관 보일러)
가셋트 스테이	경판과 동판의 강도보강(노통 보일러)
도리 스테이	화실 천정판의 강도보강(기관차 보일러)
도그 스테이	맨홀, 청소의 밀봉용

11. 수관식 보일러(고압대용량의 보일러, 효율이 가장 좋음)

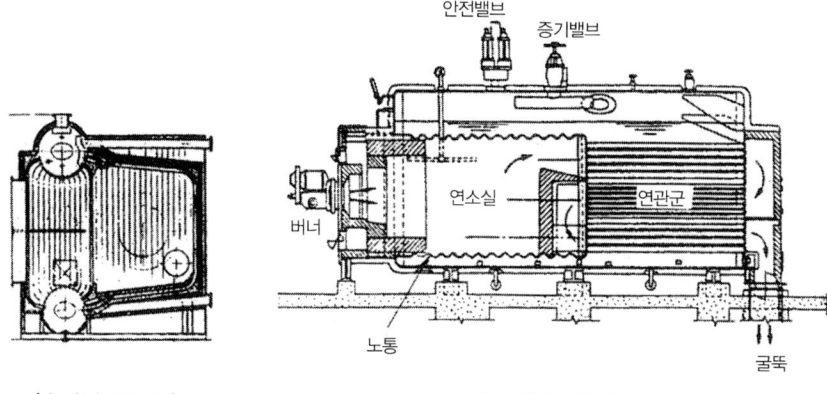

〈수관식 보일러〉 〈노통연관식 보일러〉

① 특징 : ㉠ 효율이 가장 좋다.
㉡ 설치면적이 적고 발생열량이 크다.
㉢ 외분식이어서 연료의 질에 장애를 받지 않으며 연소상태도 양호
㉣ 고온, 고압의 증기를 발생열의 이용도를 높였다.
㉤ 내부구조가 복잡하여 연소가스의 대류나 복사전열이 잘 이루어짐.
㉥ 급수처리가 까다롭다.
㉦ 제작비용이 많이 든다. 등

노통연관식 보일러의 특징
㉠ 전열면적이 크고 증발능력이 우수
㉡ 내부식이어서 열손실이 적다
㉢ 구조가 복잡하여 청소, 검사, 수리곤란
㉣ 급수처리가 까다롭다
㉤ 증발속도가 빨라 과열로 인한 스케일 부착이 쉽다.

12. **수관식 보일러의 순환방식**
    ① **자연순환** : 포화증기와 포화수의 비중력차를 이용한 중력순환방식으로 저압일수록 크게 일어나 능력이 우수하게 된다.
    ② **강제순환** : 임계압력(225.56[kg/cm² abs])으로 가까워짐에 따라 잠열의 감소로 인한 포화증기와 포화수의 비중력차가 점차 없어져 자연순환으론 순환능력을 상실하게 된다. 이때 특수 펌프를 사용하여 강제순환한다.
    ③ **관류식** : 미리 정해진 관계로 순환하므로 양호하나 구조상 고압이므로 강제순환하게 된다.

관수의 순환을 촉진하는 방법
① 포화수와 포화증기의 비중차를 크게 한다.
② 관경을 크게 한다.
③ 수관의 경사도를 크게 한다.
④ 강수관의 가열을 피한다.

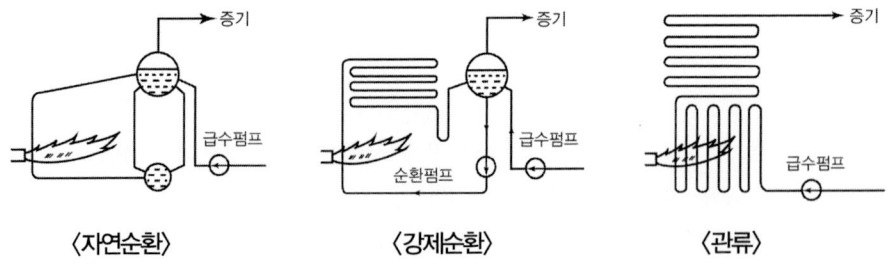

〈자연순환〉　　〈강제순환〉　　〈관류〉

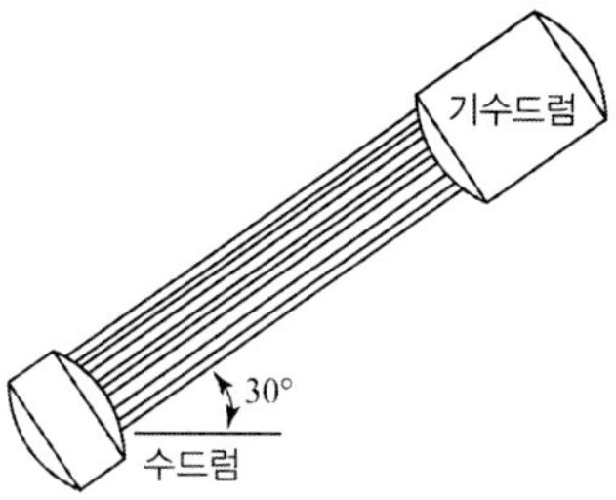

⟨쓰네기찌 보일러⟩ 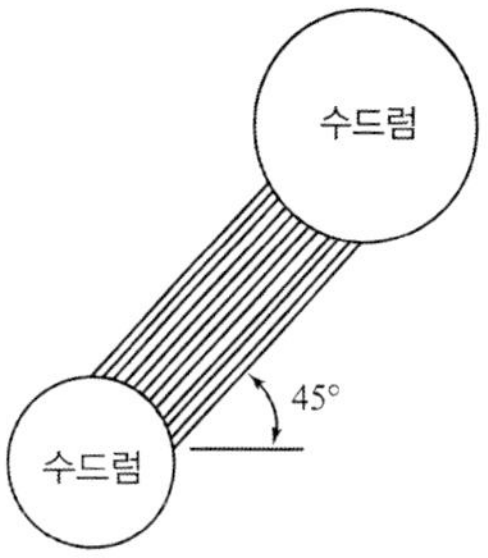 ⟨타쿠마 보일러⟩

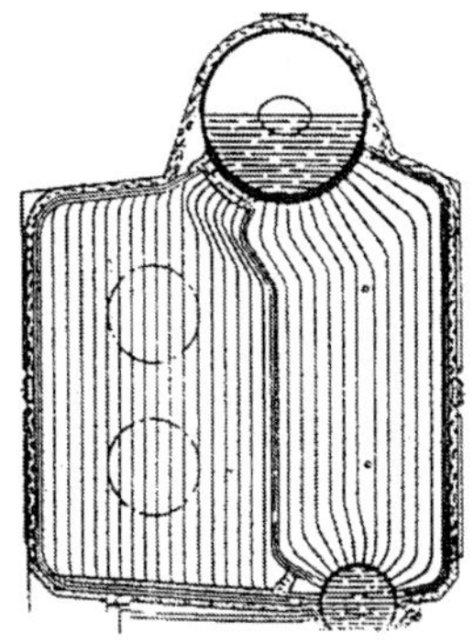

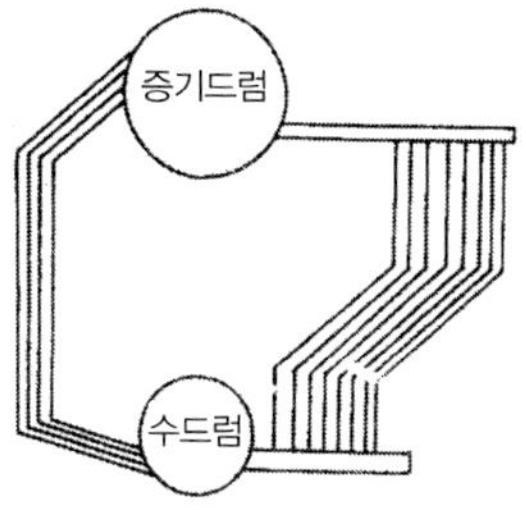

⟨2동 D형 중형 보일러⟩ ⟨가르베 보일러⟩ 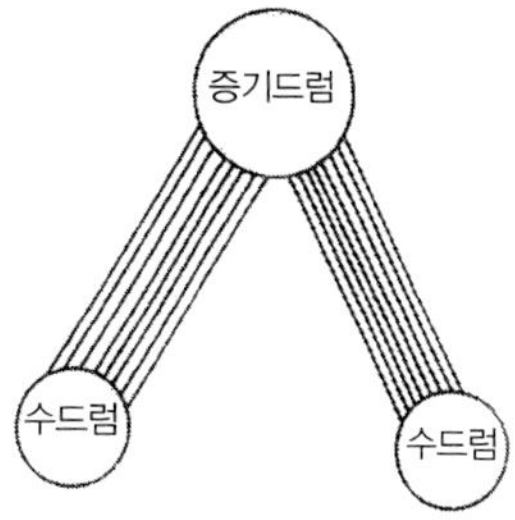 ⟨야로우 보일러⟩

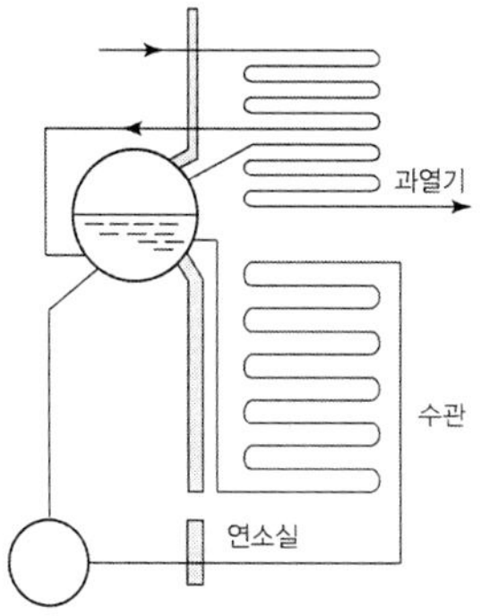

[라몽트 보일러] 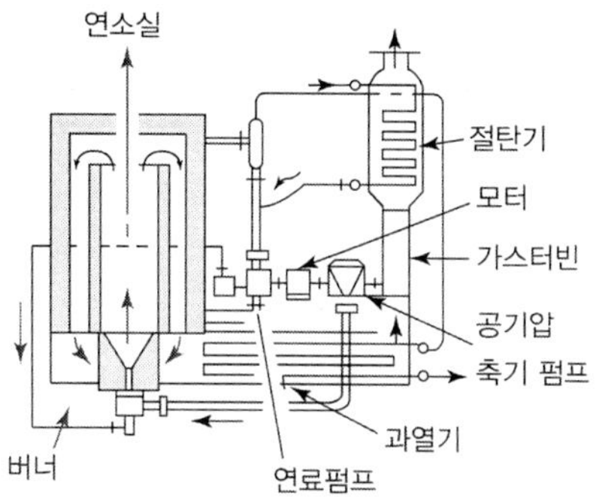 [베록스 보일러]

13. **관류보일러**

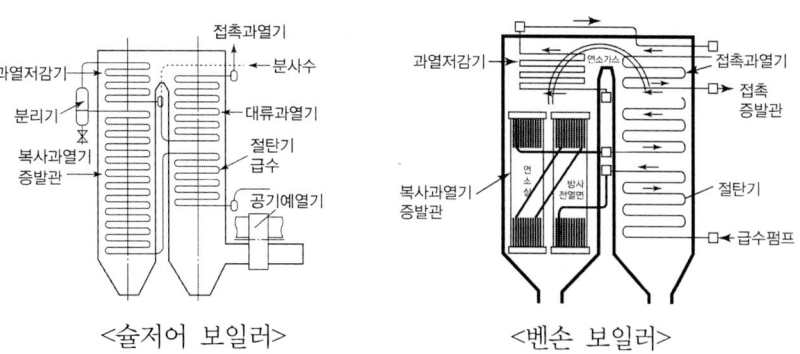

<슐저어 보일러>　　<벤손 보일러>

① 종류 : ㉠ 슬처 ㉡ 옛모스 ㉢ 벤숀 ㉣ 람진
② 특징 : ㉠ 전열면적이 커서 효율이 좋다.
㉡ 가동부하 짧아 부하측에 대응하기 쉽다.
㉢ 고압이므로 증기의 열량이 크다.
㉣ 순환비($\frac{급수량}{증발량}$)가 1이어서 드럼이 필요없다.
㉤ 내부구조가 복잡하여 청소, 검사, 수리곤란
㉥ 급수처리가 까다롭다.
㉦ 부하변동에 대응해야 한다.
㉧ 급수의 유속을 일정하게 유지

14. **주철제 보일러(최고사용압력이 1kg/cm² 이하의 보일러)**
① 특징
- 장점
① 저압이므로 파열사고시 피해가 적다.
② 주물제작으로 복잡한 구조로 제작이 가능하다.
③ 전열면적이 크고 효율이 높다.
④ 내식·내열성이 우수하다.
⑤ 섹숀증감으로 용량조절이 용이하다.
⑥ 현장 반입시 조립식으로 유리하다.
- 단점
① 인장 및 충격에 약하다.
② 열에 의한 부동팽창으로 균열이 생기기 쉽다.
③ 고압·대용량에 부적당하다.
④ 구조가 복잡하므로 내부청소 및 검사가 곤란하다.

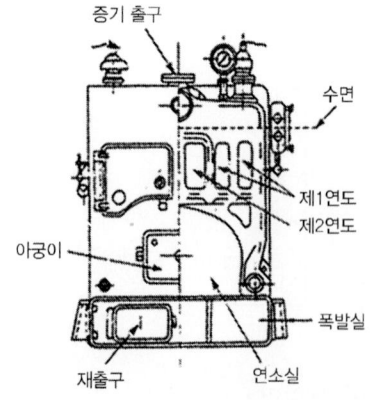

15. **특수보일러**

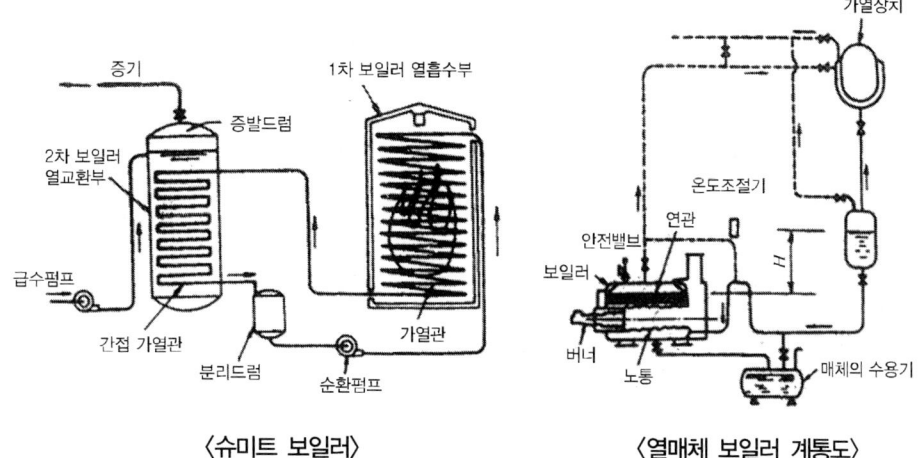

〈슈미트 보일러〉　　〈열매체 보일러 계통도〉

16. **온수보일러의 버너**
   ① 압력분무식 : 연료 또는 공기 등을 가압하고 노즐로 분무하여 연소시키는 방식
   ② 증발식 : 연료를 포트 등에서 증발시켜 연소시키는 형식
      ㉠ 포트(port)식
   ③ 회전무화식 : 연료를 회전체의 원심력으로 비산시켜 무화연소
   ④ 기화식 : 연료를 예열하여 기화시켜 노즐로 분무하여 연소시키는 형식
   ⑤ 낙차식 : 낙차에 따라 고정한 심지에 연료를 보내어 연소시키는 형식

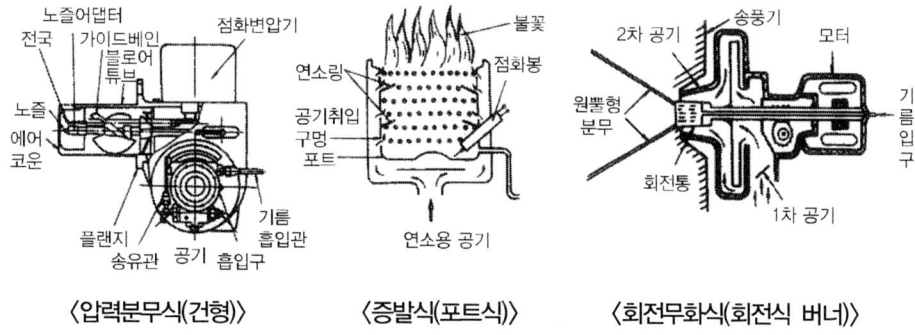

〈압력분무식(건형)〉　　〈증발식(포트식)〉　　〈회전무화식(회전식 버너)〉

제 3 장

보일러 부속장치 및 부속품

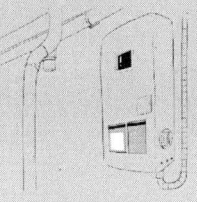

1. **펌프의 구비조건**
   ① 고온에 견딜 수 있어야 한다.
   ② 병렬운전에 장애가 없어야 한다.
   ③ 구조가 간단하고 부하변동에 대응하기에 좋아야 한다.
   ④ 원심 펌프는 고속운전에 지장이 없어야 한다.
   ⑤ 저부하에서도 효율이 좋고 작동이 간단해야 한다.
   ⑥ 취급이 용이하고 효율이 좋아야 한다.
   참고 최고사용압력이 $1\,kg/cm^2$ 이하의 보일러는 체크밸브 생략가능

2. **급수펌프**
   ① 터빈펌프 : 안내깃이 있다.
      ㉠ 특징 : ⓐ 양정이 20 m 이상   ⓑ 고속회전에 적합
               ⓒ 효율이 좋고 안정된 성능 얻음   ⓓ 구조가 간단하고 취급용이
   ② 볼류트 펌프(센트리퓨걸 펌프) : 안내깃이 없다

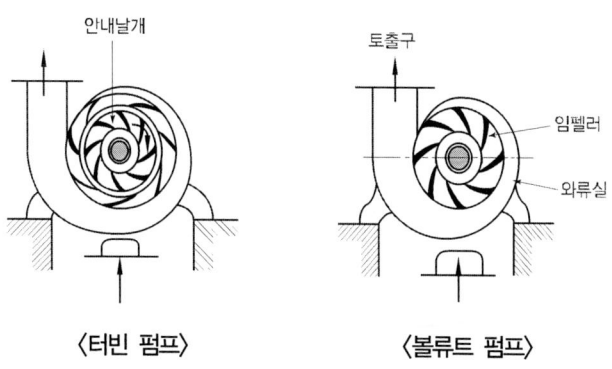

〈터빈 펌프〉   〈볼류트 펌프〉

3. 펌프의 동력계산

① 축마력(PS)= $\dfrac{\gamma \times Q \times H}{75 \times E} = \dfrac{\gamma \times Q \times H}{75 \times E \times 60} = \dfrac{\gamma \times Q \times H}{75 \times E \times 3600}$

γ(물의 비중량) 1000 kg/m³, Q(유량) m³/sec, H(전양정) m, E(효율) %

② 축동력(kW)= $\dfrac{\gamma \times Q \times H}{102 \times E} = \dfrac{\gamma \times Q \times H}{102 \times E \times 60} = \dfrac{\gamma \times Q \times H}{102 \times E \times 3600}$

4. Q(유량)= $A \times V = \dfrac{\pi D^2}{4} \times V$

5. 왕복펌프〈공기실이 있는 펌프〉

① 피스톤펌프 : 비교적 용량이 크고 압력이 낮은 경우
② 플런저펌프 : 용량이 적고 압력이 높은 경우
③ 다이어프램펌프 : 진흙이나 모래나 많은 물 또는 특수용액 등을 주로 이송하는데 사용, 화약액의 이송에 주로 사용
④ 워싱턴펌프 : 증기의 힘으로 내부의 증기 피스톤을 움직여 급수
⑤ 웨어펌프 : 실린더 피스톤이 왕복운동함으로 급수를 행함

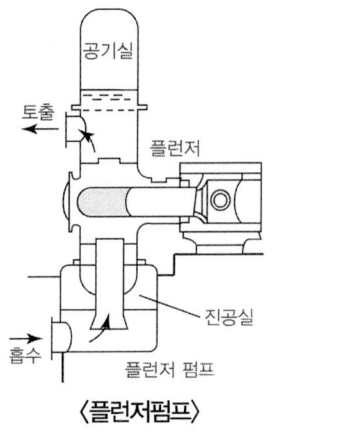

〈플런저펌프〉

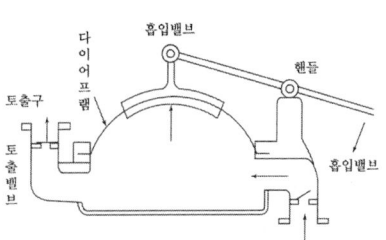

〈다이어프램 펌프〉

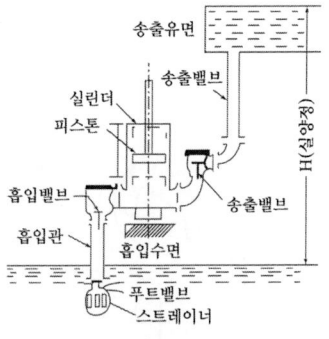

〈왕복 펌프의 계통도〉

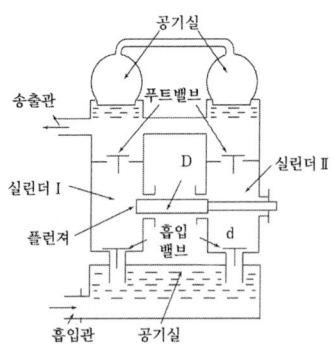

〈왕복(복동식) 펌프의 구조〉

6. **회전 펌프**
   ① 특징 : ㉠ 점성이 있는 액체이송에 좋다.
              ㉡ 고압용 유압펌프로서 많이 쓰임
              ㉢ 흡입 및 토출밸브가 없고 연속회전하므로 토출액의 맥동이 적다
   ② 종류 : ㉠ 베인펌프(편심펌프)
              ㉡ 기어펌프(치차펌프)
              ㉢ 나사펌프(스크류펌프)

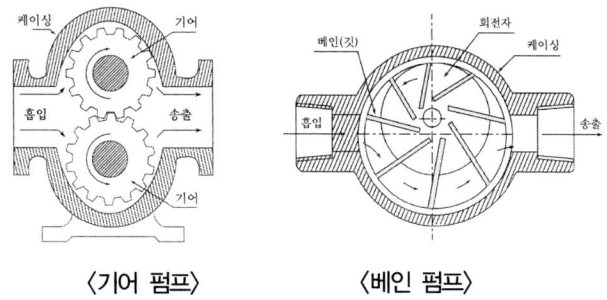

⟨기어 펌프⟩   ⟨베인 펌프⟩

7. **인젝터(injector)**
   ① 구조

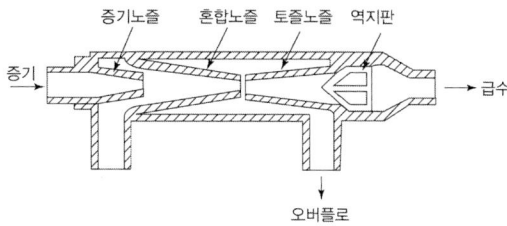

   ② 특징
      ㉠ 동력이 필요없다.   ㉡ 설치장소를 적게 차지한다.
      ㉢ 급수가 예열되어 열응력 발생 방지   ㉣ 구조가 간단하고 가격이 저렴
      ㉤ 급수온도가 높아지면 급수가 곤란   ㉥ 증기압이 낮으면 급수곤란
      ㉦ 흡입양정이 낮아 급수곤란
   ③ 인젝터 작동불능원인
      ㉠ 급수온도가 높을 때   ㉡ 흡입측으로부터 공기누입
      ㉢ 증기중에 수분이 많이 함유시   ㉣ 인젝터 과열시
      ㉤ 노즐부분의 파손
      ㉥ 증기압력이 낮거나(2 kg/cm² 이하) 높을 때(10 kg/cm² 이상)

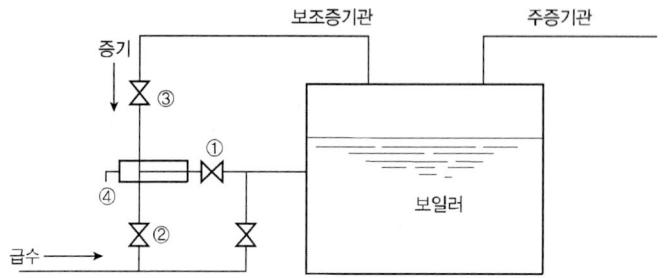

④ 작동순서

㉠ 인젝터 출구밸브연다.   ㉡ 인젝터 급수밸브연다.
㉢ 인젝터 증기밸브연다.   ㉣ 인젝터 조절핸들연다.

8. **펌프에서 발생되는 현상**

① 캐비테이션(cavitation) : 유수 중에 어느 부분의 정압이 그때 물의 온도에 해당하는 증기압 이하로 되어 물이 증발을 일으키고 수중에 용입되어 있던 공기가 낮은 압력으로 인하여 기포가 발생하는 현상으로 공동현상이라고도 한다.

㉠ 영향
ⓐ 소음과 진동발생
ⓑ 깃에 대한 침식
ⓒ 양정곡선과 효율곡선의 저하

㉡ 발생조건
ⓐ 흡입 양정이 지나치게 길 때
ⓑ 과속으로 유량이 증대될 때
ⓒ 흡입관 입구 등에서 마찰저항 증가시
ⓓ 관로 내의 온도가 상승시

㉢ 방지대책
ⓐ 양흡입 펌프를 사용한다.
ⓑ 수직축 펌프를 사용하고 회전차를 수중에 잠기게 한다.
ⓒ 펌프를 두 대 이상 설치한다.
ⓓ 펌프의 회전수를 낮춘다.
ⓔ 펌프의 설치위치를 낮추어 흡입양정을 짧게 한다.
ⓕ 관지름을 크게 하고 흡입측의 저항을 최소로 줄인다.

② 수격작용(water hammering) : 펌프에서 물을 압송하고 있을 때 정전 등으로 급히 펌프가 멈추거나 수량조절 밸브를 급히 폐쇄할 때 관내 유속이 급속히 변화하면 물에 의한 심한 압력의 변화가 생겨 관벽을 치는 현상을 수격작용이라고 한다.

수격작용 방지책
㉠ 완폐 체크 밸브를 토출구에 설치하고 밸브를 적당히 제어한다.
㉡ 관경을 크게 하고 관내 유속을 느리게 한다.
㉢ 관로에 조압수조(surge tank)를 설치한다.
㉣ 플라이 휠을 설치하여 펌프속도의 급변을 막는다.

③ 서징(surging) : 펌프를 운전할 때 송출압력과 송출유량이 주기적으로 변동하여 펌프 입구 및 출구에 설치된 진공계, 압력계의 지침이 흔들리는 현상을 말하며 맥동현상 이라고도 한다.
  ㉠ 서징현상 발생원인
    ⓐ 펌프를 운전시 주기적으로 운동, 양정, 토출량이 변화될 때
    ⓑ 수량조절 밸브가 저장탱크 뒤쪽에 있을 때
    ⓒ 배관 중에 공기탱크나 물탱크가 있을 때

9. **급수내관**
  보일러 내에 급수를 해주는 관이며 안전저수위보다 50 mm 하부에 설치

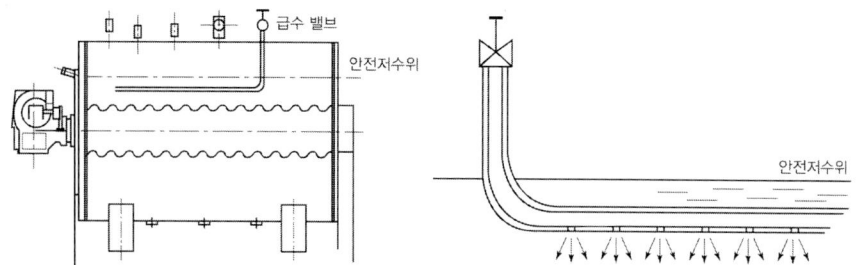

  ① 설치시 이점
    ㉠ 급수가 예열되어 열응력발생방지
    ㉡ 집중 급수를 피함으로 동내부 부동팽창 방지

10. ① 급수밸브의 크기
      ㉠ 전열면적이 10 m² 이하 : 15 A 이하
      ㉡ 전열면적이 10 m² 초과 : 20 A 이상
    ② 안전밸브의 크기
      ㉠ 전열면적이 5 m² 이하 : 25 A 이상

ⓒ 전열면적이 $5\,m^2$ 초과 : 30 A 이상

11. **감압밸브**

　　①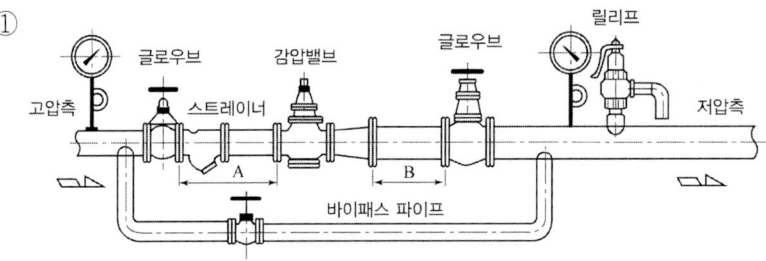

　　② 설치목적
　　　㉠ 고압의 증기를 저압의 증기로 사용
　　　㉡ 고압과 저압을 동시 사용
　　　㉢ 항상 부하측의 압력을 일정하게 유지

　　③ 작동방법에 따른 분류
　　　㉠ 벨로우즈식
　　　㉡ 다이어프램식
　　　㉢ 피스톤식

12. **기수분리기** : 증기중의 수분을 제거하여 건조증기를 얻기 위한 장치

　　①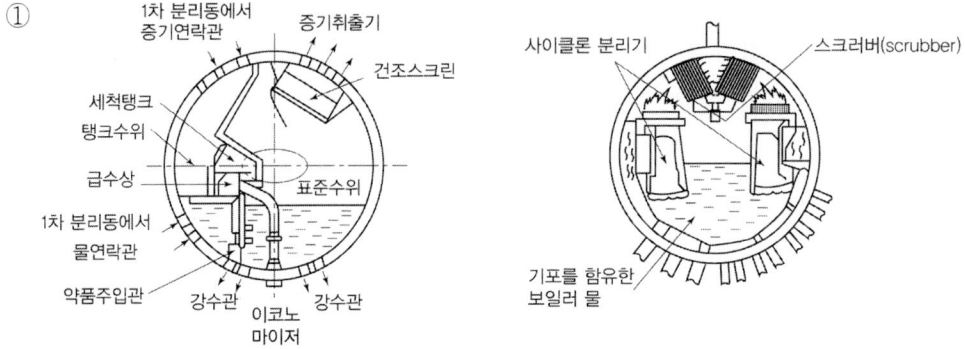

〈기수분리기〉

　　② 종류
　　　㉠ 싸이클론식(원심력식)
　　　㉡ 스크레버식(방해판)
　　　㉢ 건조스크린식(그물형)
　　　㉣ 베플식(관성력)

13. **신축이음**
    ① 루우프형
        ㉠ 신축곡관형
        ㉡ 만곡형
        ㉢ 고압증기의 옥외배관에 사용
        ㉣ 곡률반경은 관지름의 6배 이상
        ㉤ 도시기호 : ⌒
    ② 슬리이브형
        ㉠ 슬라이드형
        ㉡ 미끄럼형
    ③ 벨로우즈형
        ㉠ 펙렉스 신축이음, 파상형, 주름통식이라 한다.
        ㉡ 응력이 생기지 않음
    ④ 스위블형
        ㉠ 방열기용
        ㉡ 2개 이상의 엘보 사용 시공
        ㉢ 나사의 회전에 의해 신축흡수
        ㉣ 도시기호 : ⌐┐

14. **비수방지관**
    고수위, 관수농축, 과열 등으로 인해 동내부에 비수현상 발생시 수위오판, 수격작용 등을 방지하기 위해 주증기관에 연결사용
    ①
    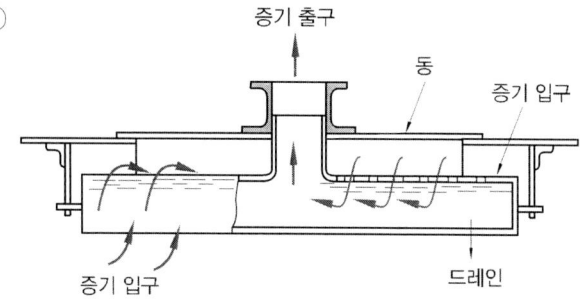
    ② 증기취출구 구멍면적은 주증기 밸브 면적의 1.5배 이상
    ③ • 포밍(foaming) : 유지분, 고형분 등으로 인하여 수면이 거품으로 뒤덮이는 현상
       • 프라이밍(priming) : 과열, 고수위, 등으로 인하여 수면에서 물방울이 튀어 오르면서 수면을 불안정하게 만드는 현상
       • 캐리오버(carry over) : 주증기 밸브 급개로 인하여 관수(물방울이) 증기와 함께 이송되는 현상

15. **증기트랩**
    관내응축수를 배출하여 수격작용 및 부식방지

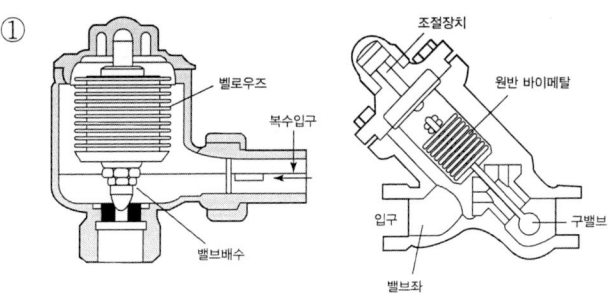

[벨로우즈 트랩]　　　　[바이메탈 트랩]

② 종류
　㉠ 기계적 트랩 : ⓐ 포화수와 포화증기의 비중차 이용
　　　　　　　　　ⓑ 종류 : 버킷트 플로우트 트랩
　㉡ 온도조절트랩 : ⓐ 포화수와 포화증기의 온도차이용
　　　　　　　　　ⓑ 종류 : 비이메탈, 벨로우즈
　㉢ 열역학적 트랩 : ⓐ 포화수와 포화증기의 열역학적인 특성차
　　　　　　　　　ⓑ 종류 : 오리피스, 디스크
③ 구비조건
　㉠ 작동이 확실할 것
　㉡ 응축수를 연속적으로 배출할 수 있을 것
　㉢ 응축수 빼기가 가능할 것
　㉣ 마찰저항이 적고 단순한 구조일 것
　㉤ 내식, 내마모성이 있을 것
④ 트랩 설치시 주의사항
　㉠ 드레인 배출구에서 트랩입구의 배관은 굵고 짧게 한다.
　㉡ 트랩입구의 배관은 트랩입구를 향해서 내림구배가 좋다.
　㉢ 트랩입구의 배관은 보온하지 않는다.
　㉣ 트랩입구의 배관은 입상관으로 하지 않는다.

16. 증기 축열기

저부하 또는 변동부하시 잉여증기를 저장하였다가 과부하시에 저장된 잉여증기를 공급

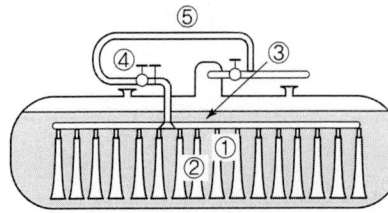

① 증기분사구
② 순환통
③ 배기관
④ 첵크 밸브
⑤ 송출관

17. 증기헤더

증기를 한곳으로 모아 필요난방개소에 증기를 송기하는 장치

①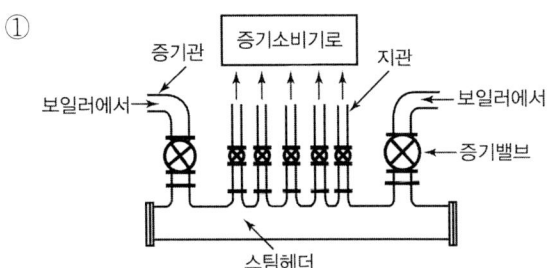

② 특징 : ㉠ 증기공급량 조절 ㉡ 불필요한 열손실 방지

18. 과열기의 종류

① 열가스 흐름에 의한 분류 : ㉠ 병류형 ㉡ 향류형 ㉢ 혼류형

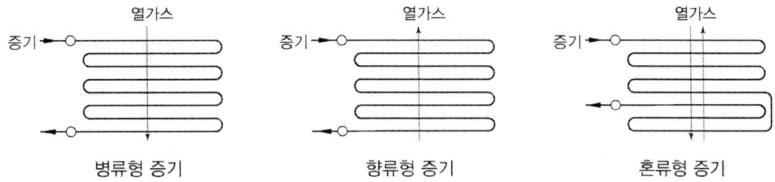

② 열가스 접촉에 의한 분류
  ㉠ 접촉(대류)과 열기
  ㉡ 복사(방사)와 열기
  ㉢ 접촉, 복사(대류, 방사) 과열기

19. 공기예열기

배기가스예열을 이용하여 급수를 예열하는 장치

① 종류 : ㉠ 강관형 ㉡ 강판형 ㉢ 전열식 ㉣ 증기식
  ㉤ 재생식(융그스트륨식)

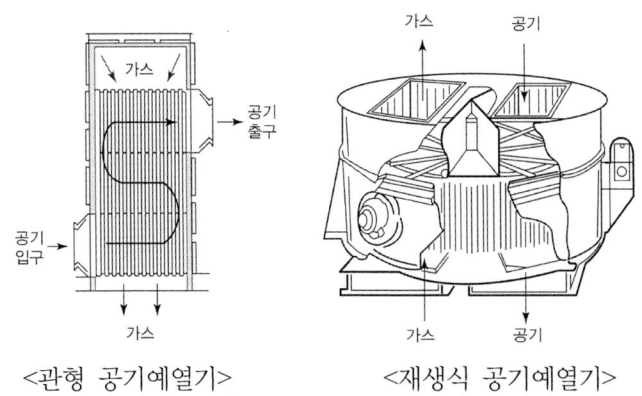

<관형 공기예열기>   <재생식 공기예열기>

② 설치시 이점
   ㉠ 연소효율 및 전열 효율을 향상시킨다.
   ㉡ 보일러 효율을 향상시킨다.
   ㉢ 연료를 완전연소시킨다.

20. **절탄기**
    배기가스예열을 이용 급수를 예열하는 장치

21. **저온부식의 원인**
    ① 연료중의 황분을 제거
    ② 배기가스온도를 노점온도이상으로 유지
    ③ 첨가제사용(돌로마이트, 암모니아, 아연)
    ④ 내식재료사용, 방청도장입힌다.

    고온부식의 원인
    ① 연료 중의 바나듐제거
    ② 회분개질제를 사용회분의 융점높혀 고온부식방지
    ③ 첨가제를 사용(돌로마이트, 알루미나 분말)
    ④ 고온의 전열면에 내식재료 사용
    ⑤ 방청도장입힌다.
    ⑥ 양질의 연료선택

22. **안전밸브(safety valve)**
    동내부 이상압력 상승시 내부의 증기를 배출하여 사고 방지
    ① 안전밸브의 종류 : ㉠ 스프링식 ㉡ 추식 ㉢ 지렛대식
    ② 스프링식 안전밸브의 유량제한 형식

형식의 구분	유량제한 기구
저양정식	안전밸브의 리프트가 시트 지름의 1/40 이상 1/15 미만인 것
고양정식	안전밸브의 리프트가 시트 지름의 1/15 이상 1/7 미만인 것
전양정식	안전밸브의 리프트가 시트 지름의 1/7 이상인 것. 이 경우 시트 지름의 1/7 열릴 때의 유체통로의 면적보다도 기타 부분의 유체의 초소 통로 면적은 10[%] 이상 커야 한다.
전양식	시트 지름의 목부지름보다 1.15배 이상인 것

③ 안전밸브 분출용량 계산식

㉠ 저양정식 $W = \dfrac{(1.03P+1)}{22} A_o C$

㉡ 고양정식 $W = \dfrac{(1.03P+1)}{10} A_o C$

㉢ 전양정식 $W = \dfrac{(1.03P+1)}{5} A_o C$

㉣ 전양식 $W = \dfrac{(1.03P+1)}{2.5} A_o C$

W : 분출용량[kg/h], A_o : 최소증기통로의 면적[mm²], P : 분출압력[kg/cm²g],
C : 계수(분출압이 120[kg/cm²]g 이하 280[℃] 이하일 경우 1이다)
$\dfrac{\pi}{4} D^2$ (D는 밸브 시트지름[mm²])

23. 슈트블로우

수관식 보일러에서 손으로는 청소하기 어려운 곳에 사용하며 분진, 더스트 등을 증기, 공기, 물분사를 이용제거

① 슈트블로우 사용시 주의사항

㉠ 부하가 적거나(50[%] 이하) 소화 후 사용하지 말 것

㉡ 분출하기 전 연도내 배풍기를 사용 유인통풍을 증가시킬 것

㉢ 분출기 내의 응축수를 배출시킨 후 사용할 것

㉣ 한 곳으로 집중적으로 사용하므로 전열면에 무리를 가하지 말 것

㉤ 연료의 종류, 분출 위치, 증기의 온도 등에 따라 분출시기를 결정할 것

② 종류

㉠ 쇼트렉터블형 : 연소노벽블로워

㉡ 롱래트렉터블형 : 고온전열면블로워

㉢ 로우터리형 : 저온전열면블로워

㉣ 건타입형 : 전열면블로워

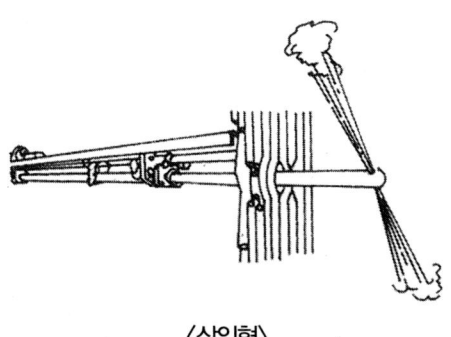

〈삽입형〉

24. **팽창탱크**

 이상 팽창압력을 흡수하는 장치

 ① 설치목적

   ㉠ 체적팽창, 이상팽창압력을 흡수한다.

   ㉡ 관내 온수온도와 압력을 일정하게 유지한다.

   ㉢ 보충수공급

   ㉣ 관수배출을 하지 않아 열손실 방지

 ②
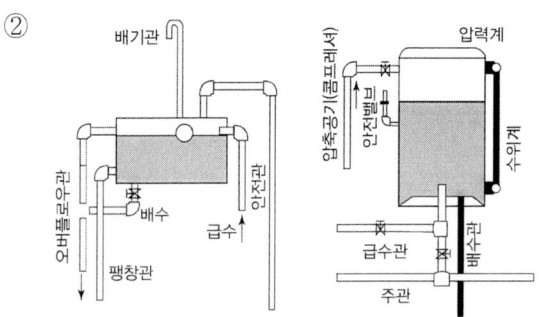

   (a) 개방식 탱크   (b) 밀폐식 탱크

 ③ 개방형 팽창탱크의 높이는 최고층 방열면보다 1m 이상 높게 설치

26. **방출밸브**

 ① 온수보일러에서

   ㉠ 120℃ 이하 : 방출밸브설치(호칭지름 20A 이상)

   ㉡ 120℃ 초과 : 안전밸브설치(호칭지름 20A 이상)

27. **방폭문**

 연소실내 미연소가스 축적으로 인한 가스폭발 시 폭발가스 외부로 배출사고 방지

 ① 설치위치 : 연소실후부나 좌, 우측

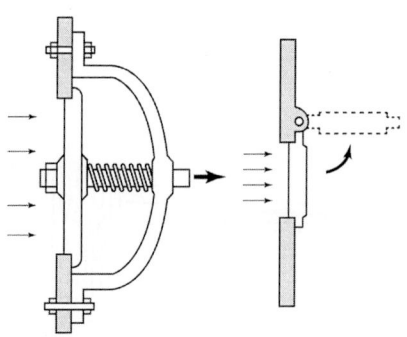

〈스프링식(밀폐식)〉 〈스윙식(개방식)〉

28 저수위 경보장치

보일러 수위가 안전저수위 이하로 감수 시 경보를 발함과 동시에 연료공급 차단하여 사고방지

① 종류
    ㉠ 부자식(플로우트식)   ㉡ 자석식
    ㉢ 전극식   ㉣ 열팽창식

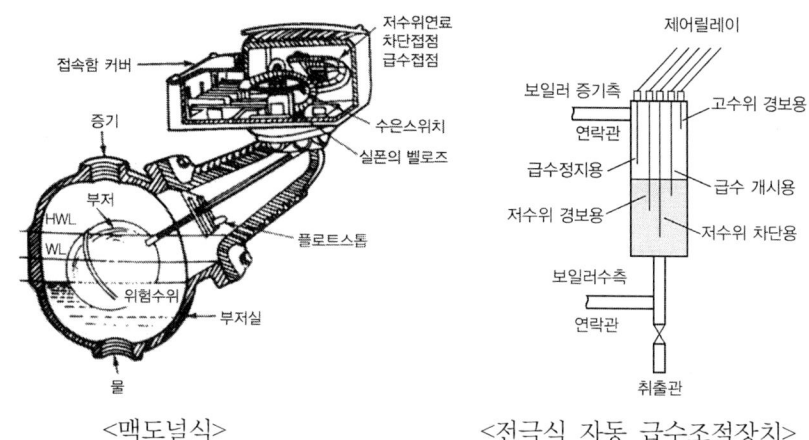

<맥도널식>　　　　　　　　　<전극식 자동 급수조절장치>

29. 수면계

① 점검시기
    ㉠ 두 개의 수면계 수위가 다를 때
    ㉡ 비수현상 발생시
    ㉢ 운전전, 송기전, 압력이 오를 때
    ㉣ 연락관에 이상 발생시

② 수면계 파손원인
    ㉠ 급열, 급냉시   ㉡ 무리한너트의 조임시
    ㉢ 상·하부의 축이 이완시   ㉣ 외부에서 충격을 가할 때

③ 수면계 점검순서
    ㉠ 증기 밸브와, 물밸브를 닫는다.
    ㉡ 드레인밸브 연다.
    ㉢ 물밸브를 열고 통수 후 닫는다.
    ㉣ 증기밸브를 열고 통수확인을 한다.
    ㉤ 드레인밸브 닫고 물밸브 연다.

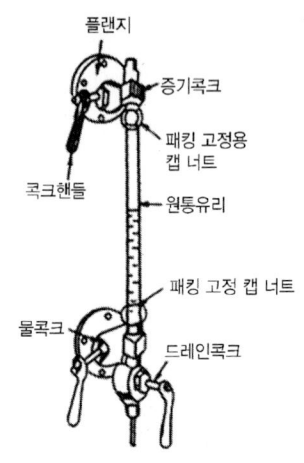

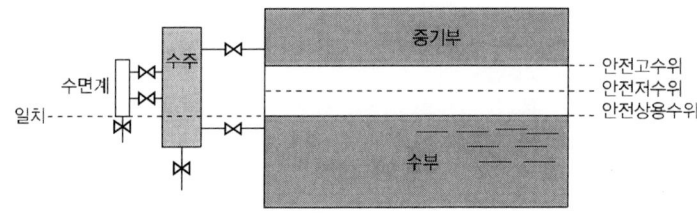

④ 증기보일러에는 수면계를 2개 이상 설치

30. **화염검출기**

연소실내의 갑작스런 실화, 소화, 불착화시 정상연소상태를 검출하여 정상연소상태가 아닌 때에 연료공급차단 사고방지

① 종류

㉠ 플레임아이
  ⓐ 화염의 발광
  ⓑ 종류 : 광전관, 자외선광전관, Cds(유화카드뮴광도전셀), Pbs(유화연광도전셀)

㉡ 플레임로드 : 화염의 이온화현상(전기전도도이용)

㉢ 스텍스위치 : 화염의 발열현상(버너분사 정지에 수십초가 걸리므로 주로 소용량 보일러에 사용)

31. **분출장치(Blow-system)**

① 분출목적
  ㉠ 관수 pH 조절   ㉡ 관수농축방지
  ㉢ 프라이밍, 포밍발생방지   ㉣ 슬러지, 스케일 생성방지
  ㉤ 부식방지

② 종류
  ㉠ 수저분출 = 단속분출   ㉡ 수면분출 = 연속분출
③ 분출시기
  ㉠ 점화전
  ㉡ 운전중인 보일러는 부하가 가장 가벼울 때
  ㉢ 관수농축시
  ㉣ 고수위시
  ㉤ 프라이밍, 포밍발생시

32. **압력계**
  ① 검사시기
    ㉠ 두 개가 설치된 경우 지시도가 다를 때
    ㉡ 신설 보일러의 경우 압력이 오르기 전
    ㉢ 부르돈관이 높은 열을 받았을 때
    ㉣ 비수현상 발생시
  ② 압력계의 크기
    ㉠ 싸이폰관의 안지름은 6.5 mm 이상
    ㉡ 압력계연결관 : 동관 6.5 mm 이상, 강관 12.7 mm 이상
    ㉢ 압력계 눈금은 최고사용압력의 1.5배 이상 3배 이하
    ㉣ 문자판의 지름은 100 mm 이상으로 한다.
  ③ 시간당 1T/h 이상의 보일러에는 급수, 급유 유량계 설치

33. **열정산의 목적**
  ① 열의 손실 파악   ② 열설비의 성능능력 파악
  ③ 열설비의 구축자료   ④ 조업방법 개선

34. **보일러 용량**
  ① 보일러의 크기
    ㉠ 정격출력 ㉡ 정격용량 ㉢ 상당증발량
    ㉣ 전열면적 ㉤ 상당방열면적 ㉥ 보일러마력
  ② 전열면열부하[kcal/m³h]= $\dfrac{G \times (h'' - h')}{A}$

  G(kg/h) : 실제증발량, h''(kcal/kg) : 발생증기엔탈피, h'(kcal/kg) : 급수엔탈피, A(m²) : 전열면적

④ 상당증발량 = 환산증발량 = 기준증발량 : 표준대기압하에서 100℃ 포화수가 100℃ 건포화증기로 변화시키는 경우 1시간당 증발량

$$Ge(kg/h) = \frac{G \times (h'' - h')}{539}$$

⑤ 보일러마력
  ㉠ 표준대기압(760 mmHg)에서 100℃ 포화수 15.65 kg을 1시간에 100℃ 포화증기로 바꿀 수 있는 능력
  ㉡ 상당증발량이 15.65 kg을 1시간에 증발시킬 수 있는 능력

$$B-HP = \frac{Ge}{15.65} = \frac{G \times (h'' - h')}{15.65 \times 539}$$

참고 노통보일러 1마력은 $0.465\,m^2$
      노통연관, 수관보일러 1마력 $0.929\,m^2$

⑥ 전열면증발율(kg/m²h) = $\frac{G}{A} = \frac{Ge}{A}$

⑦ 증발배수(kg/kg) = $\frac{G}{Gf} = \frac{Ge}{Gf}$

  $Gf(kg/h)$ 연료소비량

35. **액체연료의 특징**
    ① 연소 효율 및 열효율이 좋다.
    ② 연소온도가 높아 국부가열 위험성이 많다.
    ③ 화재 및 역화의 위험이 있다.
    ④ 운반 및 저장 취급이 용이
    ⑤ 품질이 균일하여 발열량이 높다.

36. **중유 첨가제 및 작용**
    ① 연소촉진제 : 분무양호
    ② 안정제 : 슬러지생성 방지
    ③ 탈수제 : 중유 속의 수분분리
    ④ 회분개질제 : 회분 융점 높여 고온부식 방지
    ⑤ 유동점 강하제 : 중유의 유동점 낮추어 송유양호

37. **착화점**
    공기 존재하에 가열된 연료자체가 외부의 점화원 없이 불꽃을 일으키는 온도
    • 인화점 : 외부에서 불꽃을 가했을 때 불이 붙는 최저온도

- 연소점 : 인화 후 연소가 계속되는 온도로 인화점보다 7~10℃ 정도 높다.

38. LPG의 주성분 : C_3H_8(프로판)
    LNG의 주성분 : CH_4(메탄)

39. **기체연료의 특징**
    ① 적은공기량으로 완전연소 가능
    ② 가스누설시 폭발의 위험이 있다.
    ③ 발열량이 낮은 연료로 고온을 얻을 수 있다.
    ④ 운반, 저장이 어렵다.
    ⑤ 황분, 회분이 거의 없어 전열면 오손이 없다.
    ⑥ 연소효율 및 전열효율이 좋다.
    ⑦ 집중가열, 균일가열분위기 조성 가능

40. **연소란**
    가연성분이 공기중의 산소와 화합하여 빛과 열을 수반하며 격렬히 타는 현상
    - 연소의 3대조건 : ① 가연물 ② 산소 ③ 점화원

41. **연소형태**

연소의 분류		연소의 형태	비고
고체연소	표면연소	고체가 표면의 고온을 유지하며 타는 것	목탄, 코크스, 금속분
	분해연소	고체가 가열되어 열분해가 일어나고 가연성 가스가 공기중의 산소와 타는 것	석탄, 목재, 종이, 플라스틱
	자기연소	공기 중의 산소를 필요로 하지 않고 자신이 분해되면서 타는 것	화약, 폭약
	증발연소	고체가 가열되어 가연성 가스를 발생하며 타는 것	장뇌, 나프탈렌, 송지
액체연소	증발연소	액체의 면에서 증발하는 가연성 증기가 공기와 혼합 연소범위 내에 있을 때 열원에 의해 타는 것	알콜, 휘발유, 등유, 경유
기체연소	혼합연소	가연성 기체가 공기와 혼합하여 타는 것	프로판 가스
	비혼합가스	가연성 기체가 대기 중에 분출하여 타는 것	이황산탄소
	확산연소	가연성 기체와 공기의 혼합 가스가 밀폐용기 중에 있을 때 점화되면 폭발적으로 타는 것	수소, 메탄, 아세틸렌

42. **버너의 종류**
    ① 유압분무식버너
       ㉠ 압력은 5~20 kg/cm²
       ㉡ 유량은 유압의 제곱근에 비례한다. $Q = \sqrt{P}$
       ㉢ 분사각도 40~90°
       ㉣ 유량조절범위 1 : 1.5 좁다.
       ㉤ 대용량의 제작에 용이
    ② 고압기류식버너
       ㉠ 압력 2~7 kg/cm²
       ㉡ 연료와 공기의 혼합방식에 따라 내부혼합식과 외부혼합식이 있다.
       ㉢ 유량조절범위는 1 : 10으로 넓다.
       ㉣ 분사각도 30° 좁다.

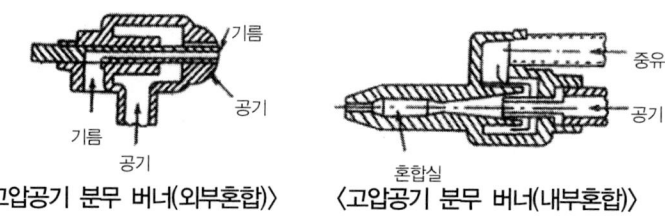

〈고압공기 분무 버너(외부혼합)〉 〈고압공기 분무 버너(내부혼합)〉

43. **보염장치**
    착화와 연소화염을 안정시키고 공기와 연료의 혼합을 도모케하여 저공기비 연소를 하게 하는 장치
    ① 설치목적
       ㉠ 화염의 형상조절
       ㉡ 안정된 착화도모
       ㉢ 연소가스의 체류시간을 지연시켜 돕는다.
       ㉣ 연소실의 온도분포를 고르게 하여 국부과열 방지
       ㉤ 연료와 공기의 혼합을 양호하게 한다.
    ② 종류

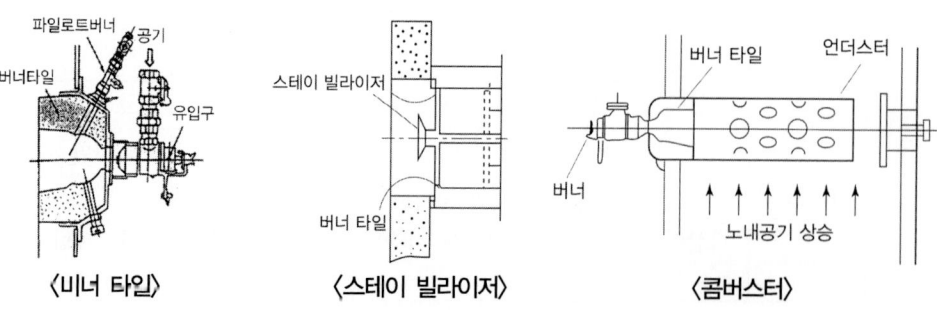

〈버너 타일〉   〈스테이 빌라이저〉   〈콤버스터〉

㉠ 윈드박스
ⓐ 버너 벽면설치
ⓑ 공기의 흐름을 적절히 하여 동압을 정압으로 바꿈
ⓒ 착화나 연속화염을 안정시키는 장치
㉡ 스테빌라이저
ⓐ 불꽃의 안정성을 유지케 하는 장치
㉢ 콤버스터
ⓐ 저온의 노에서도 연소를 안정시켜 분출흐름의 모양을 안정시킨 장치
㉣ 버너타일
ⓐ 화염의 모양을 형성시켜 연소화염을 안정시키는 내화재로 구축된 장치

44. **예혼합버너 종류**
    ① **저압버너** : 1차공기를 이론공기량의 60% 정도 흡입하여 가스압력을 낮게 하고 노내를 유지하면서 2차공기를 흡인하여 연소하는 방식
    ② **고압버너** : 고온의 노에 2 kg/cm² 이상의 가스압력으로 연소하는 버너
    ③ **송풍버너** : 연소용 공기를 가압 송입하는 형식

45. **가열온도가 너무 높으면**
    ① 분사불량
    ② 분무상태가 고르지 못함
    ③ 탄화물생성의 원인
    ④ 기름의 분해

46. **연소계산**
    ① 가연성
       ㉠ 탄소   ㉡ 수소   ㉢ 황
    ② 공기 중 : ㉠ N_2 : 79% - 체적당
                ㉡ O_2 : 21% - 체적당
       공기 중 : ㉠ N_2 : 76.8% - 질량당
                ㉡ O_2 : 23.2% - 질량당
    ③ 발열량
       ㉠ 고위발열량 : 열량계에 의해 측정된 발열량(총발열량)
       ㉡ 저위발열량 : 고위발열량에서 수증기의 응축열을 제거한 열량(진발열량)

④ 고위발열량의 계산

  ㉠ C + O_2 → CO_2 97200[kcal/kmol]

  1[kmol]   1[kmol]   1[kmol]

  12[kg]   32[kg]   44[kg]

  탄소(C) 1[kg]당의 발열량 : 97200[kcal/kmol]÷12[kg/kmol]=8100[kcal/kg]

  ㉡ H_2 + $\frac{1}{2}O_2$ → H_2O(물)   68000[kcal/kmol]

  1[kmol]   0.5[kmol]   1[kmol]

  2[kg]   16[kg]   18[kg]

  수소(H) 1[kg]당 발열량 = 68000[kcal/kmol]÷2[kg/kmol]=34000[kcal/kg]

  ㉢ S + O_2 → SO_2 80000[kcal/kmol]

  1[kmol]   1[kmol]   1[kmol]

  32[kg]   32[kg]   64[kg]

  황(s) 1[kg]당의 발열량 = 80000[kcal/kmol]÷32[kg/kmol]=2500[kcal/kg]

  ∴ Hh(고위발열량) = $8100C + 34000\left(H - \frac{O}{8}\right) + 2500S$ [kcal/kg]

⑤ 저위발열량의 계산

  Hl(저위발열량)= H_l = =$8100C + 34000\left(H - \frac{O}{8}\right) + 2500S - 600(9H + W)$

⑥ 이론산소량(O_o) 이론공기량의 계산

  ㉠ 탄소

  C + O_2 → CO_2

  12[kg]   32[kg]   44[kg]

  22.4[Nm^3]   22.4[Nm^3]   22.4[Nm^3]

  O_o 체적당[Nm^3/kg] : 12[kg] = 22.4[Nm^3]

  $\qquad\qquad\qquad\qquad$ 1[kg] = X $X = \dfrac{1 \times 22.4}{12} = 1.867$ [Nm^3/kg]

  중량당[kg/kg] : 12[kg] = 32[kg]

  $\qquad\qquad\qquad\qquad$ 1[kg] = X $X = \dfrac{1 \times 32}{12} = 2.667$ [kg/kg]

  A_o 체적당[Nm^3/kg] : $\dfrac{O_o}{0.21} = \dfrac{1.867}{0.21} = 8.89$ [Nm^3/kg]

  중량당[kg/kg] : $\dfrac{O_o}{0.232} = \dfrac{2.667}{0.232} = 11.49$ [kg/kg]

ⓒ 수소

$$H_2 \quad + \quad 1/2O_2 \quad \rightarrow \quad H_2O$$

2[kg]　　　　16[kg]　　　　　18[kg]

22.4[Nm³]　　11.2[Nm³]

O_o 체적당[Nm³/kg] : 2[kg] = 11.2[Nm³]

$$1[kg] = X \quad X = \frac{1 \times 16}{2} = 8[Nm^3/kg]$$

중량당[kg/kg] : 2[kg] = 16[kg]

$$1[kg] = X \quad X = \frac{1 \times 32}{12} = 2.667[kg/kg]$$

A_o 체적당[Nm³/kg] : $\dfrac{O_o}{0.21} = \dfrac{5.6}{0.21} = 26.67[Nm^3/kg]$

중량당[kg/kg] : $\dfrac{O_o}{0.232} = \dfrac{8}{0.232} = 34.5[kg/kg]$

ⓒ 황

$$S \quad + \quad O_2 \quad \rightarrow \quad SO_2$$

32[kg]　　　32[kg]　　　　64[kg]

22.4[Nm³]　22.4[Nm³]

O_o 체적당[Nm³/kg] : 32[kg] = 22.4[Nm³]

$$1[kg] = X \quad X = \frac{1 \times 22.4}{32} = 0.7[Nm^3/kg]$$

중량당[kg/kg] : 32[kg] = 32[kg]

$$1[kg] = X \quad X = \frac{1 \times 32}{32} = 1[kg/kg]$$

A_o 체적당[Nm³/kg] : $\dfrac{O_o}{0.21} = \dfrac{0.7}{0.21} = 3.33[Nm^3/kg]$

중량당[kg/kg] : $\dfrac{O_o}{0.232} = \dfrac{1}{0.232} = 4.31[kg/kg]$

※ 그러므로

체적당 이론 산소량(O_o) = $1.867C + 5.6(H - \dfrac{O}{8}) + 0.7S$

중량당 이론 산소량(O_o) = $2.667C + 8(H - \dfrac{O}{8}) + 1S$

체적당 이론 공기량(A_o) = $8.89C + 26.67(H - \dfrac{O}{8}) + 3.33S$

중량당 이론 공기량(A_o) = $11.49C + 34.5(H - \dfrac{O}{8}) + 4.31S$

⑦ 단순기체의 완전연소 반응식

$$C_mH_n + \left(\frac{m+n}{4}\right)O_2 \rightarrow mCO_2 + \left(\frac{n}{2}\right)H_2O$$

㉠ $C_3H_8 + \left(3+\frac{8}{4}\right)O_2 \rightarrow 3CO_2 + \frac{8}{2}H_2O$

㉡ $CH_4 + \left(1+\frac{4}{4}\right)O_2 \rightarrow 1CO_2 + \frac{4}{2}H_2O$

㉢ $C_4H_{10} + \left(4+\frac{10}{4}\right)O_2 \rightarrow 4CO_2 + \frac{10}{2}H_2O$

⑧ 프로판, 메탄, 부탄의 이론산소와 이론공기량의 계산

㉠ 프로판

C_3H_8	+	$5O_2$	→	$3CO_2$	+	$4H_2O$
1[kmol]	5[kmol]			3[kmol]		4[kmol]
44[kg]	5×32[kg]			3×44[kg]		4×18[kg]
22.4[Nm³]	5×22.4[Nm³]			3×22.4[Nm³]		4×22.4[Nm³]

O_o 체적당[Nm³/Nm³] : 22.4[Nm³] = 5×22.4[Nm³]

$$1[Nm^3] = X \quad X = \frac{1 \times 5 \times 22.4}{22.4} = 5[Nm^3/Nm^3]$$

중량당[Nm³/kg] : 44[kg] = 5×22.4[Nm³]

$$1[kg] = X \quad X = \frac{1 \times 5 \times 22.4}{44} = 2.545[Nm^3/kg]$$

A_o 체적당[Nm³/Nm³] : $\frac{O_o}{0.21} = \frac{0.5}{0.21} = 23.8[Nm^3/Nm^3]$

중량당[Nm³/kg] : $\frac{O_o}{0.232} = \frac{2.545}{0.232} = 10.9[Nm^3/kg]$

㉡ 메탄

CH_4	+	$2O_2$	→	CO_2	+	$2H_2O$
1[kmol]	2[kmol]			1[kmol]		2[kmol]
16[kg]	2×32[kg]			44[kg]		2×18[kg]
22.4[Nm³]	2×22.4[Nm³]			22.4[Nm³]		2×22.4[Nm³]

O_o 체적당[Nm³/Nm³] : 22.4[Nm³] = 2×22.4[Nm³]

$$1[Nm^3] = X \quad X = \frac{1 \times 2 \times 22.4}{22.4} = 2[Nm^3/Nm^3]$$

중량당[Nm³/kg] : 16[kg] = 2×22.4[Nm³]

$$1[kg] = X \quad X = \frac{1 \times 2 \times 22.4}{16} = 2.8[Nm^3/kg]$$

A_o 체적당[Nm³/Nm³] : $\dfrac{O_o}{0.21} = \dfrac{2}{0.21} = 9.52$[Nm³/Nm³]

중량당[Nm³/kg] : $\dfrac{O_o}{0.232} = \dfrac{2.8}{0.232} = 12.07$[Nm³/kg]

ⓒ 부탄

C_4H_{10} + 6.5O_2 → 4CO_2 + 5H_2O

1[kmol] 6.5[kmol]   4[kmol]   5[kmol]
58[kg]   6.5×32[kg]   4×44[kg]   5×18[kg]
22.4[Nm³] 6.5×22.4[Nm³] 4×22.4[Nm³]   5×22.4[Nm³]

O_o 체적당[Nm³/Nm³] : 22.4[Nm³] = 6.5×22.4[Nm³]

1[Nm³] = X $X = \dfrac{1 \times 6.5 \times 22.4}{22.4} = 6.5$[Nm³/Nm³]

중량당[Nm³/kg] : 58[kg] = 6.5×22.4[Nm³]

1[kg] = X $X = \dfrac{1 \times 6.5 \times 22.4}{58} = 2.51$[Nm³/kg]

A_o 체적당[Nm³/Nm³] : $\dfrac{O_o}{0.21} = \dfrac{6.5}{0.21} = 30.95$[Nm³/Nm³]

중량당[Nm³/kg] : $\dfrac{O_o}{0.232} = \dfrac{2.51}{0.232} = 10.81$[Nm³/kg]

⑨ 실제 공기량

실제공기량(A) = A_o + 과잉공기 = $m \times A_o$

㉠ $A_o = A -$ 과잉공기 ㉡ 과잉공기 $= A - A_o$

㉢ $m = A/A_o$ ㉣ $A_o = A/m$

㉤ 과잉 공기율 $= (m-1) \times 100$

여기서, 공기비(과잉공기 계수, m) : 1.1~1.3(기체)
1.2~1.4(액체)
1.5~2.0(고체)

* 공기비 $= \dfrac{\text{실제사용 공기량}}{\text{이론사용 공기량}}$

47. 통풍장치 및 집진장치

① 통풍력을 크게 하는 방법

㉠ 연돌의 높이를 높인다.

㉡ 연도의 굴곡부를 줄인다.

㉢ 연돌상부단면적을 크게 한다.

② 이론 통풍력의 계산

　㉠ $Z = H(\gamma a - \gamma g)$

　㉡ $Z = 273H\left(\dfrac{\gamma a}{Ta} - \dfrac{\gamma a}{Tg}\right)$

　㉢ $Z = 355H\left(\dfrac{1}{Ta} - \dfrac{1}{Tg}\right) = H\left(\dfrac{353}{Ta} - \dfrac{367}{Tg}\right)$

　　H : 연돌높이(m), Z(mmH$_2$O) : 통풍력

　　γa(kg/m^3) : 외기공기 비중량, γg(kg/m^3) : 배기가스 비중량

　　Ta(°K) : 외기공기의 절대온도, Tg(°K) 배기가스의 절대온도

　㉣ 실제통풍력＝이론통풍력×0.8

③ 강제통풍

　㉠ 압입통풍

　　ⓐ 연소실앞에 설치　　　ⓑ 배기가스유속은 8 m/sec이다.

　㉡ 흡입통풍

　　ⓐ 연도 내에 배풍기 설치　　ⓑ 배기가스유속 8~10 m/sec 이하

　㉢ 평형통풍

　　ⓐ 압입통풍+흡입통풍을 절충한 형식

　　ⓑ 정압과 부압을 얻음

　　ⓒ 배기가스 유속은 10 m/sec 이상

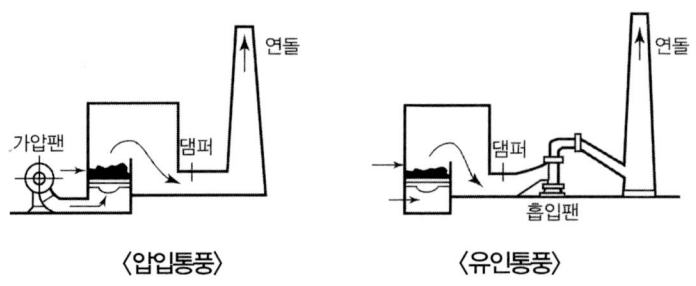

〈압입통풍〉　　　〈유인통풍〉

④ 연돌상부단면적 계산＝ $\dfrac{G \times (1 + 0.037t) \times \dfrac{P_1}{P_2}}{V \times 3600}$

⑤ 원심식 송풍기

　㉠ 터보송풍기(후향날개)

　　ⓐ 특징

　　　• 고속회전으로 소음이 크다.

　　　• 풍압이 높다.

　　　• 대형이며 가격이 비싸다.

- 효율이 높고 설치면적도 크게 차지한다.
  ⓑ 플레이트 송풍기
  - 효율이 높다.
  - 풍압이 낮다.
  ⓒ 다익 송풍기(전향날개)
⑥ 송풍기 PS, kW계산
  ㉠ $PS = \dfrac{Q \times P}{75 \times E} = \dfrac{Q \times P}{75 \times E \times 60} = \dfrac{Q \times P}{75 \times E \times 3600}$
  ㉡ $kW = \dfrac{Q \times P}{102 \times E} = \dfrac{Q \times P}{102 \times E \times 60} = \dfrac{Q \times P}{102 \times E \times 3600}$
  $Q(m^3/min)$: 풍량, $P(mmH_2O)$: 풍압
⑦ 회전수와의 관계
  ㉠ $Q(풍량) = Q_1 \times \left(\dfrac{N_2}{N_1}\right)^1$
  ㉡ $P(풍압) = P_1 \times \left(\dfrac{N_2}{N_1}\right)^2$
  ㉢ $PS(마력) = PS_1 \times \left(\dfrac{N_2}{N_1}\right)^3$
⑧ 댐퍼의 설치목적
  ㉠ 통풍력 조절
  ㉡ 배기가스 흐름 차단
  ㉢ 주연도에서 부연도로 전환

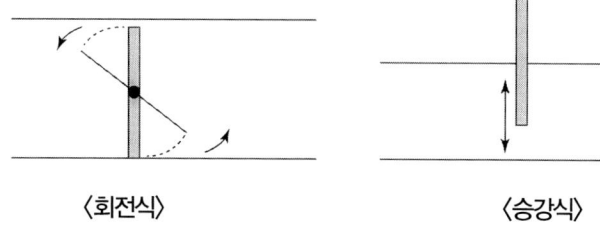

〈회전식〉　　〈승강식〉

⑨ 매연발생원인
  ㉠ 연료와 공기의 혼합이 부적정시
  ㉡ 통풍력이 너무 지나친 경우
  ㉢ 무리한 연소를 한 경우
  ㉣ 연소실 용적이 작을 때
  ㉤ 연소실 온도가 낮을 때

ⓑ 기름의 압력과 기름의 예열온도가 부적당한 경우
ⓢ 연료와 연소장치가 맞지 않은 경우
ⓞ 연소중에 수분, 슬러지분이 혼입시
⑩ 매연농도율 = $\dfrac{\text{총매연농도치}}{\text{총측정시간}} \times 20$

48. **집진장치**

① 관성력식 : 함진가스를 방해판 등에 충돌시켜 기류의 급격한 전환에 의해 침강력을 가지게 될 때 분리 포집하는 방식

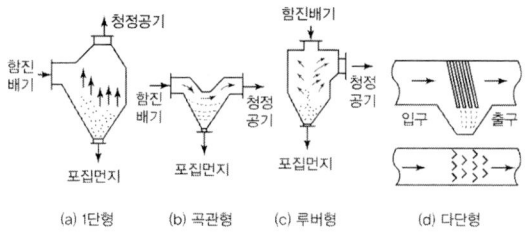

〈관성력 제진장치의 형식과 구조〉

② 원심력식 : 함진가스를 선회운동을 주어 입자에 작용하는 원심력에 의하여 입자를 분리하는 방식

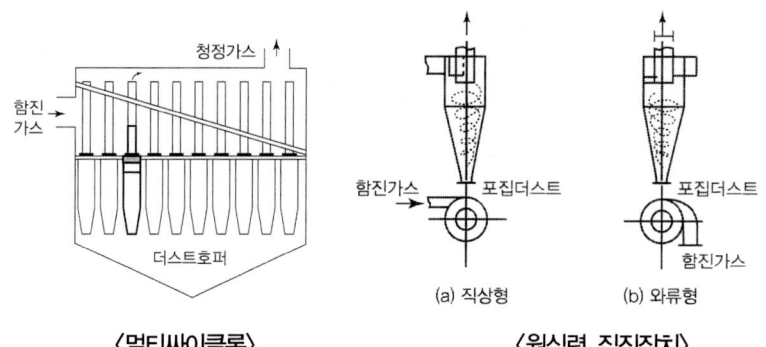

〈멀티싸이클론〉　　　〈원심력 집진장치〉

③ 여과식
　㉠ 함진가스를 여과제(필터)를 통하여 분리 포집하는 방식
　㉡ 대표적으로 백필터가 있다.

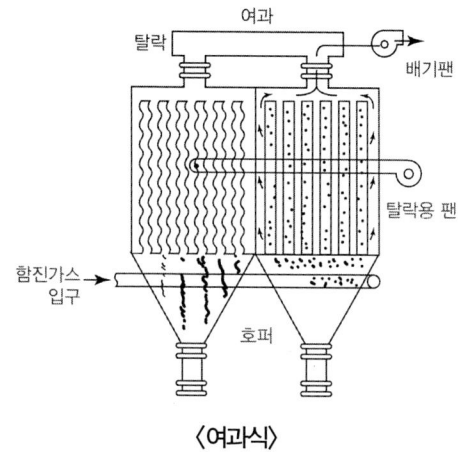

〈여과식〉

④ 전기식
　㉠ 대표적으로 코트렐집진장치가 있다.
　㉡ 자유전자로부터 이루어지는 플라즈마 형성에 의해 포집하는 방식

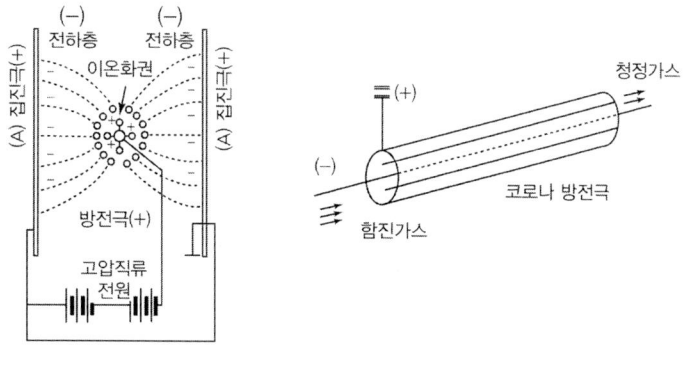

〈코로나 방전관〉

⑤ 세정식
　㉠ 액면 또는 액막에 의해 함유가스를 세정하여 가스흐름으로부터 분진입자 포집
　㉡ 연소가스를 고도로 청정하고자 할 때 포집

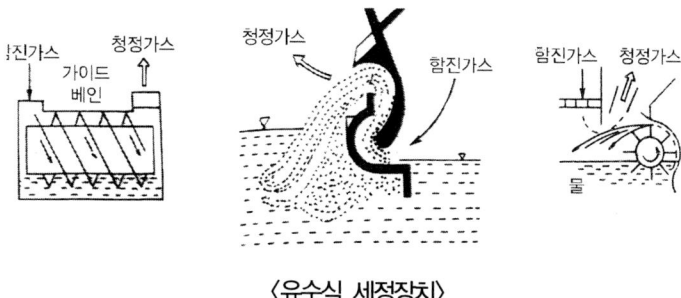

〈유수식 세정장치〉

⑥ 가압수식
　㉠ 물을 가압공급하여 함진가스를 세정 분리
　㉡ 종류
　　• 벤튜리스크레버
　　• 싸이클론스크레버
　　• 충전탑스크레버

〈벤튜리 스크러버〉

49. **보일러 자동제어**
　① 자동제어의 목적
　　㉠ 인건비 절감
　　㉡ 보일러의 안전운전
　　㉢ 경제적이고 고효율적인 증기의 생산
　　㉣ 일정한 온도나 압력의 증기를 얻기 위함
　② 자동제어 방식에 의한 분류
　　㉠ 피드백제어 : 출력측의 신호를 입력측으로 되돌려 정정동작을 행하는 제어

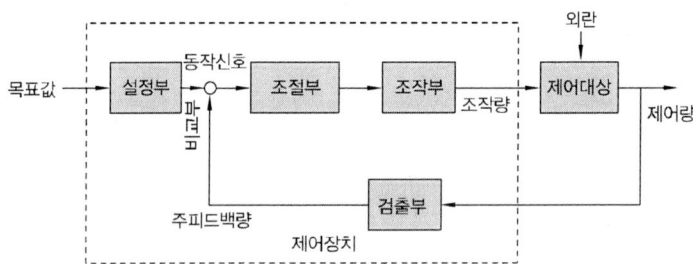

〈피드백 제어장치 회로〉

　　㉡ 시퀀스제어 : 정해진 순서에 따라 제어단계를 순차적으로 진행하는 제어
　③ 제어요소
　　㉠ 자동제어계의 동작순서 : 검출 → 비교 → 판단 → 조작
　　㉡ 제어량 : 제어대상에 대한 전체량 가운데 제어코자하는 목적의 량
　　㉢ 제어대상 : 제어를 행하려는 대상물
　　㉣ 목표값 : 제어의 출력이 소정의 값을 만족하도록 목표를 세운 외부에서 주어진 값
　　㉤ 검출부 : 제어대상으로부터 압력이나 온도, 유량 등의 제어량을 검출하여 신호로 만드는 역할을 하는 부분
　　㉥ 조절부 : 동작신호를 받아 규정된 동작을 하기 위해 조작신호를 만들어 조작부로 보내는 부분

ⓢ 조작부 : 실제의 제어대상에 그 역할을 하는 부분으로 조작신호를 받아서 조작량으로 변환한다.

ⓞ 외란 : 제어계를 혼란시키는 외적작용으로 가스유량, 탱크주위온도, 가스공급압, 공급온도 및 목표값 변경 등의 변화를 말한다.

ⓩ 기준입력 : 목표값과 피드백신호를 비교하기 위하여 주피드백신호와 같은 종류의 신호로 목표값을 변화시켜 제어계의 폐쇄 루프에 입력하는 입력신호를 말한다.

ⓩ 동작신호 : 주피드백량과 기준입력을 비교하여 얻어 들여진 편차량신호를 말하는 것으로 조절부의 입력이 되는 것이다.

ⓚ 주피드백량 : 제어량의 목표값과 비교하기 위한 피드백 신호를 말한다.

ⓔ 제어편차 : 목표값에서 제어량의 값을 뺀 값.

④ 제어방법에 의한 특성

　㉠ 추치제어 : 목표값이 변화되는 것으로 목표값을 측정하면서 제어 목표량을 목표값에 맞추는 제어방식

　　ⓐ 추종제어 : 목표값이 시간에 따라 임의로 변화되는 값으로 부여한 제어이다.

　　ⓑ 비율제어 : 2개 이상의 제어값의 값이 정해진 비율을 보유하여 제어한다.

　　ⓒ 프로그램제어 : 목표값이 시간에 따라 미리 결정된 일정한 제어

　　ⓓ 캐스케이드제어 : 1차 제어장치가 제어명령을 발하고 2차 제어장치가 이 명령을 바탕으로 제어량을 조절하는 측정제어를 말한다.

⑤ 제어동작에 의한 특성

　㉠ 연속동작

　　ⓐ 비례동작　　ⓑ 미분동작　　ⓒ 적분동작

　㉡ 불연속동작

　　ⓐ 이위치 동작　　ⓑ 다위치 동작　　ⓒ 불연속 속도조작

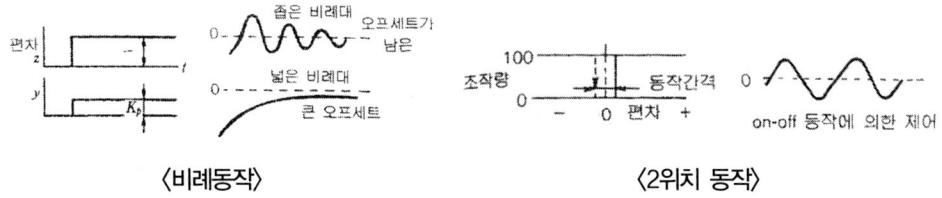

〈비례동작〉　　　　　　　　　　〈2위치 동작〉

⑥ 신호전달방식의 종류

　㉠ 공기압 신호전송

　　ⓐ 사용조작압력은 0.2~1[kg/cm^2]이다.

　　ⓑ 신호전달거리가 100~150[m] 정도이다.

　　ⓒ 온도제어 등에 적합하고 위험이 적다.

ⓓ 배관이 용이하고 보존이 쉽다.
　　　ⓔ 내열성이 우수하나 압축성이므로 신호전달에 지연이 된다.
　　　ⓕ 희망특성을 살리기 어렵다.
　　ⓛ 유압식 신호전송
　　　ⓐ 사용유압은 0.2~1[kg/cm^2]이다.
　　　ⓑ 신호전달거리가 300[m] 정도이다.
　　　ⓒ 높은 유압이 필요하다.
　　ⓓ 인화 위험성이 많다.
　　ⓒ 전기식 신호전송
　　　ⓐ 신호전달거리는 0.3~10[km]까지 가능하다.
　　　ⓑ 신호전달의 지연이 없고 배선이 용이하다.
　　　ⓒ 대규모 조작력이 필요한 경우에 사용된다.
　　　ⓓ 높은 기술을 요하며 가격이 비싸다.
⑦ 보일러자동제어(ABC : Automatic Boiler Control)
　　ⓞ S.T.C(Steam Temperature control) 증기온도제어
　　ⓛ F.W.C(Feed water control) 급수제어

　　　　종류 ─┬─ 1요소식 : 수위
　　　　　　　├─ 2요소식 : 수위, 증기량
　　　　　　　└─ 3요소식 : 수위, 증기, 급수량

　　ⓒ A.C.C(Automatic combustion control) 자동연소제어
⑧ 인터록제어 : 구비조건이 맞지 않을 때 그 조건이 충족될 때까지 다음 단계를 정지시키는 것
　　종류 : ⓞ 저수위인터록　　ⓛ 저연소인터록
　　　　　ⓒ 불착화인터록　　ⓔ 프리퍼지 인터록
　　　　　ⓜ 압력초과 인터록

제4장

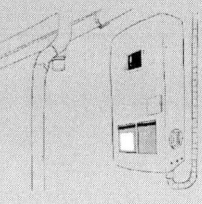

보일러 시공 취급 및 안전관리

1. 난방부하= $G \cdot C \cdot \Delta t$
   = 방열기 방열량 × 방열면적
   = 열손실계수 × 난방면적

   도표

구분	표준방열량(kcal/m²h)	방열기 평균온도	실내온도	온도차	방열계수
온수	450	80	18	62	7.2
증기	650	102	21	81	8

2. 방열기 쪽수계산 = $\dfrac{난방부하}{방열기방열량 \times 쪽당방열면적}$

3. **방열기 호칭법** : 주형방열기는 종별 - 형 × 쪽수
   ① 방열기도시기호
   ㉠ II : 2주형 ㉡ III : 3주형
   ㉢ 3 : 3세주형 ㉣ 5 : 5세주형
   ㉤ W-V : 벽걸이형 수직형 ㉥ W-H : 벽걸이형 수평형
   ②
   ```
   3
   W-V
   25×20
   ```
   ㉠ 3 : 쪽수 ㉡ W : 벽걸이형
   ㉢ V : 수직형 ㉣ 25 : 유입관경
   ㉤ 20 : 유출관경

③ 방열기 내 응축수량= $\dfrac{증기방열기방열량 \times 방열면적}{539}$

④ 보일러용량= $\dfrac{(Q_1+Q_2)(1+\alpha)\beta}{K}$

$\quad\quad\quad\quad = (Q_1+Q_2+Q_3+Q_4)$

Q_1(kcal/h) 난방부하, Q_2 : 급탕부하, Q_3 : 배관부하, Q_4 : 시동부하(예열부하)

α : 배관손실계수(온수난방 35%, 증기난방 25%)

β : 예열부하계수, K : 출력저하계수

⑤ 손실열량(Q)= $K \cdot A \cdot \triangle t$

4. 증기난방설비

① 증기난방의 분류

㉠ 단관식 : 응축수와 증기가 동일관속으로 흐르는 방식

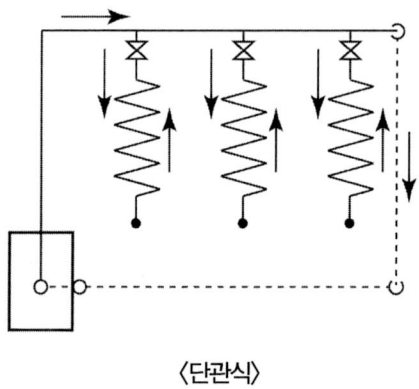

〈단관식〉

㉡ 복관식 : 공급관과 환수관의 2관방식

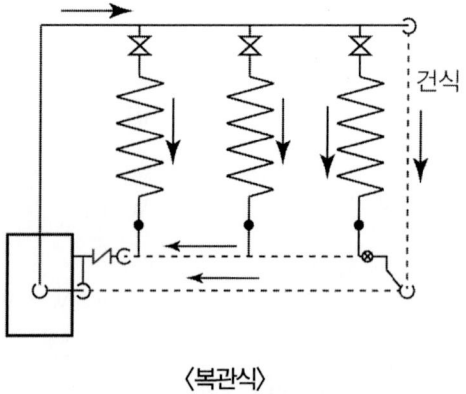

〈복관식〉

② 증기공급방식에 의한 분류
　㉠ 상향 순환식 : 수평주관을 보일러 바로 위에 설치하고 여기에 수직관 또는 분기관을 연결하여 윗층의 방열기에 증기를 공급하는 방식

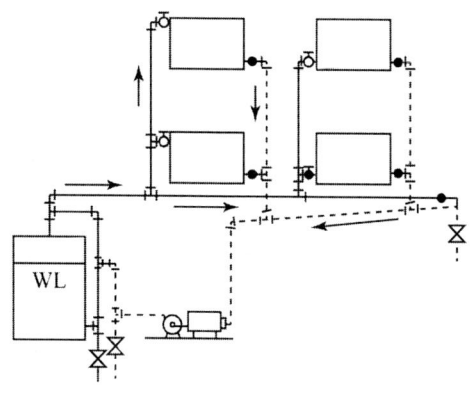

〈상향순환〉

　㉡ 하향 순환식 : 증기 수평주관을 가장 높은 층의 천정에 배관하고 이 수평주관에서 방열기에 공급하는 방식이다.

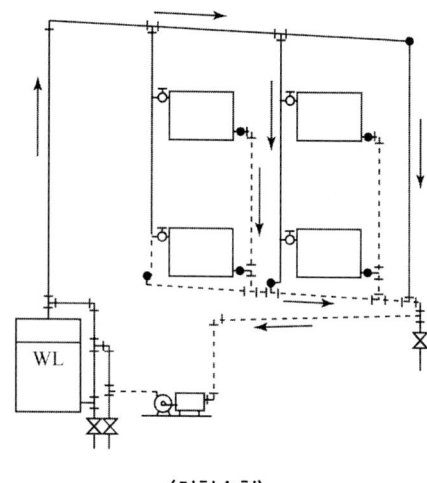

〈하향순환〉

③ 응축수 환수방식에 의한 분류
　㉠ 중력 환수식 : 건식 환수방식에서의 관수의 비중력차에 의해 환수하는 방식이다.
　㉡ 기계 환수식 : 방열기에서 응축수 탱크까지는 중력환수 탱크에서 보일러까지는 펌프에 의한 강제순환방식이다.
　㉢ 진공 환수식 : 방열기의 설치장소에 제한을 받지 않는 환수방식으로 증기와 응축수를 진공 펌프로 흡압 순환시키는 방식이다.

5. 증기난방 배관시공

① 배관구배

배관방법	구배	시공요령
단관중력 환수식	• 상향공급식(역류관) $\dfrac{1}{50} \sim \dfrac{1}{100}$ • 하향공급식(순류관) $\dfrac{1}{100} \sim \dfrac{1}{200}$	• 상향, 하향 공급식 모두 끝내림구배 • 순류관일 경우 관경이 65[mm] 이상 $\dfrac{1}{250}$ 구배
복관중력 환수식	• 건식환수관 $\dfrac{1}{200}$ • 습식환수관	• 끝내림구배로 보일러까지 배관 • 환수관은 보일러 수면보다 높게 설치 • 증기주관은 환수관의 수면보다 400[mm] 이상 높게 설치한다.
진공 환수식	$\dfrac{1}{200} \sim \dfrac{1}{300}$	건식환수를 한다.

② 하트포드접속 : 저압증기난방의 습식 환수방식에 있어 보일러의 수위가 환수관의 접속부로의 누설로 인해 저수위사고가 일어날 것을 방지하기 위해 증기관과 환수관 사이에 표준수면에서 50[mm] 아래에 균형관을 설치한다.

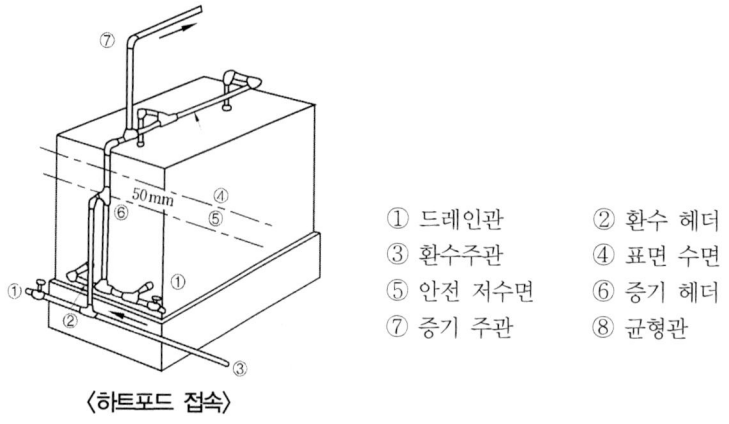

① 드레인관　② 환수 헤더
③ 환수주관　④ 표면 수면
⑤ 안전 저수면　⑥ 증기 헤더
⑦ 증기 주관　⑧ 균형관

〈하트포드 접속〉

③ 냉각레그 : 건식환수방식의 관말에 설치하는 것으로 관내응축수에서 생긴 플래쉬증기로 인해 보일러에 수격작용이 발생하는 것 방지

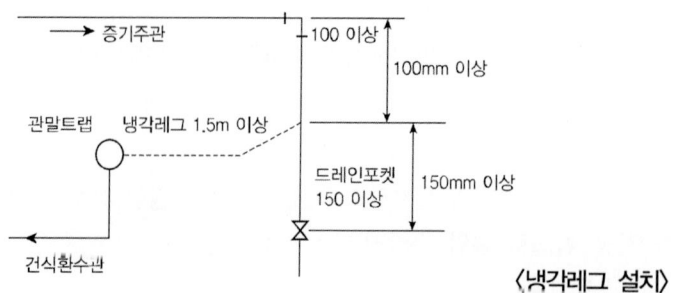

〈냉각레그 설치〉

④ 리프트 피팅(증발탱크) : 저압증기 환수관이 진공펌프의 흡입구보다 낮은 위치에 있을 때 응축수를 원활히 끌어올리기 위해 설치하는 것

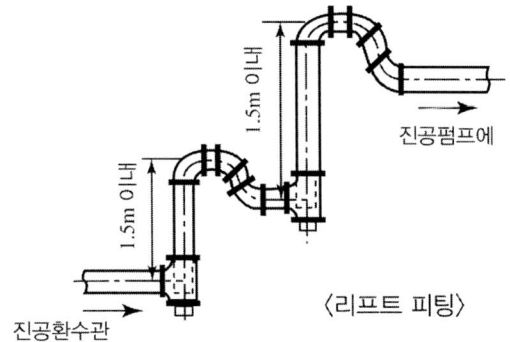

〈리프트 피팅〉

⑤ 복사난방의 특징
  ㉠ 실내공간의 이용률이 높다.
  ㉡ 동일 방열량에 대해 열손실이 적다.
  ㉢ 높이에 따른 온도분포가 균일하다.
  ㉣ 쾌감도가 좋다.
  ㉤ 매입배관으로 고장수리·점검이 어렵다.
  ㉥ 표면부의 균열발생이 쉽다.
  ㉦ 설비비가 많이 든다.
  ㉧ 예열이 길어 부하에 대응하기 어렵다.

⑥ 지역난방의 특징
  ㉠ 고압의 증기 고온수이므로 관경을 적게 할 수 있다.
  ㉡ 작업인원절감으로 인건비를 줄일 수 있다.
  ㉢ 열발생설비의 고효율화, 대기오염방지 효과를 얻을 수 있다.
  ㉣ 폐열의 회수 및 쓰레기소각 등을 연료비가 적게 든다.
  ㉤ 한 곳에 집중설비를 함으로서 건물의 공간을 유효하게 사용할 수 있다.

6. **보일러 설치 시공기준**

① 옥내설치
  ㉠ 연료를 저장할 때는 보일러 외측으로부터 2 m 이상의 거리를 두거나 방화벽설치 (단, 소형보일러는 1 m 이상의 거리를 둔다)
  ㉡ 보일러동체 최상부로부터 천정, 배관 등 보일러 상부에 있는 구조물까지의 거리는 1.2 m 이상(단, 소형보일러의 경우는 0.6 m 이상)
② 배관의 설치

㉠ 유지거리
ⓐ 전선 : 15 cm 이상
ⓑ 접속기, 점멸기, 굴뚝 : 30 cm 이상
ⓒ 안전기, 개폐기, 콘센트, 계량기 : 60 cm 이상
㉡ 배관의 고정
ⓐ 관경이 13 mm 미만 : 1 m 마다
ⓑ 관경이 13 mm 이상 33 mm 미만 : 2 m 마다
ⓒ 관경이 33 mm 이상 : 3 m 마다
㉢ 배관의 표시
ⓐ 사용가스명
ⓑ 최고사용압력
ⓒ 가스흐름방향
③ 급수장치(보조펌프를 생략할 수 있다.)
㉠ 전열면적 12 m^2 이하의 보일러
㉡ 전열면적 14 m^2 이하의 가스용 온수보일러
㉢ 전열면적 100 m^2 이하의 관류보일러
④ 안전밸브의 개수
㉠ 증기보일러에는 2개 이상의 안전밸브 설치(단, 전열면적이 50 m^2 이하 : 1개, 전열면적이 50 m^2 초과 : 2개)
⑤ 안전밸브 및 압력 방출장치의 크기 : 25 A 이상(단, 다음 보일러에서는 호칭지름 20 A 이상으로 할 수 있다.)
㉠ 최고사용압력이 0.1MPa 이하의 보일러
㉡ 소용량 보일러
㉢ 최고사용압력이 5T/h 이하의 관류보일러
㉣ 최고사용압력이 0.5MPa 이하의 보일러로서 전열면적이 2 m^2 이하의 것
㉤ 최고사용압력이 0.5MPa 이하의 보일러로서 동체안지름이 500 mm 이하이고 동체의 길이가 1000 mm 이하의 것 　(이때 0.1MPa = 1kg/cm^2)
⑥ 수면계 개수
㉠ 증기보일러에는 2개 이상의 수면계를 설치한다(단, 소용량보일러, 소형관류보일러는 1개 이상 설치, 단관식 관류보일러는 제외).
㉡ 최고사용압력이 10 kg/cm^2 이하로서 동체안지름이 750 mm 미만인 경우에 있어서는 수면계 중 1개는 다른 종류의 수면측정장치로 할 수 있다.
㉢ 2개 이상의 원격지시 수면계를 시설하는 경우에 한하여 유리수면계를 1개 설치
⑦ 수위계 : 수위계 최고눈금은 보일러 최고사용압력의 1배 이상 3배 이하

⑧ 온도계 설치
　㉠ 급수입구의 급수온도계
　㉡ 급유입구의 급유온도계
　㉢ 보일러 본체 배기가스 온도계
　㉣ 과열기 또는 재열기가 있는 경우 그 출구온도계
　㉤ 절탄기 또는 공기예열기가 설치된 경우에는 유체의 전·후 온도를 측정
⑨ 유량계 설치 : 용량이 2 T/h 이상의 보일러
　㉠ 유량계
　　　ⓐ 전선 : 15 cm 이상
　　　ⓑ 접속기, 점멸기, 굴뚝 : 30 cm 이상
　　　ⓒ 안전기, 개폐기, 콘센트 : 60 cm 이상
⑩ 자동연료차단장치
　㉠ 열매체보일러 및 사용온도가 120℃ 이상인 온수발생보일러 작동유체의 온도가 최고사용온도를 초과하지 않도록(온도-연소제어장치) 설치
⑪ 공기유량 자동조절기능
　㉠ 가스용 보일러 및 용량 5 T/h 이상인 유류보일러
　㉡ 난방전용은 10 T/h 이상
⑫ 분출밸브 크기 : 25 A 이상
　㉠ 전열면적 10 m² 이하 : 20 A 이상
　㉡ 전열면적 10 m² 초과 : 25 A 이상
⑬ 배기가스온도
　㉠ 열매체보일러의 배기가스온도는 출구열매온도와의 차이가 150℃ 이하여야 한다.
　㉡ 배기가스 온도차

보일러 용량(T/h)	배기가스온도(℃)
5 T/h 이하	300
5 초과 20 이하	250
20 초과	210

⑭ 외벽의 온도는 주의온도보다 30℃를 초과하여서는 안 된다.
⑮ 강철제 보일러의 수압시험압력
　㉠ 최고사용압력이 4.3 kg/cm² 이하 : $P \times 2$
　㉡ 최고사용압력이 4.3~15 kg/cm² 이하 : $P \times 1.3 + 3$
　㉢ 최고사용압력이 15 kg/cm² 초과 : $P \times 1.5$
⑯ 주철제 증기보일러 2 kg/cm²로 한다.

온수보일러 최고사용압력의 1.5배
⑰ 수압시험 방법 : 시험수압은 규정된 압력의 6% 이상 초과금지

7. **계속사용검사의 신청**
   ① 검사 적합

용량(T/h)	1 이상 1.5 미만	1.5 이상 2 미만	2 이상 3.5 미만	3.5 이상 6 미만	6 이상 12 미만	12 이상 20 이하
열효율(%)	71% 이상	73 이상	74 이상	77 이상	79 이상	80 이상

   ② 열매체 보일러는 출구 열매유 온도차 200℃ 이하여야 한다.
   ③ 증기건도
      ㉠ 강철제 보일러 : 0.98(98% 이상)
      ㉡ 주철제 보일러 : 0.97(97% 이상)
   ④ 송수주관, 환수주관의 크기 : 32 A 이상
   ⑤ 팽창관 및 방출관의 크기
      ㉠ 전열면적 5m² 미만 : 25 A 이상
      ㉡ 전열면적 5m² 이상 : 30 A 이상
   ⑥ 연도
      ㉠ 연도의 굽힘부수 : 3개소 이내
      ㉡ 수평부 경사 : $\frac{1}{10}$ 기울기 이상으로 시공

8. **보일러 취급**
   ① 수시점검사항
      ㉠ 연료온도　　　　　　　㉡ 연료압력
      ㉢ 공기압력　　　　　　　㉣ 공연비제어장치
      ㉤ 보일러 본체증기압력　　㉥ 배관
      ㉦ 화염상태
   ② 주간점검사항
      ㉠ 공급탱크　　　　　　　㉡ 수면변화
      ㉢ 배기가스　　　　　　　㉣ 각종계기
      ㉤ 회전체　　　　　　　　㉥ 전기배선
      ㉦ 버너본체
   ③ 소다보링 : 설치제작시 부착된 페인트, 유지, 녹 등을 제거하기 위하여 동내부에 소다계통의 약액을 주입하고, 가압하여(0.3~0.5 kg/cm²) 2~3일간 끓여 반복분출

㉠ 사용약액
  ⓐ 가성소다   ⓑ 탄산소다   ⓒ 제3인산소다
④ 점화전 점검사항
  ㉠ 자동제어장치의 점검   ㉡ 연료, 연소장치의 점검
  ㉢ 분출 및 분출장치의 점검   ㉣ 수위점검
  ㉤ 프리피지, 포스트퍼지 점검
⑤ 청소방법
  ㉠ 외부청소 : 전열면에 부착된 그을음, 재 등의 청소
    종류 : ⓐ 스팀쇼킹법   ⓑ 워터 쇼킹법
          ⓒ 수세법   ⓓ 샌드블로우법
⑥ 화학적 청소법
  ㉠ 염산의 세관
    ⓐ 염산 5~10%, 인히비터 0.2~0.6를 혼합
    ⓑ 처리온도와 시간 60±5, 4~6시간
  ㉡ 무기산의 세관
    ⓐ 처리온도와 시간 : 90±5, 4~6시간
  ㉢ 무기산 : 유산, 염산, 황산, 인산, 질산
    유기산 : 구연산, 옥살산, 히드록산
  ㉣ 중화방청제
    ⓐ 가성소다   ⓑ 탄산소다   ⓒ 인산소다   ⓓ 히드라진
⑦ 산세관의 특징
  ㉠ 스케일 용해 능력이 크다.
  ㉡ 물에 용해가 되어 세관후 세척이 용이
  ㉢ 가격이 저렴
  ㉣ 과열기의 세관시에는 보일러와는 별도로 한다.
⑧ 부식억제제의 종류 및 구비조건
  ㉠ 인히비터 : 부식억제능력이 클 것
  ㉡ 알콜류 : 점식발생이 없을 것
  ㉢ 알데히드류 : 물에 대한 용해도가 클 것
  ㉣ 아민유도체 : 세관액의 온도, 농도에 대한 영향이 적을 것
⑨ 보일러 보존
  ㉠ 건조보존법(장기보존) : 6개월 이상
    흡습제 : ⓐ 생석회, ⓑ 염화칼슘, ⓒ 실리카겔, ⓓ 활성알루미나
  ㉡ 만수보존(단기보존) : 2~3개월

　　　　ⓐ 가성소다　　ⓑ 탄산소다　　ⓒ 아황산소다
　　ⓔ 특수보존 : 질소순도 99.5%의 것으로 0.6 kg/cm² 정도로 가압봉입하여 공기와 치환

9. **보일러 용수관리**
   ① 수질의 용어
   　　㉠ PPM(Parts Per Million) : 용액 1kg 중의 용질 1 mg 함유
   　　㉡ PPb(Parts Per Billion) : 용액 1Ton 중의 용질 1 mg 함유
   ② 연질스케일의 원인 : ㉠ 인산염　㉡ 탄산염　㉢ 규산염
   　　경질스케일의 원인 : ㉠ 황산칼슘　㉡ 규산칼슘
   ③ 스케일(관석)에 의한 장해
   　　㉠ 통수공차단　　㉡ 연료소비량증대　　㉢ 효율저하
   　　㉣ 배기가스손실증대　㉤ 과열로 인한 파열사고
   ④ 용존고형물 : ㉠ 모래　㉡ 유지분　㉢ 진흙　㉣ 수산화철

10. **보일러 용수처리**
    ① 관내처리
    　　㉠ PH조정제(알카리조정제) : ⓐ 인산소다　ⓑ 암모니아　ⓒ 수산화나트륨
    　　㉡ 연화제 : ⓐ 인산소다　　ⓑ 탄산소다　　ⓒ 수산화나트륨
    　　㉢ 탈산소제 : ⓐ 탄닌　　ⓑ 아황산소다　　ⓒ 히드라진
    　　㉣ 슬러지조정제 : ⓐ 리그닌　ⓑ 녹말　　ⓒ 탄닌
    ② 관외처리
    　　㉠ 용존가스제거법 - 탈기법 : CO_2, O_2 가스체제거
    　　　　　　　　　　　　- 기폭법 : Fe, Mn 제거하는 방법
    　　㉡ 현탁질 고형물제거법(불순물제거법) - 침전법, 여과법, 응집법
    　　㉢ 용해고형물제거법 - 이온교환법
    　　　　　　　　　　　- 약제법
    　　　　　　　　　　　- 증류법

11. **보일러 안전관리**
    ① 안전관리의 목적
    　　㉠ 인명의 존중　　　　㉡ 생산성의 향상
    　　㉢ 경제성의 향상　　　㉣ 사회복지의 증진

② 고압가스 공업용기 도색

청탄산(①) 산녹(②)에서 황아(③)체 안주삼아 소주(④)잔 높이들고 백암(⑤)산 바라보니 염소(⑥)는 갈색으로 보이고 쥐(⑦)들은 기타를 치더라

① 탄산가스 : 청색　② 산소 : 녹색　③ 아세틸렌 : 황색
④ 수소 : 주황　⑤ 암모니아 : 백색　⑥ 염소 : 갈색
⑦ 기타 : 쥐색(회색) : C_3H_8, Ar

③ 화재의 분류
- A급화재(일반화재) : 석탄, 목재, 종이, 플라스틱 등
- B급화재(유류 및 가스) : CO_2, 분말, 포말
- C급화재(전기) : CO_2, 분말
- D급화재(금속화재) : Mg분, Al분, 건조사, 팽창질석, 팽창진주암

④ • 내부부식
　㉠ 점식　㉡ 전면식　㉢ 구식(그루빙)　㉣ 알카리부식　㉤ 국부부식
• 외부부식
　㉠ 고온부식　㉡ 저온부식

⑤ 점식방지법
　㉠ 용존산소제거　㉡ 방청도장(보호피막)
　㉢ 아연판매달기　㉣ 약한전류의통전

⑥ 구식(그루빙 : grooving) : 열팽창에 의한 신축으로 팽창, 수축의 반복적인 응력에 의해 도량형형태(V, U자) 홈을 만들면 나타나는 부식
　㉠ 구식발생장소 : ⓐ 노통보일러의 경판과 접합부
　　　　　　　　　ⓑ 노통보일러의 만곡부
　　　　　　　　　ⓒ 연돌관 화실하단 노통플랜지 만곡부
　　　　　　　　　ⓓ 관, 판, 나사스테이 만곡부
　㉡ 구식발생방지법 : ⓐ 반복적인 열응력을 피한다.
　　　　　　　　　　 ⓑ 노통호흡장소를 설치
　　　　　　　　　　 ⓒ 플랜지 만곡부의 반경을 크게 한다.

⑦ 저온부식의 원인 : S, SO_2, SO_3, H_2SO_4
　고온부식의 원인 : V, V_2O_5

⑧ • 라미네이션 : 보일러강판이나 관의 두께속에 두장의 층을 형성하고 있는 상태
• 블리스터 : 라미네이션 상태에서 고온의 열가스 접촉으로 인해 표면이 부풀어올라 갈라지는 현상

⑨ 팽출이 일어나는 부분 : ㉠ 횡연관 ㉡ 수관 ㉢ 보일러 동저부
　　압궤가 일어나는 부분 : ㉠ 노통 ㉡ 연소실 ㉢ 관판
⑩ 보일러사고의 원인별 구분
　　㉠ 제작상의 원인 : ⓐ 재료불량　ⓑ 용접불량　ⓒ 강도불량
　　　　　　　　　　 ⓓ 구조불량　ⓔ 설계불량
　　㉡ 취급상의 원인 : ⓐ 역화　ⓑ 부식　ⓒ 과열　ⓓ 압력초과 등

제 5 장

배관일반

1. **강관의 종류와 용도**
   ① 배관용강관
      ㉠ SPP(배관용탄소강관) 사용압력이 10[kg/cm^2] 이하인 증기, 기름, 물 배관에 사용
      ㉡ SPPS(압력배관용탄소강관) 사용압력이 10[kg/cm^2]이상 100[kg/cm^2]미만
      ㉢ SPPH(고압배관용탄소강관) 사용압력이 100[kg/cm^2]이상 사용
      ㉣ SPHT(고온배관용탄소강관) 사용온도가 350[℃] 이상시 사용
      ㉤ SPA(배관용합금강강관)
      ㉥ SPLT(저온배관용탄소강관) 빙점 이하의 관사용
      ㉦ SPS×T(배관용스텐레스강관)
   ② 수도용
      ㉠ SPPW(수도용아연도금강관)
      ㉡ STPG(수도용도복장강관)
   ③ 열전달용
      ㉠ STH(보일러열교환기용 탄소강강관)
      ㉡ STHB(보일러열교환기용 합금강강관)
      ㉢ STS×TB(보일러열교환기용 스테인레스강관)
   ④ 구조용
      ㉠ STS(일반구조용 탄소강관)
      ㉡ SM(기계구조용 탄소강관)
      ㉢ STA(구조용 합금강강관)

2. **스케줄번호**

   스케줄번호(SCh, No)(관의 두께 표시) = $\dfrac{P}{S} \times 10$

   여기서, P[kg/cm²] 사용압력

   S[kg/mm²] 허용응력 = $\dfrac{\text{인장강도}}{\text{안전율}(4)}$

3. **동관의 분류**
   ① 터프피치동관 : 1종과 2종이 있고 전기 및 열전도성이 좋아 열교환기용관, 급수관, 급유관, 압력계관 및 기타화학공업용으로 사용
   ② 인탈산동관 : 용접성이 우수하여 수도용, 냉난방용기기, 열교환기용, 급수관, 송유관, 급탕관에 사용
   ③ 황동관 : 동과 아연의 합금으로 기계적 성질, 내식성이 우수하여 구조용, 열교환기 각종기기의 부품으로 사용
   ④ 단동관 : 아연을 10~15[%] 포함한 황동관으로 내구성이 특히 강하다.
   ⑤ 규소청동관 : 규소(Si) 2.5~3.5[%]를 포함한 청동관으로 내산성이 특히 강하다.
   ⑥ 니켈동합금강 : 니켈 63~70[%]를 포함한 합금동관으로 내식 및 기계적강도가 크다.

4. **동관의 특징**
   ① 알카리에는 강하나 산에는 약하다.
   ② 전연성이 풍부하고 가공이 용이하다.
   ③ 무게는 가벼우나 외부충격에 약하다.
   ④ 유기약품에 침식되지 않아 화학공법용으로 사용
   ⑤ 연수에 부식되는 성질이 있어 증류수 및 증기관에는 부적합
   ⑥ 전기 및 열전도성이 좋아 열교환기용으로 우수하게 사용

5. **석면시멘트관(에터니트관)**
   석면과 시멘트를 1 : 5로 혼합하여 로울러로 압력을 가해 성형시킨 관이다.

6. **관이음 재료**
   ① 관 끝을 막을 때 : 플러그, 캡
   ② 배관방향을 바꿀 때 : 엘보우 밴드
   ③ 관을 도중에서 분기할 때 : 티이, 와이, 크로스
   ④ 같은 지름의 관을 직선 연결할 때 : 소켓, 유니온, 플랜지, 니플

⑤ 서로 다른 지름의 관을 연결할 때 : 이경소켓, 이경엘보우, 이경티, 부싱

7. **이음의 크기를 표시하는 방법**

① 구경이 3개인 경우

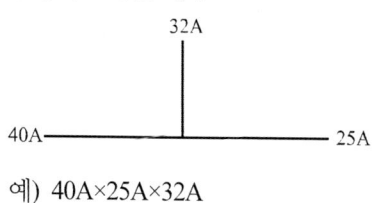

예) 40A×25A×32A

② 구경이 4개인 경우

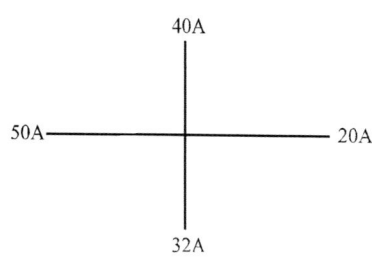

예) 50A×20A×40A×32A

8. **관용공구**

① 파이프바이스 : 관의 절단, 나사작업시 관이 움직이지 않도록 고정하는 것
(크기 : 고정 가능한 파이프 지름의 치수)

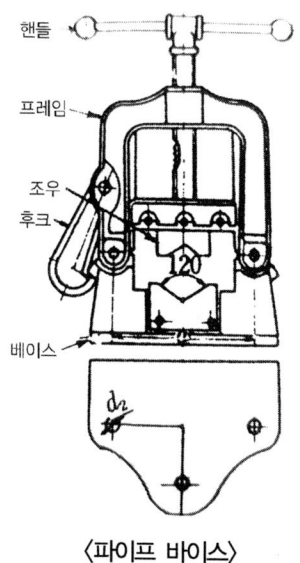

〈파이프 바이스〉

② **수평바이스** : 관의 조립, 열간 벤딩시 관이 움직이지 않도록 고정하는 것
   (크기 : 조우(jew)의 폭)
③ **파이프커터** : 강관의 절단공구로 1개의 날과 2개의 로울러의 것과 3개의 날로 되어진 두 종류가 있으며 날의 전진과 커터의 호전에 의해 절단되므로 거스러미가 생기는 결점이 있다.

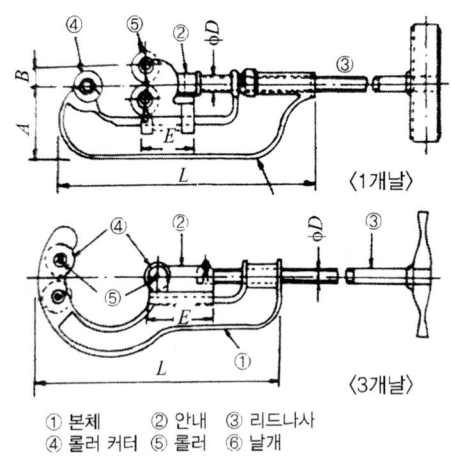

① 본체   ② 안내   ③ 리드나사
④ 롤러 커터   ⑤ 롤러   ⑥ 날개

〈파이프 커터〉

④ **파이프렌치** : 관의 결합 및 해체 시 사용하는 공구로 200[mm] 이상의 강관은 체인 파이프렌치를 사용(크기 : 입을 최대로 벌려놓은 전장)

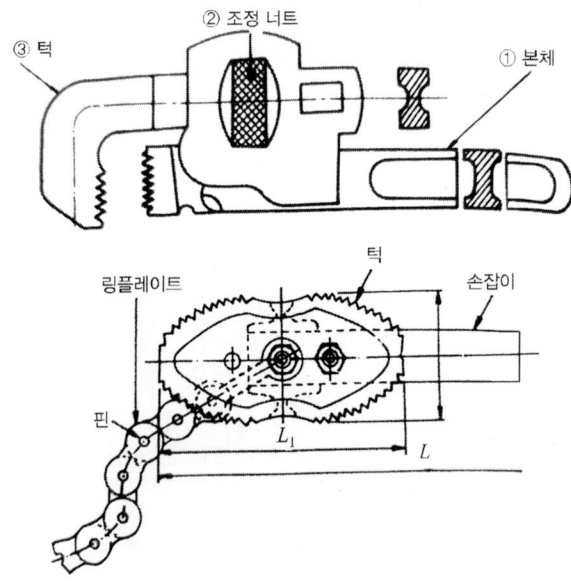

〈파이프 렌치〉

⑤ 파이프리머 : 거스러미 제거

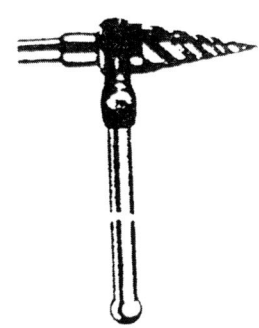

〈파이프리머〉

⑥ 동력용 나사절삭기
  ㉠ 다이헤드식 나사절삭기 : 나사절삭, 파이프절단, 거스러미제거
  ㉡ 오스타식 나사절삭기
  ㉢ 호브식 나사절삭기
⑦ 고속숫돌절단기 : 두께가 0.3~0.5[mm] 정도의 얇은 연삭 원판을 고속회전시켜 재료를 절단하는 기계로 숫돌그라인더, 연삭절단기, 커터그라인더라고 한다.

9. **관 벤딩용 기계**
   ① 램식(유압식) : 유압펌프를 이용 관을 구부리는 것으로 현장용이다.

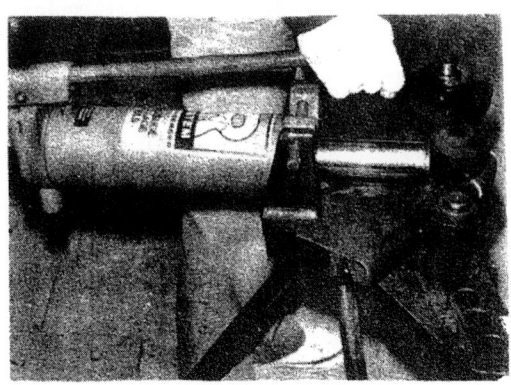

〈램식 벤더〉

② 로우터리식 : 관에 심봉을 넣어 구부리는 것으로 대량생산용으로 단면의 변형이 없으며 두께에 관계없이 상온에서 어느 관이라도 가공할 수 있으며 굽힘반경은 관지름의 2.5배 이상

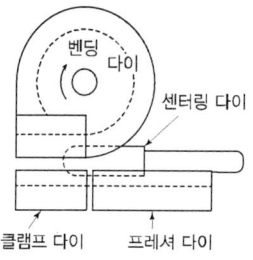

〈로우터리식 벤더〉

10. **동관용 공구**

① 플레어링 투울 : 동관의 압축 접합용 공구

〈플레어링 투울〉

② 익스펜더 : 동관의 확관용 공구

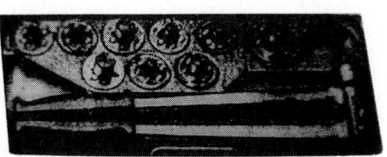

〈익스펜더〉

③ 튜브벤더 : 동관굽힘용 공구

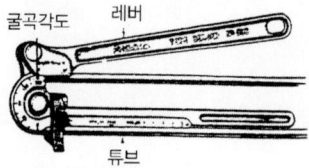

〈튜브벤더〉

④ 사이징 투울 : 동관 끝을 정확하게 원형으로 가공하는 공구

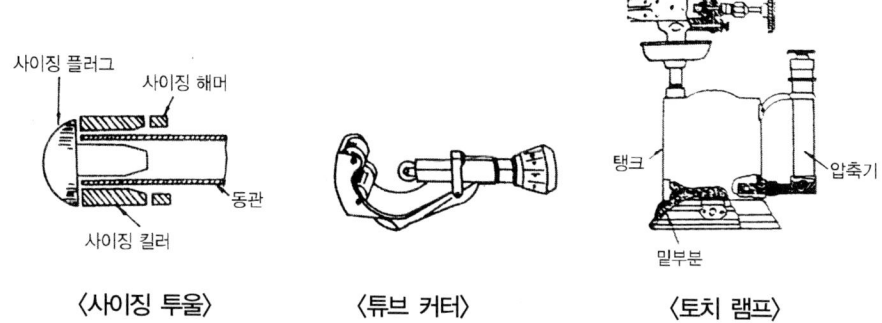

〈사이징 투울〉　　〈튜브 커터〉　　〈토치 램프〉

11. **연관용 공구**

　① 봄보올 : 주관에 구멍을 뚫을 때 사용

〈봄 보올〉

　② 드레서 : 연관 표면의 산화피막을 제거하는 공구

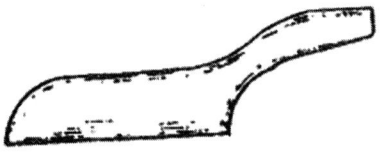

〈드레서〉

　③ 벤드벤 : 연관의 굽힘 작업에 사용

〈벤드벤〉

④ 마이레트 : 나무해머

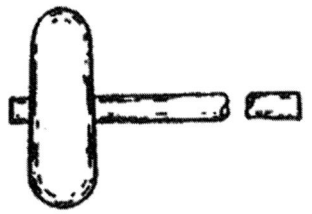

〈마이레트〉

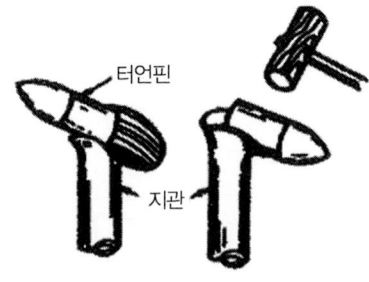

〈터언핀〉

12. **주철관용공구**
    ① 클립 : 소켓 접합시 용해된 납물의 비산방지
    ② 링크형커터 : 주철관 절단 전용공구

〈링크형커터〉

③ 코킹정 : 소켓 접합시 다지기에 사용하는 정

13. **관의 접합**

    파이프나사는 관용테이퍼나사로 테이퍼가 $\frac{1}{16}$(각도 55°)의 것으로 절삭됨

    ① 나사접합   ② 용접접합   ③ 플랜지접합

14. **곡관부 길이 계산**

    $$l = \frac{2\pi RQ}{360}$$

    여기서, R[mm] 곡률반지름, Q(각도)

15. **열간굽힘**

    ① 동관 : 600~700[℃]

    ② 연관 : 700~800[℃]

    ③ 강관 : 800~900[℃]

16. **주철관의 접합**

    ① 소켓 접합 : 허브에 스피고트(spigot)를 삽입 얀을 단단히 꼬아 감고 정으로 다진 후 납을 채워 다시 정으로 다져 접합하는 방법(얀은 기밀유지 및 굽힘성을 부여하고 납은 얀의 이탈을 방지)

    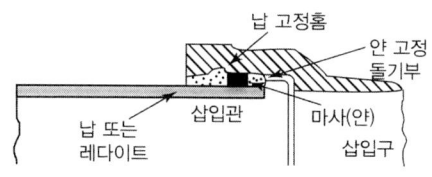

    〈소켓 접합〉

    ② 기계적 접합 : 플랜지 접합과 소켓 접합의 장점을 취한 것으로 150[mm] 이하의 수도관에 사용, 스패너 하나만으로도 시공할 수 있고, 수중작업에도 용이

    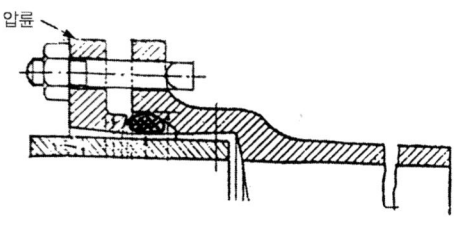

    〈기계적 접합〉

    ③ 플랜지 접합 : 플랜지가 달린 주철관을 서로 맞추어 보울트로 죄어 접합하는 것.

    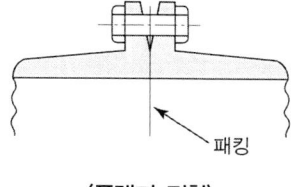

    〈플랜지 접합〉

④ 빅토리 접합 : 빅토리형 주철관을 고무링과 금속재 칼라를 이용 접합하는 곳으로 특히 관내의 압력이 증가함에 따라 고무링이 관벽에 밀착하여 더욱 더 기밀 유지

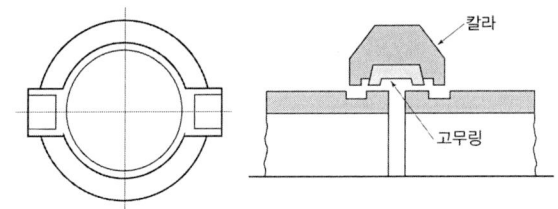

〈빅토리 2분기 접합〉

⑤ 타이톤 접합 : 원형의 고무링 하나 만으로 접합하는 방법

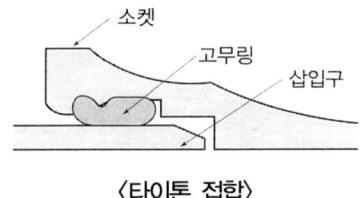

〈타이톤 접합〉

17. **동관의 접합**
    ① 플레어 접합 : 동관 끝을 플레어링 투울 셋으로 넓혀 플레어로 접합하는 방식으로 일명 압축접합이라고도 한다. 관의 점검 및 보수를 위한 해체할 곳에 사용
    ② 납땜이음
        ㉠ 연납땜 : 유체의 온도(120[℃] 이하) 및 사용압력이 낮은 곳에 사용하는 방식으로 익스펜더로 관을 확관하여 연결할 관을 끼워 용제를 바른 뒤 플라스텐을 용해하여 틈새에 채워 접합. 가열온도 200~300[℃]
        ㉡ 경납땜 : 고온 및 사용압력으로 높은 곳에 사용하는 방식으로 인동납, 은납을 틈새에 채워 접합하는 방법. 이때의 가열온도 700~850[℃]
    ③ 용접 접합
    ④ 플랜지 접합

18. **연관의 접합**
    플라스텐 접합 : 플라스텐(Sn 40[%], Pb 60[%])를 녹여 232[℃]로 접합하는 것

19. **행거(hanger)**
    배관의 하중을 위에서 잡아주는 장치
    ① 스프링행거 : 턴버글 대신 스프링을 사용한 것

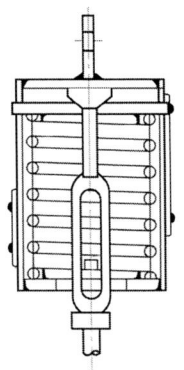

〈스프링 행거〉

② 리지드행거 : I 비임에 텀버클 이용 지지하는 것

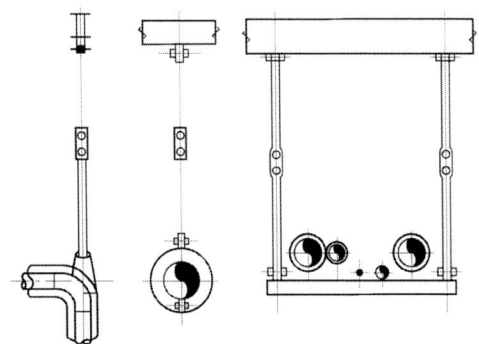

〈리지드 행거〉

③ 콘스탄트 행거 : 배관의 상·하 이동에 관계없이 관지지력이 일정한 것

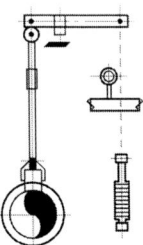

〈콘스탄트 행거〉

20. **리스트레인**

열팽창에 의한 배관의 이동을 구속 또는 제한하는 장치

① 앵커 : 관의 이동 및 회전을 방지하기 위해 지지점에 완전히 고정하는 장치

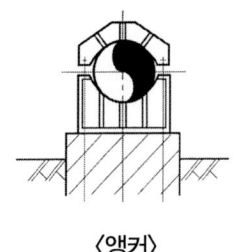

<앵커>

② **스톱** : 배관의 일정한 방향과 회전만 구속하고 다른 방향은 자유롭게 이동하게 하는 장치

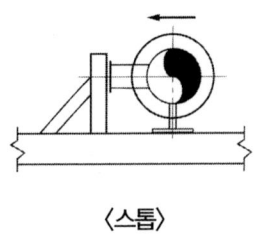

<스톱>

③ **가이드** : 배관의 곡관 부분이나 신축조인트 부분에 설치하는 것으로 회전을 제한하거나 축방향의 이동을 허용하여 직각방향으로 구속하는 장치

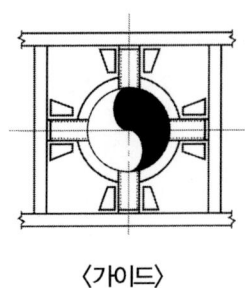

<가이드>

21. **브레이스**

펌프, 압축기 등에서 발생하는 진동, 서어징, 수격작용 등에 의한 진동, 충격 등을 완화하는 완충기이다.

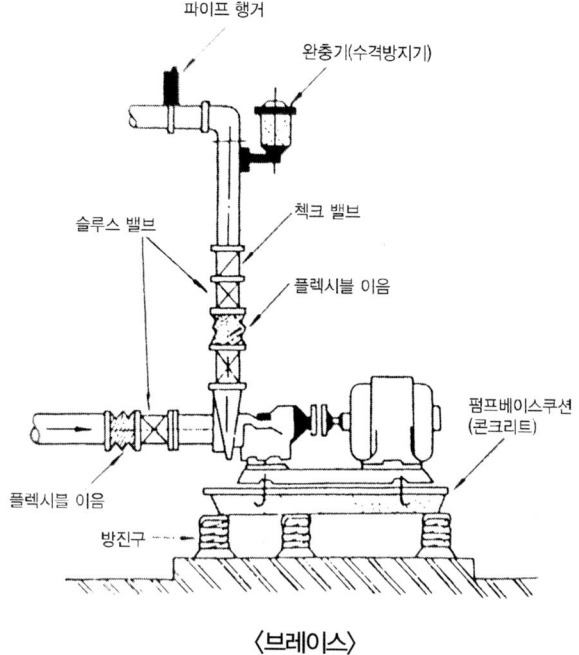

〈브레이스〉

22. **서포트**

    배관의 하중을 밑에서 떠 받쳐 지지해 주는 장치

    ① 스프링 서포트 : 스프링의 탄성에 의해 상하 이동을 허용한 것

    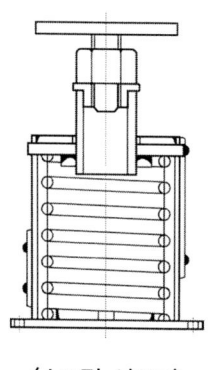

    〈스프링 서포트〉

    ② 리지드 서포트 : H비임이나 I비임으로 받침을 만들어지지

    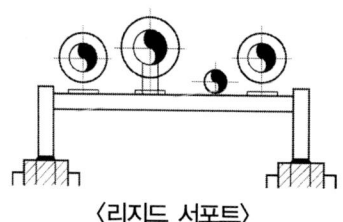

    〈리지드 서포트〉

③ 롤러 서포트 : 관의 축방향의 이동을 허용한 지지구이다.

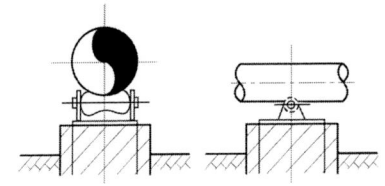
〈롤러 서포트〉

④ 파이프슈 : 관에 직접 접속하는 지지구로 수평배관과 수직배관의 연결부에 사용

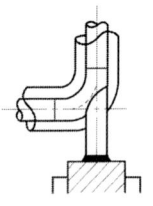
〈파이프슈〉

23. **플랜지 패킹**

① 고무패킹
  ㉠ 산이나 알카리에는 강하나 기름에 침식된다.
  ㉡ 100[℃] 이상의 고온배관에는 사용금지
  ㉢ 네오플렌의 합성고무는 내열범위가 -46~121[℃]로 증기배관 사용
② 오일시일패킹 : 한지를 내유 가공한 것으로 내열도가 낮아 펌프, 기어 박스에 사용
③ 합성수지패킹 : 가장 우수한 것으로 테프론이 있으며 내열범위 -260~260[℃]까지이다.
④ 석면 조인트시트 : 광물질의 미세한 섬유로 450[℃]의 고온배관에도 사용

24. **글랜드 패킹**

① 아마존 패킹 : 면포와 내열고무 콤파운드를 가공 성형한 것으로 압축기용 글랜드에 사용
② 모울드 패킹 : 석면, 흑연, 수지를 배합 성형한 것으로 밸브, 펌프 등의 글랜드에 사용
③ 석면각형 패킹 : 석면을 각형으로 짜서 만든 것으로 내열, 내산성이 좋아 대형밸브 글랜드로 사용
④ 석면얀 : 석면을 꼬아서 만든 것으로 소형밸브, 수면계, 콕크 등 주로 소형밸브 글랜드에 사용

25. **나사용 패킹**
    ① 일산화연 : 페인트에 소량의 일산화연을 혼합 사용하여 냉매 배관 사용
    ② 액상합성수지 : 내열범위가 -30~130[℃] 정도로 약품에 강하고 내유성이 강해 증기, 기름, 약품배관에 사용

26. **방청용도료**
    ① 광명단 도료 : 연단을 아마인유와 혼합한 것으로 녹을 방지하기 위해 페인트 밑칠용 사용
    ② 산화철 도료 : 산화제2철을 보일유나 아마인유에 혼합한 것으로 도막이 부드럽고 가격이 싸지만 녹 방지가 완벽하지 못하다.
    ③ 알루미늄도료(은분) : 알루미늄분발을 유성바니스에 혼합한 것으로 열을 잘 반사하여 방열기에 사용. 400~500[℃]의 내열성을 가지며 방청효과가 매우 좋다.

27. **보온재의 구비조건**
    ① 열전도율이 적어야 한다(보온능력이 커야 한다).
    ② 비중이 적어야 한다(가벼워야 한다).
    ③ 사용온도에 견디고 변질되지 않아야 한다.
    ④ 기계적 강도가 있어야 한다.
    ⑤ 다공질이며 기공이 균일해야 한다.

28. **유기질 보온재**
    ① 폼류 ─ 경질우레탄폼 / 염화비닐폼 / 폴리스틸렌폼 ─ 80℃ 이하
    ② 펠트류 ─ 양모펠트 / 우모펠트 ─ 100℃ 이하
    ③ 텍스류 ─ 톱밥 / 녹재 / 펄프 ─ 120℃ 이하
    ④ 콜크류 탄화콜크 : 130[℃] 이하
    ⑤ 기포성수지

29. **무기질 보온재**
    ① 탄산마그네슘
        ㉠ 염기성 탄산마그네슘에 석면을 15[%] 정도 혼합하여 만든 것
        ㉡ 안전사용온도 : 250[℃]
    ② 그라스울(유리섬유)
        ㉠ 유리를 용융시켜 압축 공기나 원심력을 주어 섬유화한 것
        ㉡ 안전사용온도 : 300[℃]
    ③ 석면(아스베스토질)
        ㉠ 진동을 받는 부분에 사용
        ㉡ 석면 가루는 폐암 유발
        ㉢ 안전사용온도 : 400[℃]
    ④ 규조토
        ㉠ 진동을 받는 부분에 사용 못함
        ㉡ 안전사용온도 : 500[℃]
    ⑤ 암면
        ㉠ 꺾어지기 쉽다.
        ㉡ 흡습성이 적고 산에 약하다.
        ㉢ 안전사용온도 : 600[℃]
    ⑥ 규산칼슘
        ㉠ 규산분말에 소석회와 35[%] 석면을 가하여 성형
        ㉡ 압축강도가 크며, 내수, 내구성 크다.
        ㉢ 시공이 용이하다.
        ㉣ 안전사용온도 : 650[℃]
    ⑦ 실리카화이버
        ㉠ SiO_2를 주성분으로 압축성형
        ㉡ 안전사용온도 : 1100[℃]
    ⑧ 세라믹화이버
        ㉠ ZrO_2(산화지르코늄)를 주성분으로 압축성형
        ㉡ 안전사용온도 : 1300[℃]

30. **높이표시**
    ① EL표시 : 배관의 높이를 관의 중심을 기준으로 표시
    ② BOP(Bottom of pipe) : 지름이 서로 다른 관의 높이 표시방법으로 관 바깥지름의 아랫면까지의 높이를 기준으로 표시한 것

③ TOP(Top of pipe) : 관의 바깥 지금의 윗면을 기준으로 표시

31. **유체의 종류와 기호**
    ① A : 공기　② G : 가스　③ O : 유류
    ④ S : 수증기　⑤ W : 물

32. **관길이 산출**
    ① 직관길이 산출
    　㉠ 동일부속의 길이 산출
    　　(a) $l = L - 2(A-a)$

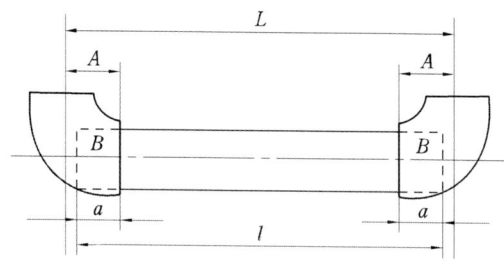

    　　(b) $l = B \times \sqrt{2} - 2(A-a)$
    　　　　$L - 2(A-a)$
    　㉡ 다른 부속과의 길이 산출
    　　$l = L - [(A-a) + (B-a)]$

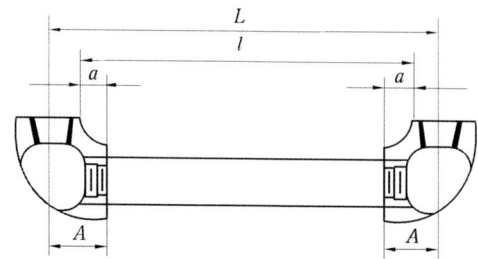

L : 배관의 중심선 길이[mm]
A : 부속중심선에서 단면까지 길이[mm]
a : 나사물림 길이[mm]
l : 관의 실제 길이(유효길이)[mm]
B : 45°의 수평부(높이도 같다)[mm]

〈관경에 따른 나사물림 길이〉

관지름[mm]	15	20	25	32	40
나사물림 길이[mm]	11	13	15	17	18

제6장 에너지이용합리화법

1. **검사유효기간**
    ① 유효기간 없음 : ㉠ 개조검사   ㉡ 용접검사   ㉢ 구조검사
    ② 유효기간 1년 : ㉠ 계속사용 안전검사   ㉡ 계속사용 성능검사

2. **검사대상기기**
    ① 강철제 보일러   ② 주철제보일러   ③ 온수보일러
    ④ 1종압력 용기   ⑤ 2종압력 용기   ⑥ 철금속가열로

3. **신고 · 해임**
    ① 검사대상기기 채용기준 : 1구역당 1인 이상
    ② 특정열 사용기자재의 시공업에 대한 기술인력 교육 : 7일 이내
    ③ 검사대상기기 조종자가 퇴직하거나 조종자 채용하는 경우 : 해임 또는 퇴직이전
    ④ 축열식 전기보일러 : 전격 소비전력이 30[kW] 이하이며 최고사용압력이 0.35[MPa] 이하
    ⑤ 연료 및 열과 전력의 연간사용량 합계 : 2000[TOE] 이상시 사용량 신고
    ⑥ 검사대상기기의 : ㉠ 설치자 변경신고 : 15일 이내
                      ㉡ 중지신고 : 15일 이내
                      ㉢ 폐기신고 : 15일 이내

4. **시 · 도지사의 위임**
    ① 에너지사용신고의 접수
    ② 기록의 작성 및 보존에 대한 감독 확인

③ 시공업 등록의 말소 또는 시공업 전부 또는 일부 정지의 요청
④ 과태료부과 징수
⑤ 열사용 기자재의 제조, 수입, 판매, 시공 설치자에 대한 보고, 명령 및 검사 실시

5. **모든 검사대상기기 조종자**
① 에너지관리기능장　② 에너지관리기사　③ 에너지관리산업기사
④ 에너지관리기능사

6. **인정검사대상기기 조종자가 조종할 수 있는 검사대상 기기**
① 압력용기
② 온수발생 또는 열매체를 가열하는 보일러로서 출력이 0.5[MW] 이하인 것
③ 증기보일러로서 최고사용압력이 1[MPa] 이하이고 전열면적이 10[m^2] 이하
④ 관류보일러로서 전열면적이 30[m^2] 이하시
⑤ 온수발생보일러 출력이 50만[kcal/h] 이하

7. **국가에너지 기본계획 : 10년 이상계획**
① 국내외에너지 수급정세의 추이와 전망
② 환경피해요인의 최소화
③ 수요에너지의 안정적 확보 및 공급을 위한 대책
④ 기술개발의 촉진
⑤ 이산화탄소의 배출감소를 위한 대책
⑥ 에너지 관련기술의 개발 및 보급을 촉진하기 위한 대책

8. **소형온수 보일러로서 검사대상기기에 해당하는 것**
① 도시가스열량 : 20만[kcal/h] 초과 시
② 도시가스사용량 : 17[kg/h] 초과 시

9. **에너지절약 전문기업의 등록이 취소되는 경우**
① 허위기타부적합 방법으로 등록한 때
② 규정에 의한 등록기준에 미달하게 된 때
③ 정당한 사유 없이 등록한 후 3년 이내에 사업을 개시하지 아니한 때

10. **내용요약**
① 에너지이용합리화 기본계획 : 5년

② 검사대상기기의 계속 사용검사 유효기간 만료일이 9월 1일 이후인 경우 몇 개월 기간 내에서 이를 연기 : 4개월
③ 자발적 협약 : 에너지사용자가 에너지절감 목표를 수립하여 정부와 이행약속을 하는 제도
④ 보일러설치시공범위 : 설치, 시공, 세관(배관)

11. **에너지 이용합리화법의 기본목적**
    ① 에너지소비로 인한 환경피해감소
    ② 에너지의 수급안정
    ③ 에너지의 효율적인 이용증진
    ④ 에너지이용 효율의 증대
    ⑤ 국민경제의 건전한 발전과 국민복지 증진
    ⑥ 지구온난화를 최소화하려는 국제적 노력에 기여

12. **효율관리기자재**
    ① 전기냉장고　② 전기냉방기　③ 전기세탁기
    ④ 조명기기　⑤ 자동차　⑥ 삼상유도전동기

13. **에너지이용합리화법에 의한 금융, 세제상의 지원대상**
    ① 노후된 보일러 및 산업용 요로 등 에너지 다소비 설비의 대체
    ② 대체연료사용을 위한 시설설치
    ③ 온실가스배출을 줄이기 위한 에너지기술 개발사업
    ④ 10[%] 이상의 에너지절약효과가 있다고 인정되는 에너지 절약형 설비 및 기자재의 제조 또는 설치

14. **에너지사용의 제한 또는 금지**
    ① 차량 등 에너지 사용기자재의 사용제한
    ② 에너지 사용의 시기 및 방법의 제한
    ③ 위생접객업소, 기타 에너지사용시설의 에너지사용의 제한

15. **에너지사용기자재**
    ① 에너지사용기자재 : 열사용기자재 및 기타 에너지를 사용하는 기자재
    ② 시험기관 : 에너지 효율관리기자재의 에너지소비효율 또는 사용량 측정
    ③ 국가에너지기본계획 : 국가에너지위원회의 심의

④ 지역에너지계획을 수립하여야 하는 자 : 특별시장, 광역시장, 도지사

16. **정의**
    ① 에너지 : 연료, 열, 전기(단, 우라늄은 제외)
    ② 연료 : 석탄, 석탄 대체 에너지로 기타 열을 발생하는 열원(핵원료 제외)
    ③ 에너지 사용자 : 에너지 사용 시설의 소유자, 관리자
    ④ 열사용 기자재 : 연료 및 열을 사용하는 기기, 축열식 전기기기, 단열성 자재
    ⑤ 에너지 공급 설비 : 에너지를 생산, 전환, 수송, 저장하기 위한 설비
    ⑥ 에너지 공급자 : 에너지를 생산, 수입, 전환, 수송, 판매하는 사업자

> **연료, 열 및 전기량의 에너지 환산(2000 TOE)**
> 산업 자원부령에 의해 석유를 중심으로 환산(T.O.E=ton of energy)

17. **에너지 사용계획 수립 및 협의 대상자**
    ① 연료 및 열을 사용하는 경우 : 연간 1만[TOE] 이상
    ② 전력을 사용하는 경우 : 연간 4천만[kW] 이상 사용 시설

18. **열사용기자재**
    ① 보일러(강철제, 주철제, 소형 온수, 구명탄용, 축열식 전기보일러)
    ② 태양열 집열기
    ③ 압력용기(1종, 2종)
    ④ 요로(요업, 금속)

19. **특정 열사용 기자재**
    ① 보일러 : 강철제보일러, 주철제보일러, 온수보일러, 축열식전기보일러
    ② 압력 용기(1종, 2종)
    ③ 요업 요로(각종 가마)
    ④ 금속 요로(용선로, 가열로)

20. **특정 열사용 기자재 시공업 등록 : 국토해양부 장관에게 등록**
    ① 특정 열사용 기자재 설치 시공시 : 시공기록 및 배관도면 3년간 보존
    ② 특정 열사용 기자재 설치 시공 기준 : 한국 산업 규격
    ③ 시공표지판 부착 : 시공업자, 상호 또는 명칭, 연락처 및 설치시공 연월일

21. **시공업 등록 취소**
    ① 특정 열사용 기자재 설치 시공 기준에 따르지 아니하거나 시공 기록을 작성, 보존하지 않을 때
    ② 설치, 시공확인을 받지 아니하고 특정 열사용 기자재를 사용하게 할 때
    ③ 보고를 하지 않거나 허위보고, 검사의 거부, 방해, 기피 시
    ④ 이 법에 의한 명령, 처분 위반시

22. **난방 시공업 종별 업무**
    ① 1종 난방 시공업 : 각종 보일러, 축열식 전기보일러, 태양열 집열기, 압력 용기
    ② 2종 난방 시공업 : 태양열 집열기, 5만[kcal/h] 이하 온수 보일러, 구멍탄 온수보일러
    ③ 3종 난방 시공업 : 요업 요로, 금속 요로

23. **검사 대상기기 조종자 선임**
    ① 검사 대상기기 설치자 : 검사 대상기기 조종자 선임, 해임, 퇴직시 시·도지사에게 신고, 에너지 관리공단위탁(1천만원 이하 벌금) → 30일 이내
    ② 조종자 해임, 퇴직전 다른 조종자 선임
    ③ 채용기준 : 1구역당 1인 이상(1구역 : 한 시야로 볼 수 있는 범위, 중앙통제, 조종설비에 의해 1인이 통제, 조종할 수 있는 범위)
    　㉠ 에너지관리기사, 에너지관리산업기사, 에너지관리기능사 : 모든 검사대상기기
    　㉡ 인정 검사 대상기기 조종자 교육 이수자
    　　ⓐ 증기보일러 : 10만[kcal/h] 이하, 전열면적 10[m^2] 이하
    　　ⓑ 온수보일러 : 50만[kcal/h] 이하
    　　ⓒ 압력용기

24. **검사시 필요 조치사항**
    ① 기계적 시험 준비
    ② 비파괴 검사 준비
    ③ 검사 대상기기 정비
    ④ 수압 시험 준비
    ⑤ 안전밸브 및 수면 측정 장치 분해, 정비
    ⑥ 검사 대상기기 피복을 제거
    ⑦ 조립식인 검사 대상기기의 조립, 해체
    ⑧ 운전 성능 측정의 준비

25. 계속 사용검사
① 계속 사용 검사 신청서 제출 : 유효기간 만료 10일 전
② 계속사용 검사 연기 : 당해 년도 말까지 연기 가능(단, 유효기간 만료일이 9월 1일 이후의 경우 4개월 이내의 기간 내에서 연기 가능)

검사 대상기기의 폐기, 사용중지, 설치자 변경신고 : 공단 이사장에게 신고
① 폐기 : 폐기일 예정 15일 이전까지
② 사용중지 : 사용중지 예정 15일 이전까지
③ 설치자 변경신고 : 설치자 변경 15일 이전까지

26. 일수의 정리
① 교육 : 7일 이내
② 변경, 중지, 폐기신고 : 15일 이내
③ 에너지관리자 채용, 해임신고 - 30일 이내
　 검사대상자 채용, 해임신고 - 30일 이내
④ 유효기간 만료 : 10일 이내
⑤ 개선 명령 : 60일 이내
⑥ 연장 가능 개월 : 4개월

27. 녹색성장위원회의 구성 및 운영
① 국가의 저탄소 녹색성장의 관련된 주요정책 및 계획과 그 이행에 관한 사항을 심의하기 위하여 대통령소속으로 녹색성장 위원회를 둔다.
② 위원회는 위원장 2인을 포함한 50명 이내의 위원으로 구성한다.

28. 용접검사의 면제대상 범위
① 주철제 보일러
② 1종 관류 보일러
③ 온수보일러 중 전열면적이 18 m^2 이하이고 최고사용압력이 0.35 MPa 이하인 것
④ 강철제보일러 중 전열면적이 5 m^2 이하이고 최고사용압력이 0.35 MPa 이하인 것

29. 신·재생에너지 설치 전문기업의 신고등
신·재생에너지 설비의 설치를 전문으로 하려는 자는 자본금, 기술인력 등 대통령으로 정하는 신고기준 및 질차에 따라 산업통상자원부장관신고

30. **저탄소 녹색성장 기본법상 온실가스란**
    ① CO_2 ② CH_4 ③ N_2O(아산화질소)   ④ 수소불화탄소
    ⑤ 과불화탄소 ⑥ 육불화황(SF_6) 및 그 밖에 대통령령으로 정하는 것

31. **온실가스의 감축목표의 설정, 관리 및 필요한 조치에 관하여 총괄, 조정기능을 수행하는 자** : 환경부 장관

32. **저탄소 녹색성장 기본법 제22조 녹색경제, 녹색산업의 육성, 지원 중 자원순환산업의 육성, 지원시책사항**
    ① 자원순환촉진 및 자원생산성 제고목표설정
    ② 자원의 수급 및 관리
    ③ 유해하거나 재 제조 재활용이 어려운 물질의 사용억제
    ④ 폐기물 발생의 억제 및 재 제조, 재활용 등 재자원화
    ⑤ 에너지 자원으로 이용되는 목재, 식물, 농산물 등 바이오메스의 수집, 활용
    ⑥ 자원 순환관련 기술개발 및 산업의 육성
    ⑦ 자원 생산성 향상을 위한 교육훈련, 인력양성 등에 관한 사항

33. **에너지관리기능사의 조종범위**
    ① 용량이 10 T/h 이하인 보일러
    ② 증기보일러로서 최고사용압력이 1 MPa 이하이고 전열면적이 10 m^2 이하인 것
    ③ 온수발생 또는 열매체를 가열하는 보일러로서 용량이 581.5 kW 이하인 것
    ④ 압력용기

34. **온실가스감축 국가목표설정, 관리 등 부분별관장기관**
    ① 국토교통부 : 건물, 교통분야
    ② 환경부 : 폐기물분야
    ③ 산업통상자원부 : 산업, 발전분야
    ④ 농림축산식품부 : 농업, 임업, 축산분야

35. **에너지 수급안정을 위한 조치**
    ① 에너지이 배급
    ② 에너지의 양도·양수의 제한 또는 금지
    ③ 에너지의 유통시설과 그 사용 및 유통경로

④ 에너지 공급자 상호간의 에너지의 교환 또는 분배사용
⑤ 에너지의 도입, 수출입 및 위탁가공
⑥ 에너지의 비축과 저장
⑦ 에너지 공급설비의 가동 및 조업
⑧ 지역별 주요수급자별 에너지 할당

36. **에너지 저장의무부과대상자**
    ① 전기사업법에 의한 전기사업자
    ② 도시가스사업법에 의한 도시가스사업자
    ③ 석탄산업법에 의한 석탄가공업자
    ④ 집단에너지사업법에 의한 집단에너지사업자
    ⑤ 연간 2만석유환산톤 이상의 에너지를 사용하는자

37. **신에너지 및 재생에너지**
    기존의 화석연료를 변환시켜 이용하거나 햇빛, 물, 지열, 강수, 생물유기체 등을 포함하는 재생가능한 에너지를 변환시켜 이용하는 에너지(지수 수연아 해양의 태풍을 바라)
    ① 지열에너지   ② 수소에너지   ③ 수력   ④ 연료전지
    ⑤ 태양에너지   ⑥ 풍력   ⑦ 바이오에너지   ⑧ 해양에너지

38. **에너지기술개발사업비**
    ① 에너지기술의 연구, 개발에 관한 사항
    ② 에너지기술의 수요, 조사에 관한 사항
    ③ 에너지기술에 대한 국제협력에 관한 사항
    ④ 에너지에 관한 연구인력 양성에 관한 사항
    ⑤ 에너지사용에 따른 대기오염을 줄이기 위한 기술개발에 관한 사항
    ⑥ 온실가스 배출을 줄이기 위한 기술개발에 관한 사항
    ⑦ 에너지 사용기자재와 에너지 공급설비 및 그 부품에 관한 기술개발에 관한 사항

39. **설치검사 면제**
    ① 가스외의 연료를 사용하는 1종 관류보일러
    ② 전열면적 30 m^2 이하의 유류용 주철제 증기보일러

40. 신·재생에너지 설비의 인증을 위한 심사기준 항목
    ① 일반심사기준
        ㉠ 신 재생에너지 설비의 제조 및 생산능력의 적정성
        ㉡ 신 재생에너지 설비의 품질유지, 관리능력의 적정성
        ㉢ 신 재생에너지 설비의 사후관리의 적정성
    ② 설비심사기준
        ㉠ 설비의 효율성
        ㉡ 설비의 내구성
        ㉢ 국제 또는 국내의 성능 및 규격에의 적합성

41. 지역에너지 계획에 포함 되어야 할 사항
    ① 에너지 수급의 추이와 전망에 관한 사항
    ② 에너지의 안정적 공급을 위한 대책에 관한 사항
    ③ 신 재생에너지 등 환경 친화적 에너지 사용을 위한 대책에 관한 사항
    ④ 에너지 사용의 합리화와 이를 통한 온실가스의 배출감소를 위한 대책에 관한 사항
    ⑤ 미활용 에너지원의 개발, 사용을 위한 대책에 관한 사항
    ⑥ 집단에너지 공급대상지역으로 지정된 지역의 경우 해당 지역의 집단에너지 공급을 위한 대책에 관한 사항

42. 에너지 절약 전문기업 : 에너지 관리공단이사장
    ① 에너지사용시설의 에너지절약을 위한 관리, 용역사업
    ② 에너지 절약형 시설투자에 관한 사업
    ③ 그 밖에 대통령령으로 정하는 에너지 절약을 위한 사업

43. 보일러의 검사 대상기기 조종자의 자격 및 조종범위
    ① 보일러용량이 10 T/h 이하 : 에너지 관리기능사
    ② 보일러용량이 10 T/h 초과~30 T/h 이하 : 에너지관리산업기사, 에너지관리기사, 에너지관리기능장
    ③ 보일러용량이 30 T/h 초과 : 에너지관리기사, 에너지관리기능장

44. 에너지 다소비업자에게 개선명령을 할 수 있는 경우
    에너지관리지도결과 10% 이상의 에너지 효율 개선이 기대되고 효율개선을 위한 투자의 경제성이 있다고 인정되는 경우로 한다.

45. **가정용가스보일러 시험성적서 기재항목**
    ① 소비효율등급 ② 대기전력 ③ 가스소비량
    ④ 측정난방열효율분류 ⑤ 난방출력

46. **에너지 이용합리화법에 따라 에너지 사용계획을 수립하여 산업통상자원부장관에게 제출하여야 하는 민간사업주관자의 시설 규모**
    ① 연간 5천 T.O.E 이상의 연료 및 열을 사용하는 시설
    ② 연간 2천만 킬로와트시 이상의 전력을 사용하는 시설

47. **태양에너지 설비**
    ① 태양열설비 : 태양의 열에너지를 변환시켜 전기를 생산하거나 에너지원으로 이용하는 설비
    ② 태양광설비 : 태양의 빛에너지를 변환시켜 전기를 생산하거나 채광에 이용하는 설비

48. **벌칙**
    ① 2년 이하의 징역 또는 2천만원 이하의 벌금
        ㉠ 에너지 저장시설의 보유 또는 저장의무의 부과시 정당한 이유없이 이를 거부하거나 이행하지 아니한 자
        ㉡ 조정, 명령 등의 조치를 위반한 자
        ㉢ 직무상 알게 된 비밀을 누설하거나 도용한 자
    ② 1년 이하의 징역 또는 1천만원이하의 벌금
        ㉠ 검사대상기기의 검사를 받지 아니한 자
        ㉡ 검사에 합격하지 아니한 검사대상기기 사용자
    ③ 2천만원 이하의 벌금
        ㉠ 생산 또는 판매금지 명령을 위반한 자
    ④ 1천만원 이하의 벌금
        ㉠ 검사대상기기 조종자를 선임하지 아니한 자
        ㉡ 검사를 거부, 방해 또는 기피한 자
    ⑤ 500만원 이하의 벌금
        ㉠ 효율관리 기자재에 대한 에너지 사용량의 측정결과를 신고하지 아니한 자
        ㉡ 효율관리 기자재에 대한 에너지 소비효율 등급 또는 에너지소비 효율을 표시하지 아니하거나 거짓으로 표시를 한 자
        ㉢ 시정명령을 정당한 사유없이 이행하지 아니한 자

        ㄹ 대기전력 경고 표지를 하지 아니한 자
        ㅁ 대기전력 경고표지 대상제품에 대한 측정결과를 신고하지 아니한 자

49. **공단에 위탁**
    ① 에너지사용계획의 검토
    ② 에너지절약 전문기업의 등록
    ③ 에너지 다소비사업자 신고의 접수
    ④ 에너지 관리지도
    ⑤ 검사대상기기의 검사
    ⑥ 검사증의 발급
    ⑦ 검사대상기기 조종자의 선임, 해임 또는 퇴직신고의 접수
    ⑧ 진단기관의 관리감독
    ⑨ 온실가스 배출 감축실적의 등록 및 관리
    ⑩ 효율관리 기자재의 측정결과 신고의 접수
    ⑪ 대기전력 경고표지 대상제품의 측정결과신고의 접수
    ⑫ 대기전력 저감대상 제품의 측정결과 신고의 접수
    ⑬ 고효율에너지 기자재 인증신청의 접수 및 인증
    ⑭ 고효율 에너지 기자재의 인증취소 또는 인증사용정지명령

50. **비상시 에너지수급계획의 수립**
    ① 산업통상자원부장관은 에너지수급에 중대한 차질이 발생할 경우에 대비하여 비상시 에너지수급계획을 수립하여야 한다.
    ② 비상계획은 에너지위원회의 심의를 거쳐 확정한다.
    ③ 비상계획에 포함되어야 할 사항
        ㄱ 국내외 에너지수급의 추이와 전망에 관한 사항
        ㄴ 비상시 에너지소비절감을 위한 대책에 관한 사항
        ㄷ 비상시 비축에너지의 활용에 관한 대책에 관한 사항
        ㄹ 비상시 에너지의 할당·배급 등 수급조정에 관한 대책에 관한 사항
        ㅁ 비상시 에너지수급안정을 위한 국제협력에 관한 대책에 관한 사항
        ㅂ 비상계획의 효율적 시행을 위한 행정계획에 관한 사항

51. **검사면제대상범위**
    ① 강철제 보일러 중 전열면적이 5제곱미터 이하이고, 최고 사용압력이 0.35 MPa 이하인 것

② 주철제 보일러
③ 1종 관류보일러
④ 온수보일러 중 전열면적이 18제곱미터 이하이고, 최고사용 압력이 0.35 MPa 이하인 것

52. 검사대상기기

구분	검사대상기기	적용범위
보일러	강철제보일러 주철제보일러	[아래에 해당하는 것은 제외] ① 최고사용압력이 0.1 MPa 이하이고, 동체의 안지름이 300 mm 이하이며, 길이가 600 mm 이하인 것 ② 최고사용압력이 0.1 MPa 이하이고, 전열면적이 5 m² 이하인 것 ③ 2종 관류보일러 ④ 온수를 발생시키는 보일러로서 대기개방형인 것
	소형온수보일러	가스를 사용하는 것으로서 가스사용량이 17 kg/h(도시가스는 232.6 kW)을 초과하는 것
압력용기	1종, 2종 압력용기	열사용기자재의 압력용기의 적용범위에 따른다.
요로	철금속가열로	정격용량이 0.58 MW를 초과하는 것

53. 에너지다소비사업자의 신고

① 연료·열 및 전력의 연간 사용량의 합계(연간 에너지사용량)가 2천 티오이 이상
② 산업통상자원부령으로 정하는 바에 따라 매년 1월 31일까지 그 에너지 사용시설이 있는 지역을 관할하는 시·도지사에게 신고
  ㉠ 전년도의 에너지사용량·제품생산량
  ㉡ 해당 연도의 에너지사용예정량·제품생산예정량
  ㉢ 에너지사용기자재의 현황
  ㉣ 전년도의 에너지이용 합리화 실적 및 해당 연도의 계획
  ㉤ 에너지관리자의 현황
③ 시·도지사가 2월 말일까지 산업통상자원부장관에게 보고

54. 에너지 수급안정을 위한 조치

① 산업통상자원부장관은 국내외 에너지사정의 변동에 따른 에너지의 수급차질에 대비하기 위하여 대통령령으로 정하는 주요 에너지사용자와 에너지공급자에게 에너

지저장시설을 보유하고 에너지를 저장하는 의무를 부과할 수 있다.
② 에너지저장의무 부과대상자
  ㉠ 전기사업법에 의한 전기사업자
  ㉡ 도시가스사업법에 의한 도시가스사업자
  ㉢ 석탄산업법에 의한 석탄가공업자
  ㉣ 집단에너지사업법에 의한 집단에너지사업자
  ㉤ 연간 2만 석유환산톤(TOE) 이상의 에너지를 사용하는 자
③ 산업통상자원부장관은 국내외 에너지사정의 변동으로 에너지수급에 중대한 차질이 발생하거나 발생할 우려가 있다고 인정되면 에너지수급의 안정을 기하기 위하여 필요한 범위에서 에너지사용기자재의 소유자와 관리자에게 다음 각 호의 사항에 관한 조정·명령, 그 밖에 필요한 조치를 할 수 있다.
  ㉠ 지역별·주요 수급자별 에너지 할당
  ㉡ 에너지공급설비의 가동 및 조업
  ㉢ 에너지의 비축과 저장
  ㉣ 에너지의 도입·수출입 및 위탁가공
  ㉤ 에너지공급자 상호간의 에너지의 교환 또는 분배사용
  ㉥ 에너지의 유통시설과 그 사용 및 유통경로
  ㉦ 에너지의 배급
  ㉧ 에너지의 양도·양수의 제한 또는 금지
  ㉨ 에너지사용의 시기·방법 및 에너지사용기자재의 사용제한

55. **검사대상기기의 검사유효기간**

검사의 종류		검사의 유효기간
설치검사		① 보일러 : 1년(단, 운전성능부문의 경우에는 3년 1월) ② 압력용기 및 철금속가열로 : 2년
개조검사		① 보일러 : 1년 ② 압력용기 및 철금속가열로 : 2년
계속사용검사	안전검사	① 보일러 : 1년 ② 압력용기 및 철금속가열로 : 2년
	운전성능검사	① 보일러 : 1년 ② 압력용기 및 철금속가열로 : 2년
	재사용검사	① 보일러 : 1년 ② 압력용기 및 철금속가열로 : 2년

56. **개선명령**
    ① 산업통상자원부장관은 에너지관리지도 결과, 에너지가 손실되는 요인을 줄이기 위하여 필요하다고 인정하면 에너지다소비사업자에게 에너지손실요인의 개선을 명할 수 있다.
    ② 에너지다소비사업자에게 개선명령을 할 수 있는 경우는 에너지관리지도 결과 10% 이상의 에너지효율 개선이 기대되고 효율 개선을 위한 투자의 경제성이 있다고 인정되는 경우로 한다.
    ③ 개선명령일부터 60일 이내에 개선계획을 수립하여 산업통상자원부장관에게 제출하여야 하며, 그 결과를 개선 기간 만료일부터 15일 이내에 산업통상자원부장관에게 통보하여야 한다.

57. **목표에너지원단위의 설정**
    산업통산자원부장관은 에너지의 이용효율을 높이기 위하여 필요하다고 인정하는 경우에는 관계행정기관의 장과 협의하여 에너지를 사용하여 만드는 제품의 단위당 에너지사용목표량 또는 건축물의 단위면적당 에너지사용목표량(목표에너지원단위)을 정하여 고시할 수 있다.

58. **에너지관련 통계 및 에너지 총조사**
    ① 에너지 수급에 관한 통계를 작성하는 경우에는 산업통상자원부령으로 정하는 에너지열량 환산기준을 적용하여야 한다.
    ② 에너지 총조사는 3년마다 실시하되, 산업통상자원부장관이 필요하다고 인정할 때에는 간이조사를 실시할 수 있다.

59. **개조검사**
    ① 증기보일러를 온수보일러로 개조하는 경우
    ② 보일러 섹션의 증감에 의하여 용량을 변경하는 경우
    ③ 동체·돔·노통·연소실·경판·천정판·관판·관모음 또는 스테이의 변경으로서 산업통상자원부장관이 정하여 고시하는 대수리의 경우
    ④ 연료 또는 연소방법을 변경하는 경우
    ⑤ 철금속가열로로서 산업통상자원부장관이 정하여 고시하는 경우의 수리

에너지관리기능사
과년도 출제문제

2012년 제1회 에너지관리기능사 출제문제

01 수관식 보일러의 종류에 속하지 않는 것은?
① 자연순환식
② 강제순환식
③ 관류식
④ 노통연관식

 수관식 보일러
① 자연순환식 수관 보일러 : 바브콕, 쓰네기찌, 타꾸마 2동 D형 3동A형
② 강제순환식 수관 보일러 : 벨록스, 라몽
③ 관류식 수관 보일러 : 슐처, 옛모스, 벤숀, 람진, 가와사키

02 건포화 증기 100℃의 엔탈피는 얼마인가?
① 639 kcal/kg
② 539 kcal/kg
③ 100 kcal/kg
④ 439 kcal/kg

건포화 증기 엔탈피 = 포화수엔탈피 + 증발잠열 = 100 + 539 = 639 kcal/kg

03 분사관을 이용해 선단에 노즐을 설치하여 청소하는 것으로 주로 고온의 전열면에 사용하는 슈트블로워(soot blower)의 형식은?
① 롱 레트랙터블(long retractable)형
② 로터리(rotary)형
③ 건(gun)형
④ 에어히터클리너(air heater cleaner)형

슈트블로우의 종류
① 롱레트랙터블형 : 고온의 전열면
② 로터리형 : 저온의 전열면
③ 연소노벽블러워 : 쇼트렉타블형
④ 전열면 블러워 : 건타입형

정답 1. ④ 2. ① 3. ①

04
공기 과잉계수(excess air coefficient)를 증가시킬 때, 연소가스 중의 성분 함량이 공기 과잉계수에 맞춰서 증가하는 것은?
① CO_2 ② SO_2 ③ O_2 ④ CO

해설 공기비(과잉공기계수)= $\dfrac{A}{A_0} = \dfrac{A_0 + 과잉공기}{A_0}$

05
보일러의 연소가스 폭발 시에 대비한 안전장치는?
① 방폭문   ② 안전밸브   ③ 파괴판   ④ 맨홀

해설 안전밸브 : 동내부의 증기, 압력이 이상상승시 증기를 외부로 배출하여 사고 방지

06
연료의 인화점에 대한 설명으로 가장 옳은 것은?
① 가연물을 공기 중에서 가열했을 때 외부로부터 점화원 없이 발화하여 연소를 일으키는 최저 온도
② 가연성 물질이 공기 중의 산소와 혼합하여 연소할 경우에 필요한 혼합가스의 농도 범위
③ 가연성 액체의 증기 등이 불씨에 의해 불이 붙는 최저 온도
④ 연료의 연소를 계속시키기 위한 온도

해설 ① 착화점(발화점)   ② 연소범위(폭발범위)

07
다음 중 파형 노통의 종류가 아닌 것은?
① 모리슨형   ② 아담슨형   ③ 파브스형   ④ 브라운형

해설 파형 노통의 종류
① 테이톤형   ② 모리스형   ③ 리즈포즈형   ④ 브라운형   ⑤ 폭스형   ⑥ 파브스형

08
주철제 보일러의 일반적인 특징 설명으로 틀린 것은?
① 내열성과 내식성이 우수하다.
② 대용량의 고압보일러에 적합하다.
③ 열에 의한 부동팽창으로 균열이 발생하기 쉽다.
④ 쪽수의 증감에 따라 용량조절이 편리하다.

4. ③   5. ①   6. ③   7. ②   8. ②

해설 주철제 보일러의 특징
① 섹션증감으로 용량조절이 가능 ② 저압이므로 파열사고시 피해가 적다
③ 복잡한 구조로 제작이 가능 ④ 내식 내열성이 우수
⑤ 현장반입시 조립식이 가능 ⑥ 고압 대용량에 부적합
⑦ 열에 의한 부동 팽창으로 균열이 생기기 쉽다.
⑧ 인장 및 충격에 약하다.
⑨ 구조가 복잡하므로 내부 청소 및 검사가 곤란

09 증기의 압력에너지를 이용하여 피스톤을 작동시켜 급수를 행하는 비동력 펌프는?
① 워싱턴 펌프 ② 기어 펌프
③ 볼류트 펌프 ④ 디퓨져 펌프

해설 왕복식 펌프
① 플런저 펌프 : 동력이나 증기를 사용 내부의 플런저가 수평으로 좌우 왕복 운동을 함으로써 주로 소용량 고압으로 사용
② 워싱턴 펌프 : 증기의 힘으로 내부의 증기 피스톤을 움직여 물 실린더 피스톤이 왕복운동을 함으로써 급수를 행하는 펌프
③ 웨어 펌프 : 워싱턴 펌프 구조와 동일

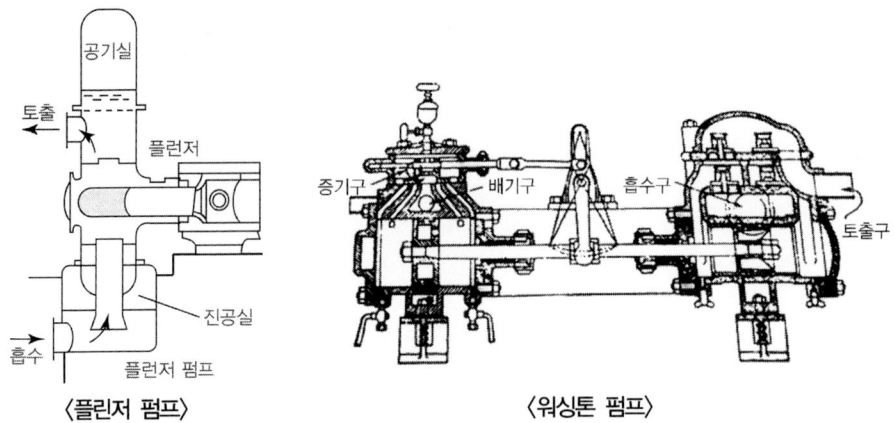

〈플런저 펌프〉 〈워싱톤 펌프〉

10 보일러 효율을 올바르게 설명한 것은?
① 증기발생에 이용된 열량과 보일러에 공급한 연료가 완전 연소할 때의 열량과의 비
② 배기가스 열량과 연소실에서 발생한 열량과의 비
③ 연도에서 열량과 보일러에 공급한 연료가 완전 연소할 때의 열량과의 비
④ 총 손실 열량과 연료의 연소 열량과의 비

해설 효율 = $\dfrac{\text{실제증발량(발생증기엔탈피 − 급수엔탈피)}}{\text{연료소비량} \times \text{저위발열량}} \times 100$

$$= \frac{Ge \times 539}{Gf \times H\ell} \times 100$$

$$= \frac{유효열}{공급열} \times 100$$

$$= \frac{G \times C \times At}{Gf \times H\ell} \times 100$$

11 다음 중 매연 발생의 원인이 아닌 것은?

① 공기량이 부족할 때
② 연료와 연소장치가 맞지 않을 때
③ 연소실의 온도가 낮을 때
④ 연소실의 용적이 클 때

해설 매연 발생 원인
① 연소실용적이 적을 때
② 연소실온도가 낮을 때
③ 연료와 연소장치가 맞지 않을 때
④ 공기량이 부족시
⑤ 연료와 공기의 혼합이 부적정시
⑥ 배기가스 온도가 낮을 때

12 절탄기에 대한 설명 중 옳은 것은?

① 절탄기의 설치방식은 혼합식과 분배식이 있다.
② 절탄기의 급수예열온도는 포화온도 이상으로 한다.
③ 연료의 절약과 증발량의 감소 및 열효율을 감소시킨다.
④ 급수와 보일러수의 온도차 감소로 열응력을 줄여준다.

해설 절단기 : 연소가스여열을 이용 급수를 예열하는 장치
・특징
① 보일러의 열효율 증가
② 급수에 포함된 일부 불순물 제거
③ 급수와 보일러수의 온도차를 적게 하여 열응력 방지
④ 저온부식 발생
⑤ 통풍력 감소

13 어떤 고체연료의 저위발열량이 6940 kcal/kg이고 연소 효율이 92%이라 할 때 이 연료의 단위량의 실제 발열량을 계산하면 약 얼마인가?

① 6385 kcal/kg
② 6943 kcal/kg
③ 7543 kcal/kg
④ 8900 kcal/kg

해설 연소효율 $= \frac{Qr}{H\ell} \times 100$

$Qr = \frac{연소효율 \times H\ell}{100} = \frac{92 \times 6940}{100} = 6384.8 ≒ 6385 \, kcal/kg$

11. ④ 12. ④ 13. ①

14 보일러의 마력을 옳게 나타낸 것은?
① 보일러마력 = 15.65 × 매시 상당증발량
② 보일러마력 = 15.65 × 매시 실제증발량
③ 보일러마력 = 15.65 ÷ 매시 상당증발량
④ 보일러마력 = 매시 상당증발량 ÷ 15.65

해설 보일러 마력 = $\dfrac{G_e}{15.65} = \dfrac{G \times (h'' - h')}{15.65 \times 539}$

15 다음 중 비접촉식 온도계의 종류가 아닌 것은?
① 광전관식 온도계　　② 방사 온도계
③ 광고 온도계　　　　④ 열전대 온도계

해설 비접촉식 온도계
① 광고 온도계　　　② 방사 온도계
③ 광전관식 온도계　④ 색 온도계

16 다음 중 보일러에서 연소가스의 배기가 잘 되는 경우는?
① 연도의 단면적이 작을 때
② 배기가스 온도가 높을 때
③ 연도에 급한 굴곡이 있을 때
④ 연도에 공기가 많이 침입 될 때

해설 연소가스의 배기가 잘 되는 경우
① 배기가스 온도가 높을 때
② 연도의 단면적이 클 때
③ 연도의 굴곡이 적을 때
④ 연도에 공기가 적게 침입시

17 일반적으로 보일러 판넬 내부 온도는 몇 ℃를 넘지 않도록 하는 것이 좋은가?
① 70℃　　　　　　② 60℃
③ 80℃　　　　　　④ 90℃

해설 일반적으로 보일러 판넬 내부온도는 60℃를 넘지 않도록 한다.

18 수관식 보일러에서 건조증기를 얻기 위하여 설치하는 것은?
① 급수내관
② 기수 분리기
③ 수위 경보기
④ 과열 저감기

해설 기수분리기 : 증기중에 수분을 분리하여 건조증기를 얻기 위한 장치
· 종류 : 싸이클론식 : 스크레버식, 건조스크린식, 베플식

19 온수보일러의 수위계 설치 시 수위계의 최고 눈금은 보일러의 최고 사용압력의 몇 배로 하여야 하는가?
① 1배 이상 3배 이하
② 3배 이상 4배 이하
③ 4배 이상 6배 이하
④ 7배 이상 8배 이하

해설 수위계의 최고 눈금 : 최고 사용압력의 1배 이상 3배 이하

20 액체연료의 연소용 공기 공급방식에서 1차 공기를 설명한 것으로 가장 적합한 것은?
① 연료의 무화와 산화반응에 필요한 공기
② 연료의 후열에 필요한 공기
③ 연료의 예열에 필요한 공기
④ 연료의 완전 연소에 필요한 부족한 공기를 추가로 공급 하는 공기

해설 · 1차 공기 : 연료의 무화에 필요한 공기
· 2차 공기 : 완전 연소용 공기

21 그림 기호와 같은 밸브의 종류 명칭은?

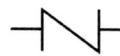

① 게이트 밸브
② 체크 밸브
③ 볼 밸브
④ 안전 밸브

해설 밸브 명칭
① 체크 밸브 :
② 게이트 밸브 :
③ 볼 밸브 :
④ 안전밸브 :

18. ② 19. ① 20. ① 21. ②

22 보일러의 검사기준에 관한 설명으로 틀린 것은?

① 수압시험은 보일러의 최고 사용압력이 15 kg/cm² 를 초과할 때에는 그 최고 사용압력의 1.5배의 압력으로 한다.
② 보일러 운전 중에 비눗물 시험 또는 가스누설검사기로 배관접속부위 및 밸브류 등의 누설유무를 확인한다.
③ 시험수압은 규정된 압력의 8% 이상을 초과하지 않도록 모든 경우에 대한 적절한 제어를 마련하여야 한다.
④ 화재, 천재지변 등 부득이한 사정으로 검사를 실시할 수 없는 경우에는 재신청 없이 다시 검사를 하여야 한다.

해설 시험 수압은 규정된 수압의 6% 이상을 초과하지 않도록 한다.

23 보일러 보존 시 건조제로 주로 쓰이는 것이 아닌 것은?

① 실리카겔 ② 활성알루미나
③ 염화마그네슘 ④ 염화칼슘

해설 건조제
① CaO(생석회 = 산화칼슘) ② CaCl₃(염화칼슘)
③ SiO₂(실리카 겔 = 이산화규소) ④ Al₂O₃(활성알루미나=산화알루미늄)

24 배관의 신축이음 종류가 아닌 것은?

① 슬리브형 ② 벨로즈형
③ 루프형 ④ 파이롯형

해설 배관의 신축이음
① 루우프형 ② 슬리이브형
③ 벨로우즈형 ④ 스위블형

25 진공환수식 증기 배관에서 리프트 피팅(lift fitting)으로 흡상할 수 있는 1단의 최고 흡상 높이는 몇 m 이하로 하는 것이 좋은가?

① 1 m ② 1.5 m
③ 2 m ④ 2.5 m

해설 리프트피팅

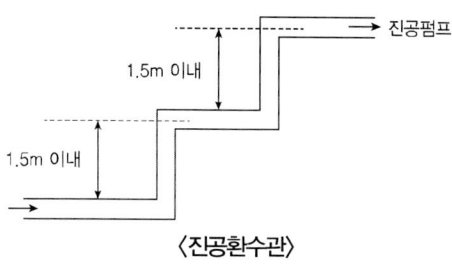
〈진공환수관〉

26
난방부하 계산과정에서 고려하지 않아도 되는 것은?
① 난방형식
② 유리창의 크기 및 문의 크기
③ 주위환경 조건
④ 실내와 외기의 온도

해설 난방부하 계산시 고려할 사항
① 실내와 외기의 온도
② 주위 환경 조건
③ 유리창의 크기 및 문의 크기

27
다음 보온재의 종류 중 안전사용(최고)온도(°C)가 가장 낮은 것은?
① 펄라이트보온판·통
② 탄화코르판
③ 글라스울블랭킷
④ 내화단열벽돌

해설 안전사용온도
① 펄라이트 보온판 통 : 650°C
② 탄화콜크 : 130°C
③ 글라스울 블랭킷 : 300°C
④ 내화단열벽돌 : 1580°C

28
다음 중 보일러 손상의 하나인 압궤가 일어나기 쉬운 부분은?
① 수관
② 노통
③ 동체
④ 갤러웨이관

해설 • 압계 : 노통, 연소실, 관판   • 팽출 : 수관, 연관, 보일러 동저부

29
다음 중 보일러의 안전장치에 해당되지 않는 것은?
① 방출밸브
② 방폭문
③ 화염검출기
④ 감압밸브

해설 안전장치 : 안전밸브, 방폭문, 화염검출기 가용전, 방출밸브, 압력차단스위치

26. ①   27. ②   28. ②   29. ④

30 열전도율이 다른 여러 층의 매체를 대상으로 정상상태에서 고온측으로부터 저온측으로 열이 이동할 때의 평균 열통과율을 의미하는 것은?

① 엔탈피   ② 열복사율   ③ 열관류율   ④ 열용량

해설 열용량 = 질량 × 비열 = kg × kcal/kg°C = kcal/°C

31 기체연료의 연소방식과 관계가 없는 것은?

① 확산 연소방식   ② 예혼합 연소방식
③ 포트형과 버너형   ④ 회전 분무식

해설 기체의 연소방식
① 확산연소방식   ② 예혼합 연소방식   ③ 포트형과 버너형

32 건도를 x라고 할 때 습증기는 어느 것인가?

① $x = 0$ ② $0 < x < 1$ ③ $x = 1$ ④ $x > 1$

해설 $x = 0$(포화수엔탈피 = 100 kcal/kg)
$0 < x < 1$(습포화증기엔탈피)
$x = 1$(건포화 증기 엔탈피 = 100 + 539 = 639 kcal/kg)
$x > 1$(과열증기 엔탈피)

33 보일러 급수 펌프인 터빈펌프의 일반적인 특징이 아닌 것은?

① 효율이 높고 안정된 성능을 얻을 수 있다.
② 구조가 간단하고 취급이 용이하므로 보수관리가 편리하다.
③ 토출 시 흐름이 고르고 운전상태가 조용하다.
④ 저속회전에 적합하며 소형이면서 경량이다.

해설 고속회전에 적합하며 소형이면서 경량이다.

34 보일러 부속장치 설명 중 잘못된 것은?

① 기수분리기 : 증기 중에 혼입된 수분을 분리하는 장치
② 슈트 블로워 : 보일러 동 저면의 스케일, 침전물 등을 밖으로 배출하는 장치
③ 오일스트레이너 : 연료속의 불순물 방지 및 유량계 펌프 등의 고장을 방지하는 장치
④ 스팀 트랩 : 응축수를 자동으로 배출하는 장치

정답 30. ③   31. ④   32. ②   33. ④   34. ②

해설 • 슈트블로워 : 전열면에 부착된 분진, 그을음 등을 증기 분사, 공기분사, 물분사 등을 이용하여 제거
• 수저분출장치 : 보일러 동 저면의 스케일 침전물 등을 밖으로 배출하는 장치

35
고체연료와 비교하여 액체연료 사용 시의 장점을 잘못 설명한 것은?
① 인화의 위험성이 없으며 역화가 발생하지 않는다.
② 그을음이 적게 발생하고 연소효율도 높다.
③ 품질이 비교적 균일하며 발열량이 크다.
④ 저장 및 운반 취급이 용이하다.

해설 인화의 위험성이 있고 역화의 위험성이 있다.

36
집진 효율이 대단히 좋고, 0.5 μm 이하 정도의 미세한 입자도 처리할 수 있는 집진장치는?
① 관성력 집진기
② 전기식 집진기
③ 원심력 집진기
④ 멀티사이크론식 집진기

해설 집진장치
(1) 전기식(습식에도 포함된다) : 고압의 직류전원을 사용하여 방전극 근처에서 양이온과 자유전자로부터 이루어지는 플라즈마 형성에 의해 입자를 전리하는 방식으로 이러한 방전을 코로나 방전현상이라 하며 가스 중 함유입자는 음이온으로 되어 부착 분리되어 제거하는 장치이다(코트렐 집진장치가 대표적이다).

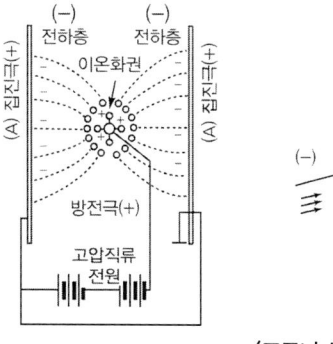

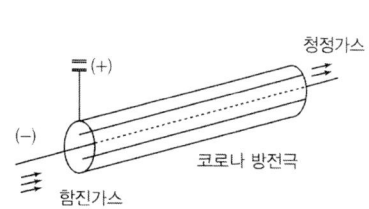

〈코로나 방전관〉

※ 특징
① 압력손실이 적다.
② 적용범위가 넓다.
③ 더스트의 외부 배출이 용이하다.
④ 미세입자의 포집이 용이하고 가장 높은 집진율을 얻을 수 있다.
⑤ 0.5 mm 이하 정도의 미세한 입자도 처리

35. ① 36. ②

(2) 여과식 : 함진가스를 여과제(filter)를 통하여 분리, 포착하는 방식이다. 내면여과방식과 표면여과방식으로 나뉘며 표면여과방식 중 대표적인 백(bag) 필터가 있다

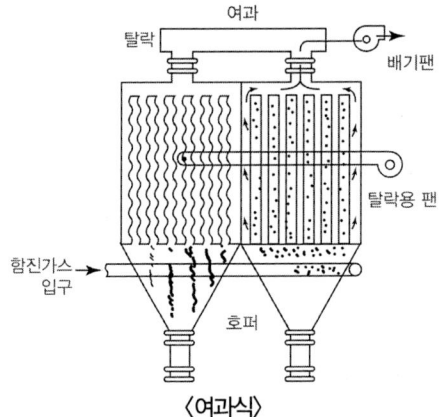

〈여과식〉

(3) 가압수식 : 물을 가압공급하여 함진가스를 세정하여 분리제거하는 방식으로 벤튜리젯트, 싸이클론스크레버 형식과 충전탑이 있다.

(4) 유수식

※ 집진 장치 선정시 고려할 사항
   1. 입도분포   2. 입자비중   3. 입자 밀도   4. 입자 형상
   5. 용적   6. 온도   7. 부식성   8. 점성 및 폭발성

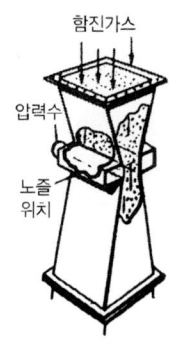

〈벤튜리 스크러버〉

37

열정산의 방법에서 입열 항목에 속하지 않는 것은?
① 발생증기의 흡수열   ② 연료의 연소열
③ 연료의 현열   ④ 공기의 현열

해설 입열항목
① 연료의 연소열   ② 연료의 현열   ③ 급수의 현열
④ 공기의 현열   ⑤ 노내 분입 증기 보유열

정답 37. ①

38
보일러의 자동제어 장치로 쓰이지 않는 것은?
① 화염 검출기　　② 안전밸브
③ 수위 검출기　　④ 압력조절기

해설　보일러 자동 제어 장치
　　　① 화염 검출기　② 수위검출기　③ 압력조절기

39
급수온도 30°C에서 압력 1 MPa 온도 180°C의 증기를 1시간당 10000 kg 발생시키는 보일러에서 효율은 약 몇 %인가? (단, 증기 엔탈피는 664 kcal/kg, 표준상태에서 가스 사용량은 500 m³/h, 이 연료의 저위 발열량은 15000 kcal/m³이다.)
① 80.5%　　② 84.5%　　③ 87.65%　　④ 91.65%

해설　$효율 = \dfrac{G \times (h'' - h')}{G_f \times H_\ell} \times 100$
　　　$= \dfrac{10000 \times (664 - 30)}{500 \times 15000} \times 100 = 84.5\%$

40
보일러의 사고발생 원인 중 제작상의 원인에 해당되지 않는 것은?
① 용접불량　② 가스폭발　③ 강도부족　④ 부속장치미비

해설　제작상의 원인
　　　① 재료불량　② 용접불량　③ 강도불량　④ 구조불량　⑤ 설계불량

41
엘보나 티와 같이 내경이 나사로 된 부품을 폐쇄할 필요가 있을 때 사용되는 것은?
① 캡　　② 니플　　③ 소켓　　④ 플러그

해설　• 내경이 나사로 된 경우 : 플러그
　　　• 외경이 나사로 된 경우 : 캡

42
사용 중인 보일러의 점화전 주의사항으로 잘못된 것은?
① 연료 계통을 점검한다.
② 각 밸브의 개폐 상태를 확인한다.
③ 댐퍼를 닫고 프리퍼지를 한다.
④ 수면계의 수위를 확인한다.

38. ②　39. ②　40. ②　41. ④　42. ③

해설 점화 전 주의 사항
① 자동제어 장치의 점검   ② 연료 및 연소장치의 점검
③ 분출 및 분출 장치의 점검 ④ 수위 점검
⑤ 프리 퍼지 및 포스트 퍼지 점검

43 호칭지름 15A 의 강관을 굽힘 반지름 80 mm, 각도 90° 로 굽힐 때 굽힘부의 필요한 중심 곡선부 길이는 약 몇 mm인가?
① 126   ② 135   ③ 182   ④ 251

해설 곡선부 길이 $= \dfrac{2\pi RQ}{360} = \dfrac{2 \times 3.14 \times 80 \times 90}{360} = 125.6$ mm

44 난방 부하가 2250 kcal/h인 경우 온수 방열기의 방열면적은 몇 m²인가?(단, 방열기의 방열량은 표준방열량으로 한다.)
① 3.5   ② 4.5   ③ 5.0   ④ 8.3

해설 난방부하 = 방열기 방열량 × 방열면적
방열면적 = $\dfrac{\text{난방부하}}{\text{방열기 방열량}} = \dfrac{2250}{450} = 5$
온수난방 : 450 kcal/m²h
증기난방 : 650 kcal/m²h

45 증기 트랩을 기계식 트랩(mechanical trap), 온도조절식 트랩(thermostatic trap), 열역학적 트랩(thermodynamic trap)으로 구분할 때 온도조절식 트랩에 해당되는 것은?
① 버킷 트랩   ② 플로트 트랩   ③ 열동식 트랩   ④ 디스크형 트랩

해설 증기 트랩 : 관내응축수를 배출하여 수격작용 및 부식 방지
① 기계적 트랩 : 포화수와 포화증기의 비중차 이용 <버킷트 트랩, 플로우르 트랩>
② 온도조절트랩 : 포화수와 포화증기의 온도차 이용 <바이메탈, 벨로우즈>
③ 열역학적 트랩 : 포화수와 포화증기의 열역학적 특성차 이용 <오리피스, 디스크>

46 철금속가열로란 단조가 가능하도록 가열하는 것을 주목적으로 하는 노로써 정격용량이 몇 kcal/h를 초과하는 것을 말하는가?
① 200000   ② 500000   ③ 100000   ④ 300000

해설 철금속가열로 : 정격용량이 50만 kcal/h를 초과

47
연소 시작 시 부속설비 관리에서 급수 예열기에 대한 설명으로 틀린 것은?
① 바이패스 연도가 있는 경우에는 연소가스를 바이패스시켜 물이 급수예열기 내를 유동하게 한 후 연소가스를 급수 예열기 연도에 보낸다.
② 댐퍼 조작은 급수 예열기 연도의 입구 댐퍼를 먼저 연 다음에 출구 댐퍼를 열고 최후에 바이패스연도 댐퍼를 닫는다.
③ 바이패스 연도가 없는 경우 순환관을 이용하여 급수 예열기 내의 물을 유동시켜 급수 예열기 내부에 증기가 발생하지 않도록 주의한다.
④ 순환관이 없는 경우는 보일러에 급수하면서 적량의 보일러수 분출을 실시하여 급수 예열기 내의 물을 정체시키지 않도록 하여야 한다.

48
급수 탱크의 설치에 대한 설명 중 틀린 것은?
① 급수탱크를 지하에 설치하는 경우에는 지하수, 하수, 침출수 등이 유입되지 않도록 하여야 한다.
② 급수 탱크의 크기는 용도에 따라 1~2시간 정도 급수를 공급할 수 있는 크기로 한다.
③ 급수 탱크는 얼지 않도록 보온 등 방호조치를 하여야 한다.
④ 탈기기가 없는 시스템의 경우 급수에 공기 용입 우려로 인해 가열장치를 설치해서는 안 된다.

해설 탈취기가 없는 시스템의 경우 급수에 공기 유입 우려로 인해 가열 장치 설치

49
온수난방에서 역귀환방식을 채택하는 주된 이유는?
① 각 방열기에 연결된 배관의 신축을 조정하기 위해서
② 각 방열기에 연결된 배관 길이를 짧게 하기 위해서
③ 각 방열기에 공급되는 온수를 식지 않게 하기 위해서
④ 각 방열기에 공급되는 유량분배를 균등하게 하기 위해서

해설 각 방열기에 공급되는 유량분배를 균등하게 하기 위해

50
본래 배관의 회전을 제한하기 위하여 사용되어 왔으나 근래에는 배관계의 축 방향의 안내 역할을 하며 축과 직각 방향의 이동을 구속하는데 사용되는 레스트레인트의 종류는?
① 앵커(anchor)
② 가이드(guide)
③ 스토퍼(stopper)
④ 이어(ear)

해설 배관의지지

(1) 행거 : 배관의 하중을 위에서 잡아주는 장치이다.
   ① 리지드 행거(rigid hanger) : I 비임에 턴버클을 이용 지지하는 것으로 상하방향에 변위에 없는 곳에 사용한다.
   ② 스프링 행거(spring hanger) : 턴버클 대신 스프링을 사용한 것이다.
   ③ 콘스탄트 행거(constant hanger) : 배관의 상하이동에 관계없이 관지력이 일정한 것으로 중추식과 스프링식이 있다.

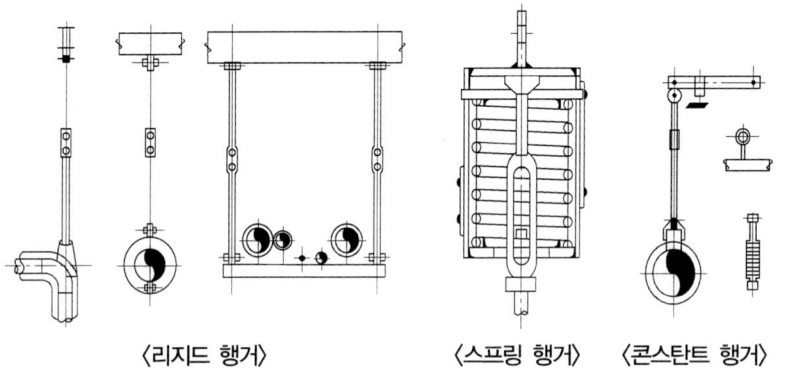

〈리지드 행거〉 〈스프링 행거〉 〈콘스탄트 행거〉

(2) 서포트
   ① 파이프 슈(pipe shoe) : 관에 직접 접속하는 지지구로 수평배관과 수직배관의 수직배관의 연결부에 사용된다.
   ② 리지드 서포트(rigid support) : H 비임이나 I 비임으로 받침을 만들어 지지한다.
   ③ 스프링 서포트(spring support) : 스프링의 탄성에 의해 상하 이동을 허용한 것이다.
   ④ 롤러 서포트(roller support) : 관의 축 방향의 이동을 허용한 지지구이다.

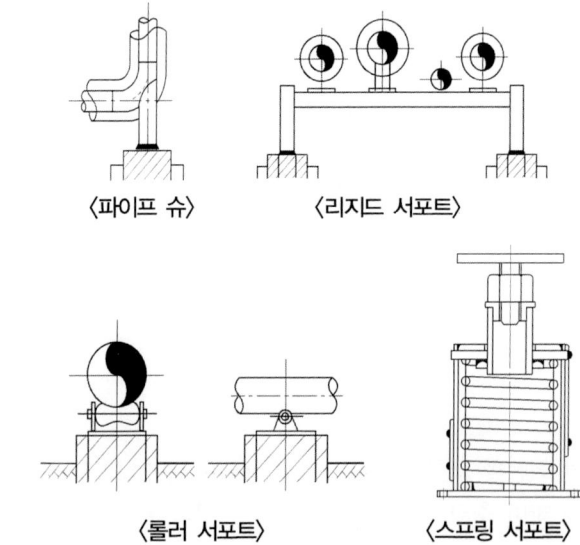

〈파이프 슈〉 〈리지드 서포트〉

〈롤러 서포트〉 〈스프링 서포트〉

(3) 리스트레인(restrain) : 열팽창에 의한 배관의 이동을 구속 또는 제한하는 장치이다.
   ① 앵커(anchor) : 리지드 서포트의 일종으로 관의 이동 및 회전을 방지하기 위해 지지점에 완선히 고정히는 장치이다.

② 스톱(stop) : 배관의 일정한 방향과 회전만 구속하고 다른 방향을 자유롭게 이동하게 하는 장치이다.
③ 가이드(guide) : 배관의 곡관부분이나 신축 조인트부분에 설치하는 것으로 회전을 제한하거나 축방향의 이동을 허용하며 직각방향을 구속하는 장치이다.

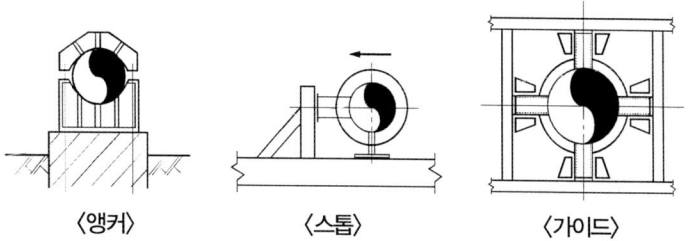

〈앵커〉   〈스톱〉   〈가이드〉

51
온실가스 배출량 및 에너지 사용량 등의 보고와 관련하여 관리업체는 해당 연도 온실가스 배출량 및 에너지 소비량에 관한 명세서를 작성하고 이에 대한 검증기관의 검증 결과를 언제까지 부문별 관장기관에게 제출하여야 하는가?
① 해당 연도 12월 31일까지
② 다음 연도 1월 31일까지
③ 다음 연도 3월 31일까지
④ 다음 연도 6월 30일까지

52
에너지 이용 합리화법의 목적이 아닌 것은?
① 에너지의 수급 안정
② 에너지의 합리적이고 효율적인 이용 증진
③ 에너지 소비로 인한 환경피해를 줄임
④ 에너지 소비 촉진 및 자원 개발

해설 에너지 이용 합리화법의 목적
① 5년 마다 산업 통상 자원부 장관이 수립
② 기본 계획
  ㉠ 에너지 절약형 경제 구조로의 전환   ㉡ 에너지 이용 효율의 증대
  ㉢ 에너지 이용 합리화를 위한 기술 개발   ㉣ 에너지 이용 합리화를 홍보 및 교육
  ㉤ 에너지 원간 대체   ㉥ 열사용기자재의 안전관리
  ㉦ 에너지의 합리적인 이용을 통한 온실가스 배출을 줄이기 위한 노력

53
정부는 국가전략을 효율적·체계적으로 이행하기 위해 몇 년마다 저탄소 녹색 성장 국가전략 5개년 계획을 수립하는가?
① 2년   ② 3년   ③ 4년   ④ 5년

해설 녹색 성장 위원회 : 위원장 2명을 포함한 50명 이내의 위원

51. ③ 52. ④ 53. ④

54 에너지 이용합리화법상 효율관리 기자재가 아닌 것은?
① 삼상유도전동기 ② 선박
③ 조명기기 ④ 전기냉장고

해설 효율 관리 기자재
① 전기 냉장고 ② 전기 냉방기 ③ 전기 세탁기
④ 조명기기 ⑤ 자동차 ⑥ 삼상 유도 전동기

55 신축·증축 또는 개축하는 건축물에 대하여 그 설계 시 산출된 예상 에너지 사용량의 일정 비율 이상을 신·재생 에너지를 이용하여 공급되는 에너지를 사용하도록 신·재생 에너지 설비를 의무적으로 설치하게 할 수 있는 기관이 아닌 것은?
① 공기업 ② 종교단체
③ 국가 및 지방자치단체 ④ 특별법에 따라 설립된 법인

해설 신재생 에너지 기본 계획 기간 : 10년 이상
① 공기업 ② 국가 및 지방자치단체 ③ 특별법에 따라 설립된 법인

56 다음 중 유기질 보온재에 속하지 않는 것은?
① 펠트 ② 세라크울 ③ 코르크 ④ 기포성 수지

해설 유기질 보온재
① 폼류 ┬ 경질우레탄폼
       ├ 염화비닐폼   80℃ 이하
       └ 폴리스틸렌폼
② 펠트류 ┬ 양모
         └ 우모   100℃ 이하
③ 텍스류 ┬ 톱밥
         ├ 녹재   120℃ 이하
         └ 펄프
④ 콜크류 : ㉠ 탄화 콜크   130℃
⑤ 기포성 수지

57 동관 작업용 공구의 사용목적이 바르게 설명된 것은?
① 플레이어링 툴 세트 : 관 끝을 소켓으로 만듦
② 익스팬더 : 직관에서 분기관 성형 시 사용
③ 사이징 툴 : 관 끝을 원형으로 정형
④ 튜브 벤더 : 동관을 절단함

정답 54. ② 55. ② 56. ② 57. ③

해설 동관용 공구
① 동관용 공구
㉮ 토치 램프 : 납땜, 동관접합, 벤딩 등의 작업을 하기 위해 가열용으로 사용하는 가열공구로서, 가솔린용과 석유용이 있다.
㉯ 사이징 투울 : 동관의 끝을 정확하게 원형으로 가공하는 공구
㉰ 튜브 벤더 : 동관 굽힘용 공구
㉱ 익스펜더 : 동관의 확관용 공구
㉲ 플레어링 투울 : 동관의 압축 접합용 공구

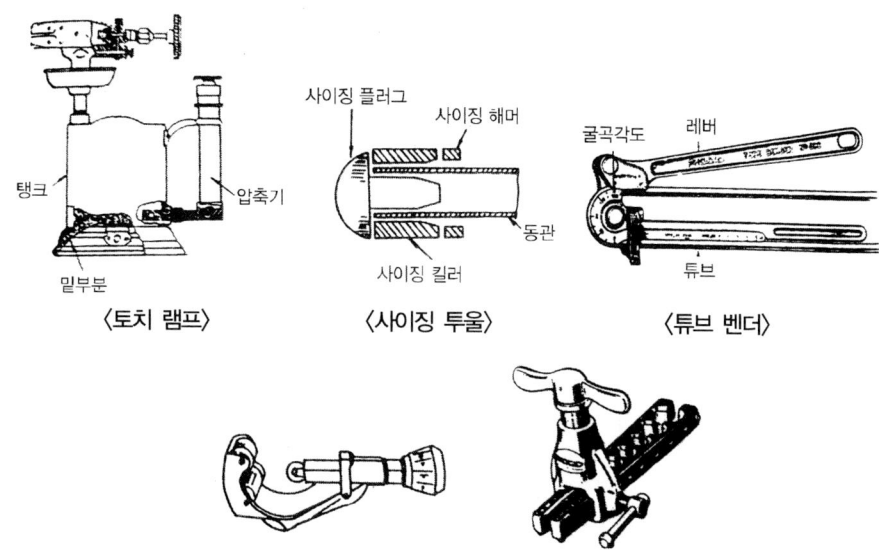

58
온수난방의 배관 시공법에 관한 설명으로 틀린 것은?
① 배관 구배는 일반적으로 1/250 이상으로 한다.
② 운전 중에 온수에서 분리한 공기를 배제하기 위해 개방식 팽창 탱크로 향하여 선상향 구배로 한다.
③ 수평 배관에서 관지름을 변경할 경우 동심 이음쇠를 사용한다.
④ 온수보일러에서 팽창탱크에 이르는 팽창관에는 되도록 밸브를 달지 않는다.

해설 수평 배관에서 관지름을 변경할 경우 편심 이음쇠 사용

59
환수관의 배관방식에 의한 분류 중 환수 주관을 보일러의 표준 수위보다 낮게 배관하여 환수하는 방식은 어떤 배관 방식인가?
① 건식환수   ② 중력환수   ③ 기계환수   ④ 습식환수

60 에너지 이용 합리화법의 위반사항과 벌칙 내용이 맞게 짝 지워진 것은?
① 효율관리기자재 판매금지 명령 위반 시 - 1천만원 이하의 벌금
② 검사대상기기 조종자를 선임하지 않을 시 - 5백만원 이하의 벌금
③ 검사대상기기 검사의무 위반 시 - 1년 이하의 징역 또는 1천만원 이하의 벌금
④ 효율관리기자재 생산명령 위반 시 - 5백만원 이하의 벌금

해설 벌칙
① 2년 이하의 징역 또는 2천만원 이하의 벌금
  ㉠ 에너지저장시설의 보유 또는 저장의무의 부과시 정당한 이유 없이 이를 거부하거나 이행하지 아니한 자
  ㉡ 에너지수급의 안정을 기하기 위한 조정·명령 등의 조치를 위반한 자
  ㉢ 공단의 임직원으로 근무하거나 근무하였던 사람이 직무상 알게 된 비밀을 누설하거나 도용한 자
② 1년 이하의 징역 또는 1천만원이하의 벌금
  ㉠ 검사대상기기의 검사를 받지 아니한 자
  ㉡ 검사에 합격되지 아니한 검사대상기기를 사용한 자
③ 2천만원 이하의 벌금
  ㉠ 효율 관리 기자재의 생산 또는 판매금지 명령에 위반한 자
④ 1천만원 이하의 벌금
  ㉠ 검사대상기기조종자를 선임하지 아니한 자
⑤ 500만원 이하의 벌금
  ㉠ 효율관리기자재에 대한 에너지사용량의 측정결과를 신고하지 아니한 자
  ㉡ 대기전력경고표지대상제품에 대한 측정결과를 신고하지 아니한 자
  ㉢ 대기전력경고표지를 하지 아니한 자
  ㉣ 대기전력저감우수제품임을 표시하거나 거짓 표시를 한 자
  ㉤ 대기전력저감기준에 미달하는 경우 시정명령을 정당한 사유 없이 이행하지 아니한 자
  ㉥ 고효율에너지인증대상기자재의 인증을 받은 자가 아닌 자는 해당 고효율에너지인증대상기자재에 고효율에너지기자재의 인증 표시를 위반하여 인증 표시를 한 자

정답 60. ③

2012년 제2회 에너지관리기능사 출제문제

01 버너에서 연료분사 후 소정의 시간이 경과하여도 착화를 볼 수 없을 때 전자밸브를 닫아서 연소를 저지하는 제어는?
① 저수위 인터록 ② 저연소 인터록
③ 불착화 인터록 ④ 프리퍼지 인터록

해설 인터록 : 구비조건이 맞지 않을 때 그 구비조건이 충족될 때까지 다음 단계를 정지시키는 것.
① 종류
　㉠ 저수위인터록　　㉡ 저연소인터록
　㉢ 불착화인터록　　㉣ 압력초과인터록
　㉤ 프리퍼지인터록

02 안전밸브의 수동시험은 최고사용압력의 몇 % 이상의 압력으로 행하는가?
① 50% ② 55%
③ 65% ④ 75%

해설 안전밸브 수동시험은 최고사용압력의 75% 이상으로 함

03 보일러 실제 증발량이 7000 kg/h이고, 최대연속 증발량이 8 t/h일 때, 이 보일러 부하율은 몇 %인가?
① 80.5% ② 85%
③ 87.5% ④ 90%

해설 보일러부하율 $= \dfrac{실제증발량}{최대연속증발량} \times 100$
$= \dfrac{7000}{8 \times 1000} \times 100 = 87.5\%$

1. ③　2. ④　3. ③

04 과잉공기량에 관한 설명으로 옳은 것은?
① (과잉공기량) = (실제공기량) × (이론공기량)
② (과잉공기량) = (실제공기량) / (이론공기량)
③ (과잉공기량) = (실제공기량) + (이론공기량)
④ (과잉공기량) = (실제공기량) − (이론공기량)

해설 실제공기량(A) = 이론공기량(A_o) + 과잉공기량
과잉공기량 = $A - A_o$

05 10℃의 물 400 kg과 90℃의 더운물 100 kg을 혼합하면 혼합 후의 물의 온도는?
① 26℃ ② 36℃
③ 54℃ ④ 78℃

해설 평균온도 = $\dfrac{G_1 \Delta t_1 + G_2 \Delta t_2}{G_1 + G_2} = \dfrac{400 \times 10 + 100 \times 90}{400 + 100} = 26℃$

06 원통형 보일러에 관한 설명으로 틀린 것은?
① 입형 보일러는 설치면적이 적고 설치가 간단하다.
② 노통이 2개인 횡형 보일러는 코르니시 보일러이다.
③ 패키지형 노통연관 보일러는 내분식이므로 방산 손실열량이 적다.
④ 기관본체를 둥글게 제작하여 이를 입형이나 횡형으로 설치 사용하는 보일러를 말한다.

해설 • 노통 1개 : 코르니쉬보일러
• 노통 2개 : 랭커셔보일러

07 경향 날개형이며 6~12매의 철판제 직선날개를 보스에서 방사한 스포우크에 리벳죔을 한 것으로 측판이 있는 임펠러와 측판이 없는 것이 있으며, 구조가 견고하고 내마모성이 크고 날개를 바꾸기도 쉬우며 회진이 많은 가스의 흡출통풍기, 미분탄 장치의 배탄기 등에 사용하는 송풍기의 종류는?
① 터보송풍기 ② 다익송풍기
③ 축류송풍기 ④ 플레이트송풍기

정답 4. ④　5. ①　6. ②　7. ④

해설 송풍기

〈터보송풍기〉   〈다익 송풍기〉   〈전형 날개〉

〈후향 날개〉   〈축류형〉

① 터보송풍기(후향날개)
  ·특징
    ㉠ 고속회전으로 소음이 크다.   ㉡ 풍압이 높다.
    ㉢ 대형이며 가격이 비싸다.   ㉣ 효율이 높다.
    ㉤ 설치면적이 크다.
② 플레이트 송풍기
  ·특징
    ㉠ 효율이 높다.   ㉡ 풍압이 낮다.
③ 다익 송풍기

08

연료유 탱크에 가열장치를 설치한 경우에 대한 설명으로 틀린 것은?

① 열원에는 증기, 온수, 전기 등을 사용한다.
② 전열식 가열장치에 있어서는 직접식 또는 저항밀봉 피복식의 구조로 한다.
③ 온수, 증기 등의 열매체가 동절기에 동결할 우려가 있는 경우에는 동결을 방지하는 조치를 취해야 한다.
④ 연료유 탱크의 기름 취출구 등에 온도계를 설치하여야 한다.

09

플레임 아이에 대하여 옳게 설명한 것은?

① 연도의 가스온도로 화염의 유무를 검출한다.
② 화염의 도전성을 이용하여 화염의 유무를 검출한다.
③ 화염의 방사선을 감지하여 화염의 유무를 검출한다.
④ 화염의 이온화 현상을 이용해서 화염의 유무를 검출한다.

해설 화염검출기
① 플레임아이 : 화염의 발광체 이용(화염의 방사선)
② 플레임로드 : 화염의 이온화(전기전도성이용)
③ 스택스위치 : 화염의 발열

10 수트 블로워 사용에 관한 주의사항으로 틀린 것은?
① 분출기 내의 응축수를 배출시킨 후 사용할 것
② 부하가 적거나 소화 후 사용하지 말 것
③ 원활한 분출을 위해 분출하기 전 연도 내 배풍기를 사용하지 말 것
④ 한 곳에 집중적으로 사용하여 전열면에 무리를 가하지 말 것

해설 슈트 블로워 사용시 주의사항
① 부하가 적거나(50% 이하) 소화 후 사용하지 말 것
② 분출하기 전 연도 내 배풍기를 사용 유인통풍을 증가시킬 것
③ 분출기내의 응축수를 배출시킨 후 사용할 것
④ 한곳으로 집중적으로 사용함으로서 전열면에 무리를 가하지 않을 것

11 보일러의 열정산 목적이 아닌 것은?
① 보일러의 성능 개선 자료를 얻을 수 있다.
② 열의 행방을 파악할 수 있다.
③ 연소실의 구조를 알 수 있다.
④ 보일러 효율을 알 수 있다.

해설 열정산 목적
① 열의 손실 파악   ② 열설비의 성능능력 파악   ③ 열정산의 자료
④ 조업방법 개선   ⑤ 보일러 효율을 알 수 있다.

12 미리 정해진 순서에 따라 순차적으로 제어의 각 단계가 진행되는 제어 방식으로 작동명령이 타이머나 릴레이에 의해서 수행되는 제어는?
① 시퀀스 제어   ② 피드백 제어
③ 프로그램 제어   ④ 캐스케이드 제어

해설 ・시퀀스제어 : 미리 정해진 순서에 따라 순차적으로 제어의 각 단계가 진행되는 제어방식으로 작동명령이나 타이머나 릴레이에 의해 제어
・피드백 제어 : 출력측의 신호를 입력측으로 되돌려 정정동작을 행하는 제어
・케스케이드제어 : 1차제어장치가 제어명령을 발하고 2차제어장치가 이 명령을 바탕으로 제어
・프로그램제어 : 목표값이 시간에 따라 미리 결정된 제어

13 급수탱크의 수위조절기에서 전극형 안의 특징에 해당하는 것은?
① 기계적으로 작동이 확실하다.
② 내식성이 강하다.
③ 수면의 유동에서도 영향을 받는다.
④ On-Off의 스팬이 긴 경우는 적합하지 않다.

14 주철제 보일러의 특징에 관한 설명으로 틀린 것은?
① 내식성이 우수하다.
② 섹션의 증감으로 용량조절이 용이하다.
③ 주로 고압용으로 사용된다.
④ 전열 효율 및 연소 효율은 낮은 편이다.

 주철제 보일러의 특징
① 섹션증감으로 용량조절이 가능
② 전열면적이 크다 효율이 높다.
③ 내식, 내열성이 우수하다.
④ 저압이므로 파열시 피해가 적다.
⑤ 주문제작으로 복잡한 구조로 제작이 가능
⑥ 인장 및 충격에 약하다.
⑦ 열에 의한 부동팽창으로 균열이 생기기 쉽다.
⑧ 고압대용량에 부적합하다.
⑨ 구조가 복잡하므로 내부청소 및 검사곤란

15 증기난방시공에서 관말 증기 트랩 장치에서 냉각래그(Cooling leg)의 길이는 일반적으로 몇 m 이상으로 해주어야 하는가?
① 0.7 m　　② 1.2 m　　③ 1.5 m　　④ 2.0 m

냉각관(cooling leg) : 건식 환수방식의 관말에 설치하는 것으로 관내 응축수에서 생긴 플래시(flash) 증기로 인해 보일러에 수격작용이 발생되는 것을 방지하기 위해 설치한다. 주관과 수직으로 100[mm] 이상 내리고 하부로 150[mm] 이상 연장하여 관내 슬러지 등 협잡물을 제거할 목적으로 드레인 포켓(drain pocket)을 만들어 준다. 이때 트랩까지 1.5[m] 이상 보온을 하지 않은 나관배관으로 냉각관을 설치하며 선단에는 관말 트랩으로 최종 처리하게 된다.

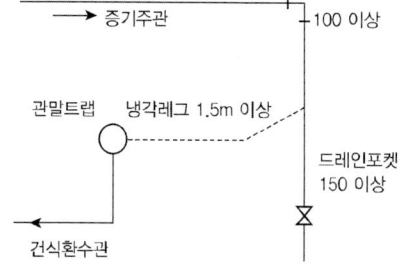

13. ④　14. ③　15. ③

16 상당증발량= G_e(kg/h), 보일러 효율= η, 연료소비량= B(kg/h), 저위발열량= H_l (kcal/kg), 증발잠열=539(kcal/kg)일 때 상당증발량(G_e)을 옳게 나타낸 것은?

① $G_e = \dfrac{(539\eta H_l)}{B}$ ② $G_e = \dfrac{(BH_l)}{(539\eta)}$

③ $G_e = \dfrac{(\eta BH_l)}{539}$ ④ $G_e = \dfrac{(539\eta B)}{H_l}$

해설 G_e(상당증발량)= $\dfrac{G \times (h'' - h')}{539}$

G(kg/h) : 실제증발량, h''(kcal/kg) : 발생증기엔탈피 539(kcal/kg) : 증발잠열
h'(kcal/kg) : 급수엔탈피 또는 급수온도

17 액체연료 중 경질유에 주로 사용하는 기화연소 방식의 종류에 해당하지 않는 것은?

① 포트식 ② 심지식
③ 증발식 ④ 무화식

해설 경질유기화연소방식
① 증발식 ② 포트식 ③ 심지식

18 수소 15%, 수분 0.5% 중유의 고위발열량이 10000 kcal/kg이다. 이 중유의 저위발열량은 몇 kcal/kg인가?

① 8795 ② 8984 ③ 9085 ④ 9187

해설 저위발열량 = H_h - 600(9H+W) = 10000 - 600(9×0.15+0.005) = 9187 kcal/kg

19 슈미트 보일러는 보일러 분류에서 어디에 속하는가?

① 관류식 ② 자연순환식
③ 강제순환식 ④ 간접가열식

해설 간접가열 보일러 : 슈미트 보일러, 레플러 보일러

20 1보일러 마력은 표준상태에서 한 시간에 ( )kg의 상당증발량을 나타낼 수 있는 능력이다. 괄호 안에 들어갈 숫자로 옳은 것은?

① 16.56 ② 14.65 ③ 15.65 ④ 13.56

정답 16. ③ 17. ④ 18. ④ 19. ④ 20. ③

해설 보일러 마력
① 상당증발량이 15.65 kg인 보일러의 능력
② 표준대기압(760 mmHg)에서 100°C 포화수 15.65 kg을 1시간에 100°C 포화증기로 바꿀 수 있는 능력

㉠ $\dfrac{G_e}{15.65} = \dfrac{G \times (h'' - h')}{15.65 \times 539}$

21 보일러의 보존법 중 장기보전법에 해당하지 않는 것은?
① 가열건조법 ② 석회밀폐건조법
③ 질소가스봉입법 ④ 소다만수보존법

해설 장기보존법
① 소다만수보존법
② 석회밀폐건조법
③ 질소가스봉입법

22 난방부하 설계 시 고려하여야 할 사항으로 거리가 먼 것은?
① 유리창 및 문 ② 천정 높이
③ 교통 여건 ④ 건물의 위치(방위)

해설 난방부하 설계 시 고려하여야할 사항
① 건물의 위치(방위)
② 천정높이
③ 유리창 및 문

23 열팽창에 의한 배관의 이동을 구속 또는 제한하는 배관지지구인 레스트레인트(restraint)의 종류가 아닌 것은?
① 가이드 ② 앵커
③ 스토퍼 ④ 행거

해설 배관의 지지
(1) 행거 : 배관의 하중을 잡아주는 장치이다.
① 리지드 행거(rigid hanger) : I 비임에 턴버클을 이용 지지하는 것으로 상하방향에 변위에 없는 곳에 사용한다.
② 스프링 행거(spring hanger) : 턴버클 대신 스프링을 사용한 것이다.
③ 콘스탄트 행거(constant hanger) : 배관의 상하이동에 관계없이 관지지력이 일정한 것으로 중추식과 스프링식이 있다.

21. ① 22. ③ 23. ④

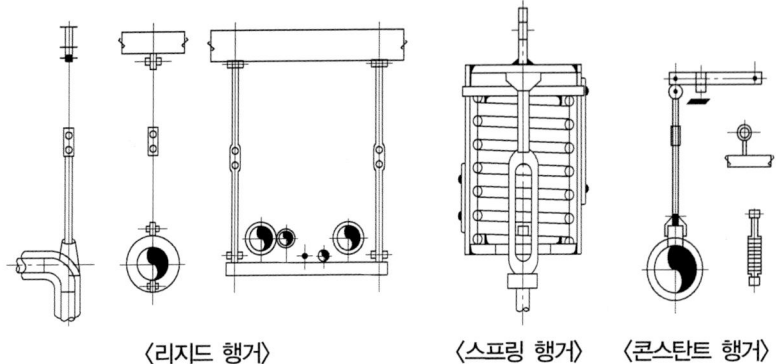

〈리지드 행거〉　　〈스프링 행거〉　〈콘스탄트 행거〉

(2) 서포트(support) : 배관의 하중을 밑에서 떠받쳐 지지해 주는 장치이다.
　① 파이프 슈(pipe shoe) : 관에 직접 집속하는 지지구로 수평배관과 수직배관의 연결부에 사용 된다.
　② 리지드 서포트(rigid support) : H비임이나 I비임으로 받침을 만들어 지지한다.
　③ 스프링 서포트(spring support) : 스프링의 탄성에 의해 상하 이동을 허용한 것이다.
　④ 롤러 소포트(roller support) : 관의 축 방향의 이동을 허용한 지지구이다.

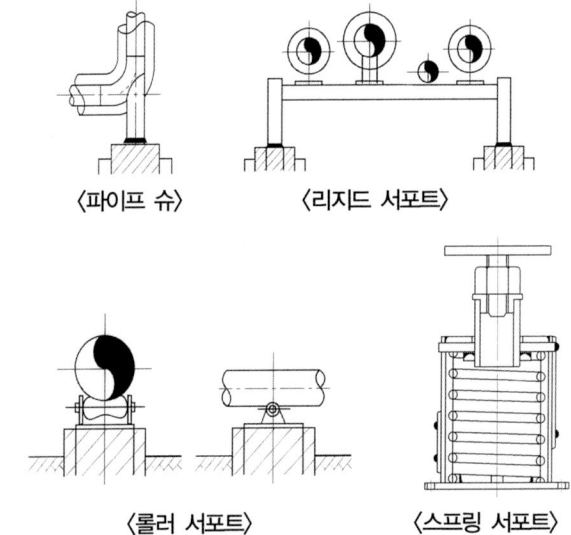

〈파이프 슈〉　〈리지드 서포트〉

〈롤러 서포트〉　〈스프링 서포트〉

(3) 리스트레인(restrain) : 열팽창에 의한 배관의 상하·좌우 이동을 구속 또는 제한하는 장치이다.
　① 앵커(anchor) : 리지드 서포트의 일종으로 관의 이동 및 회전을 방지하기 위해 지지점에 완전히 고정하는 장치이다.
　② 스톱(stop) : 배관의 일정한 방향과 회전만 구속하고 다른 방향은 자유롭게 이동하게 하는 장치이다.
　③ 가이드(guide) : 배관의 곡관부분이나 신축 조인트부분에 설치하는 것으로 회전을 제한하거나 축방향의 이동을 허용하며 직각방향으로 구속하는 장치이다.

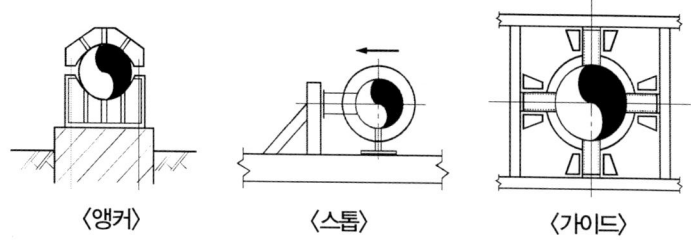

〈앵커〉　　　〈스톱〉　　　〈가이드〉

24

배관의 신축이음 중 지웰이음이라고도 불리며, 주로 증기 및 온수난방용 배관에 사용되나, 신축량이 너무 큰 배관에서는 나사 이음부가 헐거워져 누설의 염려가 있는 신축이음 방식은?

① 루프식
② 벨로즈식
③ 볼 조인트식
④ 스위블식

해설 신축이음
① 루우프형
　㉠ 만곡형, 신축곡관형
　㉡ 고압증기의 옥외배관에 사용
　㉢ 곡률반경은 관지름의 6배 이상
　㉣ 응력이 생김
　㉤ 도시기호 :
② 벨로우즈형
　㉠ 파상형, 주름통식, 펙레스신축이음
　㉡ 응력이 생기지 않음
　㉢ 도시기호 :
③ 슬리이브형
　㉠ 미끄럼형
　㉡ 나사결합형 : 50A 이하 플랜지결합형 : 65A 초과
　㉢ 도시기호 :
④ 슬위브형
　㉠ 나사의 회전에 의해 신축흡수
　㉡ 2개 이상의 벨보우를 사용하여 시공
　㉢ 방열기용
　㉣ 도시기호 :

25

보일러를 비상 정지시키는 경우의 일반적인 조치사항으로 잘못된 것은?
① 압력은 자연히 떨어지게 기다린다.
② 연소공기의 공급을 멈춘다.
③ 주증기 스톱밸브를 열어 놓는다.
④ 연료 공급을 중단한다.

해설 주증기 스톱밸브를 닫는다.

26 보일러 운전자가 송기 시 취할 사항으로 맞는 것은?
① 증기헤더, 과열기 등의 응축수는 배출되지 않도록 한다.
② 송기 후에는 응축수 밸브를 완전히 열어 둔다.
③ 기수공발이나 수격작용이 일어나지 않도록 주의한다.
④ 주증기관은 스톱밸브를 신속히 열어 열손실이 없도록 한다.

해설 증기헤더, 과열기 등의 응축수는 배출되도록 한다.
송기 후에는 응축수 밸브를 닫는다.
주증기관은 5분 이상 만개한다.

27 다음 중 구상부식(grooving)의 발생장소로 거리가 먼 것은?
① 경판의 급수구멍
② 노통의 플랜지 원형부
③ 접시형 경판의 구석 원통부
④ 보일러 수의 유속이 늦은 부분

해설 구식(그루빙)발생장소
① 노동보일러의 경판과 접합부 및 만곡부
② 관, 판, 나사 스테이 만곡부
③ 연돌관, 화실화단, 노통의 플랜지 만곡부

28 다음 그림과 같은 동력 나사절삭기의 종류의 형식으로 맞는 것은?

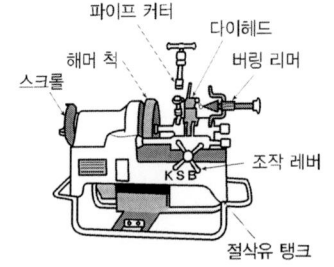

① 오스터형
② 호브형
③ 다이헤드형
④ 파이프형

29 난방부하가 5600 kcal/h, 방열기 계수 7 kcal/m²·h·°C, 송수온도 80°C, 환수온도 60°C, 실내온도 20°C일 때 방열기의 소요 방열면적은 몇 m²인가?
① 8
② 16
③ 24
④ 32

정답 26. ③ 27. ④ 28. ③ 29. ②

> **해설** 난방부하=방열기방열량 × 방열면적
> 방열면적= $\dfrac{난방부하}{방열기방열량} = \dfrac{5600}{350} = 16 \text{ m}^2$
> 방열기방열량=방열계수 × $\left(\dfrac{송수온도+환수온도}{2} - 실내온도\right)$
> $= 7 \times \left(\dfrac{80+60}{2} - 20\right) = 350 \text{ kcal/m}^2\text{h}$

30. 보일러에서 포밍이 발생하는 경우로 거리가 먼 것은?

① 증기의 부하가 너무 적을 때
② 보일러수가 너무 농축되었을 때
③ 수위가 너무 높을 때
④ 보일러수 중에 유지분이 다량 함유되었을 때

> **해설** 포밍이 발생하는 경우
> ① 관수농축시
> ② 수위가 너무 높을 때
> ③ 보일러 수중에 유지분이 다량 함유시

31. 액화석유가스(LPG)의 일반적인 성질에 대한 설명으로 틀린 것은?

① 기화 시 체적이 증가된다.
② 액화 시 적은 용기에 충전이 가능하다.
③ 기체 상태에서 비중이 도시가스보다 가볍다.
④ 압력이나 온도의 변화에 따라 쉽게 액화, 기화시킬 수 있다.

> **해설** 기체상태에서 비중이 도시가스보다 무겁다
> ① 도시가스의 주성분(CH_4) : 12+4 = 16g ÷ 29g = 0.55
> ② LPG의 주성분(C_3H_8) : 12 × 3 + 8 = 44g ÷ 29g = 1.52

32. 보일러 본체에서 수부가 클 경우의 설명으로 틀린 것은?

① 부하 변동에 대한 압력 변화가 크다.
② 증기 발생시간이 길어진다.
③ 열효율이 낮아진다.
④ 보유 수량이 많으므로 파열시 피해가 크다.

> **해설** 수부가 클 경우
> ① 보유수량이 많으므로 파열시 피해가 크다.

30. ① 31. ③ 32. ①

② 열효율이 낮다.
③ 증기발생 기간이 길어진다.
④ 부하변동에 대한 압력변화가 적다.
⑤ 급수처리가 간단하다.
⑥ 수면이 넓어 기수공발이 적다.

33 다음 중 임계점에 대한 설명으로 틀린 것은?
① 물의 임계온도는 374.15°C이다.
② 물의 임계압력은 225.65 kgf/cm^{2}이다.
③ 물의 임계점에서의 증발잠열은 539 kcal/kg이다.
④ 포화수에서 증발의 현상이 없고 액체와 기체의 구별이 없어지는 지점을 말한다.

해설 물의 임계점에서의 증발잠열은 0 kcal/kg이다.

34 다음 중 확산연소방식에 의한 연소장치에 해당하는 것은?
① 선회형 버너   ② 저압 버너
③ 고압 버너   ④ 송풍 버너

해설 예혼합 연소장치
① 고압버너   ② 저압버너   ③ 송풍버너

35 급유장치에서 보일러 가동 중 연소의 소화, 압력초과 등 이상 현상 발생 시 긴급히 연료를 차단하는 것은?
① 압력조절 스위치   ② 압력제한 스위치
③ 감압 밸브   ④ 전자 밸브

해설 감압밸브
① 고압의 증기를 저압의 증기로 바꾸어줌
② 부하측의 압력을 일정하게 유지
③ 고압과 저압을 동시 사용

36 제어장치의 제어동작 종류에 해당되지 않는 것은?
① 비례 동작   ② 온 오프 동작
③ 비례적분 동작   ④ 반응 동작

해설 • 연속동작
① P동작(비례동작) ② I동작(적분동작) ③ D동작(미분동작)
• 불연속동작(on-off 동작)
① 이위치 동작 ② 다위치 동작 ③ 불연속속도조작

37

급수예열기(절탄기, economizer)의 형식 및 구조에 대한 설명으로 틀린 것은?
① 설치 방식에 따라 부속식과 집중식으로 분류한다.
② 급수의 가열도에 따라 증발식과 비증발식으로 구분하며, 일반적으로 증발식을 많이 사용한다.
③ 평관급수예열기는 부착하기 쉬운 먼지를 함유하는 배기가스에서도 사용할 수 있지만 설치공간이 넓어야 한다.
④ 핀튜브급수예열기를 사용할 경우 배기가스의 먼지 성상에 주의할 필요가 있다.

38

가장 미세한 입자의 먼지를 집진할 수 있고, 압력 손실이 작으며, 집진효율이 높은 집진장치 형식은?
① 전기식 ② 중력식
③ 세정식 ④ 사이클론식

해설 집진장치
① 건식집진장치
(1) 여과식 : 함진가스를 여과제(filter)를 통하여 분리, 포착하는 방식이다. 내면여과방식과 표면여과방식으로 나뉘며 표면여과방식 중 대표적인 백(bag) 필터가 있다.

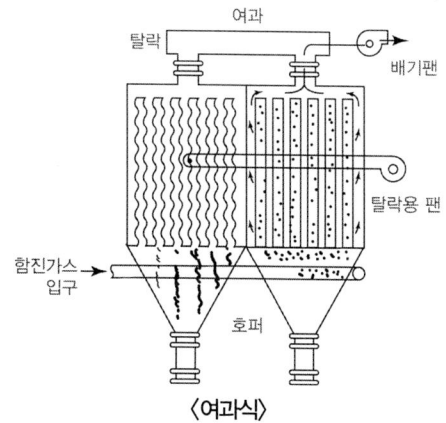
〈여과식〉

(2) 전기식(습식에도 포함된다) : 고압의 직류전원을 사용하여 방전극 근처에서 양이온과 자유전자로부터 이루어지는 플라즈마 형성에 의해 입자를 전리하는 방식으로 이러한 방전을 코로나 방전현상이라 하며 가스 중 함유입자는 음이온으로 되어 부착 분리되어 제거하는 장치이다(코트렐 집진장치가 대표적이다).

37. ② 38. ①

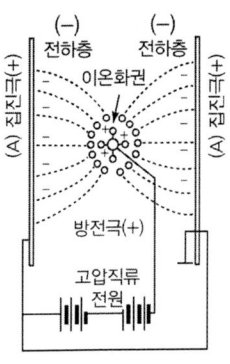
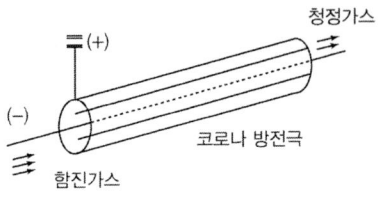

〈코로나 방전관〉

※ 특징
① 압력손실이 적다.
② 적용범위가 넓다.
③ 더스트의 외부 배출이 용이하다.
④ 미세입자의 포집이 용이하고 가장 높은 집진율을 얻을 수 있다.

② 습식 집진 장치
㉠ 세정식 : 연소가스를 고도로 청정하고자 할 때 사용
㉡ 가압수식 : 물을 가압공급하여 함진가스를 세정하여 분리제거하는 방식으로 벤튜리젯트, 싸이클론스크레버 형식과 충전탑이 있다.
㉢ 유수식

※ 집진 장치 선정시 고려할 사항
1. 입도분포   2. 입자비중   3. 입자 밀도   4. 입자 형상   5. 용적
6. 온도   7. 부식성   8. 점성 및 폭발성

〈벤튜리 스크러버〉

39 가스버너에서 종류를 유도혼합식과 강제혼합식으로 구분할 때 유도혼합식에 속하는 것은?
① 슬리트 버너   ② 리본 버너
③ 라디어트 튜브 버너   ④ 혼소 버너

40

배관에서 바이패스관의 설치 목적으로 가장 적합한 것은?
① 트랩이나 스트레이너 등의 고장 시 수리, 교환을 위해 설치한다.
② 고압증기를 저압증기로 바꾸기 위해 사용한다.
③ 온수 공급관에서 온수의 신속한 공급을 위해 설치한다.
④ 고온의 유체를 중간과정 없이 직접 저온의 배관부로 전달하기 위해 설치한다.

 바이패스관 설치목적 : 트랩이나 스트레이너 등의 고장시 수리, 교환을 위해 설치

41

글랜드 패킹의 종류에 해당하지 않는 것은?
① 편조 패킹
② 액상 합성수지 패킹
③ 플라스틱 패킹
④ 메탈 패킹

해설 글랜드 패킹의 종류 : 밸브의 회전부분에 기밀을 유지할 목적으로 사용
① 아마존 패킹 : 면포와 내열고무 콤파운드를 가공성형한 것으로 압축기용 그랜드에 사용
② 모울드 패킹 : 석면, 흑연, 수지 등을 배합성형한 것으로 밸브, 펌프 등의 그랜드에 사용
③ 석면각형 패킹 : 석면을 각형으로 짜서 만든 것으로 내열, 내산성이 좋아 대형밸브 그랜드에 사용
④ 석면얀 : 석면을 꼬아서 만든 것으로 소형밸브, 수면계콕크 주로 소형밸브 그랜드에 사용

42

서비스 탱크는 자연압에 의하여 유류연료가 잘 공급될 수 있도록 버너보다 몇 m 이상 높은 장소에 설치하여야 하는가?
① 0.5 m
② 1.0 m
③ 1.2 m
④ 1.5 m

43

보일러의 증기압력 상승시의 운전관리에 관한 일반적 주의사항으로 거리가 먼 것은?
① 보일러에 불을 붙일 때는 어떠한 이유가 있어도 급격한 연소를 시켜서는 안 된다.
② 급격한 연소는 보일러 본체의 부동팽창을 일으켜 보일러와 벽돌 쌓은 접촉부에 틈을 증가시키고 벽돌사이에 벌어짐이 생길 수 있다.
③ 특히 주철제 보일러는 급냉급열시에 쉽게 갈라질 수 있다.
④ 찬물을 가열할 경우에는 일반적으로 최저 20분~30분 정도로 천천히 가열한다.

40. ① 41. ② 42. ④ 43. ④

44
사용 중인 보일러의 점화 전에 점검해야 될 사항으로 가장 거리가 먼 것은?
① 급수장치, 급수계통 점검
② 보일러 동내 물때 점검
③ 연소장치, 통풍장치의 점검
④ 수면계의 수위확인 및 조정

해설 점화전 점검사항
① 자동제어장치의 점검
② 연료 및 연소장치의 점검
③ 분출 및 분출장치의 점검
④ 수위점검
⑤ 프리퍼지, 포스트퍼지 점검

45
저온 배관용 탄소 강관의 종류의 기호로 맞는 것은?
① SPPG
② SPLT
③ SPPH
④ SPPS

해설 배관용 강관
① SPP(배관용탄소강관) : 사용압력이 10 kg/cm² 이하의 증기, 물, 배관에 사용
② SPPS(압력배관용탄소강관) : 사용압력이 10~100 kg/cm² 이하
③ SPPH(고압배관용탄소강관) : 100 kg/cm² 이상
④ SPLT(저온배관용탄소강관) : 빙점이하의 관(0℃ 이하)
⑤ SPHT(고온배관용탄소강관) : 350℃ 이상의 배관에 사용

46
링겔만 농도표는 무엇을 계측하는데 사용되는가?
① 배출가스의 매연 농도
② 중유 중의 유황 농도
③ 미분탄의 입도
④ 보일러 수의 고형물 농도

해설 링겔만 매연 농도표 : 배출가스(연소가스)의 매연농도측정
0번에서 5번까지 6종으로 구분한 농도표로 한다. 이 표를 관측자로부터 16[m] 떨어진 위치에 놓고 관측자와 연돌과의 거리를 약 30~39[m] 정도의 위치에서 연돌상단의 입구로부터 30~45[cm]에 떨어진 부분의 연기색을 비교해 몇 번인지를 측정한다. 이때 주의할 점은 해를 등지고, 연기의 흐름과는 직각방향의 위치에서 측정하며 주위의 하늘색이 너무 환하거나 어두울 때는 측정하지 않는다.

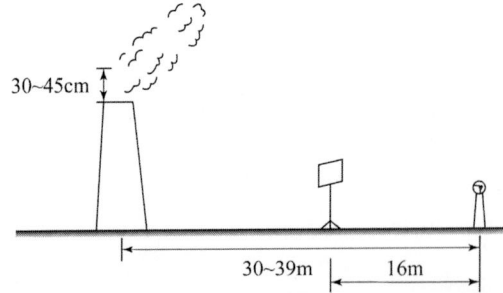

47 온수난방 배관시공 시 배관 구배는 일반적으로 얼마 이상이어야 하는가?
① 1/100　　② 1/150　　③ 1/200　　④ 1/250

해설　온수난방 시공시 배관구배 : $\frac{1}{250}$

48 배관 이음 중 슬리브 형 신축이음에 관한 설명으로 틀린 것은?
① 슬리브 파이프를 이음쇠 본체측과 슬라이드 시킴으로써 신축을 흡수하는 이음 방식이다.
② 신축 흡수율이 크고 신축으로 인한 응력 발생이 적다.
③ 배관의 곡선부분이 있어도 그 비틀림을 슬리브에서 흡수하므로 파손의 우려가 적다.
④ 장기간 사용 시에는 패킹의 마모로 인한 누설이 우려된다.

49 보일러 사고를 제작상의 원인과 취급상의 원인으로 구별할 때 취급상의 원인에 해당하지 않는 것은?
① 구조 불량　　② 압력 초과
③ 저수위 사고　　④ 가스 폭발

해설　제작상의 원인
① 재료 불량　② 용접불량　③ 강도불량　④ 구조불량　⑤ 설계불량

50 보일러의 옥내설치 시 보일러 동체 최상부로부터 천정, 배관 등 보일러 상부에 있는 구조물까지의 거리는 몇 m 이상이어야 하는가?
① 0.5　　② 0.8　　③ 1.0　　④ 1.2

해설　보일러 옥내설치시 보일러 동체 최상부도부터 천정, 배관 등 보일러 상부에 있는 구조물까지의 거리 : 1.2 m 이상 단, 소형보일러는 0.6 m 이상

51 저탄소 녹색성장 기본법에서 국내 총소비에너지량에 대하여 신·재생에너지 등 국내 생산에너지량 및 우리나라가 국외에서 개발(지분 취득 포함한다)한 에너지량을 합한 양이 차지하는 비율을 무엇이라고 하는가?
① 에너지원단위　　② 에너지생산도
③ 에너지비축도　　④ 에너지자립도

47. ④　48. ③　49. ①　50. ④　51. ④

해설 에너지 자립도 : 국내 총소비에너지량에 대하여 신·재생에너지 등 국내생산에너지량 및 우리나라가 국외에서 개발한 에너지량을 합한 양이 차지하는 비율

52 에너지사용계획의 검토기준, 검토방법, 그 밖에 필요한 사항을 정하는 령은?
① 지식경제부령　　② 국토해양부령
③ 대통령령　　　　④ 고용노동부령

53 에너지이용합리화법상 검사대상기기 조종자를 반드시 선임해야함에도 불구하고 선임하지 아니 한 자에 대한 벌칙은?
① 2천만 원 이하의 벌금
② 2년 이하의 징역 또는 2천만 원 이하의 벌금
③ 1년 이하의 징역 또는 5백만 원 이하의 벌금
④ 1천만 원 이하의 벌금

해설 벌칙
① 2년 이상의 징역 또는 2천만원 이하의 벌금
　㉠ 에너지저장시설의 보유 또는 저장의무의 부과시 정당한 이유 없이 이를 거부하거나 이행하지 아니한 자
　㉡ 에너지수급의 안정을 기하기 위한 조정·명령 등의 조치를 위반한 자
　㉢ 공단의 임직원으로 근무하거나 근무하였던 사람이 직무상 알게 된 비밀을 누설하거나 도용한 자
② 1년 이하의 징역 또는 1천만원이하의 벌금
　㉠ 검사대상기기의 검사를 받지 아니한 자
　㉡ 검사에 합격되지 아니한 검사대상기기를 사용한 자
③ 2천만원 이하의 벌금
　㉠ 효율 관리 기자재의 생산 또는 판매금지 명령에 위반한 자
④ 1천만원 이하의 벌금
　㉠ 검사대상기기조정자를 선임하지 아니한 자
⑤ 500만원 이하의 벌금
　㉠ 효율관리기자재에 대한 에너지사용량의 측정결과를 신고하지 아니한 자
　㉡ 대기전력경고표지대상제품에 대한 측정결과를 신고하지 아니한 자
　㉢ 대기전력경고표지를 하지 아니한 자
　㉣ 대기전력저감우수제품임을 표시하거나 거짓 표시를 한 자
　㉤ 대기전력저감기준에 미달하는 경우 시정명령을 정당한 사유 없이 이행하지 아니한 자
　㉥ 고효율에너지인증대상기자재의 인증을 받은 자가 아닌 자는 해당 고효율에너지인증대상기자재에 고효율에너지기자재의 인증 표시를 위반하여 인증 표시를 한 자

54
열사용기자재 관리규칙에서 용접검사가 면제될 수 있는 보일러의 대상 범위로 틀린 것은?

① 강철제 보일러 중 전열면적이 5 m² 이하이고, 최고사용 압력이 0.35 MPa 이하인 것
② 주철제 보일러
③ 제2종 관류보일러
④ 온수보일러 중 전열면적이 18 m² 이하이고, 최고사용 압력이 0.35 MPa 이하인 것

해설 용접검사가 면제될 수 있는 보일러 대상범위
① 1종관류보일러
② 주철제보일러
③ 강철제보일러 중 전열면적이 5 m² 이하이고 최고사용압력이 0.35 MPa 이하인 것
④ 온수보일러 중 전열면적이 18 m² 이하이고 최고사용압력이 0.35 MPa 이하인 것

55
관리업체(대통령령으로 정하는 기준량 이상의 온실가스 배출업체 및 에너지소비업체)가 사업장별 명세서를 거짓으로 작성하여 정부에 보고하였을 경우 부과하는 과태료로 맞는 것은?

① 300만 원의 과태료 부과
② 500만 원의 과태료 부과
③ 700만 원의 과태료 부과
④ 1천만 원의 과태료 부과

56
보온재를 유기질 보온재와 무기질 보온재로 구분할 때 무기질 보온재에 해당하는 것은?

① 펠트
② 코르크
③ 글라스 폼
④ 기포성 수지

해설 무기질 보온재
① 탄산마그네슘 : 250°C 이하
② 글라스울 : 300°C 이하
③ 석면 : 400°C 이하
④ 규조토 : 500°C 이하
⑤ 암면 : 600°C 이하
⑥ 규산칼슘, 펄라이트 : 650°C 이하

57
온수난방 배관 방법에서 귀환관의 종류 중 직접귀환 방식의 특징 설명으로 옳은 것은?

① 각 방열기에 이르는 배관길이가 다르므로 마찰저항에 의한 온수의 순환율이 다르다.
② 배관 길이가 길어지고 마찰저항이 증가한다.
③ 건물 내 모든 실(室)의 온도를 동일하게 할 수 있다.
④ 동일층 및 각층 방열기의 순환율이 동일하다.

54. ③ 55. ④ 56. ③ 57. ①

58 보일러의 유류배관의 일반사항에 대한 설명으로 틀린 것은?
① 유류배관은 최대 공급압력 및 사용온도에 견디어야 한다.
② 유류배관은 나사이음을 원칙으로 한다.
③ 유류배관에는 유류가 새는 것을 방지하기 위해 부식방지 등의 조치를 한다.
④ 유류배관은 모든 부분의 점검 및 보수할 수 있는 구조로 하는 것이 바람직하다.

해설 유류배관은 용접이음을 원칙으로 한다.

59 합성수지 또는 고무질 재료를 사용하여 다공질 제품으로 만든 것이며 열전도율이 극히 낮고 가벼우며 흡수성은 줄지 않으나 굽힘성이 풍부한 보온재는?
① 펠트　　　　　　　　② 기포성 수지
③ 하이울　　　　　　　④ 프리웨브

해설 기포성수지
① 합성수지 또는 고무질재료를 사용하여 다공질제품으로 만든 것
② 열전도율이 매우 낮다
③ 가벼우며 흡수성은 좋지 않다
④ 굽힘성이 풍부하다.

60 에너지법에서 사용하는 "에너지"의 정의를 가장 올바르게 나타낸 것은?
① "에너지"라 함은 석유·가스 등 열을 발생하는 열원을 말한다.
② "에너지"라 함은 제품의 원료로 사용되는 것을 말한다.
③ "에너지"라 함은 태양, 조파, 수력과 같이 일을 만들어낼 수 있는 힘이나 능력을 말한다.
④ "에너지"라 함은 연료·열 및 전기를 말한다.

2012년 제3회 에너지관리기능사 출제문제

01 수관식 보일러의 일반적인 장점에 해당하지 않는 것은?
① 수관의 관경이 적어 고압에 잘 견디며 전열면적이 커서 증기 발생이 빠르다.
② 용량에 비해 소요면적이 적으며, 효율이 좋고 운반, 설치가 쉽다.
③ 급수의 순도가 나빠도 스케일이 잘 발생하지 않는다.
④ 과열기, 공기예열기 설치가 용이하다.

해설 수관식 보일러의 장점
① 효율이 아주 좋다.
② 설치 면적이 적고 발생열량이 크다.
③ 고온 고압의 증기를 발생 열의 이용도를 높였다.
④ 외분식이어서 연료의 질에 장애를 받지 않는다.
⑤ 내부구조가 콤팩트하여 연소가스의 대류나 복사전열이 잘 이루어진다.

참고 ① 구조가 복잡하여 청소, 검사, 수리곤란
② 제작이 까다로우며 비용도 많이 든다.
③ 순환통로가 좁아 스케일의 장애가 심각하므로 완벽한 급수를 요한다.
④ 외분식이어서 노벽으로의 방산손실이 많다.
⑤ 증발속도가 너무 빨라 습증기로 인한 관내장애 우려

02 다음 중 물의 임계압력은 어느 정도인가?
① 100.43 kgf/cm^2 ② 225.65 kgf/cm^2
③ 374.15 kgf/cm^2 ④ 539.15 kgf/cm^2

해설 · 물의 임계압력 : 225.65 kg/cm^2
· 물의 임계온도 : 374.15℃
· 임계 압력하에서의 잠열 : 0 kcal/kg

1. ③ 2. ②

03

급수온도 21℃에서 압력 14 kgf/cm², 온도 250℃의 증기를 시간당 14000 kg을 발생하는 경우의 상당증발량은 약 몇 kg/h인가? (단, 발생증기의 엔탈피는 635 kcal/kg이다.)

① 15948　② 25326　③ 3235　④ 48159

해설

$$상당증발량 = \frac{G \times (h'' - h')}{539}$$

$$= \frac{14000 \times (635 - 21)}{539} = 15948 \text{ kg/h}$$

04

스프링식 안전밸브에서 저양정식인 경우는?

① 밸브의 양정이 밸브시트 구경의 1/7 이상 1/5 미만인 것
② 밸브의 양정이 밸브시트 구경의 1/15 이상 1/7 미만인 것
③ 밸브의 양정이 밸브시트 구경의 1/40 이상 1/15 미만인 것
④ 밸브의 양정이 밸브시트 구경의 1/45 이상 1/40 미만인 것

해설 스프링식 안전밸브

① 저양정식 : 안전밸브리프트가 시트지름의 $\frac{1}{40}$ 이상 $\frac{1}{15}$ 미만

② 고양정식 : 안전밸브리프트가 시트지름의 $\frac{1}{15}$ 이상 $\frac{1}{7}$ 미만

③ 전양정식 : 안전밸브리프트가 시트지름의 $\frac{1}{7}$ 이상인 것

④ 전양식 : 시트지름이 목부 지름보다 1.15배 이상인 것

05

인젝터의 작동불량 원인과 관계가 먼 것은?

① 부품이 마모되어 있는 경우
② 내부노즐에 이물질이 부착되어 있는 경우
③ 체크밸브가 고장난 경우
④ 증기압력이 높은 경우

해설 인젝터 작동 불능원인

① 급수온도가 높을 때(50℃ 이상시)
② 증기의 압력이 낮거나 높을 때(2 kg/cm² 이하~10 kg/cm² 이상)
③ 증기중의 수분혼입시
④ 인젝터 노즐 불량시
⑤ 흡입측 공기 누입시

06
보일러의 오일버너 선정 시 고려해야 할 사항으로 틀린 것은?
① 노의 구조에 적합할 것
② 부하변동에 따른 유량조절 범위를 고려할 것
③ 버너용량이 보일러 용량보다 적을 것
④ 자동제어 시 버너의 형식과 관계를 고려할 것

해설 버너 용량이 보일러 용량보다 클 것

07
보일러 자동제어를 의미하는 용어 중 급수제어를 뜻하는 것은?
① A.B.C   ② F.W.C   ③ S.T.C   ④ A.C.C

해설 보일러 자동제어(A, B, C)
① A. C. C : 자동연소제어
② F. W. C : 급수제어
③ S. T. C : 증기온도제어
④ L. C : 로컬제어

08
연소 시 공기비가 많은 경우 단점에 해당하는 것은?
① 배기 가스량이 많아져서 배기가스에 의한 열손실이 증가한다.
② 불완전 연소가 되기 쉽다.
③ 미연소에 의한 열손실이 증가한다.
④ 미연소 가스에 의한 역화의 위험성이 있다.

해설 공기비가 적은 경우
① 불완전 연소가 되기 쉽다.
② 미연소에 의한 열손실 증가
③ 미연소가스에 의한 역화의 위험이 있다.

09
다음 연료 중 단위 중량 당 발열량이 가장 큰 것은?
① 등유   ② 경유   ③ 중유   ④ 석탄

해설 등유 > 경유 > 중유 > 석탄

10
연소에 있어서 환원염이란?
① 과잉 산소가 많이 포함되어 있는 화염
② 공기비가 커서 완전 연소된 상태의 화염

6. ③   7. ②   8. ①   9. ①   10. ④

③ 과잉공기가 많아 연소가스가 많은 상태의 화염
④ 산소 부족으로 불완전 연소하여 미연분이 포함된 화염

해설 산화염 : 공기비를 너무 많이 취했을 때 화염중에 과잉 산소를 함유하는 화염

11
보일러에서 노통의 약한 단점을 보완하기 위해 설치하는 약 1m 정도의 노통이음을 무엇이라고 하는가?
① 아담슨 조인트
② 보일러 조인트
③ 브리징 조인트
④ 라몬트 조인트

해설 아담슨 조인트
노통의 열응력에 따른 신축 문제를 고려 1~1[m] 정도로 분할 제작 플랜지형식으로 접합한 방식으로 강도보강, 노통후부의 이음부를 보호하는 특징을 갖고 있다.

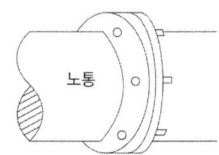

② 브리징 스페이스(노통호흡장소)
노통 보일러의 경우 경판의 동판의 강도를 보강하기 위해 가셋트 스테이를 설치하게 되는데 가셋트 스테이의 하단부와 노통사이의 거리를 브리징 스페이스라 하고 최소 225[mm] 유지

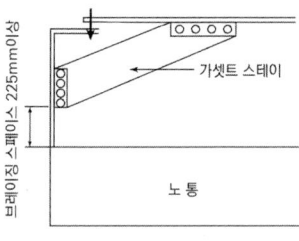

〈브리징 스페이스의 예〉

12
연소방식을 기화연소방식과 무화연소방식으로 구분할 때 일반적으로 무화연소방식을 적용해야 하는 연료는?
① 톨루엔
② 중유
③ 등유
④ 경유

13 보일러의 인터록제어 중 송풍기 작동 유무와 관련이 가장 큰 것은?
① 저수위 인터록
② 불착화 인터록
③ 저연소 인터록
④ 프리퍼지 인터록

해설 인터록 제어 : 구비 조건이 맞지 않을 때 그 조건이 충족될 때까지 다음 단계를 정지시키는 것
① 저연소 인터록
② 저수위 인터록 : 고·저수위 경보기
③ 불착화 인터록 : 화염 검출기
④ 압력초과 인터록 : 압력제한기, 압력조절기
⑤ 프리퍼지 인터록 : 송풍기

14 보일러를 본체 구조에 따라 분류하면 원통형 보일러와 수관식 보일러로 크게 나눌 수 있다. 수관식 보일러에 속하지 않는 것은?
① 노통 보일러
② 다쿠마 보일러
③ 라몬트 보일러
④ 슐처 보일러

해설 수관식 보일러의 종류
① 자연 순환식 수관 보일러 : 바브콕, 쓰데기찌, 타꾸마, 2동 D형, 3동 A형
② 강제 순환식 수관 보일러 : 벨록스, 라몽
③ 관류식 수관 보일러 : 슬처, 옛모스, 벤숀, 람진

15 수관보일러에 설치하는 기수분리기의 종류가 아닌 것은?
① 스크레버형
② 싸이크론형
③ 배플형
④ 벨로즈형

해설 기수 분리기의 종류
① 싸이클론식(원심력식)
② 스크레버식(장애판)
③ 건조스크린식(망이용)
④ 베플식(관성력이용)

16 증기보일러에서 압력계 부착방법에 대한 설명으로 틀린 것은?
① 압력계의 콕은 그 핸들을 수직인 증기관과 동일 방향에 놓은 경우에 열려 있어야 한다.
② 압력계에는 안지름 12.7 mm 이상의 사이폰관 또는 동등한 작용을 하는 장치를 설치한다.
③ 압력계는 원칙적으로 보일러의 증기실에 눈금판의 눈금이 잘 보이는 위치에 부착한다.
④ 증기온도가 483 K(210℃)를 넘을 때에는 황동관 또는 동관을 사용하여서는 안 된다.

해설 압력계는 안지름 6.5 mm 이상

13. ④ 14. ① 15. ④ 16. ②

17 보일러용 가스버너에서 외부혼합형 가스버너의 대표적 형태가 아닌 것은?
① 분젠 형
② 스크롤 형
③ 센터파이어 형
④ 다분기관 형

 가스버너에서 외부 혼합형 가스버너
① 스크롤형
② 다분기관형
③ 센터파이어형

18 보일러 분출장치의 분출시기로 적절하지 않은 것은?
① 보일러 가동 직전
② 프라이밍, 포밍현상이 일어날 때
③ 연속가동 시 열부하가 가장 높을 때
④ 관수가 농축되어 있을 때

 분출장치의 분출시기
① 연속가동시 부하가 가장 가벼울 때
② 관수농축시
③ 프라이밍 포밍 발생시
④ 보일러가동 전

19 보일러 자동제어에서 신호전달방식이 아닌 것은?
① 공기압식
② 자석식
③ 유압식
④ 전기식

해설 자동제어의 신호전달방식
① 공기압식   ② 유압식   ③ 전기식

20 육상용 보일러의 열 정산 방식에서 환산 증발 배수에 대한 설명으로 맞는 것은?
① 증기의 보유 열량을 실제연소열로 나눈 값이다.
② 발생증기엔탈피와 급수엔탈피의 차를 539로 나눈 값이다.
③ 매시 환산 증발량을 매시 연료 소비량으로 나눈 값이다.
④ 매시 환산 증발량을 전열면적으로 나눈 값이다.

해설 환산증발배수 $= \dfrac{G_e}{G_f} = \dfrac{G \times (h'' - h')}{G_f \times 539}$

정답 17. ① 18. ③ 19. ② 20. ③

21
보일러 송기 시 주증기 밸브 작동요령 설명으로 잘못된 것은?
① 만개 후 조금 되돌려 놓는다.
② 빨리 열고 만개 후 3분 이상 유지한다.
③ 주증기관 내에 소량의 증기를 공급하여 예열한다.
④ 송기하기 전 주증기 밸브 등의 드레인을 제거한다.

해설 천천히 연다(5분 이상 반개한다).

22
다른 보온재에 비하여 단열 효과가 낮으며 500℃ 이하의 파이프, 탱크, 노벽 등에 사용하는 것은?
① 규조토
② 암면
③ 그라스 울
④ 펠트

해설 무기질 보온재
① 암면 : 600℃
② 그라스울(유리섬유) : 300℃ 이하
③ 양모, 우모펠트 : 100℃ 이하
④ 석면 : 400℃ 이하
⑤ 규산칼슘 : 650℃ 이하
⑥ 규조토 : 500℃ 이하

23
신설 보일러의 설치 제작 시 부착된 페인트, 유지, 녹 등을 제거하기 위해 소다보링(Soda Boiling)할 때 주입하는 약액 조성에 포함되지 않는 것은?
① 탄산나트륨
② 수산화나트륨
③ 불화수소산
④ 제3인산나트륨

해설 과다보링시 주입하는 약액
① 가성소다
② 탄산소다
③ 제3인산소다

24
회전이음, 지블이음이라고도 하며, 주로 증기 및 온수난방용 배관에 설치하는 신축이음 방식은?
① 벨로스형
② 스위블형
③ 슬리브형
④ 루프형

해설 신축이음
① 스위블형
㉠ 회전이음, 지블이음
㉡ 나사의 회전에 의해 신축흡수

21. ② 22. ① 23. ③ 24. ②

ⓒ 2개 이상의 엘보우를 사용 시공   ⓔ 방열기용

ⓜ 도시기호 :

25
증기난방을 고압증기난방과 저압증기난방으로 구분할 때 저압증기난방의 특징에 해당하지 않는 것은?
① 증기의 압력은 약 0.15~0.35 kgf/cm^{2}이다.
② 증기 누설의 염려가 적다.
③ 장거리 증기수송이 가능하다.
④ 방열기의 온도는 낮은 편이다.

해설 고압증기난방 : 장거리 증기수송이 가능

26
다음 중 무기질 보온재에 속하는 것은?
① 펠트(felt)   ② 규조토
③ 코르크(cork)   ④ 기포성 수지

해설 22번 참조

27
글라스울 보온통의 안전사용(최고)온도는?
① 100℃   ② 200℃   ③ 300℃   ④ 400℃

해설 22번 참조

28
관속에 흐르는 유체의 화학적 성질에 따라 배관재료 선택 시 고려해야 할 사항으로 가장 관계가 먼 것은?
① 수송 유체에 따른 관의 내식성
② 수송 유체와 관의 화학반응으로 유체의 변질 여부
③ 지중 매설 배관할 때 토질과의 화학 변화
④ 지리적 조건에 따른 수송 문제

해설 배관재료 선택시 유의사항(화학적 성질)
① 지중배설 배관할 때 토질과의 화학 변화
② 수송유체에 따른 관의 내식성
③ 수송유체와 관의 화학반응으로 유체의 변질 여부

정답 25. ③   26. ②   27. ③   28. ④

29 온수난방에는 고온수 난방과 저온수 난방으로 분류한다. 저온수 난방의 일반적인 온수 온도는 몇 ℃ 정도를 많이 사용하는가?
① 40~50℃
② 60~90℃
③ 100~120℃
④ 130~150℃

해설
- 보통온수식난방 : 85~90℃ 이하
- 고온수식난방 : 100℃ 이상

30 동관의 이음 방법 중 압축이음에 대한 설명으로 틀린 것은?
① 한쪽 동관의 끝을 나팔 모양으로 넓히고 압축이음쇠를 이용하여 체결하는 이음 방법이다.
② 진동 등으로 인한 풀림을 방지하기 위하여 더블너트(double nut)로 체결한다.
③ 점검, 보수 등이 필요한 장소에 쉽게 분해, 조립하기 위하여 사용한다.
④ 압축이음을 플랜지 이음이라고도 한다.

해설 압축이음을 플레어 이음이라고 한다.

31 연소에 있어서 환원염이란?
① 과잉 산소가 많이 포함되어 있는 화염
② 공기비가 커서 완전 연소된 상태의 화염
③ 과잉공기가 많아 연소가스가 많은 상태의 화염
④ 산소 부족으로 불완전 연소하여 미연분이 포함된 화염

해설 산화염 : 공기비를 너무 많이 취했을 때 화염중에 과잉산소를 함유하는 화염

32 보일러 급수제어 방식의 3요소식에서 검출 대상이 아닌 것은?
① 수위
② 증기유압
③ 급수유량
④ 공기압

해설 급수제어 방식
① 1요소식 : 수위
② 2요소식 : 수위, 증기량
③ 3요소식 : 수위, 증기, 급수량

29. ② 30. ④ 31. ④ 32. ④

33

물질의 온도는 변하지 않고 상(phase)변화만 일으키는데 사용되는 열량은?
① 잠열
② 비열
③ 현열
④ 반응열

해설 · 현열 : 상태는 변화지 않고 온도만 변함
· 잠열 : 온도는 변화지 않고 상태만 변함

34

충전탑은 어떤 집진법에 해당되는가?
① 여과식 집진법
② 관성력식 집진법
③ 세정식 집진법
④ 중력식 집진법

35

보일러에서 사용하는 급유펌프에 대한 일반적인 설명으로 틀린 것은?
① 급유펌프는 점성을 가진 기름을 이송하므로 기어펌프나 스크루펌프 등을 주로 사용한다.
② 급유탱크에서 버너까지 연료를 공급하는 펌프를 수송펌프(supply pump)라 한다.
③ 급유펌프의 용량은 서비스탱크를 1시간 내에 급유할 수 있는 것으로 한다.
④ 펌프 구동용 전동기는 작동유의 정도를 고려하여 30% 정도 여유를 주어 선정한다.

해설 급유탱크에서 버너까지 연료를 공급하는 펌프를 이송펌프라 한다.

36

보일러 연소실 열부하의 단위로 맞는 것은?
① kcal/m³·h
② kcal/m²
③ kcal/h
④ kcal/kg

해설 연소실열부하(열발생율)= $\dfrac{G_f \times H_l}{V}$ = $\dfrac{kg/h \times kcal/kg}{m^3}$ = kcal/m³h

37

과열증기에서 과열도는 무엇인가?
① 과열증기온도와 포화증기온도와의 차이다.
② 과열증기온도에 증발열을 합한 것이다.
③ 과열증기의 압력과 포화증기의 압력 차이다.
④ 과열증기온도에 증발열을 뺀 것이다.

해설 과열도 : 과열증기온도 − 포화증기온도

38

수관식 보일러 중에서 기수드럼 2~3개와 수드럼 1~2개를 갖는 것으로 관의 양단을 구부려서 각 드럼에 수직으로 결합하는 구조로 되어 있는 보일러는?

① 다쿠마 보일러
② 야로우 보일러
③ 스터링 보일러
④ 가르베 보일러

39

절탄기(economizer) 및 공기 예열기에서 유황(S) 성분에 의해 주로 발생되는 부식은?

① 고온부식
② 저온부식
③ 산화부식
④ 점식

해설
- 저온부식원인 : S, SO_2, SO_3, H_2SO_4
- 고온부식원인 : V, V_2O_5

40

증기난방 배관 시공에 관한 설명으로 틀린 것은?

① 저압증기 난방에서 환수관을 보일러에 직접 연결할 경우 보일러 수의 역류현상을 방지하기 위해서 하트포드(hartford) 접속법을 사용한다.
② 진공환수방식에서 방열기의 설치위치가 보일러보다 위쪽에 설치된 경우 리프트 피팅 이음방식을 적용하는 것이 좋다.
③ 증기가 식어서 발생하는 응축수를 증기와 분리하기 위하여 증기트랩을 설치한다.
④ 방열기에는 주로 열동식 트랩이 사용되고, 응축수량이 많이 발생하는 증기관에는 버킷트랩 등 다량 트랩을 장치한다.

해설 진공환수방에서 방열기의 설치위치가 보일러보다 아래쪽에 설치된 경우 리프트피팅이음을 적용

41

강철제 증기보일러의 최고사용압력이 4 kgf/cm²이면 수압시험압력은 몇 kgf/cm²로 하는가?

① 2.0 kgf/cm²
② 5.2 kgf/cm²
③ 6.0 kgf/cm²
④ 8.0 kgf/cm²

해설 강철제보일러 수압시험 압력
① 최고사용압력이 4.3 kg/cm² 이하 : $P \times 2$
② 최고사용압력이 4.3 kg/cm² 초과 ~ 15 kg/cm² 이하 : $P \times 1.3 + 3$
③ 최고사용압력이 15 kg/cm² 초과 : $P \times 1.5$
∴ 4 × 2 = 8 kg/cm²

42 신설 보일러의 사용 전 점검사항으로 틀린 것은?
① 노벽은 가동 시 열을 받아 과열 건조되므로 습기가 약간 남아 있도록 한다.
② 연도의 배플, 그을음 제거기 상태, 댐퍼의 개폐상태를 점검한다.
③ 기수분리기와 기타 부속품의 부착상태와 공구나 볼트, 너트, 헝겊 조각 등이 남아있는가를 확인한다.
④ 압력계, 수위제어기, 급수장치 등 본체와의 접속부 풀림, 누설, 콕의 개폐 등을 확인한다.

해설 습기가 없도록 한다.

43 보일러의 용량을 나타내는 것으로 부적합한 것은?
① 상당증발량 ② 보일러의 마력 ③ 전열면적 ④ 연료사용량

해설 보일러 용량
① 정격출력   ② 정격용량   ③ 보일러마력
④ 상당증발량 ⑤ 전열면적   ⑥ 상당방열면적

44 진공환수식 증기난방에 대한 설명으로 틀린 것은?
① 환수관의 직경을 작게 할 수 있다.
② 방열기의 설치장소에 제한을 받지 않는다.
③ 중력식이나 기계식보다 증기의 순환이 느리다.
④ 방열기의 방열량 조절을 광범위하게 할 수 있다.

해설 증기식이나 기계식보다 증기의 순환이 빠르다.

45 열사용기자재 검사기준에 따라 안전밸브 및 압력방출장치의 규격 기준에 관한 설명으로 옳지 않은 것은?
① 소용량 강철제보일러에서 안전밸브의 크기는 호칭지름 20 A로 할 수 있다.
② 전열면적 50 m² 이하의 증기보일러에서 안전밸브의 크기는 호칭지름 20 A로 할 수 있다.
③ 최대증발량 5 t/h 이하의 관류보일러에서 안전밸브의 크기는 호칭지름 20 A로 할 수 있다.
④ 최고사용압력이 0.1 MPa 이하의 보일러에서 안전밸브의 크기는 호칭지름 20 A로 할 수 있다.

해설 전열면적이 50 m² 이하의 증기보일러는 안전밸브크기 : 25 A 이상

정답 42. ① 43. ④ 44. ③ 45. ②

46
다음 중 복사난방의 일반적인 특징이 아닌 것은?
① 외기온도의 급변화에 따른 온도조절이 곤란하다.
② 배관길이가 짧아도 되므로 설비비가 적게 든다.
③ 방열기가 없으므로 바닥면의 이용도가 높다.
④ 공기의 대류가 적으므로 바닥면의 먼지가 상승하지 않는다.

해설 복사난방의 특징
① 방열기 등의 설치공간이 불필요하여 실내공간의 이용률이 높다.
② 공기 등의 미진을 태우지 않아도 쾌감도가 좋다.
③ 동일방열량에 대해 열손실이 적다.
④ 높이에 따른 온도분포가 균일하다.
⑤ 예열이 길어 부하에 대응하기 어렵다.
⑥ 설비비가 많이 든다.
⑦ 매입배관으로 고장수리, 점검이 어렵다.

47
빔에 턴버클을 연결하여 파이프를 아래 부분을 받쳐 달아 올린 것이며, 수직방향에 변위가 없는 곳에 사용하는 것은?
① 리지드 서프트
② 리지드 행거
③ 스토퍼
④ 스프링 서프트

해설 배관의 지지
(1) 행거 : 배관의 하중을 위에서 잡아주는 장치이다.
① 리지드 행거(rigid hanger) I 비임에 턴버클을 이용 지지하는 것으로 상하방향에 변위에 없는 곳에 사용한다.
② 스프링 행거(spring hanger) 턴버클 대신 스프링을 사용한 것이다.
③ 콘스탄트 행거(constant hanger) 배관의 상하이동에 관계없이 관지력이 일정한 것으로 중추식과 스프링식이 있다.

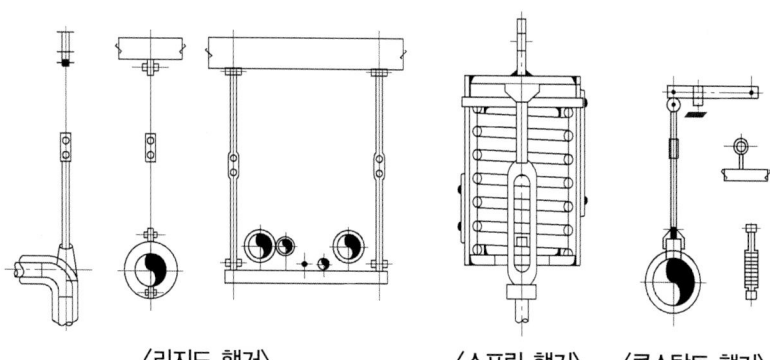

〈리지드 행거〉 〈스프링 행거〉 〈콘스탄트 행거〉

(2) 서포트(support) : 배관의 하중을 밑에서 떠받쳐 지지해 주는 장치이다.
  ① 파이프 슈(pipe shoe) : 관에 직접 접속하는 지지구로 수평배관과 수직배관의 연결부에 사용된다.
  ② 리지드 서포트(rigid support) : H비임이나 I비임으로 받침을 만들어 지지한다.
  ③ 스프링 서포트(spring support) : 스프링의 탄성에 의해 상하 이동을 허용한 것이다.
  ④ 롤러 서포트(roller support) : 관의 축 방향의 이동을 허용한 지지구이다.

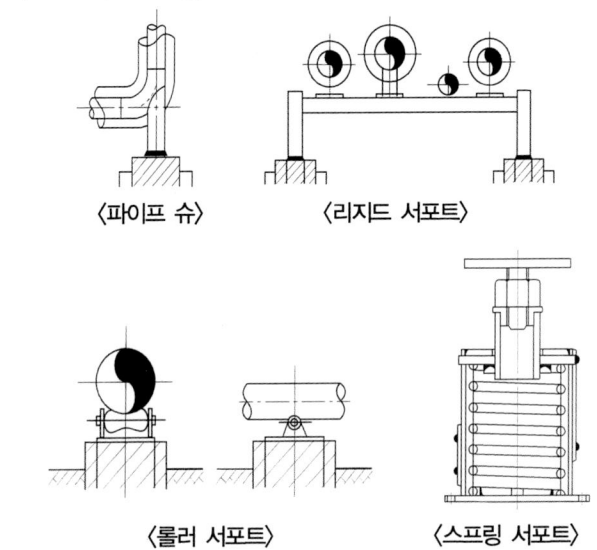

⟨파이프 슈⟩   ⟨리지드 서포트⟩

⟨롤러 서포트⟩   ⟨스프링 서포트⟩

(3) 리스트레인(restrain) : 열팽창에 의한 배관의 상하·좌우 이동을 구속 또는 제한하는 장치이다.
  ① 앵커(anchor) : 리지드 서포트의 일종으로 관의 이동 및 회전을 방지하기 위해 지지점에 완전히 고정하는 장치이다.
  ② 스톱(stop) : 배관의 일정한 방향과 회전만 구속하고 다른 방향은 자유롭게 이동하게 하는 장치이다.
  ③ 가이드(guide) : 배관의 곡관부분이나 신축 조인트부분에 설치하는 것으로 회전을 제한하거나 축방향의 이동을 허용하며 직각방향으로 구속하는 장치이다.

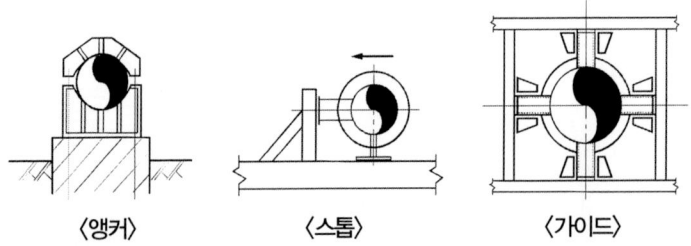

⟨앵커⟩   ⟨스톱⟩   ⟨가이드⟩

48 배관의 높이를 표시할 때 포장된 지표면을 기준으로 하여 배관 장치의 높이를 표시하는 경우 기입하는 기호는?
① BOP   ② TOP   ③ GL   ④ FL

해설 배관의 높이 표시
① GL : 포장된 지면을 기준으로 관의 높이를 표시
② FL : 1층바닥면 기준으로 관의 높이 표시
③ EL : 배관의 높이를 관의 중심을 기준으로 표시한 것
④ BOP : 지름이 서로다른관의 높이표시방법으로 관바깥지름의 아랫면까지 높이를 기준으로 표시
⑤ TOP : 관의 바깥지름 위면을 기준으로 표시

49
기름연소 보일러의 수동점화 시 5초 이내에 점화되지 않으면 어떻게 해야 하는가?
① 연료밸브를 더 많이 열어 연료공급을 증가시킨다.
② 연료 분무용 증기 및 공기를 더 많이 분산시킨다.
③ 점화봉은 그대로 두고 프리퍼지를 행한다.
④ 불착화 원인을 완전히 제거한 후에 처음 단계부터 재점화 조작한다.

50
보일러 수처리에서 순환계통외 처리에 관한 설명으로 틀린 것은?
① 탁수를 침전지에 넣어서 침강분리 시키는 방법은 침전법이다.
② 증류법은 경제적이며 양호한 급수를 얻을 수 있어 많이 사용한다.
③ 여과법은 침전속도가 느린 경우 주로 사용하며 여과기 내로 급수를 통과시켜 여과 한다.
④ 침전이나 여과로 분리가 잘 되지 않는 미세한 입자들에 대해서는 응집법을 사용하는 것이 좋다.

해설 용해고형물제거법
① 증류법 : 물을 가열시켜 증기를 발생시키고 냉각하여 응축수를 만들어 사용하는 방법으로 양질의 급수를 얻을 수 있으나 비경제적이다.
② 약제첨가법 : 약품의 첨가로 경도성분을 불용성화합물로서 침전여과에 의해 제거하는 방법으로 가성소다법, 인산소다법, 석회소다법 등이 있다.
③ 이온교환법 : 합성수지나 천연산 제올라이트 등의 이온교환수지를 통해 경도성분의 수를 통과시켜 Ca, Mg 성분을 나트륨과 교환하는 방법

51
열사용기자재관리규칙상 검사대상기기의 검사 종류 중 유효기간이 없는 것은?
① 구조검사   ② 계속사용검사
③ 설치검사   ④ 설치장소변경검사

해설 유효기간이 없는 검사
① 개조검사   ② 용접검사   ③ 구조검사

49. ④   50. ②   51. ①

52 에너지법에서 정의한 에너지가 아닌 것은?
① 연료 ② 열
③ 풍력 ④ 전기

해설 에너지관 : 연료, 열, 전기를 말한다.

53 신에너지 및 재생에너지 개발·이용·보급 촉진법에서 규정하는 신·재생에너지 설비 중 "지열에너지 설비"의 설명으로 옳은 것은?
① 바람의 에너지를 변환시켜 전기를 생산하는 설비
② 물의 유동에너지를 변환시켜 전기를 생산하는 설비
③ 폐기물을 변환시켜 연료 및 에너지를 생산하는 설비
④ 물, 지하수 및 지하의 열 등의 온도차를 변환시켜 에너지를 생산하는 설비

54 에너지이용 합리화법에 따라 에너지다소비업자가 지식경제부령으로 정하는 바에 따라 매년 1월 31일까지 시·도지사에게 신고해야 하는 사항과 관련이 없는 것은?
① 전년도의 에너지사용량·제품생산량
② 전년도의 에너지이용합리화 실적 및 해당 연도의 계획
③ 에너지사용기자재의 현황
④ 향후 5년 간의 에너지사용예정량·제품생산예정량

해설 산업통상자원부령으로 정하는 바에 따라 매년 1월 31일까지 그 에너지 사용시설이 있는 지역을 관할하는 시·도지사에게 신고
① 전년도의 에너지 사용량, 제품생산량
② 당해년도의 에너지사용예정량, 제품생산예정량
③ 전년도의 에너지이용 합리화 실적 및 해당년도의 계획
④ 에너지관리자의 현황
⑤ 에너지사용기자재의 현황

55 저탄소 녹색성장 기본법에 따라 온실가스 감축 목표의 설정·관리 및 필요한 조치에 관하여 총괄·조정 기능은 누가 수행하는가?
① 국토해양부 장관 ② 지식경제부 장관
③ 농림수산식품부 장관 ④ 환경부 장관

정답 52. ③ 53. ④ 54. ④ 55. ④

56

보일러의 정격출력이 7500 kcal/h, 보일러 효율이 85%, 연료의 저위발열량이 9500 kcal/kg인 경우, 시간당 연료소모량은 약 얼마인가?

① 1.49 kg/h
② 0.93 kg/h
③ 1.38 kg/h
④ 0.67 kg/h

 연료소비량 = $\dfrac{정격출력}{효율 \times 저위발열량} = \dfrac{7500}{0.85 \times 9500} = 0.9287$ kg/h

57

철금속가열로 설치검사 기준에서 송풍기의 용량은 정격부하에서 필요한 이론공기량의 ( )를 공급할 수 있는 용량 이하이어야 한다. 괄호 안에 들어갈 항목으로 옳은 것은?

① 80%
② 100%
③ 120%
④ 140%

 철금속가열로 설치검사기준에서 송풍기의 용량은 정격부하에서 필요한 이론공기량의 140%를 공급할 수 있는 용량이하이어야 한다.

58

보일러 과열의 요인 중 하나인 저수위의 발생 원인으로 거리가 먼 것은?

① 분출밸브의 이상으로 보일러수가 누설
② 급수장치가 증발능력에 비해 과소한 경우
③ 증기 토출량이 과소한 경우
④ 수면계의 막힘이나 고장

 저수위발생원인
 ① 증기 토출량 과대
 ② 수면계의 막힘이나 고장
 ③ 급수 장치가 증발능력에 비해 과소한 경우
 ④ 분출밸브의 이상으로 보일러수가 누설

59

중유예열기(Oil preheater)를 사용 시 가열온도가 낮을 경우 발생하는 현상이 아닌 것은?

① 무화상태 불량
② 그을음, 분진 발생
③ 기름의 분해
④ 불길의 치우침 발생

가열온도가 높을 경우
 ① 기름의 분해
 ② 분사불량
 ③ 탄화물생성
 ④ 연료소비량증대

56. ② 57. ④ 58. ③ 59. ③

60 에너지이용합리화법에 따라 고효율 에너지 인증대상 기자재에 포함하지 않는 것은?
① 펌프
② 전력용 변압기
③ LED 조명기기
④ 산업건물용 보일러

 고효율에너지 인증대상 기자재
① LED교통신호등
② 복합기능형 수배전시스템
③ 직화흡수식 냉온수기
④ 단상유도전동기
⑤ 환풍기
⑥ 원심식송풍기
⑦ 수중폭기기
⑧ 기름연소온수보일러
⑨ 산업건물용 기름보일러
⑩ LED유도등
⑪ 항온항습기
⑫ LED보안등기구
⑬ LED센서등기구
⑭ 고기밀성단열문
⑮ 가스히트펌프
⑯ 전력저장장치 등

2012년 제4회 에너지관리기능사 출제문제

01 보일러 자동제어에서 3요소식 수위제어의 3가지 검출요소와 무관한 것은?
① 노내 압력
② 수위
③ 증기유량
④ 급수유량

해설 수위제어 방식
① 1요소식 : 수위
② 2요소식 : 수위, 급수량
③ 3요소식 : 수위, 급수, 증기량

02 다음 부품 중 전후에 바이패스를 설치해서는 안 되는 부품은?
① 급수관
② 연료차단밸브
③ 감압밸브
④ 유류배관의 유량계

03 피드백 제어를 가장 옳게 설명한 것은?
① 일정하게 정해진 순서에 의해 행하는 제어
② 모든 조건이 충족되지 않으면 정지되어 버리는 제어
③ 출력측의 신호를 입력측으로 되돌려 정정 동작을 행하는 제어
④ 사람의 손에 의해 조작되는 제어

해설
・피드백 제어 : 출력측의 신호를 입력측으로 되돌려 정정 동작을 하는 제어
・시퀀스 제어 : 처음 정해진 순서에 의해 제어의 각 단계를 제어
・케스케이드 제어 : 1차 제어장치 제어명령을 말하고 2차 제어장치가 이 명령을 바탕으로 제어

1. ① 2. ② 3. ③

04 메탄(CH_4) 1 Nm^3 연소에 소요되는 이론공기량이 9.52 Nm^3이고, 실제공기량이 11.43 Nm^3일 때 공기비(m)는 얼마인가?

① 1.5　　② 1.4　　③ 1.3　　④ 1.2

해설 공기비$(m) = \dfrac{A}{A_0} = \dfrac{11.43}{9.52} = 1.2$

05 세정식 집진장치 중 하나인 회전식 집진장치의 특징에 관한 설명으로 틀린 것은?
① 가동부분이 적고 구조가 간단하다.
② 세정용수가 적게 들며, 급수 배관을 따로 설치할 필요가 없으므로 설치공간이 적게 든다.
③ 집진물을 회수할 때 탈수, 여과, 건조 등을 수행할 수 있는 별도의 장치가 필요하다.
④ 비교적 큰 압력손실을 견딜 수 있다.

해설 세정용수가 많이 듦

06 보일러 부속장치에 대한 설명 중 잘못된 것은?
① 인젝터 : 증기를 이용한 급수장치
② 기수분리기 : 증기 중에 혼입된 수분을 분리하는 장치
③ 스팀 트랩 : 응축수를 자동으로 배출하는 장치
④ 수트 블로우 : 보일러 동 저면의 스케일, 침전물을 밖으로 배출하는 장치

해설 수저분출장치 : 보일러 동 저면의 스케일, 침전물을 밖으로 배출하는 장치

07 저수위 등에 따른 이상온도의 상승으로 보일러가 과열되었을 때 작동하는 안전장치는?
① 가용 마개　　② 인젝터
③ 수위계　　　④ 증기 헤더

해설 가용전(가용마개) : 저수위 등에 따른 이상온도의 상승으로 보일러 과열시 작동

08 보일러용 연료 중에서 고체연료의 일반적인 주성분은? (단, 중량%를 기준으로 한 주성분을 구한다.)

① 탄소　　② 산소　　③ 수소　　④ 질소

정답　4. ④　5. ②　6. ④　7. ①　8. ①

09
연소의 3대 조건이 아닌 것은?
① 이산화탄소 공급원
② 가연성 물질
③ 산소 공급원
④ 점화원

해설 연소의 3대 조건
① 가연물 ② 산소공급원 ③ 점화원

10
주철제 보일러인 섹셔널 보일러의 일반적인 조합 방법이 아닌 것은?
① 전후조합
② 좌우조합
③ 맞세움조합
④ 상하조합

해설 주절제 보일러인 섹세널 보일러의 일반적인 조합방법
① 전후조합 ② 좌우조합 ③ 맞세움조합

11
전기식 온수온도제한기의 구성 요소에 속하지 않는 것은?
① 온도 설정 다이얼
② 마이크로 스위치
③ 온도차 설정 다이얼
④ 확대용 링게이지

해설 전기온수온도 제한기의 구성요소
① 온도차설정다이얼 ② 마이크로 스위치 ③ 온도설정다이얼

12
보일러 통풍에 대한 설명으로 틀린 것은?
① 자연 통풍은 일반적으로 별도의 동력을 사용하지 않고 연돌로 인한 통풍을 말한다.
② 압입 통풍은 연소용 공기를 송풍기로 노 입구에서 대기압보다 높은 압력으로 밀어 넣고 굴뚝의 통풍작용과 같이 통풍을 유지하는 방식이다.
③ 평형통풍은 통풍조절은 용이하나 통풍력이 약하여 주로 소용량 보일러에서 사용한다.
④ 흡입통풍은 크게 연소가스를 직접 통풍기에 빨아들이는 직접 흡입식과 통풍기로 대기를 빨아들이게 하고 이를 이젝터로 보내어 그 작용에 의해 연소가스를 빨아들이는 간접흡입식이 있다.

해설 평형동풍은 통풍조절이 용이하고 통풍력이 강하여 주로 대용량 보일러에 사용

9. ① 10. ④ 11. ④ 12. ③

13 KS에서 규정하는 육상용 보일러의 열정산 조건과 관련된 설명으로 틀린 것은?
① 보일러의 정상 조업상태에서 적어도 2시간 이상의 운전결과에 따른다.
② 발열량은 원칙적으로 사용 시 연료의 저발열량(진발열량)으로 하며, 고발열량(총발열량)으로 사용하는 경우에는 기존 발열량을 분명하게 명기해야 한다.
③ 최대 출열량을 시험할 경우에는 반드시 정격부하에서 시험을 한다.
④ 열정산과 관련한 시험 시 시험 보일러는 다른 보일러와 무관한 상태로 하여 실시한다.

해설 열정산의 기준
① 발열량은 고위발열량 기준
② 측정시간은 2시간
③ 측정은 매 10분마다
④ 압력변동은 ±7% 이내
⑤ 증기발생량 변동은 ±15%
⑥ 열계산은 사용연료 1 kg에 대해
⑦ 증기의 건도는 0.98로 한다.
⑧ 부하는 정격 부하 상태

14 기체연료의 연소방식 중 버너의 연료노즐에서는 연료만을 분출하고 그 주위에서 공기를 별도로 연소실로 분출하여 연료가스와 공기가 혼합하면서 연소하는 방식으로 산업용 보일러의 대부분이 사용하는 방식은?
① 예증발 연소방식
② 심지 연소방식
③ 예혼합 연소방식
④ 확산 연소방식

해설 확산연소방식(기체연료의 연소) : 수소, 메탄, 아세틸렌등

15 고압과 저압 배관사이에 부착하여 고압 측의 압력변화 및 증기 소비량 변화에 관계없이 저압 측의 압력을 일정하게 유지시켜 주는 밸브는?
① 감압밸브
② 온도조절밸브
③ 안전밸브
④ 플랩밸브

해설 감압밸브
① 고압의 증기를 저압의 증기로 바꾸어 줌
② 부하측의 압력을 일정하게 유지
③ 고압과 저압을 동시사용

16 보일러 급수처리의 목적으로 거리가 먼 것은?
① 스케일의 생성 방지
② 점식 등의 내면 부식 방지
③ 캐리오버의 발생 방지
④ 황분 등에 의한 저온부식 방지

정답 13. ② 14. ④ 15. ① 16. ④

해설 급수처리 목적
① 관수 농축 방식
② 관수의 PH 조절
③ 프라이밍. 포밍 발생방지
④ 슬러지스케일 생성방지
⑤ 캐리오버 발생방지
⑥ 점식 등의 내면 부식 방지

17
보일러의 분류 중 원통형 보일러에 속하지 않는 것은?
① 다쿠마 보일러
② 랭카셔 보일러
③ 캐와니 보일러
④ 코르니시 보일러

해설 원동형 보일러
① 입형보일러 : ㉠ 입현연관 ㉡ 입형횡관 ㉢ 코크란
② 횡형보일러 : ㉠ 노통보일러 : 코르니쉬, 랭커셔
　　　　　　　㉡ 연관보일러 : 횡연관, 기관차, 케와니
　　　　　　　㉢ 노통연관보일러 : 노통연관펙케이지형, 하우덴존슨, 스코치

18
보일러에서 C중유를 사용할 경우 중유예열장치로 예열할 때 적정 예열 범위는?
① 40°C ~ 45°C
② 80°C ~ 105°C
③ 130°C ~ 160°C
④ 200°C ~ 250°C

19
어떤 액체 1200 kg을 30°C에서 100°C까지 온도를 상승시키는데 필요한 열량은 몇 kcal인가? (단, 이 액체의 비열은 3 kcal/kg·°C이다.)
① 35000
② 84000
③ 126000
④ 252000

 $Q = G \cdot C \cdot \Delta T$
$= 1200 \times 3 \times (100 - 30) = 252000$ kcal

20
매시간 1000 kg의 LPG를 연소시켜 15000 kg/h의 증기를 발생하는 보일러의 효율(%)은 약 얼마인가? (단, LPG의 총발열량은 12980 kcal/kg, 발생증기엔탈피는 750 kcal/kg, 급수엔탈피는 18 kcal/kg 이다.)
① 79.8
② 84.6
③ 88.4
④ 94.2

 효율 $= \dfrac{\text{실제증발량}(\text{발생증기엔탈피} - \text{급수엔탈피})}{\text{연료소비량} \times \text{저위발열량}} \times 100$

$= \dfrac{15000 \times (750 - 18)}{1000 \times 12980} \times 100 = 84.59\%$

21 보일러에서 발생하는 부식을 크게 습식과 건식으로 구분할 때 다음 중 건식에 속하는 것은?
① 점식
② 황화부식
③ 알칼리부식
④ 수소취화

해설 습식 : ① 알카리 부식 ② 점식 ③ 수소취화

22 보일러의 점화조작 시 주의사항에 대한 설명으로 잘못된 것은?
① 연료가스의 유출속도가 너무 빠르면 역화가 일어나고, 너무 늦으면 실화가 발생하기 쉽다.
② 연료의 예열온도가 낮으면 무화불량, 화염의 편류, 그을음, 분진이 발생하기 쉽다.
③ 유압이 낮으면 점화 및 분사가 불량하고 유압이 높으면 그을음이 축적되기 쉽다.
④ 프리퍼지 시간이 너무 길면 연소실의 냉각을 초래하고, 너무 짧으면 역화를 일으키기 쉽다.

해설 연료가스의 유출속도가 너무 빠르면 실화가 일어나고 유출속도가 너무 늦으면 역화가 일어난다.

23 보일러 작업종료시의 주요점검 사항으로 틀린 것은?
① 전기의 스위치가 내려져 있는지 점검한다.
② 난방용 보일러에 대해서는 드레인의 회수를 확인하고 진공펌프를 가동시켜 놓는다.
③ 작업종료 시 증기압력이 어느 정도인지 점검한다.
④ 증기밸브로부터 누설이 없는지 점검한다.

24 보일러 급수 중의 현탁질 고형물을 제거하기 위한 외처리 방법이 아닌 것은?
① 여과법
② 탈기법
③ 침강법
④ 응집법

해설 외처리 방법
① 용존 산소 제거법 : ㉠ 탈기법 ㉡ 기폭법
② 용해 고형물 제거법 : ㉠ 이온교환법 ㉡ 약제법 ㉢ 증류법
③ 현탁질 고형물 제거법 : ㉠ 침전법 ㉡ 여과법 ㉢ 응집법

정답 21. ② 22. ① 23. ② 24. ②

25 보일러설치기술규격(KBI)에 따라 열매체유 팽창탱크의 공간부에는 열매체의 노화를 방지하기 위해 N₂ 가스를 봉입하는데 이 가스의 압력이 너무 높게 되지 않도록 설정하는 팽창탱크의 최소체적(V_T)을 구하는 식으로 옳은 것은? (단, V_E는 승온 시 시스템 내의 열매체유 팽창량(L)이고, V_M은 상온 시 탱크내 열매체유 보유량(L)이다.)

① $V_T = V_E + 2V_M$
② $V_T = 2V_E + V_M$
③ $V_T = 2V_E + 2V_M$
④ $V_T = 3V_E + V_M$

해설 팽창탱크의 최소체적(V_T) = $2V_E + V_M$

26 수관식 보일러의 일반적인 특징이 아닌 것은?
① 구조상 저압으로 운용되어야 하며 소용량으로 제작해야 한다.
② 전열면적을 크게 할 수 있으므로 열효율이 높은 편이다.
③ 급수 처리에 주의가 필요하다.
④ 연소실을 마음대로 크게 만들 수 있으므로 연소상태가 좋으며 또한 여러 종류의 연료 및 연소 방식이 적용된다.

해설 수관식 보일러의 특징
① 사실상 전체가 전열면이어서 효율이 대단히 높다.
② 설치면적이 적고 발생열량이 크다.
③ 고온. 고압의 증기를 발생 열의 이용도를 높였다.
④ 외분식이어서 연료의 질에 장애를 받지 않으며 연소상태도 양호
⑤ 내부구조를 콤펙트화 하여 연소가스의 대류나 복사전열이 잘 이루진다.
⑥ 제작이 까다로우며 비용도 많이 든다.
⑦ 구조가 복잡하여 청소. 검사. 수리곤란
⑧ 외분식이어서 노벽방산 손실이 많다.
⑨ 완벽한 급수처리를 요한다.

27 다음 중 자동연료차단장치가 작동하는 경우로 거리가 먼 것은?
① 버너가 연소상태가 아닌 경우(인터록이 작동한 상태)
② 증기압력이 설정압력보다 높은 경우
③ 송풍기 팬이 가동할 때
④ 관류보일러에 급수가 부족한 경우

해설 자동연료차단장치(전자밸브)
① 송풍기 팬이 가동하지 않을 때   ② 저수위시
③ 불착화시   ④ 증기압력이 설정압력보다 높은 경우
⑤ 관류 보일러에 급수가 부족한 경우   ⑥ 버너가 연소상태가 아닌 경우

25. ② 26. ② 27. ①

28
섭씨온도(°C), 화씨온도(°F), 캘빈온도(K), 랭킨온도(°R)와의 관계식으로 옳은 것은?

① °C = 1.8×(°F-32) ② °F = $\frac{(°C + 32)}{1.8}$

③ K = (5/9)×°R ④ °R = K×(5/9)

해설 °C = $\frac{5}{9}$(°F-32)

°F = $\frac{9}{5}$ × °C + 32 = 1.8 × °C + 32

K = °C + 273 = $\frac{5}{9}$(°F-32) + 273

°R = °F + 460 = $\frac{9}{5}$ × K = 1.8K

29
환산 증발 배수에 관한 설명으로 가장 적합한 것은?

① 연료 1[kg]이 발생시킨 증발능력을 말한다.
② 보일러에서 발생한 순수 열량을 표준 상태의 증발잠열로 나눈 값이다.
③ 보일러의 전열면적 1[m²]당 1시간 동안의 실제 증발량이다.
④ 보일러 전열면적 1[m²]당 1시간 동안의 보일러 열출력이다.

해설 환산증발배수 = $\frac{환산증발량}{연료소비량}$ (연료 1 kg이 발생시킨 증발능력)

$= \frac{G \times (h'' - h')}{G_f \times 539}$

30
유류 보일러 시스템에서 중유를 사용할 때 흡입측의 여과망 눈 크기로 적합한 것은?

① 1~10 mesh ② 20~60 mesh
③ 100~150 mesh ④ 300~500 mesh

해설 중유 사용시 흡입측 여과망 눈 크기 : 20~60 mesh

31
원통형 보일러의 일반적인 특징 설명으로 틀린 것은?

① 보일러 내 보유 수량이 많아 부하변동에 의한 압력 변화가 적다.
② 고압 보일러나 대용량 보일러에는 부적당하다.
③ 구조가 간단하고 정비, 취급이 용이하다.
④ 전열면적이 커서 증기 발생시간 짧다.

해설 원통형 보일러의 특징
① 관내 보유수량이 많아 부하 변동에 큰 영향이 없다.
② 급수처리가 간단하다.
③ 구조가 간단하고 취급이 용이
④ 청소, 검사, 수리가 용이
⑤ 수면이 넓어 기수공발(캐리오버)이 적다.
⑥ 내분식이어서 연료의 질이나 연소공간의 확보가 어렵다.
⑦ 보유수량이 많아 파열시 피해가 크다.
⑧ 예열 부하가 커서 부하에 대응하기 어렵다.

32 다음 중 과열기에 관한 설명으로 틀린 것은?
① 연소방식에 따라 직접연소식과 간접연소식으로 구분된다.
② 전열방식에 따라 복사형, 대류형, 양자병용형으로 구분된다.
③ 복사형 과열기는 관열관을 연소실내 또는 노벽에 설치하여 복사열을 이용하는 방식이다.
④ 과열기는 일반적으로 직접연소식이 널리 사용된다.

해설 과열기는 간접연소식이 널리 사용

33 표준대기압 상태에서 0°C 물 1 kg이 100°C 증기로 만드는데 필요한 열량은 몇 kcal인가? (단, 물의 비열은 1 kcal/kg·°C이고, 증발잠열은 539 kcal/kg이다.)
① 100　　② 500　　③ 539　　④ 639

해설 0°C 물 → 100°C 물(현열)　$Q_1 = G_1 \cdot C_1 \cdot \Delta t_1$
　　　　　　100°C 증기(잠열) = 1 × 1 × (100 - 0) = 100
　$Q_2 = G_2 \cdot r_2 = 1 \times 539$
　∴ $Q_1 + Q_2 = 100 + 539 = 639$ kcal

34 다음 중 KS에서 규정하는 온수 보일러의 용량 단위는?
① Nm^3/h　　② $kcal/m^2$　　③ kg/h　　④ kJ/h

해설 1 kcal = 3.968 BTu = 4.186 kJ

35 열사용기자재 검사기준에 따라 온수발생 보일러에 안전밸브를 설치해야 되는 경우는 온수온도 몇 °C 이상인 경우인가?
① 60°C　　② 80°C　　③ 100°C　　④ 120°C

32. ④　33. ④　34. ④　35. ④

36 지역난방의 일반적인 장점으로 거리가 먼 것은?
① 각 건물마다 보일러 시설이 필요 없고, 연료비와 인건비를 줄일 수 있다.
② 시설이 대규모이므로 관리가 용이하고 열효율 면에서 유리하다.
③ 지역난방설비에서 배관의 길이가 짧아 배관에 의한 열손실이 적다.
④ 고압증기나 고온수를 사용하여 관의 지름을 작게 할 수 있다.

해설 지역관방의 장점
① 고압의 증기 및 고온수이므로 관경을 적게 할 수 없다.
② 작업인원 절감으로 인건비를 줄일 수 있다.
③ 폐열의 회수 및 쓰레기의 소각 등으로 연료비가 적게 든다.
④ 한곳에 집중설비함으로 건물의 공간을 유효하게 사용할 수 있다.
⑤ 열 발생 설비의 고효율화 대기 오염의 방지를 효과적으로 시행할 수 있다.

37 다음 보온재 중 유기질 보온재에 속하는 것은?
① 규조토   ② 탄산마그네슘   ③ 유리섬유   ④ 코르크

해설 무기질 보온재
① 탄산마그네슘 : 250℃ 이하
② 글라스울(유리섬유) : 300℃ 이하
③ 석면 : 400℃ 이하
④ 규조토 : 500℃ 이하
⑤ 암면 : 600℃ 이하
⑥ 규산칼슘 : 650℃ 이하
⑦ 펄라이트 : 650℃ 이하

38 수면측정장치 취급상의 주의사항에 대한 설명으로 틀린 것은?
① 수주 연결관은 수측 연결관의 도중에 오물이 끼기 쉬우므로 하향경사하도록 배관한다.
② 조명은 충분하게 하고 유리는 항상 청결하게 유지한다.
③ 수면계의 콕크는 누설되기 쉬우므로 6개월 주기로 분해 정비하여 조작하기 쉬운 상태로 유지한다.
④ 수주관 하부의 분출관은 매일 1회 분출하여 수측 연결관의 찌꺼기를 배출한다.

해설 상향 경사 하도록 배관한다.

39 보일러 수리시의 안전사항으로 틀린 것은?
① 부식부위의 해머작업 시에는 보호안경을 착용한다.
② 파이프 나사절삭 시 나사 부는 맨손으로 만지지 않는다.
③ 토치램프 작업 시 소화기를 비치해 둔다.
④ 파이프렌치는 무거우므로 망치 대용으로 사용해도 된다.

해설 망치대용으로 사용하면 안 된다.

정답 36. ③   37. ④   38. ①   39. ④

40
관이음쇠로 사용되는 홈 조인트(groove joint)의 장점에 관한 설명으로 틀린 것은?
① 일반 용접식, 플랜지식, 나사식 관이음 방식에 비해 빨리 조립이 가능하다.
② 배관 끝단 부분의 간격을 유지하여 온도변화 및 진동에 의한 신축, 유동성이 뛰어나다.
③ 홈 조인트의 사용 시 용접 효율성이 뛰어나서 배관 수명이 길어진다.
④ 플랜지식 관이음에 비해 볼트를 사용하는 수량이 적다.

해설 홈 조인트 사용 시 효율성이 좋지 않고 배관 수명도 짧아진다.

41
어떤 건물의 소요 난방부하가 54600 kcal/h이다. 주철제 방열기로 증기난방을 한다면 약 몇 쪽(section)의 방열기를 설치해야 하는가? (단, 표준방열량으로 계산하며, 주철제 방열기의 쪽당 방열면적은 0.24 m^2이다.)
① 330쪽 ② 350쪽 ③ 380쪽 ④ 400쪽

해설 쪽수 = $\dfrac{\text{난방부하}}{\text{방열기 발열량} \times \text{쪽당방열면적}}$
= $\dfrac{54600}{650 \times 0.24}$ = 350쪽

42
관의 결합방식 표시방법 중 유니언식의 그림기호로 맞는 것은?

① ─┼─   ② ─●─
③ ─┼┤─ ④ ─┤├─

해설 ① 나사이음 : 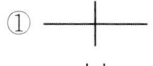   ② 용접이음 : ─●─
③ 플랜지 이음 : 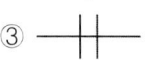   ④ 유니온 이음 :

43
보일러에서 팽창탱크의 설치 목적에 대한 설명으로 틀린 것은?
① 체적팽창, 이상팽창에 의한 압력을 흡수한다.
② 장치 내의 온도와 압력을 일정하게 유지한다.
③ 보충수를 공급하여 준다.
④ 관수를 배출하여 열손실을 방지한다.

해설 팽창 탱크의 설치 목적
① 체적팽창이나 이상 팽창 압력 흡수 ② 보충수 공급
③ 장치내의 온도와 압력을 일정하게 유지

44 열사용기자재 검사기준에 따라 전열면적 12 m²인 보일러의 급수밸브의 크기는 호칭 몇 A 이상이어야 하는가?
① 15 ② 20 ③ 25 ④ 32

해설 급수 밸브의 크기
① 전열면적이 10 m² 이하 : 15 A 이상
② 전열면적이 10 m² 초과 : 20 A 이상

45 다음 보온재 중 안전사용 (최고)온도가 가장 낮은 것은?
① 규산칼슘 보온판
② 탄산마그네슘 물반죽 보온재
③ 경질 폼라버 보온통
④ 글라스울 블랭킷

해설 ① 규산칼슘 보온판 : 650℃ 이하
② 탄산 마그네슘 물반죽 보온재 : 250℃ 이하
③ 경질폼라버보온통 : 80℃ 이하
④ 글라스울블랭킷 : 300℃ 이하

46 배관의 나사이음과 비교하여 용접이음의 장점이 아닌 것은?
① 누수의 염려가 적다.
② 관 두께에 불균일한 부분이 생기지 않는다.
③ 이음부의 강도가 크다.
④ 열에 의한 잔류응력 발생이 거의 일어나지 않는다.

해설 용접 이음의 장점
① 이종금속 용접이 가능하다. ② 중량이 가벼워진다.
③ 재료의 두께에 제한이 없다. ④ 보수와 수리용이
⑤ 수밀, 기밀, 유밀성 암호   ⑥ 작업 공정이 간단
⑦ 이음부의 강도가 크다.

47 파이프 축에 대해서 직각 방향으로 개폐되는 밸브로 유체의 흐름에 따른 마찰저항 손실이 적으며 난방 배관 등에 주로 이용되나 절반만 개폐하면 디스크 뒷면에 와류가 발생되어 유량 조절용으로는 부적합한 밸브는?
① 버터플라이 밸브 ② 슬루스 밸브
③ 글로브 밸브   ④ 콕

해설 가스배관, 증기배관 : 글로브 밸브

48
가동 중인 보일러를 정지시킬 때 일반적으로 가장 먼저 조치해야 할 사항은?
① 증기 밸브를 닫고, 드레인 밸브를 연다.
② 연료의 공급을 정지한다.
③ 공기의 공급을 정지한다.
④ 댐퍼를 닫는다.

해설 연료공급정지 → 공기의 공급 정지 → 증기밸브 닫고 드레인 밸브 연다 → 댐퍼를 닫는다

49
증기 보일러에서 수면계의 점검시기로 적절하지 않은 것은?
① 2개의 수면계 수위가 다를 때 행한다.
② 프라이밍, 포밍 등이 발생할 때 행한다.
③ 수면계 유리관을 교체하였을 때 행한다.
④ 보일러의 점화 후에 행한다.

해설 수면제 점검시기
① 보일러 점화전
② 두 개의 수면계 수위가 다를 때
③ 수면계 유리관을 교체 했을 때
④ 프라이밍 포밍 등이 발생했을 때

50
보일러 내처리로 사용되는 약제 중 가성취화 방지, 탈산소, 슬러지 조정 등의 작용을 하는 것은?
① 수산화나트륨
② 암모니아
③ 탄닌
④ 고급지방산폴리알콜

해설 내처리
① PH조정제 : ㉠ 인산소다   ㉡ 암모니아   ㉢ 수산화나트륨
② 연화제 : ㉠ 인산소다   ㉡ 탄산소다   ㉢ 수산화나트륨
③ 탈산소제 : ㉠ 탄닌   ㉡ 아황산소다   ㉢ 히드라진
④ 슬러지 조정제 : ㉠ 탄닌   ㉡ 리그닌   ㉢ 녹말
⑤ 가성취화방지제 : ㉠ 리그닌   ㉡ 황산소다   ㉢ 탄닌

51
다음 중 동관 이음의 종류에 해당하지 않는 것은?
① 납땜 이음
② 기볼트 이음
③ 플레어 이음
④ 플랜지 이음

해설 동관이음의 종류
① 용접이음   ② 플랜지이음   ③ 납땜이음   ④ 플레어이음

48. ②   49. ④   50. ③   51. ②

52
보기와 같은 부하에 대한 보일러의 "정격출력"을 올바르게 표시한 것은?

[보기] H_1 : 난방부하, H_2 : 급탕부하, H_3 : 배관부하, H_4 : 시동부하

① $H_1 + H_2$
② $H_1 + H_2 + H_3$
③ $H_1 + H_2 + H_4$
④ $H_1 + H_2 + H_3 + H_4$

해설 정격출력 = 난방부하 + 급탕부하 + 배관부하 + 예열(시동)부하

53
다음 중 보온재의 일반적인 구비 요건으로 틀린 것은?
① 비중이 크고 기계적 강도가 클 것
② 장시간 사용에도 사용온도에 변질되지 않을 것
③ 시공이 용이하고 확실하게 할 수 있을 것
④ 열전도율이 적을 것

해설 보온재의 구비 조건
① 비중이 가벼워야 한다.
② 열전도율이 적어야 한다(보온 능력이 커야 한다).
③ 사용온도에 견디고 변질되지 말아야 한다. ④ 기계적 강도가 있어야 한다.
⑤ 다공질이며 기공이 균일해야 한다. ⑥ 흡습성이 적어야 한다.
⑦ 가격이 싸고 구입이 쉬워야 한다.

54
상용보일러의 점화 전 연소계통의 점검에 관한 설명으로 틀린 것은?
① 중유예열기를 가동하되 예열기가 증기가열식인 경우에는 드레인을 배출시키지 않은 상태에서 가열한다.
② 연료배관, 스트레이너, 연료펌프 및 수동차단밸브의 개폐상태를 확인한다.
③ 연소가스 통로가 긴 경우와 구부러진 부분이 많을 경우에는 완전한 환기가 필요하다.
④ 연소실 및 연도 내의 잔류가스를 배출하기 위하여 연도의 각 댐퍼를 전부 열어놓고 통풍기로 환기시킨다.

해설 증기가열식인 경우 드레인을 배출시킨 후 가열한다.

55
에너지이용합리화법에 따라 연료·열 및 전력의 연간 사용량의 합계가 몇 티오이 이상인 자를 "에너지 다소비사업자"라 하는가?
① 5백   ② 1천   ③ 1천 5백   ④ 2천

해설 에너지와 소비업자 : 연료, 열 및 전력의 연간사용량의 합계가 2천 티오이 이상

정답 52. ④   53. ①   54. ①   55. ④

56 에너지이용합리화법에 따라 효율관리기자재 중 하나인 가정용 가스보일러의 제조업자 또는 수입업자는 소비효율 또는 소비효율등급을 라벨에 표시하여 나타내야 하는데 이 때 표시해야 하는 항목에 해당하지 않는 것은?
① 난방출력
② 표시난방열효율
③ 소비효율등급
④ 1시간 사용 시 CO_2 배출량

57 신에너지 및 재생에너지 개발·이용·보급 촉진법에 따라 신·재생에너지의 기술개발 및 이용보급을 촉진하기 위한 기본계획은 누가 수립 하는가?
① 교육과학기술부장관
② 환경부장관
③ 국토해양부장관
④ 지식경제부장관

58 에너지법에서 정의하는 "에너지 사용자"의 의미로 가장 옳은 것은?
① 에너지 보급 계획을 세우는 자
② 에너지를 생산, 수입하는 사업자
③ 에너지사용시설의 소유자 또는 관리자
④ 에너지를 저장, 판매하는 자

59 에너지이용합리화법에 따라 국내외 에너지사정의 변동으로 에너지수급에 중대한 차질이 발생하거나 발생할 우려가 있다고 인정되면 에너지수급의 안정을 기하기 위하여 필요한 범위 내에 조치를 취할 수 있는데, 다음 중 그러한 조치에 해당하지 않는 것은?
① 에너지의 비축과 저장
② 에너지 판매시설의 확충
③ 에너지의 배급
④ 에너지공급설비의 가동 및 조업

해설 에너지 수급 안정을 위한 조치
① 에너지의 비축과 저장
② 에너지 도입 수출입 및 위탁가공
③ 에너지 공급자 상호간의 에너지의 교환 또는 분배사용
④ 에너지 공급 설비의 가동 및 조업
⑤ 에너지의 배급
⑥ 지역별, 주요 수급자별 에너지 할당
⑦ 에너지 양도, 양수의 제한 또는 금지
⑧ 에너지의 유통시설과 그 사용 및 유통 경로

56. ④ 57. ④ 58. ③ 59. ②

60 에너지이용합리화법에 따라 보일러의 개조검사의 경우 검사 유효기간으로 옳은 것은?
① 6개월　　　　　　　② 1년
③ 2년　　　　　　　　④ 5년

해설　1년 : ① 개조검사
　　　　　　② 설치검사
　　　　　　③ 계속사용안전검사
　　　　　　④ 계속사용성능검사

정답　60. ②

2013년 제1회 에너지관리기능사 출제문제

01 통풍방식에 있어서 소요 동력이 비교적 많으나 통풍력 조절이 용이하고 노내압을 정압 및 부압으로 임의로 조절이 가능한 방식은?
① 흡인통풍   ② 평형통풍
③ 압입통풍   ④ 자연통풍

해설 통풍방식
① 압입통풍방식 : ㉠ 풍속 8m/sec 이하
　　　　　　　　㉡ 연소실입구설치
　　　　　　　　㉢ 정압을 얻음
② 흡입통풍방식 : ㉠ 풍속 8~10m/sec 이하
　　　　　　　　㉡ 연도중심부설치
　　　　　　　　㉢ 부압을 얻음
③ 평형통풍방식 : ㉠ 풍속 10 m/sec 이하
　　　　　　　　㉡ 연소실입구 + 연도중심부설치
　　　　　　　　㉢ 정압 + 부압 얻음

02 보일러 자동연소제어(A.C.C)의 조작량에 해당하지 않는 것은?
① 연소가스량   ② 공기량
③ 연료량   ④ 급수량

해설 제어량과 조작량의 관계

제어	제어량	조작량
S.T.C	과열증기온도	전열량
F.W.C	보일러수위	급수량
A.C.C	증기압력계제어	연료량, 공기량
	노내압력계제어	연소가스량, 송풍량

1. ②　2. ④

03
다음 도시가스의 종류를 크게 천연가스와 석유계 가스, 석탄계 가스로 구분할 때 석유계 가스에 속하지 않는 것은?
① 코르크 가스
② LPG 변성가스
③ 나프타 분해가스
④ 정제소 가스

해설 석유계가스
① LPG 변성가스
② 나프타분해가스
③ 정제소 가스

04
다음 중 증기의 건도를 향상시키는 방법으로 틀린 것은?
① 증기 공간내의 공기를 제거한다.
② 기수분리기를 사용한다.
③ 증기주관에서 효율적인 드레인 처리를 한다.
④ 증기의 압력을 더욱 높여서 초고압 상태로 만든다.

해설 증기의 전도를 향상시키는 방법
① 기수분리기, 비수방지관 설치
② 증기 공간내의 공기를 제거
③ 증기주관에서 효율적인 드레인 처리를 한다.

05
다음 중 연소 시에 매연 등의 공해 물질이 가장 적게 발생되는 연료는?
① 석탄
② 액화천연가스
③ 중유
④ 경유

06
다음 중 수관식 보일러에 해당되는 것은?
① 스코치 보일러
② 바브콕 보일러
③ 코크란 보일러
④ 케와니 보일러

해설 수관식 보일러
① 자연순환식 수관 보일러 : 바브콕, 쓰네기찌, 타꾸마 2동D형, 3동 A형
② 강제순환식 수관 보일러 : 벨록스, 라몽
③ 관류식 수관 보일러 : 슬쳐, 헷 모스, 벤숀, 랍지

정답 3. ① 4. ④ 5. ② 6. ②

07
1보일러 마력을 열량으로 환산하면 몇 kcal/h인가?
① 8435 kcal/h
② 9435 kcal/h
③ 7435 kcal/h
④ 10173 kcal/h

해설 보일러 마력 : 상당증발량이 15.65 kg을 1시간에 증발시킬 수 있는 능력
∴ 15.65 × 539 = 8435kcal/h

08
보일러 열효율 향상을 위한 방안으로 잘못 설명한 것은?
① 절탄기 또는 공기예열기를 설치하여 배기가스 열을 회수한다.
② 버너 연소부하조건을 낮게 하거나 연속운전을 간헐운전으로 개선한다.
③ 급수온도가 높으면 연료가 절감되므로 고온의 응축수는 회수한다.
④ 온도가 높은 블로우 다운수를 회수하여 급수 및 온수제조 열원으로 활용한다.

해설 버너연소부하 조건을 크게 하거나 간헐운전을 연속운전으로 개선

09
석탄의 함유 성분에 대해서 그 성분이 많을수록 연소에 미치는 영향에 대한 설명으로 틀린 것은?
① 수분 : 착화성이 저하된다.
② 회분 : 연소효율이 증가한다.
③ 휘발분 : 검은 매연이 발생하기 쉽다.
④ 고정탄소 : 발열량이 증가한다.

해설 회분 : 연소 효율 감소

10
시간당 100 kg의 중유를 사용하는 보일러에서 총 손실열량이 200000 kcal/h일 때 보일러의 효율은 약 얼마인가? (단, 중유의 발열량은 10000 kcal/kg이다.)
① 75%
② 80%
③ 85%
④ 90%

해설 효율 = $\dfrac{공급열량}{G_f \times H_\ell} \times 100$
= $\dfrac{800000}{100 \times 10000} \times 100$
= 80%

7. ① 8. ② 9. ② 10. ②

11 오일버너 종류 중 회전컵의 회전운동에 의한 원심력과 미립화용 1차공기의 운동에너지를 이용하여 연료를 분무시키는 버너는?

① 건타입 버너
② 로터리 버너
③ 유압식 버너
④ 기류 분무식 버너

해설 버너의 종류
① 유압 분무식 : 연료유에 기어펌프로 5~20[kg/cm²] 정도 고압을 가하여 칩(chip)을 통해 나오면서 공기와의 강한 마찰, 운동량, 유의 표면장력에 의해 분무연소되는 방식으로 환류방식과 비환류방식으로 나눈다.

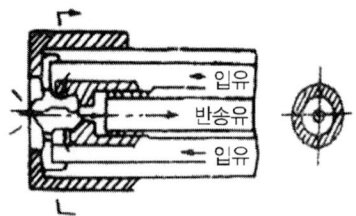

〈압력분무식 버너(환유식)〉

※ 유량은 유압의 평방근에 비례한다(16[kg/cm²]에서 4[kg/cm²]으로 내리면 분사량은 $\frac{1}{2}$이 된다).

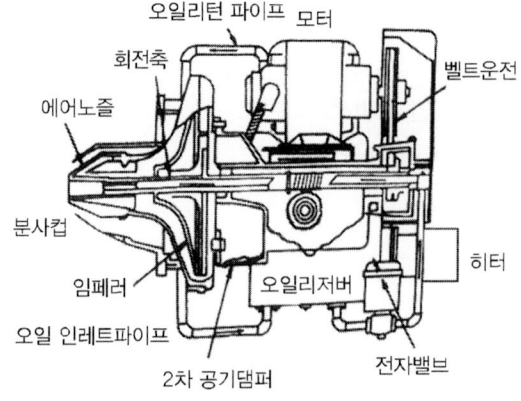

〈회전식 버너〉

② 회전식 버너 : 버너 전방에 분사컵을 설치하여 고속으로 회전하면서 원심력을 얻어낸다. 이때 연료를 0.3[kg/cm²] 정도 가압 분출하여 1차로 공급된 공기가 에어노즐을 통해 무화하는 형식이다.
③ 기류식 버너
  ㉠ 저압공기(증기)분무식 버너 : 연료유를 자연낙하시키고 그때 저압의(0.05~0.2[kg/cm²]) 공기(증기)를 분출하여 무화하는 형식으로 비교적 고점도 유체라도 무화가 양호하고 유량조절범위 1 : 5 이상 분무각 30~60° 정도의 구조가 간단하며 가격이 싼 버너이다.
  ㉡ 고압증기(공기)분무식 버너 : 저압공기 분무와 동일한 원리로 2~7[kg/cm²]의 고압공기

(증기)를 사용하는 형식이다. 공기와 연료유의 혼합방식에 따라 외부혼합식과 내부혼합식으로 구분되고 유량조절범위는 1 : 10 정도로 넓으나 분무각이 30°로 좁다.

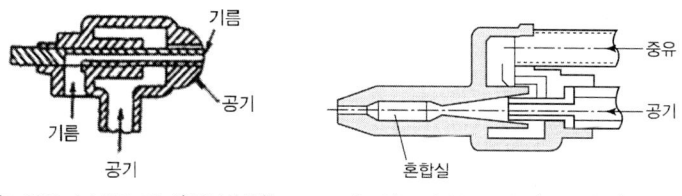

〈고압공기 분무 버너(외부혼합)〉　　〈고압공기 분무 버너(내부혼합)〉

12. 프라이밍의 발생 원인으로 거리가 먼 것은?

① 보일러 수위가 높을 때
② 보일러수가 농축되어 있을 때
③ 송기 시 증기밸브를 급개할 때
④ 증발능력에 비하여 보일러수의 표면적이 클 때

해설 프라이밍의 발생원인
① 증발능력에 비해 보일러수의 표면적이 적을 때　② 송기시 증기 밸브를 급개할 때
③ 관수 농축시　④ 보일러 수위가 높을 때

13. 오일 여과기의 기능으로 거리가 먼 것은?

① 펌프를 보호한다.
② 유량계를 보호한다.
③ 연료노즐 및 연료조절 밸브를 보호한다.
④ 분무효과를 높여 연소를 양호하게 하고, 연소생성물을 활성화시킨다.

해설 오일 여과기의 기능
① 펌프를 보호한다.
② 연료노즐 및 연료조절 밸브를 보호한다.
③ 유량계를 보호한다.

14. 다음 중 목표값이 변화되어 목표값을 측정하면서 제어목표량을 목표량에 맞도록 하는 제어에 속하지 않는 것은?

① 추종 제어　　② 비율 제어
③ 정치 제어　　④ 캐스케이드 제어

해설 추치제어 : 목표값이 변화는 것으로 목표값을 측정하면서 제어 목표량을 목표값에 맞추는 제

12. ④　13. ④　14. ③

어 방식
① 추종제어 : 목표값이 시간에 따라 임의로 변화되는 값으로 부여한 제어
② 케스케이드 제어 : 1차 제어장치가 제어명령을 발하고 2차 제어장치가 이 명령을 바탕으로 제어량 조절
③ 프로그램제어 : 목표값이 시간에 따라 미리 결정된 일정한 제어
④ 비율 제어 : 2개 이상의 제어값이 정해진 비율을 보유하여 제어

15 노통 보일러에서 갤러웨이 관(galloway tube)을 설치하는 목적으로 가장 옳은 것은?
① 스케일 부착을 방지하기 위하여
② 노통의 보강과 양호한 물 순환을 위하여
③ 노통의 진동을 방지하기 위하여
④ 연료의 완전연소를 위하여

해설 갤러웨이관 설치 목적
① 노통의 강도 보강
② 전열면적 증가
③ 관수순환 양호

16 다음 중 수트블로워의 종류가 아닌 것은?
① 장발형　　　　　　　　② 건타입형
③ 정치회전형　　　　　　④ 콤버스터형

해설 슈트블로워의 종류
① 롱래트렉터블형 : 고온전열면 블로워
② 로우터리형 : 저온전열면 블로워
③ 건타입형 : 전열면 블로워
④ 롱래트렉터블형·트레벌링 프레임형 : 공기예열기 블로워
⑤ 쇼트랙트블형 : 연소노벽 블로워

17 건 배기가스 중의 이산화탄소분 최대값이 15.7%이다. 공기비를 1.2로 할 경우 건 배기가스 중의 이산화소분은 몇 %인가?
① 11.21%　　② 12.07%　　③ 13.08%　　④ 17.58%

해설 $m(공기비) = \dfrac{CO_2(max)\%}{CO_2\%}$

$CO_2\% = \dfrac{CO_2(max)\%}{m} = \dfrac{15.7}{1.2} = 13.08$

18 보일러 급수펌프 중 비용적식 펌프로서 원심펌프인 것은?
① 워싱턴펌프
② 웨어펌프
③ 플런저펌프
④ 볼류트펌프

해설 원심펌프 : ① 터빈펌프
② 볼류트펌프(센트리퓨걸펌프)

19 다음 자동제어에 대한 설명에서 온-오프(on-off) 제어에 해당되는 것은?
① 제어량이 목표값을 기준으로 열거나 닫는 2개의 조작량을 가진다.
② 비교부의 출력이 조작량에 비례하여 변화한다.
③ 출력편차량의 시간 적분에 비례한 속도로 조작량을 변화시킨다.
④ 어떤 출력편차의 시간 변화에 비례하여 조작량을 변화시킨다.

해설 불연속동작(on-off 동작)

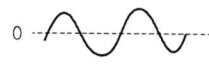
on-off 동작에 의한 제어

① 2위치 동작 : 편차입력에 따라 두 개의 조작량의 값을 선택하는 동작으로 입력이 증가할 때마다 감소할 때 전환점에서 간극을 가진 on-off 동작이다
② 다위치동작 : 조작위치가 3개 이상으로 제어량의 변화를 크기에 맞게 위치를 설정하는 방식
③ 불연속 속도동작 : 제어량이 목표값에 따라 출력이 비례하여 증가하는 정작동과 그와 반비례하는 (출력이 저하) 역작동으로 조작위치를 편차의 양에 의해 설정하는 동작

20 다음 중 비열에 대한 설명으로 옳은 것은?
① 비열은 물질 종류에 관계없이 1.4로 동일하다.
② 질량이 동일할 때 열용량이 크면 비열이 크다.
③ 공기의 비열이 물보다 크다.
④ 기체의 비열비는 항상 1보다 작다.

해설 • 비열은 물질의 종류에 따라 다르다.
• 공기의 비열비는 물보다 작다.
• 기체의 비열비는 항상 1보다 크다.

18. ④ 19. ① 20. ②

21 보일러 부속장치에 관한 설명으로 틀린 것은?
① 고압증기 터빈에서 팽창되어 압력이 저하된 증기를 재과열하는 것을 과열기라 한다.
② 배기가스의 열로 연소용 공기를 예열하는 것을 공기 예열기라 한다.
③ 배기가스의 여열을 이용하여 급수를 예열하는 장치를 절탄기라 한다.
④ 오일 프리히터는 기름을 예열하여 점도를 낮추고, 연소를 원활히 하는데 목적이 있다.

해설 재열기 : 증기의 건도를 높이기 위하여 증기를 재가열하는 장치로 과열증기가 고압터빈에서 팽창이 끝나고 응축직전에 회수하여 다시 가열시켜 저압터빈에서 팽창하도록 하는 것

22 KS에서 규정하는 보일러의 열정산은 원칙적으로 정격 부하 이상에서 정상 상태(steady state)로 적어도 몇 시간 이상의 운전결과에 따라야 하는가?
① 1시간   ② 2시간   ③ 3시간   ④ 5시간

해설 열정산의 기준
① 부하는 정격부하상태
② 열계산은 사용 연료 1 kg에 대해
③ 증기 건도는 0.98로 한다.
④ 발열량은 고위 발열량 기준
⑤ 운전 결과(정격부하 이상 정상상태) : 2시간
⑥ 압력변동은 ±7% 이내
⑦ 증기 발생량 변동은 ± 15% 이내

23 전기식 증기압력조절기에서 증기가 벨로즈 내에 직접 침입하지 않도록 설치하는 것으로 가장 적합한 것은?
① 신축 이음쇠   ② 균압 관
③ 사이폰 관   ④ 안전밸브

해설 싸이폰관 : 고온의 증기와 물로부터 압력계 보호
① 싸이폰관 안지름 : 6.5 mm 이상   ② 동관 : 6.5 mm 이상
③ 강관 : 12.7 mm 이상

24 외분식 보일러의 특징 설명으로 거리가 먼 것은?
① 연소실 개조가 용이하다.   ② 노내 온도가 높다.
③ 연료의 선택 범위가 넓다.   ④ 복사열의 흡수가 많다.

해설 외분식 보일러의 특징
① 연소실 크기의 제한을 받지 않는다.   ② 연소실 개조가 용이
③ 노내 온도가 높다.   ④ 연료의 선택 범위가 넓다.
⑤ 원건연수가 가능하다.   ⑥ 복사열의 흡수가 적다.

25

열사용기자재의 검사 및 검사의 면제에 관한 기준에 따라 온수 발생 보일러(액상식 열매체 보일러 포함)에서 사용하는 방출밸브와 방출관의 설치 기준에 관한 설명으로 옳은 것은?

① 인화성 액체를 방출하는 열매체 보일러의 경우 방출밸브 또는 방출관은 밀폐식 구조로 하든가 보일러 밖의 안전한 장소에 방출시킬 수 있는 구조이어야 한다.
② 온수발생보일러에는 압력이 보일러의 최고사용압력에 달하면 즉시 작동하는 방출밸브 또는 안전밸브를 2개 이상 갖추어야 한다.
③ 393 K의 온도를 초과하는 온수발생보일러에는 안전밸브를 설치하여야 하며, 그 크기는 호칭지름 10 mm 이상이어야 한다.
④ 액상식 열매체 보일러 및 온도 393 K 이하의 온수발생 보일러에는 방출밸브를 설치하여야 하며, 그 지름은 10 mm 이상으로 하고, 보일러의 압력이 보일러의 최고사용압력에 그 5%(그 값이 0.035 MPa 미만인 경우에는 0.035 MPa로 한다.)를 더한 값을 초과하지 않도록 지름과 개수를 정하여야 한다.

해설 ① 온수 발생 보일러에는 압력이 보일러 최고사용 압력에 달하면 즉시 작동하는 방출밸브 또는 안전밸브를 1개 이상 갖추어야 한다.
② 393K의 온도를 초과하는 온수발생 보일러에는 안전밸브를 설치하여야 하며 그 크기는 호칭지름 25 A 이상이어야 한다.
③ 액상식 열매체 보일러 및 온도 393K 이하의 온수발생 보일러에는 방출밸브를 설치하며 그 지름 20 A 이상으로 함

26

보일러와 관련한 기초 열역학에서 사용하는 용어에 대한 설명으로 틀린 것은?

① 절대압력 : 완전 진공상태를 0으로 기준하여 측정한 압력
② 비체적 : 단위 체적당 질량으로 단위는 kg/m^3임
③ 현열 : 물질 상태의 변화 없이 온도가 변화하는데 필요한 열량
④ 잠열 : 온도의 변화 없이 물질 상태가 변화하는데 필요한 열량

해설 비체적 : m^3/kg

27

보일러에서 사용하는 안전밸브 구조의 일반사항에 대한 설명으로 틀린 것은?

① 설정압력이 3 MPa를 초과하는 증기 또는 온도가 508 K를 초과하는 유체에 사용하는 안전밸브에는 스프링이 분출하는 유체에 직접 노출되지 않도록 하여야 한다.
② 안전밸브는 그 일부가 파손하여도 충분한 분출량을 얻을 수 있는 것이어야 한다.
③ 안전밸브는 쉽게 조정이 가능하도록 잘 보이는 곳에 설치하고 봉인하지 않도록 한다.
④ 안전밸브의 부착부는 배기에 의한 반동력에 대하여 충분한 강도가 있어야 한다.

해설 봉인하도록 한다.

25. ① 26. ② 27. ③

28 함진 배기가스를 액방울이나 액막에 충돌시켜 분진 입자를 포집 분리하는 집진장치는?

① 중력식 집진장치　　② 관성력식 집진장치
③ 원심력식 집진장치　④ 세정식 집진장치

해설 습식 집진장치
① 세정식 : 함진 배기가스를 액방울이나 액막에 충돌시켜 분진입자를 포집분리
② 유수식
③ 가압수식 : ㉠ 벤튜리스크레버, ㉡ 싸이클론스크레버, ㉢ 충전탑

29 보일러 가동 중 실화(失火)가 되거나, 압력이 규정치를 초과하는 경우는 연료 공급이 자동적으로 차단하는 장치는?

① 광전관　　　② 화염검출기
③ 전자밸브　　④ 체크밸브

30 보일러 내처리로 사용되는 약제의 종류에서 pH, 알칼리 조정 작용을 하는 내처리제에 해당하지 않는 것은?

① 수산화나트륨　② 히드라진　③ 인산　④ 암모니아

해설 내처리
① PH조정제 : 인산소다, 암모니아, 수산화나트륨
② 연화제(스케일 예방처리제) : 인산소다, 탄산소다, 수산화나트륨
③ 탈산소제 : 탄닌, 아황산소다, 히드라진
④ 슬러지조정제 : 리그린, 녹말, 탄닌

31 보일러에서 발생하는 부식 형태가 아닌 것은?

① 점식　② 수소취화　③ 알칼리 부식　④ 라미네이션

해설 라미네이션 : 보일러판, 관의 내부의 층이 2장으로 분리되어 있는 현상

32 보일러의 휴지(休止) 보존 시에 질소가스 봉입보존법을 사용할 경우 질소 가스의 압력을 몇 MPa 정도로 보존하는가?

① 0.2　② 0.6　③ 0.02　④ 0.06

정답 28. ④　29. ③　30. ②　31. ④　32. ①

해설 보일러 보존
① 건식보존법(장기 보존) : 6개월 이상
  ㉠ 사용흡습제 : 생석회, 실리카겔, 염화칼슘, 활성알루미나
② 만수보존법(단기 보존) : 2~3개월
  ㉠ PH 12~13 정도 높게 유지
  ㉡ 첨가약품 : 가성소다, 아황산소다, 탄산소다
③ 질소봉입법 : 질소순도 99.5%의 것으로 0.6 kg/cm² 정도로 가압봉입하여 공기로 치환

33
증기, 물, 기름 배관 등에 사용되며 관내의 이물질, 찌꺼기 등을 제거할 목적으로 사용되는 것은?
① 플로트 밸브
② 스트레이너
③ 세정 밸브
④ 분수 밸브

해설 스트레이너(여과기) : 관내 이물질, 찌꺼기 등을 제거
· 종류 : Y형, U형, V형 스트레이너

34
보일러 저수위 사고의 원인으로 가장 거리가 먼 것은?
① 보일러 이음부에서의 누설
② 수면계 수위의 오판
③ 급수장치가 증발능력에 비해 과소
④ 연료 공급 노즐의 막힘

해설 저수위 사고원인
① 급수장치고장
② 수면계수위오판
③ 보일러 이음부에서의 누설
④ 급수장치가 증발 능력에 비해 과소

35
보일러에서 사용하는 수면계 설치 기준에 관한 설명 중 잘못된 것은?
① 유리 수면계는 보일러의 최고사용압력과 그에 상당하는 증기온도에서 원활히 작용하는 기능을 가져야 한다.
② 소용량 및 소형관류보일러에는 2개 이상의 유리 수면계를 부착해야 한다.
③ 최고사용압력 1 MPa 이하로서 동체 안지름이 750 mm 미만인 경우에 있어서는 수면계 중 1개는 다른 종류의 수면측정 장치로 할 수 있다.
④ 2개 이상의 원격지시 수면계를 시설하는 경우에 한하여 유리 수면계를 1개 이상으로 할 수 있다.

해설 소용량 보일러 및 소형 관류 보일러는 1개 이상의 유리 수면계를 부착하여야 한다.

33. ② 34. ④ 35. ②

36 증기난방에서 응축수의 환수방법에 따른 분류 중 증기의 순환과 응축수의 배출이 빠르며, 방열량도 광범위하게 조절할 수 있어서 대규모 난방에서 많이 채택하는 방식은?
① 진공 환수식 증기난방
② 복관 중력 환수식 증기난방
③ 기계 환수식 증기난방
④ 단관 중력 환수식 증기난방

해설 진공 환수식 증기난방 : 증기의 순환과 응축수 배출이 빠르면 방열량도 광범위하게 조절 할 수 있어서 대규모 난방에 사용

37 온수난방을 하는 방열기의 표준 방열량은 몇 kcal/m² · h인가?
① 440　② 450　③ 460　④ 470

해설 표준방열량 : 온수난방 : 450 kcal/m²h
　　　　　　　 증기난방 : 650 kcal/m²h

38 증기난방과 비교하여 온수난방의 특징을 설명한 것으로 틀린 것은?
① 난방 부하의 변동에 따라서 열량조절이 용이하다.
② 예열 시간이 짧고, 가열 후에 냉각시간도 짧다.
③ 방열기의 화상이나, 공기 중의 먼지 등이 눌어붙어 생기는 나쁜 냄새가 적어 실내의 쾌적도가 높다.
④ 동일 발열량에 대하여 방열 면적이 커야하고 관경도 굵어야 하기 때문에 설비비가 많이 드는 편이다.

해설 예열 시간이 길고 가열 후 냉각시간도 길다.

39 배관 내에 흐르는 유체의 종류를 표시하는 기호 중 증기를 나타내는 것은?
① A　② G　③ O　④ S

해설 유체의 종류 표시 기호
　① Air(공기)
　② Gas(가스)
　③ Oil(오일)
　④ Steam(증기)

40
보온시공 시 주의사항에 대한 설명으로 틀린 것은?
① 보온재와 보온재의 틈새는 되도록 적게 한다.
② 겹침부의 이음새는 동일 선상을 피해서 부착한다.
③ 테이프 감기는 물, 먼지 등의 침입을 막기 위해 위에서 아래쪽으로 향하여 감아 내리는 것이 좋다.
④ 보온의 끝 단면은 사용하는 보온재 및 보온 목적에 따라서 필요한 보호를 한다.

해설 테이프를 감는 것은 위쪽으로 감는 것이 좋다.

41
표준방열량을 가진 증기방열기가 설치된 실내의 난방 부하가 20000 kcal/h일 때 방열면적은 몇 m^2인가?
① 30.8
② 36.4
③ 44.4
④ 57.1

해설 난방 부하 = 방열기 발열량 × 방열면적

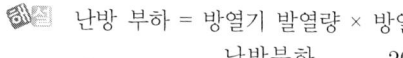
$= \dfrac{20000}{650} = 30.769 ≒ 30.8$

42
보일러 배관 중에 신축이음을 하는 목적으로 가장 적합한 것은?
① 증기 속의 이물질을 제거하기 위하여
② 열팽창에 의한 관의 파열을 막기 위하여
③ 보일러 수의 누수를 막기 위하여
④ 증기 속의 수분을 분리하기 위하여

해설 신축이음의 목적 : 열팽창에 의한 관의 파열을 막기 위해

43
가동 중인 보일러의 취급 시 주의사항으로 틀린 것은?
① 보일러수가 항시 일정수위(상용수위)가 되도록 한다.
② 보일러 부하에 응해서 연소율을 가감한다.
③ 연소량을 증가시킬 경우에는 먼저 연료량을 증가시키고 난 후 통풍량을 증가시켜야 한다.
④ 보일러수의 농축을 방지하기 위해 주기적으로 블로우 다운을 실시한다.

해설 연소량을 증가 시킬 경우에는 먼저 통풍량을 증가시키고 난 후 연료량을 증가시킨다.

44 증기 보일러에는 원칙적으로 2개 이상의 안전밸브를 부착해야 하는데 전열면적이 몇 m² 이하이면 안전밸브를 1개 이상 부착해도 되는가?
① 50 m²   ② 30 m²   ③ 80 m²   ④ 100 m²

해설
· 전열면적이 50 m² 이하 : 1개
· 전열면적이 50 m² 초과 : 2개

45 배관의 나사이음과 비교한 용접이음의 특징으로 잘못 설명된 것은?
① 나사 이음부와 같이 관의 두께에 불균일한 부분이 없다.
② 돌기부가 없어 배관상의 공간효율이 좋다.
③ 이음부의 강도가 적고, 누수의 우려가 크다.
④ 변형과 수축, 잔류응력이 발생할 수 있다.

해설 용접이음의 특징
① 이종재료 용접가능   ② 중량이 가벼워진다.
③ 재료의 두께에 제한을 받지 않는다.   ④ 제품의 성능과 수명 향상
⑤ 보수와 수리 용이   ⑥ 수밀, 기밀, 유밀성 양호
⑦ 작업 공정이 간단하다.   ⑧ 용접사의 기량에 따라 품질 좌우
⑨ 품질검사 곤란

46 부식억제제의 구비조건에 해당하지 않는 것은?
① 스케일의 생성을 촉진할 것
② 정지나 유동시에도 부식억제 효과가 클 것
③ 방식 피막이 두꺼우며 열전도에 지장이 없을 것
④ 이종금속과의 접촉부식 및 이종 금속에 대한 부식 촉진 작용이 없을 것

해설 부식억제제 구비 조건
① 부식억제 능력이 클 것   ② 점심 발생이 없을 것
③ 물에 대한 용해도가 클 것   ④ 세관액의 온도, 농도에 대한 영향이 적을 것

47 로터리 밸브의 일종으로 원통 또는 원뿔에 구멍을 뚫고 축을 회전함에 따라 개폐하는 것으로 플러그 밸브라고도하며 0~90° 사이에 임의의 각도로 회전함으로써 유량을 조절하는 밸브는?
① 글로브 밸브   ② 체크 밸브
③ 슬루스 밸브   ④ 콕(Cock)

정답 44. ①   45. ③   46. ①   47. ④

48

열사용기자재 검사기준에 따라 수압시험을 할 때 강철제 보일러의 최고사용압력이 0.43 MPa를 초과, 1.5 MPa 이하인 보일러의 수압시험 압력은?

① 최고 사용압력의 2배 + 0.1 MPa
② 최고 사용압력의 1.5배 + 0.2 MPa
③ 최고 사용압력의 1.3배 + 0.3 MPa
④ 최고 사용압력의 2.5배 + 0.5 MPa

해설 강철제 보일러의 수압시험 압력
① 최고사용압력이 0.43 MPa 이하 : 최고사용압력 × 2
② 최고사용압력이 0.43 MPa 초과 1.5 MPa 이하 : 최고사용압력 3+0.3
③ 최고사용압력이 1.5 MPa 초과 : 최고사용압력 × 1.5

49

방열기의 종류 중 관과 핀으로 이루어지는 엘리먼트와 이것을 보호하기 위한 덮개로 이루어지며, 실내 벽면 아랫부분의 나비 나무 부분을 따라서 부착하여 방열하는 형식의 것은?

① 컨벡터
② 패널 라디에이터
③ 섹셔널 라디에이터
④ 베이스 보드 히터

50

신축곡관이라고도 하며 고온, 고압용 증기관 등의 옥외 배관에 많이 쓰이는 신축 이음은?

① 벨로스형 ② 슬리브형 ③ 스위블형 ④ 루프형

해설 신축이음
① 루프형
  ㉠ 고압증기의 옥외배관   ㉡ 신축곡관이라고도 함
  ㉢ 응력이 생김   ㉣ 곡률 반지름은 관지름의 6배 이상
② 스위블형
  ㉠ 방열기용   ㉡ 나사의 회전에 의해 신축흡수
  ㉢ 2개 이상의 엘보 사용시공
③ 벨로스형
  ㉠ 주름통식, 파상형이라 한다.   ㉡ 응력이 생기지 않음

51

신·재생 에너지 설비 중 태양의 열에너지를 변환시켜 전기를 생산하거나 에너지원으로 이용하는 설비로 맞는 것은?

① 태양열 설비
② 태양광 설비
③ 바이오에너지 설비
④ 풍력 설비

해설 태양열설비 : 태양의 열에너지를 변환시켜 전기를 생산하거나 에너지원으로 이용

48. ③ 49. ④ 50. ④ 51. ①

52

에너지이용 합리화법상 효율관리기자재에 해당하지 않는 것은?
① 전기냉장고
② 전기냉방기
③ 자동차
④ 범용선반

 효율관리 기자재
① 전기냉장고   ② 전기 냉방기   ③ 자동차
④ 전기세탁기   ⑤ 조명기기   ⑥ 삼상유도전동기

53

에너지이용 합리화법에 따라 지식경제부령으로 정하는 광고매체를 이용하여 효율관리기자재의 광고를 하는 경우에는 그 광고 내용에 에너지 소비효율, 에너지소비 효율등급을 포함시켜야 할 의무가 있는 자가 아닌 것은?
① 효율관리기자재 제조업자
② 효율관리기자재 광고업자
③ 효율관리기자재 수입업자
④ 효율관리기자재 판매업자

 광고내용에 에너지소비효율, 에너지 소비 효율 등급을 포함시켜야할 의무가 있는 자
① 효율 관리 기자재 제조업자   ② 효율 관리 기자재 판매업자
③ 효율 관리 기자재 수입업자

54

에너지이용 합리화법에 따라 에너지 사용계획을 수립하여 지식경제부 장관에게 제출하여야 하는 민간사업주관자의 시설규모로 맞는 것은?
① 연간 2500 티·오·이 이상의 연료 및 열을 사용하는 시설
② 연간 5000 티·오·이 이상의 연료 및 열을 사용하는 시설
③ 연간 1천만 킬로와트 이상의 전력을 사용하는 시설
④ 연간 500만 킬로와트 이상의 전력을 사용하는 시설

에너지 사용 계획을 수립하여 지식 경제부 장관에게 제출하여야 하는 민간사업 주관자의 시설 규모 연간 5000 티.오.이 이상의 연료 및 열을 사용하는 시설

55

효율관리기자재 운용규정에 따라 가정용가스보일러에서 시험성적서 기재 항목에 포함되지 않는 것은?
① 난방열효율
② 가스소비량
③ 부하손실
④ 대기전력

시험 성적시 기재 항목
① 난방열효율   ② 가스소비량   ③ 대기전력

정답 52. ④   53. ②   54. ②   55. ③

56 온수 순환 방법에서 순환이 빠르고 균일하게 급탕 할 수 있는 방법은?
① 단관 중력순환식 배관법
② 복관 중력순환식 배관법
③ 건식 순환식 배관법
④ 강제 순환식 배관법

57 연료(중유) 배관에서 연료 저장탱크와 버너 사이에 설치되지 않는 것은?
① 오일펌프 ② 여과기 ③ 중유가열기 ④ 축열기

58 보일러 점화조작 시 주의사항에 대한 설명으로 틀린 것은?
① 연소실의 온도가 높으면 연료의 확산이 불량해져서 착화가 잘 안 된다.
② 연료가스의 유출 속도가 너무 빠르면 실화 등이 일어나고, 너무 늦으면 역화가 발생한다.
③ 연료의 유압이 낮으면 점화 및 분사가 불량하고 높으면 그을음이 축적된다.
④ 프리퍼지 시간이 너무 길면 연소실의 냉각을 초래 하고 너무 늦으면 역화를 일으킬 수 있다.

해설 연소실 온도가 높으면 착화가 잘 된다.

59 보일러 가동 시 맥동연소가 발생하지 않도록 하는 방법으로 틀린 것은?
① 연료 속에 함유된 수분이나 공기를 제거한다.
② 2차 연소를 촉진시킨다.
③ 무리한 연소를 하지 않는다.
④ 연소량의 급격한 변동을 피한다.

해설 맥동연소방지법
① 연료 중에 함유된 수분이나 공기를 제거한다.
② 무리한 연소를 하지 않는다.
③ 연소량의 급격한 변동을 되한다.

60 에너지 이용 합리화법에서 정한 국가에너지절약추진위원회의 위원장은 누구인가?
① 지식경제부장관
② 지방자치단체의 장
③ 국무총리
④ 대통령

해설 [참고] 법규 변경으로 인한 폐지 : 국가에너지절약추진위원회

56. ④ 57. ④ 58. ① 59. ② 60. ①

2013년 제2회 에너지관리기능사 출제문제

01 다음 각각의 자동제어에 관한 설명 중 맞는 것은?
① 목표 값이 일정한 자동제어를 추치제어라고 한다.
② 어느 한쪽의 조건이 구비되지 않으면 다른 제어를 정지 시키는 것은 피드백 제어이다.
③ 결과가 원인으로 되어 제어단계를 진행하는 것을 인터록 제어라고 한다.
④ 미리 정해진 순서에 따라 제어의 각 단계를 차례로 진행하는 제어는 시퀀스 제어이다.

해설 · 피드백 제어 : 출력측의 신호를 입력측으로 되돌려 정정동작을 행하는 제어
· 인터록 : 구비조건이 맞지 않으면 그 조건이 충족될 때까지 다음단계를 정지 시키는 것

02 난방 및 온수 사용열량이 400,000 kcal/h인 건물에, 효율 80%인 보일러로서 저위발열량 10,000 kcal/Nm³인 기체연료를 연소시키는 경우, 시간당 소요연료량은 약 몇 Nm³/h 인가?
① 45   ② 60   ③ 56   ④ 50

해설 연료소비량 = $\dfrac{공급열량}{효율 \times 저위발열량} \times 100 = \dfrac{400000}{0.8 \times 10000} = 50$ kg/h

03 다음 중 여과식 집진장치의 종류가 아닌 것은?
① 유수식   ② 원통식
③ 평판식   ④ 역기류 분사식

해설 여과식 집진장치의 종류
① 원통식   ② 평판식   ③ 역기류 분사식
참고 습식집진장치 : ① 세정식   ② 유수식   ③ 가압수식

정답 1. ④ 2. ④ 3. ①

04

보일러의 안전장치와 거리가 가장 먼 것은?

① 과열기   ② 안전밸브
③ 저수위 경보기   ④ 방폭문

해설 안전장치의 종류
① 안전밸브   ② 화염검출기   ③ 가용전   ④ 저수위경보기
⑤ 방폭문   ⑥ 압력차단스위치(압력조절기, 압력제한기)

05

보일러 마력(Boiler Horsepower)에 대한 정의로 가장 옳은 것은?

① 0°C 물 15.65 kg을 1시간에 증기로 만들 수 있는 능력
② 100°C 물 15.65 kg을 1시간에 증기로 만들 수 있는 능력
③ 0°C 물 15.65 kg을 10분에 증기로 만들 수 있는 능력
④ 100°C 물 15.65 kg을 10분에 증기로 만들 수 있는 능력

해설 보일러마력
① 100°C 물 15.65 kg을 1시간에 증기로 만들 수 있는 능력
② 상당증발량이 15.65 kg을 1시간에 증발시킬 수 있는 능력
   15.65 × 539 = 8435kcal/h
③ $\dfrac{G_e}{15.65}$

06

엔탈피가 25 kcal/kg인 급수를 받아 1시간당 20000 kg의 증기를 발생하는 경우 이 보일러의 매시 환산 증발량은 몇 kg/h인가? (단, 발생증기의 엔탈피는 725 kcal/kg이다)

① 3,246 kg/h   ② 6,493 kg/h
③ 12,987 kg/h   ④ 25,794 kg/h

해설 환산증발량(상당증발량) = $\dfrac{G \times (h'' - h')}{539} = \dfrac{20000 \times (725 - 25)}{539} = 25974$ kg/h

07

수트 블로워에 관한 설명으로 잘못된 것은?

① 전열면 외측의 그을음 등을 제거하는 장치이다.
② 분출기 내의 응축수를 배출시킨 후 사용한다.
③ 부하가 50% 이하인 경우에만 블로우 한다.
④ 블로우 시에는 댐퍼를 열고 흡입통풍을 증가시킨다.

해설 부하가 50% 이하인 경우는 사용하지 않는다.

4. ①   5. ②   6. ④   7. ③

08 보일러에 부착하는 압력계의 취급상 주의사항으로 틀린 것은?
① 온도가 353 K 이상 올라가지 않도록 한다.
② 압력계는 고장이 날 때까지 계속 사용하는 것이 아니라 일정사용 시간을 정하고 정기적으로 교체하여야 한다.
③ 압력계 사이폰관의 수직부에 콕크를 설치하고 콕크의 핸들이 축 방향과 일치할 때에 열린 것이어야 한다.
④ 부르돈관 내에 직접 증기가 들어가면 고장이 나기 쉬우므로 사이폰 관에 물이 가득 차지 않도록 한다.

해설 사이폰관 내에는 물이 가득 차도록 한다.

09 보일러 저수위 경보장치 종류에 속하지 않는 것은?
① 플로트식
② 압력제어식
③ 열팽창관식
④ 전극식

해설 경보장치의 종류
① 부자식(플로우트식)
② 자석식
③ 전극식
④ 열팽창식(코우프스식)

10 고체연료에서 탄화가 많이 될수록 나타나는 현상으로 옳은 것은?
① 고정탄소가 감소하고, 휘발분은 증가되어 연료비는 감소한다.
② 고정탄소가 증가하고, 휘발분은 감소되어 연료비는 감소한다.
③ 고정탄소가 감소하고, 휘발분은 증가되어 연료비는 증가한다.
④ 고정탄소가 증가하고, 휘발분은 감소되어 연료비는 증가한다.

해설 연료비 = $\dfrac{고정탄소}{휘발분}$ (고정탄소의 양이 많을수록 연료비 증가)

11 공기예열기에서 전열 방법에 따른 분류에 속하지 않는 것은?
① 열팽창식
② 재생식
③ 히트파이프식
④ 전도식

해설 공기예열기 전열방법에 따른 분류
① 전도식
② 재생식
③ 히트파이프식
④ 전열식
⑤ 강관형
⑥ 강관형

정답 8. ④ 9. ② 10. ④ 11. ①

12
다음 보기에서 그 연결이 잘못된 것은?
① 가압수식집진장치 - 임펄스 스크레버식
② 전기식집진장치 - 코트렐 집진장치
③ 저유수식집진장치 - 로터리 스크레버식
④ 관성력집진장치 - 충돌식, 반전식

해설 가압수식 집진장치 : ① 벤튜리스크레버 ② 싸이클론스크레버 ③ 충전탑

13
보일러 자동제어에서 급수제어의 약호는?
① A.B.C   ② F.W.C   ③ S.T.C   ④ A.C.C

해설 보일러 자동제어(ABC)
① S.T.C : 증기온도제어   ② F.W.C : 급수제어   ③ A.C.C : 자동연소제어

14
외분식 보일러의 특징 설명으로 잘못 된 것은?
① 연소실의 크기나 형상을 자유롭게 할 수 있다.
② 연소율이 좋다.
③ 사용연료의 선택이 자유롭다.
④ 방사 손실이 거의 없다.

해설 외분식 보일러(수관식 보일러)의 특징
① 수관의 관경이 적어 고압에 잘 견딘다.
② 보유수량이 적어 부하변동에 대한 압력변화가 크다.
③ 구조가 복잡하여 청소 및 검사 곤란
④ 보일러수의 순환이 빠르고 효율이 높다.
⑤ 연소가스의 대류, 복사전열이 잘 이루어진다.
⑥ 연료의 질에 장애를 받지 않으며 연소상태도 양호하다.
⑦ 완벽한 급수처리를 요한다.
⑧ 제작이 까다로우며 비용도 많이 든다.
⑨ 방사손실이 크다.

15
원통형 보일러와 비교할 때 수관식 보일러의 특징 설명으로 틀린 것은?
① 수관의 관경이 적어 고압에 잘 견딘다.
② 보유수가 적어서 부하변동 시 압력변화가 적다.
③ 보일러수의 순환이 빠르고 효율이 높다.
④ 구조가 복잡하여 청소가 곤란하다.

해설 14번 참조

12. ①   13. ②   14. ④   15. ②

16 절대온도 380 K를 섭씨온도로 환산하면 약 몇 °C인가?
① 107°C
② 380°C
③ 653°C
④ 926°C

해설 $°C = \frac{5}{9}(°F - 32)$

$K = °C + 273$

∴ $°C = K - 273 = 380 - 273 = 107°C$

17 연료의 연소 시 과잉공기계수(공기비)를 구하는 올바른 식은?
① $\dfrac{연소가스량}{이론공기량}$
② $\dfrac{실제공기량}{이론공기량}$
③ $\dfrac{배기가스량}{사용공기량}$
④ $\dfrac{사용공기량}{배기가스량}$

해설 공기비 $= \dfrac{A}{A_o} = \dfrac{N_2}{N_2 - 3.76O_2} = \dfrac{CO_2(MAX)\%}{CO_2(\%)}$

18 증기 중에 수분이 많을 경우의 설명으로 잘못된 것은?
① 건조도가 저하된다.
② 증기의 손실이 많아진다.
③ 증기 엔탈피가 증가한다.
④ 수격작용이 발생할 수 있다.

해설 공기중에 수분이 많을 경우
① 증기엔탈피 감소
② 수격작용 발생
③ 증기의 손실이 많아진다.
④ 건조도가 저하한다.

19 다음 중 고체연료의 연소방식에 속하지 않는 것은?
① 화격자 연소방식
② 확산 연소방식
③ 미분탄 연소방식
④ 유동층 연소방식

해설 고체연료의 연소방식
① 화격자연소방식 ② 미분탄연소방식 ③ 유동층연소방식

정답 16. ① 17. ② 18. ③ 19. ②

20 보일러 열정산 시 증기의 건도는 몇 % 이상에서 시험함을 원칙으로 하는가?

① 96%   ② 97%   ③ 98%   ④ 99%

해설 증기의 건도 : 강철제보일러 : 0.98(98% 이상)

21 어떤 거실의 난방부하가 5,000 kcal/h이고, 주철제 온수 방열기로 난방할 때 필요한 방열기의 쪽수(절수)는? (단, 방열기 1쪽당 방열면적은 0.26 m^{2}이고, 방열량은 표준 방열량으로 한다.)

① 11   ② 21   ③ 30   ④ 43

해설 쪽수 = $\dfrac{난방부하}{방열기방열량 \times 방열면적} = \dfrac{5000}{450 \times 0.26} = 42.73 ≒ 43$쪽

22 점화장치로 이용되는 파이로트 버너는 화염을 안정시키기 위해 보염식 버너가 이용되고 있는데, 이 보염식 버너의 구조에 관한 설명으로 가장 옳은 것은?

① 동일한 화염 구멍이 8~9개 내외로 나뉘어져 있다.
② 화염 구멍이 가느다란 타원형으로 되어 있다.
③ 중앙의 화염 구멍 주변으로 여러 개의 작은 화염구멍이 설치되어 있다.
④ 화염 구멍부 구조가 원뿔 형태와 같이 되어 있다.

23 압축기 진동과 서징, 관의 수격작용, 지진 등에서 발생하는 진동을 억제하는 데 사용되는 지지 장치는?

① 벤드벤   ② 플랩 밸브   ③ 그랜드 패킹   ④ 브레이스

해설 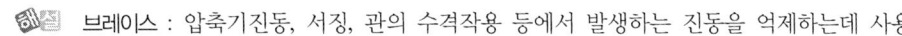 브레이스 : 압축기진동, 서징, 관의 수격작용 등에서 발생하는 진동을 억제하는데 사용

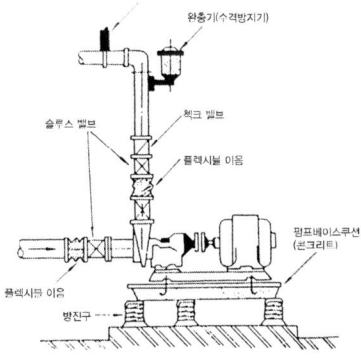

24
관의 결합방식 표시방법 중 플랜지식의 그림기호로 맞는 것은?

① ─┼─ ② ─●─
③ ─╫─ ④ ─╟─

해설 관의 결합방식 표시방법
- 나사이음 : ─┼─
- 용접이음 : ─●─
- 유니온이음 : ─╫─
- 납땜이음 : ─○─

25
평소 사용하고 있는 보일러의 가동 전 준비사항으로 틀린 것은?
① 각종기기의 기능을 검사하고 급수계통의 이상 유무를 확인한다.
② 댐퍼를 닫고 프리퍼지를 행한다.
③ 각 밸브의 개폐상태를 확인한다.
④ 보일러수의 물의 높이는 상용수위로 하여 수면계로 확인한다.

해설 댐퍼를 열고 프리퍼지 한다.

26
다음 보기 중에서 보일러의 운전정지 순서를 올바르게 나열한 것은?

[보기]
㉠ 증기밸브를 닫고, 드레인 밸브를 연다.
㉡ 공기의 공급을 정지시킨다.
㉢ 댐퍼를 닫는다.
㉣ 연료의 공급을 정지시킨다.

① ㉡ → ㉣ → ㉠ → ㉢
② ㉣ → ㉡ → ㉠ → ㉢
③ ㉢ → ㉣ → ㉠ → ㉡
④ ㉠ → ㉣ → ㉡ → ㉢

해설 보일러 운전 정지 순서
연료공급정지 → 공기공급정지 → 증기밸브 닫고 드레인 밸브 연다 → 댐퍼를 닫는다

27 증기 트랩의 설치 시 주의사항에 관한 설명으로 틀린 것은?
① 응축수 배출점이 여러 개가 있을 경우 응축수 배출점을 묶어서 그룹 트랩핑을 하는 것이 좋다.
② 증기가 트랩에 유입되면 즉시 배출시켜 운전에 영향을 미치지 않도록 하는 것이 필요하다.
③ 트랩에서의 배출관은 응축수 회수주관의 상부에 연결하는 것이 필수적으로 요구되며, 특히 회수주관이 고가배관으로 되어있을 때에는 더욱 주의하여 연결하여야 한다.
④ 증기트랩에서 배출되는 응축수를 회수하여 재활용하는 경우에 응축수 회수관 내에는 원하지 않는 배압이 형성되어 증기트랩의 용량에 영향을 미칠 수 있다.

28 보일러의 자동 연료차단장치가 작동하는 경우가 아닌 것은?
① 최고사용압력이 0.1 MPa 미만인 주철제 온수보일러의 경우 온수온도가 105°C인 경우
② 최고사용압력이 0.1 MPa를 초과하는 증기보일러에서 보일러의 저수위 안전장치가 동작할 때
③ 관류보일러에 공급하는 급수량이 부족한 경우
④ 증기압력이 설정압력보다 높은 경우

해설 연료차단장치가 작동하는 경우
① 저수위시
② 불착화시
③ 증기압력이 설정압력보다 높은 경우
④ 관류보일러에 공급하는 급수량이 부족한 경우
⑤ 최고사용압력이 0.1 MPa를 초과하는 증기보일러에서 보일러의 저수위 안전장치가 작동할 때

29 회전이음, 지블이음 등으로 불리며, 증기 및 온수난방배관용으로 사용하고 현장에서 2개 이상의 엘보를 조립해서 설치하는 신축이음은?
① 벨로즈형 신축이음　② 루프형 신축이음
③ 스위블형 신축이음　④ 슬리브형 신축이음

30 파이프 또는 이음쇠의 나사이음 분해 조립 시, 파이프 등을 회전시키는 데 사용되는 공구는?
① 파이프 리머　② 파이프 익스팬더
③ 파이프 렌치　④ 파이프 커터

27. ①　28. ①　29. ③　30. ③

해설 관용공구
① 파이프 바이스(pipe vise) : 관의 절단, 나사작업시 관이 움직이지 않도록 고정하는 것(크기 : 고정가능한 파이프지름의 치수).

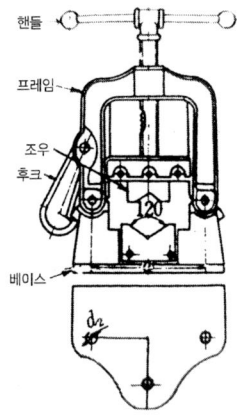

② 수평 바이스 : 관의 조립, 열간 벤딩시 관이 움직이지 않도록 고정하는 것(크기 : 조우(jew)의 폭)
③ 파이프 커터(pipe cutter) : 강관의 절단용 공구로 1개의 날과 2개의 로울러의 것과 3개의 날로 되어진 두 종류가 있으며 날의 전진과 커터의 회전에 의해 절단되므로 거스러미가 생기는 결점이 있다.

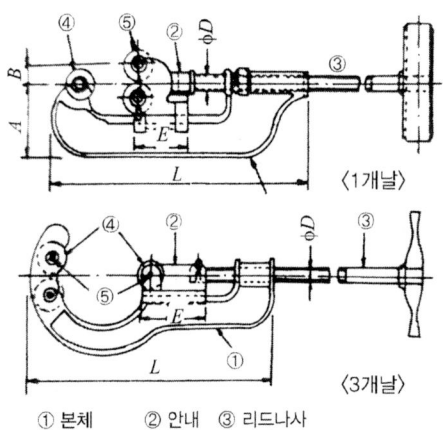

① 본체 ② 안내 ③ 리드나사
④ 롤러 커터 ⑤ 롤러 ⑥ 날개

④ 파이프 렌치(pipe wrench) : 관의 결합 및 해체시 사용하는 공구로 200[mm] 이상의 강관은 체인 파이프 렌치(chain pipe wrench)를 사용한다(크기 : 입을 최대로 벌려 놓은 전장).

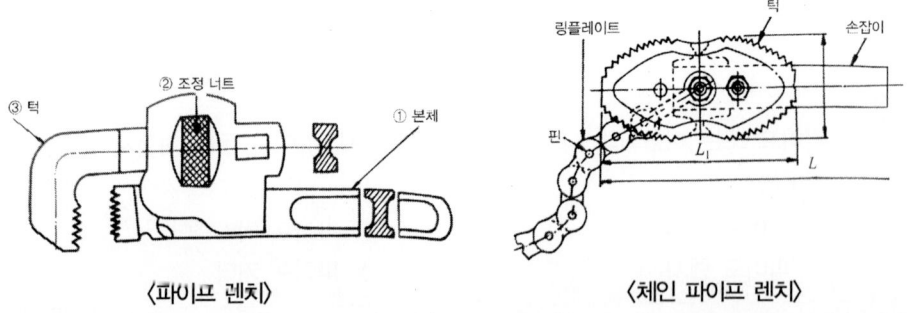

〈파이프 렌치〉　　〈체인 파이프 렌치〉

⑤ 파이프 리머(pipe reamer) : 수동 파이프커터, 동력용 나사절삭기의 커터로 관을 절단하게 되면 내부에 버르(burr ; 거스러미)가 생기게 된다. 이러한 거스러미는 관내부의 마찰저항을 증가시키므로 절단후 거스러미의 제거는 필수적이라 하겠다. 파이프 리머는 버르(burr)를 제거하는 공구이다.

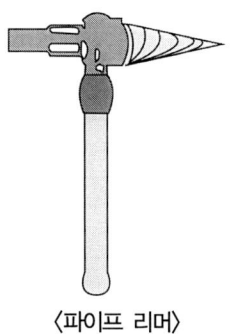

〈파이프 리머〉

31

다음 중 수면계의 기능시험을 실시해야할 시기로 옳지 않은 것은?
① 보일러를 가동하기 전
② 2개의 수면계의 수위가 동일할 때
③ 수면계 유리의 교체 또는 보수를 행하였을 때
④ 프라이밍, 포밍 등이 생길 때

해설 수면계 기능 시험
① 2개의 수면계 수위가 다를 때
② 보일러 가동전
③ 프라이밍, 포밍 등이 생길 때
④ 수면계 유리의 교체 또는 보수행할 때

32

보일러 자동제어에서 신호전달 방식 종류에 해당 되지 않는 것은?
① 팽창식   ② 유압식
③ 전기식   ④ 공기압식

해설 신호전달방식
① 공기압식
  ㉠ 신호전달거리 100~150 m   ㉡ 사용조작압력 0.2~1 kg/cm²
  ㉢ 배관보존용이   ㉣ 신호전달의 지연
② 유압식 : ㉠ 150~300 m   ㉡ 인화의 위험이 있다.
③ 전기식 : ㉠ 300~100000 m   ㉡ 신호전달의 지연이 있다.
          ㉢ 대규모 조작이 필요

31. ② 32. ①

33

액체연료의 일반적인 특징에 관한 설명으로 틀린 것은?
① 유황분이 없어서 기기 부식의 염려가 거의 없다.
② 고체 연료에 비해서 단위 중량당 발열량이 높다.
③ 연소효율이 높고 연소조절이 용이하다.
④ 수송과 저장 및 취급이 용이하다.

해설 액체연료의 일반적인 특징
① 화재 및 역화의 위험이 있다. ② 연소효율 및 전열효율이 좋다.
③ 품질이 균일하여 발열량이 높다. ④ 운반 및 저장취급이 용이
⑤ 연소온도가 높아 국부과열 위험성이 많다. ⑥ 회분이 적고 연소조절이 쉽다.

34

다음 중 보일러 스테이(stay)의 종류에 해당되지 않는 것은?
① 거싯(gusset)스테이   ② 바(bar)스테이
③ 튜브(tube)스테이   ④ 너트(nut)스테이

해설 스테이 : 강도가 약한 부분의 강도보강을 위하여 사용되는 이음부분

종류	사용 장소(목적)
관 스테이	연관의 경판 선단 부위에 관을 확관 마찰이나 마모에 견디게 한다.
바아 스테이	경판, 화실, 천정판의 강도 보강용
보울트 스테이	평행판의 강도보강(횡연관 보일러)
가셋트 스테이	경판의 동판의 강도보강(노통 보일러)
도리 스테이	맨홀, 청소의 밀봉용
도그 스테이	맨홀, 청소의 밀봉용

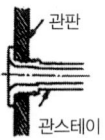
〈관 스테이〉

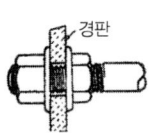
〈바 스테이〉

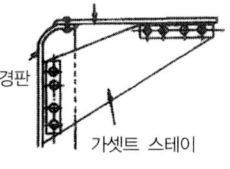
〈가셋트 스테이〉

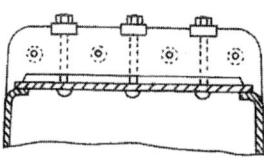
〈도리 스테이〉

35

어떤 물질의 단위질량(1kg)에서 온도를 1℃ 높이는 데 소요되는 열량을 무엇이라고 하는가?
① 열용량   ② 비열
③ 잠열   ④ 엔탈피

해설
- 비열(kcal/kg℃) : 어떤 물질 1kg을 1℃ 올리는데 필요한 열량
- 열용량(kcal/℃) : 어떤 물질을 1℃ 올리는데 필요한 열량
- 잠열 : 온도변화 없이 상태만 변함

36

보일러에서 카본이 생성되는 원인으로 거리가 먼 것은?

① 유류의 분무상태 또는 공기와의 혼합이 불량할 때
② 버너 타일공의 각도가 버너의 화염각도보다 작은 경우
③ 노통보일러와 같이 가느다란 노통을 연소실로 하는 것에서 화염각도가 현저하게 작은 버너를 설치하고 있는 경우
④ 직립보일러와 같이 연소실의 길이가 짧은 노에다가 화염의 길이가 매우 긴 버너를 설치하고 있는 경우

해설 카본이 생성 되는 원인
① 입형 보일러와 같이 연소실의 길이가 짧은 노에다가 화염의 길이가 매우 긴 버너를 설치하고 있는 경우
② 버너타일공의 각도가 버너의 화염각도보다 작은 경우
③ 유류의 분무상태 또는 공기와의 혼합불량시

37

다음 보일러 중 특수열매체 보일러에 해당 되는 것은?

① 타쿠마 보일러　　　　② 카네크롤 보일러
③ 슐쳐 보일러　　　　　④ 하우덴 존슨 보일러

해설 특수열매체 보일러
① 수은　② 다우삼　③ 카네크롤　④ 세큐리티53　⑤ 모빌섬

38

유류보일러의 자동장치 점화방법의 순서가 맞는 것은?

① 송풍기 기동 → 연료펌프 기동 → 프리퍼지 → 점화용 버너 착화 → 주버너 착화
② 송풍기 기동 → 프리퍼지 → 점화용 버너 착화 → 연료펌프 기동 → 주버너 착화
③ 연료펌프 기동 → 점화용 버너 착화 → 프리퍼지 → 주버너 착화 → 송풍기 기동
④ 연료펌프 기동 → 주버너 착화 → 점화용 버너 착화 → 프리퍼지 → 송풍기 기동

해설 유류보일러의 자동장치 점화 방법
송풍기작동 → 연료펌프기동 → 프리퍼지 → 점화용버너착화 → 주버너착화

36. ③　37. ②　38. ①

39 보일러의 기수분리기를 가장 옳게 설명한 것은?
① 보일러에서 발생한 증기 중에 포함되어 있는 수분을 제거하는 장치
② 증기 사용처에서 증기 사용 후 물과 증기를 분리하는 장치
③ 보일러에 투입되는 연소용 공기 중의 수분을 제거하는 장치
④ 보일러 급수 중에 포함되어 있는 공기를 제거하는 장치

해설 기수분리기 : 증기중의 수분을 제거하여 건조증기를 얻기 위한 장치
[종류]
① 싸이클론식(원심력식)   ② 스크레버식(장애판)
③ 건조스크린식(망)   ④ 베플식(관성력)

40 액상 열매체 보일러시스템에서 열매체유의 액팽창을 흡수하기 위한 팽창탱크의 최소 체적(V_T)을 구하는 식으로 옳은 것은? (단, V_E는 승온 시 시스템 내의 열매체유 팽창량, V_M은 상온 시 탱크 내의 열매체유 보유량이다.)
① $V_T = V_E + V_M$ ② $V_T = V_E + 2V_M$
③ $V_T = 2V_E + V_M$ ④ $V_T = 2V_E + 2V_M$

41 진공환수식 증기난방 배관시공에 관한 설명 중 맞지 않는 것은?
① 증기주관은 흐름 방향에 1/200~1/300의 앞내림 기울기로 하고 도중에 수직 상향부가 필요한 때 트랩장치를 한다.
② 방열기 분기관 등에서 앞단에 트랩장치가 없을 때는 1/50~1/100의 앞올림 기울기로 하여 응축수를 주관에 역류시킨다.
③ 환수관에 수직 상향부가 필요한 때는 리프트 피팅을 써서 응축수가 위쪽으로 배출하게 한다.
④ 리프트 피팅은 될 수 있으면 사용개소를 많게 하고 1단을 2.5 m 이내로 한다.

해설 리프트 피팅 : 사용개수를 가능한 적게 하고 1단 높이 1.5 m 이내로 한다.

42 보일러 사고의 원인 중 보일러 취급상의 사고원인이 아닌 것은?
① 재료 및 설계불량   ② 사용압력초과 운전
③ 저수위 운전   ④ 급수처리 불량

해설 제작상의 원인
① 재료불량 ② 용접불량 ③ 강도불량 ④ 구조불량 ⑤ 설계불량

43

연료의 완전연소를 위한 구비조건으로 틀린 것은?

① 연소실 내의 온도는 낮게 유지할 것
② 연료와 공기의 혼합이 잘 이루어지도록 할 것
③ 연료와 연소장치가 맞을 것
④ 공급 공기를 충분히 예열시킬 것

해설 연소실내의 온도를 높게 할 것

44

천연고무와 비슷한 성질을 가진 합성고무로서 내유성, 내후성, 내산화성, 내열성 등이 우수하며, 석유용매에 대한 저항성이 크고 내열도는 -46℃~121℃ 범위에서 안정한 패킹 재료는?

① 과열 석면
② 네오플렌
③ 테프론
④ 하스텔로이

해설 패킹
① 플랜지 패킹
　㉮ 고무 패킹
　　㉠ 탄성은 우수하나 흡수성이 없다.
　　㉡ 산이나 알칼리에는 강하나 기름에 침식된다.
　　㉢ 100[℃] 이상 고온 배관에는 사용할 수 없으며 주로 급·배수용이다.
　　㉣ 네오플렌의 합성고무는 내열범위가 -46~121[℃]로 증기 배관에도 사용된다.
　㉯ 석면 조인트 시트 : 광물질의 미세한 섬유로 450[℃]의 고온배관에도 사용된다.
　㉰ 합성수지 패킹 : 가장 우수한 것으로 테플론이 있으며 내열범위는 -260~260[℃]까지이다.
　㉱ 오일시일 패킹 : 한지를 내유가공한 것으로 내열도가 낮아 펌프, 기어박스 등에 사용된다.
　㉲ 금속 패킹 : 구리, 납, 연강, 스테인레스강 등이 있으며 탄성이 적어 누설 위험이 있다.
② 나사용 패킹
　㉮ 페인트 : 페인트에 소량의 일산화연을 혼합사용하며 냉매배관에 많이 사용된다.
　㉯ 일산화연 : 페인트에 소량의 일산화연을 혼합사용하며 냉매배관에 많이 사용된다.
　㉰ 액상합성수지 : 내열범위가 -30~130[℃] 정도로 약품에 강하고 내유성이 강해 증기, 기름, 약품배관에 사용된다.
③ 글랜드 패킹 : 밸브의 회전부분에 기밀을 유지할 목적으로 사용된다.
　㉮ 석면각형 패킹 : 석면을 각형으로 짜서 만든 것으로 내열, 내산성이 좋아 대형 밸브 그랜드로 사용한다.
　㉯ 석면 얀 : 석면을 꼬아서 만든 것으로 소형 밸브, 수면계의 콕크 주로 소형 밸브 그랜드로 사용한다.
　㉰ 아마존 패킹 : 면포와 내열 고무 콤파운드를 가공 성형한 것으로 압축기의 그랜드용에 쓰인다.
　㉱ 모울드 패킹 : 석면, 흑연, 수지 등을 배합 성형한 것으로 밸브, 펌프 등의 그랜드용에 쓰인다.

43. ①　44. ②

45 파이프 커터로 관을 절단하면 안으로 거스러미(burr)가 생기는데 이것을 능률적으로 제거하는데 사용되는 공구는?
① 다이 스토크 ② 사각줄
③ 파이프 리머 ④ 체인 파이프렌치

46 증기난방의 분류 중 응축수 환수방식에 의한 분류에 해당되지 않는 것은?
① 중력환수방식 ② 기계환수방식
③ 진공환수방식 ④ 상향환수방식

해설 응축수 환수방식
① 중력환수식 ② 기계환수식 ③ 진공환수식

47 그림과 같이 개방된 표면에서 구멍 형태로 깊게 침식하는 부식을 무엇이라고 하는가?

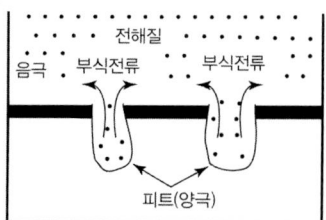

① 국부부식 ② 그루빙(grooving)
③ 저온부식 ④ 점식(pitting)

해설 점심의 원인 : 용존산소

48 가스 폭발에 대한 방지대책으로 거리가 먼 것은?
① 점화 조작 시에는 연료를 먼저 분무시킨 후 무화용 증기나 공기를 공급한다.
② 점화할 때에는 미리 충분한 프리퍼지를 한다.
③ 연료속의 수분이나 슬러지 등은 충분히 배출한다.
④ 점화전에는 중유를 가열하여 필요한 점도로 해둔다

해설 점화조작시에는 공기를 먼저 공급하고 연료를 나중에 공급한다.

49
주증기관에서 증기의 건도를 향상 시키는 방법으로 적당하지 않은 것은?
① 가압하여 증기의 압력을 높인다.
② 드레인 포켓을 설치한다.
③ 증기 공간 내에 공기를 제거 한다.
④ 기수분리기를 사용한다.

해설 증기의 건도를 향상시키는 방법
① 기수분리기 설치
② 비수방지관 설치
③ 증기공간내 공기를 제거
④ 드레인 포켓을 설치한다.

50
보온재 선정 시 고려해야 할 조건이 아닌 것은?
① 부피 비중이 작을 것
② 보온능력이 클 것
③ 열전도율이 클 것
④ 기계적 강도가 클 것

해설 보온재의 구비조건
① 비중이 작아야 한다(가벼워야 한다).
② 열전도율이 적어야 한다(보온능력이 커야 한다).
③ 사용온도에 견디고 변질되지 말아야 한다.
④ 기계적 강도가 있어야 한다.
⑤ 다공질이며 가공이 균일해야 한다.
⑥ 흡습성이 적어야 한다.

51
신·재생에너지 설비인증 심사기준을 일반 심사기준과 설비 심사기준으로 나눌 때 다음 중 일반 심사 기준에 해당되지 않는 것은?
① 신·재생에너지 설비의 제조 및 생산능력의 적정성
② 신·재생에너지 설비의 품질유지·관리능력의 적정성
③ 신·재생에너지 설비의 사후관리의 적정성
④ 신·재생에너지 설비의 에너지효율의 적정성

해설 일반심사기준
① 신재생 에너지 설비의 에너지효율의 적정성
② 신재생 에너지 설비의 품질유지, 관리능력의 적정성
③ 신재생 에너지 설비의 제조 및 생산능력의 적정성

52 에너지이용합리화법은 에너지의 수급을 안정시키고 에너지의 합리적이고 효율적인 이용을 증진하며 에너지 소비로 인한 (A)을(를) 줄임으로 국민경제의 건전한 발전 및 국민복지의 증진과 (B)의 최소화에 이바지함을 목적으로 한다. 괄호 A, B에 들어갈 용어로 옳은 것은?

① A : 환경파괴, B : 온실가스
② A : 자연파괴, B : 환경피해
③ A : 환경피해, B : 지구온난화
④ A : 온실가스배출, B : 환경파괴

53 제3자로부터 위탁을 받아 에너지사용시설의 에너지절약을 위한 관리·용역 사업을 하는 자로서 산업통상자원부장관에게 등록을 한 자를 지칭하는 기업은?

① 에너지진단기업
② 수요관리투자기업
③ 에너지절약전문기업
④ 에너지기술개발전담기업

54 에너지법상 지역에너지계획에 포함되어야 할 사항이 아닌 것은?

① 에너지 수급의 추이와 전망에 관한 사항
② 에너지이용합리화와 이를 통한 온실가스 배출감소를 위한 대책에 관한 사항
③ 미활용에너지원의 개발·사용을 위한 대책에 관한 사항
④ 에너지 소비촉진 대책에 관한 사항

해설 지역에너지 계획
① 에너지 수급의 추이와 전망에 관한 사항
② 에너지의 안정적 공급을 위한 대책에 관한 사항
③ 신, 재생 에너지 등 환경 친화적 에너지 사용을 위한 대책에 관한 사항
④ 에너지이용합리화와 이를 통한 온실가스 배출감소를 위한 대책에 관한 사항
⑤ 미활용 에너지원의 개발, 사용을 위한 대책에 관한 사항

55 에너지이용합리화법에 따라 에너지다소비사업자에게 개선명령을 하는 경우는 에너지관리지도 결과 몇 % 이상의 에너지 효율개선이 기대되고 효율개선을 위한 투자의 경제성이 인정되는 경우인가?

① 5%
② 10%
③ 15%
④ 20%

정답 52. ③ 53. ③ 54. ④ 55. ②

56
증기난방과 비교하여 온수난방의 특징에 대한 설명으로 틀린 것은?
① 물의 현열을 이용하여 난방하는 방식이다.
② 예열에 시간이 걸리지만 쉽게 냉각되지 않는다.
③ 동일 방열량에 대하여 방열 면적이 크고 관경도 굵어야 한다.
④ 실내 쾌감도가 증기난방에 비해 낮다.

해설 실내 쾌감도가 증기난방에 비해 좋다.

57
다음 열역학과 관계된 용어 중 그 단위가 다른 것은?
① 열전달계수   ② 열전도율   ③ 열관류율   ④ 열통과율

해설 열관류율 = 열전달율 = 열통과율 : kcal/m²h°C

58
스케일의 종류 중 보일러 급수 중의 칼슘 성분과 결합하여 규산칼슘을 생성하기도 하며, 이 성분이 많은 스케일은 대단히 경질이기 때문에 기계적, 화학적으로 제거하기 힘든 스케일 성분은?
① 실리카   ② 황산마그네슘   ③ 염화마그네슘   ④ 유지

59
다음 관이음 중 진동이 있는 곳에 가장 적합한 이음은?
① MR 조인트 이음   ② 용접 이음
③ 나사 이음   ④ 플렉시블 이음

60
에너지이용합리화법에 따라 검사대상기기의 용량이 15 t/h인 보일러일 경우 조종자의 자격 기준으로 가장 옳은 것은?
① 에너지관리기능장 자격 소지자만이 가능하다.
② 에너지관리기능장, 에너지관리기사 자격 소지자만이 가능하다.
③ 에너지관리기능장, 에너지관리기사, 에너지관리산업기사 자격 소지자만이 가능하다.
④ 에너지관리기능장, 에너지관리기사, 에너지관리산업기사, 에너지관리기능사 자격 소지자만이 가능하다.

해설 10 Ton 미만시 : 에너지 관리 기능사

56. ④   57. ②   58. ①   59. ④   60. ③

2013년 제3회 에너지관리기능사 출제문제

01 노내에 분사된 연료에 연소용 공기를 유효하게 공급 확산시켜 연소를 유효하게 하고 확실한 착화와 화염의 안정을 도모하기 위하여 설치하는 것은?
① 화염검출기　　　　　　　② 보염장치
③ 버너 정지 인터록　　　　④ 연료 차단밸브

해설 보염장치 : 착화와 연소화염을 안정시키고 연료와 공기의 혼합을 도모케하여 저공기비 연소를 하게 하는 장치
① 설치목적
　㉠ 화염의 형상조절
　㉡ 안정된 착화도모
　㉢ 연료의 분무를 돕고 공기와의 혼합을 양호하게 한다.
　㉣ 연소가스의 체류시간을 지연시켜 돕는다.
　㉤ 연소실의 온도분포를 고르게 하고 국부과열 방지
② 종류
　㉠ 윈드박스 : 버너벽면에 설치된 밀폐상자로 공기흐름을 적절히 유지 동압을 정압상태로 바꾸어 착화나 연속 화염을 안정시키는 장치
　㉡ 스테이빌라이져 : 불꽃의 안정성을 유지케 하는 장치
　㉢ 콤버스터 : 저온의 노에서도 연소를 안정시켜 분출흐름의 모양을 안정시킨 장치
　㉣ 버너타일 : 버너의 첨단부분을 보호하며 연속화염을 안정시키는 내화재로 구축된 장치

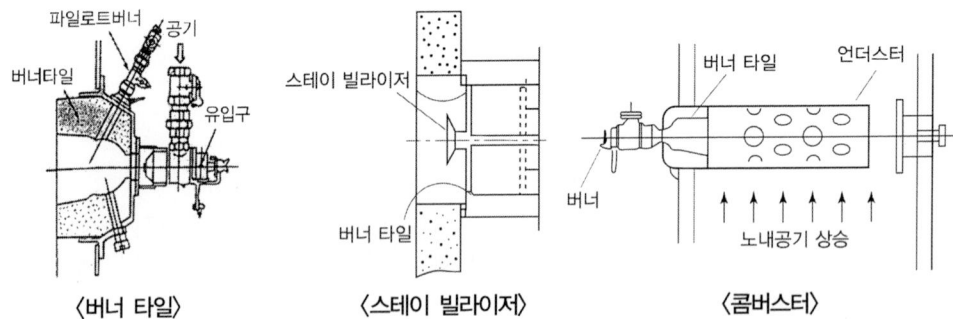

〈버너 타일〉　　〈스테이 빌라이저〉　　〈콤버스터〉

정답 1. ②

02

보일러의 수면계와 관련된 설명 중 틀린 것은?

① 증기보일러에는 2개(소용량 및 소형관류보일러는 1개) 이상의 유리수면계를 부착하여야 한다. 다만, 단관식 관류보일러는 제외한다.
② 유리수면계는 보일러 동체에만 부착하여야 하며 수주관에 부착하는 것은 금지하고 있다.
③ 2개 이상의 원격지시수면계를 시설하는 경우에 한하여 유리수면계를 1개 이상으로 할 수 있다.
④ 유리수면계는 상·하에 밸브 또는 콕크를 갖추어야 하며, 한눈에 그것의 개·폐 여부를 알 수 있는 구조이어야 한다. 다만, 소형관류보일러에서는 밸브 또는 콕크를 갖추지 아니할 수 있다.

해설 수면계는 수주관에 부착해야 한다.
① 최고사용압력이 10 kg/cm² 이하로서 동체안지름이 750 mm 미만인 경우에 있어서는 수면계층 1개는 다른 종류의 수면측정장치로 할 수 있다.
② 2개 이상의 원격지시 수면계를 시설하는 경우에 한하여 유리수면계를 1개 이상으로 할 수 있다.

03

다음 중 보일러의 안전장치로 볼 수 없는 것은?

① 급수펌프　　　　　② 화염검출기
③ 고저수위 경보장치　④ 압력조절기

해설 안전장치
① 안전밸브　　　　② 방폭문
③ 고, 저수위경보기　④ 가용전
⑤ 방출밸브　　　　⑥ 화염검출기
⑦ 압력조절기　　　⑧ 압력제한기

04

어떤 보일러의 3시간 동안 증발량이 4500 kg이고, 그 때의 급수 엔탈피가 25 kcal/kg, 증기엔탈피가 680 kcal/kg이라면 상당증발량은 약 몇 kg/hr인가?

① 551　　　　　② 1,684
③ 1,823　　　　④ 3,051

해설 상당증발량 $= \dfrac{G \times (h'' - h')}{539} = \dfrac{4500 \times (680 - 25)}{539 \times 3} = 1822.82 \text{ kg/h}$

2. ②　3. ①　4. ③

05 보일러 2마력을 열량으로 환산하면 약 몇 kcal/h인가?
① 10,780 ② 13,000
③ 15,650 ④ 16,870

해설 보일러 1마력 = 8435 kcal/h
∴ 2 × 8435 = 16870

06 전자밸브가 작동하여 연료공급을 차단하는 경우로 거리가 먼 것은?
① 보일러수의 이상 감수시
② 증기압력 초과시
③ 점화 중 불착화시
④ 배기가스온도의 이상 저하시

해설 전자밸브가 작동하여 연료공급을 차단하는 경우
① 점화 중 불착화시   ② 증기압력초과시
③ 이상감수시   ④ 송풍기미작동시

07 운전 중 화염이 블로우 오프(blow-off) 된 경우 특정한 경우에 한하여 재점화 및 재시동을 할 수 있다. 이 때 재점화와 재시동의 기준에 관한 설명으로 틀린 것은?
① 재점화에서의 점화장치는 화염의 소화 직후, 1초 이내에 자동으로 작동할 것
② 강제 혼합식 버너의 경우 재점화 동작 시 화염감시장치가 부착된 버너에는 가스가 공급되지 아니할 것
③ 재점화에 실패한 경우에는 지정된 안전차단시간 내에 버너가 작동 폐쇄될 것
④ 재시동은 가스의 공급이 차단된 후 즉시 표준연속프로그램에 의하여 자동으로 이루어질 것

08 연소가 이루어지기 위한 필수 요건에 속하지 않는 것은?
① 가연물   ② 수소공급원
③ 점화원   ④ 산소공급원

해설 연소의 3대 요소
① 가연물
② 공기중의 산소
③ 점화원

정답 5. ④ 6. ④ 7. ① 8. ②

09

보일러 통풍에 대한 설명으로 잘못된 것은?
① 자연통풍은 일반적으로 별도의 동력을 사용하지 않고, 연돌로 인한 통풍을 말한다.
② 평형통풍은 통풍조절은 용이하나 통풍력이 약하여 주로 소용량 보일러에서 사용한다.
③ 압입통풍은 연소용 공기를 송풍기로 노 입구에서 대기압보다 높은 압력으로 밀어 넣고 굴뚝의 통풍작용과 같이 통풍을 유지하는 방식이다.
④ 흡입통풍은 크게 연소가스를 직접 통풍기에 빨아들이는 직접흡입식과 통풍기로 대기를 빨아들이게 하고 이를 이젝터로 보내어 그 작용에 의해 연소가스를 빨아들이는 간접흡입식이 있다.

해설 평형통풍은 통풍조절이 용이하고 통풍력이 강하여 주로 대용량 보일러에 사용

10

보일러 연료의 구비조건으로 틀린 것은?
① 공기 중에 쉽게 연소할 것
② 단위 중량당 발열량이 클 것
③ 연소 시 회분 배출량이 많을 것
④ 저장이나 운반, 취급이 용이할 것

해설 연료의 구비조건
　① 가격이 쌀 것　　　　　　　② 구입이 용이할 것
　③ 저장이나 운반, 취급이 용이할 것　④ 단위중량당 발열량이 클 것
　⑤ 공기중에서 쉽게 연소할 것

11

보일러에서 사용하는 화염검출기에 관한 설명 중 틀린 것은?
① 보일러용 화염검출기에는 주로 광학식 검출기와 화염 검출봉식(flame rod) 검출기가 사용된다.
② 사용하는 연료의 화염을 검출하는 것에 적합한 종류를 적용해야 한다.
③ 화염검출기는 검출이 확실하고 검출에 요구되는 응답시간이 길어야 한다.
④ 광학식 화염검출기는 자외선식을 사용하는 것이 효율적이지만 유류보일러에서는 일반적으로 가시광선식 또는 적외선식 화염검출기를 사용한다.

해설 화염검출기는 검출이 확실하고 검출에 요구되는 응답이 짧아야 한다.

12

과열기의 형식 중 증기와 열가스 흐름의 방향이 서로 반대인 과열기의 형식은?
① 병류식
② 대향류식
③ 증류식
④ 역류식

해설 열가스 흐름에 의한 분류
① 병류형 ② 향류형 ③ 혼류형

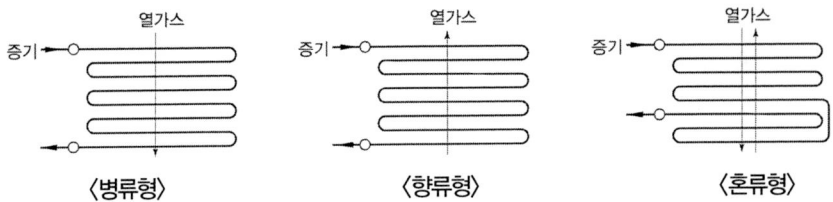

13. 연소 시 공기비가 적을 때 나타나는 현상으로 거리가 먼 것은?

① 배기가스 중 NO 및 NO_2의 발생량이 많아진다.
② 불완전연소가 되기 쉽다.
③ 미연소가스에 의한 가스 폭발이 일어나기 쉽다.
④ 미연소가스에 의한 열손실이 증가될 수 있다.

해설 공기비가 적을 때 나타나는 현상
① 불완전연소가 되기 쉽다.
② 미연소가스에 의한 가스폭발이 일어나기 쉽다.
③ 미연소가스에 의한 열손실이 증가 될 수 있다.

14. 보일러 부속장치에 대한 설명 중 잘못된 것은?

① 인젝터 : 증기를 이용한 급수장치
② 기수분리기 : 증기 중에 혼입된 수분을 분리하는 장치
③ 스팀트랩 : 응축수를 자동으로 배출하는 장치
④ 절탄기 : 보일러 동 저면의 스케일, 침전물을 밖으로 배출하는 장치

해설 절탄기 : 연소가스여열을 이용하여 급수를 예열하는 장치

15. 고압관과 저압관 사이에 설치하여 고압 측의 압력변화 및 증기 사용량 변화에 관계없이 저압 측의 압력을 일정하게 유지시켜 주는 밸브는?

① 감압밸브   ② 온도조절밸브
③ 안전밸브   ④ 플로트밸브

해설 감압밸브
① 고압의 증기를 저압의 증기로 바꾸어 준다.
② 부하측의 압력을 일정하게 유지
③ 고압과 저압을 동시사용

정답 13. ① 14. ④ 15. ①

16 포화증기와 비교하여 과열증기가 가지는 특징 설명으로 틀린 것은?
① 증기의 마찰손실이 적다.
② 같은 압력의 포화증기에 비해 보유열량이 많다.
③ 증기소비량이 적어도 된다.
④ 가열 표면의 온도가 균일하다.

해설 과열증기가 가지는 특성
① 증기소비량이 적어도 된다.
② 증기의 마찰손실이 적다.
③ 같은 압력의 포화증기에 비해 보유열량이 많다.

17 보일러의 급수장치에 해당되지 않는 것은?
① 비수방지관
② 급수내관
③ 원심펌프
④ 인젝터

해설 급수장치 : ① 급수내관 ② 인젝터 ③ 급수펌프

18 전열면적이 30 m²인 수직 연관보일러를 2시간 연소시킨 결과 3000 kg의 증기가 발생하였다. 이 보일러의 증발률은 약 몇 kg/m²h인가?
① 20
② 30
③ 40
④ 50

해설 증발률 $= \dfrac{G}{A} = \dfrac{3000}{30 \times 2} = 50$ kg/m²h

19 대기압에서 동일한 무게의 물 또는 얼음을 다음과 같이 변화시키는 경우 가장 큰 열량이 필요한 것은? (단, 물과 얼음의 비열은 각각 1 kcal/kg·°C, 0.48 kcal/kg·°C이고, 물의 증발잠열은 539 kcal/kg, 융해잠열은 80 kcal/kg이다.)
① -20°C의 얼음을 0°C의 얼음으로 변화
② 0°C의 얼음을 0°C의 물로 변화
③ 0°C의 물을 100°C의 물로 변화
④ 100°C의 물을 100°C의 증기로 변화

해설 ① -20°C 얼음 → 0°C 얼음
$Q_1 = G_1 \cdot C_1 \cdot \Delta t_1 = 1 \times 0.48 \times (0 - (-20)) = 10$ kcal
② 0°C 얼음 → 0°C 물
$Q_2 = G_2 \cdot r_2 = 1 \times 80 = 80$ kcal

③ 0°C 물 → 100°C 물
$Q_3 = G_3 \cdot C_3 \cdot \Delta t_3 = 1 \times 1 \times (100-0) = 100 \text{kcal}$

④ 100°C 물 → 100°C 증기
$Q_4 = G_4 \cdot r_4 = 1 \times 539 = 539 \text{kcal}$

20

노통이 하나인 코르니시 보일러에서 노통을 편심으로 설치하는 가장 큰 이유는?

① 연소장치의 설치를 쉽게 하기 위함이다.
② 보일러수의 순환을 좋게 하기 위함이다.
③ 보일러의 강도를 크게 하기 위함이다.
④ 온도변화에 따른 신축량을 흡수하기 위함이다.

21

기체연료의 일반적인 특징을 설명한 것으로 잘못된 것은?

① 적은 공기비로 완전연소가 가능하다.
② 수송 및 저장이 편리하다.
③ 연소효율이 높고 자동제어가 용이하다.
④ 누설 시 화재 및 폭발의 위험이 크다.

해설 기체연료의 특징
① 적은 공기량으로 완전연소 가능
② 가스 누설 시 폭발의 위험이 있다.
③ 발열량이 낮은 연료로 고온을 얻을 수 있다.
④ 운반저장이 어렵다
⑤ 황분, 회분이 거의 없어 전열면오손이 없다.
⑥ 연소효율 및 전열효율이 좋다.
⑦ 고온도 분위기 조성
⑧ 집중효율을 얻을 수 있다.

22

자동제어의 신호전달방법에서 공기압식의 특징으로 맞는 것은?

① 신호전달거리가 유압식에 비하여 길다.
② 온도제어 등에 적합하고 화재의 위험이 많다.
③ 전송 시 시간지연이 생긴다.
④ 배관이 용이하지 않고 보존이 어렵다.

해설 공기압식의 특징
① 신호전달거리 100~150 m (유압식 300 m)   ② 배관보존이 양호
③ 신호전달의 지연이 있다.   ④ 사용압력은 0.2~1 kg/cm²이다.

정답 20. ② 21. ② 22. ③

23
측정 장소의 대기 압력을 구하는 식으로 옳은 것은?
① 절대압력＋게이지압력
② 게이지압력-절대압력
③ 절대압력-게이지압력
④ 진공도×대기압력

해설 절대압력 = 게이지압력 + 대기압
게이지압력 = 절대압력 - 대기압
대기압 = 절대압력 - 게이지압력

24
다음 집진장치 중 가압수를 이용한 집진장치는?
① 포켓식
② 임펠러식
③ 벤튜리 스크레버식
④ 타이젠 와셔식

해설 가압수식 집진장치
① 벤튜리 스크레버 ② 싸이클론스크레버 ③ 충전탑

25
온수보일러에서 배플 플레이트(Baffle plate)의 설치 목적으로 맞는 것은?
① 급수를 예열하기 위하여
② 연소효율을 감소시키기 위하여
③ 강도를 보강하기 위하여
④ 그을음의 부착량을 감소시키기 위하여

해설 배플 플레이트 설치목적 : 그을음의 부착량을 감소시키기 위해

26
원통형보일러의 일반적인 특징에 관한 설명으로 틀린 것은?
① 구조가 간단하고 취급이 용이하다.
② 수부가 크므로 열 비축량이 크다.
③ 폭발 시에도 비산 면적이 작아 재해가 크게 발생하지 않는다.
④ 사용증기량의 변동에 따른 발생 증기의 압력변동이 작다.

해설 원통형 보일러의 일반적인 특징
① 급수처리가 간단하다.
② 수면이 넓어 기수공발이 적다.
③ 구조가 간단하고 취급이 용이
④ 청소, 검사, 수리용이
⑤ 관수의 보유량이 많아 부하변동에 큰 영향이 없다.
⑥ 보유수량이 많아 파열시 피해가 크다.

23. ③ 24. ③ 25. ④ 26. ③

⑦ 예열부하가 커서 부하에 대응하기 어렵다.
⑧ 내분식이어서 연료의 질이나 연소공간의 확보가 어려움
⑨ 전열면적이 적어 효율이 적다.

27 보일러 효율이 85%, 실제증발량이 5 t/h이고 발생증기의 엔탈피 656 kcal/kg, 급수온도의 엔탈피는 56 kcal/kg, 연료의 저위발열량 9750 kcal/kg일 때 연료 소비량은 약 몇 kg/h인가?
① 316　　② 362　　③ 389　　④ 405

해설 연료소비량 $= \dfrac{5 \times 1000 \times (656-56)}{0.85 \times 9750} = 361.99$ kg/h

28 보일러의 부속설비 중 연료공급계통에 해당하는 것은?
① 콤버스터
② 버너 타일
③ 수트 블로워
④ 오일 프리히터

29 보일러설치기술규격에서 보일러의 분류에 대한 설명 중 틀린 것은?
① 주철제보일러의 최고사용압력은 증기보일러일 경우 0.5 MPa까지, 온수온도는 373K (100℃)까지로 국한된다.
② 일반적으로 보일러는 사용매체에 따라 증기보일러, 온수보일러 및 열매체 보일러로 분류한다.
③ 보일러의 재질에 따라 강철제보일러와 주철제보일러로 분류한다.
④ 연료에 따라 유류보일러, 가스보일러, 석탄보일러, 목재보일러, 폐열보일러, 특수연료 보일러 등이 있다.

해설 증기보일러의 경우 0.35MPa 이하

30 보일러가 최고사용압력 이하에서 파손되는 이유로 가장 옳은 것은?
① 안전장치가 작동하지 않기 때문에
② 안전밸브가 작동하지 않기 때문에
③ 안전장치가 불완전하기 때문에
④ 구조상 결함이 있기 때문에

해설 보일러가 최고사용압력 이하에서 파손되는 이유 : 구조상 결함이 있기 때문

정답 27. ②　28. ④　29. ①　30. ④

31 동관 이음에서 한쪽 동관의 끝을 나팔형으로 넓히고, 압축이음쇠를 이용하여 체결하는 이음 방법은?

① 플레어 이음 ② 플랜지 이음
③ 플라스턴 이음 ④ 몰코 이음

해설 동관의 공구
① 튜브커터 : 동관절단용
② 튜브 벤더 : 동관 굽힘용 공구
③ 익스펜더 : 동관의 확관용 공구
④ 플레어링 투울 : 동관의 압축 접합용 공구
⑤ 사이징 투울 : 동관의 끝을 정확하게 원형으로 가공하는 공구.

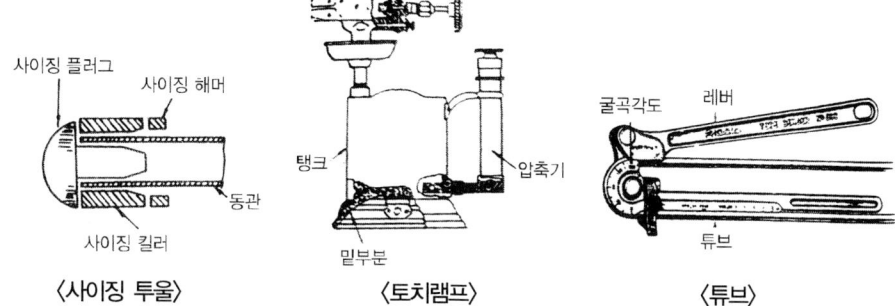

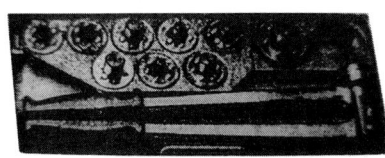
〈익스펜더〉

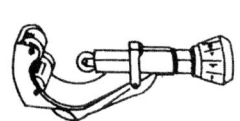
〈튜브 커터〉

〈플레어링 투울〉

32 보온재가 갖추어야 할 조건 설명으로 틀린 것은?

① 열전도율이 작아야 한다. ② 부피, 비중이 커야 한다.
③ 적합한 기계적 강도를 가져야 한다. ④ 흡수성이 낮아야 한다.

해설 보온재의 구비조건
① 비중이 작아야 한다(가벼워야 한다).
② 열전도율이 적어야 한다(보온능력이 커야 한다).
③ 사용온도에 견디고 변질되지 말아야 한다.
④ 기계적 강도가 있어야 한다.
⑤ 다공질이며 가공이 균일해야 한다.
⑥ 흡습성이 적어야 한다.

31. ① 32. ②

33

배관의 하중을 위에서 끌어당겨 지지할 목적으로 사용되는 지지구가 아닌 것은?

① 리지드 행거(rigid hanger)
② 앵커(anchor)
③ 콘스탄트 행거(constant hanger)
④ 스프링 행거(spring hanger)

해설 배관의 지지

(1) 행거 : 배관의 하중을 위에서 잡아주는 장치이다.
　① 리지드 행거(rigid hanger) : I 비임에 턴버클을 이용 지지하는 것으로 상하방향에 변위에 없는 곳에 사용한다.
　② 스프링 행거(spring hanger) : 턴버클 대신 스프링을 사용한 것이다.
　③ 콘스탄트 행거(constant hanger) : 배관의 상하이동에 관계없이 관지력이 일정한 것으로 중추식과 스프링식이 있다.

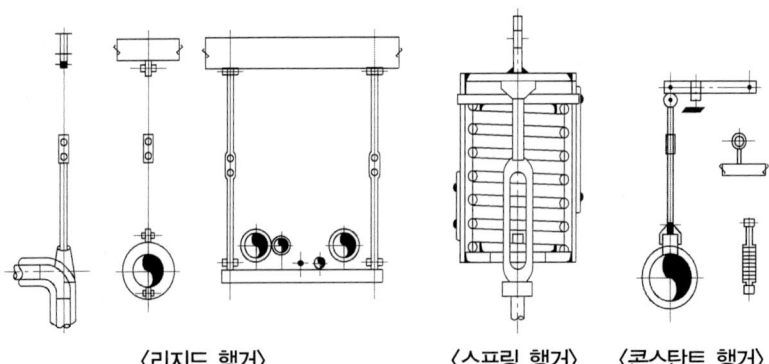

〈리지드 행거〉　〈스프링 행거〉　〈콘스탄트 행거〉

(2) 서포트(support) : 배관의 하중을 밑에서 떠받쳐 지지해 주는 장치이다.
　① 파이프 슈(pipe shoe) : 관에 직접 접속하는 지지구로 수평배관과 수직배관의 연결부에 사용된다.
　② 리지드 서포트(rigid support) : H비임이나 I비임으로 받침을 만들어 지지한다.
　③ 스프링 서포트(spring support) : 스프링의 탄성에 의해 상하 이동을 허용한 것이다.
　④ 롤러 서포트(roller support) : 관의 축 방향의 이동을 허용한 지지구이다.

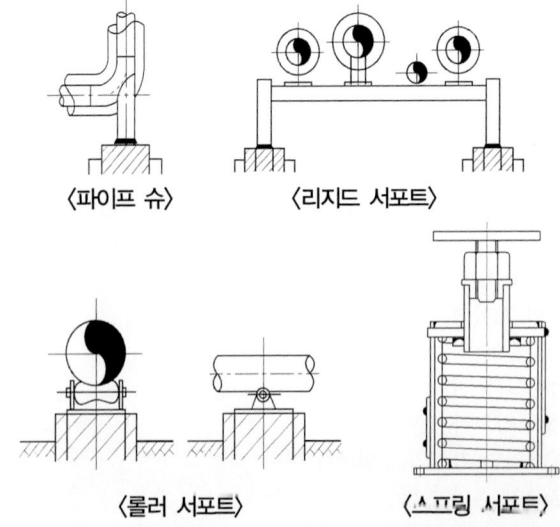

〈파이프 슈〉　〈리지드 서포트〉
〈롤러 서포트〉　〈스프링 서포트〉

정답 33. ②

(3) 리스트레인(restrain) : 열팽창에 의한 배관의 상하 . 좌우 이동을 구속 또는 제한하는 장치이다.
  ① 앵커(anchor) : 리지드 서포트의 일종으로 관의 이동 및 회전을 방지하기 위해 지지점에 완전히 고정하는 장치이다.
  ② 스톱(stop) : 배관의 일정한 방향과 회전만 구속하고 다른 방향은 자유롭게 이동하게 하는 장치이다.
  ③ 가이드(guide) : 배관의 곡관부분이나 신축 조인트부분에 설치하는 것으로 회전을 제한하거나 축방향의 이동을 허용하며 직각방향으로 구속하는 장치이다.

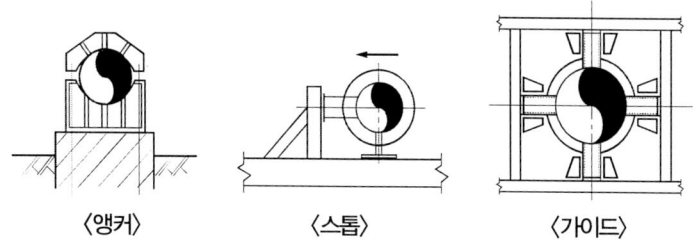

〈앵커〉 〈스톱〉 〈가이드〉

34
온수온돌의 방수처리에 대한 설명으로 적절하지 않은 것은?
① 다층건물에 있어서도 전층의 온수온돌에 방수처리를 하는 것이 좋다.
② 방수처리는 내식성이 있는 루핑, 비닐, 방수몰탈로 하며, 습기가 스며들지 않도록 완전히 밀봉한다.
③ 벽면으로 습기가 올라오는 것을 대비하여 온돌바닥보다 약 10 cm 이상 위까지 방수처리를 하는 것이 좋다.
④ 방수처리를 함으로써 열손실을 감소시킬 수 있다.

35
원통보일러에서 급수의 pH 범위(25℃ 기준)로 가장 적합한 것은?
① pH3 ~ pH5
② pH7 ~ pH9
③ pH11 ~ pH12
④ pH14 ~ pH15

해설 관수의 pH : 10.5~11.8

36
보일러에서 연소조작 중의 역화의 원인으로 거리가 먼 것은?
① 불완전 연소의 상태가 두드러진 경우
② 흡입통풍이 부족한 경우
③ 연도댐퍼의 개도를 너무 넓힌 경우
④ 압입통풍이 너무 강한 경우

34. ① 35. ② 36. ③

해설 역화의 원인
① 프리퍼지, 포스트퍼지, 부족시   ② 점화시 착화가 늦은 경우
③ 공기보다 연료먼저 투입시   ④ 흡입통풍이 부족시
⑤ 압입통풍이 너무 강한 경우   ⑥ 2차 예열공기 부족시

37 보일러 운전 중 연도 내에서 폭발이 발생하면 제일 먼저 해야 할 일은?
① 급수를 중단한다.
② 증기밸브를 잠근다.
③ 송풍기 가동을 중지한다.
④ 연료공급을 차단하고 가동을 중지한다.

38 보일러를 옥내에 설치할 때의 설치 시공 기준 설명으로 틀린 것은?
① 보일러에 설치된 계기들을 육안으로 관찰하는데 지장이 없도록 충분한 조명시설이 있어야 한다.
② 보일러 동체에서 벽, 배관, 기타 보일러 측부에 있는 구조물(검사 및 청소에 지장이 없는 것은 제외)까지 거리는 0.6 m 이상이어야 한다. 다만, 소형보일러는 0.45 m 이상으로 할 수 있다.
③ 보일러실은 연소 및 환경을 유지하기에 충분한 급기구 및 환기구가 있어야 하며 급기구는 보일러 배기가스 덕트의 유효단면적 이상이어야 하고, 도시가스를 사용하는 경우에는 환기구를 가능한 한 높이 설치하여 가스가 누설되었을 때 체류하지 않는 구조 이어야 한다.
④ 연료를 저장할 때에는 보일러 외측으로부터 2 m 이상 거리를 두거나 방화격벽을 설치하여야 한다. 다만, 소형 보일러의 경우는 1 m 이상의 거리를 두거나 반격벽으로 할 수 있다.

해설 보일러 동체에서 벽, 배관, 기타 보일러 측부에 있는 구조물까지의 거리는 1.2 m 이상이어야 한다. 단, 소형보일러는 0.6 m 이상으로 할 수 있다.

39 강철제보일러의 최고사용압력이 0.43 MPa 초과 1.5 MPa 이하일 때 수압시험 압력 기준으로 옳은 것은?
① 0.2 MPa로 한다.
② 최고사용압력의 1.3배에 0.3 MPa를 더한 압력으로 한다.
③ 최고사용압력의 1.5배로 한다.
④ 최고사용압력의 2배에 0.5 MPa를 더한 압력으로 한다.

해설 강철제보일러 수압시험 압력
① 최고사용압력이 0.43 MPa 이하 : $P \times 2$
② 최고사용압력이 0.43 MPa 초과 1.5 MPa 이하 : $P \times 1.3 + 0.3$ MPa
③ 최고사용압력이 1.5 MPa 초과 : $P \times 1.5$

40 증기난방 방식에서 응축수 환수방법에 의한 분류가 아닌 것은?
① 진공환수식　　　　② 세정환수식
③ 기계환수식　　　　④ 중력환수식

해설 응축수 환수 방식
① 중력환수식　② 기계환수식　③ 진공환수식

41 난방설비와 관련된 설명 중 잘못된 것은?
① 증기난방의 표준방열량은 650 kcal/m²h이다.
② 방열기는 증기 또는 온수 등의 열매를 유입하여 열을 방산하는 기구로 난방의 목적을 달성하는 장치다.
③ 하트포드 접속법(Hartford Connection)은 고압증기 난방에 필요한 접속법이다.
④ 온수난방에서 온수순환방식에 따라 크게 중력순환식과 강제순환식으로 구분한다.

해설 하트포드 접속법은 저압증기난방에 적합한 접속법이다.

42 구상흑연 주철관이라고도 하며, 땅속 또는 지상에 배관하여 압력상태 또는 무압력 상태에서 물의 수송 등에 주로 사용되는 주철관은?
① 덕타일 주철관
② 수도용 이형 주철관
③ 원심력 모르타르 라이닝 주철관
④ 수도용 원심력 금형 주철관

43 다음 중 보온재의 종류가 아닌 것은?
① 코르크　　　　② 규조토
③ 기포성수지　　④ 제게르콘

해설 보온재의 종류
① 무기질 보온재

40. ②　41. ③　42. ①　43. ④

㉠ 탄산마그네슘 : 250°C 이하   ㉡ 그라스울 : 300°C 이하
㉢ 석면 400°C 이하   ㉣ 규조토 : 500°C 이하
㉤ 암면 : 600°C 이하   ㉥ 규산칼슘, 펄라이트 : 650°C 이하
㉦ 실리카화이버 : 1100°C 이하 ㉧ 세라믹 화이버 : 1300°C 이하

② 유기질보온제
  ㉠ 폼류 ─┬─ 경질우레탄폼
          ├─ 염화비닐폼   80°C 이하
          └─ 폴리스틸렌폼
  ㉡ 펠트류 ┬ 양모
           └ 우모   100°C 이하
  ㉢ 텍스류 ┬ 톱밥
           ├ 녹재   120°C 이하
           └ 펄프
  ㉣ 기포성수지

44
관의 접속상태 · 결합방식의 표시방법에서 용접이음을 나타내는 그림기호로 맞는 것은?

① ─┼─   ② ─┼┼─
③ ─●─   ④ ─┼┼─

해설 관의 결합 방식
① 나사이음 : ─┼─
② 유니온이음 : ─┼┼─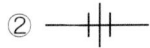
③ 플랜지이음 : ─┼┼─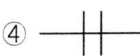
④ 용접이음 : ─●─

45
손실열량 3000 kcal/h의 사무실에 온수방열기를 설치할 때 방열기의 소요 섹션 수는 몇 쪽인가? (단, 방열기방열량은 표준방열량으로 하며, 1섹션의 방열면적은 0.26 m²이다.)

① 12쪽   ② 15쪽
③ 26쪽   ④ 32쪽

해설 섹션수 = $\dfrac{\text{난방부하}}{\text{방열기방열량} \times \text{쪽난방열면적}} = \dfrac{3000}{450 \times 0.26} = 25.64 = 26$쪽

정답 44. ③ 45. ③

46

신축곡관이라고 하며 강관 또는 동관을 구부려서 구부림에 따른 신축을 흡수하는 이음쇠는?

① 루프형 신축 이음쇠 ② 슬리브형 신축 이음쇠
③ 스위블형 신축 이음 ④ 벨로즈형 신축 이음쇠

해설 신축이음
① 루우프형 신축이음
  ㉠ 신축곡관형, 만곡형이라 한다.
  ㉡ 고압증기의 옥외배관에 사용
  ㉢ 응력이 생긴다.
  ㉣ 곡률반경은 관지름의 6배 이상
  ㉤ 도시기호 : ⌒
② 스위블형
  ㉠ 방열기용
  ㉡ 2개 이상의 엘보를 사용시공
  ㉢ 나사의 회전에 의해 신축흡수
  ㉣ 도시기호 :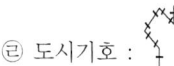
③ 벨로우즈형
  ㉠ 펙렉스 신축이음, 주름통식, 파상형이라 한다.
  ㉡ 응력이 생기지 않음
  ㉢ 도시기호 : ⋈
④ 슬리이브형

47

보일러에서 이상고수위를 초래한 경우 나타나는 현상과 그 조치에 관한 설명으로 옳지 않은 것은?

① 이상고수위를 확인한 경우에는 즉시 연소를 정지시킴과 동시에 급수펌프를 멈추고 급수를 정지시킨다.
② 이상고수위를 넘어 만수상태가 되면 보일러 파손이 일어날 수 있으므로 동체 하부에 분출밸브(코크)를 전개하여 보일러 수를 전부 재빨리 방출하는 것이 좋다.
③ 이상고수위나 증기의 취출량이 많은 경우에는 캐리오버나 프라이밍 등을 일으켜 증기 속에 물방울이나 수분이 포함되며, 심할 경우 수격작용을 일으킬 수 있다.
④ 수위가 유리수면계의 상단에 달했거나 조금 초과한 경우에는 급수를 정지시켜야 하지만, 연소는 정지시키지 말고 저연소율로 계속 유지하여 송기를 계속한 후 보일러 수위가 정상으로 회복하면 원래 운전상태로 돌아오는 것이 좋다.

46. ① 47. ②

48 어떤 주철제 방열기내의 증기의 평균온도가 110°C, 실내 온도가 18°C일 때, 방열기의 방열량은? (단 방열기의 방열계수는 7.2 kcal/m²h°C이다.)
① 236.4 kcal/m²·h
② 478.8 kcal/m²·h
③ 521.6 kcal/m²·h
④ 662.4 kcal/m²·h

해설 방열기 방열량 = 방열계수 × (평균온도 - 실내온도) = 7.2 × (110-18) = 662.4kcal/m²h

49 보일러 휴지기간이 1개월 이하인 단기보존에 적합한 방법은?
① 석회밀폐건조법
② 소다만수보존법
③ 가열건조법
④ 질소가스봉입법

해설 보일러 보존법
① 건조보존법(석회밀폐보존법) : 6개월 이상 장기보존
  흡습제 : CaO, $CaCl_2$, Al_2O_3, SiO_2
② 만수보존법(2~3개월) : 단기보존
  첨가제 : 가성소다, 아황산소다, 탄산소다

50 가스보일러에서 가스폭발의 예방을 위한 유의사항 중 틀린 것은?
① 가스압력이 적당하고 안정되어 있는지 점검한다.
② 화로 및 굴뚝의 통풍, 환기를 완벽하게 하는 것이 필요하다.
③ 점화용 가스의 종류는 가급적 화력이 낮은 것을 사용한다.
④ 착화 후 연소가 불안정할 때는 즉시 가스공급을 중단한다.

해설 점화용 가스는 되도록 화력이 큰 것을 사용한다.

51 저탄소녹색성장기본법에 따라 대통령령으로 정하는 기준량 이상의 에너지 소비업체를 지정하는 기준으로 옳은 것은? (기준일은 2013년 7월 21일)
① 해당연도 1월1일을 기준으로 최근 3년간 업체의 모든 사업체에서 소비한 에너지의 연평균 총량이 650 terajoules 이상
② 해당연도 1월1일을 기준으로 최근 3년간 업체의 모든 사업체에서 소비한 에너지의 연평균 총량이 550 terajoules 이상
③ 해당연도 1월1일을 기준으로 최근 3년간 업체의 모든 사업체에서 소비한 에너지의 연평균 총량이 450 terajoules 이상
④ 해당연도 1월1일을 기준으로 최근 3년간 업체의 모든 사업체에서 소비한 에너지의 연평균 총량이 350 terajoules 이상

52

에너지이용합리화법에 따라 에너지이용합리화 기본 계획에 포함될 사항으로 거리가 먼 것은?

① 에너지절약형 경제구조로의 전환
② 에너지이용 효율의 증대
③ 에너지이용 합리화를 위한 홍보 및 교육
④ 열사용기자재의 품질관리

해설 에너지 이용 합리화 기본계획 : 5년마다 산업통상자원부장관이 수립
① 에너지 절약형 경제구조로의 전환
② 에너지 이용효율의 증대
③ 에너지 이용합리화를 위한 기술개발
④ 에너지 이용합리화를 위한 홍보 및 교육
⑤ 에너지의 합리적인 이용을 통한 온실가스의 배출을 줄이기 위한 대책
⑥ 에너지이용 합리화를 위한 가격예시제의 시행에 관한 사항
⑦ 에너지원간대체

53

에너지이용합리화법 시행령 상 에너지 저장의무부과대상자에 해당되는 자는?

① 연간 2만 석유환산톤 이상의 에너지를 사용하는 자
② 연간 1만 5천 석유환산톤 이상의 에너지를 사용하는 자
③ 연간 1만 석유환산톤 이상의 에너지를 사용하는 자
④ 연간 5천 석유환산톤 이상의 에너지를 사용하는 자

해설 에너지저장 의무 부과대상자 : 연간 2만 TOE 이상의 에너지를 사용하는 자

54

에너지이용합리화법에 따라 주철제 보일러에서 설치검사를 면제 받을 수 있는 기준으로 옳은 것은?

① 전열면적 30 m² 이하의 유류용 주철제 증기보일러
② 전열면적 40 m² 이하의 유류용 주철제 온수보일러
③ 전열면적 50 m² 이하의 유류용 주철제 증기보일러
④ 전열면적 60 m² 이하의 유류용 주철제 온수보일러

해설 주철제 보일러에서 설치검사를 면제 받을 수 있는 기준
: 전열면적 30 m² 이하의 유류용 주철제 보일러

52. ④ 53. ① 54. ①

55

에너지이용합리화법의 목적이 아닌 것은?
① 에너지의 수급안정을 기함
② 에너지의 합리적이고 비효율적인 이용을 증진함
③ 에너지소비로 인한 환경피해를 줄임
④ 지구온난화의 최소화에 이바지함

해설 에너지 이용 합리화법의 목적
① 에너지의 수급안정
② 에너지소비로 인한 환경피해를 줄임
③ 지구온난화의 최소화에 이바지
④ 에너지의 합리적이고 효율적인 이용을 증진
⑤ 국민경제의 건전한 발전 및 국민복지의 증진

56

온수난방에서 팽창탱크의 용량 및 구조에 대한 설명으로 틀린 것은?
① 개방식 팽창탱크는 저 온수난방 배관에 주로 사용된다.
② 밀폐식 팽창탱크는 고 온수난방 배관에 주로 사용된다.
③ 밀폐식 팽창탱크에는 수면계를 설치한다.
④ 개방식 팽창탱크에는 압력계를 설치한다.

해설 팽창탱크

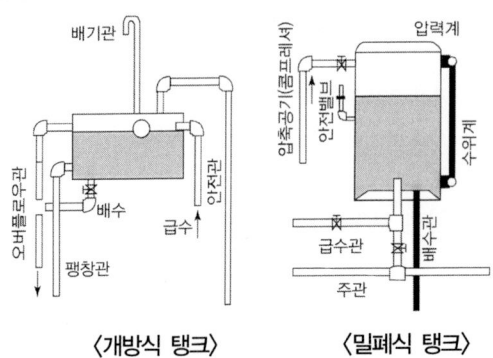

〈개방식 탱크〉   〈밀폐식 탱크〉

57

H1은 난방부하, H2는 급탕부하, H3은 배관부하, H4는 예열부하 일 때, 보일러의 정격출력을 올바르게 표시한 것은?
① H1 + H2 + H3
② H2 + H3 + H4
③ H1 + H2 + H4
④ H1 + H2 + H3 + H4

해설 정격출력 = 난방부하 + 급탕부하 + 배관부하 + 예열부하

정답 55. ② 56. ④ 57. ④

58 점화조작 시 주의사항에 관한 설명으로 틀린 것은?
① 연료가스의 유출속도가 너무 빠르면 실화 등이 일어날 수 있고, 너무 늦으면 역화가 발생할 수 있다.
② 연소실의 온도가 낮으면 연료의 확산이 불량해지며 착화가 잘 안 된다.
③ 연료의 예열온도가 너무 높으면 기름이 분해되고, 분사각도가 흐트러져 분무상태가 불량해지며, 탄화물이 생성될 수 있다.
④ 유압이 너무 낮으면 그을음이 축적될 수 있고, 너무 높으면 점화 및 분사가 불량해질 수 있다.

59 보일러를 계획적으로 관리하기 위해서는 연간계획 및 일상보전계획을 세워 이에 따라 관리를 하는데 연간계획에 포함할 사항과 가장 거리가 먼 것은?
① 급수계획
② 점검계획
③ 정비계획
④ 운전계획

해설 연간계획
① 운전계획 ② 정비계획 ③ 점검계획

60 신·재생에너지 설비의 인증을 위한 심사기준 항목으로 거리가 먼 것은?
① 국제 또는 국내의 성능 및 규격에의 적합성
② 설비의 효율성
③ 설비의 우수성
④ 설비의 내구성

해설 신·재생에너지 설비인증을 위한 심사기준 항목
① 설비의 효율성
② 설비의 내구성
③ 국제 또는 국내의 성능 및 규격에서의 적합성

58. ④ 59. ① 60. ③

2013년 제4회 에너지관리기능사 출제문제

01 연료 발열량은 9750 kcal/kg, 연료의 시간당 사용량은 300 kg/h인 보일러의 상당증발량이 5000 kg/h일 때 보일러 효율은 약 몇 %인가?

① 83　　② 85　　③ 87　　④ 92

해설 보일러 효율 $= \dfrac{G \times (h'' - h')}{G_f \times H_l} = \dfrac{G_e \times 539}{G_f \times H_l} \times 100 = \dfrac{5000 \times 539}{300 \times 9750} \times 100 = 92\%$

02 보일러 예비 급수장치인 인젝터의 특징을 설명한 것으로 틀린 것은?
① 구조가 간단하다.
② 설치장소를 많이 차지하지 않는다.
③ 증기압이 낮아도 급수가 잘 이루어진다.
④ 급수온도가 높으면 급수가 곤란하다.

해설 인젝터의 특징
① 동력이 필요 없다.
② 급수가 예열되어 열응력 발생을 방지한다.
③ 설치장소를 적게 차지한다.
④ 구조가 간단하며 가격이 저렴하다.
⑤ 급수온도가 높아지면 급수곤란
⑥ 증기압이 낮으면 급수곤란
⑦ 흡입양정이 낮아 급수곤란
⑧ 구조상소용량이다.

03 다음 중 액화천연가스(LNG)의 주성분은 어느 것인가?
① CH_4　　② C_2H_6　　③ C_3H_8　　④ C_4H_{10}

해설 LNG의 주성분 : CH_4(메탄)
LPG의 주성분 : C_3H_8(프로판)

정답 1. ④　2. ③　3. ①

04
보일러의 세정식 집진방법은 유수식과 가압수식, 회전식으로 분류할 수 있는데, 다음 중 가압수식 집진장치의 종류가 아닌 것은?
① 타이젠 와셔   ② 벤투리 스크러버
③ 제트 스크러버   ④ 충전탑

해설 가압수식세정장치
① 벤튜리스크레버
② 싸이클론스크레버
③ 충전탑

05
중유 연소에서 버너에 공급되는 중유의 예열온도가 너무 높을 때 발생되는 이상 현상으로 거리가 먼 것은?
① 카본(탄화물) 생성이 잘 일어날 수 있다.
② 분무상태가 고르지 못할 수 있다.
③ 역화를 일으키기 쉽다.
④ 무화 불량이 발생하기 쉽다.

해설 예열온도가 너무 높을 때
① 기름의 분해   ② 분사불량
③ 연료소비량 증대   ④ 탄화물생성

06
고체 연료의 고위발열량으로부터 저위발열량을 산출할 때 연료 속의 수분과 다른 한 성분의 함유율을 가지고 계산하여 산출할 수 있는데 이 성분은 무엇인가?
① 산소   ② 수소
③ 유황   ④ 탄소

해설 H_h(고위발열량) = H_l + 600(9H + W)
H_e(저위발열량) = H_h − 600(9H + W)

07
노통 보일러에서 노통에 직각으로 설치하여 노통의 전열면적을 증가시키고, 이로 인한 강도보강, 관수순환을 양호하게 하는 역할을 위해 설치하는 것은?
① 겔로웨이 관   ② 아담슨 조인트(Adamson joint)
③ 브리징 스페이스(breathing space)   ④ 반구형 경판

해설 겔로웨이관 : ① 노통의 강도 보강   ② 전열면적증가   ③ 관수순환양호

4. ①   5. ④   6. ②   7. ①

08 다음 중 열량(에너지)의 단위가 아닌 것은?
① J ② cal ③ N ④ BTU

해설 열량의 단위 : ① J ② cal ③ BTu ④ CHu

09 강철제 증기보일러의 안전밸브 부착에 관한 설명으로 잘못된 것은?
① 쉽게 검사할 수 있는 곳에 부착한다.
② 밸브 축을 수직으로 하여 부착한다.
③ 밸브의 부착은 플랜지, 용접 또는 나사 접합식으로 한다.
④ 가능한 한 보일러의 동체에 직접 부착시키지 않는다.

해설 가능한 동체에 직접 부착시킨다.

10 연료유 저장탱크의 일반사항에 대한 설명으로 틀린 것은?
① 연료유를 저장하는 저장탱크 및 서비스탱크는 보일러의 운전에 지장을 주지 않는 용량의 것으로 하여야 한다.
② 연료유 탱크에는 보기 쉬운 위치에 유면계를 설치하여야 한다.
③ 연료유 탱크에는 탱크 내의 유량이 정상적인 양보다 초과, 또는 부족한 경우에 경보를 발하는 경보장치를 설치하는 것이 바람직하다.
④ 연료유 탱크에 드레인을 설치할 경우 누유에 따른 화재 발생 소지가 있으므로 이물질을 배출할 수 있는 드레인은 탱크 상단에 설치하여야 한다.

해설 드레인 장치는 탱크하단에 설치

11 프로판 가스가 완전 연소될 때 생성되는 것은?
① CO와 C_3H_8
② C_4H_{10}와 CO_2
③ CO_2와 H_2O
④ CO와 CO_2

해설 프로판가스의 완전연소 반응식 : $C_3H_8 + 5O_2 \rightarrow 3CO_2 + 4H_2O$

12 보일러 수위제어 방식인 2요소식에서 검출하는 요소로 옳게 짝지어진 것은?
① 수위와 온도
② 수위와 급수유량
③ 수위와 압력
④ 수위와 증기유량

정답 8. ③ 9. ④ 10. ④ 11. ③ 12. ④

해설 수위제어방식
① 1요소식 : 수위
② 2요소식 : 수위, 증기량
③ 3요소식 : 수위, 증기, 급수량

13 일반적으로 보일러의 효율을 높이기 위한 방법으로 틀린 것은?
① 보일러 연소실 내의 온도를 낮춘다.
② 보일러 장치의 설계를 최대한 효율이 높도록 한다.
③ 연소장치에 적합한 연료를 사용한다.
④ 공기예열기 등을 사용한다.

해설 보일러연소실 내의 온도를 높인다.

14 보일러 전열면의 그을음을 제거하는 장치는?
① 수저 분출장치   ② 수트 블로워
③ 절탄기   ④ 인젝터

해설 슈트블로워 사용 시 주의사항
① 부하가 적거나 (50% 이하) 소화 후 사용하지 말 것
② 분출기내의 응축수를 배출시킨 후 사용할 것
③ 한곳으로 집중적으로 사용함으로서 전열면에 무리를 가하지 않을 것
④ 분출하기 전 연도 내 배풍기를 사용 유인통풍을 증가시킬 것

15 주철제 보일러의 특징 설명으로 옳은 것은?
① 내열성 및 내식성이 나쁘다.
② 고압 및 대용량으로 적합하다.
③ 섹션의 증감으로 용량을 조절할 수 있다.
④ 인장 및 충격에 강하다.

해설 주철제 보일러의 특징
① 저압이므로 파열 시 피해가 적다.   ② 내식, 내열성이 좋다.
③ 섹션증감으로 용량조절이 용이   ④ 주문제작으로 복잡한 구조로 제작이 가능
⑤ 인장 및 충격에 약하다.
⑥ 열에 의한 부등팽창으로 균열이 생기기 쉽다.
⑦ 구조가 복잡하므로 내부청소 및 검사가 곤란
⑧ 고압 대용량에 부적합

13. ①   14. ②   15. ③

16 증기공급 시 과열증기를 사용함에 따른 장점이 아닌 것은?
① 부식 발생 저감 ② 열효율 증대
③ 증기소비량 감소 ④ 가열장치의 열응력 저하

해설 과열증기 사용 시 장점
① 열효율 증대
② 증기소비량 감소
③ 부식발생저감

17 화염 검출기의 종류 중 화염의 발열을 이용한 것으로 바이메탈에 의하여 작동되며, 주로 소용량 온수보일러의 연도에 설치되는 것은?
① 플레임 아이 ② 스택 스위치
③ 플레임 로드 ④ 적외선 광전관

해설 화염검출기 종류
① 플레임아이 : 화염의 발광체
② 플레임로드 : 화염의 이온화(전기전도성)
③ 스텍스위치 : 화염의 발열(버너 분사정지에 수십초가 걸리므로 주로 소용량 보일러에 사용)

18 수위 경보기의 종류에 속하지 않는 것은?
① 맥도널식 ② 전극식
③ 배플식 ④ 마그네틱식

해설 수위경보기의 종류
① 부자식(플로우트식) ② 자석식
③ 전극식 ④ 열팽창식

19 보일러의 3대 구성요소 중 부속장치에 속하지 않는 것은?
① 통풍장치 ② 급수장치
③ 여열장치 ④ 연소장치

해설 부속장치
① 안전장치 ② 급수장치
③ 송기장치 ④ 예열장치(여열장치=폐열회수장치)
④ 통풍장치

20 연소안전장치 중 플레임 아이(flame eye)로 사용되지 않는 것은?
① 광전광
② CdS cell
③ PbS cell
④ CdP cell

 플레임아이의 종류
① 유화카드뮴 광도전셋(Cds셋)
② 유화연광도전셋(Pbs셋)
③ 광전관
④ 자외선 광전관

21 보일러의 부속장치 중 축열기에 대한 설명으로 가장 옳은 것은?
① 통풍이 잘 이루어지게 하는 장치이다.
② 폭발방지를 위한 안전장치이다.
③ 보일러의 부하 변동에 대비하기 위한 장치이다.
④ 증기를 한번 더 가열시키는 장치이다.

 증기축열기(스팀어큐뮬레이터) : 평상시에는 잉여증기를 저장하였다가 과부하시나 응급시 그 잉여증기를 공급해주는 장치

22 증기 보일러에 설치하는 압력계의 최고 눈금은 보일러 최고사용압력의 몇 배가 되어야 하는가?
① 0.5~0.8배
② 1.0~1.4배
③ 1.5~3.0배
④ 5.0~10.0배

압력계최고눈금 : 최고사용압력의 1.5~3배 이하

23 보일러의 연소장치에서 통풍력을 크게 하는 조건으로 틀린 것은?
① 연돌의 높이를 높인다.
② 배기가스 온도를 높인다.
③ 연도의 굴곡부를 줄인다.
④ 연돌의 단면적을 줄인다.

통풍력을 크게 하는 조건
① 연돌의 단면적을 크게 한다.
② 연도의 굴곡부를 줄인다.
③ 배기가스 온도를 높인다.
④ 연돌의 높이를 높인다.

20. ④ 21. ③ 22. ③ 23. ④

24 보일러 액체 연료의 특징 설명으로 틀린 것은?
① 품질이 균일하여 발열량이 높다.
② 운반 및 저장, 취급이 용이하다.
③ 회분이 많고, 연소조절이 쉽다.
④ 연소온도가 높아 국부과열 위험성이 높다.

해설 액체연료의 특징
① 운반 및 저장 취급이 용이하다. ② 연소효율 및 열효율이 좋다.
③ 화재 및 역화의 위험이 있다. ④ 품질이 균일하여 발열량이 높다.
⑤ 연소온도가 높아 국부과열 위험성이 많다.

25 벽체 면적이 24 m², 열관류율이 0.5 kcal/m²·h·°C, 벽체 내부의 온도가 40°C, 벽체 외부의 온도가 8°C일 경우 시간당 손실열량은 약 몇 kcal/h인가?
① 294 kcal/h   ② 380 kcal/h   ③ 384 kcal/h   ④ 394 kcal/h

해설 $Q = K \cdot A \cdot \Delta t = 0.5 \times 24 \times (40-8) = 384$ kcal/h

26 1보일러 마력은 몇 kg/h의 상당증발량의 값을 가지는가?
① 15.65   ② 79.8   ③ 539   ④ 860

해설 보일러 마력 : 상당증발량이 15.65 kg을 증발시킬 수 있는 능력 = 8435 kcal/h

27 보일러 증발율이 80 kg/m²·h이고, 실제 증발량이 40 t/h일 때, 전열 면적은 약 몇 m²인가?
① 200   ② 320   ③ 450   ④ 500

해설 전열면증발율 = $\dfrac{G}{A}$ $A = \dfrac{40 \times 1000}{80} = 500$ m²

28 보일러 자동제어에서 시퀀스(sequence)제어를 가장 옳게 설명한 것은?
① 결과가 원인으로 되어 제어단계를 진행하는 제어이다.
② 목표 값이 시간적으로 변화하는 제어이다.
③ 목표 값이 변화하지 않고 일정한 값을 갖는 제어이다.
④ 제이의 각 단계를 미리 정해진 순서에 따라 진행하는 제어이다.

정답 24. ③   25. ③   26. ①   27. ④   28. ④

해설 • 피드백제어 : 출력측의 신호를 입력측으로 되돌려 정정동작을 하는 제어
• 케스케이드제어 : 1차제어장치가 제어명령을 발하고 이 명령을 바탕으로 2차제어장치가 제어량 조절

29
기름보일러에서 연소 중 화염이 점멸하는 등 연소 불안정이 발생하는 경우가 있다. 그 원인으로 적당하지 않은 것은?
① 기름의 점도가 높을 때
② 기름 속에 수분이 혼입되었을 때
③ 연료의 공급 상태가 불안정한 때
④ 노내가 부압(負壓)인 상태에서 연소했을 때

30
공기 예열기에서 발생되는 부식에 관한 설명으로 틀린 것은?
① 중유연소 보일러의 배기가스 노점은 연료유 중의 유황성분과 배기가스의 산소농도에 의해 좌우된다.
② 공기 예열기에 가장 주의를 요하는 것은 공기 입구와 출구부의 고온부식이다.
③ 보일러에 사용되는 액체연료 중에는 유황성분이 함유되어 있으며, 공기예열기 배기가스 출구 온도가 노점 이상인 경우에도 공기 입구온도가 낮으면 전열관 온도가 배기가스의 노점 이하가 되어 전열관에 부식을 초래한다.
④ 노점에 영향을 주는 SO_2에서 SO_3로의 변환율은 배기가스 중의 O_2에 영향을 크게 받는다.

해설 • 공기예열기, 절탄기 : 저온부식발생
• 과열기, 재열기 : 고온부식

31
회전이음 이라고도 하며, 2개 이상의 엘보를 사용하여 이음부의 나사회전을 이용해서 배관의 신축을 흡수하는 신축 이음쇠는?
① 루프형 신축이음쇠
② 스위블형 신축이음쇠
③ 벨루우즈형 신축이음쇠
④ 슬리브형 신축이음쇠

해설 신축이음
① 스위블 이음
㉠ 2개 이상의 엘보우를 사용시공
㉡ 나사의 회전에 의해 신축흡수
㉢ 방열기용
② 루프형이음
㉠ 신축곡관형, 만곡형이라 한다.

29. ④ 30. ② 31. ②

　　　　　ⓛ 고압증기의 옥외 배관 사용
　　　　　ⓒ 응력이 생김
　　　　　ⓔ 곡률반경이 관지름의 6배 이상
　　③ 벨로우즈형
　　　　　㉠ 펙레스신축이음, 주름통식, 파상형
　　　　　ⓛ 응력이 생기지 않음
　　④ 슬리브형
　　　　　㉠ 미끄럼형, 슬라이드형

32

단열재의 구비조건으로 맞는 것은?
① 비중이 커야 한다.　　② 흡수성이 커야 한다.
③ 가연성이어야 한다.　　④ 열전도율이 적어야 한다.

 단열재의 구비조건
　① 열전도율이 적어야 한다(보온능력이 커야한다)
　② 흡수성이 적어야 한다.
　③ 불연성, 난연성이어야 한다.
　④ 비중이 적어야 한다(가벼워야 한다).
　⑤ 기계적 강도가 있어야 한다.

33

보일러 사고 원인 중 취급 부주의가 아닌 것은?
① 과열　　　　　　　② 부식
③ 압력초과　　　　　④ 재료불량

 제작상의 결함
　① 재료불량　② 용접불량　③ 강도불량　④ 구조불량　⑤ 설계불량

34

보일러의 계속사용검사기준 중 내부검사에 관한 설명이 아닌 것은?
① 관의 부식 등을 검사할 수 있도록 스케일은 제거되어야 하며, 관 끝부분의 손상, 취화 및 빠짐이 없어야 한다.
② 노벽 보호부분은 벽체의 현저한 균열 및 파손 등 사용상 지장이 없어야 한다.
③ 내용물의 외부유출 및 본체의 부식이 없어야 한다. 이때 본체의 부식상태를 판별하기 위하여 보온재 등 피복물을 제거하게 할 수 있다.
④ 연소실 내부에는 부적당 하거나 결함이 있는 버너 또는 스토커의 설치운전에 의한 현저한 열의 국부적인 집중으로 인한 현상이 없어야 한다.

35

배관계에 설치한 밸브의 오작동 방지 및 배관계 취급의 적정화를 도모하기 위해 배관에 식별(識別)표시를 하는데 관계가 없는 것은?
① 지지하중
② 식별색
③ 상태표시
④ 물질표시

 배관의 식별표시
① 상태표시   ② 물질표시   ③ 식별색

36

증기난방의 중력 환수식에서 복관식인 경우 배관기울기를 적당한 것은?
① 1/50 정도의 순 기울기
② 1/100 정도의 순 기울기
③ 1/150 정도의 순 기울기
④ 1/200 정도의 순 기울기

 배관기울기
① 단관 중력 환수식
　㉠ 상향공급식(역류관) : $\frac{1}{50} \sim \frac{1}{100}$
　㉡ 하향공급식(순류관) : $\frac{1}{100} \sim \frac{1}{200}$
② 복관중력환수식 : ㉠ 건식환수관 : $\frac{1}{200}$
③ 진공환수식 : ㉠ $\frac{1}{200} \sim \frac{1}{300}$

37

스테인리스강관의 특징 설명으로 옳은 것은?
① 강관에 비해 두께가 얇고 가벼워 운반 및 시공이 쉽다.
② 강관에 비해 내열성은 우수하나 내식성은 떨어진다.
③ 강관에 비해 기계적 성질이 떨어진다.
④ 한랭지 배관이 불가능하며 동결에 대한 저항이 적다.

38

증기난방의 시공에서 환수배관에 리프트 피팅(lift fitting)을 적용하여 시공할 때 1단의 흡상높이로 적당한 것은?
① 1.5 m 이내
② 2 m 이내
③ 2.5 m 이내
④ 3 m 이내

해설 리프트 피팅(증발탱크) : 저압증기 환수관이 진공 펌프의 흡입구보다 낮은 위치에 있을 때 응축수를 원활히 끌어올리기 위하여 설치하는 것으로 높이가 1.5[m] 이하는 1단, 3.0[m] 이하는 2단으로 시공하며 환수주관보다 1~2 정도 작은 치수로 급수 펌프 근처에서 1개소만 설치한다.

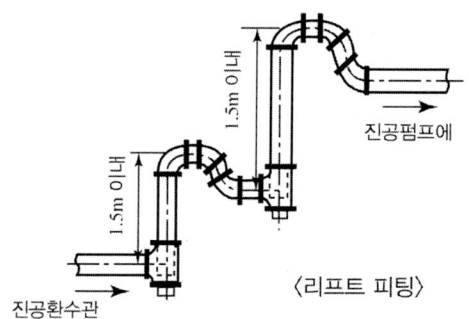

〈리프트 피팅〉

39 수관 보일러 중 자연순환식 보일러와 강제순환식 보일러에 관한 설명으로 틀린 것은?
① 강제순환식은 압력이 적어질수록 물과 증기와의 비중치가 적어서 물의 순환이 원활하지 않은 경우 순환력이 약해지는 결점을 보완하기 위해 강제로 순환시키는 방식이다.
② 자연순환식 수관보일러는 드럼과 다수의 수관으로 보일러 물의 순환회로를 만들 수 있도록 구성된 보일러이다.
③ 자연순환식 수관보일러는 곡관을 사용하는 형식이 널리 사용되고 있다.
④ 강제순환식 수관보일러의 순환펌프는 보일러수의 순환회로 중에 설치한다.

해설 압력이 클수록

40 보일러의 가동 중 주의해야 할 사항으로 맞지 않는 것은?
① 수위가 안전저수위 이하로 되지 않도록 수시로 점검한다.
② 증기압력이 일정하도록 연료공급을 조절한다.
③ 과잉공기를 많이 공급하여 완전연소가 되도록 한다.
④ 연소량을 증가시킬 때는 통풍량을 먼저 증가 시킨다.

해설 과잉공기를 적게 하여 완전연소가 되도록 한다.

41 방열기내 온수의 평균온도 85℃, 실내온도 15℃, 방열계수 7.2kcal/m²·h·℃인 경우 방열기 방열량은 얼마인가?
① 450 kcal/m²·h
② 504 kcal/m²·h
③ 509 kcal/m²·h
④ 515 kcal/m²·h

> **해설** 방열기 방열량 = 방열계수 × (평균온도 − 실내온도)
> = 7.2 × (85 − 15) = 504 kcal/m²h

42
보일러 건식보존법에서 가스봉입방식(기체보존법)에 사용되는 가스는?
① O_2 ② N_2 ③ CO ④ CO_2

> **해설** 질소봉입법 : 질소순도 99.5%의 것으로 0.6 kg/cm² 정도로 가압봉입하여 공기와 치환하는 방법

43
보일러 점화전 수위확인 및 조정에 대한 설명 중 틀린 것은?
① 수면계의 기능테스트가 가능한 정도의 증기압력이 보일러 내에 남아 있을 때는 수면계의 기능시험을 해서 정상인지 확인한다.
② 2개의 수면계의 수위를 비교하고 동일수위인지 확인한다.
③ 수면계에 수주관이 설치되어 있을 때는 수주연락관의 체크밸브가 바르게 닫혀 있는지 확인한다.
④ 유리관이 더러워졌을 때는 수위를 오인하는 경우가 있기 때문에 필히 청소하거나 또는 교환하여야 한다.

> **해설** 수주연락관은 체크밸브를 설치하지 않음

44
온수난방에 대한 특징을 설명한 것으로 틀린 것은?
① 증기난방에 비해 소요방열면적과 배관경이 적게 되므로 시설비가 적어진다.
② 난방부하의 변동에 따라 온도조절이 쉽다.
③ 실내온도의 쾌감도가 비교적 높다.
④ 밀폐식일 경우 배관의 부식이 적어 수명이 길다.

> **해설** 온수난방의 특징
> ① 실내온도의 쾌감도가 높다.
> ② 난방부하의 변동에 따라 온도조절이 쉽다.
> ③ 밀폐식일 경우 배관의 부식이 적어 수명이 길다.
> ④ 증기난방에 비해 관경이 크고 시설비가 적다.

45
보일러 운전 중 정전이 발생한 경우의 조치사항으로 적합하지 않은 것은?
① 전원을 차단한다. ② 연료 공급을 멈춘다.
③ 안전밸브를 열어 증기를 분출시킨다. ④ 주증기 밸브를 닫는다.

해설 정전이 발생한 경우 조치사항
① 연료공급 중지   ② 전원차단   ③ 주증기밸브 닫는다   ④ 안전밸브 닫는다

46 증기난방에서 환수관의 수평배관에서 관경이 가늘어 지는 경우 편심 리듀셔를 사용하는 이유로 적합한 것은?
① 응축수의 순환을 억제하기 위해
② 관의 열팽창을 방지하기 위해
③ 동심 리듀셔보다 시공을 단축하기 위해
④ 응축수의 체류를 방지하기 위해

47 온수난방설비에서 복관식 배관방식에 대한 특징으로 틀린 것은?
① 단관식보다 배관 설비비가 적게 든다.
② 역귀환 방식의 배관을 할 수 있다.
③ 발열량을 밸브에 의하여 임으로 조정할 수 있다.
④ 온도변화가 거의 없고 안정성이 높다.

48 개방식 팽창탱크에서 필요가 없는 것은?
① 배기관   ② 압력계
③ 급수관   ④ 팽창관

해설 팽창탱크

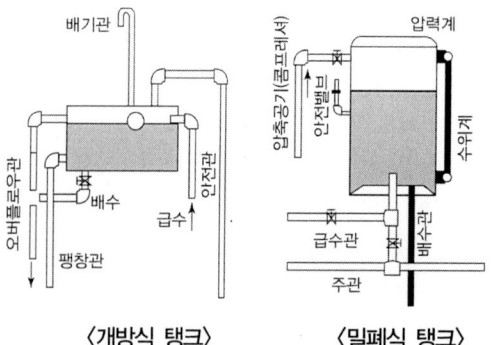

〈개방식 탱크〉   〈밀폐식 탱크〉

정답 46. ④   47. ①   48. ②

49
중앙식 급탕법에 대한 설명으로 틀린 것은?
① 기구의 동시 이용률을 고려하여 가열장치의 총용량을 적게 할 수 있다.
② 기계실 등에 다른 설비 기계와 함께 가열장치 등이 설치되기 때문에 관리가 용이하다.
③ 설비규모가 크고 복잡하기 때문에 초기 설비비가 비싸다.
④ 비교적 배관길이가 짧아 열손실이 적다.

해설 배관길이가 길어 열손실이 많다.

50
보일러의 손상에 팽출(膨出)을 옳게 설명한 것은?
① 보일러의 본체가 화염에 과열되어 외부로 볼록하게 튀어나오는 현상
② 노통이나 화실이 외측의 압력에 의해 눌려 찌그러져 찢어지는 현상
③ 강판에 가스가 포함된 것이 화염의 접촉으로 양족으로 오목하게 되는 현상
④ 고압보일러 드럼 이음에 주로 생기는 응력 부식 균열의 일종

해설 압궤 : 노통이나 화실이 외측의 압력에 의해 눌려 찌그러져 찢어지는 현상

51
보일러 취급자가 주의하여 염두에 두어야 할 사항으로 틀린 것은?
① 보일러 사용처의 작업 환경에 따라 운전기준을 설정하여 둔다.
② 사용처에 필요한 증기를 항상 발생, 공급할 수 있도록 한다.
③ 보일러 제작사 취급설명서의 의도를 파악 숙지하여 그 지시에 따른다.
④ 증기 수요에 따라 보일러 정격한도를 10% 정도 초과하여 운전한다.

52
캐리 오버(carry over)에 대한 방지 대책이 아닌 것은?
① 압력을 규정압력으로 유지해야 한다.
② 수면이 비정상적으로 높게 유지되지 않도록 높인다.
③ 부하를 급격히 증가시켜 증기실의 부하율을 높인다.
④ 보일러수에 포함되어 있는 유지류나 용해고형물 등의 불순물을 제거한다.

해설 캐리오버 방지대책
① 부하를 급격히 증가시키지 말 것
② 압력을 규정압력으로 유지
③ 수면이 비정상적으로 높게 유지되지 않도록 할 것
④ 보일러수에 포함되어 있는 유지류나 용해고형물 등의 불순물을 제거한다.
⑤ 기수분리기, 비수방지관설치
⑥ 프라이밍, 포밍발생방지

49. ④ 50. ① 51. ④ 52. ③

53 보일러 수압시험시의 시험수압은 규정된 압력의 몇 % 이상을 초과하지 않도록 해야 하는가?

① 3% ② 4% ③ 5% ④ 6%

해설 수압시험시 시험수압은 규정된 압력 6% 초과 금지

54 증기배관 내에 응축수가 고여 있을 때 증기 밸브를 급격히 열어 증기를 빠른 속도로 보냈을 때 발생하는 현상으로 가장 적합한 것은?

① 압궤가 발생한다.
② 블리스터가 발생한다.
③ 수격작용이 발생한다.
④ 팽출이 발생한다.

55 에너지법에서 정한 에너지기술개발사업비로 사용될 수 없는 사항은?

① 에너지에 관한 연구인력 양성
② 온실가스 배출을 늘이기 위한 기술개발
③ 에너지사용에 따른 대기오염 저감을 위한 기술개발
④ 에너지기술개발 성과의 보급 및 홍보

해설 에너지 기술개발 사업비
① 에너지기술개발성과의 보급 및 홍보
② 에너지사용에 따른 대기오염 저감을 위한 기술개발
③ 에너지에 관한 연구인력 양성

56 산업통상자원부장관이 에너지정장의무를 부과할 수 있는 대상자로 맞는 것은?

① 연간 5천 석유환산톤 이상의 에너지를 사용하는 자
② 연간 6천 석유환산톤 이상의 에너지를 사용하는 자
③ 연간 1만 석유환산톤 이상의 에너지를 사용하는 자
④ 연간 2만 석유환산톤 이상의 에너지를 사용하는 자

57 신에너지 및 재생에너지 개발·이용·보급 촉진법에서 규정하는 신에너지 또는 재생에너지에 해당하지 않는 것은?

① 태양에너지
② 풍력
③ 원자력에너지
④ 수소에너지

정답 53. ④ 54. ③ 55. ② 56. ④ 57. ③

해설 신·재생에너지
① 태양에너지설비　② 풍력설비　③ 수력설비　④ 바이오에너지설비
⑤ 해양에너지설비　⑥ 폐기물에너지설비　⑦ 수소에너지설비　⑧ 지열에너지설비

58

에너지이용합리화법에 따라 에너지다소비업자가 매년 1월 31일까지 신고해야 할 사항과 관계없는 것은?
① 전년도의 에너지 사용량
② 전년도의 제품 생산량
③ 에너지사용 기자재의 현황
④ 해당 연도의 에너지관리진단 현황

해설 에너지다소비업자가 매년 1월 31일까지 신고사항
① 전년도의 에너지사용량, 제품생산량
② 전년도의 에너지이용 합리화실적 및 해당연도의 계획
③ 해당연도의 에너지사용예정량, 제품생산예정량
④ 에너지 관리자의 현황
⑤ 에너지사용 기자재의 현황

59

저탄소녹색성장기본법에 따라 2020년의 우리나라 온실가스 감축 목표로 옳은 것은?
① 2020년 온실가스 배출전망치 대비 100분의 20
② 2020년 온실가스 배출전망치 대비 100분의 30
③ 2020년 온실가스 배출량의 100분의 20
④ 2020년 온실가스 배출량의 100분의 30

60

에너지이용 합리화법의 목적과 거리가 먼 것은?
① 에너지 소비로 인한 환경피해 감소
② 에너지 수급 안정
③ 에너지 소비 촉진
④ 에너지의 효율적인 이용증진

해설 에너지 이용 합리화법의 목적
① 에너지의 수급안정
② 에너지의 합리적이고 효율적인 이용증진
③ 에너지 소비로 인한 환경피해를 줄임
④ 지구온난화의 최소화
⑤ 국민경제의 건전한 발전 및 국민복지의 증진

58. ④　59. ②　60. ③

2014년 제1회 에너지관리기능사 출제문제

01 두께가 13 cm, 면적이 10 m²인 벽이 있다. 벽 내부온도는 200℃, 외부의 온도가 20 ℃일 때 벽을 통한 전도되는 열량은 약 몇 kcal/h인가? (단, 열전도율은 0.02 kcal/m·h·℃이다.)

① 234.2　　② 259.6　　③ 276.9　　④ 312.3

해설 $Q = \dfrac{\lambda \cdot A \cdot \Delta t}{d} = \dfrac{0.02 \times 10 \times (200-20)}{0.13} = 276.92 \text{ kcal/h}$

02 보일러 본체나 수관, 연관 등에 발생하는 블리스터(blister)를 옳게 설명한 것은?

① 강판이나 관의 제조 시 두 장의 층을 형성하는 것
② 라미네이션된 강판이 열에 의해 혹처럼 부풀어 나오는 현상
③ 노통이 외부압력에 의해 내부로 짓눌리는 현상
④ 리벳 조인트나 리벳 구멍 등의 응력이 집중하는 곳에 물리적 작용과 더불어 화학적 작용에 의해 발생하는 균열

해설
・압궤 : 노통이 외부의 압력에 의해 내부로 짓눌리는 현상
・라미네이션 : 강판이나 관의 제조시 두 장의 층을 형성하는 것

03 일반 보일러(소용량 보일러 및 가스용 온수보일러 제외)에서 온도계를 설치할 필요가 없는 곳은?

① 절탄기가 있는 경우 절탄기 입구 및 출구
② 보일러 본체의 급수 입구
③ 버너 급유 입구(예열을 필요로 할 때)
④ 과열기가 있는 경우 과열기 입구

해설 온도계 설치
① 급유입구의 급유 온도계

정답　1. ③　2. ②　3. ④

② 보일러 본체 배기가스 온도계
③ 절탄기가 있는 경우 입구 및 출구온도계
④ 공기예열기가 있는 경우 입구 및 출구온도계
⑤ 과열기 또는 재열기가 있는 경우 그 출구온도계

04 다음 보일러의 휴지보존법 중 단기 보존법에 속하는 것은?
① 석회밀폐건조법
② 질소가스봉입법
③ 소다만수보존법
④ 가열건조법

해설 보일러 보존
① 건식보존법(장기보존) : 6개월 이상
   흡습제 : 생석회, 염화칼슘, 실리카겔, 알루미나
② 만수보존법 : 2~3개월
   첨가약품 : 가성소다, 아황산소다, 탄산소다
③ 질소봉입법: 질소순도 99.5%의 것으로 $0.6\,kg/cm^2$ 정도로 가압봉입하여 공기와 치환

05 보일러에서 발생하는 고온 부식의 원인물질로 거리가 먼 것은?
① 나트륨
② 유황
③ 철
④ 바나듐

해설 ・고온부식의 원인 : 바나듐, 오산화바나듐
・저온부식의 원인 : 황, 아황산가스, 무수황산, 황산

06 수관식 보일러에 대한 설명으로 틀린 것은?
① 고온, 고압에 적당하다.
② 용량에 비해 소요면적이 적으며 효율이 좋다.
③ 보유수량이 많아 파열시 피해가 크고, 부하변동에 응하기 쉽다.
④ 급수의 순도가 나쁘면 스케일이 발생하기 쉽다.

해설 수관식 보일러의 특징
① 급수의 순도가 나쁘면 스케일이 발생하기 쉽다.
② 고온, 고압에 적당하다.
③ 용량에 비해 소요면적이 적으며 효율이 높다.
④ 외분식이어서 연료의 질에 장애를 받지 않으며 연소상태도 양호하다.
⑤ 내부구조를 콤펙트화하여 연소가스의 대류나 복사전열이 잘 이루어진다.
⑥ 제작이 까다로우며 비용도 많이 든다.
⑦ 구조가 복잡하며 청소, 검사, 수리가 곤란하다.

4. ③ 5. ③ 6. ③

07 보일러의 제어장치 중 연소용 공기를 제어하는 설비는 자동제어에서 어디에 속하는가?
① F.W.C
② A.B.C
③ A.C.C
④ A.F.C

해설 제어량과 조작량의 관계

제어량	제어량	조작량
S.T.C	과열증기온도	전열량
F.W.C	보일러수위	급수량
A.C.C	증기압력계제어	연료량 공기량
	노내압력계제어	연소가스량 송풍량

08 특수보일러 중 간접가열 보일러에 해당되는 것은?
① 슈미트 보일러
② 베록스 보일러
③ 벤슨 보일러
④ 코르니시 보일러

해설 특수보일러
① 열매체보일러 : ㉠ 모빌섬 ㉡ 수은 ㉢ 다우삼 ㉣ 카네크롤 ㉤ 세큐리티53
② 간접가열보일러 : ㉠ 슈미트 ㉡ 레플러보일러
③ 폐열보일러 : ㉠ 하이네 ㉡ 리히보일러

09 자연통풍에 대한 설명으로 가장 옳은 것은?
① 연소에 필요한 공기를 압입 송풍기에 의해 통풍하는 방식이다.
② 연돌로 인한 통풍방식이며, 소형보일러에 적합하다.
③ 축류형 송풍기를 이용하여 연도에서 열 가스를 배출하는 방식이다.
④ 송·배풍기를 보일러 전·후면에 부착하여 통풍하는 방식이다.

해설 ① 압입통풍 ③ 흡입통풍 ④ 평형통풍

10 다음 중 보일러에서 실화가 발생하는 원인으로 거리가 먼 것은?
① 버너의 팁이나 노즐이 카본이나 소손 등으로 막혀있다.
② 분사용 증기 또는 공기의 공급량이 연료량에 비해 과다 또는 과소하다.
③ 중유를 과열하여 중유가 유관 내나 가열기 내에서 가스화하여 중유의 흐름이 중단되었다.
④ 연료 속의 수분이나 공기가 거의 없다.

해설 연료속의 수분이나 공기혼입시

정답 7. ③ 8. ① 9. ② 10. ④

11

입형(직립) 보일러에 대한 설명으로 틀린 것은?
① 동체를 바로 세워 연소실을 그 하부에 둔 보일러이다.
② 전열면적을 넓게 할 수 있어 대용량에 적당하다.
③ 다관식은 전열면적을 보강하기 위하여 다수의 연관을 설치한 것이다.
④ 횡관식은 횡관의 설치로 전열면을 증가시킨다.

해설 입형보일러
① 횡관식은 횡관의 설치로 전열면을 증가시킨다.
② 다관식은 전열면적을 보강하기 위하여 다수의 연관을 설치한 것이다.
③ 동체를 바로세워 연소실을 그 하부에 둔 보일러
④ 효율은 일반적으로 낮다.
⑤ 연소실이 좁아 완전연소 곤란
⑥ 설치장소에 제한을 받지 않는다.

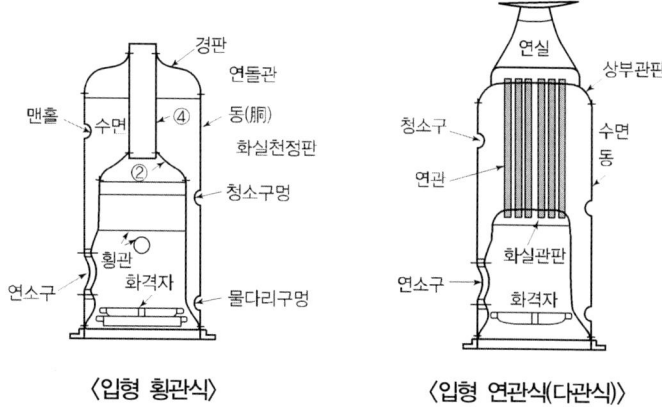

〈입형 횡관식〉   〈입형 연관식(다관식)〉

12

공기예열기에 대한 설명으로 틀린 것은?
① 보일러의 열효율을 향상시킨다.
② 불완전 연소를 감소시킨다.
③ 배기가스의 열손실을 감소시킨다.
④ 통풍저항이 작아진다.

해설 공기예열기
① 저온부식 발생
② 통풍저항 증가
③ 배기가스 열손실 감소
④ 열효율 향상
⑤ 불완전 연소 감소

11. ② 12. ④

13 가스버너에 리프팅(Lifting) 현상이 발생하는 경우는?
① 가스압이 너무 높은 경우
② 버너부식으로 염공이 커진 경우
③ 버너가 과열된 경우
④ 1차공기의 흡인이 많은 경우

해설 리프팅 현상
① 가스공급압력이 너무 높은 경우   ② 염공이 적은 경우
③ 댐퍼개도 과도시   ④ 노즐 구경이 큰 경우

14 다음 중 LPG의 주성분이 아닌 것은?
① 부탄
② 프로판
③ 프로필렌
④ 메탄

해설 LPG의 주성분
① 프로판   ② 부탄   ③ 프로필렌
④ 부틸렌   ⑤ 부타디엔   ⑥ 프로틴

15 보일러의 안전 저수면에 대한 설명으로 적당한 것은?
① 보일러의 보안상, 운전 중에 보일러 전열면이 화염에 노출되는 최저 수면의 위치
② 보일러의 보안상, 운전 중에 급수하였을 때의 최초 수면의 위치
③ 보일러의 보안상, 운전 중에 유지해야 하는 일상적인 가동시의 표준 수면의 위치
④ 보일러의 보안상, 운전 중에 유지해야 하는 보일러 드럼내 최저 수면의 위치

해설 · 안전저수위 : 보일러운전 중 유지해야 할 최저 수위 (수면계 하단부 일치)
· 상용수위 : 보일러 운전 중 유지해야 할 수위(수면계 전길이의 $\frac{1}{2}$)

16 보일러에서 수면계 기능시험을 해야 할 시기로 가장 거리가 먼 것은?
① 수위의 변화에 수면계가 빠르게 반응할 때
② 보일러를 가동하기 전
③ 2개의 수면계 수위가 서로 다를 때
④ 프라이밍, 포밍 등이 발생한 때

해설 수면계 기능 시험을 해야 할 시기
① 보일러를 가동하기 전   ② 수면계 교체 시
③ 프라이밍, 포밍 발생 시   ④ 2개의 수면계 수위가 서로 다를 때

정답 13. ① 14. ④ 15. ④ 16. ①

17 열사용기자재의 검사 및 검사면제에 관한 기준에 따라 급수장치를 필요로 하는 보일러에는 기준을 만족시키는 주펌프 세트와 보조펌프 세트를 갖춘 급수장치가 있어야 하는데, 특정 조건에 따라 보조펌프 세트를 생략할 수 있다. 다음 중 보조펌프 세트를 생략할 수 없는 경우는?
① 전열면적이 10 m²인 보일러
② 전열면적이 8 m²인 가스용 온수보일러
③ 전열면적이 16 m²인 가스용 온수보일러
④ 전열면적이 50 m²인 관류보일러

해설 보조펌프를 생략할 수 있는 경우
① 전열 면적이 12 m² 이하의 보일러
② 전열면적이 14 m² 이하의 가스용 온수보일러
③ 전열면적이 100 m² 이하의 관류보일러

18 다음 중 난방부하의 단위로 옳은 것은?
① kcal/kg
② kcal/h
③ kg/h
④ kcal/m²·h

해설 단위
① 전열면열부하 = $\dfrac{G \times (h'' - h')}{A} = \dfrac{kg/h \times kcal/kg}{m^2}$ = kcal/m²h
② 연소실열부하 = $\dfrac{G_f \times H_l}{V} = \dfrac{kg/h \times kcal/kg}{m^3}$ = kcal/m³h
③ 전열면증발율 = $\dfrac{G}{A} = \dfrac{kg/h}{m^2}$ = kg/m²h
④ 증발배수 = $\dfrac{G}{G_f}$ = kg/kg

여기서, G(kg/h) : 실제 증발량 h'' (kcal/kg) : 발생증기 엔탈피
h' (kcal/kg) : 급수엔탈피 G_f(kg/h) : 연료소비량
H_l(kcal/kg) : 저위발열량 A(m²) : 전열면적

19 최고사용압력이 16 kgf/cm²인 강철제보일러의 수압시험압력으로 맞는 것은?
① 8 kgf/cm²
② 16 kgf/cm²
③ 24 kgf/cm²
④ 32 kgf/cm²

해설 강철제보일러의 수압시험 압력
① 최고사용압력이 4.3 kg/cm² 이하 : $P \times 2$
② 최고사용압력이 4.3 kg/cm² 초과 1.5 kg/cm² 이하 : $P \times 1.3 + 3\,kg/cm^2$
③ 최고사용압력이 15 kg/cm² 초과 : $P \times 1.5$
16×1.5=24 kgf/cm²

20 콘크리트 벽이나 바닥 등에 배관이 관통하는 곳에 관의 보호를 위하여 사용하는 것은?
① 슬리브
② 보온재료
③ 행거
④ 신축곡관

21 보일러의 압력이 8 kgf/cm²이고, 안전밸브 입구 구멍의 단면적이 20 cm²라면 안전밸브에 작용하는 힘은 얼마인가?
① 140 kgf
② 160 kgf
③ 170 kgf
④ 180 kgf

해설 $P = \dfrac{w}{A}$ $w = P \times A = 8 \text{ kg/cm}^2 \times 20 \text{ cm}^2 = 160 \text{ kg}$

22 1기압 하에서 20°C의 물 10 kg을 100°C의 증기로 변화시킬 때 필요한 열량은 얼마인가? (단, 물의 비열은 1 kcal/kg·°C이다.)
① 6190 kcal
② 6390 kcal
③ 7380 kcal
④ 7480 kcal

해설 열량
① 20°C 물 → 100°C 물
$Q_1 = G_1 \cdot C_1 \cdot \triangle t_1 = 10 \times 1 \times (100 - 20) = 800 \text{kcal}$
② 100°C 물 → 100°C 증기
$Q_2 = G_2 \cdot r_2 = 10 \times 539 = 5390 \text{kcal}$
∴ $Q_1 + Q_2 = 800 + 5390 = 6190 \text{kcal}$

23 보일러의 출열 항목에 속하지 않는 것은?
① 불완전 연소에 의한 열손실
② 연소 잔재물 중의 미연소분에 의한 열손실
③ 공기의 현열손실
④ 방산에 의한 손실열

해설 출열항목
① 배기가스 손실열
② 불완전연소에 의한 손실열
③ 미연소분에 의한 손실열
④ 방산에 의한 손실열
⑤ 발생증기 보유열

정답 20. ① 21. ② 22. ① 23. ③

24
오일 프리히터의 사용 목적이 아닌 것은?
① 연료의 점도를 높여 준다.
② 연료의 유동성을 증가시켜 준다.
③ 완전연소에 도움을 준다.
④ 분무상태를 양호하게 한다.

25
육상용 보일러의 열정산은 원칙적으로 정격부하 이상에서 정상 상태로 적어도 몇 시간 이상의 운전 결과에 따라 하는가? (단, 액체 또는 기체연료를 사용하는 소형보일러에서 인수·인도 당사자 간의 협정이 있는 경우는 제외)
① 0.5시간　② 1시간　③ 1.5시간　④ 2시간

26
기체연료의 발열량 단위로 옳은 것은?
① kcal/m²
② kcal/cm²
③ kcal/mm²
④ kcal/Nm³

 • 기체연료 : kcal/Nm³　· 고체연료 : kcal/kg

27
보일러 1마력을 상당증발량으로 환산하면 약 얼마인가?
① 13.65 kg/h
② 15.65 kg/h
③ 18.65 kg/h
④ 21.65 kg/h

 1보일러 마력 : 상당증발량이 15.65 kg을 1시간에 증발시킬 수 있는 능력
15.65 kg/h × 539 kcal/kg = 8435 kcal/h

28
공기량이 지나치게 많을 때 나타나는 현상 중 틀린 것은?
① 연소실 온도가 떨어진다.
② 열효율이 저하한다.
③ 연료소비량이 증가한다.
④ 배기가스 온도가 높아진다.

 배기가스 온도가 낮아진다.

24. ①　25. ④　26. ④　27. ②　28. ④

29 절대온도 360K를 섭씨온도로 환산하면 약 몇 °C인가?
① 97°C ② 87°C ③ 67°C ④ 57°C

해설 K = °C + 273
°C = K - 273 = 360 - 270 = 87°C

30 보일러효율 시험방법에 관한 설명으로 틀린 것은?
① 급수온도는 절탄기가 있는 것은 절탄기 입구에서 측정한다.
② 배기가스의 온도는 전열면의 최종 출구에서 측정한다.
③ 포화증기의 압력은 보일러 출구의 압력으로 브로돈관식 압력계로 측정한다.
④ 증기온도의 경우 과열기가 있을 때는 과열기 입구에서 측정한다.

해설 증기온도의 경우 과열기가 있을 때에는 과열기 출구에서 측정

31 열전달의 기본형식에 해당되지 않는 것은?
① 대류 ② 복사 ③ 발산 ④ 전도

해설 열전달의 기본형식 : ① 전도   ② 대류   ③ 복사

32 수면계의 기능시험의 시기에 대한 설명으로 틀린 것은?
① 가마울림 현상이 나타날 때
② 2개 수면계의 수위에 차이가 있을 때
③ 보일러를 가동하여 압력이 상승하기 시작했을 때
④ 프라이밍, 포밍 등이 생길 때

해설 수면계의 기능 시험시기
① 2개의 수면계 수위에 차이가 있을 때   ② 보일러 가동 전
③ 프라이밍, 포밍 발생시   ④ 수면계 교체 시

33 보일러 동 내부 안전저수위보다 약간 높게 설치하여 유지분, 부유물 등을 제거하는 장치로서 연속분출장치에 해당되는 것은?
① 수면 분출장치   ② 수저 분출장치
③ 수중 분출장치   ④ 압력 분출장치

해설 ·수면분출장치 = 연속분출장치   ·수저분출장치 = 단속분출장치

정답 29. ② 30. ④ 31. ③ 32. ① 33. ①

34

액체연료의 유압분무식 버너의 종류에 해당되지 않는 것은?

① 플런저형
② 외측 반환유형
③ 직접 분사형
④ 간접 분사형

해설 유압분무식 버너의 종류
① 직접분사형 ② 플런져형 ③ 외측반환유형

35

어떤 보일러의 5시간 동안 증발량이 5000 kg이고, 그 때의 급수 엔탈피가 25 kcal/kg, 증기엔탈피가 675 kcal/kg이라면 상당증발량은 약 몇 kg/h인가?

① 1106　② 1206　③ 1304　④ 1451

해설 상당증발량 = $\dfrac{G \times (h'' - h')}{539} = \dfrac{5000 \times (675 - 25)}{539 \times 5} = 1205.9$ kg/h

36

증기보일러에서 감압밸브 사용의 필요성에 대한 설명으로 가장 적합한 것은?

① 고압증기를 감압시키면 잠열이 감소하여 이용 열이 감소된다.
② 고압증기는 저압증기에 비해 관경을 크게 해야 하므로 배관설비비가 증가한다.
③ 감압을 하면 열교환 속도가 불규칙하나 열전달이 균일하여 생산성이 향상된다.
④ 감압을 하면 증기의 건도가 향상되어 생산성 향상과 에너지절감이 이루어진다.

37

제어계를 구성하는 요소 중 전송기의 종류에 해당되지 않는 것은?

① 전기식 전송기
② 증기식 전송기
③ 유압식 전송기
④ 공기압식 전송기

해설 신호전달방식
① 공기압식 : 신호전달거리 100~150 m
② 유압식 : 신호전달거리 150~300 m
③ 전기식 : 신호전달거리 300~10000 m

38

과열기를 연소가스 흐름 상태에 의해 분류할 때 해당되지 않는 것은?

① 복사형
② 병류형
③ 향류형
④ 혼류형

해설 ・열가스 흐름에 의한 분류 : ㉠ 병류형 ㉡ 향류형 ㉢ 혼류형

· 열가스 접촉에 의한 분류
  ㉠ 접촉과열기(대류과열기)   ㉡ 방사과열기(복사과열기)   ㉢ 접촉, 방사과열기

39 보일러 연소장치의 선정기준에 대한 설명으로 틀린 것은?
① 사용 연료의 종류와 형태를 고려한다.
② 연소 효율이 높은 장치를 선택한다.
③ 과잉공기를 많이 사용할 수 있는 장치를 선택한다.
④ 내구성 및 가격 등을 고려한다.

해설 과잉공기를 적게 하여 완전연소 시킬 수 있도록 한다.

40 액상 열매체 보일러 시스템에서 사용하는 팽창탱크에 관한 설명으로 틀린 것은?
① 액상 열매체 보일러 시스템에는 열매체유의 액팽창을 흡수하기 위한 팽창탱크가 필요하다.
② 열매체유 팽창탱크에는 액면계와 압력계가 부착되어야 한다.
③ 열매체유 팽창탱크의 설치장소는 통상 열매체유 보일러 시스템에서 가장 낮은 위치에 설치한다.
④ 열매체유의 노화방지를 위해 팽창탱크의 공간부에는 N_2 가스를 봉입한다.

해설 열매체유 팽창탱크의 설치장소는 통상열매체유 보일러의 시스템에서 가장 높은 위치에 설치한다.

41 보일러 급수처리의 목적으로 볼 수 없는 것은?
① 부식의 방지   ② 보일러수의 농축방지
③ 스케일생성 방지   ④ 역화(back fire)방지

해설 보일러 급수처리 목적
① 관수 PH 조절   ② 관수농축방지   ③ 슬러지 스케일방지
④ 부식방지   ⑤ 프라이밍, 포밍발생방지

42 포화온도 105℃인 증기난방 방열기의 상당 방열면적이 20 m²일 경우 시간당 발생하는 응축수량은 약 kg/h인가? (단, 105℃ 증기의 증발잠열은 535.6 kcal/kg이다.)
① 10.37   ② 20.57   ③ 12.17   ④ 24.27

해설 응축수량 = $\dfrac{Q}{r} = \dfrac{650 \times 20}{535.6} = 24.27$

43
강관재 루프형 신축이음은 고압에 견디고, 고장이 적어 고온·고압용 배관에 이용되는데 이 신축이음의 곡률반경은 관지름의 몇 배 이상으로 하는 것이 좋은가?
① 2배　　② 3배　　③ 4배　　④ 6배

해설 신축이음
① 루우프형
　㉠ 신축곡관형, 만곡형이라 한다.　　㉡ 고압증기의 옥외배관에 사용
　㉢ 곡률반경은 관지름의 6배 이상　　㉣ 응력이 생긴다.
② 슬리이브형
　㉠ 미끄럼형, 슬라이드형이라 한다.
③ 벨로우즈형
　㉠ 주름통식, 파상형 펙레스신축이음이라 한다.
　㉡ 응력이 생기지 않는다.

44
보온재 선정 시 고려하여야 할 사항으로 틀린 것은?
① 안전사용 온도범위에 적합해야 한다.
② 흡수성이 크고 가공이 용이해야 한다.
③ 물리적, 화학적 강도가 커야 한다.
④ 열전도율이 가능한 적어야 한다.

해설 보온재의 구비조건
① 비중이 적어야 한다(가벼워야 한다).
② 열전도율이 적어야 한다(보온능력이 커야 한다).
③ 사용온도에 견디고 변질되지 말아야 한다.
④ 기계적 강도가 있어야 한다.
⑤ 다공질이며 기공이 균일해야 한다.
⑥ 흡습성이 있어야 한다.

45
수격작용을 방지하기 위한 조치로 거리가 먼 것은?
① 송기에 앞서서 관을 충분히 데운다.
② 송기할 때 주증기 밸브는 급히 열지 않고 천천히 연다.
③ 증기관은 증기가 흐르는 방향으로 경사가 지도록 한다.
④ 증기관에 드레인이 고이도록 중간을 낮게 배관한다.

해설 수격작용 방지책
① 주증기밸브 서개　　② 관을 보온한다.
③ 증기트랩설치　　　 ④ 관의 기울기를 준다.
⑤ 관의 굴곡을 피한다.

43. ④　44. ②　45. ④

46
무기질 보온재 중 하나로 안산암, 현무암에 석회석을 섞어 용융하여 섬유모양으로 만든 것은?

① 코르크　　② 암면　　③ 규조토　　④ 유리섬유

- 유리섬유(300℃ 이하) : 유리를 용융시켜 압축공기가 원심력을 주어 섬유화한 것
- 탄산마그네슘(250℃ 이하) : 염기성탄산마그네슘에 석면을 8~15% 정도 혼합하여 만든 것
- 규산칼슘(650℃ 이하) : 규산질분 말에 소석회와 3~5% 석면을 가하여 성형
- 펄라이트(650℃ 이하) : 진주암등을 고온가열하여 팽창시킨 것

47
보일러 수 처리에서 순환계통의 처리방법 중 용해 고형물 제거 방법이 아닌 것은?

① 약제 첨가법　　② 이온 교환법　　③ 증류법　　④ 여과법

외처리법
① 용존가스의 제거
　㉮ 기체탈기법 : 용존산소 및 탄산가스를 제거하는 방법으로 물을 가열하여 포화압력에 대응하는 비등점까지 상승시켜 산소의 용해를 제거하거나 압력을 감소시켜 제거하는 진공탈기방법이 있다.
　㉯ 증기기폭법 : 탄산가스체나 철, 망간 등을 제거하는 방법으로 공기 중에 물을 강수하는 방식과 수중에 공기를 흡입하는 방식이 있다.
② 현탁 고형물(불순물) 제거
　㉮ 자연침강법 : 일정 수수 탱크에 물을 체류시켜 부유물을 자연침강시키는 방법이다.
　㉯ 여과법 : 수중 불순물을 거르는 방법으로 완속여과법 및 급속여과방법이 있다.
　㉰ 응집법 : 불순물의 입자가 어느 정도 적게 되면 침강속도가 늦고 여과로도 어렵다. 이러한 입자의 불순물을 흡착, 결합, 침전시키는 방법으로 응집제로는 명반, 유산알루미늄이 사용된다.
③ 용해 고형물 제거
　㉮ 이온교환법 : 합성수지나 천연산제올라이트 등의 이온교환수지를 통해 경도성분의 수를 통과시켜 Ca, Mg 성분을 나트륨과 교환하는 방법으로 나트륨도 불순물이긴 하나 스케일로 되지 않고 물에 완전히 녹지 못하는 것은 침전되므로 해가 적다.
　㉯ 증류법 : 물을 가열시켜 증기를 발생시키고 냉각하여 응축수를 만들어 사용하는 방법으로 양질의 수를 얻을 수 있으나 비경제적이다.
　㉰ 약제 첨가 : 약품의 첨가로 경도성분을 불용성 화합물로서 침전여과에 의해 제거하는 방법으로 석회소다법, 가성소다법, 인산소다법 등이 있다.

48
강관에 대한 용접이음의 장점으로 거리가 먼 것은?

① 열에 의한 잔류응력이 거의 발생하지 않는다.
② 접합부의 강도가 강하다.
③ 접합부의 누수의 염려가 없다.
④ 유체의 압력손실이 적다.

해설 용접이음의 장점
① 이종재료 용접이 가능
② 중량이 가벼워진다.
③ 제품의 성능과 수명향상
④ 재료의 두께에 제한이 없다.
⑤ 보수와 수리가 용이
⑥ 수밀, 기밀, 유밀성 양호
⑦ 작업공정이 간단하다.
⑧ 유체의 압력손실이 적다.
⑨ 접합부의 강도가 강하다.

49
가동 보일러에 스케일과 부식물 제거를 위한 산세척 처리 순서로 올바른 것은?
① 전처리 → 수세 → 산액처리 → 수세 → 중화·방청처리
② 수세 → 산액처리 → 전처리 → 수세 → 중화·방청처리
③ 전처리 → 중화·방청처리 → 수세 → 산액처리 → 수세
④ 전처리 → 수세 → 중화·방청처리 → 수세 → 산액처리

해설 산세척공정
알카리처리 → 수세 → 산처리 → 수세 → 중화처리 → 수세 → 방청처리 → 수세

50
방열기의 구조에 관한 설명으로 옳지 않은 것은?
① 주요 구조 부분은 금속재료나 그 밖의 강도와 내구성을 가지는 적절한 재질의 것을 사용해야 한다.
② 엘리먼트 부분은 사용하는 온수 또는 증기의 온도 및 압력을 충분히 견디어 낼 수 있는 것으로 한다.
③ 온수를 사용하는 것에는 보온을 위해 엘리먼트 내에 공기를 빼는 구조가 없도록 한다.
④ 배관 접속부는 시공이 쉽고 점검이 용이해야 한다.

해설 공기를 빼는 구조를 하여야 한다.

51
신·재생에너지 정책심의회의 구성으로 맞는 것은?
① 위원장 1명을 포함한 10명 이내의 위원
② 위원장 1명을 포함한 20명 이내의 위원
③ 위원장 2명을 포함한 10명 이내의 위원
④ 위원장 2명을 포함한 20명 이내의 위원

52 에너지수급안정을 위하여 산업통산자원부장관이 필요한 조치를 취할 수 있는 사항이 아닌 것은?

① 에너지의 배급
② 산업별·주요공급자별 에너지 할당
③ 에너지의 비축과 저장
④ 에너지의 양도·양수의 제한 또는 금지

해설 에너지수급안정을 위하여 산업통상자원부 장관이 필요한 조치사항
① 에너지 배급
② 에너지의 비축과 저장
③ 에너지의 양도, 양수의 제한 또는 금지
④ 지역별, 주요수급자별 에너지 할당
⑤ 에너지공급설비의 가동 및 조업
⑥ 에너지의 유통시설과 그 사용 및 유통 경로
⑦ 에너지공급자 상호간의 에너지 교환 또는 분배사용
⑧ 에너지의 도입, 수출입 및 위탁가공

53 저탄소녹색성장 기본법에 의거 온실가스 감축목표 등의 설정·관리 및 필요한 조치에 관한 사항을 관장하는 기관으로 옳은 것은?

① 농림축산식품부 : 건물·교통 분야
② 환경부 : 농업·축산 분야
③ 국토교통부 : 폐기물 분야
④ 산업통상자원부 : 산업·발전 분야

54 에너지이용합리화법상 검사대상기기조종자가 퇴직 하는 경우 퇴직이전에 다른 검사대상기기조종자를 선임하지 아니한 자에 대한 벌칙으로 맞는 것은?

① 1천만 원 이하의 벌금
② 2천만 원 이하의 벌금
③ 5백만 원 이하의 벌금
④ 2년 이하의 징역

해설 벌칙
① 2년 이상의 징역 또는 2천만원 이하의 벌금
　㉠ 에너지저장시설의 보유 또는 저장의무의 부과시 정당한 이유 없이 이를 거부하거나 이행하지 아니한 자
　㉡ 에너지수급의 안정을 기하기 위한 조정·명령 등의 조치를 위반한 자
　㉢ 공단의 임직원으로 근무하거나 근무하였던 사람이 직무상 알게 된 비밀을 누설하거나 도용한 자

정답 52. ② 53. ④ 54. ①

② 1년 이하의 징역 또는 1천만원이하의 벌금
　㉠ 검사대상기기의 검사를 받지 아니한 자
　㉡ 검사에 합격되지 아니한 검사대상기기를 사용한 자
③ 2천만원 이하의 벌금
　㉠ 효율 관리 기자재의 생산 또는 판매금지 명령에 위반한 자
④ 1천만원 이하의 벌금
　㉠ 검사대상기기조정자를 선임하지 아니한 자
⑤ 500만원 이하의 벌금
　㉠ 효율관리기자재에 대한 에너지사용량의 측정결과를 신고하지 아니한 자
　㉡ 대기전력경고표지대상제품에 대한 측정결과를 신고하지 아니한 자
　㉢ 대기전력경고표지를 하지 아니한 자
　㉣ 대기전력저감우수제품임을 표시하거나 거짓 표시를 한 자
　㉤ 대기전력저감기준에 미달하는 경우 시정명령을 정당한 사유 없이 이행하지 아니한 자
　㉥ 고효율에너지인증대상기자재의 인증을 받은 자가 아닌 자는 해당 고효율에너지인증대상기자재에 고효율에너지기자재의 인증 표시를 위반하여 인증 표시를 한 자

55

에너지이용합리화법에서 정한 검사대상기기 조종자의 자격에서 에너지관리기능사가 조정할 수 있는 조종범위로서 옳지 않은 것은?
① 용량이 15 t/h 이하인 보일러
② 온수발생 및 열매체를 가열하는 보일러로서 용량이 581.5킬로와트 이하인 것
③ 최고사용압력이 1 MPa 이하이고, 전열면적이 10 m² 이하인 증기보일러
④ 압력용기

 용량이 10 t/h이하의 보일러

56

배관용접 작업 시 안전사항 중 산소용기는 일반적으로 몇 ℃ 이하의 온도로 보관하여야 하는가?
① 100℃ 이하　　② 80℃ 이하
③ 60℃ 이하　　④ 40℃ 이하

57

단관 중력 순환식 온수난방의 배관은 주관을 앞내림 기울기로 하여 공기가 모두 어느 곳으로 빠지게 하는가?
① 드레인 밸브　　② 팽창 밸브
③ 에어벤트 밸브　　④ 체크 밸브

58

배관 지지 장치의 명칭과 용도가 잘못 연결된 것은?
① 파이프 슈 - 관의 수평부, 곡관부 지지
② 리지드 서포트 - 빔 등으로 만든 지지대
③ 롤러 서포트 - 방진을 위해 변위가 적은 곳에 사용
④ 행거 - 배관계의 중량을 위에서 달아 매는 장치

해설 배관의지지
(1) 행거 : 배관의 하중을 위해서 잡아주는 장치이다.
① 리지드 행거(rigid hanger) : I비임에 턴버클을 이용 지지하는 것으로 상하방향 변위에 없는 곳에 사용한다.
② 스프링 행거(spring hanger) : 턴버클 대신 스프링을 사용한 것이다.
③ 콘스탄트 행거(constant hanger) : 배관의 상하이동에 관계없이 관지지력이 일정한 것으로 중추식과 스프링식이 있다.

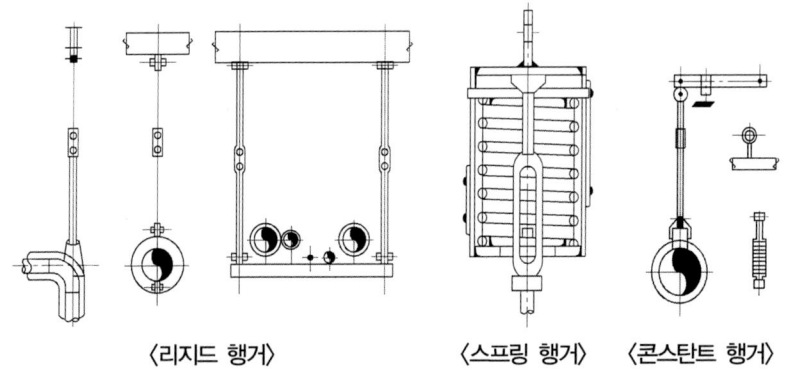

〈리지드 행거〉　　〈스프링 행거〉　〈콘스탄트 행거〉

(2) 서포트(support) : 배관의 하중을 밑에서 떠받쳐 지지해 주는 장치이다.
① 파이프 슈(pipe shoe) : 관에 직접 접속하는 지지구로 수평배관과 수직배관의 연결부에 사용된다.
② 리지드 서포트(rigid support) : H비임이나 I비임으로 받침을 만들어 지지한다.
③ 스프링 서포트(spring support) : 스프링의 탄성에 의해 상하 이동을 허용한 것이다.
④ 롤러 서포트(roller support) : 관의 축 방향의 이동을 허용한 지지구이다.

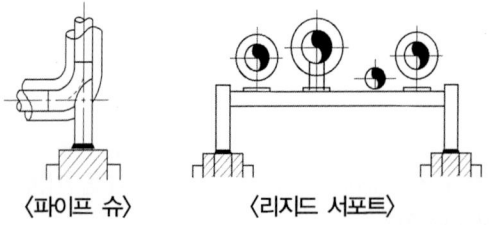

〈파이프 슈〉　　〈리지드 서포트〉

정답 58. ③

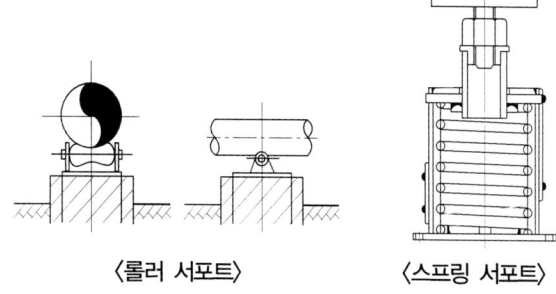

⟨롤러 서포트⟩　　⟨스프링 서포트⟩

(3) 리스트레인(restrain) : 열팽창에 의한 배관의 이동을 구속 또는 제한하는 장치이다.
　① 앵커(anchor) : 리지드 서포트의 일종으로 관의 이동 및 회전을 방지하기 위해 지지점에 완전히 고정하는 장치이다.
　② 스톱(stop) : 배관의 일정한 방향과 회전만 구속하고 다른 방향은 자유롭게 이동하게 하는 장치이다.
　③ 가이드(guide) : 배관의 곡관부분이나 신축 조인트부분에 설치하는 것으로 회전을 제한하거나 축방향의 이동을 허용하며 직각방향으로 구속하는 장치이다.

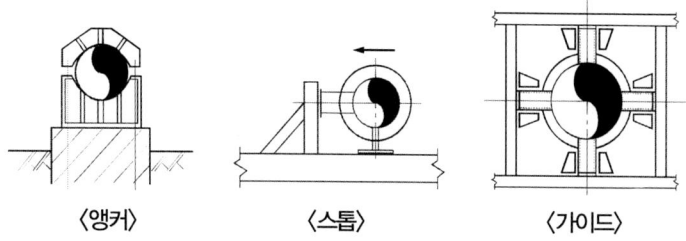

⟨앵커⟩　　⟨스톱⟩　　⟨가이드⟩

59
보일러 운전이 끝난 후의 조치사항으로 잘못된 것은?
① 유류 사용 보일러의 경우 연료 계통의 스톱밸브를 닫고 버너를 청소한다.
② 연소실 내의 잔류여열로 보일러 내부의 압력이 상승하는지 확인한다.
③ 압력계 지시압력과 수면계의 표준수위를 확인해둔다.
④ 예열용 연료를 노내에 약간 넣어 둔다.

60
에너지법에 의거 지역에너지계획을 수립한 시·도지사는 이를 누구에게 제출하여야 하는가?
① 대통령　　　　　　　　　　② 산업통상자원부장관
③ 국토교통부장관　　　　　　④ 에너지관리공단 이사장

2014년 제2회 에너지관리기능사 출제문제

01 증기보일러의 캐리오버(carry over)의 발생 원인과 가장 거리가 먼 것은?
① 보일러 부하가 급격하게 증대할 경우
② 증발부 면적이 불충분할 경우
③ 증기정지 밸브를 급격히 열었을 경우
④ 부유 고형물 및 용해 고형물이 존재하지 않을 경우

해설 캐리오버 발생원인
① 프라이밍, 포밍발생시
② 부유고형물 및 용해고형물이 있을 경우
③ 주증기 밸브 급개시
④ 증발부면적이 불충분할 경우
⑤ 보일러 부하가 급격하게 증대 시

02 보일러의 점화조작 시 주의사항에 대한 설명으로 잘못된 것은?
① 유압이 낮으면 점화 및 분사가 불량하고 유압이 높으면 그을음이 축적되기 쉽다.
② 연료의 예열온도가 낮으면 무화불량, 화염의 편류, 그을음, 분진이 발생하기 쉽다.
③ 연료가스의 유출속도가 너무 빠르면 역화가 일어나고, 너무 늦으면 실화가 발생하기 쉽다.
④ 프리퍼지 시간이 너무 길면 연소실의 냉각을 초래하고, 너무 짧으면 역화를 일으키기 쉽다.

해설 연료가스의 유출속도가 너무 빠르면 실화가 일어나고 너무 늦으면 역화가 일어난다.

03 보일러 건조보존 시에 사용되는 건조제가 아닌 것은?
① 암모니아
② 생석회
③ 실리카겔
④ 염화칼슘

해설 건조보존시 건조제(흡수제)
① 생석회 ② 실리카겔 ③ 활성알루미나 ④ 염화칼슘

정답 1. ④ 2. ③ 3. ①

04

이동 및 회전을 방지하기 위해 지지점 위치에 완전히 고정하는 지지금속으로, 열팽창 신축에 의한 영향이 다른 부분에 미치지 않도록 배관을 분리하여 설치·고정해야 하는 리스트레인트의 종류는?

① 앵커
② 리지드 행거
③ 파이프 슈
④ 브레이스

해설 배관의 지지

(1) 서포트(support) : 배관의 하중을 밑에서 떠받쳐 지지해 주는 장치이다.
  ① 파이프 슈(pipe shoe) : 관에 직접 접속하는 지지구로 수평배관과 수직배관의 연결부에 사용된다.
  ② 리지드 서포트(rigid support) : H비임이나 I비임으로 받침을 만들어 지지한다.
  ③ 스프링 서포트(spring support) : 스프링의 탄성에 의해 상하 이동을 허용한 것이다.
  ④ 롤러 서포트(roller support) : 관의 축 방향의 이동을 허용한 지지구이다.

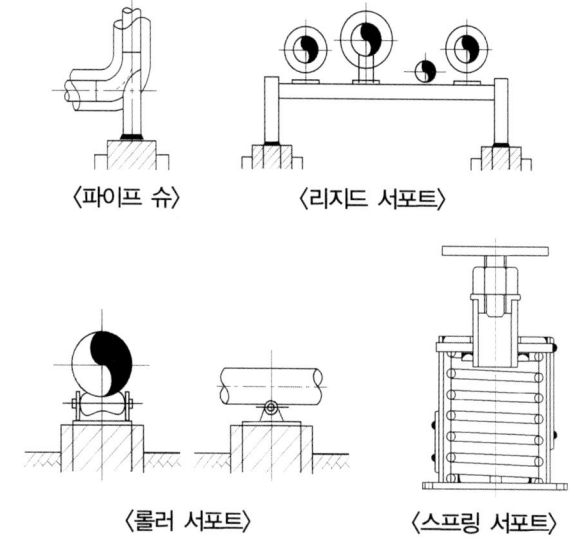

〈파이프 슈〉 〈리지드 서포트〉

〈롤러 서포트〉 〈스프링 서포트〉

(2) 리스트레인(restrain) : 열팽창에 의한 배관의 상하·좌우 이동을 구속 또는 제한하는 장치이다.
  ① 앵커(anchor) : 리지드 서포트의 일종으로 관의 이동 및 회전을 방지하기 위해 지지점에 완전히 고정하는 장치이다.
  ② 스톱(stop) : 배관의 일정한 방향과 회전만 구속하고 다른 방향은 자유롭게 이동하게 하는 장치이다.
  ③ 가이드(guide) : 배관의 곡관부분이나 신축 조인트부분에 설치하는 것으로 회전을 제한하거나 축방향의 이동을 허용하며 직각방향으로 구속하는 장치이다.

4. ①

05 보일러 동체가 국부적으로 과열되는 경우는?
① 고수위로 운전하는 경우
② 보일러 동 내면에 스케일이 형성된 경우
③ 안전밸브의 기능이 불량한 경우
④ 주증기 밸브의 개폐 동작이 불량한 경우

06 매연분출장치에서 보일러의 고온부인 과열기나 수관부용으로 고온의 열가스 통로에 사용할 때만 사용되는 매연분출장치는?
① 정치 회전형
② 롱레트랙터블형
③ 쇼트레트랙터블형
④ 이동 회전형

 슈트블로우의 종류
① 롱래트렉터블형 : 고온의 전열면
② 로우터리형 : 저온의 전열면
③ 건타입형 : 전열면 블로워
④ 쇼트랙더블형 : 연소노벽 블로워

07 보일러의 자동제어에서 연소제어 시 조작량과 제어량의 관계가 옳은 것은?
① 공기량 – 수위
② 급수량 - 증기온도
③ 연료량 – 증기압
④ 전열량 - 노내압

제어	제어량	조작량
S.T.C	과열증기온도	전열량
F.W.C	보일러수위	급수량
A.C.C	증기압력계제어	연료량, 공기량
	노내압력계제어	연소가스량, 송풍량

08 다음 보일러 중 수관식 보일러에 해당되는 것은?
① 타쿠마 보일러
② 카네크롤 보일러
③ 스코치 보일러
④ 하우덴 존슨 보일러

해설 수관식 보일러
① 자연순환식 수관 보일러 : 바브콕, 쓰네기찌, 타꾸마, 2동D형, 3동A형
② 강제순환식 수관 보일러 : 벨록스, 라몽
③ 관류식 수관 보일러 : 슐처, 옛모스, 벤슨, 람진

09
보일러 화염검출장치의 보수나 점검에 대한 설명 중 틀린 것은?
① 프레임아이 장치의 주위온도는 50°C 이상이 되지 않게 한다.
② 광전관식은 유리나 렌즈를 매주 1회 이상 청소하고 감도유지에 유의한다.
③ 프레임로드는 검출부가 불꽃에 직접 접하므로 소손에 유의하고 자주 청소해 준다.
④ 프레임아이는 불꽃의 직사광이 들어가면 오동작 하므로 불꽃의 중심을 향하지 않도록 설치한다.

해설 플레임 아이는 불꽃의 직사광이 들어가야 동작하므로 불꽃의 중심을 향하도록 한다.

10
열용량에 대한 설명으로 옳은 것은?
① 열용량의 단위는 kcal/g·°C이다.
② 어떤 물질 1 g의 온도를 1°C 올리는데 소요되는 열량이다.
③ 어떤 물질의 비열에 그 물질의 질량을 곱한 값이다.
④ 열용량은 물질의 질량에 관계없이 항상 일정하다.

해설 열용량 : 질량 × 비열 = kg × kcal/kg°C = kcal/°C

11
보일러수의 급수장치에서 인젝터의 특징으로 틀린 것은?
① 구조가 간단하고 소형이다.
② 급수량의 조절이 가능하고 급수효율이 높다.
③ 증기와 물이 혼합하여 급수가 예열된다.
④ 인젝터가 과열되면 급수가 곤란하다.

해설 인젝터의 특징
① 동력이 필요 없다.
② 설치장소를 적게 차지한다.
③ 구조가 간단하여 열응력 발생 방지
④ 흡입양정이 낮아 급수조절이 어렵다.
⑤ 증기압이 낮으면 급수 곤란
⑥ 급수온도가 높아지면 급수 곤란

9. ④   10. ③   11. ②

12
물의 임계압력에서의 잠열은 몇 kcal/kg인가?
① 539 ② 100 ③ 0 ④ 639

해설
① 물의임계압력하에서의 잠열 : 0 kcal/kg
② 포화수엔탈피 : 100 kg/kg
③ 물의 증발 잠열 : 539 kcal/kg
④ 건포화증기엔탈피 : 630 kcal/kg

13
유류 연소시의 일반적인 공기비는?
① 0.95 ~ 1.1 ② 1.6 ~ 1.8
③ 1.2 ~ 1.4 ④ 1.8 ~ 2.0

해설 공기비(m)
① 기체연료 : 1.1 ~ 1.3 ② 액체연료 : 1.2 ~ 1.4
③ 고체연료 : 1.5 ~ 2.0

14
연도의 끝이나 연돌하부에 송풍기를 설치하며, 연도 내의 압력은 대기압보다 낮게 유지되고, 매연이나 부식성이 강한 배기가스가 통과하므로 송풍기의 고장이 자주 발생하는 특징을 갖고 있는 통풍방식은?
① 자연통풍 ② 압입통풍
③ 흡입통풍 ④ 평형통풍

15
보일러의 열손실이 아닌 것은?
① 방열손실 ② 배기가스열손실
③ 미연소손실 ④ 응축수손실

해설 열손실(손실열)
① 배기가스 손실열 ② 불완전연소에 의한 손실열
③ 미연분에 의한 손실열 ④ 방산에 의한 손실열
⑤ 발생증기 보유열

16
일반적으로 보일러 동(드럼) 내부에 물을 어느 정도로 채워야 하는가?
① 1/4 ~ 1/3 ② 1/6 ~ 1/5
③ 1/4 ~ 2/5 ④ 2/3 ~ 4/5

정답 12. ③ 13. ③ 14. ③ 15. ④ 16. ④

17
주철제 보일러의 특징 설명으로 틀린 것은?

① 내열·내식성이 우수하다.
② 쪽수의 증감에 따라 용량조절이 용이하다.
③ 재질이 주철이므로 충격에 강하다.
④ 고압 및 대용량에 부적당하다.

해설 주철제보일러의 특징
① 인장 및 충격에 약하다.   ② 내식 내열성이 우수하다.
③ 고압 및 대용량에 부적합하다. ④ 쪽수의 증감에 따라 용량조절이 가능하다.
⑤ 저압이므로 파열시 피해가 적다. ⑥ 열에 의한 부동팽창으로 균열이 생기기 쉽다.
⑦ 구조가 복잡하여 청소, 검사, 수리곤란

18
다음 중 잠열에 해당되는 것은?

① 기화열   ② 생성열   ③ 중화열   ④ 반응열

19
노통 연관식 보일러의 특징으로 가장 거리가 먼 것은?

① 내분식이므로 열손실이 적다.
② 수관식 보일러에 비해 보유수량이 적어 파열시 피해가 작다.
③ 원통형 보일러 중에서 효율이 가장 높다.
④ 원통형 보일러 중에서 구조가 가장 복잡한 편이다.

해설 노통연관식 보일러의 특징
① 내분식이어서 열손실이 적다.
② 콤펙트한 구조여서 전열면적이 크다.
③ 증발능력이 우수하다.
④ 급수처리가 까다롭다.
⑤ 구조가 복잡하여 청소, 검사, 수리가 곤란하다.
⑥ 원통형 보일러 중에서 효율이 가장 높다.

20
보일러 연소실 내에서 가스 폭발을 일으킨 원인으로 가장 적절한 것은?

① 프리퍼지 부족으로 미연소 가스가 충만되어 있다.
② 연도 쪽의 댐퍼가 열려 있었다.
③ 연소용 공기를 다량으로 주입하였다.
④ 연료의 공급이 부족하였다.

해설 연소실내에서 가스 폭발을 일으킨 원인 프리퍼지 부족으로 미연소가스가 충만되어 있다.

17. ③　18. ①　19. ②　20. ①

21 상당증발량이 6000 kg/h, 연료 소비량이 400 kg/h인 보일러의 효율은 약 몇 %인가?
(단, 연료의 저위발열량은 9700 kcal/kg이다.)
① 81.3% ② 83.4%
③ 85.8% ④ 79.2%

해설 효율 $= \dfrac{G_e \times 539}{G_f \times H_l} \times 100 = \dfrac{6000 \times 539}{400 \times 9700} \times 100 = 83.35\%$

22 다음 중 탄화수소비가 가장 큰 액체연료는?
① 휘발유 ② 등유
③ 경유   ④ 중유

해설 탄화수소비가 적은 순서
휘발유 > 등유 > 경유 > 중유

23 무게 80 kgf인 물체를 수직으로 5 m까지 끌어올리기 위한 일을 열량으로 환산하면 약 몇 kcal인가?
① 0.94 kcal   ② 0.094 kcal
③ 40 kcal   ④ 400 kcal

해설 1 kcal = 427 kgf · m

∴ 80 kgf × 5 m = 400 kgf · m × $\dfrac{1 \text{ kcal}}{427 \text{ kgf} \cdot \text{m}}$ = 0.936 kcal

24 중유의 연소 상태를 개선하기 위한 첨가제의 종류가 아닌 것은?
① 연소촉진제   ② 회분개질제
③ 탈수제   ④ 슬러지 생성제

해설 중유첨가제 및 작용
① 연소촉진제 : 분무양호
② 안정제 : 슬러지생성방지
③ 탈수제 : 수분분리
④ 회분개질제 : 회분의 융점을 높여 고온부식방지
⑤ 유동점 강하제 : 중유의 유동점 낮추어 송유 양호

정답 21. ② 22. ④ 23. ① 24. ④

25 보일러의 폐열회수장치에 대한 설명 중 가장 거리가 먼 것은?
① 공기예열기는 배기가스와 연소용 공기를 열교환하여 연소용 공기를 가열하기 위한 것이다.
② 절탄기는 배기가스의 여열을 이용하여 급수를 예열하는 급수예열기를 말한다.
③ 공기예열기의 형식은 전열방법에 따라 전도식과 재생식, 히트파이프식으로 분류된다.
④ 급수예열기는 설치하지 않아도 되지만 공기예열기는 반드시 설치하여야 한다.

해설 절탄기(급수예열기) 반드시 설치

26 복사난방의 특징에 관한 설명으로 옳지 않은 것은?
① 쾌감도가 좋다.
② 고장 발견이 용이하고, 시설비가 싸다.
③ 실내공간의 이용률이 높다.
④ 동일 방열량에 대한 열손실이 적다.

해설 복사난방의 특징
① 고장발견이 어렵고, 시설비가 비싸다. ② 쾌감도가 좋다.
③ 실내공간의 이용률이 좋다. ④ 동일방열량에 대한 열손실이 적다.
⑤ 온도분포가 균일하다. ⑥ 예열이 일어 부하에 대응하기 어렵다.
⑦ 표면부의 균열 발생이 쉽다.

27 다음 중 보일러 용수관리에서 경도(hardness)와 관련되는 항목으로 가장 적합한 것은?
① Hg, SVI ② BOD, COD
③ DO, Na ④ Ca, Mg

해설 용수관리에서 경도와 관련되는 항목
① 칼슘(Ca) ② 마그네슘(Mg)

28 보일러에서 열효율의 향상대책으로 틀린 것은?
① 열손실을 최대한 억제한다.
② 운전조건을 양호하게 한다.
③ 연소실 내의 온도를 낮춘다.
④ 연소장치에 맞는 연료를 사용한다.

해설 열손실내의 온도를 높인다.

25. ④ 26. ② 27. ④ 28. ③

29
보일러의 증기관 중 반드시 보온을 해야 하는 곳은?
① 난방하고 있는 실내에 노출된 배관
② 방열기 주위 배관
③ 주증기 공급관
④ 관말 증기트랩장치의 냉각레그

30
강철제 증기보일러의 최고사용압력이 2 MPa일 때 수압시험압력은?
① 2 MPa   ② 2.5 MPa   ③ 3 MPa   ④ 4 MPa

해설 강철제 보일러 수압시험 압력
① 최고사용압력이 0.43 MPa 이하 : $P \times 2$
② 최고사용압력이 0.43 MPa 초과 1.5 MPa 이하 : $P \times 1.3 + 0.3$ MPa
③ 최고사용압력이 1.5 MPa 초과 : $P \times 1.5$
∴ 2 MPa × 1.5 = 3 MPa

31
어떤 보일러의 시간당 발생증기량을 G_a, 발생증기의 엔탈피를 i_2, 급수 엔탈피를 i_1라 할 때, 다음 식으로 표시되는 값(G_e)은?

$$G_e = \frac{G_a(i_2 - i_1)}{539} \text{ (kg/h)}$$

① 증발률
② 보일러 마력
③ 연소 효율
④ 상당 증발량

해설
- 전열면 증발률 : $\frac{G}{A}$ (kg/m²h)
- 보일러 마력 : $\frac{G_e}{15.65} = \frac{G \times (h'' - h')}{15.65 \times 539}$
- 연소효율 : $\frac{Q_r}{H_l} \times 100$
- 상당증발량 : $\frac{G \times (h'' - h')}{539}$ (kg/h)
- 전열면열부하 : $\frac{G \times (h'' - h')}{A}$ (kcal/m²h)
- 연소실열부하 : $\frac{G_f \times H_l}{V}$ (kcal/m³h)
- 증발배수 : $\frac{G}{G_f}$ (kg/kg)

32
보일러의 자동제어를 제어동작에 따라 구분할 때 연속동작에 해당되는 것은?
① 2위치 동작
② 다위치 동작
③ 비례동작(P동작)
④ 부동제어 동작

해설 연속동작
① 비례동작　　② 적분동작　　③ 미분동작
④ 비례, 적분동작　　⑤ 비례, 적분, 미분동작

33
정격압력이 12 kgf/cm² 일 때 보일러의 용량이 가장 큰 것은? (단, 급수온도는 10℃, 증기엔탈피는 663.8 kcal/kg이다.)
① 실제 증발량 1200 kg/h
② 상당 증발량 1500 kg/h
③ 정격 출력 800000 kcal/h
④ 보일러 100마력(B-HP)

해설 용량 큰 순서
① 보일러 100 마력 : 100 × 15.65 = 1565 kg/h
② 상당증발량 : 1500 kg/h
③ 정격출력 : 800000 ÷ 663.8 = 1205.18 kg/h
④ 실제증발량 : 1200 kg/h

34
프라이밍의 발생 원인으로 거리가 먼 것은?
① 보일러 수위가 낮을 때
② 보일러수가 농축되어 있을 때
③ 송기 시 증기밸브를 급개할 때
④ 증발능력에 비하여 보일러수의 표면적이 작을 때

해설 프라이밍의 발생원인
① 보일러 수위가 높을 때
② 관수농축시
③ 증발능력에 비해 보일러수의 표면적이 적을 때
④ 송기시 증기밸브를 급개할 때

35
흑체로부터의 복사 전열량은 절대온도의 몇 승에 비례하는가?
① 2승　　② 3승　　③ 4승　　④ 5승

해설 복사전열량 $= 4.88 \times \delta \times A \times \left(\left(\dfrac{T_1}{100}\right)^4 - \left(\dfrac{T_2}{100}\right)^4\right)$ (kcal)

δ(흑도), A(면적) cm²

32. ③　33. ④　34. ①　35. ③

36

수관식 보일러의 특징에 관한 설명으로 틀린 것은?
① 구조상 고압 대용량에 적합하다.
② 전열면적을 크게 할 수 있으므로 일반적으로 효율이 높다.
③ 급수 및 보일러수 처리에 주의가 필요하다.
④ 전열면적당 보유수량이 많아 기동에서 소요증기가 발생할 때까지의 시간이 길다.

해설 수관식 보일러의 특징
① 구조상 고압대용량에 적합하다.
② 전열면적을 크게 할 수 있으므로 일반적으로 효율이 높다.
③ 급수처리가 까다롭다.
④ 소요증기의 발생시간이 짧다.
⑤ 외분식이어서 연료의 질에 장애를 받지 않는다.
⑥ 구조가 복잡하여 청소, 검사, 수리곤란

37

화염검출기 기능불량과 대책을 연결한 것으로 잘못된 것은?
① 집광렌즈 오염 – 분리 후 청소
② 증폭기 노후 – 교체
③ 동력선의 영향 – 검출회로와 동력선 분리
④ 점화전극의 고전압이 프레임 로드에 흐를 때 – 전극과 불꽃 사이를 넓게 분리

해설 전극과 불꽃사이를 좁게 분리한다.

38

유압분무식 오일버너의 특징에 관한 설명으로 틀린 것은?
① 대용량 버너의 제작이 가능하다.
② 무화 매체가 필요 없다.
③ 유량조절 범위가 넓다.
④ 기름의 점도가 크면 무화가 곤란하다.

해설 유압식 버너
① 유량 조절 범위가 좁다. (1:1.5 정도)
② 기름의 정도가 크면 무화가 곤란하다.
③ 무화매체가 필요 없다.
④ 대용량버너의 제작이 필요하다.
⑤ 압력은 5~20 kg/cm²
⑥ 유량은 유압의 평방근에 비례($Q = \sqrt{P}$)
⑦ 설비비가 간단하며 분무상태 양호
⑧ 흡입력이 적어 착화안정장치 필요

39

집진장치 중 집진효율은 높으나 압력손실이 낮은 형식은?
① 전기식 집진장치
② 중력식 집진장치
③ 원심력식 집진장치
④ 세정식 집진장치

해설 전기식 집진장치 : 사용하여 방전극 근처에서 양이온과 자유전자로부터 이루어지는 프라스마 형성에 의해 입자를 전리하는 방식으로 이러한 방전을 코로나 방전현상이라 하며 가스 중 함유입자는 음이온으로 되어 부착 분리되어 제거하는 장치이다. (코트렐 집진장치가 대표적이다.)

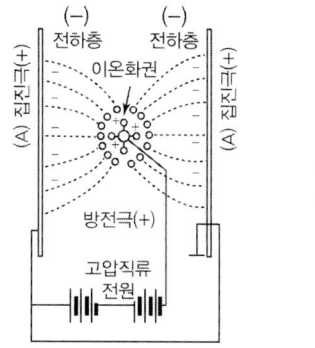
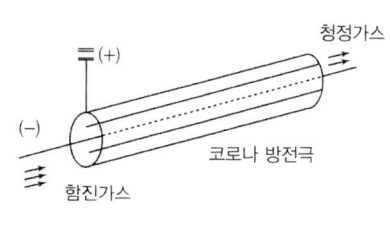

〈코로나 방전관〉

· 특징
① 압력손실이 적다.
② 적용범위가 넓다.
③ 더스트의 외부 배출이 용이하다.
④ 미세입자의 포집이 용이하고 가장 높은 집진율을 얻을 수 있다.

40

강관 배관에서 유체의 흐름방향을 바꾸는 데 사용되는 이음쇠는?
① 부싱
② 리턴 밴드
③ 리듀셔
④ 소켓

해설 나사이음의 사용목적별 분류
① 배관방향을 바꿀 때 : 엘보우, 벤드
② 관을 도중에서 분기할 때 : 티, 와이, 크로스
③ 같은 지름의 관을 직선 연결 시 : 소켓, 유니온, 니플, 플랜지
④ 서로 다른 지름의 관을 연결 시 : 이경소켓, 이경엘보, 이경티, 부싱
⑤ 관 끝을 막을 때 : 플러그, 캡

41 액체연료에서의 무화의 목적으로 틀린 것은?
① 연료와 연소용 공기와의 혼합을 고르게 하기 위해
② 연료 단위 중량당 표면적을 작게 하기 위해
③ 연소 효율을 높이기 위해
④ 연소실 열방생률을 높게 하기 위해

해설 무화의 목적
① 연료 단위 중량당 표면적을 크게 하기 위해서
② 연료와 연소용공기와의 혼합을 고르게 하기 위해서
③ 연소실 열 발생률을 높게 하기 위해서
④ 연소 효율을 높게 하기 위해서

42 수면계의 점검순서 중 가장 먼저 해야 하는 사항으로 적당한 것은?
① 드레인콕을 닫고 물콕을 연다.
② 물콕을 열어 통수관을 확인한다.
③ 물콕 및 증기콕을 닫고 드레인 콕을 연다.
④ 물콕을 닫고 증기콕을 열어 통기관을 확인한다.

해설 수면계 점검 순서
① 증기콕, 물콕을 닫는다.   ② 드레인 콕을 연다.
③ 물콕을 열고 통수후 닫는다.   ④ 증기콕을 열고 통수 확인.
⑤ 드레인콕을 닫는다.   ⑥ 물콕을 천천히 연다.

43 팽창탱크 내의 물이 넘쳐흐를 때를 대비하여 팽창탱크에 설치하는 관은?
① 배수관   ② 환수관
③ 오버플로우관   ④ 팽창관

해설 오버플로우관(물넘침관) : 팽창탱크내 물이 넘쳐흐를 때 사용

44 배관 중간이나 밸브, 펌프, 열교환기 등의 접속을 위해 사용되는 이음쇠로서 분해, 조립이 필요한 경우에 사용되는 것은?
① 벤드   ② 리듀셔
③ 플랜지   ④ 슬리브

45 보일러의 부하율에 대한 설명으로 적합한 것은?
① 보일러의 최대증발량에 대한 실제증발량의 비율
② 증기발생량의 연료소비량으로 나눈 값
③ 보일러에서 증기가 흡수한 총열량을 급수량으로 나눈 값
④ 보일러 전열면적 1m²에서 시간당 발생되는 증기열량

해설 부하율 = $\dfrac{실제증발량}{최대증발량}$

46 난방부하의 발생요인 중 맞지 않는 것은?
① 벽체(외벽, 바닥, 지붕 등)를 통한 손실열량
② 극간 풍에 의한 손실열량
③ 외기(환기공기)의 도입에 의한 손실열량
④ 실내조명, 전열기구 등에서 발산되는 열부하

해설 난방부하의 발생요인
① 외기(환기공기)의 도입에 의한 열량
② 극간풍에 의한 손실열량
③ 벽체(외벽, 바닥, 지붕 등)을 통한 손실 열량

47 보일러의 수압시험을 하는 주된 목적은?
① 제한 압력을 결정하기 위하여
② 열효율을 측정하기 위하여
③ 균열의 여부를 알기 위하여
④ 설계의 양부를 알기 위하여

48 규산칼슘 보온재의 안전사용 최고온도(°C)는?
① 300
② 450
③ 650
④ 850

해설 안전사용온도
① 탄산마그네슘 : 250°C 이하
② 그라스울 : 300°C 이하
③ 석면 400°C 이하
④ 규조토 : 500°C 이하
⑤ 암면 : 600°C 이하
⑥ 규산칼슘, 펄라이트 : 650°C 이하
⑦ 실리카화이버 : 1100°C 이하
⑧ 세라믹 화이버 : 1300°C 이하

45. ① 46. ④ 47. ③ 48. ③

49 보일러 운전 중 저수위로 인하여 보일러가 과열된 경우의 조치법으로 거리가 먼 것은?
① 연료공급을 중지한다.
② 연소용 공기 공급을 중단하고 댐퍼를 전개한다.
③ 보일러가 자연냉각 하는 것을 기다려 원인을 파악한다.
④ 부동 팽창을 방지하기 위해 즉시 급수를 한다.

해설 즉시 급수시 열응력으로 인한 부동팽창 우려

50 보일러 운전 중 1일 1회 이상 실행하거나 상태를 점검해야 하는 것으로 가장 거리가 먼 사항은?
① 안전밸브 작동상태　　② 보일러수 분출 작업
③ 여과기 상태　　④ 저수위 안전장치 작동상태

해설 여과기 : 6개월에 1회

51 저탄소 녹색성장 기본법상 온실가스에 해당하지 않는 것은?
① 이산화탄소　② 메탄　③ 수소　④ 육불화황

해설 저탄소 녹색성장 기본법상 온실가스
① 이산화탄소　② 메탄　③ 이산화질소(N_2O)
④ 수소불화탄소(HFCS)　⑤ 과불화탄소(PFCs)　⑥ 육불화황(SF_6)

52 에너지법상 에너지 공급설비에 포함되지 않는 것은?
① 에너지 수입설비　　② 에너지 전환설비
③ 에너지 수송설비　　④ 에너지 생산설비

해설 에너지 공급설비
① 에너지 생산설비　② 에너지저장설비　③ 에너지 수송설비　④ 에너지 전환설비

53 온실가스 감축 목표의 설정·관리 및 필요한 조치에 관하여 총괄·조정 기능을 수행하는 자는?
① 환경부장관　　② 산업통상자원부장관
③ 국토교통부장관　　④ 농림축산식품부장관

정답　49. ④　50. ③　51. ③　52. ①　53. ①

54
자원을 절약하고, 효율적으로 이용하며 폐기물의 발생을 줄이는 등 자원순환산업을 육성·지원하기 위한 다양한 시책에 포함되지 않는 것은?
① 자원의 수급 및 관리
② 유해하거나 재 제조·재활용이 어려운 물질의 사용억제
③ 에너지자원으로 이용되는 목재, 식물, 농산물 등 바이오매스의 수집·활용
④ 친환경 생산체제로의 전환을 위한 기술지원

해설 자연순환사업을 육성, 지원하기 위한 다양한 시책
① 에너지 자원으로 이용되는 목재, 식물, 농산물 등 바이오매스의 수집, 활용
② 유해하거나 재 제조, 재활용이 어려운 물질의 사용억제
③ 자원의 수급 및 관리

55
온실가스감축, 에너지 절약 및 에너지 이용효율 목표를 통보받은 관리업체가 규정의 사항을 포함한 다음 연도 이행계획을 전자적 방식으로 언제까지 부문별 관장기관에게 제출하여야 하는가?
① 매년 3월 31일까지
② 매년 6월 30일까지
③ 매년 9월 30일까지
④ 매년 12월 31일까지

56
환수관의 배관방식에 의한 분류 중 환수주관을 보일러의 표준수위 보다 낮게 배관하여 환수하는 방식은 어떤 배관방식인가?
① 건식환수
② 중력환수
③ 기계환수
④ 습식환수

해설 환수관의 배관방식에 의한 분류
① 습식환수 : 저압증기보일러의 표준수위보다 낮은 위치에 배관하여 환수하는 방식
② 건식환수 : 보일러의 표준수위보다 높은 (약 600 mm)에 배관하여 환수하는 방식

57
세관작업 시 규산염은 염산에 잘 녹지 않으므로 용해촉진제를 사용하는데 다음 중 어느 것을 사용하는가?
① H_2SO_4
② HF
③ NH_3
④ Na_2SO_4

해설 세관작업 시 규산염은 염산에 잘 녹지 않으므로 용해촉진제 HF(불화수소)

54. ④   55. ④   56. ④   57. ②

58
주철제 보일러의 최고사용압력이 0.30 MPa인 경우 수압시험압력은?
① 0.15 MPa
② 0.30 MPa
③ 0.43 MPa
④ 0.60 MPa

해설 주철제 보일러의 수압시험 압력 = 최고사용압력 × 2 = 0.3 × 2 = 0.6 MPa

59
강관 용접접합의 특징에 대한 설명으로 틀린 것은?
① 관내 유체의 저항 손실이 적다.
② 접합부의 강도가 강하다.
③ 보온피복 시공이 어렵다.
④ 누수의 염려가 적다.

해설 용접의 특징
① 이종재료 용접 가능 ② 중량이 가벼워진다.
③ 재료의 두께에 제한을 받지 않는다. ④ 제품의 성능과 수명 향상
⑤ 보수와 수리가 용이 ⑥ 수밀, 기밀, 유밀성 양호
⑦ 작업 공정이 간단 ⑧ 용접사의 기량에 따라 품질이 좌우된다.
⑨ 품질검사가 어렵다. ⑩ 잔류응력 발생
⑪ 접합부 강도가 강하다. ⑫ 관내유체의 저항손실이 적다.

60
에너지이용합리화법상 열사용기자재가 아닌 것은?
① 강철제보일러
② 구멍탄용 온수보일러
③ 전기순간온수기
④ 2종 압력용기

해설 열사용기자재
① 보일러 : 강철제보일러, 주철제보일러, 온수보일러, 축열식전기보일러
② 압력용기 : 1종압력용기, 2종압력용기
③ 요업요로 : 용선로, 비철금속용융로, 금속소둔로, 철금속가열로, 금속균열로

2014년 제3회 에너지관리기능사 출제문제

01 원통형 및 수관식 보일러의 구조에 대한 설명 중 틀린 것은?
① 노통 접합부는 아담슨 조인트(Adamson joint)로 연결하여 열에 의한 신축을 흡수한다.
② 코르니시 보일러는 노통을 편심으로 설치하여 보일러수의 순환이 잘 되도록 한다.
③ 겔로웨이관은 전열면을 증대하고 강도를 보강한다.
④ 강수관의 내부는 열가스가 통과하여 보일러수 순환을 증진한다.

 강수관의 내부는 물(관수)이 통과하여 보일러수 순환을 증진한다.

02 열의 일당량 값으로 옳은 것은?
① 427 kg·m/kcal
② 327 kg·m/kcal
③ 273 kg·m/kcal
④ 472 kg·m/kcal

 일과 열의 관계 : 1 kcal=427 kg·m

① 일의 열당량= $\dfrac{1\,\text{kcal}}{427\,\text{kg}\cdot\text{m}}$

② 열의 일당량= $\dfrac{427\,\text{kg}\cdot\text{m}}{1\,\text{kcal}}$

03 보일러 시스템에서 공기예열기 설치 사용 시 특징으로 틀린 것은?
① 연소효율을 높일 수 있다.
② 저온부식이 방지된다.
③ 예열공기의 공급으로 불완전 연소가 감소된다.
④ 노내의 연소속도를 빠르게 할 수 있다.

 저온부식생성
저온부식의 원인 : S, SO_2, SO_3, H_2SO_4

1. ④ 2. ① 3. ②

04 보일러 연료로 사용되는 LNG의 성분 중 함유량이 가장 많은 것은?
① CH_4 ② C_2H_6 ③ C_3H_8 ④ C_4H_{10}

해설 • LNG의 주성분 : CH_4
• LPG의 주성분 : C_3H_8

05 공기예열기 설치 시 이점으로 옳지 않은 것은?
① 예열공기의 공급으로 불완전 연소가 감소한다.
② 배기가스의 열손실이 증가된다.
③ 저질 연료도 연소가 가능하다.
④ 보일러 열효율이 증가한다.

해설 배기가스 열손실이 감소한다.

06 보일러 중에서 관류 보일러에 속하는 것은?
① 코크란 보일러   ② 코르니시 보일러
③ 스코치 보일러   ④ 슐쳐 보일러

해설 관류보일러의 종류
① 슐쳐   ② 엣모스   ③ 벤숀   ④ 람진

07 보일러 효율이 85%, 실제증발량이 5 t/h이고, 발생증기의 엔탈피 656 kcal/kg, 급수온도의 엔탈피는 56 kcal/kg, 연료의 저위발열량이 9750 kcal/kg일 때 연료 소비량은 약 몇 kg/h인가?
① 316   ② 362   ③ 389   ④ 405

해설 효율 $= \dfrac{G \times (h'' - h')}{G_f \times H_e} \times 100$

$G_f = \dfrac{G \times (h'' - h')}{E \times h_e} \times 100 = \dfrac{5 \times 1000 \times (656 - 56)}{0.85 \times 9750} = 361.99 \,\text{kg/h}$

08 물질의 온도 변화에 소요되는 열, 즉 물질의 온도를 상승시키는 에너지로 사용되는 열은 무엇인가?
① 잠열   ② 증발열   ③ 융해열   ④ 현열

정답 4. ① 5. ② 6. ④ 7. ② 8. ④

해설
- 현열(감열) : 상태변화없이 온도만 변함
- 잠열 : 온도변화없이 상태만 변함

09 용적식 유량계가 아닌 것은?
① 로타리형 유량계　　② 피토우관식 유량계
③ 루트형 유량계　　　④ 오벌기어형 유량계

해설 용적식 유량계
① 습식　② 건식　③ 오우벌식　④ 루트식　⑤ 로터리식

10 가압수식 집진장치의 종류에 속하는 것은?
① 백필터　　② 세정탑
③ 코트렐　　④ 배풀식

해설 가압수식집진장치
① 벤튜리스크레버　② 싸이클론스크레버　③ 충전탑(세정탑)

11 분사관을 이용해 선단에 노즐을 설치하여 청소하는 것으로 주로 고온의 전열면에 사용하는 슈트블로워(soot blower)의 형식은?
① 롱 레트랙터블(long retractable) 형
② 로터리(rotary) 형
③ 건(gun) 형
④ 에어히터클리너(air heater cleaner) 형

해설 슈트블로우 사용시 주의사항
① 부하가 적거나(50% 이하) 소화후 사용하지 말 것
② 한 곳으로 집중적으로 사용함으로써 전열면에 무리를 가하지 말 것
③ 분출하기 전 연도 내 송풍기를 사용 유인통풍을 증가시킬 것
④ 분출기 내의 응축수를 배출시킨 후 사용할 것

· 종류
① 저온의 전열면 블로워 : 로우터리형
② 고온의 전열면 블로워 : 롱레트렉터블형
③ 전열면 블로워 : 건타입형
④ 연소노벽블로워 : 쇼트렉터블형
⑤ 공기예열기 블로워 : 롱레트렉터블형

9. ②　10. ②　11. ①

12

긴 관의 한 끝에서 펌프로 압송된 급수가 관을 지나는 동안 차례로 가열, 증발, 과열된 다음 과열 증기가 되어 나가는 형식의 보일러는?

① 노통보일러 ② 관류보일러
③ 연관보일러 ④ 입형보일러

해설 관류보일러

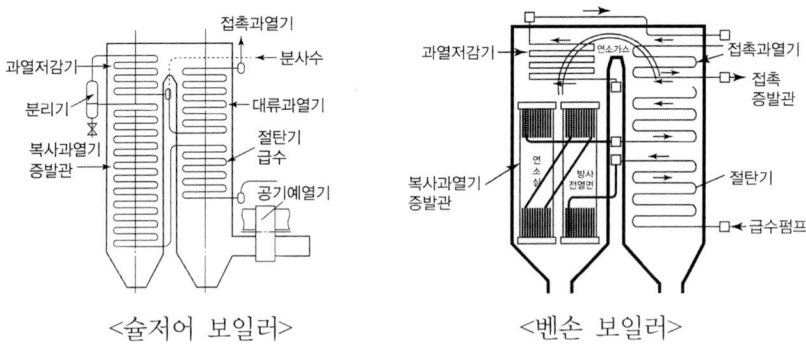

<슐저어 보일러>　　<벤손 보일러>

· 장점
① 순환비($\frac{급수량}{증발량}$)가 1이어서 드럼이 필요없다.
② 고압이므로 증기의 열량이 크다.
③ 전열면적이 크고 효율이 높다.
④ 가동부하가 짧아 부하측에 대응하기 쉽다.

· 단점
① 자동연소, 온도 제어장치를 설치하여 부하의 변동에 대응해야 한다.
② 급수의 유속을 균일하게 유지해야 한다.
③ 완벽한 급수처리를 해야 한다.
④ 콤팩트하므로 청소, 검사, 수리가 어렵다.

13

보일러 연소실 내의 미연소가스 폭발에 대비하여 설치하는 안전장치는?

① 가용전 ② 방출밸브
③ 안전밸브 ④ 방폭문

해설 방폭문 : 연소실 내의 미연소가스 폭발시 폭발가스를 외부로 배출하여 사고 방지
설치위치 : 연소실 후부나 좌우측

14

연료를 연소시키는데 필요한 실제공기량과 이론공기량의 비 즉, 공기비를 m이라 할 때, $(m-1) \times 100\%$ 식이 뜻하는 것은?

① 과잉 공기율 ② 과소 공기율 ③ 이론 공기율 ④ 실제 공기율

해설 과잉공기율 $=(m-1)\times 100$

공기비$(m)=\dfrac{A(\text{실제공기량})}{A_o(\text{이론공기량})}=\dfrac{21}{21-O_2}=\dfrac{CO_2(\max)\%}{CO_2(\%)}$

15 보일러의 자동제어 신호전달 방식 중 전달거리가 가장 긴 것은?
① 전기식
② 유압식
③ 공기식
④ 수압식

해설 신호전달방식
① 공기압 신호전송
  ㉠ 사용조작압력은 0.2~1[kg/cm²]이다.
  ㉡ 신호전달거리가 100~150[m] 정도이다.
  ㉢ 온도제어 등에 적합하고 위험이 적다.
  ㉣ 배관이 용이하고 보존이 쉽다.
  ㉤ 내열성이 우수하나 압축성이므로 신호전달에 지연이 된다.
  ㉥ 희망특성을 살리기 어렵다.
② 유압식 신호전송
  ㉠ 사용유압은 0.2~1[kg/cm²]이다.
  ㉡ 신호전달거리가 300[m] 정도이다.
  ㉢ 높은 유압이 필요하다.
  ㉣ 인화 위험성이 많다.
③ 전기식 신호전송
  ㉠ 신호전달거리는 0.3~10[km]까지 가능하다.
  ㉡ 신호전달의 지연이 없고 배선이 용이하다.
  ㉢ 대규모 조작력이 필요한 경우에 사용된다.
  ㉣ 높은 기술을 요하며 가격이 비싸다.

16 연소의 속도에 미치는 인자가 아닌 것은?
① 반응물질의 온도
② 산소의 온도
③ 촉매물질
④ 연료의 발열량

해설 연소속도에 미치는 인자
① 촉매물질   ② 산소의 농도   ③ 반응물질의 온도

17 자동제어의 신호전달방법 중 신호전송 시 시간지연이 있으며, 전송거리가 100~150 m 정도인 것은?
① 전기식
② 유압식
③ 기계식
④ 공기식

15. ①   16. ④   17. ④

18 액체연료 중 경질유에 주로 사용하는 기화연소 방식의 종류에 해당하지 않는 것은?
① 포트식
② 심지식
③ 증발식
④ 무화식

해설 기화연소방식의 종류
① 증발식 ② 포트식 ③ 심지식

19 보일러에 과열기를 설치하여 과열증기를 사용하는 경우의 설명으로 잘못된 것은?
① 과열증기란 포화증기의 온도와 압력을 높인 것이다.
② 과열증기는 포화증기보다 보유 열량이 많다.
③ 과열증기를 사용하면 배관부의 마찰저항 및 부식을 감소시킬 수 있다.
④ 과열증기를 사용하면 보일러의 열효율을 증대시킬 수 있다.

해설 과열증기란 포화증기의 온도만 높인 것이다.

20 플로트 트랩은 어떤 종류의 트랩인가?
① 디스크 트랩
② 기계적 트랩
③ 온도조절 트랩
④ 열역학적 트랩

해설 증기트랩(스팀 트랩) : 관내응축수를 배출하여 수격작용 및 부식 방지
① 기계적 트랩 : 포화수와 포화증기의 비중차 이용(플로우트 트랩, 버킷트 트랩)
② 온도조절 트랩 : 포화수와 포화증기의 온도차 이용(바이메탈 트랩, 벨로우즈 트랩)
③ 열역학적 트랩 : 포화수와 포화증기의 열역학적인 특성차 이용(오리피스 트랩, 바이메탈 트랩)

21 보일러의 외처리 방법 중 탈기법에서 제거되는 것은?
① 황화수소
② 수소
③ 망간
④ 산소

해설 외처리 방법
① 용존산소제거법 : ㉠ 탈기법 : CO_2, O_2 가스체 제거
㉡ 기폭법 : Fe, Mn 제거
② 현탁질고형물제거법 : ㉠ 침전법 ㉡ 여과법 ㉢ 응집법
③ 용해고형물제거법 : ㉠ 이온교환법 ㉡ 약제법 ㉢ 증류법

정답 18. ④ 19. ① 20. ② 21. ④

22

보일러의 외부부식 발생원인과 관계가 가장 먼 것은?
① 빗물, 지하수 등에 의한 습기나 수분에 의한 작용
② 보일러수 등의 누출로 인한 습기나 수분에 의한 작용
③ 연소가스 속의 부식성 가스(아황산가스 등)에 의한 작용
④ 급수 중에 유지류, 산류, 탄산가스, 산소, 염류 등의 불순물 함유에 의한 작용

23

실내의 온도분포가 가장 균등한 난방방식은 무엇인가?
① 온풍 난방 ② 방열기 난방
③ 복사 난방 ④ 온돌 난방

해설 복사난방의 특징
① 실내공간의 이용률이 높다.   ② 쾌감도가 좋다.
③ 동일방열량에 대해 열손실이 적다. ④ 높이에 따른 온도분포가 균일하다.
⑤ 표면부의 균열발생이 쉽다.   ⑥ 설비비가 많이 든다.
⑦ 예열이 길어 부하에 대응하기 어렵다.

24

관을 아래서 지지하면서 신축을 자유롭게 하는 지지물은 무엇인가?
① 스프링 행거 ② 롤러 서포트
③ 콘스탄트 행거 ④ 리스트레인트

해설 배관의지지
① 행거
  ㉠ 리지드 행거(rigid hanger) I비임에 턴버클을 이용 지지하는 것으로 상하방향에 변위에 없는 곳에 사용한다.
  ㉡ 스프링 행거(spring hanger) 턴버클 대신 스프링을 사용한 것이다.
  ㉢ 콘스탄트 행거(constant hanger) 배관의 상하이동에 관계없이 관지지력이 일정한 것으로 중추식과 스프링식이 있다.

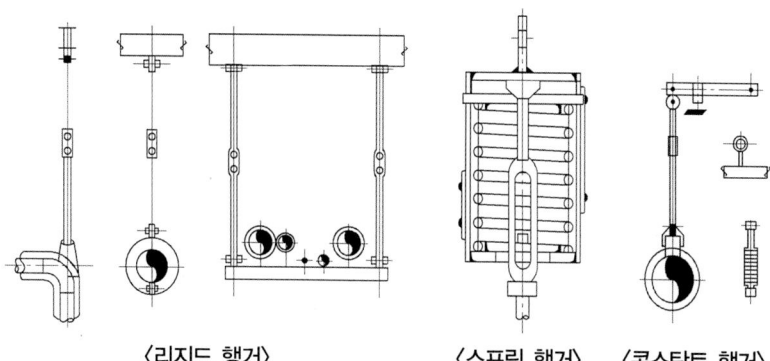

〈리지드 행거〉 〈스프링 행거〉 〈콘스탄트 행거〉

22. ④ 23. ③ 24. ②

② 서포트 : 배관의 하중을 밑에서 떠받쳐 지지해 주는 장치
  ㉠ 파이프 슈(pipe shoe) : 관에 직접 접속하는 지지구로 수평배관과 수직배관의 연결부에 사용된다.
  ㉡ 리지드 서포트(rigid support) : H비임이나 I비임으로 받침을 만들어 지지한다.
  ㉢ 스프링 서포트(spring support) : 스프링의 탄성에 의해 상하 이동을 허용한 것이다.
  ㉣ 롤러 서포트(roller support) : 관의 축 방향의 이동을 허용한 지지구이다.

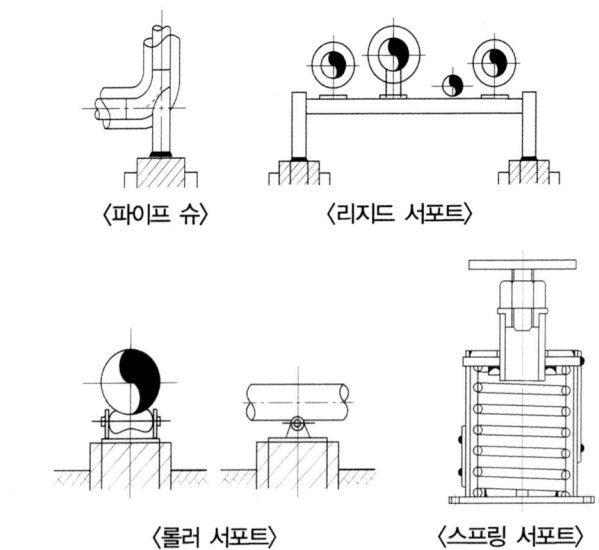
〈파이프 슈〉 〈리지드 서포트〉
〈롤러 서포트〉 〈스프링 서포트〉

③ 리스트레인(restrain) : 열팽창에 의한 배관의 이동을 구속 또는 제한하는 장치이다.
  ㉠ 앵커(anchor) : 리지드 서포트의 일종으로 관의 이동 및 회전을 방지하기 위해 자지점에 완전히 고정하는 장치이다.
  ㉡ 스톱(stop) : 배관의 일정한 방향과 회전만 구속하고 다른 방향은 자유롭게 이동하게 하는 장치이다.
  ㉢ 가이드(guide) : 배관의 곡관부분이나 신축 조인트부분에 설치하는 것으로 회전을 제한하거나 축방향의 이동을 허용하며 직각방향으로 구속하는 장치이다.

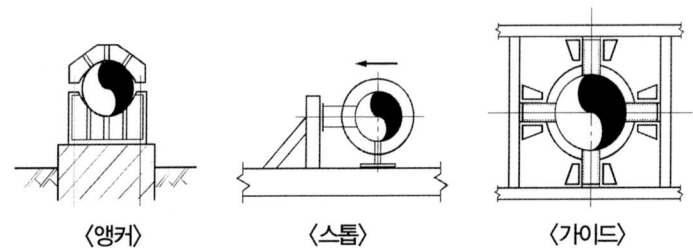
〈앵커〉 〈스톱〉 〈가이드〉

---

25 고체 내부에서의 열의 이동 현상으로 물질은 움직이지 않고, 열만 이동하는 현상은 무엇인가?
① 전도   ② 전달   ③ 대류   ④ 복사

26

연료 중 표면 연소하는 것은?

① 목탄 ② 중유
③ 석탄 ④ LPG

해설 연소형태
① 표면연소 : ㉠ 코크스 ㉡ 목탄 ㉢ 숯 ㉣ 금속분
② 분해연소 : ㉠ 석탄 ㉡ 목재 ㉢ 종이 ㉣ 플라스틱
③ 증발연소 : ㉠ 알콜 ㉡ 에테르 ㉢ 등유 ㉣ 가솔린 등(액체연료)
　　　　　　㉤ 나프탈렌 ㉥ 송지 ㉦ 장뇌
④ 자기연소 : ㉠ TNT ㉡ 피크린산 등
⑤ 확산연소 : ㉠ 수소 ㉡ 메탄 등

27

서로 다른 두 종류의 금속판을 하나로 합쳐 온도 차이에 따라 팽창정도가 다른 점을 이용한 온도계는?

① 바이메탈 온도계 ② 압력식 온도계
③ 전기저항 온도계 ④ 열전대 온도계

해설 바이메탈온도계 : 서로 다른 두 종류의 금속판을 하나로 합쳐 온도차에 따라 팽창정도가 다른 점을 이용한 온도계

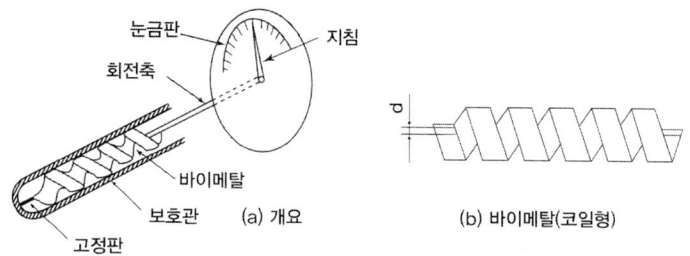

〈바이메탈 온도계〉

28

일반적으로 효율이 가장 좋은 보일러는?

① 코르니시 보일러 ② 입형 보일러
③ 연관 보일러 ④ 수관 보일러

해설 수관식 보일러가 효율이 가장 좋다

29
급유장치에서 보일러 가동 중 연소의 소화, 압력초과 등 이상 현상 발생 시 긴급히 연료를 차단하는 것은?
① 압력조절 스위치
② 압력제한 스위치
③ 감압 밸브
④ 전자 밸브

해설 전자밸브(연료차단밸브) : 보일러 가동 중 연소의 소화, 압력초과 등 이상 현상 발생 시 긴급히 연료를 차단

30
급유량계 앞에 설치하는 여과기의 종류가 아닌 것은?
① U형 ② V형 ③ S형 ④ Y형

해설 여과기의 종류
① Y형여과기 ② U형여과기 ③ V형여과기

31
보일러 증기 발생량이 5 t/h, 발생 증기 엔탈피는 650 kcal/kg, 연료 사용량이 400 kg/h, 연료의 저위 발열량이 9750 kcal/kg일 때 보일러 효율은 약 몇 %인가? (단, 급수 온도는 20[°C]이다.)
① 78.8% ② 80.8% ③ 82.4% ④ 84.2%

해설 효율 = $\dfrac{G \times (h'' - h')}{G_f \times H_c} \times 100 = \dfrac{5 \times 1000 \times (650 - 20)}{400 \times 9750} \times 100 = 80.76\%$

32
보일러 급수배관에서 급수의 역류를 방지하기 위하여 설치하는 밸브는?
① 체크 밸브
② 슬루스 밸브
③ 글로브 밸브
④ 앵글 밸브

해설 체크밸브 : 유체의 역류방지
① 스윙식 : 수직, 수평배관
② 리프트식 : 수직배관

33
보일러 중 노통연관식 보일러는?
① 코르니시 보일러
② 랭커셔 보일러
③ 스코치 보일러
④ 다쿠마 보일러

해설 노통연관식보일러
① 노통연관펙케이시형 ② 하우덴존슨 ③ 스코치

정답 29. ④ 30. ③ 31. ② 32. ① 33. ③

34

수면계의 기능시험 시기로 틀린 것은?

① 보일러를 가동하기 전
② 수위의 움직임이 활발할 때
③ 보일러를 가동하여 압력이 상승하기 시작 했을 때
④ 2개 수면계의 수위에 차이를 발견했을 때

해설 수면계기능시험시기
① 보일러가동전
② 2개의 수면계수위가 다를 때
③ 프라이밍 포밍발생시
④ 보일러 가동하여 압력이 상승하기 시작했을 때

35

강관의 스케줄 번호를 나타내는 것은?

① 관의 중심   ② 관의 두께   ③ 관의 외경   ④ 관의 내경

해설 SCH.NO(관의 두께표시) $= \dfrac{P}{S} \times 10$

$P(kg/cm^2)$ 사용압력, $S(kg/mm^2)$ 허용응력

36

가정용 온수보일러 등에 설치하는 팽창탱크의 주된 설치 목적은 무엇인가?

① 허용압력초과에 따른 안전장치 역할
② 배관 중의 맥동을 방지
③ 배관 중의 이물질 제거
④ 온수순환의 원활

해설 팽창탱크 설치목적

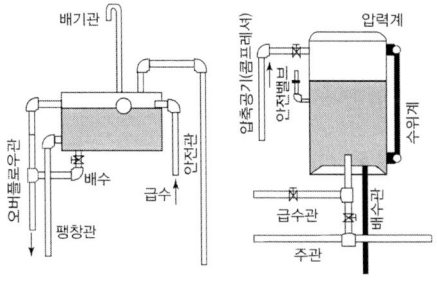

(a) 개방식   (b) 밀폐식

① 체적팽창, 이상팽창압력을 흡수한다.   ② 관내 온수온도와 압력을 일정하게 유지한다.
③ 보충수공급   ④ 관수배출을 하지 않아 열손실 방지

37 난방부하가 15000 kcal/h이고, 주철제 증기 방열기로 난방 한다면 방열기 소요 방열면적은 약 몇 m²인가? (단, 방열기의 방열량은 표준 방열량으로 한다.)
① 16　　② 18　　③ 20　　④ 23

해설　난방부하＝방열기방열량×방열면적
$$방열면적 = \frac{난방부하}{방열기방열량} = \frac{15000}{650} = 23.07$$

38 증기난방과 비교한 온수난방의 특징 설명으로 틀린 것은?
① 예열시간이 길다.
② 건물 높이에 제한을 받지 않는다.
③ 난방부하 변동에 따른 온도조절이 용이하다.
④ 실내 쾌감도가 높다.

해설　온수난방의 특징
① 예열시간이 길다.
② 실내쾌감도가 높다.
③ 난방부하에 따른 온도조절이 쉽다.
④ 건물높이에 제한을 받는다.

39 증기보일러에서 송기를 개시할 때 증기밸브를 급히 열면 발생할 수 있는 현상으로 가장 적당한 것은?
① 캐비테이션 현상　　② 수격작용
③ 역화　　　　　　　④ 수면계의 파손

해설　수격작용 : 주증기밸브급개로 인해 관내응축수가 관벽을 치는 현상
① 방지법
　㉠ 주증기밸브서개　　㉡ 관의기울기를 준다.　　㉢ 증기트랩설치
　㉣ 관의굴곡을 피한다.　㉤ 증기관을 보온한다.

40 배관의 단열공사를 실시하는 목적에서 가장 거리가 먼 것은 무엇인가?
① 열에 대한 경제성을 높인다.
② 온도조절과 열량을 낮춘다.
③ 온도변화를 제한한다.
④ 화상 및 화재방지를 한다.

41 냉동용 배관 결합 방식에 따른 도시방법 중 용접식을 나타내는 것은?

① ─┤├─ ② ─●─
③ ─┼─ ④ ─┤┤├─

해설
① ─┤├─ : 플랜지이음   ② ─┼─ : 나사이음
③ ─┤┤├─ : 유니온이음   ④ ─●─ : 용접이음

42 방열기 설치 시 벽면과의 간격으로 가장 적합한 것은?
① 50 mm ② 80 mm
③ 100 mm ④ 150 mm

해설
· 방열기 설치시 벽면과의 간격 : 50~60 mm
· 방열기 설치시 지면으로부터 : 150 mm

43 20A 관을 90°로 구부릴 때 중심곡선의 적당한 길이는 약 몇 mm인가? (단, 곡률 반지름 $R = 100$ mm이다.)
① 147 ② 157
③ 167 ④ 177

해설 $l = \dfrac{2\pi RQ}{360} = \dfrac{2 \times 3.14 \times 100 \times 90}{360} = 157$

44 가스절단 조건에 대한 설명 중 틀린 것은?
① 금속 산화물의 용융온도가 모재의 용융온도 보다 낮을 것
② 모재의 연소온도가 그 용융점 보다 낮을 것
③ 모재의 성분 중 산화를 방해하는 원소가 많을 것
④ 금속 산화물 유동성이 좋으며, 모재로부터 이탈 될 수 있을 것

해설 모재의 성분 중 산화를 방해하는 원소가 적을 것

41. ②　42. ①　43. ②　44. ③

45 에너지법에서 사용하는 "에너지"의 정의를 가장 올바르게 나타낸 것은?
① "에너지"라 함은 석유·가스 등 열을 발생하는 열원을 말한다.
② "에너지"라 함은 제품의 원료로 사용되는 것을 말한다.
③ "에너지"라 함은 태양, 조파, 수력과 같이 일을 만들어 낼 수 있는 힘이나 능력을 말한다.
④ "에너지"라 함은 연료·열 및 전기를 말한다.

46 신·재생에너지 설비의 설치를 전문으로 하려는 자는 자본금·기술인력 등의 신고기준 및 절차에 따라 누구에게 신고를 하여야 하는가?
① 국토해양부장관
② 환경부장관
③ 고용노동부장관
④ 산업통상자원부장관

47 에너지절약 전문기업의 등록은 누구에게 하도록 위탁되어 있는가?
① 지식경제부장관
② 에너지관리공단 이사장
③ 시공업자단체의 장
④ 시·도지사

해설 에너지 절약 전문 기업의 등록 : 에너지관리공단 이사장
① 에너지사용계획의 검토(에너지사용계획의 검토기준, 검토방법, 그 밖에 필요한 사항은 산업통상자원부령으로 정함)
② 에너지사용계획의 조정·보완 이행여부의 점검 및 실태파악
③ 효율관리기자재의 측정결과 신고의 접수
④ 대기전력경고표지대상제품의 측정결과 신고의 접수
⑤ 고효율에너지기자재 인증 신청의 접수 및 인증
⑥ 고효율에너지기자재의 인증취소 또는 인증사용정지 명령
⑦ 에너지절약전문기업의 등록 및 관리·감독
⑧ 온실가스배출 감축실적의 등록 및 관리
⑨ 에너지다소비업자 신고의 접수
⑩ 에너지관리지도
⑪ 냉난방온도의 유지·관리여부에 대한 점검 및 실태 파악
⑫ 검사대상기기의 검사, 검사증의 교부 및 검사대상기기 폐기 등의 신고의 접수

48 에너지법상 지역에너지계획은 몇 년 마다 몇 년 이상을 계획기간으로 수립·시행하는가?
① 2년 마다 2년 이상
② 5년 마다 5년 이상
③ 7년 마다 7년 이상
④ 10년 마다 10년 이상

49
열사용기자재 관리규칙에서 용접검사가 면제될 수 있는 보일러의 대상 범위로 틀린 것은?

① 강철제 보일러 중 전열면적이 5 m² 이하이고, 최고사용압력이 0.35 MPa 이하인 것
② 주철제 보일러
③ 제2종 관류보일러
④ 온수보일러 중 전열면적이 18 m² 이하이고, 최고사용압력이 0.35 MPa 이하인 것

해설 용접검사가 면제될 수 있는 보일러 대상범위
① 주철제 보일러
② 강철제 보일러 중 최고사용압력이 0.35 MPa 이하이고 전열면적이 5 m²인 것
③ 온수보일러 중 최고사용압력이 0.35 MPa 이하이고 전열면적이 18 m² 이하인 것

50
저탄소 녹색성장 기본법상 녹색성장 위원회는 위원장 2명을 포함한 몇 명 이내의 위원으로 구성하는가?

① 25   ② 30   ③ 45   ④ 50

해설 저탄소 녹색성장 기본법상 녹색성장 위원회
① 위원장 : 2명
② 위원 : 50명

51
신축이음 종류 중 고온, 고압에 적당하며, 신축에 따른 자체응력이 생기는 결점이 있는 신축이음쇠는?

① 루프형(loop type)
② 스위블형(swivel type)
③ 벨로스형(bellows type)
④ 슬리브형(sleeve type)

해설 신축이음
① 루프형
  ㉠ 신축곡관형, 만곡형이라 한다.   ㉡ 응력이 생김
  ㉢ 고압증기의 옥외배관에 사용   ㉣ 곡률반경은 관지름의 6배 이상
② 슬위블형 :
  ㉠ 미끄럼형, 슬라이드형이라 한다.
③ 벨로우즈형 :
  ㉠ 펙레스신축이음, 파상형 주름통식이라 한다.
  ㉡ 응력이 생기지 않음
④ 스위블형 :
  ㉠ 방열기용
  ㉡ 2개 이상의 엘보우 사용시공
  ㉢ 나사의 회전에 의해 신축흡수

49. ③   50. ④   51. ①

52

난방부하 계산 시 사용되는 용어에 대한 설명 중 틀린 것은?

① 열전도 : 인접한 물체 사이의 열의 이동 현상
② 열관류 : 열이 한 유체에서 벽을 통하여 다른 유체로 전달되는 현상
③ 난방부하 : 방열기가 표준 상태에서 $1m^2$ 당 단위시간에 방출하는 열량
④ 정격용량 : 보일러 최대 부하상태에서 단위 시간당 총 발생되는 열량

해설 난방부하 : 단위시간에 주어야할 열량(kcal/h)

53

증기 보일러의 관류밸브에서 보일러와 압력릴리프밸브와의 사이에 체크밸브를 설치할 경우 압력릴리프밸브는 몇 개 이상 설치하여야 하는가?

① 1개 ② 2개
③ 3개 ④ 4개

54

보일러 설치·시공기준상 가스용 보일러의 경우 연료배관 외부에 표시하여야 하는 사항이 아닌 것은? (단, 배관은 지상에 노출된 경우임)

① 사용 가스명 ② 최고 사용압력
③ 가스흐름 방향 ④ 최저 사용온도

해설 연료배관 외부에 표시하여야 하는 사항

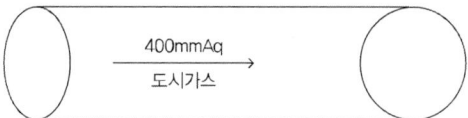

① 최고사용압력 : 400mmAq
② 가스흐름방향 : →
③ 사용가스명 : 도시가스

55

유류연소 수동보일러의 운전정지 내용으로 잘못된 것은?

① 운전정지 직전에 유류예열기의 전원을 차단하고 유류예열기의 온도를 낮춘다.
② 연소실내, 연도를 환기시키고 댐퍼를 닫는다.
③ 보일러 수위를 정상수위보다 조금 낮추고 버너의 운전을 정지한다.
④ 연소실에서 버너를 분리하여 청소를 하고, 기름이 누설 되는지 점검한다.

해설 보일러 수위를 정상수위보다 조금 높게 하고 버너운전

정답 52. ③ 53. ② 54. ④ 55. ③

56
증기 트랩의 종류가 아닌 것은?
① 그리스 트랩
② 열동식 트랩
③ 버켓식 트랩
④ 플로트 트랩

문제 20번 참고

57
강판 제조 시 강괴 속에 함유되어 있는 가스체 등에 의해 강판이 두 장의 층을 형성하는 결함은?
① 라미네이션
② 크랙
③ 브리스터
④ 심 리프트

· 라미네이션 : 강판제조시 강괴 속에 함유되어 있는 가스체 등에 의해 강판이 두 장의 층을 형성하는 결함
· 브리스터 : 라미네이션 상태에서 고온의 열가스 접촉으로 인해 표면이 부풀어 오르는 현상

58
가연가스와 미연가스가 노내에 발생하는 경우가 아닌 것은?
① 심한 불완전연소가 되는 경우
② 점화조작에 실패한 경우
③ 소정의 안전 저연소율 보다 부하를 높여서 연소시킨 경우
④ 연소정지 중에 연료가 노내에 스며든 경우

59
보일러 급수의 pH로 가장 적합한 것은?
① 4~6
② 7~9
③ 9~11
④ 11~13

· 급수의 pH : 7~9
· 관수의 pH : 10.5~11.8

60
보일러의 운전정지 시 가장 뒤에 조작하는 작업은?
① 연료의 공급을 정지시킨다.
② 연소용 공기의 공급을 정지시킨다.
③ 댐퍼를 닫는다.
④ 급수펌프를 정지시킨다.

56. ① 57. ① 58. ③ 59. ② 60. ③

2014년 제4회 에너지관리기능사 출제문제

01 보일러의 여열을 이용하여 증기보일러의 효율을 높이기 위한 부속장치로 맞는 것은?
① 버너, 댐퍼, 송풍기
② 절탄기, 공기예열기, 과열기
③ 수면계, 압력계, 안전밸브
④ 인젝터, 저수위 경보장치, 집진장치

해설 증기보일러의 효율을 높이기 위한 장치
① 과열기 ② 재열기
③ 절탄기 ④ 공기예열기

02 스팀 헤더(steam header)에 관한 설명으로 틀린 것은?
① 보일러의 주증기관과 부하측 증기관 사이에 설치한다.
② 송기 및 정지가 편리하다.
③ 불필요한 장소에 송기하기 때문에 열손실은 증가한다.
④ 증기의 과부족을 일부 해소할 수 있다.

해설 필요한 장소에 증기를 공급하기 때문에 열손실이 감소한다.

03 보일러 기관 작동을 저지시키는 인터록 제어에 속하지 않는 것은?
① 저수위 인터록   ② 저압력 인터록
③ 저연소 인터록   ④ 프리퍼지 인터록

해설 인터록제어 : 구비조건이 맞지 않을 때 그 조건이 충족될 때까지 다음 단계를 정지시키는 것
① 저수위 인터록   ② 저연소 인터록
③ 불착화 인터록   ④ 압력초과 인터록
⑤ 프리퍼지 인터록

정답 1. ② 2. ③ 3. ②

04

다음 중 특수 보일러에 속하는 것은?

① 벤슨 보일러
② 슐처 보일러
③ 소형관류 보일러
④ 슈미트 보일러

해설 특수보일러
① 열매체 보일러 : 모빌섬, 수은, 다우삼, 카네크롤, 세큐리티53
② 간접가열 보일러 : 슈미트, 레플러

05

보일러 연소실이나 연도에서 화염의 유무를 검출하는 장치가 아닌 것은?

① 스테빌라이저
② 플레임 로드
③ 플레임 아이
④ 스택 스위치

해설 화염검출기
① 플레임 아이 : 화염의 발광체
② 플레임 로드 : 화염의 이온화
③ 스택스위치 : 화염의 발열

06

수관식 보일러의 특징에 대한 설명으로 틀린 것은?

① 전열면적이 커서 증기의 발생이 빠르다.
② 구조가 간단하여 청소, 검사, 수리 등이 용이하다.
③ 철저한 급수처리가 요구된다.
④ 보일러수의 순환이 빠르고 효율이 좋다.

해설 수관식 보일러의 특징
① 구조가 복잡하여 청소, 검사, 수리가 곤란하다.
② 급수처리가 까다롭다.
③ 관수의 순환이 빠르고 효율이 좋다.
④ 전열면적이 커서 증기의 발생이 빠르다.
⑤ 외분식이어서 연료의 질에 장애를 받지 않는다.
⑥ 증기의 발생열량이 크다.

07

연소가스와 대기의 온도가 각각 250°C, 30°C이고 연돌의 높이가 50 m일 때 이론 통풍력은 약 얼마인가? (단, 연소가스와 대기의 비중량은 각각 1.35 kg/Nm³, 1.25kg/Nm³이다.)

① 21.08 mmAq
② 23.12 mmAq
③ 25.02 mmAq
④ 27.36 mmAq

4. ④ 5. ① 6. ② 7. ①

해설 $Z = 273H\left(\dfrac{r_a}{273+t_g} - \dfrac{r_g}{273+t_g}\right) = 273 \times 50 \times \left(\dfrac{1.25}{273+30} - \dfrac{1.35}{273+250}\right) = 21.077$

08 사이클론 집진기의 집진율을 증가시키기 위한 방법으로 틀린 것은?
① 사이클론의 내면을 거칠게 처리한다.
② 블로우 다운방식을 사용한다.
③ 사이클론 입구의 속도를 크게 한다.
④ 분진박스와 모양은 적당한 크기와 형상으로 한다.

해설 사이클론 내면을 미세하게 처리한다.

09 건포화증기의 엔탈피와 포화수의 엔탈피의 차는?
① 비열　　　　　　　　　② 잠열
③ 현열　　　　　　　　　④ 액체열

해설 건포화증기엔탈피 = 포화수엔탈피 + 증발잠열
∴ 증발잠열 = 건포화증기엔탈피-포화수엔탈피

10 보일러에서 발생하는 증기를 이용하여 급수하는 장치는?
① 슬러지(sludge)　　　　② 인젝터(injector)
③ 콕(cock)　　　　　　　④ 트랩(trap)

해설 인젝터 : 증기를 이용하여 급수하는 장치
① 특징
　㉠ 동력이 필요 없다.
　㉡ 설치장소를 적게 차지한다.
　㉢ 급수가 예열되어 열응력 발생방지
　㉣ 구조가 간단하며 가격이 저렴하다.
　㉤ 흡입양정이 낮아 급수조절이 어렵다.
　㉥ 증기압이 낮으면 급수가 곤란하다.
　㉦ 급수온도가 높아지면 급수가 곤란하다.
② 인젝터 작동불능원인
　㉠ 급수온도가 높을 때(50℃ 이상 시)
　㉡ 증기압력이 낮거나(2 kg/cm²) 높을 때 (10 kg/cm² 초과)
　㉢ 증기중에 수분 혼입시
　㉣ 흡입측으로부터 공기 누입시
　㉤ 노즐부의 마모, 파손

11 연관식 보일러의 특징으로 틀린 것은?
① 동일 용량인 노통 보일러에 비해 설치면적이 적다.
② 전열면적이 커서 증기발생이 빠르다.
③ 외분식은 연료선택 범위가 좁다.
④ 양질의 급수가 필요하다.

해설 외분식 보일러는 연료선택 범위가 넓다.

12 보일러의 수위 제어에 영향을 미치는 요인 중에서 보일러 수위제어시스템으로 제어할 수 없는 것은?
① 급수온도 ② 급수량 ③ 수위검출 ④ 증기량검출

해설 수위제어 방식
① 1 요소식 : 수위
② 2 요소식 : 수위, 증기량
③ 3 요소식 : 수위, 증기, 급수량

13 슈트블로워(soot blower) 사용 시 주의 사항으로 거리가 먼 것은?
① 한 곳으로 집중하여 사용하지 말 것
② 분출기 내의 응축수를 배출시킨 후 사용할 것
③ 보일러 가동을 정지 후 사용할 것
④ 연도 내 배풍기를 사용하여 유인통풍을 증가시킬 것

해설 슈트블로워 사용 시 주의사항
① 부하가 적거나(50% 이하) 소화 후 사용하지 말 것
② 분출하기 전 연도 내 배풍기를 사용 유인통풍을 증가 시킬 것
③ 분출기내의 응축수를 배출시킨 후 사용할 것
④ 한곳으로 집중적으로 사용함으로서 전열면에 무리를 가하지 않을 것

14 보일러의 과열 원인으로 적당하지 않은 것은?
① 보일러수의 순환이 좋은 경우
② 보일러 내에 스케일이 부착된 경우
③ 보일러 내에 유지분이 부착된 경우
④ 국부적으로 심하게 복사열을 받는 경우

해설 관수의 순환이 나쁜 경우

11. ③ 12. ① 13. ③ 14. ①

15 오일 버너의 화염이 불안정한 원인과 가장 무관한 것은?
① 분무 유압이 비교적 높을 경우
② 연료 중에 슬러지 등의 협잡물이 들어 있을 경우
③ 무화용 공기량이 적절치 않을 경우
④ 연료용 공기의 과다로 노내 온도가 저하될 경우

해설 오일버너의 화염이 불안정한 원인
① 분무유압이 비교적 낮은 경우
② 무화용 공기량이 적절치 않은 경우
③ 연소용공기 과다로 노내온도가 저하될 경우
④ 연료중의 슬러지 등의 협잡물이 들어 있을 경우

16 열전도에 적용되는 퓨리에의 법칙 설명 중 틀린 것은?
① 두면 사이에 흐르는 열량은 물체의 단면적에 비례한다.
② 두면 사이에 흐르는 열량은 두면 사이의 온도차에 비례한다.
③ 두면 사이에 흐르는 열량은 시간에 비례한다.
④ 두면 사이에 흐르는 열량은 두면 사이의 거리에 비례한다.

해설 $Q = \dfrac{\lambda \cdot A \cdot \Delta t}{d}$

λ(열전도율) kcal/mh℃ : 비례, A(면적) m² : 비례
Δt(온도차) ℃ : 비례, d(두께) cm : 반비례

17 최근 난방 또는 급탕용으로 사용되는 진공 온수보일러에 대한 설명 중 틀린 것은?
① 열매수의 온도는 운전 시 100℃ 이하이다.
② 운전 시 열매수의 급수는 불필요하다.
③ 본체의 안전장치로서 용해전, 온도퓨즈, 안전밸브 등을 구비한다.
④ 추기장치는 내부에서 발생하는 비응축가스 등을 외부로 배출시킨다.

18 보일러에서 실제 증발량(kg/h)을 연료 소모량(kg/h)으로 나눈 값은?
① 증발 배수   ② 전열면 증발량
③ 연소실 열부하   ④ 상당 증발량

해설 • 전열면 증발량 $= \dfrac{G}{A} = \dfrac{\text{kg/h}}{\text{m}^2} = \text{kg/m}^2\text{h}$

- 연소실 열부하 = $\dfrac{G_f \times H_l}{V} = \dfrac{\text{kg/h} \times \text{kcal/kg}}{\text{m}^3} = \text{kcal/m}^3\text{h}$

- 상당증발량 = $\dfrac{G \times (h'' - h')}{539} = \text{kg/h}$

19

보일러 제어에서 자동연소제어에 해당하는 약호는?
① A.C.C ② A.B.C
③ S.T.C ④ F.W.C

해설 보일러 자동제어
① S.T.C : 증기온도제어
② F.W.C : 급수제어
③ A.C.C : 자동연소제어

20

프로판(C_3H_8) 1 kg이 완전연소 하는 경우 필요한 이론 산소량은 약 몇 Nm^3인가?
① 3.47 ② 2.55 ③ 1.25 ④ 1.50

해설
$C_3H_8 + 5O_2 \rightarrow 3CO_2 + 4H_2O$
44 kg   5×22.4 Nm^3
1 kg x

$x = \dfrac{1\,\text{kg} \times 5 \times 22.4\,\text{Nm}^3}{44\,\text{kg}} = 2.545\,\text{Nm}^3/\text{kg}$

21

고체연료와 비교하여 액체연료 사용 시의 장점을 잘못 설명한 것은?
① 인화의 위험성이 없으며 역화가 발생하지 않는다.
② 그을음이 적게 발생하고 연소효율도 높다.
③ 품질이 비교적 균일하며 발열량이 크다.
④ 저장 중 변질이 적다.

해설 액체연료 사용시 잇점
① 인화의 위험성이 있고 역화의 위험성이 있다.
② 품질이 균일하며 발열량이 크다.
③ 저장중 변질이 적다.
④ 그을음이 적게 발생되고 연소효율도 높다.
⑤ 운반저장 취급이 용이하다.
⑥ 연소온도가 높아 국부과열 위험성이 많다.
⑦ 회분이 적고 연소조절이 쉽다.

19. ① 20. ② 21. ①

22 고압, 중압 보일러 급수용 및 고양정 급수용으로 쓰이는 것으로 임펠러와 안내날개가 있는 펌프는?
① 볼류트 펌프
② 터빈 펌프
③ 워싱턴 펌프
④ 웨어 펌프

해설
• 터빈 펌프 : 안내날개(가이드베인) 있다.
• 볼류트 펌프 : (센트리 퓨걸 펌프) : 안내날개가 없다.

23 증기압력이 높아질 때 감소되는 것은?
① 포화 온도
② 증발 잠열
③ 포화수 엔탈피
④ 포화증기 엔탈피

해설 증기압력이 높으면 증발잠열 감소.

24 노통 보일러에서 아담슨 조인트를 하는 목적은?
① 노통 제작을 쉽게 하기 위해서
② 재료를 절감하기 위해서
③ 열에 의한 신축을 조절하기 위해서
④ 물 순환을 촉진하기 위해서

해설 아담슨 조인트 설치 목적 : 노통의 열응력에 따른 신축문제를 고려 1~2m 정도로 분할제작 플랜지 형식으로 강도보강, 노통후부 이음부 보호

25 다음 중 압력계의 종류가 아닌 것은?
① 부르돈관식 압력계
② 벨로즈식 압력계
③ 유니버셜 압력계
④ 다이어프램 압력계

해설 탄성식 압력계의 종류
① 브르돈관식 ② 벨로우즈식 ③ 다이어프램식

26 500 W의 전열기로서 2 kg의 물을 18°C로부터 100°C까지 가열하는 데 소요되는 시간은 얼마인가? (단, 전열기 효율은 100%로 가정한다.)
① 약 10분
② 약 16분
③ 약 20분
④ 약 23분

정답 22. ② 23. ② 24. ③ 25. ③ 26. ④

해설   1 kWh = 860 kcal/h
0.5 kWh = x

$x = \dfrac{0.5 \times 860}{1\,\text{kWh}} = 430\,\text{kcal/h}$

$Q = G \cdot C \cdot \Delta t = 2 \times (100 - 18) = 164\,\text{kcal}$

∴ $\dfrac{164\,\text{kcal}}{430\,\text{kcal/h}} = 0.38\text{h} \times 60\,\text{min/1h} = 22.88$분

27. 랭커셔 보일러는 어디에 속하는가?
① 관류 보일러
② 연관 보일러
③ 수관 보일러
④ 노통 보일러

해설 • 관류보일러 : 슬처, 옛모스, 벤숀, 람진
 • 노통보일러 : 코르니쉬, 랭커셔
 • 수관보일러
  ㉠ 자연순환식 : 바브콕, 쓰네기찌, 타꾸마, 2동D형
  ㉡ 강제순환식 : 벨록스, 라몽

28. 액체연료 연소에서 무화의 목적이 아닌 것은?
① 단위 중량당 표면적을 크게 한다.
② 연소효율을 향상시킨다.
③ 주위 공기와 혼합을 좋게 한다.
④ 연소실의 열부하를 낮게 한다.

해설 무화의 목적
① 단위중량 당 표면적을 크게 하기 위해서
② 연료와 공기의 혼합을 좋게 한다.
③ 연소효율, 점화효율을 향상시킨다.

29. 보일러에서 기체연료의 연소방식으로 가장 적당한 것은?
① 화격자연소
② 확산연소
③ 증발연소
④ 분해연소

해설 • 확산연소 : 수소, 아세틸렌, 메탄 등
 • 분해연소 : 석탄, 목재, 종이, 플라스틱
 • 증발연소 : 알콜, 에테르 등

30 단관 중력 환수식 온수난방에서 방열기 입구 반대편 상부에 부착하는 밸브는?
① 방열기 밸브　　② 온도조절 밸브
③ 공기빼기 밸브　④ 배니 밸브

31 보일러 슈트 블로워를 사용하여 그을음 제거 작업을 하는 경우의 주의사항 설명으로 가장 옳은 것은?
① 가급적 부하가 높을 때 실시한다.
② 보일러를 소화한 직후에 실시한다.
③ 흡출 통풍을 감소시킨 후 실시한다.
④ 작업 전에 분출기 내부의 드레인을 충분히 제거한다.

해설　문제 13번 참고

32 보일러 내부에 아연판을 매다는 가장 큰 이유는?
① 기수공발을 방지하기 위하여
② 보일러 판의 부식을 방지하기 위하여
③ 스케일 생성을 방지하기 위하여
④ 프라이밍을 방지하기 위하여

해설　보일러 내부에 아연판을 매다는 이유 : 보일러 판의 부식을 방식하기 위해서

33 보일러 수(水) 중의 경도 성분을 슬러지로 만들기 위하여 사용하는 청관제는?
① 가성취화 억제제　② 연화제
③ 슬러지 조정제　　④ 탈산소제

해설　내처리
① PH조정제 : 인산소다, 암모니아, 수산화나트륨
② 연화제 : 인산소다, 탄산소다, 수산화나트륨
③ 탈산소제 : 탄닌, 아황산소다, 히드라진
④ 슬러지 조정제 : 리그린, 녹말, 탄닌

34 보일러 내면의 산세정 시 염산을 사용하는 경우 세정액의 처리온도와 처리시간으로 가장 적합한 것은?
① 60±5℃, 1~2시간　② 60±5℃, 4~6시간
③ 90±5℃, 1~2시간　④ 90±5℃, 4~6시간

정답　30. ③　31. ④　32. ②　33. ②　34. ②

해설
- 염산의 처리온도 처리시간 : 60±5℃ 4~6시간
- 유기산의 처리온도 처리시간 : 90±5℃ 4~6시간

35
다른 보온재에 비하여 단열 효과가 낮으며 500℃ 이하의 파이프, 탱크, 노벽 등에 사용하는 것은?
① 규조토
② 암면
③ 그라스 울
④ 펠트

해설 안전사용온도
① 규조토 : 500℃ 이하
② 암면 : 600℃ 이하
③ 그라스울 : 300℃ 이하
④ 펠트 : 100℃ 이하

36
점화전 댐퍼를 열고 노내와 연도에 체류하고 있는 가연성가스를 송풍기로 취출시키는 작업은?
① 분출
② 송풍
③ 프리퍼지
④ 포스트퍼지

해설
- 프리퍼지 : 점화전 댐퍼를 열고 노내와 연도에 체류하고 있는 가연성 가스를 송풍기로 취출시키는 방법
- 포스트 퍼지 : 점화 후 댐퍼를 열고 노내와 연도에 체류하고 있는 가연성 가스를 송풍기를 이용 취출시키는 것

37
건물을 구성하는 구조체 즉 바닥, 벽 등에 난방용 코일을 묻고 열매체를 통과시켜 난방을 하는 것은?
① 대류난방
② 복사난방
③ 간접난방
④ 전도난방

38
배관의 높이를 관의 중심을 기준으로 표시한 기호는?
① TOP
② GL
③ BOP
④ EL

해설 높이 표시
① EL : 배관의 높이를 관의 중심을 기준으로 표시
② BOP : 지름이 서로 다른 관의 높이 표시 방법으로 관 바깥지름의 아랫면 기준으로 높이를 표시
③ TOP : 관의 바깥지름의 윗면을 기준으로 표시

35. ① 36. ③ 37. ② 38. ④

④ GL : 포장된 지면을 기준으로 관의 높이 표시
⑤ FL : 1층 바닥을 기준으로 관의 높이 표시

39
보일러의 열효율 향상과 관계가 없는 것은?
① 공기예열기를 설치하여 연소용 공기를 예열한다.
② 절탄기를 설치하여 급수를 예열한다.
③ 가능한 한 과잉공기를 줄인다.
④ 급수펌프로는 원심펌프를 사용한다.

해설 급수펌프로 원심펌프를 사용하는 것은 열효율 향상과 관계가 없다.

40
보일러 급수성분 중 포밍과 관련이 가장 큰 것은?
① pH
② 경도 성분
③ 용존 산소
④ 유지 성분

해설 포밍 : 유지분, 고형분

41
보일러에서 역화의 발생 원인이 아닌 것은?
① 점화 시 착화가 지연되었을 경우
② 연료보다 공기를 먼저 공급한 경우
③ 연료 밸브를 과대하게 급히 열었을 경우
④ 프리퍼지가 부족할 경우

해설 역화의 발생원인
① 프리퍼지 및 포스트퍼지 부족 시　② 점화시 착화가 늦은 경우
③ 공기보다 연료먼저 투입 시　　　④ 압입통풍이 강할 경우
⑤ 흡입통풍이 부족 시　　　　　　⑥ 2차 공기의 예열 부족 시

42
보일러 유리 수면계의 유리파손 원인과 무관한 것은?
① 유리관 상하 콕의 중심이 일치하지 않을 때
② 유리가 알칼리 부식 등에 의해 노화되었을 때
③ 유리관 상하 콕의 너트를 너무 조였을 때
④ 증기의 압력을 갑자기 올렸을 때

> **해설** 수면계 파손 원인
> ① 유리관 상하 콕의 너트를 너무 조였을 때
> ② 유리관 상하 콕의 중심이 일치하지 않을 때
> ③ 유리가 알카리 부식 등에 의해 노화되었을 때
> ④ 급열, 급냉시
> ⑤ 외부에서 충격을 가할 때

43

가정용 온수보일러 등에 설치하는 팽창탱크의 주된 기능은?
① 배관 중의 이물질 제거
② 온수 순환의 맥동 방지
③ 열효율의 증대
④ 온수의 가열에 따른 체적팽창 흡수

> **해설** 팽창탱크 설치 목적
> ① 체적팽창, 이상팽창압력 흡수
> ② 보충수 공급
> ③ 온수의 온도를 일정하게 유지

44

지역난방의 특징을 설명한 것 중 틀린 것은?
① 설비가 길어지므로 배관 손실이 있다.
② 초기 시설 투자비가 높다.
③ 개개 건물의 공간을 많이 차지한다.
④ 대기오염의 방지를 효과적으로 할 수 있다.

> **해설** 지역난방의 특징
> ① 열발생설비의 고 효율화, 대기오염의 방지 효과
> ② 고압의 증기 및 고온수이므로 취급에 어려움이 있다.
> ③ 시설비가 많이 든다.
> ④ 고압의 증기 및 고온수이므로 관경을 적게 할 수 있다.
> ⑤ 작업인원 절감으로 인건비를 줄일 수 있다.
> ⑥ 폐열의 회수 및 쓰레기 소각 등으로 연료비가 적게 든다.
> ⑦ 한곳에 집중설비함으로서 건물의 공간을 유효하게 사용

45

증기보일러에 설치하는 유리수면계는 2개 이상이어야 하는데 1개만 설치해도 되는 경우는?
① 소형관류보일러
② 최고사용압력 2 MPa 미만의 보일러
③ 동체 안지름 800 mm 미만의 보일러
④ 1개 이상의 원격지시 수면계를 설치한 보일러

43. ④ 44. ③ 45. ①

해설 수면계의 개수
① 증기보일러에는 2개 이상의 유리수면계 부착 (단, 소용량 및 소형관류보일러는 1개 이상 설치) 단관식 관류보일러는 제외
② 최고사용압력이 10 kg/cm² 이하로서 동체안지름이 750 mm 미만인 경우에 있어서는 수면계중 1개는 다른 종류의 수면측정장치로 할 수 있다.
③ 2개 이상의 원격지시 수면계를 시설하는 경우에 한하여 유리수면계를 1개 이상으로 할 수 있다.

46
진공환수식 증기난방에서 리프트 피팅이란?
① 저압환수관이 진공펌프의 흡입구보다 낮은 위치에 있을 때 이음방법이다.
② 방열기보다 낮은 곳에 환수주관이 설치된 경우 적용되는 이음방법이다.
③ 진공펌프가 환수주관과 같은 위치에 있을 때 적용되는 이음방법이다.
④ 방열기와 환수주관의 위치가 같을 때 적용되는 이음방법이다.

해설 리프트 피팅 : 저압증기 환수관이 진공 펌프의 흡입구보다 낮은 위치에 있을 때 응축수를 원활이 끌어 올리기 위하여 설치하는 것으로 높이가 1.5[m] 이하는 1단, 3.0[m] 이하는 2단으로 시공하며 환수주관보다 1~2 정도 작은 치수로 급수 펌프 근처에서 1개소만 설치한다.

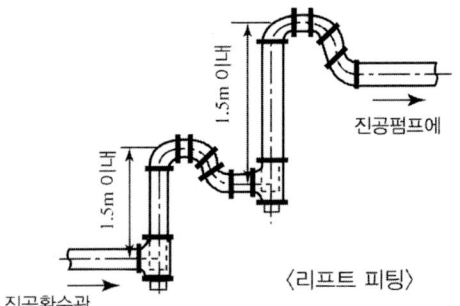
〈리프트 피팅〉

47
보일러에서 분출 사고 시 긴급조치 사항으로 틀린 것은?
① 연도 댐퍼를 전개한다.
② 연소를 정지시킨다.
③ 압입 통풍기를 가동시킨다.
④ 급수를 계속하여 수위의 저하를 막고 보일러의 수위 유지에 노력한다.

48
유리솜 또는 암면의 용도와 관계없는 것은?
① 보온재 ② 보냉재 ③ 단열재 ④ 방습재

정답 46. ① 47. ③ 48. ④

해설 유리솜 또는 암면의 용도
① 보온재 ② 보냉재 ③ 단열재

49
호칭지름 20 A인 강관을 그림과 같이 배관할 때 엘보 사이의 파이프의 절단 길이는? (단, 20 A 엘보의 끝단에서 중심까지 거리는 32 mm이고, 파이프의 물림 길이는 13 mm이다.)

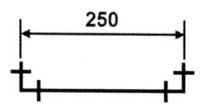

① 210 mm
② 212 mm
③ 214 mm
④ 216 mm

해설 $l = L - 2(A-a) = 250 - 2(32-13) = 212$ mm

50
보온재 중 흔히 스치로폴이라고도 하며, 체적의 97~98%가 기공으로 되어있어 열 차단 능력이 우수하고, 내수성도 뛰어난 보온재는?

① 폴레스티렌 폼 ② 경질 우레탄 폼
③ 코르크 ④ 그라스 울

51
방열기의 표준 방열량에 대한 설명으로 틀린 것은?
① 증기의 경우 게이지 압력 1 kg/cm², 온도 80℃로 공급하는 것이다.
② 증기 공급 시의 표준 방열량은 650 kcal/m²·h이다.
③ 실내 온도는 증기일 경우 21℃, 온수일 경우 18℃ 정도이다.
④ 온수 공급시의 표준 방열량은 450 kcal/m²·h이다.

구분	표준방열량 (kcal/m²h)	방열기내 평균온도 (℃)	실내온도 (℃)	방열계수 (kcal/m²h℃)	표준온도차 (℃)
증기	650	102	21	8	81
온도	450	80	18	7.2	62

52
증기난방의 분류에서 응축수 환수방식에 해당하는 것은?
① 고압식 ② 상향 공급식
③ 기계 환수식 ④ 단관식

49. ② 50. ① 51. ① 52. ③

해설 응축수 환수방식
① 중력환수식   ② 기계환수식   ③ 진공환수식

53 어떤 거실의 난방부하가 5000 kcal/h이고, 주철제 온수 방열기로 난방할 때 필요한 방열기 쪽수는? (단, 방열기 1쪽당 방열면적은 $0.26 m^2$이고, 방열량은 표준 방열량으로 한다.)

① 11쪽　　　② 21쪽　　　③ 30쪽　　　④ 43쪽

해설 방열기 쪽수 = $\dfrac{난방부하}{방열기방열량 \times 쪽당방열면적} = \dfrac{5000}{450 \times 0.26} = 42.73 ≒ 43$쪽

54 온수난방 배관 시공법의 설명으로 잘못된 것은?

① 온수난방은 보통 1/250 이상의 끝올림 구배를 주는 것이 이상적이다.
② 수평 배관에서 관경을 바꿀 때는 편심 레듀서를 사용하는 것이 좋다.
③ 지관이 주관 아래로 분기될 때는 45° 이상 끝내림 구배로 배관한다.
④ 팽창탱크에 이르는 팽창관에는 조정용 밸브를 단다.

해설 팽창관에는 어떠한 밸브도 설치하면 안된다.

55 에너지이용합리화법상 에너지의 최저소비효율기준에 미달하는 효율관리기자재의 생산 또는 판매금지 명령을 위반한 자에 대한 벌칙 기준은?

① 1년 이하의 징역 또는 1천만 원 이하의 벌금
② 1천만 원 이하의 벌금
③ 2년 이하의 징역 또는 2천만 원 이하의 벌금
④ 2천만 원 이하의 벌금

해설 벌칙 기준
① 2년 이상의 징역 또는 2천만원 이하의 벌금
　㉠ 에너지저장시설의 보유 또는 저장의무의 부과시 정당한 이유 없이 이를 거부하거나 이행하지 아니한 자
　㉡ 에너지수급의 안정을 기하기 위한 조정·명령 등의 조치를 위반한 자
　㉢ 공단의 임직원으로 근무하거나 근무하였던 사람이 직무상 알게 된 비밀을 누설하거나 도용한 자
② 1년 이하의 징역 또는 1천만원이하의 벌금
　㉠ 검사대상기기의 검사를 받지 아니한 자
　㉡ 검사에 합격되지 아니한 검사대상기기를 사용한 자
③ 2천만원 이하의 벌금

㉠ 효율 관리 기자재의 생산 또는 판매금지 명령에 위반한 자
④ 1천만원 이하의 벌금
　　　㉠ 검사대상기기조정자를 선임하지 아니한 자
⑤ 500만원 이하의 벌금
　　　㉠ 효율관리기자재에 대한 에너지사용량의 측정결과를 신고하지 아니한 자
　　　㉡ 대기전력경고표지대상제품에 대한 측정결과를 신고하지 아니한 자
　　　㉢ 대기전력경고표지를 하지 아니한 자
　　　㉣ 대기전력저감우수제품임을 표시하거나 거짓 표시를 한 자
　　　㉤ 대기전력저감기준에 미달하는 경우 시정명령을 정당한 사유 없이 이행하지 아니한 자
　　　㉥ 고효율에너지인증대상기자재의 인증을 받은 자가 아닌 자는 해당 고효율에너지인증대상기자재에 고효율에너지기자재의 인증 표시를 위반하여 인증 표시를 한 자

56

다음은 저탄소 녹색성장 기본법에 명시된 용어의 뜻이다. (　　)안에 알맞은 것은?

> 온실가스란 (㉠) 메탄, 아산화질소, 수소불화탄소, 과불화탄소, 육불화황 및 그 밖에 대통령령으로 정하는 것으로 (㉡) 복사열을 흡수하거나 재방출하여 온실효과를 유발하는 대기 중의 가스 상태의 물질을 말한다.

	㉠	㉡
①	일산화탄소	자외선
②	일산화탄소	적외선
③	이산화탄소	자외선
④	이산화탄소	적외선

57

특정열사용기자재 중 산업통상자원부령으로 정하는 검사대상기기를 폐기한 경우에는 폐기한 날부터 며칠 이내에 폐기신고서를 제출해야 하는가?

① 7일 이내에　　　　② 10일 이내에
③ 15일 이내에　　　 ④ 30일 이내에

해설 변경신고, 중지신고, 폐기신고 : 15일 이내

58

특정열사용기자재 중 산업통상자원부령으로 정하는 검사대상기기의 계속사용검사 신청서는 검사유효기간 만료 며칠 전까지 제출해야 하는가?

① 10일 전까지　　　 ② 15일 전까지
③ 20일 전까지　　　 ④ 30일 전까지

59 화석연료에 대한 의존도를 낮추고 청정에너지의 사용 및 보급을 확대하여 녹색기술 연구개발, 탄소흡수원 확충 등을 통하여 온실가스를 적정수준 이하로 줄이는 것에 대한 정의로 옳은 것은?

① 녹색성장　　　　　　② 저탄소
③ 기후변화　　　　　　④ 자원순환

60 에너지이용합리화법상의 목표에너지 단위를 가장 옳게 설명한 것은?
① 에너지를 사용하여 만드는 제품의 단위당 폐연료 사용량
② 에너지를 사용하여 만드는 제품의 연간 폐열 사용량
③ 에너지를 사용하여 만드는 제품의 단위당 에너지 사용 목표량
④ 에너지를 사용하여 만드는 제품의 연간 폐열 에너지 사용 목표량

해설 목표에너지원단위 : 산업통상자원부장관
　　　에너지를 사용하여 만드는 제품단위당 에너지 사용목표량

정답　59. ②　60. ③

2015년 제1회 에너지관리기능사 출제문제

01 증발량 3500 kgf/h인 보일러의 증기 엔탈피가 640 kcal/kg이고, 급수의 온도는 20 °C이다. 이 보일러의 상당 증발량은 얼마인가?
① 약 3786 kgf/h   ② 약 4156 kgf/h
③ 약 2760 kgf/h   ④ 약 4026 kgf/h

 상당증발량(G_e) = $\dfrac{G_e \times (h'' - h')}{539}$ = $\dfrac{3500 \times (640 - 20)}{539}$ = 4025.97 kg/h

02 액체 연료 연소장치에서 보염장치(공기조절장치)의 구성 요소가 아닌 것은?
① 바람상자   ② 보염기
③ 버너 팁   ④ 버너타일

 보염장치 : 착화와 연소화염을 안정시키고 공기와 연료의 혼합을 도모케 하여 저공기비 연소를 하게 하는 장치이다.
  ※ 설치 목적
  ① 연료의 분무를 돕고 공기와의 혼합을 양호하게 한다.
  ② 안정된 착화를 도모한다.
  ③ 화염의 형상을 조절한다.
  ④ 연소실의 온도분포를 고르게 하고 국부과열을 방지한다.
  ⑤ 연소가스의 체류시간을 지연시켜 돕는다.
    ㉮ 스테이빌라이저 : 연료부의 분무흐름이나 연소공기 사이에서 저유속 흐름을 유도함으로 불꽃의 안정성을 유지케 하는 장치이다.
    ㉯ 윈드 박스(Wind box) : 버너 벽면에 설치된 밀폐 상자로 공기흐름을 적절히 유지하며 동압을 정압 상태로 바꾸어 착화나 연속화염을 안정시키는 장치이다.
    ㉰ 버너 타일 : 버너의 첨단부분을 보호하며 화염의 모양을 형성시켜 연속화염을 안정시키는 내화재로 구축된 장치이다.
    ㉱ 콤버스터 : 저온의 노에서도 연소를 안정시켜 분출흐름의 모양을 안정시킨 장치이다.

1. ④ 2. ③

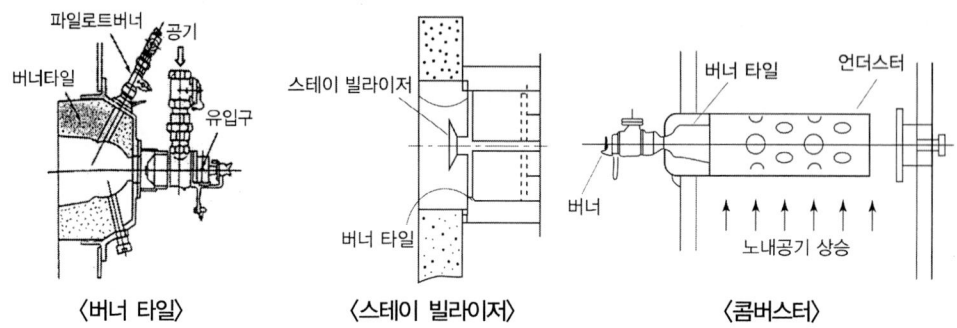

〈버너 타일〉　〈스테이 빌라이저〉　〈콤버스터〉

03 보일러의 상당증발량을 옳게 설명한 것은?
① 일정 온도의 보일러수가 최종의 증발상태에서 증기가 되었을 때의 중량
② 시간당 증발된 보일러수의 중량
③ 보일러에서 단위시간에 발생하는 증기 또는 온수의 보유열량
④ 시간당 실제증발량이 흡수한 전열량을 온도 100℃의 포화수를 100℃의 증기로 바꿀 때의 열량으로 나눈 값

04 안전밸브의 종류가 아닌 것은?
① 레버 안전밸브　② 추 안전밸브
③ 스프링 안전밸브　④ 핀 안전밸브

 안전밸브의 종류
① 스프링식 안전밸브　② 추식안전밸브　③ 지렛대식 안전밸브

05 증기보일러의 압력계 부착에 대한 설명으로 틀린 것은?
① 압력계와 연결된 관의 크기는 강관을 사용할 때에는 안지름이 6.5 mm 이상 이어야 한다.
② 압력계는 눈금판의 눈금이 잘 보이는 위치에 부착하고 얼지 않도록 하여야 한다.
③ 압력계는 사이폰관 또는 동등한 작용을 하는 장치가 부착되어야 한다.
④ 압력계의 콕크는 그 핸들을 수직인 관과 동일방향에 놓은 경우에 열려 있는 것이어야 한다.

압력연결관
① 동관안지름 : 6.5 mm 이상
② 강관안지름 : 12.7 mm 이상

정답 3. ④ 4. ④ 5. ①

06

육용 보일러 열 정산의 조건과 관련된 설명 중 틀린 것은?
① 전기 에너지는 1 kW당 860 kcal/h로 환산한다.
② 보일러 효율 산정 방식은 입출열법과 열 손실법으로 실시한다.
③ 열 정산 시험시의 연료 단위량은, 액체 및 고체연료의 경우 1 kg에 대하여 열 정산을 한다.
④ 보일러의 열 정산은 원칙적으로 정격 부하 이하에서 정상 상태로 3시간 이상의 운전 결과에 따라 한다.

해설 보일러 열정산은 원칙적으로 정격부하 이하에서 정상상태로 2시간 이상의 운전결과에 따른다.

07

보일러 본체에서 수부가 클 경우의 설명으로 틀린 것은?
① 부하 변동에 대한 압력 변화가 크다.
② 증기 발생시간이 길어진다.
③ 열효율이 낮아진다.
④ 보유 수량이 많으므로 파열시 피해가 크다.

해설 부하변동에 대한 압력변화가 적다.

08

분진가스를 방해판 등에 충돌시키거나 급격한 방향전환 등에 의해 매연을 분리 포집하는 집진방법은?
① 중력식
② 여과식
③ 관성력식
④ 유수식

해설 건식 집진장치
① 중력침강식 : 함진배기 중의 입자를 중력에 의해 포집하는 방식으로 수십 u 이상의 거칠은 입자의 포집에 사용되며 압력손실은 대략 5~10[mmAq] 정도이다. 처리가스속도가 늦을수록, 흐름이 균일할수록 집진율이 높다.
② 관성력식 : 함진가스를 방해판 등에 충돌시켜 기류의 급격한 전환에 의해 침강력을 가지게 될 때 분리포집하는 방식으로 전환각도가 적고 전환회수가 많을수록 집진율이 높다.

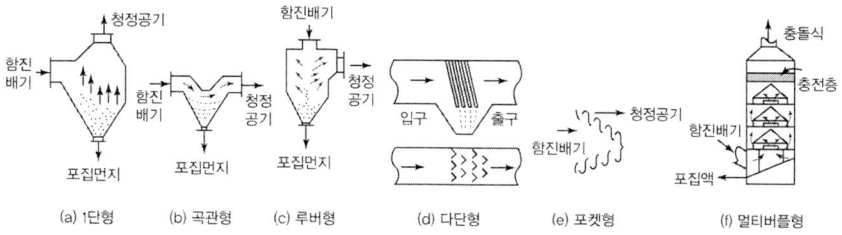

〈관성력 제진장치의 형식과 구조〉

6. ④   7. ①   8. ③

③ 원심력식 : 함진가스에 선회운동을 주어 입자에 작용하는 원심력에 의하여 입자를 분리하는 방식으로 내통경은 적게 처리가스 속도는 크게 하면 집진율이 높아진다. 접선유입식, 축류식 등이 있으며 소형의 싸이클론을 다수 설치한 블로우 다운 방식의 멀티싸이클론이 있다.

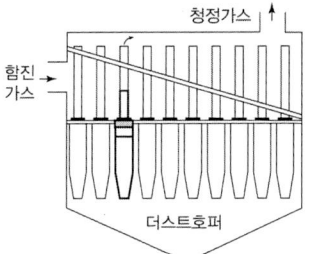

④ 여과식 : 함진가스를 여과제(filter)를 통하여 분리, 포착하는 방식이다. 내면여과방식과 표면여과방식으로 나뉘며 표면여과방식 중 대표적인 백(bag) 필터가 있다.

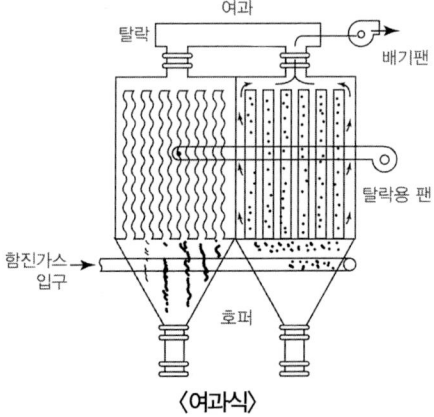

〈여과식〉

⑤ 전기식(습식에도 포함된다) : 고압의 직류전원을 사용하여 방전극 근처에서 양이온과 자유전자로부터 이루어지는 프라즈마 형성에 의해 입자를 전리하는 방식으로 이러한 방전을 코로나 방전현상이라 하며 가스 중 함유입자는 음이온으로 되어 부착 분리되어 제거하는 장치이다. (코트렐 집진장치가 대표적이다.)

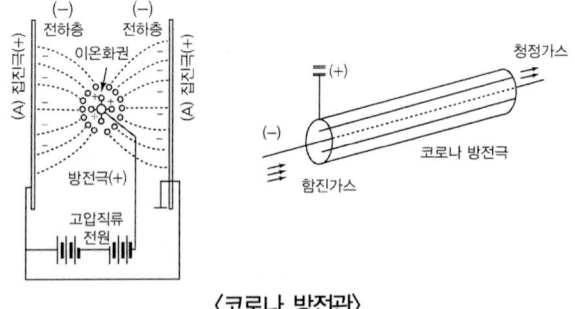

〈코로나 방전관〉

※ 특징
  ① 압력손실이 적다.
  ② 적용범위가 넓다.

③ 더스트의 외부 배출이 용이하다.
④ 미세입자의 포집이 용이하고 가장 높은 집진율을 얻을 수 있다.

09

보일러에 사용되는 열교환기 중 배기가스의 폐열을 이용하는 교환기가 아닌 것은?
① 절탄기
② 공기예열기
③ 방열기
④ 과열기

해설 폐열회수장치(여열장치)
① 과열기
② 재열기
③ 절탄기(이코노마이져) : 배기가스여열을 이용 급수를 예열하는 장치
④ 공기예열기 : 배기가스 여열을 이용 연소용공기를 예열하는 장치

10

수관식 보일러의 일반적인 특징에 관한 설명으로 틀린 것은?
① 구조상 고압 대용량에 적합하다.
② 전열면적을 크게 할 수 있으므로 일반적으로 열효율이 좋다.
③ 부하변동에 따른 압력이나 수위의 변동이 적으므로 제어가 편리하다.
④ 급수 및 보일러수 처리에 주의가 필요하며 특히 고압보일러에서는 엄격한 수질관리가 필요하다.

해설 수관식 보일러의 특징
① 부하변동에 대한 압력변화가 크다.
② 증기의 발생 열량이 크다.
③ 외분식이어서 연료의 질에 장애를 받지 않는다.
④ 전열 면적이 커서 증기의 발생이 빠르다.
⑤ 관수의 순환이 빠르고 효율이 좋다.
⑥ 급수처리가 까다롭다.
⑦ 구조가 복잡하여 청소, 검사, 수리가 곤란하다.

11

보일러 피드백제어에서 동작신호를 받아 규정된 동작을 하기 위해 조작신호를 만들어 조작부에 보내는 부분은?
① 조절부
② 제어부
③ 비교부
④ 검출부

해설 피드백 제어 : 출력측의 신호를 입력측으로 되돌려 정정동작을 하는 제어
① 제어량 : 제어대상에 대한 전체량 가운데 제어코자 하는 목적의 량
② 제어대상 : 제어를 행하려는 대상물
③ 목표값 : 제어의 출력이 소정의 값을 만족하도록 목표를 세운 외부에서 주어진 값

9. ③ 10. ③ 11. ①

④ 검출부 : 제어대상으로부터 압력이나 온도, 유량 등의 제어량을 검출하여 신호로 만드는 역할을 하는 부분
⑤ 조절부 : 동작신호를 받아 규정된 동작을 하기 위해 조작신호를 만들어 조작부로 보내는 부분
⑥ 조작부 : 실제의 제어대상에 그 역할을 하는 부분으로 조작신호를 받아서 조작량으로 변환한다.
⑦ 외란 : 제어계를 혼란시키는 외적작용으로 가스유량, 탱크주위온도, 가스공급압, 공급온도 및 목표값 변경 등의 변화를 말한다.
⑧ 기준입력 : 목표값과 피드백신호를 비교하기 위하여 주피드백신호와 같은 종류의 신호로 목표값을 변화시켜 제어계의 폐쇄루프에 입력하는 입력신호를 말한다.
⑨ 동작신호 : 주피드백량과 기준입력을 비교하여 얻어들여진 편차량신호를 말하는 것으로 조절부에 입력이 되는 것이다.
⑩ 주피드백량 : 제어량을 목표값과 비교하기 위한 피드백 신호를 말한다.
⑪ 제어편차 : 목표값에서 제어량의 값을 뺀 값.
+ 자동제어계의 동작순서 : 검출 → 비교 → 판단 → 조작

12
다음 중 수관식 보일러에 속하는 것은?
① 기관차 보일러
② 코르니쉬 보일러
③ 다쿠마 보일러
④ 랑카샤 보일러

해설 수관식 보일러
① 자연순환식 : 바브콕, 쓰네기찌, 타꾸마, 2동D형, 3동A형
② 강제순환식 : 벨록스, 라몽
③ 관류식 : 슐처, 옛모스, 벤숀, 람진

13
게이지 압력이 1.57 MPa이고 대기압이 0.103 MPa일 때 절대압력은 몇 MPa인가?
① 1.467
② 1.673
③ 1.783
④ 2.008

해설 절대압력 = 게이지압력 + 대기압 = 1.57+0.103 = 1.673 MPa

14
매시간 1500 kg의 연료를 연소시켜서 시간당 11000 kg의 증기를 발생시키는 보일러의 효율은 몇 %인가? (단, 연료의 발열량은 6000 kcal/kg, 발생증기의 엔탈피는 742 kcal/kg, 급수의 엔탈피는 20 kcal/kg이다.)
① 88%
② 80%
③ 78%
④ 70%

해설 효율 $= \dfrac{G \times (h'' - h')}{G_f \times H_l} \times 100 = \dfrac{11000 \times (742 - 20)}{1500 \times 6000} \times 100 = 88.24\%$

15 연소용 공기를 노의 앞에서 불어 넣으므로 공기가 차고 깨끗하며 송풍기의 고장이 적고 점검 수리가 용이한 보일러의 강제통풍 방식은?

① 압입통풍   ② 흡입통풍   ③ 자연통풍   ④ 수직통풍

해설 강제통풍방식
① 압입통풍방식 : ㉠ 연소실입구설치 ㉡ 배기가스유속 8 m/sec 이하
② 흡입통풍방식 : ㉠ 연도중심부 ㉡ 배기가스유속 8~10 m/sec 이하
③ 평형통풍방식 : ㉠ 연소실 입구 + 연도중심부
　　　　　　　㉡ 배기가스 유속 10 m/sec 초과
　　　　　　　㉢ 가장강한 통풍력을 얻을 수 있다.

16 가스용 보일러의 연소방식 중에서 연료와 공기를 각각 연소실에 공급하여 연소실에서 연료와 공기가 혼합되면서 연소하는 방식은?

① 확산연소식   ② 예혼합연소식
③ 복열혼합연소식   ④ 부분예혼합연소식

17 액화석유가스(LPG)의 특징에 대한 설명 중 틀린 것은?

① 유황분이 없으며 유독성분도 없다.
② 공기보다 비중이 무거워 누설 시 낮은 곳에 고여 인화 및 폭발성이 크다.
③ 연소 시 액화천연가스(LNG)보다 소량의 공기로 연소한다.
④ 발열량이 크고 저장이 용이하다.

해설 액화석유가스의 특징
① 발열량이 크고 저장이 용이하다.
② LNG보다 다량의 공기가 필요하다.
③ 공기보다 비중이 무거워 누설시 낮은 곳에 고여 인화 및 폭발의 위험이 있다.
④ 유황분이 없으며 유독성분도 없다.
⑤ 연소범위가 좁다.
⑥ 발화온도가 높다.

18 액면계 중 직접식 액면계에 속하는 것은?

① 압력식   ② 방사선식   ③ 초음파식   ④ 유리관식

해설 직접식 액면계
① 부자식 (플로우식)   ② 직관식 (유리관식)

15. ①   16. ①   17. ③   18. ④

19 분출밸브의 최고사용압력은 보일러 최고사용압력의 몇 배 이상이어야 하는가?
① 0.5배
② 1.0배
③ 1.25배
④ 2.0배

20 증기 또는 온수 보일러로써 여러 개의 섹션(section)을 조합하여 제작하는 보일러는?
① 열매체 보일러
② 강철제 보일러
③ 관류 보일러
④ 주철제 보일러

> 해설 주철제 보일러 특징
> ① 섹션증감으로 용량조절이 가능
> ② 저압이므로 파열시 피해가 적다.
> ③ 내식, 내열성이 우수
> ④ 복잡한 구조로 제작이 가능
> ⑤ 열에 의한 부동팽창으로 균열이 생기기 쉽다.
> ⑥ 고압, 대용량에 부적합하다.
> ⑦ 구조가 복잡하므로 내부청소 및 검사 곤란
> ⑧ 인장 및 충격에 약하다.

21 증기난방시공에서 관말 증기 트랩 장치의 냉각래그(cooling leg) 길이는 일반적으로 몇 m 이상으로 해주어야 하는가?
① 0.7 m
② 1.0 m
③ 1.5 m
④ 2.5 m

> 해설 냉각레그
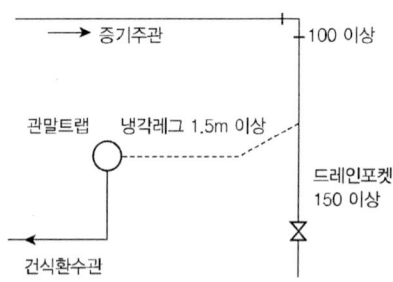

22 드럼 없이 초임계압력 하에서 증기를 발생시키는 강제순환 보일러는?
① 특수 열매체 보일러
② 2중 증발 보일러
③ 연관 보일러
④ 관류 보일러

정답 19. ③ 20. ④ 21. ③ 22. ④

해설 관류보일러 : 드럼없이 초임계압력하에서 증기를 발생시키는 보일러
· 종류 : 슬처, 옛모스 벤숀, 람진

23
연료유 탱크에 가열장치를 설치한 경우에 대한 설명으로 틀린 것은?
① 열원에는 증기, 온수, 전기 등을 사용한다.
② 전열식 가열장치에 있어서는 직접식 또는 저항밀봉피복식의 구조로 한다.
③ 온수, 증기 등의 열매체가 동절기에 동결할 우려가 있는 경우에는 동결을 방지하는 조치를 취해야 한다.
④ 연료유 탱크의 기름 취출구 등에 온도계를 설치하여야 한다.

24
보일러 급수예열기를 사용할 때의 장점을 설명한 것으로 틀린 것은?
① 보일러의 증발능력이 향상된다.
② 급수 중 불순물의 일부가 제거된다.
③ 증기의 건도가 향상된다.
④ 급수와 보일러수와의 온도 차이가 적어 열응력 발생을 방지한다.

해설 급수예열기 사용시 장점
① 보일러의 증발능력이 향상된다.
② 급수중의 불순물의 일부가 향상된다.
③ 급수와 보일러수의 온도 차이가 적어 열응력 발생 방지

25
보일러 연료 중에서 고체연료를 원소 분석하였을 때 일반적인 주성분은? (단, 중량 %를 기준으로 한 주성분을 구한다.)
① 탄소
② 산소
③ 수소
④ 질소

26
보일러 자동제어 신호전달 방식 중 공기압 신호전송의 특징 설명으로 틀린 것은?
① 배관이 용이하고 보존이 비교적 쉽다.
② 내열성이 우수하나 압축성이므로 신호전달에 지연된다.
③ 신호전달 거리가 100~150 m 정도이다.
④ 온도제어 등에 부적합하고 위험이 크다.

23. ② 24. ③ 25. ① 26. ④

신호전달방식
① 공기압식
  ㉠ 사용조작압력 0.2~1 kg/cm² ㉡ 배관보존이 용이하고 비교적 쉽다.
  ㉢ 신호전달거리가 100~150 m ㉣ 신호전달의 지연이 있다.
  ㉤ 온도제어에 적합하고 위험성이 없다.
② 유압식
  ㉠ 사용조작압력 0.2~1 kg/cm² ㉡ 신호전달거리 150~300 m
  ㉢ 인화의 위험성이 있다. ㉣ 높은 유압이 필요하다.
③ 전기식
  ㉠ 신호전달의 지연이 없고 배선이 용이 ㉡ 신호전달거리 300~10000 m
  ㉢ 높은 기술을 요하며 가격이 비싸다. ㉣ 대규모 조작력이 필요한 경우 사용

27. 증기의 압력을 높일 때 변하는 현상으로 틀린 것은?
① 현열이 증대한다.
② 증발 잠열이 증대한다.
③ 증기의 비체적이 증대한다.
④ 포화수 온도가 높아진다.

 증기압력을 높일 때 : 증발잠열감소

28. 보일러 자동제어의 급수제어(F.W.C)에서 조작량은?
① 공기량 ② 연료량
③ 전열량 ④ 급수량

제어량과 조작량의 관계

제어	제어량	조작량
S.T.C	과열증기온도	전열량
F.W.C	보일러수위	급수량
A.C.C	증기압력계제어	연료량, 공기량
	노내압력계제어	연소가스량, 송풍량

29. 물의 임계압력은 약 몇 kgf/cm²인가?
① 175.23 ② 225.65 ③ 374.15 ④ 539.75

• 물의 임계압력 : 225.65 kg/cm²
• 물의 임계 압력 하에서의 잠열 : 0 kcal/kg
• 물의 임계온도 : 374.15℃

정답 27. ② 28. ④ 29. ②

30 경납땜의 종류가 아닌 것은?
① 황동납   ② 인동납   ③ 은납   ④ 주석-납

> **해설** 경납땜의 종류
> ① 은납 : 은+구리+아연 주성분
> ② 황동납 : 구리+아연
> ③ 인동납 : 구리가 주성분
> ④ 망간납 : 구리+망간
> ⑤ 양은납 : 구리+아연+니켈
> ⑥ 알루미늄납 : 규소+구리

31 보일러에서 발생한 증기 또는 온수를 건물의 각 실내에 설치된 방열기에 보내어 난방하는 방식은?
① 복사난방법   ② 간접난방법
③ 온풍난방법   ④ 직접난방법

32 보일러수 중에 함유된 산소에 의해서 생기는 부식의 형태는?
① 점식   ② 가성취화
③ 그루빙   ④ 전면부식

> **해설** 용존산소 : 점식의 원인

33 보일러 사고의 원인 중 취급상의 원인이 아닌 것은?
① 부속장치 미비
② 최고 사용압력의 초과
③ 저수위로 인한 보일러의 과열
④ 습기나 연소가스 속의 부식성 가스로 인한 외부부식

> **해설** 취급상의 원인
> ① 역화   ② 저수위   ③ 압력초과   ④ 부식   ⑤ 과열

34 보일러 점화 시 역화가 발생하는 경우와 가장 거리가 먼 것은?
① 댐퍼를 너무 조인 경우나 흡입통풍이 부족할 경우
② 적정공기비로 점화한 경우
③ 공기보다 먼저 연료를 공급했을 경우
④ 점화할 때 착화가 늦어졌을 경우

30. ④   31. ④   32. ①   33. ①   34. ②

해설 역화의 원인
① 프리퍼지 및 포스트퍼지 부족 시
② 점화시 착화가 늦은 경우
③ 공기보다 연료먼저 투입 시
④ 압입통풍이 강할 때
⑤ 흡입통풍이 약할 때
⑥ 2차공기의 예열 부족 시

35 온수난방 배관 시공법에 대한 설명 중 틀린 것은?
① 배관구배는 일반적으로 1/250 이상으로 한다.
② 배관 중에 공기가 모이지 않게 배관한다.
③ 온수관의 수평배관에서 관경을 바꿀 때는 편심이음쇠를 사용한다.
④ 지관이 주관 아래로 분기될 때는 90°이상으로 끝올림 구배로 한다.

해설 지관이 주관 아래로 분기될 때는 45° 이상으로 끝내림 구배로 한다.

36 방열기내 온수의 평균온도 80℃, 실내온도 18℃, 방열계수 7.2kcal/m² . h . ℃인 경우 방열기 방열량은 얼마인가?
① 346.4 kcal/m² . h
② 446.4 kcal/m² . h
③ 519 kcal/m² . h
④ 560 kcal/m² . h

해설 방열기 방열량 = 방열계수 × (평균온도-실내온도) = 7.2 × (80-18) = 446.4

37 배관의 이동 및 회전을 방지하기 위해 지지점 위치에 완전히 고정시키는 장치는?
① 앵커
② 써포트
③ 브레이스
④ 행거

해설 배관의 지지
(1) 서포트(support) : 배관의 하중을 밑에서 떠받쳐 지지해 주는 장치이다.
① 파이프 슈(pipe shoe) : 관에 직접 접속하는 지지구로 수평배관과 수직배관의 연결부에 사용된다.
② 리지드 서포트(rigid support) : H비임이나 I비임으로 받침을 만들어 지지한다.
③ 스프링 서포트(spring support) : 스프링의 탄성에 의해 상하 이동을 허용한 것이다.
④ 롤러 서포트(roller support) : 관의 축 방향의 이동을 허용한 지지구이다.

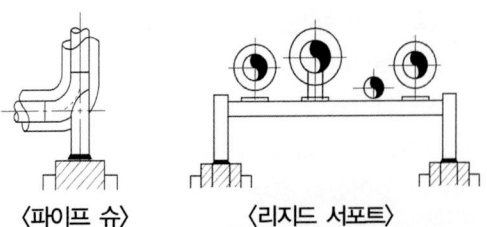

〈파이프 슈〉　〈리지드 서포트〉

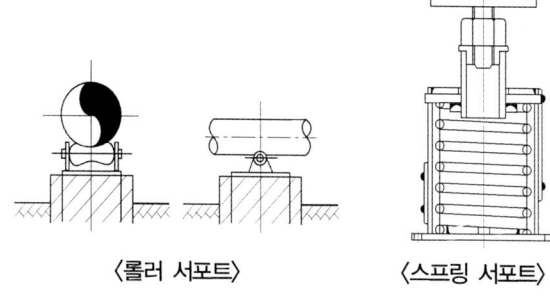

〈롤러 서포트〉　　〈스프링 서포트〉

(2) 리스트레인(restrain) : 열팽창에 의한 배관의 상하·좌우 이동을 구속 또는 제한하는 장치이다.
　① 앵커(anchor) : 리지드 서포트의 일종으로 관의 이동 및 회전을 방지하기 위해 지지점에 완전히 고정하는 장치이다.
　② 스톱(stop) : 배관의 일정한 방향과 회전만 구속하고 다른 방향은 자유롭게 이동하게 하는 장치이다.
　③ 가이드(guide) : 배관의 곡관부분이나 신축 조인트부분에 설치하는 것으로 회전을 제한하거나 축방향의 이동을 허용하며 직각방향으로 구속하는 장치이다.

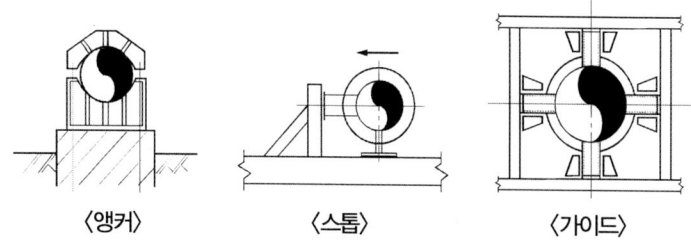

〈앵커〉　　〈스톱〉　　〈가이드〉

38
보일러 산세정의 순서로 옳은 것은?
① 전처리 → 산액처리 → 수세 → 중화방청 → 수세
② 전처리 → 수세 → 산액처리 → 수세 → 중화방청
③ 산액처리 → 수세 → 전처리 → 중화방청 → 수세
④ 산액처리 → 전처리 → 수세 → 중화방청 → 수세

해설 산세정순서
알카리처리 → 수세 → 산처리 → 수세 → 중화처리 → 수세 → 방청처리 → 수세

39
땅속 또는 지상에 배관하여 압력상태 또는 무압력 상태에서 물의 수송 등에 주로 사용되는 덕 타일 주철관을 무엇이라 부르는가?
① 회주철관
② 구상흑연 주철관
③ 모르타르 주철관
④ 사형 주철관

38. ② 39. ②

40 보일러 과열의 요인 중 하나인 저수위의 발생 원인으로 거리가 먼 것은?
① 분출밸브의 이상으로 보일러수가 누설
② 급수장치가 증발능력에 비해 과소한 경우
③ 증기 토출량이 과소한 경우
④ 수면계의 막힘이나 고장

해설 저수위 발생 원인
① 급수펌프의 불량
② 급수장치가 증발능력에 비해 과소시
③ 수면계 막힘이나 과소시
④ 분출밸브의 이상으로 관수누설시

41 보일러의 설치·시공기준 상 가스용 보일러의 연료 배관 시 배관의 이음부와 전기계량기 및 전기개폐기와의 유지 거리는 얼마인가? (단, 용접이음매는 제외한다.)
① 15 cm 이상 ② 30 cm 이상
③ 45 cm 이상 ④ 60 cm 이상

해설 유지거리
① 전선 : 15 cm 이상
② 접속기, 점멸기, 굴뚝 : 30 cm 이상
③ 안전기, 계량기, 개폐기, 콘센트 : 60 cm 이상

42 다음 보온재 중 안전사용온도가 가장 높은 것은?
① 펠트 ② 암면
③ 글라스울 ④ 세라믹 화이버

해설 안전사용온도
① 탄산마그네슘 : 250℃ 이하
② 그라스울 : 300℃ 이하
③ 석면 400℃ 이하
④ 규조토 : 500℃ 이하
⑤ 암면 : 600℃ 이하
⑥ 규산칼슘, 펄라이트 : 650℃ 이하
⑦ 실리카 화이버 : 1100℃ 이하
⑧ 세라믹 화이버 : 1300℃ 이하

43 동관 끝을 원형으로 정형하기 위해 사용하는 공구는?
① 사이징 툴 ② 익스펜더
③ 리머 ④ 튜브벤더

정답 40. ③ 41. ④ 42. ④ 43. ①

해설 동관용 공구

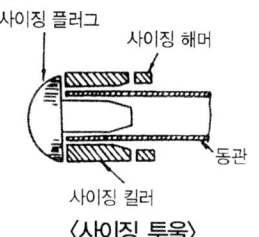
〈사이징 투울〉

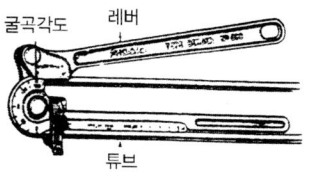
〈튜브 벤더〉

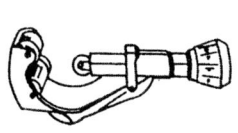
〈튜브 커터〉

〈플레어링 투울〉

① 사이징 투울 : 동관의 끝을 정확하게 원형으로 가공하는 공구
② 튜브 벤더 : 동관 굽힘용 공구
③ 익스펜더 : 동관의 확관용 공구
④ 플레어링 투울 : 동관의 압축 접합용 공구

44

어떤 건물의 소요 난방부하가 45000 kcal/h이다. 주철제 방열기로 증기난방을 한다면 약 몇 쪽(section)의 방열기를 설치해야 하는가? (단, 표준방열량으로 계산하며, 주철제 방열기의 쪽당 방열면적은 0.24 m²이다.)

① 156쪽
② 254쪽
③ 289쪽
④ 315쪽

해설 쪽수 = $\dfrac{\text{난방부하}}{\text{방열기방열량} \times \text{쪽당방열면적}} = \dfrac{45000}{650 \times 0.24} = 288.46$쪽

45

단열재를 사용하여 얻을 수 있는 효과에 해당하지 않는 것은?
① 축열용량이 작아진다.
② 열전도율이 작아진다.
③ 노 내의 온도분포가 균일하게 된다.
④ 스폴링 현상을 증가시킨다.

해설 스폴링 현상(박락현상) : 내화벽돌이 얇게 금이가는 현상

46 증기난방방식을 응축수환수법에 의해 분류하였을 때 해당되지 않는 것은?

① 중력환수식　　　　　　　② 고압환수식
③ 기계환수식　　　　　　　④ 진공환수식

해설 응출수환수법
　① 중력환수식
　② 기계환수식
　③ 진공환수식

47 보일러의 계속사용검사기준에서 사용 중 검사에 대한 설명으로 거리가 먼 것은?

① 보일러 지지대의 균열, 내려앉음, 지지부재의 변형 또는 파손 등 보일러의 설치상태에 이상이 없어야 한다.
② 보일러와 접속된 배관, 밸브 등 각종 이음부에는 누기, 누수가 없어야 한다.
③ 연소실 내부가 충분히 청소된 상태이어야 하고, 축로의 변형 및 이탈이 없어야 한다.
④ 보일러 동체는 보온 및 케이싱이 분해되어 있어야 하며, 손상이 약간 있는 것은 사용해도 관계가 없다.

48 보일러 운전정지의 순서를 바르게 나열한 것은?

가. 댐퍼를 닫는다.　　　　　　나. 공기의 공급을 정지한다.
다. 급수 후 급수펌프를 정지한다.　라. 연료의 공급을 정지한다.

① 가 → 나 → 다 → 라　　　② 가 → 라 → 나 → 다
③ 라 → 가 → 나 → 다　　　④ 라 → 나 → 다 → 가

해설 운전정지순서
연료공급정지 → 공기공급정지 → 급수펌프정지 → 댐퍼를 닫는다.

49 보일러 점화 전 자동제어장치의 점검에 대한 설명이 아닌 것은?

① 수위를 올리고 내려서 수위검출기 기능을 시험하고, 설정된 수위 상한 및 하한에서 정확하게 급수펌프가 기동, 정지하는지 확인한다.
② 저수탱크 내의 저수량을 점검하고 충분한 수량인 것을 확인한다.
③ 저수위경보기가 정상작동 하는 것을 확인한다.
④ 인터록계통의 제한기는 이상 없는지 확인한다.

50

상용 보일러의 점화전 준비사항과 관련이 없는 것은?
① 압력계 지침의 위치를 점검한다.
② 분출밸브 및 분출콕크를 조작해서 그 기능이 정상인지 확인한다.
③ 연소장치에서 연료배관, 연료펌프 등의 개폐상태를 확인한다.
④ 연료의 발열량을 확인하고, 성분을 점검한다.

 점화전 준비사항
① 자동제어장치의 점검
② 연료 및 연소계통의 점검
③ 분출 및 분출계통의 점검
④ 수위점검
⑤ 프리퍼지 점검

51

주철제 방열기를 설치할 때 벽과의 간격은 약 몇 mm 정도로 하는 것이 좋은가?
① 10~30
② 50~60
③ 70~80
④ 90~100

 • 주철제 방열기 벽과의 간격 : 50~60 mm
• 주철제 방열기 지면으로부터 : 150 mm

52

보일러수 속에 유지류, 부유물 등의 농도가 높아지면 드럼수면에 거품이 발생하고, 또한 거품이 증가하여 드럼의 증기실에 확대되는 현상은?
① 포밍
② 프라이밍
③ 워터 해머링
④ 프리퍼지

해설 • 프라이밍 : 과열, 고수위 압력변화 등으로 인해 수면에서 물방울이 튀어오르며 수면을 불안정하게 만드는 현상
• 프리퍼지 : 점화전 댐퍼를 열고 연소실 연도내의 가연성가스를 송풍기를 이용 내보내는 것
• 수격작용(워터햄머링) : 주증기밸브 급개로 인한 관내응축수가 관벽을 치는 현상

53

보일러에서 라미네이션(lamination)이란?
① 보일러 본체나 수관 등이 사용 중에 내부에서 2장의 층을 형성한 것
② 보일러 강판이 화염에 닿아 불룩 튀어 나온 것
③ 보일러 동에 작용하는 응력의 불균일로 동의 일부가 함몰된 것
④ 보일러 강판이 화염에 접촉하여 점식된 것

50. ④ 51. ② 52. ① 53. ①

54 벨로즈형 신축이음쇠에 대한 설명으로 틀린 것은?
① 설치 공간을 넓게 차지하지 않는다.
② 고온, 고압 배관의 옥내배관에 적당하다.
③ 일명 팩레스(pack less)신축이음쇠 라고도 한다.
④ 벨로즈는 부식되지 않는 스테인리스, 청동 제품 등을 사용한다.

해설 고온, 고압배관에 적당한 것은 루프형 신축 이음

55 에너지이용합리화법상 에너지를 사용하여 만드는 제품의 단위당 에너지사용목표량 또는 건축물의 단위면적당 에너지사용목표량을 정하여 고시하는 자는?
① 산업통상자원부장관
② 에너지관리공단 이사장
③ 시·도지사
④ 고용노동부장관

해설 제품단위 당 에너지 사용목표량 : 산업통상자원부장관

56 에너지다소비사업자가 매년 1월 31일까지 신고해야 할 사항에 포함되지 않는 것은?
① 전년도의 분기별 에너지사용량·제품생산량
② 해당 연도의 분기별 에너지사용예정량·제품생산예정량
③ 에너지사용기자재의 현황
④ 전년도의 분기별 에너지 절감량

해설 에너지다소비업자의 신고
　　① 전년도의 에너지 사용량, 제품생산량
　　② 전년도의 에너지 이용합리화 실적 및 해당연도의 계획
　　③ 에너지 관리자의 현황
　　④ 에너지 사용기자재의 현황
　　⑤ 당해 연도의 에너지사용예정량 및 제품생산 예정량

57 정부는 국가전략을 효율적·체계적으로 이행하기 위하여 몇 년마다 저탄소 녹색성장 국가전략 5개년 계획을 수립하는가?
① 2년　　② 3년
③ 4년　　④ 5년

정답　54. ②　55. ①　56. ④　57. ④

58 에너지이용합리화법에서 정한 검사에 합격 되지 아니한 검사대상기기를 사용한 자에 대한 벌칙은?

① 1년 이하의 징역 또는 1천만 원 이하의 벌금
② 2년 이하의 징역 또는 2천만 원 이하의 벌금
③ 3년 이하의 징역 또는 3천만 원 이하의 벌금
④ 4년 이하의 징역 또는 4천만 원 이하의 벌금

해설 벌칙
① 2년 이상의 징역 또는 2천만원 이하의 벌금
  ㉠ 에너지저장시설의 보유 또는 저장의무의 부과시 정당한 이유 없이 이를 거부하거나 이행하지 아니한 자
  ㉡ 에너지수급의 안정을 기하기 위한 조정·명령 등의 조치를 위반한 자
  ㉢ 공단의 임직원으로 근무하거나 근무하였던 사람이 직무상 알게 된 비밀을 누설하거나 도용한 자
② 1년 이하의 징역 또는 1천만원이하의 벌금
  ㉠ 검사대상기기의 검사를 받지 아니한 자
  ㉡ 검사에 합격되지 아니한 검사대상기기를 사용한 자
③ 2천만원 이하의 벌금
  ㉠ 효율 관리 기자재의 생산 또는 판매금지 명령에 위반한 자
④ 1천만원 이하의 벌금
  ㉠ 검사대상기기조정자를 선임하지 아니한 자
⑤ 500만원 이하의 벌금
  ㉠ 효율관리기자재에 대한 에너지사용량의 측정결과를 신고하지 아니한 자
  ㉡ 대기전력경고표지대상제품에 대한 측정결과를 신고하지 아니한 자
  ㉢ 대기전력경고표지를 하지 아니한 자
  ㉣ 대기전력저감우수제품임을 표시하거나 거짓 표시를 한 자
  ㉤ 대기전력저감기준에 미달하는 경우 시정명령을 정당한 사유 없이 이행하지 아니한 자
  ㉥ 고효율에너지인증대상기자재의 인증을 받은 자가 아닌 자는 해당 고효율에너지인증대상기자재에 고효율에너지기자재의 인증 표시를 위반하여 인증 표시를 한 자

59 에너지이용 합리화법상 대기전력경고표지를 하지 아니한 자에 대한 벌칙은?

① 2년 이하의 징역 또는 2천만 원 이하의 벌금
② 1년 이하의 징역 또는 1천만 원 이하의 벌금
③ 5백만 원 이하의 벌금
④ 1천만 원 이하의 벌금

58. ① 59. ③

60 신에너지 및 재생에너지 개발·이용·보급·촉진법에 따라 건축물인증기관으로부터 건축물인증을 받지 아니하고 건축물인증의 표시 또는 이와 유사한 표시를 하거나 건축물인증을 받은 것으로 홍보한 자에 대해 부과하는 과태료 기준으로 맞는 것은?

① 5백만 원 이하의 과태료 부과
② 1천만 원 이하의 과태료 부과
③ 2천만 원 이하의 과태료 부과
④ 3천만 원 이하의 과태료 부과

2015년 제2회 에너지관리기능사 출제문제

01 노통연관식 보일러에서 노통을 한쪽으로 편심시켜 부착하는 이유로 가장 타당한 것은?
① 전열면적을 크게 하기 위해서
② 통풍력의 증대를 위해서
③ 노통의 열신축과 강도를 보강하기 위해서
④ 보일러수를 원활하게 순환하기 위해서

해설 노통연관식 보일러에서 노통을 한쪽으로 편심시켜 부착하는 이유 : 관수순환 촉진

02 스프링식 안전밸브에서 전양정식의 설명으로 옳은 것은?
① 밸브의 양정이 밸브시트 구경의 1/40~1/15 미만인 것
② 밸브의 양정이 밸브시트 구경의 1/15~1/7 미만인 것
③ 밸브의 양정이 밸브시트 구경의 1/7 이상인 것
④ 밸브시트 증기통로 면적은 목부분 면적의 1.05배 이상인 것

해설 스프링식 안전밸브 유량제한
① 저양정식 : 안전밸브의 리프트가 시트지름의 $\frac{1}{40}$ 이상 $\frac{1}{15}$ 미만인 것
② 고양정식 : 안전밸브의 리프트가 시트지름의 $\frac{1}{15}$ 이상 $\frac{1}{7}$ 미만인 것
③ 전양정식 : 안전밸브의 리프트가 시트지름의 $\frac{1}{7}$ 이상인 것
④ 전양식 : 시트지름이 목부지름보다 1.15배 이상인 것

03 2차 연소의 방지대책으로 적합하지 않은 것은?
① 연도의 가스 포켓이 되는 부분을 없앨 것
② 연소실 내에서 완전연소 시킬 것
③ 2차 공기온도를 낮추어 공급할 것
④ 통풍조절을 잘 할 것

1. ④ 2. ③ 3. ③

04. 보기에서 설명한 송풍기의 종류는?

㉮ 경향 날개형이며 6~12매의 철판제 직선날개를 보스에서 방사한 스포우크에 리벳 죔을 한 것이며, 측판이 있는 임펠러와 측판이 없는 것이 있다.
㉯ 구조가 견고하며 내마모성이 크고 날개를 바꾸기도 쉬우며 회진이 많은 가스의 흡출통풍기, 미분탄 장치의 배탄기 등에 사용된다.

① 터보송풍기 ② 다익송풍기
③ 축류송풍기 ④ 플레이트송풍기

해설 송풍기
① 터보송풍기(후향 날개)
  ㉠ 고속회전으로 소음이 크다.   ㉡ 풍압이 높다.
  ㉢ 효율이 높고 설치면적도 크게 차지한다.   ㉣ 대형이며 가격이 비싸다.
② 플레이트 송풍기
  ㉠ 효율이 높다.   ㉡ 풍압이 낮다.
③ 다익송풍기(전향날개)
  ㉠ 효율이 낮다.   ㉡ 설치면적이 적다.
  ㉢ 소형, 경량이며 값이 싸다.   ㉣ 저정압, 저회전에 적합하다.

05. 연도에서 폐열회수장치의 설치순서가 옳은 것은?

① 재열기 → 절탄기 → 공기예열기 → 과열기
② 과열기 → 재열기 → 절탄기 → 공기예열기
③ 공기예열기 → 과열기 → 절탄기 → 재열기
④ 절탄기 → 과열기 → 공기예열기 → 재열기

해설 폐열회수장치(예열장치) 설치 순서
과열기 → 재열기 → 절탄기 → 공기예열기

06. 수관식 보일러 종류에 해당되지 않는 것은?

① 코르니시 보일러 ② 슐처 보일러
③ 다쿠마 보일러   ④ 라몬트 보일러

해설 수관식 보일러의 종류
① 자연순환식 수관 보일러 : 바브콕, 쓰내기찌, 타꾸마, 2동D형, 3동A형
② 강제순환식 수관 보일러 : 벨록스, 라몽
③ 관류식 수관 보일러 : 슐처, 옛모스, 벤숀, 람진

정답 4. ④ 5. ② 6. ①

07
탄소(C) 1 kmol이 완전 연소하여 탄산가스(CO_2)가 될 때, 발생하는 열량은 몇 kcal인가?
① 29200　　② 57600　　③ 68600　　④ 97200

 C + O_2 → CO_2 + 97200 kcal/kmol
H_2 + $\frac{1}{2}O_2$ → H_2O → 68000 kcal/kmol
S + O_2 → SO_2 + 80000 kcal/kmol

08
일반적으로 보일러의 열손실 중에서 가장 큰 것은?
① 불완전연소에 의한 손실
② 배기가스에 의한 손실
③ 보일러 본체 벽에서의 복사, 전도에 의한 손실
④ 그을음에 의한 손실

해설 출열(열손실)
① 배기가스 손실열(손실열중 가장 크다)
② 불완전연소에 의한 손실열
③ 방산에 의한 손실열
④ 발생증기 보유열(이용이 가능한 열)

09
압력이 일정할 때 과열 증기에 대한 설명으로 가장 적절한 것은?
① 습포화 증기에 열을 가해 온도를 높인 증기
② 건포화 증기에 압력을 높인 증기
③ 습포화 증기에 과열도를 높인 증기
④ 건포화 증기에 열을 가해 온도를 높인 증기

해설 과열증기 : 건포화증기에 열을 가해 온도를 높인 증기

10
기름예열기에 대한 설명 중 옳은 것은?
① 가열온도가 낮으면 기름분해와 분무상태가 불량하고 분사각도가 나빠진다.
② 가열온도가 높으면 불길이 한 쪽으로 치우쳐 그을음, 분진이 일어나고 무화상태가 나빠진다.
③ 서비스탱크에서 점도가 떨어진 기름을 무화에 적당한 온도로 가열시키는 장치이다.
④ 기름예열기에서의 가열온도는 인화점보다 약간 높게 한다.

7. ④　8. ②　9. ④　10. ③

11 보일러의 자동제어 중 제어동작이 연속동작에 해당하지 않는 것은?
① 비례동작　　　　　② 적분동작
③ 미분동작　　　　　④ 다위치 동작

해설
• 연속동작 : ① 비례동작　② 적분동작　③ 미분동작
　　　　　　④ 비례, 적분동작　⑤ 비례, 적분, 미분 동작
• 불연속 동작 : ① 이위치 동작　② 다위치 동작　③ 불연속속도 조작

12 바이패스(by-pass)관에 설치해서는 안 되는 부품은?
① 플로트트랩　　　　② 연료차단밸브
③ 감압밸브　　　　　④ 유류배관의 유량계

13 다음 중 압력의 단위가 아닌 것은?
① mmHg　　　　　　② bar
③ N/m²　　　　　　　④ kg·m/s

해설
압력의 단위 : kg/cm², KPa, MPa, inHg, mmH₂O, bar, mmHg, N/m², Pa, CmHg, mH₂O 등

14 보일러에 부착하는 압력계에 대한 설명으로 옳은 것은?
① 최대증발량이 10 t/h 이하인 관류보일러에 부착하는 압력계는 눈금판의 바깥지름을 50 mm 이상으로 할 수 있다.
② 부착하는 압력계의 최고 눈금은 보일러의 최고사용압력의 1.5배 이하의 것을 사용한다.
③ 증기보일러에 부착하는 압력계 눈금판의 바깥지름은 80 mm 이상의 크기로 한다.
④ 압력계를 보호하기 위하여 물을 넣은 안지름 6.5 mm 이상의 사이폰관 또는 동등한 장치를 부착하여야 한다.

해설
① 최대 증발량이 10 t/h 이하인 관류보일러에 부착하는 압력계는 눈금판의 바깥지름을 100 mm 이상으로 할 수 있다.
② 부착하는 압력계는 최고눈금은 보일러의 최고사용압력의 1.5배 이상 3배 이하
③ 증기보일러에 부착하는 압력계의 바깥지름은 100 mm 이상으로 할 것

정답 11. ④   12. ②   13. ④   14. ④

15

수트 블로워 사용에 관한 주의사항으로 틀린 것은?

① 분출기 내의 응축수를 배출시킨 후 사용할 것
② 그을음 불어내기를 할 때는 통풍력을 크게 할 것
③ 원활한 분출을 위해 분출하기 전 연도 내 배풍기를 사용하지 말 것
④ 한 곳에 집중적으로 사용하여 전열면에 무리를 가하지 말 것

해설 슈트블로워 사용시 주의사항
① 부하가 적거나 (50% 이하) 소화 후 사용하지 말 것
② 분출하기 전 연도 내 배풍기를 사용유인 통풍을 증가시킬 것
③ 한곳에 집중적으로 사용하여 전열면에 무리를 가하지 말 것
④ 분출기내의 응축수를 배출시킨 후 사용할 것

16

수관보일러의 특징에 대한 설명으로 틀린 것은?

① 자연순환식 고압이 될수록 물과의 비중차가 적어 순환력이 낮아진다.
② 증발량이 크고 수부가 커서 부하변동에 따른 압력변화가 적으며 효율이 좋다.
③ 용량에 비해 설치면적이 적으며 과열기, 공기예열기 등 설치와 운반이 쉽다.
④ 구조상 고압 대용량에 적합하며 연소실의 크기를 임의로 할 수 있어 연소상태가 좋다.

해설 수관보일러의 특징
① 고압대용량에 적합하다.
② 연소실의 크기를 임의로 할 수 있어 연소상태 좋음
③ 부하변동에 대한 압력변화가 크다.
④ 효율이 매우 좋다.
⑤ 내부구조가 콤펙트하여 연소가스의 대류나 복사전열이 잘 이루어진다.
⑥ 설치면적이 적고 발생열량이 크다.
⑦ 구조가 복잡하여 청소, 검사, 수리가 곤란하다.
⑧ 급수처리가 까다롭다.
⑨ 제작이 까다로우며 비용도 많이 든다.

17

연통에서 배기되는 가스량이 2500 kg/h이고, 배기가스 온도가 230℃, 가스의 평균비열이 0.31 kcal/kg·℃, 외기온도가 18℃이면, 배기가스에 의한 손실열량은?

① 164300 kcal/h
② 174300 kcal/h
③ 184300 kcal/h
④ 194300 kcal/h

해설 손실열량 = $G \cdot C \cdot \Delta t$ = $2500 \times 0.31 \times (230-18)$ = 164300 kcal/h

15. ③ 16. ② 17. ①

18 보일러 집진장치의 형식과 종류를 짝지은 것 중 틀린 것은?
① 가압수식 - 제트 스크러버
② 여과식 - 충격식 스크러버
③ 원심력식 - 사이클론
④ 전기식 - 코트렐

해설 여과식 : 백필터

19 연소효율이 95%, 전열효율이 85%인 보일러의 효율은 약 몇 %인가?
① 90 ② 81 ③ 70 ④ 61

해설 보일러 효율 : 연소효율 × 전열효율 × 100 = 0.95 × 0.85 × 100 = 81%

20 소형연소기를 실내에 설치하는 경우, 급배기통을 전용 챔버 내에 접속하여 자연통기력에 의해 급배기하는 방식은?
① 강제배기식
② 강제급배기식
③ 자연급배기식
④ 옥외급배기식

21 가스버너 연소방식 중 예혼합 연소방식이 아닌 것은?
① 저압버너 ② 포트형버너 ③ 고압버너 ④ 송풍버너

해설 예혼합 연소방식의 종류
① 고압버너 ② 저압버너 ③ 송풍버너

22 전열면적이 25 m²인 연관보일러를 8시간 가동시킨 결과 4000 kgf의 증기가 발생하였다면, 이 보일러의 전열면의 증발율은 몇 kgf/m²·h인가?
① 20 ② 30 ③ 40 ④ 50

해설 전열면증발율 $= \dfrac{G}{A} = \dfrac{4000}{25 \times 8} = 20 \text{ kg/m}^2\text{h}$

23 물을 가열하여 압력을 높이면 어느 지점에서 액체, 기체 상태의 구별이 없어지고 증발잠열이 0 kcal/kg이 된다. 이 점을 무엇이라 하는가?
① 임계점 ② 삼중점 ③ 비등점 ④ 압력점

> **해설** 임계점 : 액체, 기체 상태의 구별이 없어지고 증발잠열이 0 kcal/kg

24
증기난방과 비교한 온수난방의 특징에 대한 설명으로 틀린 것은?
① 가열시간은 길지만 잘 식지 않으므로 동결의 우려가 적다.
② 난방부하의 변동에 따라 온도조절이 용이하다.
③ 취급이 용이하고 표면의 온도가 낮아 화상의 염려가 없다.
④ 방열기에는 증기트랩을 반드시 부착해야 한다.

> **해설** 방열기에는 증기트랩을 부착하지 않음.

25
외기온도 20°C, 배기가스온도 200°C이고, 연돌 높이가 20 m일 때 통풍력은 약 몇 mmAq인가?
① 5.5   ② 7.2   ③ 8.6   ④ 12.2

> **해설** 통풍력 $= H\left(\dfrac{353}{273+t_a} - \dfrac{367}{273+t_g}\right) = 20\left(\dfrac{353}{273+20} - \dfrac{367}{273+200}\right) = 8.57$ mmAq

26
과잉공기량에 관한 설명으로 옳은 것은?
① (실제공기량) × (이론공기량)
② (실제공기량) / (이론공기량)
③ (실제공기량) + (이론공기량)
④ (실제공기량) - (이론공기량)

> **해설** 실제공기량(A) = 공기비 + 이론공기량(A0)
> 공기비 = 실제공기량-이론공기량

27
다음 그림은 인젝터의 단면을 나타낸 것이다. C부의 명칭은?

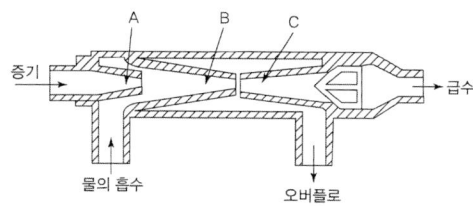

① 증기노즐
② 혼합노즐
③ 분출노즐
④ 고압노즐

> **해설** A : 증기노즐, B : 혼합노즐, C : 토출노즐(분출노즐)

24. ④   25. ③   26. ④   27. ③

28 증기 축열기(steam accumulator)에 대한 설명으로 옳은 것은?
① 송기압력을 일정하게 유지하기 위한 장치
② 보일러 출력을 증가시키는 장치
③ 보일러에서 온수를 저장하는 장치
④ 증기를 저장하여 과부하시에는 증기를 방출하는 장치

29 물체의 온도를 변화시키지 않고, 상(相) 변화를 일으키는데만 사용되는 열량은?
① 감열   ② 비열
③ 현열   ④ 잠열

해설
• 현열 : 상태변화 없이 온도만 변화시키는 것
• 잠열 : 온도변화 없이 상태만 변화시키는 것

30 고체벽의 한쪽에 있는 고온의 유체로부터 이 벽을 통과하여 다른 쪽에 있는 저온의 유체로 흐르는 열의 이동을 의미하는 용어는?
① 열관류   ② 현열
③ 잠열   ④ 전열량

31 호칭지름 15A의 강관을 각도 90도로 구부릴 때 곡선부의 길이는 약 몇 mm인가? (단, 곡선부의 반지름은 90 mm로 한다.)
① 141.4   ② 145.5   ③ 150.2   ④ 155.3

해설 곡선부의 길이 $= \dfrac{2\pi RQ}{360} = \dfrac{2 \times 3.14 \times 90 \times 90}{360} = 141.3$ mm

32 보일러의 점화 조작 시 주의사항으로 틀린 것은?
① 연료가스의 유출속도가 너무 빠르면 실화 등이 일어나고 너무 늦으면 역화가 발생한다.
② 연소실의 온도가 낮으면 연료의 확산이 불량해지며 착화가 잘 안 된다.
③ 연료의 예열온도가 낮으면 무화불량, 화염의 편류, 그을음, 분진이 발생한다.
④ 유압이 낮으면 점화 및 분사가 양호하고 높으면 그을음이 없어진다.

정답 28. ④ 29. ④ 30. ① 31. ① 32. ④

33
온수난방에서 상당방열면적이 45 m²일 때 난방부하는? (단, 방열기의 방열량은 표준방열량으로 한다.)
① 16450 kcal/h
② 18500 kcal/h
③ 19450 kcal/h
④ 20250 kcal/h

해설 난방부하 = 방열기방열량 × 상당방열면적 = 450 × 45 = 20250 kcal/h

34
보일러 사고에서 제작상의 원인이 아닌 것은?
① 구조 불량
② 재료 불량
③ 케리 오버
④ 용접 불량

해설 제작상의 원인
① 재료불량   ② 용접불량   ③ 강도불량
④ 구조불량   ⑤ 설계불량

35
주철제 벽걸이 방열기의 호칭 방법은?
① W - 형 × 쪽수
② 종별 - 치수 × 쪽수
③ 종별 - 쪽수 × 형
④ 치수 - 종별 × 쪽수

해설 방열기 호칭법 : 종별-형×쪽수

36
증기난방에서 응축수의 환수방법에 따른 분류 중 증기의 순환과 응축수의 배출이 빠르며, 방열량도 광범위하게 조절할 수 있어서 대규모 난방에서 많이 채택하는 방식은?
① 진공 환수식 증기난방
② 복관 중력 환수식 증기난방
③ 기계 환수식 증기난방
④ 단관 중력 환수식 증기난방

해설 진공환수식 증기난방 : 증기의 순환과 응축수의 배출이 빠르며 방열량도 광범위하게 조절 가능

37
저탕식 급탕설비에서 급탕의 온도를 일정하게 유지시키기 위해서 가스나 전기를 공급 또는 정지하는 것은?
① 사일렌서
② 순환펌프
③ 가열코일
④ 서머스탯

33. ④   34. ③   35. ①   36. ①   37. ④

38 파이프 벤더에 의한 구부림 작업 시 관에 주름이 생기는 원인으로 가장 옳은 것은?
① 압력조정이 세고 저항이 크다.
② 굽힘 반지름이 너무 작다.
③ 받침쇠가 너무 나와 있다.
④ 바깥지름에 비하여 두께가 너무 얇다.

39 보일러 급수의 수질이 불량할 때 보일러에 미치는 장해와 관계없는 것은?
① 보일러 내부의 부식이 발생된다.
② 라미네이션 현상이 발생한다.
③ 프라이밍이나 포밍이 발생된다.
④ 보일러 동 내부에 슬러지가 퇴적된다.

해설 라미네이션 : 보일러판이나 관의 내부의 층이 2장으로 분리되어 있는 현상

40 보일러의 정상운전 시 수면계에 나타나는 수위의 위치로 가장 적당한 것은?
① 수면계의 최상위
② 수면계의 최하위
③ 수면계의 중간
④ 수면계 하부의 1/3 위치

해설
• 상용수위 : 수면계 전 길이의 $\dfrac{1}{2}$ (수면계중심부)
• 안전저수위 : 수면계 하단부

41 유류 연소 자동점화 보일러의 점화순서상 화염검출기 작동 후 다음 단계는?
① 공기댐퍼 열림
② 전자 밸브 열림
③ 노내압 조정
④ 노내 환기

42 보일러 내처리제에서 가성취화 방지에 사용되는 약제가 아닌 것은?
① 인산나트륨
② 질산나트륨
③ 탄닌
④ 암모니아

해설 내처리제
① 가성취하 방지제 : 인산소다, 질산소다, 탄닌
② PH 조정제 : 인산소다, 암모니아, 수산화나트륨

정답 38. ④ 39. ② 40. ③ 41. ② 42. ④

③ 연화제 : 인산소다, 탄산소다, 수산화나트륨
④ 탈산소제 : 탄닌, 아황산소다, 히드라진
⑤ 슬럿지조정제 : 리그닌, 녹말, 탄닌

43
연관 최고부보다 노통 윗면이 높은 노통연관 보일러의 최저수위(안전저수면)의 위치는?
① 노통 최고부 위 100 mm　　② 노통 최고부 위 75 mm
③ 연관 최고부 위 100 mm　　④ 연관 최고부 위 75 mm

해설 안전저수위
① 노통연관식 : ㉠ 연관이 높은 경우 최상단부 위 75 mm
　　　　　　　㉡ 노통이 높을 경우 노통 최고부 위 100 mm
② 노통보일러 : ㉠ 노통 최고부 위 100 mm
③ 입형횡관보일러 : ㉠ 화실천정판 최고부 위 75 mm
④ 입형연관보일러 : ㉠ 화실관판최고부위 연관길이 $\frac{1}{3}$

44
보일러의 외부 검사에 해당되는 것은?
① 스케일, 슬러지 상태 검사　　② 노벽 상태 검사
③ 배관의 누설 상태 검사　　　④ 연소실의 열 집중 현상 검사

45
보일러 강판이나 강관을 제조할 때 재질 내부에 가스체 등이 함유되어 두 장의 층을 형성하고 있는 상태의 흠은?
① 블리스터　　　　　　　　② 팽출
③ 압궤　　　　　　　　　　④ 라미네이션

해설 • 블리스터 : 라미네이션 상태에서 고온의 열가스 접촉으로 인해 표면이 부풀어 오르는 현상
　　　　·압궤 : 노통, 연소실, 관판
　　　　·팽출 : 수관, 연관, 보일러동저부

46
오일프리히터의 종류에 속하지 않는 것은?
① 증기식　　② 직화식　　③ 온수식　　④ 전기식

해설 오일프리히터(유예열기)의 종류
① 전기식
② 증기식
③ 온수식

43. ①　44. ③　45. ④　46. ②

47 보일러의 과열 원인과 무관한 것은?
① 보일러수의 순환이 불량할 경우
② 스케일 누적이 많은 경우
③ 저수위로 운전할 경우
④ 1차 공기량의 공급이 부족한 경우

48 증기난방 배관시공 시 환수관이 문 또는 보와 교차할 때 이용되는 배관형식으로 위로는 공기, 아래로는 응축수를 유통시킬 수 있도록 시공하는 배관은?
① 루프형 배관   ② 리프트 피팅 배관
③ 하트포드 배관   ④ 냉각 배관

49 강철제 증기보일러의 최고사용압력이 0.4 MPa인 경우 수압시험 압력은?
① 0.16 MPa   ② 0.2 MPa
③ 0.8 MPa   ④ 1.2 MPa

해설 강철제 증기 보일러의 수압시험, 압력
① 최고사용압력이 0.43 MPa 이하 : $P \times 2$
② 최고사용압력이 0.43 MPa 초과 1.5 MPa 이하 : $P \times 1.3 + 0.3$ MPa
③ 최고사용압력이 1.5 MPa 초과 : $P \times 1.5$
∴ $0.4 \times 2 = 0.8$ MPa

50 질소봉입 방법으로 보일러 보존 시 보일러 내부에 질소가스의 봉입압력(MPa)으로 적합한 것은?
① 0.02   ② 0.03   ③ 0.06   ④ 0.08

해설 질소봉입법 봉입 압력 : $0.6 \, kg/cm^2$ (0.06 MPa)

51 보일러 급수 중 Fe, Mn, CO_2를 많이 함유하고 있는 경우의 급수처리 방법으로 가장 적합한 것은?
① 분사법   ② 기폭법
③ 침강법   ④ 가열법

정답 47. ④ 48. ① 49. ③ 50. ③ 51. ②

해설 외처리법
① 용존산소제거법 : ㉠ 탈기법 : CO_2, O_2 가스제거
　　　　　　　　　㉡ 기폭법 : Fe, Mn, CO_2 제거
② 현탁질고형물제거법 : ㉠ 침전법 ㉡ 여과법 ㉢ 응집법
③ 용해고형물 제거법 : ㉠ 이온교환법 ㉡ 약제법 ㉢ 증류법

52. 증기난방에서 방열기와 벽면과의 적합한 간격(mm)은?

① 30 ~ 40
② 50 ~ 60
③ 80 ~ 100
④ 100 ~ 120

해설 증기난방에서 방열기 : ① 벽과의 거리 50~60 mm
　　　　　　　　　　　　　② 지면으로부터 150 mm

53. 다음 중 보온재의 종류가 아닌 것은?

① 코르크
② 규조토
③ 프탈산수지도료
④ 기포성수지

해설 보온재의 종류
① 유기질보온제
　㉠ 폼류 ┬ 경질우레탄폼
　　　　　├ 염화비닐폼　┤80°C 이하
　　　　　└ 폴리스틸렌폼
　㉡ 펠트류 ┬ 양모
　　　　　　└ 우모 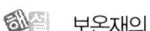100°C 이하
　㉢ 텍스류 ┬ 톱밥
　　　　　　├ 녹재 ┤120°C 이하
　　　　　　└ 펄프
　㉣ 콜크류 : 탄화콜크 130°C 이하
　㉤ 기포성수지
② 무기질 보온재
　㉠ 탄산마그네슘 : 250°C 이하
　㉡ 그라스울 : 300°C 이하
　㉢ 석면 400°C 이하
　㉣ 규조토 : 500°C 이하
　㉤ 암면 : 600°C 이하
　㉥ 규산칼슘, 펄라이트 : 650°C 이하
　㉦ 실리카 화이버 : 1100°C 이하
　㉧ 세라믹 화이버 : 1300°C 이하

52. ②　53. ③

54 다음 보온재 중 안전사용 (최고)온도가 가장 높은 것은?
① 탄산마그네슘 물반죽 보온재
② 규산칼슘 보온관
③ 경질 폼라버 보온통
④ 글라스울 블랭킷

55 저탄소 녹색성장 기본법상 녹색성장위원회의 위원으로 틀린 것은?
① 국토교통부장관
② 미래창조과학부장관
③ 기획재정부장관
④ 고용노동부장관

해설 녹색성장위원회
① 기획재정부장관
② 미래창조과학부장관
③ 산업통상자원부장관
④ 환경부장관
⑤ 국토교통부장관

56 에너지이용 합리화법상 검사대상기기 설치자가 검사대상기기의 조종자를 선임하지 않았을 때의 벌칙은?
① 1년 이하의 징역 또는 2천만 원 이하의 벌금
② 1년 이하의 징역 또는 5백만 원 이하의 벌금
③ 1천만 원 이하의 벌금
④ 5백만 원 이하의 벌금

해설 벌칙
① 2년 이상의 징역 또는 2천만원 이하의 벌금
  ㉠ 에너지저장시설의 보유 또는 저장의무의 부과시 정당한 이유 없이 이를 거부하거나 이행하지 아니한 자
  ㉡ 에너지수급의 안정을 기하기 위한 조정·명령 등의 조치를 위반한 자
  ㉢ 공단의 임직원으로 근무하거나 근무하였던 사람이 직무상 알게 된 비밀을 누설하거나 도용한 자
② 1년 이하의 징역 또는 1천만원이하의 벌금
  ㉠ 검사대상기기의 검사를 받지 아니한 자
  ㉡ 검사에 합격되지 아니한 검사대상기기를 사용한 자
③ 2천만원 이하의 벌금
  ㉠ 효율 관리 기자재의 생산 또는 판매금지 명령에 위반한 자
④ 1천만원 이하의 벌금
  ㉠ 검사대상기기조정자를 선임하지 아니한 자
⑤ 500만원 이하의 벌금

정답 54. ② 55. ④ 56. ③

㉠ 효율관리기자재에 대한 에너지사용량의 측정결과를 신고하지 아니한 자
㉡ 대기전력경고표지대상제품에 대한 측정결과를 신고하지 아니한 자
㉢ 대기전력경고표지를 하지 아니한 자
㉣ 대기전력저감우수제품임을 표시하거나 거짓 표시를 한 자
㉤ 대기전력저감기준에 미달하는 경우 시정명령을 정당한 사유 없이 이행하지 아니한 자
㉥ 고효율에너지인증대상기자재의 인증을 받은 자가 아닌 자는 해당 고효율에너지인증대상기자재에 고효율에너지기자재의 인증 표시를 위반하여 인증 표시를 한 자

57
에너지이용 합리화법령상 산업통상자원부장관이 에너지다소비사업자에게 개선명령을 할 수 있는 경우는 에너지관리 지도 결과 몇 % 이상 에너지 효율개선이 기대되는 경우인가?

① 2% ② 3%
③ 5% ④ 10%

58
에너지이용 합리화법상 에너지사용자와 에너지공급자의 책무로 맞는 것은?

① 에너지의 생산·이용 등에서의 그 효율을 극소화
② 온실가스배출을 줄이기 위한 노력
③ 기자재의 에너지효율을 높이기 위한 기술개발
④ 지역경제발전을 위한 시책 강구

59
에너지이용 합리화법상 평균에너지소비효율에 대하여 총량적인 에너지효율의 개선이 특히 필요하다고 인정되는 기자재는?

① 승용자동차 ② 강철제보일러
③ 1종압력용기 ④ 축열식전기보일러

60
에너지이용 합리화법에 따라 에너지 진단을 면제 또는 에너지진단주기를 연장 받으려는 자가 제출해야 하는 첨부서류에 해당하지 않는 것은?

① 보유한 효율관리기자재 자료
② 중소기업임을 확인할 수 있는 서류
③ 에너지절약 유공자 표창 사본
④ 친에너지형 설비 설치를 확인할 수 있는 서류

57. ④ 58. ② 59. ① 60. ③

2015년 제3회 에너지관리기능사 출제문제

01 보일러에서 배출되는 배기가스의 여열을 이용하여 급수를 예열하는 장치는?
① 과열기   ② 재열기
③ 절탄기   ④ 공기예열기

해설
- 절탄기(이코노마이저) : 배기가스 여열을 이용하여 급수를 예열하는 장치
- 공기예열기 : 배기가스 여열을 이용하여 연소용 공기를 예열하는 장치

02 목표 값이 시간에 따라 임의로 변화되는 것은?
① 비율제어   ② 추종제어
③ 프로그램제어   ④ 캐스케이드제어

해설
- 캐스케이드 제어 : 1차제어장치가 제어명령을 발하고 이 명령을 바탕으로 2차제어장치가 제어량 조절
- 프로그램제어 : 목표값이 시간에 따라 일정한 제어

03 보일러 부속품 중 안전장치에 속하는 것은?
① 감압 밸브   ② 주증기 밸브   ③ 가용전   ④ 유량계

해설 안전장치
① 안전밸브   ② 화염검출기   ③ 방폭문
④ 가용전   ⑤ 압력조절기   ⑥ 압력제한기

04 캐비테이션의 발생 원인이 아닌 것은?
① 흡입양정이 지나치게 클 때   ② 흡입관의 저항이 작은 경우
③ 유량의 속도가 빠른 경우   ④ 관로 내의 온도가 상승되었을 때

정답 1. ③ 2. ② 3. ③ 4. ②

해설 캐비테이션(공동현상) : 급격한 압력강하로 인하여 액체로부터 기포가 분리되면서 소음, 진동, 충격을 발생하는 현상
① 영향
  ㉠ 소음과 진동발생
  ㉡ 깃에 침식
  ㉢ 양정곡선과 효율곡선 저하
② 발생조건
  ㉠ 과속으로 유량이 증가될 때
  ㉡ 관로 내의 온도 상승 시
  ㉢ 흡입양정이 지나치게 길 때
  ㉣ 흡입관 입구 등에서 마찰저항 증가 시
③ 방지대책
  ㉠ 양흡입펌프를 사용한다.
  ㉡ 두 대 이상의 펌프를 사용한다.
  ㉢ 회전자를 완전히 액중에 잠기게 한다.
  ㉣ 관경을 크게 하고 유속을 줄인다.

05 다음 중 연료의 연소온도에 가장 큰 영향을 미치는 것은?
① 발화점
② 공기비
③ 인화점
④ 회분

06 수소 15%, 수분 0.5%인 중유의 고위발열량이 10000 kcal/kg이다. 이 중유의 저위발열량은 몇 kcal/kg인가?
① 8795
② 8984
③ 9085
④ 9187

해설 저위발열량 = $H_h - 600(9H+W)$
            = $10000 - 600 \times (9 \times 0.15 + 0.005)$ = 9187 kcal/kg

07 부르돈관 압력계를 부착할 때 사용되는 사이펀관 속에 넣는 물질은?
① 수은
② 증기
③ 공기
④ 물

해설 싸이폰관 : 고온의 증기나 물로부터 압력계 보호
① 싸이폰관 안지름 : 6.5 mm 이상
② 동관인 경우 : 6.5 mm 이상
③ 강관인 경우 : 12.7 mm 이상

5. ②　6. ④　7. ④

08 집진장치의 종류 중 건식집진장치의 종류가 아닌 것은?
① 가압수식 집진기
② 중력식 집진기
③ 관성력식 집진기
④ 원심력식 집진기

해설 건식 집진장치
① 중력침강식 ② 관성력식 ③ 사이클론식 ④ 여과식 ⑤ 전기식

09 수관식 보일러에 속하지 않는 것은?
① 입형 횡관식
② 자연 순환식
③ 강제 순환식
④ 관류식

해설 수관식 보일러
① 자연순환식 수관보일러 : 바브콕, 쓰네기찌, 타꾸마, 2동D형, 3동A형
② 강제순환식 수관보일러 : 벨록스 라몽
③ 관류식 수관 보일러 : 슬쳐, 앳보스, 벤숀, 람진

10 공기예열기의 종류에 속하지 않는 것은?
① 전열식   ② 재생식   ③ 증기식   ④ 방사식

해설 공기예열기의 종류
① 전열식 ② 증기식 ③ 재생식(융그스트륨식) ④ 강관형 ⑤ 강판형

11 비접촉식 온도계의 종류가 아닌 것은?
① 광전관식 온도계
② 방사 온도계
③ 광고 온도계
④ 열전대 온도계

해설 비접촉식 온도계의 종류
① 광고 ② 방사 ③ 색 ④ 광전관식

12 보일러의 전열면적이 클 때의 설명으로 틀린 것은?
① 증발량이 많다.
② 예열이 빠르다.
③ 용량이 적다.
④ 효율이 높다.

해설 전열면적이 클 때
① 용량이 많다 ② 효율이 높다 ③ 예열이 빠르다 ④ 증발량이 많다

정답 8. ① 9. ① 10. ④ 11. ④ 12. ③

13 보일러 연도에 설치하는 댐퍼의 설치 목적과 관계가 없는 것은?
① 매연 및 그을음의 제거
② 통풍력의 조절
③ 연소가스 흐름의 차단
④ 주연도와 부연도가 있을 때 가스의 흐름을 전환

해설 댐퍼의 설치목적
① 연소가스 흐름 차단
② 통풍력 조절
③ 주연도와 부연도가 있을 때 가스흐름 전환

14 통풍력을 증가시키는 방법으로 옳은 것은?
① 연도는 짧고, 연돌은 낮게 설치한다.
② 연도는 길고, 연돌의 단면적을 작게 설치한다.
③ 배기가스의 온도는 낮춘다.
④ 연도는 짧고, 굴곡부는 적게 한다.

해설 통풍력을 증가시키는 방법
① 배기가스 온도를 높인다.   ② 연돌의 단면적을 크게 한다.
③ 연도의 굴곡부를 적게 한다.   ④ 연도를 짧게 한다.

15 연료의 연소에서 환원염이란?
① 산소 부족으로 인한 화염이다.
② 공기비가 너무 클 때의 화염이다.
③ 산소가 많이 포함된 화염이다.
④ 연료를 완전 연소시킬 때의 화염이다.

해설 산화염 : 공기비를 너무 많이 취했을 때 화염중에 과잉산소를 함유하는 화염

16 보일러 화염 유무를 검출하는 스택 스위치에 대한 설명으로 틀린 것은?
① 화염의 발열 현상을 이용한 것이다.
② 구조가 간단하다.
③ 버너 용량이 큰 곳에 사용된다.
④ 바이메탈의 신축작용으로 화염 유무를 검출한다.

해설 스택 스위치
① 버너용량이 적은 곳에 사용한다.
② 구조가 간단하다.
③ 화염의 발열 현상 이용
④ 바이메탈의 신축작용으로 화염의 유무 검출

17 3요소식 보일러 급수 제어 방식에서 검출하는 3요소는?
① 수위, 증기유량, 급수유량
② 수위, 공기압, 수압
③ 수위, 연료량, 공기압
④ 수위, 연료량, 수압

해설 급수제어 방식
① 1요소식 : 수위
② 2요소식 : 수위, 증기량
③ 3요소식 : 수위, 증기, 급수량

18 대형보일러인 경우에 송풍기가 작동되지 않으면 전자 밸브가 열리지 않고, 점화를 저지하는 인터록의 종류는?
① 저연소 인터록
② 압력초과 인터록
③ 프리퍼지 인터록
④ 불착화 인터록

해설 인터록 : 구비조건이 맞지 않을 때 그 조건이 충족될 때까지 다음단계를 정지시키는 것
① 저연소 인터록
② 저수위인터록
③ 불착화 인터록 : 화염검출기
④ 압력초과 인터록 : 압력차단 스위치(압력조절기, 압력제한기)
⑤ 프리퍼지 인터록 : 송풍기

19 수위의 부력에 의한 플로트 위치에 따라 연결된 수은 스위치로 작동하는 형식으로 중·소형 보일러에 가장 많이 사용하는 저수위 경보장치의 형식은?
① 기계식   ② 전극식
③ 자석식   ④ 맥도널식

정답 17. ① 18. ③ 19. ④

20 증기의 발생이 활발해지면 증기와 함께 물방울이 같이 비산하여 증기관으로 취출되는데, 이때 드럼 내에 증기 취출구에 부착하여 증기 속에 포함된 수분취출을 방지 해주는 관은?

① 위터실링관　　　　② 주증기관
③ 베이퍼록 방지관　　④ 비수방지관

해설　비수방지관의 크기 : 주증기밸브 단면적의 1.5배 이상

21 증기의 과열도를 옳게 표현한 식은?

① 과열도 = 포화증기온도 - 과열증기온도
② 과열도 = 포화증기온도 - 압축수의 온도
③ 과열도 = 과열증기온도 - 압축수의 온도
④ 과열도 = 과열증기온도 - 포화증기온도

해설　과열도 = 과열증기온도 - 포화증기온도

22 어떤 액체 연료를 완전 연소시키기 위한 이론 공기량이 10.5 Nm³/kg이고, 공기비가 1.4인 경우 실제 공기량은?

① 7.5 Nm³/kg　　　　② 11.9 Nm³/kg
③ 14.7 Nm³/kg　　　④ 16.0 Nm³/kg

해설　실제공기량 = 공기비 × 이론공기량 = 1.4 × 10.5 = 14.7 Nm³/kg

23 파형 노통보일러의 특징을 설명한 것으로 옳은 것은?

① 제작이 용이하다.
② 내·외면의 청소가 용이하다.
③ 평형 노통보다 전열면적이 크다.
④ 평형 노통보다 외압에 대하여 강도가 적다.

해설　파형노통 보일러의 특징
① 평형 노통보다 전열면적이 크다.
② 평형 노통보다 외압에 대한 강도가 크다.
③ 내외면의 청소가 어렵다.
④ 제작이 까다롭다.

20. ④　21. ④　22. ③　23. ③

24 보일러에 과열기를 설치할 때 얻어지는 장점으로 틀린 것은?
① 증기관 내의 마찰저항을 감소시킬 수 있다.
② 증기기관의 이론적 열효율을 높일 수 있다.
③ 같은 압력은 포화증기에 비해 보유열량이 많은 증기를 얻을 수 있다.
④ 연소가스의 저항으로 압력손실을 줄일 수 있다.

25 슈트 블로워 사용 시 주의사항으로 틀린 것은?
① 부하가 50% 이하인 경우에 사용한다.
② 보일러 정지 시 슈트 블로워 작업을 하지 않는다.
③ 분출 시에는 유인 통풍을 증가시킨다.
④ 분출기 내의 응축수를 배출시킨 후 사용한다.

해설 슈트블로워 사용 시 주의사항
① 부하가 적거나(50% 이하) 소화 후 사용하지 말 것
② 분출기내의 응축수를 배출시킨 후 사용할 것
③ 한 곳으로 집중적으로 사용함으로서 전열면에 무리를 가하지 말 것
④ 분출하기전 연도내 배풍기를 사용 유인통풍을 증가시킬 것

26 후향 날개 형식으로 보일러의 압입송풍에 많이 사용되는 송풍기는?
① 다익형 송풍기
② 축류형 송풍기
③ 터보형 송풍기
④ 플레이트형 송풍기

해설 • 터보형 송풍기 : 후향날개
• 다익형 송풍기 : 전향날개

27 연료의 가연 성분이 아닌 것은?
① N
② C
③ H
④ S

해설 가연성분 : ① 탄소 ② 수소 ③ 황

정답 24. ④ 25. ① 26. ③ 27. ①

28

효율이 82%인 보일러로 발열량 9800 kcal/kg의 연료를 15 kg 연소시키는 경우의 손실 열량은?

① 80360 kcal
② 32500 kcal
③ 26460 kcal
④ 120540 kcal

해설
- 손실열량 = 0.18 × 15 × 9850 = 26460 kcal
- 공급열량 = 0.82 × 15 × 9800 = 120540 kcal

29

보일러 연소용 공기조절장치 중 착화를 원활하게 하고 화염의 안정을 도모하는 장치는?

① 윈드박스(Wind Box)
② 보염기(Stabilizer)
③ 버너타일(Burner tile)
④ 플레임 아이(Flame eye)

해설 보염장치 : 착하와 연소화염을 안정시키고 공기와 연료의 혼합을 도모케 하여 저공기비 연소를 하게 하는 장치이다.

※ 설치 목적
① 연료의 분무를 돕고 공기와의 혼합을 양호하게 한다.
② 안정된 착화를 도모한다.
③ 화염의 형상을 조절한다.
④ 연소실의 온도분포를 고르게 하고 국부과열을 방지한다.
⑤ 연소가스의 체류시간을 지연시켜 돕는다.

① 스테이 빌라이저 : 연료유의 분무흐름이나 연소공기 사이에서 저유속 흐름을 유도함으로 불꽃의 안정성을 유지케 하는 장치이다.
② 윈드 박스(Wind box) : 버너 벽면에 설치된 밀폐상자로 공기흐름을 적절히 유지하며 동압을 정압 상태로 바꾸어 착화나 연속화염을 안정시키는 장치이다.
③ 버너 타일 : 버너의 첨단부분을 보호하며 화염의 모양을 형성시켜 연속화염을 안정시키는 내화재로 구축된 장치이다.
④ 콤버스터 : 저온의 노에서도 연소를 안정시켜 분출흐름의 모양을 안정시킨 장치이다.

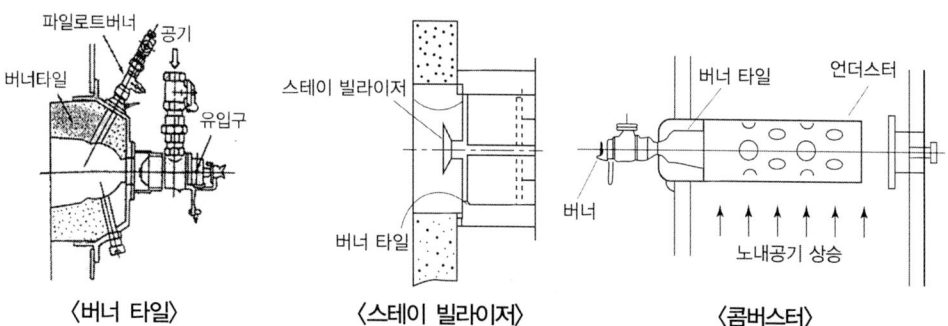

〈버너 타일〉 〈스테이 빌라이저〉 〈콤버스터〉

28. ③ 29. ②

30 증기난방설비에서 배관 구배를 부여하는 가장 큰 이유는 무엇인가?
① 증기의 흐름을 빠르게 하기 위해서
② 응축수의 체류를 방지하기 위해서
③ 배관시공을 편리하게 하기 위해서
④ 증기와 응축수의 흐름마찰을 줄이기 위해서

해설 증기난방설비에서 배관구배를 부여하는 가장 큰 이유 : 응축수의 체류를 방지하기 위해서

31 보일러 배관 중에 신축이음을 하는 목적으로 가장 적합한 것은?
① 증기속의 이물질을 제거하기 위하여
② 열팽창에 의한 관의 파열을 막기 위하여
③ 보일러수의 누수를 막기 위하여
④ 증기속의 수분을 분리하기 위하여

해설 신축이음 : 열 팽창에 의한 관의 파열을 막기 위해서
① 종류
  ㉠ 루프형신축이음
    ⓐ 신축곡관형, 만곡형이라 한다.
    ⓑ 응력이 생김
    ⓒ 고압증기의 옥외 배관 사용
    ⓓ 곡률반경은 관지름의 6배 이상
  ㉡ 벨로우즈형신축이음
    ⓐ 펙레스신축이음, 주름통식, 파상형
    ⓑ 응력이 생기지 않음
  ㉢ 스위블형
    ⓐ 방열기용, 회전이음이라고도 함
    ⓑ 나사의 회전에 의해 신축흡수
    ⓒ 2개 이상의 엘보사용 시공

32 팽창탱크에 대한 설명으로 옳은 것은?
① 개방식 팽창탱크는 주로 고온수 난방에서 사용한다.
② 팽창관에는 방열관에 부착하는 크기의 밸브를 설치한다.
③ 밀폐형 팽창탱크에는 수면계를 구비한다.
④ 밀폐형 팽창탱크는 개방식 팽창탱크에 비하여 적어도 된다.

해설 개방식 팽창탱크는 주로 저온수 난방에 사용 : 팽창관이나 방열관에는 어떠한 밸브도 사용하면 안 됨

정답 30. ② 31. ② 32. ③

33
온수난방의 특성을 설명한 것 중 틀린 것은?
① 실내 예열시간이 짧지만 쉽게 냉각되지 않는다.
② 난방부하 변동에 따른 온도조절이 쉽다.
③ 단독주택 또는 소규모 건물에 적용된다.
④ 보일러 취급이 비교적 쉽다.

해설 예열시간이 길고 쉽게 냉각되지 않는다.

34
다음 중 주형 방열기의 종류로 거리가 먼 것은?
① 1주형   ② 2주형
③ 3세주형   ④ 5세주형

해설 주형방열기의 종류
① 2주형 ② 3주형 ③ 3세주형 ④ 5세주형 ⑤ W-H ⑥ W-V

35
보일러 점화 시 역화의 원인과 관계가 없는 것은?
① 착화가 지연될 경우
② 점화원을 사용한 경우
③ 프리퍼지가 불충분한 경우
④ 연료 공급밸브를 급개하여 다량으로 분무한 경우

해설 역화의 원인
① 프리퍼지, 포스트퍼지 부족시
② 점화시 착화가 늦은 경우
③ 공기보다 연료먼저 투입 시
④ 압입통풍이 강할 때
⑤ 흡입통풍이 부족 시
⑥ 2차공기의 예열 부족 시

36
압력계로 연결하는 증기관을 황동관이나 동관을 사용할 경우, 증기온도는 약 몇 ℃ 이하인가?
① 210℃   ② 260℃
③ 310℃   ④ 360℃

해설 증기관을 황동관이나 동관사용시 증기온도 210℃(483K) 이하

33. ① 34. ① 35. ② 36. ①

37
보일러를 비상 정지시키는 경우의 일반적인 조치사항으로 거리가 먼 것은?
① 압력은 자연히 떨어지게 기다린다.
② 주증기 스톱밸브를 열어 놓는다.
③ 연소공기의 공급을 멈춘다.
④ 연료 공급을 중단한다.

해설 주증기 스톱밸브를 닫는다.

38
금속 특유의 복사열에 대한 반사 특성을 이용한 대표적인 금속질 보온재는?
① 세라믹 화이버
② 실리카 화이버
③ 알루미늄 박
④ 규산칼슘

39
기포성수지에 대한 설명으로 틀린 것은?
① 열전도율이 낮고 가볍다.
② 불에 잘 타며 보온성과 보냉성은 좋지 않다.
③ 흡수성은 좋지 않으나 굽힘성은 풍부하다.
④ 합성수지 또는 고무질 재료를 사용하여 다공질 제품으로 만든 것이다.

해설 기포성수지
① 불에 잘 타지 않고 보온성과 보냉성이 크다.
② 열전도율이 낮고 가볍다.
③ 합성수지 또는 고무질 재료를 사용하여 다공질제품으로 만든 것
④ 흡수성은 좋지 않으나 굽힘성은 풍부

40
온수 보일러의 순환펌프 설치 방법으로 옳은 것은?
① 순환펌프의 모터부분은 수평으로 설치한다.
② 순환펌프는 보일러 본체에 설치한다.
③ 순환펌프는 송수주관에 설치한다.
④ 공기빼기 장치가 없는 순환펌프는 체크밸브를 설치한다.

해설 순환펌프는 환수주관에 설치

정답 37. ② 38. ③ 39. ② 40. ①

41 보일러 가동 시 매연발생의 원인과 가장 거리가 먼 것은?
① 연소실 과열
② 연소실 용적의 과소
③ 연료 중의 불순물 혼입
④ 연소용 공기의 공급 부족

 매연발생의 원인
① 연소실 용적이 적은 경우
② 연소실 온도가 낮은 경우
③ 공기와 연료와의 혼합 불량
④ 연료중의 불순물 혼입
⑤ 연소용 공기공급 부족 시
⑥ 연료중의 수분 혼입 시

42 중유 연소 시 보일러 저온부식의 방지대책으로 거리가 먼 것은?
① 저온의 전열면에 내식재료를 사용한다.
② 첨가제를 사용하여 황산가스의 노점을 높여 준다.
③ 공기예열기 및 급수예열장치 등에 보호피막을 한다.
④ 배기가스 중의 산소함유량을 낮추어 아황산가스의 산화를 제한한다.

해설 저온부식 방지 대책
① 연료중의 황분을 제거
② 첨가제를 사용한다.
③ 저온의 전열면에 내식재료 사용
④ 저온의 전열면에 보호피막을 한다.
⑤ 양질의 연료를 선택한다.
⑥ 적정공기비로 연소시킨다.

43 물의 온도가 393 K를 초과하는 온수발생 보일러에는 크기가 몇 mm 이상인 안전밸브를 설치하여야 하는가?
① 5
② 10
③ 15
④ 20

44 보일러 부식에 관련된 설명 중 틀린 것은?
① 점식은 국부전지의 작용에 의해서 일어난다.
② 수용액 중에서 부식문제를 일으키는 주요인은 용존산소, 용존가스 등이다.
③ 중유 연소 시 중유 회분 중에 바나듐이 포함되어 있으면 바나듐 산화물에 의한 고온 부식이 발생한다.
④ 가성취화는 고온에서 알칼리에 의한 부식현상을 말하며, 보일러 내부 전체에 걸쳐 균일하게 발생한다.

41. ① 42. ② 43. ④ 44. ④

해설 가성취화 : 고온, 고압보일러에서 알카리온도가 높아져 생기는 나트륨, 수소 등이 강재의 결정 입계에 침투하여 재질을 열화시키는 현상

45 증기난방의 중력 환수식에서 단관식인 경우 배관 기울기로 적당한 것은?
① 1/100~1/200 정도의 순 기울기
② 1/200~1/300 정도의 순 기울기
③ 1/300~1/400 정도의 순 기울기
④ 1/400~1/500 정도의 순 기울기

해설 배관방법에 의한 구배
① 단관중력 환수식 : ㉠ 상향공급식(역류관) $\frac{1}{50} \sim \frac{1}{100}$
　　　　　　　　　㉡ 하향공급식(순류관) $\frac{1}{100} \sim \frac{1}{200}$
② 복관중력 환수식 : ㉠ $\frac{1}{200}$
③ 진공 환수식 : ㉠ $\frac{1}{200} \sim \frac{1}{300}$

46 보일러 용량 결정에 포함될 사항으로 거리가 먼 것은?
① 난방부하　　　　　② 급탕부하
③ 배관부하　　　　　④ 연료부하

해설 보일러 용량 결정
① 난방부하　② 급탕부하　③ 배관부하　④ 예열부하

47 온수난방 배관에서 수평주관에 지름이 다른 관을 접속하여 연결할 때 가장 적합한 관 이음쇠는?
① 유니온　　② 편심 리듀서　　③ 부싱　　④ 니플

해설 편심리듀서 : 지름이 서로 다른 관 접속

48 온수순환 방식에 의한 분류 중에서 순환이 자유롭고 신속하며, 방열기의 위치가 낮아도 순환이 가능한 방법은?
① 중력 순환식　　　　② 강제 순환식
③ 단관식 순환식　　　④ 복관식 순환식

49
온수보일러 개방식 팽창탱크 설치 시 주의사항으로 틀린 것은?
① 팽창탱크에는 상부에 통기구멍을 설치한다.
② 팽창탱크 내부의 수위를 알 수 있는 구조이어야 한다.
③ 탱크에 연결되는 팽창 흡수관은 팽창탱크 바닥면과 같게 배관해야 한다.
④ 팽창탱크의 높이는 최고 부위 방열기보다 1m 이상 높은 곳에 설치한다.

해설 팽창탱크에 연결되는 팽창흡수관은 팽창탱크 바닥면보다 25 mm 높게 한다.

50
열팽창에 의한 배관의 이동을 구속 또는 제한하는 배관 지지구인 레스트레인트(restraint)의 종류가 아닌 것은?
① 가이드　　　　　② 앵커
③ 스토퍼　　　　　④ 행거

해설 배관의 지지
① 행거 : ㉠ 스프링행거　㉡ 리지드행거　㉢ 콘스탄트행거
② 서포트 : ㉠ 스프링서포트　㉡ 리지드서포트　㉢ 롤러서포트　㉣ 파이프 슈
③ 레스트레인트 : ㉠ 앵커　㉡ 스톱　㉢ 가이드

51
보통 온수식 난방에서 온수의 온도는?
① 65~70℃　　　　② 75~80℃
③ 85~90℃　　　　④ 95~100℃

해설 • 보통온수식난방 : 85~90℃
・고온수식난방 : 100℃ 이상

52
장시간 사용을 중지하고 있던 보일러의 점화 준비에서, 부속장치 조작 및 시동으로 틀린 것은?
① 댐퍼는 굴뚝에서 가까운 것부터 차례로 연다.
② 통풍장치의 댐퍼 개폐도가 적당한지 확인한다.
③ 흡입통풍기가 설치된 경우는 가볍게 운전한다.
④ 절탄기나 과열기에 바이패스가 설치된 경우는 바이패스 댐퍼를 닫는다.

해설 절탄기나 과열기는 바이패스를 설치하지 않는다.

53 응축수 환수방식 중 중력환수 방식으로 환수가 불가능한 경우, 응축수를 별도의 응축수 탱크에 모으고 펌프 등을 이용하여 보일러에 급수를 행하는 방식은?
① 복관 환수식
② 부력 환수식
③ 진공 환수식
④ 기계 환수식

54 무기질 보온재에 해당되는 것은?
① 암면
② 펠트
③ 코르크
④ 기포성 수지

해설 무기질 보온재
 ㉠ 탄산마그네슘 : 250°C 이하
 ㉡ 그라스울 : 300°C 이하
 ㉢ 석면 400°C 이하
 ㉣ 규조토 : 500°C 이하
 ㉤ 암면 : 600°C 이하
 ㉥ 규산칼슘, 펄라이트 : 650°C 이하
 ㉦ 실리카화이버 : 1100°C 이하
 ㉧ 세라믹 화이버 : 1300°C 이하

55 에너지이용합리화법상 효율관리기자재의 에너지소비효율등급 또는 에너지소비효율을 효율관리시험기관에서 측정받아 해당 효율관리기자재에 표시하여야 하는 자는?
① 효율관리기자재의 제조업자 또는 시공업자
② 효율관리기자재의 제조업자 또는 수입업자
③ 효율관리기자재의 시공업자 또는 판매업자
④ 효율관리기자재의 시공업자 또는 수입업자

56 저탄소 녹색성장 기본법상 녹색성장위원회의 심의사항이 아닌 것은?
① 지방자치단체의 저탄소 녹색성장의 기본방향에 관한 사항
② 녹색성장국가전략의 수립·변경·시행에 관한 사항
③ 기후변화대응 기본계획, 에너지기본계획 및 지속가능발전 기본계획에 관한 사항
④ 저탄소 녹색성장을 위한 재원의 배분방향 및 효율적 사용에 관한 사항

해설 녹색성장위원회 의심의 사항
 ① 저탄소 녹색성장을 위한 재원의 배분방향 및 효율적 사용에 관한사항
 ② 기후변화 대응 기본계획
 ③ 에너지 기본계획 및 지속발전 기본계획에 관한 사항
 ④ 녹색성장 국가전략의 수립, 변경, 시행에 관한 사항

정답 53. ④ 54. ① 55. ② 56. ①

57 에너지법령상 "에너지 사용자"의 정의로 옳은 것은?
① 에너지 보급 계획을 세우는 자
② 에너지를 생산, 수입하는 사업자
③ 에너지사용시설의 소유자 또는 관리자
④ 에너지를 저장, 판매하는 자

58 에너지이용 합리화법규상 냉난방온도제한 건물에 냉난방 제한온도를 적용할 때의 기준으로 옳은 것은? (단, 판매시설 및 공항의 경우는 제외한다.)
① 냉방 : 24°C 이상, 난방 : 18°C 이하
② 냉방 : 24°C 이상, 난방 : 20°C 이하
③ 냉방 : 26°C 이상, 난방 : 18°C 이하
④ 냉방 : 26°C 이상, 난방 : 20°C 이하

59 다음 (   )에 알맞은 것은?

> 에너지법령상 에너지 총조사는 (A)마다 실시하되, (B)이 필요하다고 인정할 때에는 간이조사를 실시할 수 있다.

① A : 2년, B : 행정자치부장관
② A : 2년, B : 교육부장관
③ A : 3년, B : 산업통상자원부장관
④ A : 3년, B : 고용노동부장관

60 에너지이용합리화법상 검사대상기기설치자가 시·도지사에게 신고하여야 하는 경우가 아닌 것은?
① 검사대상기기를 정비한 경우
② 검사대상기기를 폐기한 경우
③ 검사대상기기를 사용을 중지한 경우
④ 검사대상기기의 설치자가 변경된 경우

57. ③ 58. ④ 59. ③ 60. ①

2015년 제4회 에너지관리기능사 출제문제

01 중유의 성상을 개선하기 위한 첨가제 중 분무를 순조롭게 하기 위하여 사용하는 것은?

① 연소촉진제
② 슬러지 분산제
③ 회분개질제
④ 탈수제

해설 중유첨가제 및 작용
① 연소촉진제 : 분무양호
② 안정제 : 슬러지 생성방지
③ 탈수제 : 수분분리
④ 회분개질제 : 회분의 융점 높여 고온부식 방지
⑤ 유동점강하제 : 중유의 유동점을 낮추어 송유 양호

02 천연가스의 비중이 약 0.64라고 표시되었을 때, 비중의 기준은?

① 물
② 공기
③ 배기가스
④ 수증기

03 30마력(PS)인 기관이 1시간 동안 행한 일량을 열량으로 환산하면 약 몇 kcal인가? (단, 이 과정에서 행한 일량은 모두 열량으로 변환된다고 가정한다.)

① 14360
② 15240
③ 18970
④ 20402

해설 1PSh = 632kcal/h
30PSh = x
$x = \dfrac{30\,\text{PS} \times 632\,\text{kcal/h}}{1\,\text{PSh}} = 18960\,\text{kcal/h}$

정답 1. ① 2. ② 3. ③

04

프로판(propane) 가스의 연소식은 다음과 같다. 프로판 가스 10 kg을 완전 연소시키는 데 필요한 이론산소량은?

$$C_3H_8 + 5O_2 \rightarrow 3CO_2 + 4H_2O$$

① 약 11.6 Nm³　　② 약 13.8 Nm³
③ 약 22.4 Nm³　　④ 약 25.5 Nm³

해설
C_3H_8 + $5O_2$ → $3CO_2 + 4H_2O$
44 kg　　5×22.4 Nm³
10 kg　　　x

$$x = \frac{10\,kg \times 5 \times 22.4\,Nm^3}{44\,kg} = 25.45\,Nm^3/kg$$

05

화염 검출기 종류 중 화염의 이온화를 이용한 것으로 가스 점화 버너에 주로 사용하는 것은?

① 플레임 아이　② 스택 스위치　③ 광도전 셀　④ 프레임 로드

해설 화염 검출기의 종류
① 플레임아이 : 화염의 발광체 이용
② 플레임로드 : 화염의 이온화 이용(전기전도성)
③ 스텍스위치 : 화염의 발열(버너분사정지에 수십 초가 걸리므로 주로 소용량 보일러에 사용)

06

수위경보기의 종류 중 플로트의 위치변위에 따라 수은 스위치 또는 마이크로 스위치를 작동시켜 경보를 울리는 것은?

① 기계식 경보기　　② 자석식 경보기
③ 전극식 경보기　　④ 맥도널식 경보기

07

보일러 열정산을 설명한 것 중 옳은 것은?
① 입열과 출열은 반드시 같아야 한다.
② 방열손실로 인하여 입열이 항상 크다.
③ 열효율 증대장치로 인하여 출열이 항상 크다.
④ 연소효율에 따라 입열과 출열은 다르다.

해설 열정산에서는 입열과 출열은 반드시 같아야 한다.

08
보일러 액체연료 연소장치인 버너의 형식별 종류에 해당되지 않는 것은?
① 고압기류식
② 왕복식
③ 유압분사식
④ 회전식

해설 액체연료연소장치 버너 종류
① 유압분무식
② 회전분무식
③ 고압기류식버너
④ 저압공기분무식버너

버너 형식	연료사용범위 [lb/h]	분무 각도 [°]	유량조절범위	화염의 형상	유압 [kg/cm²]
유압식	30~3000	40~90° 의 범위	논리턴식으로 1:15 리턴식으로 1:3.0	넓은 각의 불길로서 길이는 공기의 공급에 따라 변화하나 짧다.	비환류식 5~20 환류식 5~20
회전식	5~1000	40~80° 의 범위	1:5	비교적 넓은 각이 되며 길이는 공기의 공급에 따라 변화시킬 수 있다.	0.3~0.5
고압기류식	2~2000	약 30°	1:10	가장 좁은 각에서 긴불길이 되고, 내부혼기식이 유순한 불길이 된다.	0.1~0.5
저압공기식	2~300	30~60° 의 범위	1:5	비교적 급유각이 넓고, 길이도 짧지만 1, 2차 공기로 변화된다	0.3~0.5

09
매시간 425 kg의 연료를 연소시켜 4800 kg/h의 증기를 발생시키는 보일러의 효율은 약 얼마인가? (단, 연료의 발열량 : 9750 kcal/kg, 증기엔탈피: 676 kcal/kg, 급수온도 : 20°C이다.)
① 76%
② 81%
③ 85%
④ 90%

해설 효율 = $\dfrac{실제증발량(증기엔탈피-급수온도)}{연료소비량 \times 저위발열량} \times 100 = \dfrac{4800 \times (676-20)}{425 \times 9750} \times 100$
= 75.989%

10
함진가스에 선회운동을 주어 분진입자에 작용하는 원심력에 의하여 입자를 분리하는 집진장치로 가장 적합한 것은?
① 백필터식 집진기
② 사이클론식 집진기
③ 전기식 집진기
④ 관성력식 집진기

해설
· 여과식 : 백필터
· 전기식 : 코트렐집진장치, 집진효율이 가장 좋음

정답 8. ② 9. ① 10. ②

11
"1보일러 마력"에 대한 설명으로 옳은 것은?
① 0°C의 물 539 kg을 1시간에 100°C의 증기로 바꿀 수 있는 능력이다.
② 100°C의 물 539 kg을 1시간에 같은 온도의 증기로 바꿀 수 있는 능력이다.
③ 100°C의 물 15.65 kg을 1시간에 같은 온도의 증기로 바꿀 수 있는 능력이다.
④ 0°C의 물 15.65 kg을 1시간에 100°C의 증기로 바꿀 수 있는 능력이다.

해설 보일러 마력
① 상당증발량이 15.65 kg을 1시간에 증발시킬 수 있는 능력
   15.65 kg/h × 539 kcal/kg = 8435 kcal/h
② 100°C 물 15.65 kg을 1시간에 같은 온도의 증기로 바꿀 수 있는 능력

12
연료성분 중 가연 성분이 아닌 것은?
① C ② H
③ S ④ O

해설 가연성분 : 탄소, 수소, 황

13
보일러 급수내관의 설치 위치로 옳은 것은?
① 보일러의 기준수위와 일치되게 설치한다.
② 보일러의 상용수위보다 50 mm 정도 높게 설치한다.
③ 보일러의 안전저수위보다 50 mm 정도 높게 설치한다.
④ 보일러의 안전저수위보다 50 mm 정도 낮게 설치한다.

해설 급수내관설치 : 안전저수위보다 50 mm 하부에 설치

14
보일러 배기가스의 자연 통풍력을 증가시키는 방법으로 틀린 것은?
① 연도의 길이를 짧게 한다.
② 배기가스 온도를 낮춘다.
③ 연돌 높이를 증가시킨다.
④ 연돌의 단면적을 크게 한다.

해설 배기가스 온도를 높인다.

11. ③ 12. ④ 13. ④ 14. ②

15
증기의 건조도(x) 설명이 옳은 것은?
① 습증기 전체 질량 중 액체가 차지하는 질량비를 말한다.
② 습증기 전체 질량 중 증기가 차지하는 질량비를 말한다.
③ 액체가 차지하는 전체 질량 중 습증기가 차지하는 질량비를 말한다.
④ 증기가 차지하는 전체 질량 중 습증기가 차지하는 질량비를 말한다.

해설 증기의 건조도(x) = 습증기 전체 질량 중 증기가 차지하는 질량비

16
다음 중 저양정식 안전밸브의 단면적 계산식은? (단, A = 단면적(mm^2), P = 분출압력(kgf/cm^2), E = 증발량(kg/h)이다.)
① $A = 22E/(1.03P+1)$
② $A = 10E/(1.03P+1)$
③ $A = 5E/(1.03P+1)$
④ $A = 2.5E/(1.03P+1)$

해설 안전밸브 분출량(w) = 증발량
① 저양정식(w) = $\dfrac{(1.03+1)A}{22}$, $A = \dfrac{22 \times W}{(1.03P+1)}$
② 고양정식(w) = $\dfrac{(1.03P+1)A}{10}$, $A = \dfrac{10 \times W}{(1.03P+1)}$
③ 전양정식(w) = $\dfrac{(1.03P+1)A}{5}$, $A = \dfrac{5 \times W}{(1.03P+1)}$
④ 전양식(w) = $\dfrac{(1.03P+1)}{2.5}$, $A = \dfrac{2.5 \times W}{(1.03P+1)}$

17
입형보일러에 대한 설명으로 거리가 먼 것은?
① 보일러 동을 수직으로 세워 설치한 것이다.
② 구조가 간단하고 설비비가 적게 든다.
③ 내부청소 및 수리나 검사가 불편하다.
④ 열효율이 높고 부하능력이 크다.

해설 열효율이 낮고 부하능력이 낮다.

18
보일러용 가스버너 중 외부혼합식에 속하지 않는 것은?
① 파이럿 버너
② 센터파이어형 버너
③ 링형 버너
④ 멀티스폿형 버너

해설 보일러용 가스버너 중 외부혼합식
① 링형 버너 ② 센터파이어형 버너 ③ 멀티스폿형 버너

19

보일러 부속장치인 증기 과열기를 설치 위치에 따라 분류할 때, 해당되지 않는 것은?
① 복사식 ② 전도식
③ 접촉식 ④ 복사접촉식

 • 열가스 흐름에 의한 분류 : ① 병류형 ② 혼류형 ③ 향류형
• 열가스 접촉에 의한 분류 : ① 접촉과열기(대류과열기)
② 복사과열기(방사과열기)
③ 접촉-복사 과열기(대류-방사과열기)

20

가스 연소용 보일러의 안전장치가 아닌 것은?
① 가용마개 ② 화염검출기
③ 이젝터   ④ 방폭문

 안전장치
① 안전밸브   ② 가용전   ③ 화염검출기
④ 압력차단 스위치 ⑤ 방폭문   ⑥ 방출밸브

21

보일러에서 제어해야할 요소에 해당되지 않는 것은?
① 급수 제어   ② 연소 제어
③ 증기온도 제어 ④ 전열면 제어

보일러 자동제어(ABC)
① S.T.C : 증기온도제어
② F.W.C : 급수제어
③ A.C.C : 자동연소제어

22

관류보일러의 특징에 대한 설명으로 틀린 것은?
① 철저한 급수처리가 필요하다.
② 임계압력 이상의 고압에 적당하다.
③ 순환비가 1이므로 드럼이 필요하다.
④ 증기의 가동발생 시간이 매우 짧다.

관류보일러의 특징
① 임계압력 이상의 고압에 적당하다.
② 순환비 = $\left(\dfrac{급수량}{증발량}\right)$ 가 1이어서 드럼이 필요없다.

19. ② 20. ③ 21. ④ 22. ③

③ 고압이므로 증기의 열량이 크다.
④ 전열면적이 크고 효율이 높다.
⑤ 가동부하가 짧아 부하측에 대응하기 쉽다.
⑥ 완벽한 급수처리를 해야 한다.
⑦ 내부구조가 복잡하므로 청소, 검사, 수리가 곤란
⑧ 급수의 유속을 일정하게 유지

23 보일러 전열면적 1 m² 당 1시간에 발생되는 실제 증발량은 무엇인가?
① 전열면의 증발율
② 전열면의 출력
③ 전열면의 효율
④ 상당증발 효율

해설 전열면증발율 = $\dfrac{G}{A}$

24 50 kg의 -10℃ 얼음을 100℃의 증기로 만드는데 소요되는 열량은 몇 kcal인가? (단, 물과 얼음의 비열은 각각 1 kcal/kg·℃, 0.5 kcal/kg·℃로 한다.)
① 36200
② 36450
③ 37200
④ 37450

해설 ① -10℃ 얼음 → 0℃ 얼음(현열)
$Q_1 = G_1 \cdot C_1 \cdot \triangle t_1 = 50 \times 0.5 \times (0-(-10)) = 250$ kcal
② 0℃ 얼음 → 0℃ 물(잠열)
$Q-2 = G_2 \cdot r_2 = 50 \times 80 = 4000$ kcal
③ 0℃ 물 → 100℃ 물(현열)
$Q_3 = G_3 \cdot C_3 \cdot \triangle t3 = 50 \times 1 \times (100-0) = 5000$ kcal
④ 100℃ 물 → 100℃ 증기
$Q_4 = G_4 \cdot r_4 = 50 \times 539 = 26950$ kcal
∴ $Q_1 + Q_2 + Q_3 + Q_4 = (250 + 4000 + 5000 + 26950) = 36200$ kcal

25 피드 백 자동제어에서 동작신호를 받아서 제어계가 정해진 동작을 하는데 필요한 신호를 만들어 조작부에 보내는 부분은?
① 검출부
② 제어부
③ 비교부
④ 조절부

해설 피드백제어 : 출력측의 신호를 입력측으로 되돌려 정정 동작을 행하는 제어

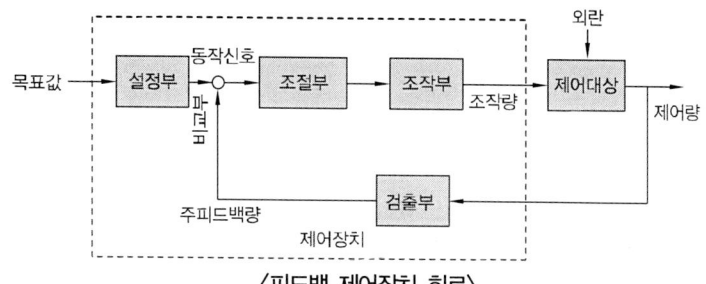

〈피드백 제어장치 회로〉

① 제어량 : 제어대상에 대한 전체량 가운데 제어코자 하는 목적의 량
② 제어대상 : 제어를 행하려는 대상물
③ 목표값 : 제어의 출력이 소정의 값을 만족하도록 목표를 세운 외부에서 주어진 값
④ 검출부 : 제어대상으로부터 압력이나 온도, 유량 등의 제어량을 검출하여 신호로 만드는 역할을 하는 부분
⑤ 조절부 : 동작신호를 받아 규정된 동작을 하기 위해 조작신호를 만들어 조작부로 보내는 부분
⑥ 조작부 : 실제의 제어대상에 그 역할을 하는 부분으로 조작신호를 받아서 조작량으로 변환한다.
⑦ 외란 : 제어계를 혼란시키는 외적작용으로 가스유량, 탱크주위온도, 가스공급압, 공급온도 및 목표값 변경 등의 변화를 말한다.
⑧ 기준입력 : 목표값과 피드백신호를 비교하기 위하여 주피드백신호와 같은 종류의 신호로 목표값을 변화시켜 제어계의 폐쇄 루프에 입력하는 입력신호를 말한다.
⑨ 동작신호 : 주피드백량과 기준입력을 비교하여 얻어 들여진 편차량신호를 말하는 것으로 조절부의 입력이 되는 것이다.
⑩ 주피드백량 : 제어량을 목표값과 비교하기 위한 피드백 신호를 말한다.
⑪ 제어편차 : 목표값에서 제어량의 값을 뺀 값
(a 자동제어계의 동작순서 : 검출 → 비교 → 판단 → 조작)

26

중유 보일러의 연소 보조 장치에 속하지 않는 것은?
① 여과기
② 인젝터
③ 화염 검출기
④ 오일 프리히터

 연소 보조장치
① 여과기 ② 화염검출기 ③ 오일프리히터 ④ 서비스탱크

27

보일러 분출의 목적으로 틀린 것은?
① 불순물로 인한 보일러수의 농축을 방지한다.
② 포밍이나 프라이밍의 생성을 좋게 한다.
③ 전열면에 스케일 생성을 방지한다.
④ 관수의 순환을 좋게 한다.

26. ② 27. ②

해설 분출목적
① 관수 PH 조절　　② 관수농축방지　　③ 프라이밍, 포밍발생방지
④ 슬러지, 스케일 생성방지　　⑤ 부식방지

28 케리오버로 인하여 나타날 수 있는 결과로 거리가 먼 것은?
① 수격현상　　② 프라이밍
③ 열효율 저하　　④ 배관의 부식

해설 캐리오버(기수공발) : 공기중에 수분이 함께 혼입되어 나가는 현상
① 수격작용　② 배관의 부식　③ 열효율저하

29 입형보일러 특징으로 거리가 먼 것은?
① 보일러 효율이 높다.　　② 수리나 검사가 불편하다.
③ 구조 및 설치가 간단하다.　　④ 전열면적이 적고 소용량이다.

해설 입형보일러의 특징
① 보일러 효율이 낮다.　　② 수리, 검사가 곤란
③ 전열면적이 적고 소용량이다.　　④ 구조 및 설치가 간단

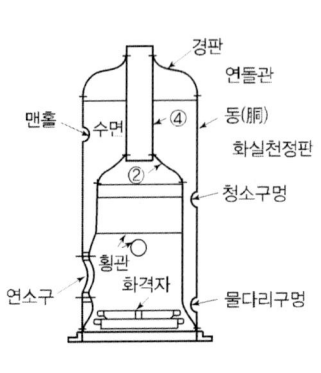

〈입형 횡관식〉

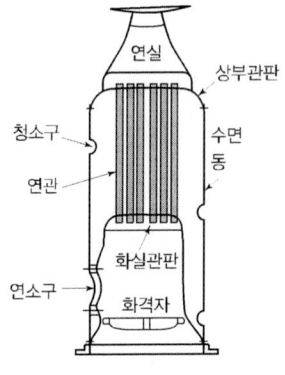

〈입형 연관식(다관식)〉

30 보일러의 점화 시 역화 원인에 해당되지 않는 것은?
① 압입통풍이 너무 약한 경우
② 프리퍼지의 불충분이나 또는 잊어버린 경우
③ 점화원을 가동하기 전에 연료를 분무해 버린 경우
④ 연료 공급밸브를 필요 이상 급개하여 다량으로 분무한 경우

정답　28. ②　29. ①　30. ①

해설 역화의 원인
① 프리퍼지, 포스트퍼지 부족 시
② 점화시 착화가 늦은 경우
③ 공기보다 연료먼저 투입 시
④ 압입통풍이 강할 경우
⑤ 흡입통풍이 부족 시
⑥ 2차공기의 예열 부족 시

31 관속에 흐르는 유체의 종류를 나타내는 기호 중 증기를 나타내는 것은?
① S   ② W   ③ O   ④ A

해설 유체의 종류
① Steam(스팀 = 증기) : S
② Water(물) : W
③ Air(공기) : A
④ Oil(오일) : O

32 보일러 청관제 중 보일러수의 연화제로 사용되지 않는 것은?
① 수산화나트륨   ② 탄산나트륨
③ 인산나트륨   ④ 황산나트륨

해설 내처리
① PH조정제 : 인산소다, 암모니아, 수산화나트륨
② 연화제 : 인산소다, 탄산소다, 수산화나트륨
③ 탈산소제 : 탄닌, 이황산소다, 히드라진
④ 슬러지조정제 : 리그닌, 녹말, 탄닌
⑤ 가성취화방지제 : 리그닌, 황산소다, 가성소다, 인산소다, 질산소다

33 어떤 방의 온수난방에서 소요되는 열량이 시간당 21000 kcal이고, 송수온도가 85℃이며, 환수온도가 25℃라면, 온수의 순환량은? (단, 온수의 비열은 1 kcal/kg·℃이다.)
① 324 kg/h   ② 350 kg/h
③ 398 kg/h   ④ 423 kg/h

해설 $Q = G \cdot C \cdot \Delta t$
$G = \dfrac{Q}{C \times \Delta t} = \dfrac{21000}{1 \times (85 - 25)} = 350 \text{ kg/h}$

34 보일러에 사용되는 안전밸브 및 압력방출장치 크기를 20 A 이상으로 할 수 있는 보일러가 아닌 것은?
① 소용량 강철제 보일러
② 최대증발량 5 T/h 이하의 관류보일러
③ 최고사용압력 1 MPa(10 kgf/cm^2) 이하의 보일러로 전열면적 5m^2 이하의 것
④ 최고사용압력 0.1 MPa(1 kgf/cm^2) 이하의 보일러

해설 안전밸브 및 압력 방출장치의 크기를 20A 이상으로 할 수 있는 경우
① 최고사용압력이 1 kg/cm^2 이하인 보일러
② 최고사용압력이 5 kg/cm^2 이하이고 동체의 안지름이 550 mm 이하 동체의 길이가 1000 mm 이하인 보일러
③ 최고사용압력이 5 kg/cm^2 이하이고 전열면적이 2 m^2 이하인 보일러
④ 최대증발량이 5 T/h 이하인 관류보일러
⑤ 소용량보일러, 소용량강철제보일러

35 배관계의 식별 표시는 물질의 종류에 따라 달리한다. 물질과 식별색의 연결이 틀린 것은?
① 물 : 파랑
② 기름 : 연한 주황
③ 증기 : 어두운 빨강
④ 가스 : 연한 노랑

해설 기름 : 연한빨강

36 다음 보온재 중 안전사용 온도가 가장 낮은 것은?
① 우모펠트
② 암면
③ 석면
④ 규조토

해설 ① 우모펠트 : 100℃ 이하 ② 암면 : 600℃ 이하
③ 석면 : 400℃ 이하 ④ 규조토 : 500℃ 이하

37 주증기관에서 증기의 건도를 향상 시키는 방법으로 적당하지 않은 것은?
① 가압하여 증기의 압력을 높인다.
② 드레인 포켓을 설치한다.
③ 증기공간 내에 공기를 제거 한다.
④ 기수분리기를 사용한다.

증기의 건도를 향상시키는 방법
① 증기의 압력을 낮춘다. ② 기수분리기 설치
③ 비수방지관 설치 ④ 드레인 포켓 설치
⑤ 증기공간 내에 공기제거

38 보일러 기수공발(carry over)의 원인이 아닌 것은?
① 보일러의 증발능력에 비하여 보일러수의 표면적이 너무 넓다.
② 보일러의 수위가 높아지거나 송기 시 증기 밸브를 급개하였다.
③ 보일러수 중의 가성소다, 인산소다, 유지분 등의 함유비율이 많았다.
④ 부유 고형물이나 용해 고형물이 많이 존재 하였다.

39 동관의 끝을 나팔 모양으로 만드는데 사용하는 공구는?
① 사이징 툴 ② 익스팬더
③ 플레어링 툴 ④ 파이프 커터

 동관용 공구
① 사이징 투울 : 동관의 끝을 정확하게 원형으로 가공하는 공구
② 튜브 벤더 : 동관 굽힘용 공구
③ 익스펜더 : 동관의 확관용 공구
④ 플레어링 투울 : 동관의 압축 접합용 공구

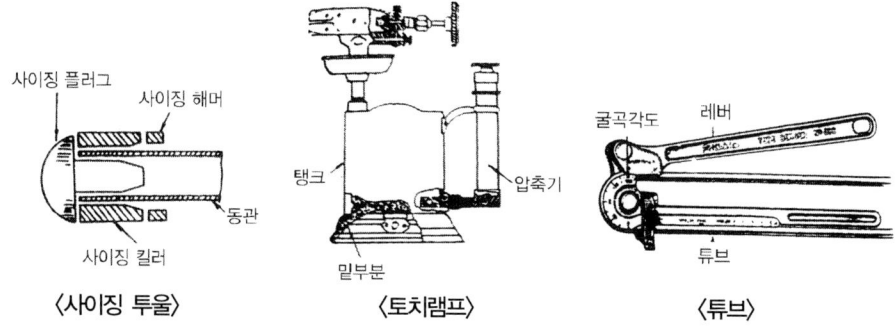

〈사이징 투울〉   〈토치램프〉   〈튜브〉

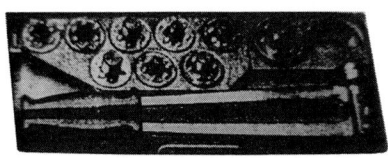   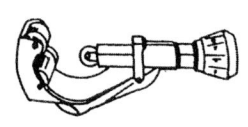   

〈익스펜더〉   〈튜브 커터〉   〈플레어링 투울〉

38. ① 39. ③

40 보일러 분출 시의 유의사항 중 틀린 것은?
① 분출 도중 다른 작업을 하지 말 것
② 안전저수위 이하로 분출하지 말 것
③ 2대 이상의 보일러를 동시에 분출하지 말 것
④ 계속 운전 중인 보일러는 부하가 가장 클 때

해설 부하가 가장 가벼울 때

41 난방부하 계산 시 고려해야 할 사항으로 거리가 먼 것은?
① 유리창 및 문의 크기   ② 현관 등의 공간
③ 연료의 발열량   ④ 건물 위치

해설 난방부하 계산시 고려할 사항
① 건물 위치   ② 현관 등의 공간   ③ 유리창 및 문의 크기

42 보일러에서 수압시험을 하는 목적으로 틀린 것은?
① 분출 증기압력을 측정하기 위하여
② 각종 덮개를 장치한 후의 기밀도를 확인하기 위하여
③ 수리한 경우 그 부분의 강도나 이상 유무를 판단하기 위하여
④ 구조상 내부검사를 하기 어려운 곳에는 그 상태를 판단하기 위하여

43 온수난방법 중 고온수 난방에 사용되는 온수의 온도는?
① 100°C 이상   ② 80°C~90°C
③ 60°C~70°C   ④ 40°C~60°C

해설 • 보통온수식 난방 : 85~90°C
• 고온수식난방 : 100°C 이상

44 온수방열기의 공기빼기 밸브의 위치로 적당한 것은?
① 방열기 상부   ② 방열기 중부
③ 방열기 하부   ④ 방열기의 최하단부

정답 40. ④   41. ③   42. ①   43. ①   44. ①

45

관의 방향을 바꾸거나 분기할 때 사용되는 이음쇠가 아닌 것은?

① 벤드 ② 크로스
③ 엘보 ④ 니플

해설 나사이음 사용목적별 분류
① 배관의 방향을 바꿀 때 : 엘보우, 벤드
② 관 끝을 막을 때 : 플러그, 캡
③ 서로 다른 지름의 관을 연결 시 : 이경엘보, 이경티, 이경소켓, 붓싱
④ 같은 지름의관 직선 연결 시 : 플랜지, 유니온, 니플, 소켓
⑤ 관을 도중에서 분기할 때 : 티, 와이, 크로스

46

보일러 운전이 끝난 후, 노내와 연도에 체류하고 있는 가연성 가스를 배출시키는 작업은?

① 페일 세이프(fail safe)   ② 풀 프루프(fool proof)
③ 포스트 퍼지(post-purge) ④ 프리 퍼지(pre-purge)

해설 • 프리퍼지 : 점화전 노내와 연도에 체류하고 있는 가연성 가스를 배출시키는 작업
• 포스트퍼지 : 점화후 노내와 연도에 체류하고 있는 가연성 가스를 배출시키는 작업

47

온도 조절식 트랩으로 응축수와 함께 저온의 공기도 통과시키는 특성이 있으며, 진공 환수식 증기 배관의 방열기 트랩이나 과말 트랩으로 사용되는 것은?

① 버킷 트랩 ② 열동식 트랩
③ 플로트 트랩 ④ 매니폴드 트랩

해설 증기트랩 : 관내응축수를 배출하여 수격작용 및 부식 방지
① 기계적트랩 : 버킷트, 플로우트트랩
② 온도조절트랩 : 바이메탈, 벨로우즈
③ 열역학적트랩 : 오리피스, 디스크

48

온수난방의 특징에 대한 설명으로 틀린 것은?

① 실내의 쾌감도가 좋다.
② 온도 조절이 용이하다.
③ 화상의 우려가 적다.
④ 예열시간이 짧다.

해설 예열시간이 길다.

49 고온 배관용 탄소강 강관의 KS 기호는?
① SPHT ② SPLT ③ SPPS ④ SPA

해설 배관용 강관
① SPP(배관용탄소강관) : 사용압력이 10 kg/cm² 이하의 증기, 물, 배관에 사용
② SPPS(압력배관용탄소강관) : 사용압력이 10~100 kg/cm² 이하
③ SPPH(고압배관용탄소강관) : 100 kg/cm² 이상
④ SPLT(저온배관용탄소강관) : 빙점이하의 관(0℃ 이하)
⑤ SPHT(고온배관용탄소강관) : 350℃ 이상의 관

50 보일러 수위에 대한 설명으로 옳은 것은?
① 항상 상용수위를 유지한다.
② 증기 사용량이 적을 때는 수위를 높게 유지한다.
③ 증기 사용량이 많을 때는 수위를 얕게 유지한다.
④ 증기 압력이 높을 때는 수위를 높게 유지한다.

해설 상용수위 : 보일러 운전 중 유지해야할 수위

51 급수펌프에서 송출량이 10 m³/min이고, 전양정이 8 m일 때, 펌프의 소요마력은? (단, 펌프 효율은 75%이다.)
① 15.6 PS ② 17.8 PS ③ 23.7 PS ④ 31.6 PS

해설 $PS = \dfrac{r \times Q \times H}{75 \times E \times 60} = \dfrac{1000 \times 10 \times 8}{75 \times 0.75 \times 80} = 23.70 PS$

52 증기난방 배관에 대한 설명 중 맞는 것은?
① 건식환수식이란 환수주관이 보일러의 표준수위보다 낮은 위치에 배관되고 응축수가 환수주관의 하부를 따라 흐르는 것을 말한다.
② 습식환수식이란 환수주관이 보일러의 표준수위보다 높은 위치에 배관되는 것을 말한다.
③ 건식 환수식에서는 증기트랩을 설치하고, 습식 환수식에서는 공기빼기 밸브나 에어포켓을 설치한다.
④ 단관식 배관은 복관식 배관보다 배관의 길이가 길고 관경이 작다.

해설 • 건식환수 : 보일러 표준수위보다 높은 위치(약 650 mm)에 배관하여 관수하는 방식으로 관말에 냉각관과 관말트랩을 설치하여 증기의 환수로 인한 수격작용방지
• 습식환수 : 저압증기 보일러의 표준수위보다 낮은 위치에 배관하여 환수하는 방식 접속부 누수로 인한 이상감수현상을 방지하기 위해 하트포드 접속을 한다.

정답 49. ① 50. ① 51. ③ 52. ③

53
사용 중인 보일러의 점화 전 주의사항으로 틀린 것은?
① 연료 계통을 점검한다.
② 각 밸브의 개폐 상태를 확인한다.
③ 댐퍼를 닫고 프리퍼지를 한다.
④ 수면계의 수위를 확인한다.

해설 댐퍼를 열고 프리퍼지 한다.

54
다음 중 보일러의 안전장치에 해당되지 것은?
① 방출밸브   ② 방폭문   ③ 화염검출기   ④ 감압밸브

해설 안전장치 : 안전밸브, 방폭문, 화염검출기, 가용전, 방출밸브, 압력차단 스위치

55
에너지이용 합리화법에 따른 열사용기자재 중 소형온수 보일러의 적용 범위로 옳은 것은?
① 전열면적 24 m² 이하이며, 최고사용압력이 0.5 MPa 이하의 온수를 발생하는 보일러
② 전열면적 14 m² 이하이며, 최고사용압력이 0.35 MPa 이하의 온수를 발생하는 보일러
③ 전열면적 20 m² 이하인 온수보일러
④ 최고사용압력이 0.8 MPa 이하의 온수를 발생하는 보일러

해설 소형온수보일러 : 최고사용압력 0.35 MPa 이하이고 전열면적이 14 m² 이하인 보일러

56
에너지이용 합리화법상 목표에너지원 단위란?
① 에너지를 사용하여 만드는 제품의 종류별 연간 에너지사용목표량
② 에너지를 사용하여 만드는 제품의 단위당 에너지사용목표량
③ 건축물의 총 면적당 에너지사용목표량
④ 자동차 등의 단위연료 당 목표주행거리

해설 목표에너지원단위(산업통상자원부장관) : 에너지를 사용하여 만드는 제품단위당 에너지사용목표량

57
저탄소 녹색성장 기본법령상 관리업체는 해당 연도 온실가스 배출량 및 에너지 소비량에 관한 명세서를 작성하고, 이에 대한 검증기관의 검증 결과를 부문별 관장기관에게 전자적 방식으로 언제까지 제출하여야 하는가?
① 해당 연도 12월 31일까지
② 다음 연도 1월 31일까지
③ 다음 연도 3월 31일까지
④ 다음 연도 6월 30일까지

53. ③ 54. ④ 55. ② 56. ② 57. ③

58
에너지이용 합리화법 시행령에서 에너지다소비사업자라 함은 연료·열 및 전력의 연간 사용량 합계가 얼마 이상인 경우인가?
① 5백 티오이   ② 1천 티오이   ③ 1천5백 티오이   ④ 2천 티오이

해설 에너지다소비사업자 : 연료, 열, 및 전력의 연간사용량 합계 2천티오이 이상

59
에너지이용 합리화법상 에너지소비효율 등급 또는 에너지 소비효율을 해당 효율관리 기자재에 표시할 수 있도록 효율관리 기자재의 에너지 사용량을 측정하는 기관은?
① 효율관리진단기관   ② 효율관리전문기관
③ 효율관리표준기관   ④ 효율관리시험기관

60
에너지이용 합리화법상 법을 위반하여 검사대상기기조종자를 선임하지 아니한 자에 대한 벌칙기준으로 옳은 것은?
① 2년 이하의 징역 또는 2천만 원 이하의 벌금
② 2천만 원 이하의 벌금
③ 1천만 원 이하의 벌금
④ 500만 원 이하의 벌금

해설 벌칙
① 2년 이상의 징역 또는 2천만원 이하의 벌금
  ㉠ 에너지저장시설의 보유 또는 저장의무의 부과시 정당한 이유 없이 이를 거부하거나 이행하지 아니한 자
  ㉡ 에너지수급의 안정을 기하기 위한 조정·명령 등의 조치를 위반한 자
  ㉢ 공단의 임직원으로 근무하거나 근무하였던 사람이 직무상 알게 된 비밀을 누설하거나 도용한 자
② 1년 이하의 징역 또는 1천만원이하의 벌금
  ㉠ 검사대상기기의 검사를 받지 아니한 자
  ㉡ 검사에 합격되지 아니한 검사대상기기를 사용한 자
③ 2천만원 이하의 벌금
  ㉠ 효율 관리 기자재의 생산 또는 판매금지 명령에 위반한 자
④ 1천만원 이하의 벌금
  ㉠ 검사대상기기조정자를 선임하지 아니한 자
⑤ 500만원 이하의 벌금
  ㉠ 효율관리기자재에 대한 에너지사용량의 측정결과를 신고하지 아니한 자
  ㉡ 대기전력경고표지대상제품에 대한 측정결과를 신고하지 아니한 자
  ㉢ 대기전력경고표지를 하지 아니한 자
  ㉣ 대기전력저감우수제품임을 표시하거나 거짓 표시를 한 자
  ㉤ 대기전력저감기준에 미달하는 경우 시정명령을 정당한 사유 없이 이행하지 아니한 자
  ㉥ 고효율에너지인증대상기자재의 인증을 받은 자가 아닌 자는 해당 고효율에너지인증대상기자재에 고효율에너지기자재의 인증 표시를 위반하여 인증표시를 한 자

2016년 제1회 에너지관리기능사 출제문제

01 연소가스 성분 중 인체에 미치는 독성이 가장 적은 것은?
① SO_2 ② NO_2 ③ CO_2 ④ CO

해설 독성가스의 허용농도(숫자가 적을수록 독성이 강함)
① SO_2(아황산가스) : 5 PPM 이하
② NO_2(이산화질소) : 25 PPM 이하
③ CO_2(이산화탄소) : 5000 PPM 이하
④ CO(일산화탄소) : 50 PPM 이하

02 유류용 온수보일러에서 버너가 정지하고 리셋버튼이 돌출하는 경우는?
① 연통의 길이가 너무 길다.
② 연소용 공기량이 부적당하다.
③ 오일 배관 내의 공기가 빠지지 않고 있다.
④ 실내 온도조절기의 설정온도가 실내 온도보다 낮다.

03 보일러 사용 시 이상 저수위의 원인이 아닌 것은?
① 증기 취출량이 과대한 경우
② 보일러 연결부에서 누출이 되는 경우
③ 급수장치가 증발능력에 비해 과소한 경우
④ 급수탱크 내 급수량이 많은 경우

해설 이상저수위 원인
① 급수탱크내 급수량 부족시
② 급수장치가 증발능력에 비해 과소한 경우
③ 보일러 연결부에서 누출이 되는 경우
④ 증기 취출량이 과대한 경우

1. ③   2. ③   3. ④

04 어떤 물질 500 kg을 20°C에서 50°C로 올리는데 3000 kcal의 열량이 필요하였다. 이 물질의 비열은?

① 0.1 kcal/kg·°C
② 0.2 kcal/kg·°C
③ 0.3 kcal/kg·°C
④ 0.4 kcal/kg·°C

해설 $Q = G \cdot C \cdot \Delta t$에서 $C = \dfrac{Q}{G \cdot \Delta t} = \dfrac{3000}{500 \times (50-20)} = 0.2 \text{ kcal/kg°C}$

05 중유의 첨가제 중 슬러지의 생성방지제 역할을 하는 것은?

① 회분개질제
② 탈수제
③ 연소촉진제
④ 안정제

해설 중유첨가제 및 작용
① 연소촉진제 : 분무양호
② 안정제 : 슬러지 생성방지
③ 탈수제 : 수분분리
④ 회분개질제 : 회분의 융점을 높여 고온부식방지
⑤ 유동점 강하제 : 중유의 유동점 낮추어 송유 양호

06 보일러 드럼 없이 초임계 압력 이상에서 고압증기를 발생시키는 보일러는?

① 복사 보일러
② 관류 보일러
③ 수관 보일러
④ 노통연관 보일러

해설 관류보일러 : 드럼없이 초임계압력 이상에서 고압의 증기를 발생시키는 보일러
① 종류 : 슬처, 옛모스, 벤숀, 람진

07 보일러 1마력에 대한 표시로 옳은 것은?

① 전열면적 10 m²
② 상당증발량 15.65 kg/h
③ 전열면적 8 ft²
④ 상당증발량 30.6 lb/h

해설 보일러 마력 : 상당증발량이 15.65 kg을 1시간에 증발시킬 수 있는 능력으로서 열량으로는 8435 kcal/h이다.
15.65 kg/h × 539 kcal/kg = 8435

08

제어장치에서 인터록(inter lock)이란?
① 정해진 순서에 따라 차례로 동작이 진행되는 것
② 구비조건에 맞지 않을 때 작동을 정지시키는 것
③ 증기압력의 연료량, 공기량을 조절하는 것
④ 제어량과 목표치를 비교하여 동작시키는 것

해설 인터록 : 구비조건이 맞지 않을 때 그 조건이 충족될 때까지 다음 단계를 정지시키는 것
① 종류
  ㉠ 저수위 인터록   ㉡ 저연소 인터록
  ㉢ 불착화 인터록   ㉣ 압력초과 인터록
  ㉤ 프리퍼지 인터록

09

동작유체의 상태변화에서 에너지의 이동이 없는 변화는?
① 등온변화   ② 정적변화
③ 정압변화   ④ 단열변화

해설 상태변화
① 단열변화 : 에너지 이동이 없는 변화
② 정적변화 : 체적이 일정한 변화
③ 등온변화 : 온도가 일정한 변화
④ 정압변화 : 압력이 일정한 변화

10

연소 시 공기비가 작을 때 나타나는 현상으로 틀린 것은?
① 불완전연소가 되기 쉽다.
② 미연소가스에 의한 가스 폭발이 일어나기 쉽다.
③ 미연소가스에 의 한 열손실이 증가될 수 있다.
④ 배기가스 중 NO 및 NO_2의 발생량이 많아진다.

해설 공기비가 적을 때 나타나는 현상
① 불완전 연소가 되기 쉽다.
② 미연소 가스에 의한 가스폭발이 일어나기 쉽다.
③ 미연소 가스에 의한 열손실이 증가될 수 있다.

11

보일러 연소장치와 가장 거리가 먼 것은?
① 스테이   ② 버너   ③ 연도   ④ 화격자

8. ②   9. ④   10. ④   11. ①

12 증기트랩이 갖추어야 할 조건에 대한 설명으로 틀린 것은?
① 마찰저항이 클 것
② 동작이 확실할 것
③ 내식, 내마모성이 있을 것
④ 응축수를 연속적으로 배출할 수 있을 것

해설 증기트랩의 구비조건
① 마찰저항이 적을 것 ② 동작이 확실할 것
③ 응축수를 연속적으로 배출할 수 있을 것 ④ 내식 내마모성이 있을 것
⑤ 응축수 빼기가 가능할 것

13 과열증기에서 과열도는 무엇인가?
① 과열증기의 압력과 포화증기의 압력 차이다.
② 과열증기온도와 포화증기온도와의 차이다.
③ 과열증기온도에 증발열을 합한 것이다.
④ 과열증기온도에 증발열을 뺀 것이다.

해설 과열도 = 과열증기온도 - 포화증기온도

14 다음은 증기보일러를 성능시험하고 결과를 산출하였다. 보일러 효율은?

- 급수온도 : 12℃
- 발생증기의 엔탈피 : 663.8 kcal/kg
- 증기 발생량 : 5120 kg/h
- 연료의 저위 발열량 : 10500 kcal/Nm³
- 증기사용량 : 373.9 Nm³/h
- 보일러 전열면적 : 102 m²

① 78% ② 80% ③ 82% ④ 85%

해설 효율 = $\dfrac{G \times (h'' - h')}{G_f \times H_l} \times 100 = \dfrac{5120 \times (663.8 - 12)}{373.9 \times 10500} \times 100 = 85\%$

15 자동제어의 신호전달 방법에서 공기압식의 특징으로 옳은 것은?
① 전송 시 시간지연이 생긴다.
② 배관이 용이하지 않고 보존이 어렵다.
③ 신호전달 거리가 유압식에 비하여 길다.
④ 온도제어 등에 적합하고 화재의 위험이 많다.

해설 신호전달 방식
① 공기압식
㉠ 전송시 시간지연이 생긴다.
㉡ 배관보존이 용이하다.
㉢ 온도제어 등에 적합하고 화재의 위험이 없다.
㉣ 신호전달거리는 유압식에 비해 짧다.
㉤ 신호전달거리는 100~150 m
㉥ 사용조작압력은 0.2~1 kg/cm²
② 유압식
㉠ 사용조작압력 0.2~1 kg/cm²
㉡ 신호전달거리 150~300 m
㉢ 인화의 위험성이 있다.

16
보일러 유류연료 연소 시에 가스폭발이 발생하는 원인이 아닌 것은?
① 연소 도중에 실화되었을 때
② 프리퍼지 시간이 너무 길어졌을 때
③ 소화 후에 연료가 흘러들어 갔을 때
④ 점화가 잘 안되는데 계속 급유했을 때

해설 역화의 원인
① 프리퍼지, 포스트퍼지 부족 시
② 점화 시 착화가 늦은 경우
③ 공기보다 연료먼저 투입 시
④ 압입통풍이 강할 때
⑤ 흡입통풍 부족 시
⑥ 2차 공기의 예열 부족 시
⑦ 연소도중 실화시
⑧ 소화 후 연료가 흘러들어간 경우

17
세정식 집진장치 중 하나인 회전식 집진장치의 특징에 관한 설명으로 가장 거리가 먼 것은?
① 구조가 대체로 간단하고 조작이 쉽다.
② 급수 배관을 따로 설치할 필요가 없으므로 설치공간이 적게 든다.
③ 집진물을 회수할 때 탈수, 여과, 건조 등을 수행할 수 있는 별도의 장치가 필요하다.
④ 비교적 큰 압력손실을 견딜 수 있다.

해설 급수배관을 따로 설치하고 설치공간이 많이 차지한다.

18
다음 열효율 증대장치 중에서 고온부식이 잘 일어나는 장치는?
① 공기예열기　　② 과열기
③ 증발전열면　　④ 절탄기

• 저온부식 : 절탄기, 공기예열기
 ·고온부식 : 과열기, 재열기

19 증기과열기의 열 가스 흐름방식 분류 중 증기와 연소가스의 흐름이 반대방향으로 지나면서 열교환이 되는 방식은?
① 병류형　　　　　　　　② 혼류형
③ 향류형　　　　　　　　④ 복사대류형

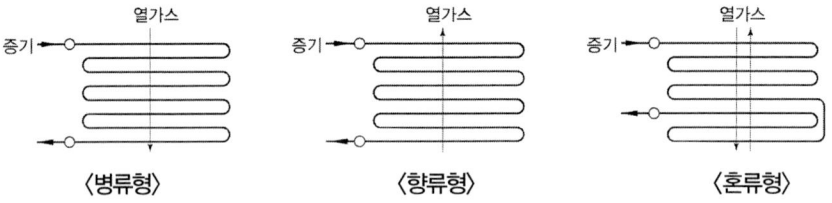 열가스 흐름에 의한 분류

〈병류형〉　　〈향류형〉　　〈혼류형〉

20 열정산의 방법에서 입열 항목에 속하지 않는 것은?
① 발생증기의 흡수열　　　② 연료의 연소열
③ 연료의 현열　　　　　　④ 공기의 현열

 입열항목
　① 연료의 연소열　　　　② 연료의 현열
　③ 급수의 현열　　　　　④ 공기의 현열
　⑤ 노내분입증기 보유열

21 가스용 보일러 설비 주위에 설치해야 할 계측기 및 안전장치와 무관한 것은?
① 급기 가스 온도계　　　② 가스 사용량 측정 유량계
③ 연료 공급 자동차단장치　④ 가스 누설 자동차단장치

22 수위 자동제어 장치에서 수위와 증기유량을 동시에 검출하여 급수밸브의 개도가 조절되도록 한 제어방식은?
① 단요소식　　　　　　　② 2요소식
③ 3요소식　　　　　　　④ 모듈식

해설 수위제어 방식
① 1요소식 : 수위
② 2요소식 : 수위, 증기량
③ 3요소식 : 수위, 증기, 급수량

23
일반적으로 보일러의 상용수위는 수면계의 어느 위치와 일치시키는가?
① 수면계의 최상단부
② 수면계의 2/3위치
③ 수면계의 1/2위치
④ 수면계의 최하단부

해설 • 상용수위 : 보일러운전 중 유지해야 할 수위(수면계 중심부 = 수면계 $\frac{1}{2}$)
• 안전저수위 : 보일러 운전 중 유지해야 할 최저수위(수면계 하단부)

24
왕복동식 펌프가 아닌 것은?
① 플런저 펌프
② 피스톤 펌프
③ 터빈 펌프
④ 다이어프램 펌프

해설 왕복식 펌프
① 피스톤 펌프
② 플런저 펌프
③ 다이어프램 펌프
④ 웨어 펌프

25
어떤 보일러의 증발량이 40 t/h이고, 보일러 본체의 전열면적이 580 m²일 때 이 보일러의 증발률은?
① 14 kg/m²·h
② 44 kg/m²·h
③ 57 kg/m²·h
④ 69 kg/m²·h

해설 전열면증발율= 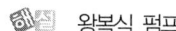 $= \frac{40 \times 1000}{580\,\text{m}^2} = 68.96$ kg/m²h

26
보일러의 수위제어 검출방식의 종류로 가장 거리가 먼 것은?
① 피스톤식
② 전극식
③ 플로트식
④ 열팽창관식

해설 수위검출방식
① 부자식(플로우트식)
② 자석식
③ 전극식
④ 열팽창식(코우프스식)

23. ③   24. ③   25. ④   26. ①

27 자연통풍 방식에서 통풍력이 증가되는 경우가 아닌 것은?
① 연돌의 높이가 낮은 경우
② 연돌의 단면적이 큰 경우
③ 연도의 굴곡수가 적은 경우
④ 배기가스의 온도가 높은 경우

> 통풍력 증가 원인
> ① 연돌의 높이가 높은 경우
> ② 연돌의 단면적이 큰 경우
> ③ 배기가스 온도가 높은 경우
> ④ 연소실 내의 온도가 높은 경우
> ⑤ 연도의 단면적이 큰 경우

28 액체 연료의 주요 성상으로 가장 거리가 먼 것은?
① 비중
② 점도
③ 부피
④ 인화점

> 액체연료의 주요 색상
> ① 비중 ② 점도 ③ 발열량 ④ 인화점 ⑤ 착화점

29 절탄기에 대한 설명으로 옳은 것은?
① 연소용 공기를 예열하는 장치이다.
② 보일러의 급수를 예열하는 장치이다.
③ 보일러용 연료를 예열하는 장치이다.
④ 연소용 공기와 보일러 급수를 예열하는 장치이다.

> 절탄기(이코노 마이져) : 배기가스 여열을 이용하여 급수를 예열하는 장치

30 보일러를 장기간 사용하지 않고 보존하는 방법으로 가장 적당한 것은?
① 물을 가득 채워 보존한다.
② 배수하고 물이 없는 상태로 보존한다.
③ 1개월에 1회씩 급수를 공급 교환한다.
④ 건조 후 생석회 등을 넣고 밀봉하여 보존한다.

31 하트포드 접속법(hart-ford connection)을 사용하는 난방방식은?
① 저압 증기난방
② 고압 증기난방
③ 저온 온수난방
④ 고온 온수난방

정답 27. ① 28. ③ 29. ② 30. ④ 31. ①

하트포드 접속법 : 저압증기난방의 습식 환수방식에 있어 보일러의 수위가 환수관의 접속부로의 누설로 인해 저수위 사고가 일어날 것을 방지하기 위해 증기관과 환수관 사이에 표준수면에서 50 mm 아래에 균형관 설치

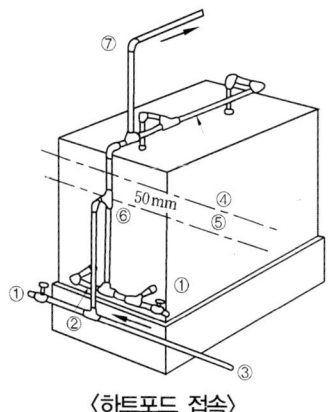

① 드레인관　② 환수 헤더
③ 환수주관　④ 표면 수면
⑤ 안전 저수면　⑥ 증기 헤더
⑦ 증기 주관　⑧ 균형관

〈하트포드 접속〉

32

온수난방설비에서 온수, 온도차에 의한 비중력차로 순환하는 방식으로 단독주택이나 소규모 난방에 사용되는 난방방식은?

① 강제순환식 난방
② 하향순환식 난방
③ 자연순환식 난방
④ 상향순환식 난방

33

압축기 진동과 서징, 관의 수격작용, 지진 등에서 발생하는 진동을 억제하기 위해 사용되는 지지 장치는?

① 벤드벤
② 플랩 밸브
③ 그랜드 패킹
④ 브레이스

 브레이스 : 압축기와 펌프 등에서 발생하는 진동, 서어징 수격작용 등에 의한 진동, 충격 등을 완화하는 완충기

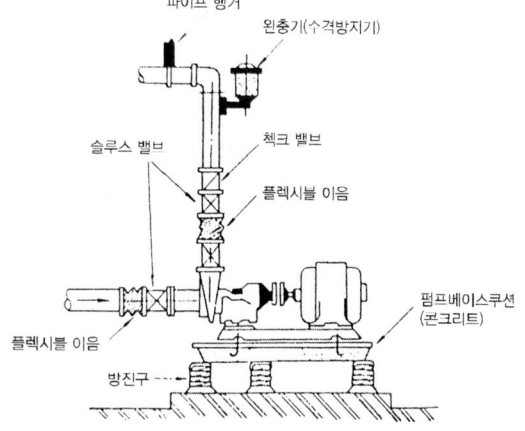

34 온수보일러에 팽창탱크를 설치하는 주된 이유로 옳은 것은?
① 물의 온도 상승에 따른 체적팽창에 의한 보일러의 파손을 막기 위한 것이다.
② 배관 중의 이물질을 제거하여 연료의 흐름을 원활히 하기 위한 것이다.
③ 온수 순환펌프에 의한 맥동 및 캐비테이션을 방지하기 위한 것이다.
④ 보일러, 배관, 방열기 내에 발생한 스케일 및 슬러지를 제거하기 위한 것이다.

해설 팽창탱크 설치 목적
① 체적팽창, 이상팽창 압력 흡수
② 보충수 공급역할
③ 온수의 온도 일정하게 유지

35 온수난방에서 방열기내 온수의 평균온도가 82℃, 실내온도가 18℃이고, 방열기의 방열계수가 6.8 kcal/m²·h·℃인 경우 방열기의 방열량은?
① 650.9 kcal/m²·h
② 557.6 kcal/m²·h
③ 450.7 kcal/m²·h
④ 435.2 kcal/m²·h

해설 방열기 방열량 = 방열계수 × (평균온도 - 실내온도) = 6.8 × (82-18) = 435.2 kcal/m²h

36 보일러 설치·시공 기준상 유류보일러의 용량이 시간당 몇 톤 이상이면 공급 연료량에 따라 연소용 공기를 자동 조절하는 기능이 있어야 하는가? (단, 난방 보일러인 경우이다.)
① 1 t/h
② 3 t/h
③ 5 t/h
④ 10 t/h

해설 유류보일러의 용량이 시간당 10 Tom 이상이면 연료공급량에 따라 연소용 공기를 자동조절하는 기능이 있어야 한다.

37 포밍, 플라이밍의 방지 대책으로 부적합한 것은?
① 정상 수위로 운전할 것
② 급격한 과연소를 하지 않을 것
③ 주증기 밸브를 천천히 개방할 것
④ 수저 또는 수면 분출을 하지 말 것

정답 34. ① 35. ④ 36. ④ 37. ④

38
증기보일러의 기타 부속장치가 아닌 것은?
① 비수방지관 ② 기수분리기
③ 팽창탱크 ④ 급수내관

39
온도 25℃의 급수를 공급받아 엔탈피가 725 kcal/kg의 증기를 1시간당 2310 kg을 발생시키는 보일러의 상당 증발량은?
① 1500 kg/h ② 3000 kg/h
③ 4500 kg/h ④ 6000 kg/h

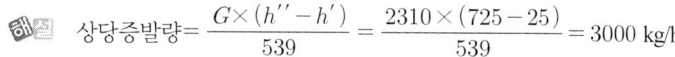 상당증발량 $= \dfrac{G \times (h'' - h')}{539} = \dfrac{2310 \times (725 - 25)}{539} = 3000$ kg/h

40
다음 중 가스관의 누설검사 시 사용하는 물질로 가장 적합한 것은?
① 소금물 ② 증류수
③ 비눗물 ④ 기름

41
보일러 사고의 원인 중 제작상의 원인에 해당 되지 않는 것은?
① 구조와 불량 ② 강도부족
③ 재료의 불량 ④ 압력초과

• 제작상의 원인 : ① 재료불량 ② 용접불량 ③ 강도불량 ④ 구조불량 ⑤ 설계불량
• 취급상의 원인 : ① 역화 ② 저수위 ③ 부식 ④ 압력초과

42
열팽창에 대한 신축이 방열기에 영향을 미치지 않도록 주로 증기 및 온수난방용 배관에 사용되며, 2개 이상의 엘보를 사용하는 신축 이음은?
① 벨로즈 이음 ② 루프형 이음
③ 슬리브 이음 ④ 스위블 이음

 신축이음
① 스위블형
  ㉠ 회전이음 ㉡ 나사에 회전에 의해 신축흡수
  ㉢ 방열기용 ㉣ 2개 이상의 엘보우 사용시공

② 루우프형
  ㉠ 신축곡관형, 만곡형 ㉡ 고압증기의 옥외배관에 사용
  ㉢ 응력이 생김 ㉣ 곡률 반경은 관지름의 6배 이상
③ 벨로우즈형
  ㉠ 펙레스신축이음 파상형, 주름통식 ㉡ 응력이 생기지 않음

43
보일러 급수 중의 용존(용해) 고형물을 처리하는 방법으로 부적합한 것은?
① 증류법 ② 응집법
③ 약품 첨가법 ④ 이온 교환법

해설 외처리 방법
① 용존산소제거법
  ㉠ 탈기법 : CO_2, O_2 가스체제거
  ㉡ 기폭법 : Fe, Mn, CO_2 제거
② 현탁질고형물 제거법 : ㉠ 침전법 ㉡ 여과법 ㉢ 응집법
③ 용해고형물제거법 : ㉠ 이온교환법 ㉡ 약제법 ㉢ 증류법

44
난방부하를 구성하는 인자에 속하는 것은?
① 관류 열손실 ② 환기에 의한 취득열량
③ 유리창으로 통한 취득 열량 ④ 벽, 지붕 등을 통한 취득열량

45
증기보일러에는 2개 이상의 안전밸브를 설치하여야 하는 반면에 1개 이상으로 설치 가능한 보일러의 최대 전열면적은?
① 50 m² ② 60 m² ③ 70 m² ④ 80 m²

해설 안전밸브
① 전열면적이 50 m² 이하 : 1개 설치
② 전열면적이 50 m² 초과 : 2개 설치

46
증기난방에서 저압증기 환수관이 진공펌프의 흡입구보다 낮은 위치에 있을 때 응축수를 원활히 끌어올리기 위해 설치하는 것은?
① 하트포드 접속(hartford connection)
② 플래시 레그(flash leg)
③ 리프트 피팅 (lift fitting)
④ 냉각관(cooling leg)

정답 43. ② 44. ① 45. ① 46. ③

해설 리프트 피팅 : 저압증기 환수관이 진공 펌프의 흡입구보다 낮은 위치에 있을 때 응축수를 원활히 끌어올리기 위하여 설치하는 것으로 높이가 1.5[m] 이하는 1단, 3.0[m] 이하는 2단으로 시공하며 환수주관보다 1~2 정도 작은 치수로 급수 펌프 근처에서 1개소만 설치한다.

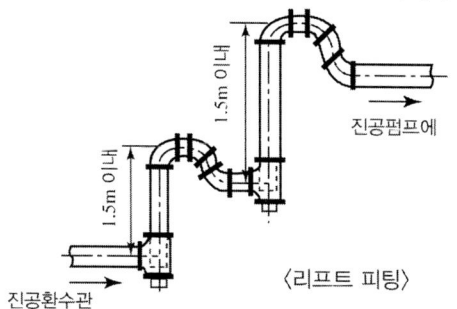

〈리프트 피팅〉

47

중력순환식 온수난방법에 관한 설명으로 틀린 것은?
① 소규모 주택에 이용된다.
② 온수의 밀도차에 의해 온수가 순환한다.
③ 자연순환이므로 관경을 작게 하여도 된다.
④ 보일러는 최하위 방열기보다 더 낮은 곳에 설치한다.

해설 자연순환이므로 관경을 크게 해야 한다.

48

연료의 연소 시, 이론 공기량에 대한 실제 공기량의 비 즉, 공기 비(m)의 일반적인 값으로 옳은 것은?
① $m = 1$ ② $m < 1$ ③ $m < 0$ ④ $m > 1$

해설 $m = 0$ (연소하지 않음)
$m = 1$ (이론적으로 완전 연소)
$m > 1$ (완전 연소)

49

보일러수 내처리 방법으로 용도에 따른 청관제로 틀린 것은?
① 탈산소제 - 염산, 알콜
② 연화제 - 탄산소다, 안산소다
③ 슬러지 조정제 - 탄닌, 리그닌
④ pH 조정제 - 인산소다, 암모니아

해설 탈산소제 : 탄닌, 이황산소다, 히드라진

50
진공환수식 증기 난방장치의 리프트 이음 시 1단 흡상 높이는 최고 몇 m 이하로 하는가?
① 1.0 ② 1.5 ③ 2.0 ④ 2.5

해설 46번 참조

51
보일러 급수처리 방법 중 5000 ppm 이하의 고형물 농도에서는 비경제적이므로 사용하지 않고, 선박용 보일러에 사용하는 급수를 얻을 때 주로 사용하는 방법은?
① 증류법
② 가열법
③ 여과법
④ 이온교환법

52
가스보일러에서 가스폭발의 예방을 위한 유의사항으로 틀린 것은?
① 가스압력이 적당하고 안정되어 있는지 점검한다.
② 화로 및 굴뚝의 통풍, 환기를 완벽하게 하는 것이 필요하다.
③ 점화용 가스의 종류는 가급적 화력이 낮은 것을 사용한다.
④ 착화 후 연소가 불안정할 때는 즉시 가스공급을 중단한다.

해설 점화용 가스의 종류는 가급적 화력이 큰 것을 사용한다.

53
보일러드럼 및 대형헤더가 없고 지름이 작은 전열관을 사용하는 관류보일러의 순환비는?
① 4 ② 3 ③ 2 ④ 1

해설 순환비는 1이다 $\left(\dfrac{급수량}{증발량}\right)$

54
증기관이나 온수관 등에 대한 단열로서 불필요한 방열을 방지하고 인체에 화상을 입히는 위험방지 또는 실내공기의 이상온도 상승방지 등을 목적으로 하는 것은?
① 방로
② 보냉
③ 방한
④ 보온

정답 50. ② 51. ① 52. ③ 53. ④ 54. ④

55
효율관리기자재가 최저소비효율기준에 미달하거나 최대사용량기준을 초과하는 경우 제조·수입·판매업자에게 어떠한 조치를 명할 수 있는가?
① 생산 또는 판매금지
② 제조 또는 설치금지
③ 생산 또는 세관금지
④ 제조 또는 시공금지

56
에너지이용 합리화법에 따라 산업통상자원부령으로 정하는 광고매체를 이용하여 효율관리기자재의 광고를 하는 경우에는 그 광고 내용에 에너지소비효율, 에너지소비효율 등급을 포함시켜야 할 의무가 있는 자가 아닌 것은?
① 효율관리기자재의 제조업자
② 효율관리기자재의 광고업자
③ 효율관리기자재의 수입업자
④ 효율관리기자재의 판매업자

해설 광고내용에 에너지소비 효율, 에너지 소비 효율 등급을 포함시켜야 할 의무가 있는자
① 효율관리 기자재의 판매업자
② 효율관리 기자재의 수입업자
③ 효율관리 기자재의 제조업자

57
에너지이용합리화법상 에너지 진단기관의 지정기준은 누구의 령으로 정하는가?
① 대통령
② 시·도지사
③ 시공업자단체장
④ 산업통상자원부장관

58
열사용기자재 중 온수를 발생하는 소형온수보일러의 적용 범위로 옳은 것은?
① 전열면적 12 m² 이하, 최고사용압력 0.25 MPa 이하의 온수를 발생하는 것
② 전열면적 14 m² 이하, 최고사용압력 0.25 MPa 이하의 온수를 발생하는 것
③ 전열면적 12 m² 이하, 최고사용압력 0.35 MPa 이하의 온수를 발생하는 것
④ 전열면적 14 m² 이하, 최고사용압력 0.35 MPa 이하의 온수를 발생하는 것

59
에너지법에서 정한 지역에너지계획을 수립·시행하여야 하는 자는?
① 행정자치부장관
② 산업통상자원부장관
③ 한국에너지공단 이사장
④ 특별시장·광역시장·도지사 또는 특별자치도지사

55. ① 56. ② 57. ① 58. ④ 59. ④

60 검사대상기기 조종범위 용량이 10 t/h 이하인 보일러의 조종자 자격이 아닌 것은?
① 에너지관리기사
② 에너지관리기능장
③ 에너지관리기능사
④ 인정검사대상기기조종자 교육이수자

 순용량이 10t/h 이하인 보일러 관리자의 자격
에너지관리기능장, 에너지관리기사, 에너지관리산업기사 또는 에너지관리기능사

2016년 제2회 에너지관리기능사 출제문제

01 압력에 대한 설명으로 옳은 것은?
① 단위 면적당 작용하는 힘이다.
② 단위 부피당 작용하는 힘이다.
③ 물체의 무게를 비중량으로 나눈 값이다.
④ 물체의 무게에 비중량을 곱한 값이다.

해설 압력$(P) = \dfrac{W}{A}$ (단위면적당 작용하는 힘)

02 유류버너의 종류 중 수 기압(MPa)의 분무매체를 이용하여 연료를 분무하는 형식의 버너로서 2유체 버너라고도 하는 것은?
① 고압기류식 버너　　② 유압식 버너
③ 회전식 버너　　　　④ 환류식 버너

03 증기보일러의 효율 계산식을 바르게 나타낸 것은?
① 효율(%) = (상당증발량×538.8) / (연료소비량×연료의 발열량) × 100
② 효율(%) = (증기소비량×538.8) / (연료소비량×연료의 비중) × 100
③ 효율(%) = (급수량×538.8) / (연료소비량×연료의 발열량) × 100
④ 효율(%) = 급수사용량 / 증기 발열량 × 100

04 보일러 열효율 정산방법에서 열정산을 위한 액체연료량을 측정할 때, 측정의 허용오차는 일반적으로 몇 %로 하여야 하는가?
① ±1.0%　　② ±1.5%　　③ ±1.6%　　④ ±2.0%

1. ①　2. ①　3. ①　4. ①

연료량
① 고체 : 연소직전에 계량 (계량기 허용오차 ±1.5%)
② 액체연료 : 중량탱크, 용량탱크, 체적식 유량계 ±1.0%
③ 기체연료 : 체적식, 오리피스유량계 (허용오차 ±1.6%)

05 중유 예열기의 가열하는 열원의 종류에 따른 분류가 아닌 것은?
① 전기식 ② 가스식
③ 온수식 ④ 증기식

 중유 예열기의 열원
① 전기식 ② 증기식 ③ 온수식

06 공기비를 m, 이론 공기량을 A_o라고 할 때, 실제 공기량 A를 계산하는 식은?
① $A = m \cdot A_o$
② $A = m/A_o$
③ $A = 1/(m \cdot A_o)$
④ $A = A_o - m$

A(실제공기량)$= m$(공기비)$\times A_o$(이론공기량)
$m = \dfrac{A}{A_o}, \quad A_o = \dfrac{A}{m}$

07 보일러 급수장치의 일종인 인젝터 사용 시 장점에 관한 설명으로 틀린 것은?
① 급수 예열 효과가 있다.
② 구조가 간단하고 소형이다.
③ 설치에 넓은 장소를 요하지 않는다.
④ 급수량 조절이 양호하여 급수의 효율이 높다.

인젝터 사용시 장점
① 동력이 필요 없다.
② 설치장소를 적게 차지한다.
③ 구조가 간단하며 가격이 저렴하다.
④ 급수가 예열되어 열응력 발생방지

※ 참고(단점)
① 흡입양정이 낮아 급수가 곤란
② 급수온도가 높으면 급수 곤란
③ 증기압이 낮으면 급수 곤란
④ 구조상 소용량이고 설치면적이 적다.

08 다음 중 슈미트 보일러는 보일러 분류에서 어디에 속하는가?
① 관류식
② 간접가열식
③ 자연순환식
④ 강제순환식

 특수보일러
① 간접가열보일러 : 슈미트, 레플러
② 폐열보일러 : 하이내, 리히
③ 열매체보일러 : 모빌섬, 수은, 다우삼, 카네크롤, 세큐리티53

09 보일러의 안전장치에 해당되지 않는 것은?
① 방폭문
② 수위계
③ 화염검출기
④ 가용마개

 안전장치
① 안전밸브   ② 가용전   ③ 방출밸브
④ 화염검출기   ⑤ 고, 저수위 경보기   ⑥ 방폭문

10 보일러의 시간당 증발량 1100 kg/h, 증기엔탈피 650 kcal/kg, 급수 온도 30°C일 때, 상당증발량은?
① 1050 kg/h
② 1265 kg/h
③ 1415 kg/h
④ 1733 kg/h

 상당증발량 $= \dfrac{G \times (h'' - h')}{539} = \dfrac{1100 \times (650 - 30)}{539} = 1265.3$ kg/h

11 보일러의 자동연소제어와 관련이 없는 것은?
① 증기압력 제어
② 온수온도 제어
③ 노내압 제어
④ 수위 제어

 자동연소제어
① 증기압력계제어
② 노내압 제어
③ 온수온도제어

12. 보일러의 과열방지장치에 대한 설명으로 틀린 것은?

① 과열방지용 온도퓨즈는 373K 미만에서 확실히 작동하여야 한다.
② 과열방지용 온도퓨즈가 작동한 경우 일정시간 후 재점화되는 구조로 한다.
③ 과열방지용 온도퓨즈는 봉인을 하고 사용자가 변경할 수 없는 구조로 한다.
④ 일반적으로 용해전은 369~371K에 용해되는 것을 사용한다.

해설 과열방지용 온도퓨즈가 작동한 경우 재점화 되면 안 됨.

13. 보일러 급수처리의 목적으로 볼 수 없는 것은?

① 부식의 방지
② 보일러수와 농축방지
③ 스케일생성 방지
④ 역화 방지

해설 급수처리 목적
  ① 관수 PH 조절
  ② 관수농축 방지
  ③ 프라이밍, 포밍발생방지
  ④ 슬러지 및 스케일 생성 방지
  ⑤ 부식방지

14. 배기가스 중에 함유되어 있는 CO_2, O_2, CO 3가지 성분을 순서대로 측정하는 가스 분석계는?

① 전기식 CO계
② 헴펠식 가스 분석계
③ 오르자트 가스 분석계
④ 가스 크로마토 그래픽 가스 분석계

해설 오르자트 분석계
  ① CO_2 : KOH 30% 수용액
  ② O_2 : 알카리성 피롤카롤용액
  ③ CO : 암모니아성 염화제1동용액

15. 보일러 부속장치에 관한 설명으로 틀린 것은?

① 기수분리기 : 증기 중에 혼입된 수분을 분리하는 장치
② 슈트 블로워 : 보일러 동 저면의 스케일, 침전물 등을 밖으로 배출하는 장치
③ 오일스트레이너 : 연료속의 불순물 방지 및 유량계 펌프 등의 고장을 방지하는 장치
④ 스팀 트랩 : 응축수를 자동으로 배출하는 장치

해설 수저분출장치 : 보일러 등 저면의 스케일, 침전물 등을 밖으로 배출하는 장치

정답 12. ② 13. ④ 14. ③ 15. ②

16 일반적으로 보일러 판넬 내부 온도는 몇 ℃를 넘지 않도록 하는 것이 좋은가?
① 60℃
② 70℃
③ 80℃
④ 90℃

해설 보일러 판넬 내부온도는 60℃를 넘지 않도록 한다.

17 함진 배기가스를 액방울이나 액막에 충돌시켜 분진 입자를 포집 분리하는 집진장치는?
① 중력식 집진장치
② 관성력식 집진장치
③ 원심력식 집진장치
④ 세정식 집진장치

해설 습식집진장치
① 세정식 : 함진가스를 액방울이나 액막에 충돌시켜 분진입자 포집
② 유수식
③ 가압수식 : 벤튜리스크레버 씨이클론스크레버, 충전탑

18 보일러 인터록과 관계가 없는 것은?
① 압력초과 인터록
② 저수위 인터록
③ 불착화 인터록
④ 급수장치 인터록

해설 인터록
① 저수위 인터록
② 저연소 인터록
③ 불착화 인터록 : 화염검출기
④ 압력초과 인터록 : 압력조절기, 압력제한기와 관련
⑤ 프리퍼지 인터록 : 송풍기와 관련

19 상태변화 없이 물체의 온도 변화에만 소요되는 열량은?
① 고체열
② 현열
③ 액체열
④ 잠열

해설
• 현열 : 상태변화 없이 온도만 변함
• 감열 : 온도변화 없이 상태만 변함

16. ① 17. ④ 18. ④ 19. ②

20 보일러용 오일 연료에서 성분분석 결과 수소 12.0%, 수분 0.3%라면, 저위발열량은? (단, 연료의 고위발열량은 10600 kcal/kg이다.)

① 6500 kcal/kg ② 7600 kcal/kg
③ 8590 kcal/kg ④ 9950 kcal/kg

해설 $H_l = H_h - 600(9H+W)$
$= 10600 - 600(9 \times 0.12 + 0.003)$
$= 9950.2$ kcal/kg

21 보일러에서 보염장치의 설치목적에 대한 설명으로 틀린 것은?

① 화염의 전기전도성을 이용한 검출을 실시한다.
② 연소용 공기의 흐름을 조절하여 준다.
③ 화염의 형상을 조절 한다.
④ 확실한 착화가 되도록 한다.

해설 보염장치 설치 목적
① 화염의 형상 조절
② 안정된 착화 도모
③ 연소가스의 체류시간을 지연시켜 돕는다.
④ 연소실의 온도분포를 고르게 하고 국부과열 방지
⑤ 연료의 분무를 돕고 공기와의 혼합을 양호

22 증기사용압력이 같거나 또는 다른 여러 개의 증기사용 설비의 드레인관을 하나로 묶어 한 개의 트랩으로 설치한 것을 무엇이라고 하는가?

① 플로트트랩   ② 버킷트랩핑
③ 디스크트랩   ④ 그룹트랩핑

23 보일러 윈드박스 주위에 설치되는 장치 또는 부품과 가장 거리가 먼 것은?

① 공기예열기   ② 화염검출기
③ 착화버너   ④ 투시구

해설 윈드박스 주위에 설치되는 장치
① 착화버너
② 화염검출기
③ 투시구

정답 20. ④ 21. ① 22. ④ 23. ①

24 보일러 운전 중 정전이나 실화로 인하여 연료의 누설이 발생하여 갑자기 점화되었을 때 가스폭발방지를 위해 연료공급을 차단하는 안전장치는?
① 폭발문   ② 수위경보기
③ 화염검출기   ④ 안전밸브

해설
• 방폭문 : 연소실이나 연도에서 가스폭발시 폭발가스를 외부로 배출사고방지
• 수위경보기 : 보일러수위가 안전저수위 이하로 감수시 경보를 울림과 동시에 연료 공급차단
• 안전밸브 : 동내부에 증기압력 상승시 증기를 외부로 배출 사고방지

25 다음 중 보일러에서 연소가스의 배기가 잘 되는 경우는?
① 연도의 단면적이 작을 때   ② 배기가스 온도가 높을 때
③ 연도에 급한 굴곡이 있을 때   ④ 연도에 공기가 많이 침입될 때

해설 연소가스의 배기가 잘되는 경우
① 배기가스온도가 높을 때   ② 연료의 단면적이 클 때
③ 연료에 굴곡이 없을 때   ④ 굴뚝의 단면적이 클 때

26 전열면적이 40 m²인 수직 연관보일러를 2시간 연소시킨 결과 4000 kg의 증기가 발생하였다. 이 보일러의 증발률은?
① 40 kg/m²·h   ② 30 kg/m²·h
③ 60 kg/m²·h   ④ 50 kg/m²·h

해설 전열면증발률 = $\dfrac{G}{A} = \dfrac{4000}{40\text{m}^2 \times 2} = 50$ kg/m²h

27 다음 중 보일러 스테이(stay)의 종류로 거리가 먼 것은?
① 거싯(gusset)스테이   ② 바(bar)스테이
③ 튜브(tube)스테이   ④ 너트(nut)스테이

해설 스테이의 종류

종류	사용장소(목적)
관 스테이	연관과 경판 선단 부위에 관을 확관 마찰이나 마모에 견디게 한다
바아 스테이	경판, 화실, 천정판의 강도 보강용
보울트 스테이	평행판의 강도보강(횡영관 보일러)
가셋트 스테이	경판과 동판의 강도보강(노통 보일러)
도리 스테이	화실 천정판의 강도보강(기관차 보일러)
도그 스테이	맨홀, 청소의 밑봉용

24. ③   25. ②   26. ④   27. ④

 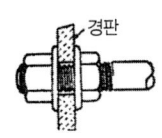 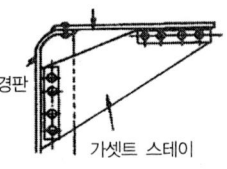 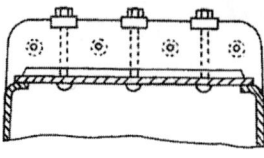

〈관 스테이〉 〈바아 스테이〉 〈가셋트 스테이〉 〈도리 스테이〉

28 과열기의 종류 중 열가스 흐름에 의한 구분 방식에 속하지 않는 것은?
① 병류식 ② 접촉식
③ 향류식 ④ 혼류식

해설 • 열가스 흐름에 의한 분류 : 병류형, 향류형, 혼류형
• 열가스 접촉에 의한 분류 : 접촉(대류) 과열기, 복사(방사) 과열기, 접촉, 복사 과열기

29 고체 연료의 고위발열량으로부터 저위발열량을 산출할 때 연료속의 수분과 다른 한 성분의 함유율을 가지고 계산하여 산출할 수 있는데 이 성분은 무엇인가?
① 산소 ② 수소
③ 유황 ④ 탄소

해설 $H_l = H_h - 600(9H+W)$

30 상용 보일러의 점화전 준비 사항에 관한 설명으로 틀린 것은?
① 수저분출밸브 및 분출 콕의 기능을 확인하고, 조금씩 분출되도록 약간 개방하여 둔다.
② 수면계에 의하여 수위가 적정한지 확인한다.
③ 급수배관의 밸브가 열려있는지, 급수펌프의 기능은 정상인지 확인한다.
④ 공기빼기 밸브는 증기가 발생하기 전까지 열어 놓는다.

해설 한번에 분출 되도록 한다.

31 도시가스 배관의 설치에서 배관의 이음부(용접이음매 제외)와 전기점멸기 및 전기접속기와의 거리는 최소 얼마 이상 유지해야 하는가?
① 10 cm ② 15 cm
③ 30 cm ④ 60 cm

정답 28. ② 29. ② 30. ① 31. ③

배관 이음부와의 거리
① 전선 : 15 cm 이상
② 접속기, 점멸기 굴뚝 : 30 cm 이상
③ 안전기, 계량기, 개폐기, 콘센트 : 60 cm 이상

32

증기보일러에는 2개 이상의 안전밸브를 설치하여야 하지만, 전열면적이 몇 이하인 경우에는 1개 이상으로 해도 되는가?

① 80 m²
② 70 m²
③ 60 m²
④ 50 m²

 • 안전밸브 설치 : 전열면적이 50 m² 이하 1개
전열면적이 50 m² 초과 2개

33

배관 보온재의 선정 시 고려해야 할 사항으로 가장 거리가 먼 것은?
① 안전사용 온도범위
② 보온재의 가격
③ 해체의 편리성
④ 공사 현장의 작업성

 배관 보온재 선정시 고려할 사항
① 보온재의 가격   ② 공사현장의 작업성   ③ 안전사용온도범위

34

증기주관의 관말트랩 배관의 드레인 포켓과 냉각관 시공 요령이다. 다음 (　　)안에 적절한 것은?

> 증기주관에서 응축수를 건식환수관에 배출하려면 주관과 동경으로 (㉠)mm 이상 내리고 하부로 (㉡)mm 이상 연장하여 (㉢)을(를) 만들어준다. 냉각관은 (㉣) 앞에서 1.5 m 이상 나관으로 배관한다.

	㉠	㉡	㉢	㉣
①	150	100	트랩	드레인 포켓
②	100	150	드레인 포켓	트랩
③	150	100	드레인 포켓	드레인 밸브
④	100	150	드레인 밸브	드레인 포켓

냉각관 : 건식 환수방식의 관말에 설치하는 것으로 관내 응축수에서 생긴 플래시(flash) 증기로 인해 보일러에 수격작용이 발생되는 것을 방지하기 위해 설치한다. 주관과 수직으로 100[mm] 이상 내리고 하부로 150[mm] 이상 연장하여 관내 슬러지 등 협잡물을 제거할 목적으로 드레인 포켓(drain pocket)을 만들어 준다. 이때 트랩까지 1.5[m] 이상 보온을 하지 않은 나관배관으로 냉각관을 설치하며 선단에는 관말 트랩으로 최종 처리하게 된다.

32. ④　33. ③　34. ②

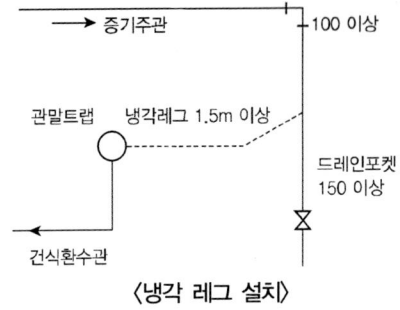

〈냉각 레그 설치〉

35 파이프와 파이프를 홈 조인트로 체결하기 위하여 파이프 끝을 가공하는 기계는?
① 띠톱 기계
② 파이프 벤딩기
③ 동력파이프 나사절삭기
④ 그루빙 조인트 머신

36 보일러 보존 시 동결사고가 예상될 때 실시하는 밀폐식 보존법은?
① 건조 보존법
② 만수 보존법
③ 화학적 보존법
④ 습식 보존법

해설 건조보존법(6개월 이상) : 장기보존
흡습제 : CaO, CaCl₂, Al₂O₃, SiO₂

37 온수난방 배관 시공 시 이상적인 기울기는 얼마인가?
① 1/100 이상
② 1/150 이상
③ 1/200 이상
④ 1/250 이상

38 온수난방 설비의 내림구배 배관에서 배관 아랫면을 일치시키고자 할 때 사용되는 이음쇠는?
① 소켓
② 편심 레듀셔
③ 유니언
④ 이경엘보

39
두께 150 mm, 면적이 15 m²인 벽이 있다. 내면 온도는 200°C, 외면 온도가 20°C일 때 벽을 통한 열손실량은? (단, 열전도율은 0.25 kcal/m·h·°C이다.)
① 101 kcal/h
② 675 kcal/h
③ 2345 kcal/h
④ 4500 kcal/h

해설 $Q = \dfrac{\lambda \cdot A \Delta t}{d} = \dfrac{0.25 \times 15 \times (200-20)}{0.15} = 4500$ kcal/h

40
보일러수에 불순물이 많이 포함되어 보일러수의 비등과 함께 수면부근에게 거품의 층을 형성하여 수위가 불안정하게 되는 현상은?
① 포밍
② 프라이밍
③ 캐리오버
④ 공동현상

해설
- 프라이밍 : 과열, 고수위, 압력변화 등으로 인해 수면에서 물방울이 튀어 오르면 수면을 불안정하게 만드는 현상
- 캐리오버 : 증기 중에 수분이 함께 밖으로 이송되는 현상

41
수질이 불량하여 보일러에 미치는 영향으로 가장 거리가 것은?
① 보일러의 수명과 열효율에 영향을 준다.
② 고압보다 저압일수록 장애가 더욱 심하다.
③ 부식현상이나 증기의 질이 불순하게 된다.
④ 수질이 불량하면 관계통에 관석이 발생한다.

해설 고압일수록 장애가 더욱 심하다.

42
다음 보온재 중 유기질 보온재에 속하는 것은?
① 규조토
② 탄산마그네슘
③ 유리섬유
④ 기포성수지

해설 유기질 보온재
① 폼류 : ㉠ 경질우레탄폼 ㉡ 폴리스틸렌폼 ㉢ 염화비닐폼
② 펠트류 : ㉠ 양모 ㉡ 우모
③ 텍스류 : ㉠ 톱밥 ㉡ 녹재 ㉢ 펄프
④ 콜크류 : ㉠ 탄화콜크
⑤ 기포성수지

39. ④ 40. ① 41. ② 42. ④

43 관의 접속 상태·결합방식의 표시방법에서 용접이음을 나타내는 그림기호로 맞는 것은?

① ——┼—— ② ——┼┼——
③ ——●—— ④ ——┼┼——

해설
나사이음 : ——┼——
유니온 이음 : ——┼┼——
플랜지 이음 : ——┼┼——
용접이음 : ——●——
납땜이음 : ——○——

44 보일러 점화불량의 원인으로 가장 거리가 먼 것은?
① 댐퍼작동 불량
② 파일로트 오일 불량
③ 공기비의 조정 불량
④ 점화용 트랜스의 전기 스파크 불량

해설 파일로드버너 오작동

45 다음 방열기 도시기호 중 벽걸이 종형 도시기호는?
① W – H ② W - V
③ W - Ⅱ ④ W - Ⅲ

해설 방열기 도시기호
① 2주형(Ⅱ) ② 3주형(Ⅲ)
③ 3세주형 ④ 5세주형
⑤ W-H : 벽걸이형 수평형 ⑥ W-V : 벽걸이형 수직형

46 배관 지지기구의 종류가 아닌 것은?
① 파이프 슈 ② 콘스탄트 행거
③ 리지드 서포트 ④ 소켓

해설 배관의 지지
① 행거 : ㉠ 스프링 행거 ㉡ 리지드 행거 ㉢ 콘스탄트행거
② 서포트 : ㉠ 스프링서포트 ㉡ 리지드서포트 ㉢ 롤러서포트 ㉣ 파이프슈
③ 레스트레인트 : ㉠ 앵커 ㉡ 스톱 ㉢ 가이드

정답 43. ③　44. ②　45. ②　46. ④

47. 보온시공 시 주의사항에 대한 설명으로 틀린 것은?
① 보온재와 보온재의 틈새는 되도록 적게 한다.
② 겹침부의 이음새는 동일 선상을 피해서 부착한다.
③ 테이프 감기는 물, 먼지 등의 침입을 막기 위해 위에서 아래쪽으로 향하여 감아 내리는 것이 좋다.
④ 보온의 끝 단면은 사용하는 보온재 및 보온 목적에 따라서 필요한 보호를 한다.

해설 위쪽으로 감아서 올린다.

48. 온수난방에 관한 설명으로 틀린 것은?
① 단관식은 보일러에서 멀어질수록 온수의 온도가 낮아진다.
② 복관식은 방열량의 변화가 일어나지 않고 밸브의 조절로 방열량을 가감할 수 있다.
③ 역귀환 방식은 각 방열기의 방열량이 거의 일정하다.
④ 증기난방에 비하여 소요방열면적과 배관경이 작게 되어 설비비를 비교적 절약할 수 있다.

해설 증기난방에 비해 배관 관경이 커야 한다.

49. 온수보일러에서 팽창탱크를 설치할 경우 주의사항으로 틀린 것은?
① 밀폐식 팽창탱크의 경우 상부에 물빼기 관이 있어야 한다.
② 100℃의 온수에도 충분히 견딜 수 있는 재료를 사용하여야 한다.
③ 내식성 재료를 사용하거나 내식 처리된 탱크를 설치하여야 한다.
④ 동결우려가 있을 경우에는 보온을 한다.

해설 하부에 물빼기 관이 있어야 한다.

50. 보일러 내부부식에 속하지 않는 것은?
① 점식
② 저온부식
③ 구식
④ 알카리부식

해설 외부부식
① 저온부식 : S, SO_2, SO_3, H_2SO_4 (절탄기, 공기예열기)
② 고온부식 : V, V_2O_5 (과열기, 재열기)

47. ③ 48. ④ 49. ① 50. ②

51 보일러 내부의 건조방식에 대한 설명 중 틀린 것은?
① 건조제로 생석회가 사용된다.
② 가열장치로 서서히 가열하여 건조시킨다.
③ 보일러 내부 건조 시 사용되는 기화성 부식 억제제(VCI)는 물에 녹지 않는다.
④ 보일러 내부 건조 시 사용되는 기화성 부식 억제제(VCI)는 건조제와 병용하여 사용할 수 있다.

해설 보일러 내부건조시 사용되는 기화성 부식억제제는 물에 녹는다.

52 증기 난방시공에서 진공환수식으로 하는 경우 리프트 피팅(lift fitting)을 설치하는데, 1단의 흡상높이로 적절한 것은?
① 1.5 m 이내
② 2.0 m 이내
③ 2.5 m 이내
④ 3.0 m 이내

해설 리프트 피팅 : 저압증기 환수관이 진공 펌프의 흡입구보다 낮은 위치에 있을 대 응축수를 끌어올리기 위하여 설치하는 것으로 높이가 1.5[m] 이하는 1단, 3.0[m] 이하는 2단으로 시공하며 환수주관보다 1~2 정도 작은 치수로 급수 펌프 근처에서 1개소만 설치한다.

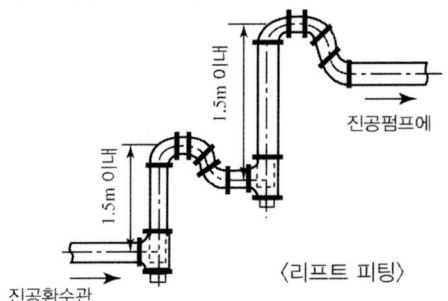

〈리프트 피팅〉

53 배관의 나사이음과 비교한 용접이음에 관한 설명으로 틀린 것은?
① 나사 이음부와 같이 관의 두께에 불균일한 부분이 없다.
② 돌기부가 없어 배관상의 공간효율이 좋다.
③ 이음부의 강도가 적고, 누수의 우려가 크다.
④ 변형과 수축, 잔류응력이 발생할 수 있다.

해설 용접이음의 특징
① 이종재료 용접가능
② 중량이 가벼워진다.
③ 재료의 두께에 제한을 받지 않는다.

④ 제품의 성능과 수명 향상
⑤ 보수와 수리가 용이
⑥ 수밀, 기밀, 유밀성이 양호
⑦ 작업공정이 간단
⑧ 용접사의 기량에 따라 품질 좌우
⑨ 잔류응력 발생
⑩ 이음부의 강도가 크다
⑪ 저온취성의 우려가 있다.

54
보일러 외부부식의 한 종류인 고온부식을 유발하는 주된 성분은?
① 황　　② 수소　　③ 인　　④ 바나듐

55
에너지이용 합리화법에 따라 고시한 효율관리기자재 운용규정에 따라 가정용 가스보일러의 최저소비효율기준은 몇 %인가?
① 63%　　② 68%　　③ 76%　　④ 86%

해설 효율관리기자재 운용규정에 따라 가정용 가스보일러의 최저소비효율기준 : 76%

56
에너지다소비사업자는 산업통상자원부령이 정하는 바에 따라 전년도의 분기별 에너지사용량·제품생산량을 그 에너지사용시설이 있는 지역을 관할하는 시·도지사에게 매년 언제까지 신고해야 하는가?
① 1월 31일까지
② 3월 31일까지
③ 5월 31일까지
④ 9월 30일까지

57
저탄소 녹색성장 기본법에서 사람의 활동에 수반하여 발생하는 온실가스가 대기 중에 축적되어 온실가스 농도를 증가시킴으로써 지구 전체적으로 지표 및 대기의 온도가 추가적으로 상승하는 현상을 나타내는 용어는?
① 지구온난화
② 기후변화
③ 자원순환
④ 녹색경영

54. ④　55. ③　56. ①　57. ①

58 에너지이용 합리화법에 따라 산업통상자원부장관 또는 시·도지사로부터 한국에너지공단에 위탁된 업무가 아닌 것은?
① 에너지사용계획의 검토
② 고효율시험기관의 지정
③ 대기전력경고표지대상제품의 측정결과 신고의 접수
④ 대기전력저감대상제품의 측정결과 신고의 접수

해설 한국에너지 관리 공단에 위탁된 업무
① 신에너지 및 재생에너지 개발사업의 촉진
② 에너지관리에 관한 조사·연구·교육 및 홍보
③ 에너지이용 합리화사업을 위한 토지·건물 및 시설 등의 취득·설치·운영·대여 및 양도
④ 집단에너지사업의 촉진을 위한 지원 및 관리
⑤ 에너지사용기자재의 효율관리 및 열사용기자재의 안전관리
⑥ 사회취약계층의 에너지이용 지원
⑦ 에너지이용 합리화 및 이를 통한 온실가스의 배출을 줄이기 위한 사업
⑧ 에너지기술의 개발·도입·지도 및 보급
⑨ 에너지이용 합리화, 신에너지 및 재생에너지의 개발과 보급, 집단에너지공급사업을 위한 자금의 융자 및 지원
⑩ 에너지절약사업과 이를 통한 온실가스의 배출을 줄이는 사업을 하는데 필요한 자원
⑪ 에너지진단 및 에너지관리지도

59 에너지이용 합리화법에서 효율관리기자재의 제조업자 또는 수입업자가 효율관리기자재의 에너지 사용량을 측정 받는 기관은?
① 산업통상자원부장관이 지정하는 시험기관
② 제조업자 또는 수입업자의 검사기관
③ 환경부장관이 지정하는 진단기관
④ 시·도지사가 지정하는 측정기관

60 에너지이용 합리화법에서 정한 국가에너지절약추진위원회의 위원장은?
① 산업통상자원부장관　　② 국토교통부장관
③ 국무총리　　　　　　　④ 대통령

해설 [참고] 법규 변경으로 인한 폐지 : 국가에너지절약추진위원회

2016년 제3회 에너지관리기능사 출제문제

01 비점이 낮은 물질인 수은, 다우섬 등을 사용하여 저압에서도 고온을 얻을 수 있는 보일러는?

① 관류식 보일러
② 열매체식 보일러
③ 노통연관식 보일러
④ 자연순환 수관식 보일러

해설 열매체 보일러 : 낮은 압력에서도 고온의 증기를 얻을 수 있는 보일러
· 종류 : ① 수은   ② 다우삼   ③ 모빌섬   ④ 카네크롤   ⑤ 세큐리티53

02 90°C의 물 1000kg에 15°C의 물 2000 kg을 혼합시키면 온도는 몇 °C가 되는가?

① 40   ② 30   ③ 20   ④ 10

해설 평균온도 = $\dfrac{G_1 \Delta t_1 + G_2 \Delta t_2}{G_1 + G_2} = \dfrac{1000 \times 90 + 2000 \times 15}{1000 + 2000} = 40°C$

03 보일러 효율 시험방법에 관한 설명으로 틀린 것은?

① 급수온도는 절탄기가 있는 것은 절탄기 입구에서 측정한다.
② 배기가스의 온도는 전열면의 최종 출구에서 측정한다.
③ 포화증기의 압력은 보일러 출구의 압력으로 부르돈관식 압력계로 측정한다.
④ 증기온도의 경우 과열기가 있을 때는 과열기 입구에서 측정한다.

해설 과열기 출구에서 측정한다.

04 보일러의 최고사용압력이 0.1 MPa 이하일 경우 설치 가능한 과압방지 안전장치의 크기는?

① 호칭지름 5 mm
② 호칭지름 10 mm
③ 호칭지름 15 mm
④ 호칭지름 20 mm

1. ②   2. ①   3. ④   4. ④

해설 · 최고사용압력이 0.1 MPa 이하 : 20 A 이하
· 최고사용압력이 0.1 MPa 초과 : 25 A 이하

05 연관보일러에서 연관에 대한 설명으로 옳은 것은?
① 관의 내부로 연소가스가 지나가는 관
② 관의 외부로 연소가스가 지나가는 관
③ 관의 내부로 증기가 지나가는 관
④ 관의 내부로 물이 지나가는 관

해설 · 수관보일러 : 관내부로 물이 흐르는 관
· 연관보일러 : 관내부로 연소가스가 흐르는 관

06 고체연료에 대한 연료비를 가장 잘 설명한 것은?
① 고정탄소와 휘발분의 비
② 회분과 휘발분의 비
③ 수분과 회분의 비
④ 탄소와 수소의 비

해설 연료비 = $\dfrac{\text{고정탄소}}{\text{휘발분}}$

고정탄소 = 100-(수분+회분+휘발분)

07 석탄의 함유 성분이 많을수록 연소에 미치는 영향에 대한 설명으로 틀린 것은?
① 수분 : 착화성이 저하된다.
② 회분 : 연소 효율이 증가한다.
③ 고정탄소 : 발열량이 증가한다.
④ 휘발분 : 검은 매연이 발생하기 쉽다.

해설 회분 : 연소효율 감소

08 다음 중 보일러의 손실열 중 가장 큰 것은?
① 연료의 불완전연소에 의한 손실열
② 노내 분입증기에 의한 손실열
③ 과잉 공기에 의한 손실열
④ 배기가스에 의한 손실열

해설 손실열(출열)
① 배기가스 손실열(손실열중 가장 크다)
② 불완전연소에 의한 손실열
③ 미연분에 의한 손실열
④ 방사에 의한 손실열
⑤ 발생증기 보유열(이용이 가능한 열)

09
다음 중 수관식 보일러 종류가 아닌 것은?

① 다꾸마 보일러
② 가르베 보일러
③ 야로우 보일러
④ 하우덴 존슨 보일러

해설 수관식 보일러
① 자연순환식 수관 보일러 : 바브콕, 쓰네기찌, 다꾸마, 2동D형, 3동A형
② 강제순환식 수관 보일러 : 벨록스, 라몽
③ 관류식 수관 보일러 : 슬쳐, 엣모스, 벤숀, 람진

10
어떤 보일러의 연소효율이 92%, 전열면 효율이 85%이면 보일러 효율은?

① 73.2%   ② 74.8%   ③ 78.2%   ④ 82.8%

해설 보일러 효율 = 연소효율 × 전열효율 × 100 = 0.92 × 0.85 × 100 = 78.2%

11
원심형 송풍기에 해당하지 않는 것은?

① 터보형
② 다익형
③ 플레이트형
④ 프로펠러형

해설 원심형 송풍기의 종류
① 터보형   ② 플레이트형   ③ 다익형

12
보일러 수위제어 검출방식에 해당되지 않는 것은?

① 유속식
② 전극식
③ 부자식
④ 열팽창식

해설 수위제어 방식
① 부자식(플로우트식)   ② 자석식
③ 전극식   ④ 열팽창식(코우프스식)

13
보일러의 자동제어에서 제어량에 따른 조작량의 대상으로 옳은 것은?

① 증기온도 : 연소가스량
② 증기압력 : 연료량
③ 보일러수위 : 공기량
④ 노내압력 : 급수량

9. ④   10. ③   11. ④   12. ①   13. ②

해설 제어량과 조작량의 관계

제어	제어량	조작량
S.T.C	과열증기온도	전열량
F.W.C	보일러수위	급수량
A.C.C	증기압력계제어	연료량, 공기량
	노내압력계제어	연소가스량, 송풍량

14

화염 검출기에서 검출되어 프로텍터 릴레이로 전달된 신호는 버너 및 어떤 장치로 다시 전달되는가?

① 압력제한 스위치
② 저수위 경보장치
③ 연료차단 밸브
④ 안전밸브

15

기체 연료의 특징으로 틀린 것은?

① 연소조절 및 점화나 소화가 용이하다.
② 시설비가 적게 들며 저장이나 취급이 편리하다.
③ 회분이나 매연발생이 없어서 연소 후 청결하다.
④ 연료 및 연소용 공기도 예열되어 고온을 얻을 수 있다.

해설 기체연료의 특징
① 적은공기량으로 완전연소 시킬 수 있다.
② 가스 누설시 폭발의 위험이 있다.
③ 발열량이 낮은 연료로 고온을 얻을 수 있다.
④ 운반, 저장이 어렵다.
⑤ 황분, 회분이 거의 없어 전열면 오손이 없다.
⑥ 연소효율 및 전열효율이 좋다.
⑦ 고온을 얻을 수 있다.
⑧ 연소조절, 점화, 소화가 용이하다.

16

증기의 압력에너지를 이용하여 피스톤을 작동시켜 급수를 행하는 펌프는?

① 워싱턴 펌프
② 기어 펌프
③ 볼류트 펌프
④ 디퓨져 펌프

해설 왕복동식 펌프
① 플런저 펌프(plunger pump) : 동력이나 증기를 사용, 내부의 플런저가 수평으로 좌우 왕복 운동함으로서 주로 소용량 고압으로 운전되는 펌프이다.
② 워싱톤 펌프(worthington pump) : 증기의 힘으로 내부의 증기 피스톤을 움직여 물 실린더

정답 14. ③   15. ②   16. ①

피스톤이 왕복운동함으로 급수를 행하는 펌프이다.
③ 웨어 펌프(wear pump) : 워싱톤 펌프의 구조와 동일하며 1개의 피스톤 봉으로 연결되어 있다.

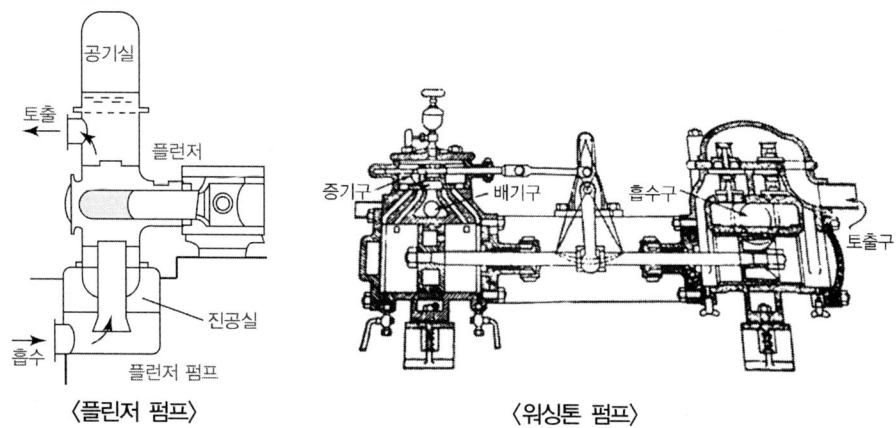

〈플런저 펌프〉　　　　　　　　　〈워싱톤 펌프〉

17

유류 보일러 시스템에서 중유를 사용할 때 흡입측의 여과망 눈 크기로 적합한 것은?
① 1~10 mesh　　　　　　② 20~60 mesh
③ 100~150 mesh　　　　　④ 300~500 mesh

해설 유류보일러 시스템에서 중유 사용시 흡입측 여과망크기 20~50 mesh

18

절탄기에 대한 설명으로 옳은 것은?
① 절탄기의 설치방식은 혼합식과 분배식이 있다.
② 절탄기의 급수예열 온도는 포화온도 이상으로 한다.
③ 연료의 절약과 증발량의 감소 및 열효율을 감소시킨다.
④ 급수와 보일러수의 온도차 감소로 열응력을 줄여준다.

19

유류연소 버너에서 기름의 예열온도가 너무 높은 경우에 나타나는 주요 현상으로 옳은 것은?
① 버너 화구의 탄화물 축적　　② 버너용 모터의 마모
③ 진동, 소음의 발생　　　　　④ 점화불량

해설 기름의 예열온도가 너무 높은 경우
① 탄화물생성　　　　② 기름의 분해
③ 분사불량　　　　　④ 연료소비량증대

17. ②　18. ④　19. ①

20 습증기의 엔탈피 h_x를 구하는 식으로 옳은 것은? (단, h : 포화수의 엔탈피, x : 건조도, r : 증발잠열(숨은열), v : 포화수의 비체적)

① $h_x = h + x$
② $h_x = h + r$
③ $h_x = h + x_r$
④ $h_x = v + h + x_r$

해설 습포화증기엔탈피 = 포화수엔탈피 + 건조도 × 증발잠열
건포화증기엔탈피 = 포화수엔탈피 + 증발잠열
과열증기엔탈피 = 건포화증기엔탈피 + $C × \Delta t$

21 화염 검출기의 종류 중 화염의 이온화 현상에 따른 전기 전도성을 이용하여 화염의 유무를 검출하는 것은?

① 플래임로드   ② 플래임아이   ③ 스택스위치   ④ 광전관

해설 화염 검출기의 종류
① 플레임 아이 : 화염의 발광체 이용
② 플레임 로드 : 화염의 이온화 현상(전기전도성)
③ 스텍스위치 : 화염의 발열현상이용

22 비열이 0.6 kcal/kg·℃ 인 어떤 연료 30kg을 15℃에서 35℃까지 예열하고자 할 때 필요한 열량은 몇 kcal인가?

① 180   ② 360   ③ 450   ④ 600

해설 $Q = G · C · \Delta t = 30 × 0.6 × (35 - 15) = 360$ kcal

23 보일러 1마력을 열량으로 환산하면 약 몇 kcal/h 인가?

① 15.65   ② 539   ③ 1078   ④ 8435

해설 보일러 1마력 : 상당증발량 15.65 kg을 1시간에 증발시킬 수 있는 능력

24 다음 중 보일러수 분출의 목적이 아닌 것은?

① 보일러수의 농축을 방지한다.
② 프라이밍, 포밍을 방지한다.
③ 관수의 순환을 좋게 한다.
④ 포화증기를 과열증기로 증기의 온도를 상승시킨다.

정답 20. ③ 21. ① 22. ② 23. ④ 24. ④

해설 분출목적
① 관수 PH 조절
② 관수농축방지
③ 슬러지 스케일 생성 방지
④ 프라이밍, 포밍발생 방지
⑤ 부식 방지

25
대형보일러인 경우에 송풍기가 작동하지 않으면 전자밸브가 열리지 않고, 점화를 저지하는 인터록은?
① 프리퍼지 인터록
② 불착화 인터록
③ 압력초과 인터록
④ 저수위 인터록

해설 인터록 : 구비조건이 맞지 않을 때 그 조건이 충족될 때까지 다음 단계를 정지시키는 것.
① 저연소인터록
② 저수위인터록 : 저수위경보기
③ 불착화인터록 : 화염검출기
④ 압력초과인터록 : 압력조절기, 압력제한기
⑤ 프리퍼지인터록 : 송풍기

26
분진가스를 집진기내에 충돌시키거나 열가스의 흐름을 반전시켜 급격한 기류의 방향 전환에 의해 분진을 포집하는 집진장치는?
① 중력식 집진장치
② 관성력식 집진장치
③ 사이클론식 집진장치
④ 멀티사이클론식 집진장치

해설 건식 집진 장치
① 중력침강식 : 함진배기 중의 입자를 중력에 의해 포집하는 방식으로 수십 μm 이상의 거칠은 입자의 포집에 사용되며 압력손실은 대략 5~10[mmAq] 정도이다. 처리가스속도가 늦을수록, 흐름이 균일할수록 집진율이 높다.
② 관성력식 : 함진가스를 방해판 등에 충돌시켜 기류의 급격한 전환에 의해 침강력을 가지게 될 때 분리포집하는 방식으로 전환각도가 적고 전환회수가 많을수록 집진율이 높다.

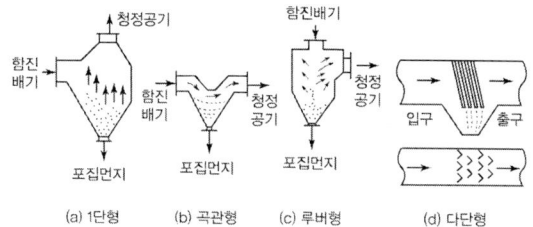

(a) 1단형 (b) 곡관형 (c) 루버형 (d) 다단형

③ 원심력식 : 함진가스에 선회운동을 주어 입자에 작용하는 원심력에 의하여 입자를 분리하는 방식

25. ① 26. ②

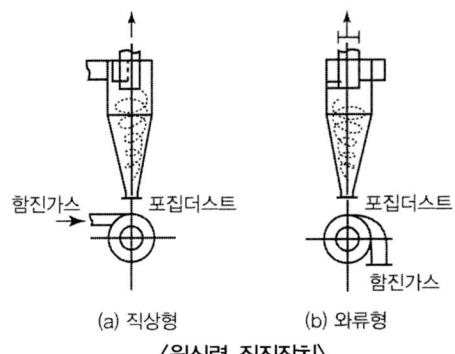

〈원심력 집진장치〉

④ 여과식 : 함진가스를 여과제(filter)를 통하여 분리, 포착하는 방식이다. 내면여과방식과 표면여과방식으로 나뉘며 표면여과방식 중 대표적인 백(bag) 필터가 있다.

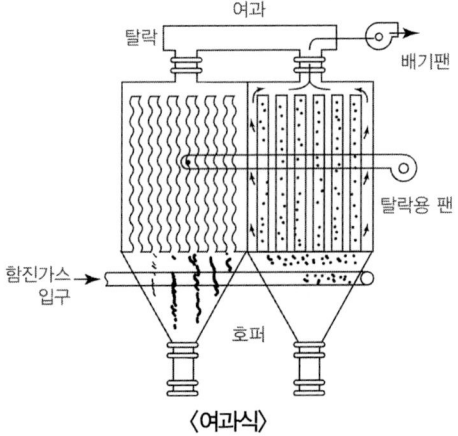

〈여과식〉

⑤ 전기식 (습식에도 포함된다) : 고압의 직류전원을 사용하여 방전극 근처에서 양이온과 자유전자로부터 이루어지는 프라즈마 형성에 의해 입자를 전리하는 방식으로 이러한 방전을 코로나 방전현상이라 하며 가스 중 함유입자는 음이온으로 되어 부착 분리되어 제거하는 장치이다(코트렐 집진장치가 대표적이다).

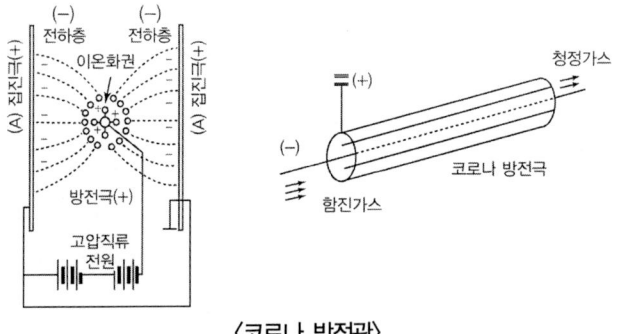

〈코로나 방전관〉

※ 특징
① 압력손실이 적다.
② 적용범위가 넓다.

③ 더스트의 외부 배출이 용이하다.
④ 미세입자의 포집이 용이하고 가장 높은 집진율을 얻을 수 있다.

습식집진장치
① 세정식 : 물 또는 다른 액체의 액면 또는 액막에 의해 함유가스를 세정하여 가스흐름으로 분진입자 포집
② 가압수식 : ㉠ 벤튜리스크레버 ㉡ 싸이클론스크레버 ㉢ 충전탑

27
가압수식을 이용한 집 진장치가 아닌 것은?
① 제트 스크러버
② 충격식 스크러버
③ 벤튜리 스크러버
④ 사이클론 스크러버

28
보일러 부속장치에서 연소가스의 저온부식과 가장 관계가 있는 것은?
① 공기예열기
② 과열기
③ 재생기
④ 재열기

• 저온부식 : 절탄기, 공기예열기
• 고온부식 : 과열기, 재열기

29
비교적 많은 동력이 필요하나 강한 통풍력을 얻을 수 있어 통풍저항이 큰 대형 보일러나 고성능 보일러에 널리 사용되고 있는 통풍 방식은?
① 자연통풍 방식
② 평형통풍 방식
③ 직접흡입 통풍 방식
④ 간접흡입 통풍 방식

• 압입통풍방식 : 8 m/sec 이하
• 흡입통풍방식 : 8~10 m/sec 이하
• 평형통풍방식 : (압입+흡입) : 10 m/sec 초과

30
보일러 강판의 가성취화 현상의 특징에 관한 설명으로 틀린 것은?
① 고압보일러에서 보일러수의 알칼리 농도가 높은 경우에 발생한다.
② 발생하는 장소로는 수면상부의 리벳과 리벳 사이에 발생하기 쉽다.
③ 발생하는 장소로는 관구멍 등 응력이 집중하는 곳의 틈이 많은 곳이다.
④ 외견상 부식성이 없고, 극히 미세한 불규칙적인 방사상 형태를 하고 있다.

발생하는 장소 또는 수면하부의 리벳과 리벳사이에서 발생

27. ② 28. ① 29. ② 30. ②

31 급수 중 불순물에 의한 장해나 처리방법에 대한 설명으로 틀린 것은?
① 현탁고형물의 처리방법에는 침강분리, 여과, 응집침전 등이 있다.
② 경도성분은 이온 교환으로 연화시킨다.
③ 유지류는 거품의 원인이 되나, 이온교환수지의 능력을 향상시킨다.
④ 용존산소는 급수계통 및 보일러 본체의 수관을 산화 부식시킨다.

해설 이온교환수지의 능력을 감소시킨다.

32 보일러 전열면의 과열 방지대책으로 틀린 것은?
① 보일러내의 스케일을 제거한다.
② 다량의 불순물로 인해 보일러수가 농축되지 않게 한다.
③ 보일러의 수위가 안전 저수면 이하가 되지 않도록 한다.
④ 화염을 국부적으로 집중 가열한다.

해설 화염을 국부적으로 가열하면 안된다.

33 중력환수식 온수난방법의 설명으로 틀린 것은?
① 온수의 밀도차에 의해 온수가 순환한다.
② 소규모 주택에 이용된다.
③ 보일러는 최하위 방열기보다 더 낮은 곳에 설치한다.
④ 자연순환이므로 관경을 작게 하여도 된다.

해설 자연순환은 관경을 크게 한다.

34 증기난방에서 환수관의 수평배관에서 관경이 가늘어 지는 경우 편심 리듀서를 사용하는 이유로 적합한 것은?
① 응축수의 순환을 억제하기 위해
② 관의 열팽창을 방지하기 위해
③ 동심 리듀셔보다 시공을 단축하기 위해
④ 응축수의 체류를 방지하기 위해

35 온수난방 설비의 밀폐식 팽창탱크에 설치되지 않는 것은?
① 수위계   ② 압력계   ③ 배기관   ④ 안전밸브

정답 31. ③   32. ④   33. ④   34. ④   35. ③

해설 팽창탱크

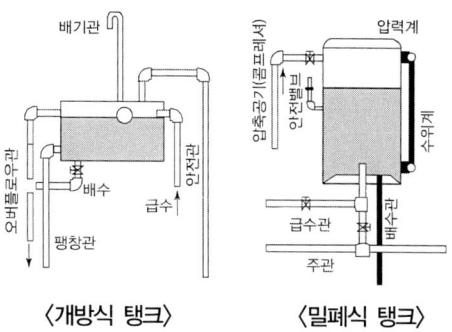

⟨개방식 탱크⟩   ⟨밀폐식 탱크⟩

36
다른 보온재에 비하여 단열 효과가 낮으며, 500℃ 이하의 파이프, 탱크, 노벽 등에 사용하는 보온재는?
① 규조토   ② 암면
③ 기포성수지   ④ 탄산마그네슘

해설 무기질 보온재
① 탄산마그네슘 : 250℃ 이하   ② 그라스울 : 300℃ 이하
③ 석면 : 400℃   ④ 규조토 : 500℃
⑤ 암면 : 600℃ 이하   ⑥ 규산칼슘, 펄라이트 : 650℃ 이하
⑦ 실리카 화이버 : 1100℃   ⑧ 세라믹 화이버 : 1300℃

37
압력배관용 탄소강관의 KS 규격기호는?
① SPPS   ② SPLT   ③ SPP   ④ SPPH

해설 강관의 종류
① SPP(배관용탄소강관) : 사용압력이 10 kg/cm² 이하의 증기, 물, 배관에 사용
② SPPS(압력배관용탄소강관) : 사용압력이 10~100 kg/cm² 이하
③ SPPH(고압배관용탄소강관) : 100kg/cm² 이상
④ SPLT(저온배관용탄소강관) : 빙점이하의 관(0℃ 이하)
⑤ SPHT(고온배관용탄소강관) : 350℃ 이상의 배관에 사용

38
보일러성능시험에서 강철제 증기보일러의 증기건도는 몇 % 이상이어야 하는가?
① 89   ② 93   ③ 95   ④ 98

해설 증기의 건도
① 강철제보일러 : 98% 이상
② 주철제보일러 : 97% 이상

36. ① 37. ① 38. ④

39 난방설비 배관이나 방열기에서 높은 위치에 설치해야 하는 밸브는?
① 공기빼기 밸브
② 안전밸브
③ 전자밸브
④ 플로트 밸브

40 온수온돌의 방수처리에 대한 설명으로 적절하지 않은 것은?
① 다층건물에 있어서도 전층의 온수온돌에 방수처리를 하는 것이 좋다.
② 방수처리는 내식성이 있는 루핑, 비닐, 방수몰탈로 하며, 습기가 스며들지 않도록 완전히 밀봉한다.
③ 벽면으로 습기가 올라오는 것을 대비하여 온돌바닥보다 약 10 cm 이상 위까지 방수처리를 하는 것이 좋다.
④ 방수처리를 함으로써 열손실을 감소시킬 수 있다.

41 기름보일러에서 연소 중 화염이 점멸 하는 등 연소 불안정이 발생하는 경우가 있다. 그 원인으로 가장 거리가 먼 것은?
① 기름의 점도가 높을 때
② 기름 속에 수분이 혼입되었을 때
③ 연료의 공급 상태가 불안정한 때
④ 노내가 부압(負壓)인 상태에서 연소했을 때

해설 연소 불안정의 원인
① 연료의 공급상태 불안정시
② 연소용공기의 과대시
③ 기름속에 수분이 혼입 되었을 때
④ 기름의 점도가 높을 때

42 진공환수식 증기난방 배관시공에 관한 설명으로 틀린 것은?
① 증기주관은 흐름 방향에 1/200~1/300의 앞내림 기울기로 하고 도중에 수직 상향부가 필요한 때 트랩장치를 한다.
② 방열기 분기관 등에서 앞단에 트랩장치가 없을 때에는 1/50~1/100의 앞올림 기울기로 하여 응축수를 주관에 역류시킨다.
③ 환수관에 수직 상향부가 필요한 때에는 리프트 피팅을 써서 응축수가 위쪽으로 배출되게 한다.
④ 리프트 피팅은 될 수 있으면 사용개소를 많게 하고 1단을 2.5m 이내로 한다.

정답 39. ① 40. ① 41. ④ 42. ④

> **해설** 리프트피팅
> 1단 흡상 높이 : 1.5m 이내   2단 흡상 높이 : 3.0m 이내

43
어떤 강철제 증기보일러의 최고사용압력이 0.35 MPa이면 수압시험 압력은?
① 0.35 MPa
② 0.5 MPa
③ 0.7 MPa
④ 0.95 MPa

> **해설** 강철제 증기보일러의 수압시험 압력
> ① 최고 사용압력이 0.43 MPa 이하 : $P \times 2$
> ② 최고 사용압력이 0.43 MPa 초과 : $P \times 1.3 + 0.3$ MPa
> ③ 최고 사용압력이 1.5 MPa 초과 : $P \times 1.5$
>   0.35×2=0.7 MPa

44
전열면적 12 m²인 보일러의 급수밸브의 크기는 호칭 몇 A 이상이어야 하는가?
① 15
② 20
③ 25
④ 32

> **해설** 급수밸브의 크기
> ① 전열면적이 10 m² 이하 : 15 A 이상
> ② 전열면적이 10 m² 초과 : 20 A 이상

45
배관의 관 끝을 막을 때 사용하는 부품은?
① 엘보
② 소켓
③ 티
④ 캡

> **해설** 나사이음분류
> ① 관 끝을 막을 때 : 플러그, 캡
> ② 배관방향을 바꿀 때 : 엘보우, 벤드
> ③ 관을 도중에서 분기할 때 : 티, 와이, 크로스
> ④ 서로 다른 지름의 관을 직선연결 시 : 유니온, 플랜지, 소켓, 니플

46
보온재의 열전도율과 온도와의 관계를 맞게 설명한 것은?
① 온도가 낮아질수록 열전도율은 커진다.
② 온도가 높아질수록 열전도율은 작아진다.
③ 온도가 높아질수록 열전도율은 커진다.
④ 온도에 관계없이 열전도율은 일정하다.

43. ③   44. ②   45. ④   46. ③

47 보일러에서 발생한 증기를 송기할 때의 주의사항으로 틀린 것은?
① 주증기관 내의 응축수를 배출시킨다.
② 주증기 밸브를 서서히 연다.
③ 송기한 후에 압력계의 증기압 변동에 주의한다.
④ 송기한 후에 밸브의 개폐상태에 대한 이상 유무를 점검하고 드레인 밸브를 열어 놓는다.

해설 드레인 밸브를 닫는다.

48 실내의 천장 높이가 12 m인 극장에 대한 증기난방 설비를 설계 하고자 한다. 이때의 난방부하 계산을 위한 실내 평균온도는? (단, 호흡선 1.5 m에서의 실내온도는 18℃ 이다.)
① 23.5℃ ② 26.1℃ ③ 29.8℃ ④ 32.7℃

해설 천장높이 3 m 이상이 되는 경우 실내평균온도
$t_m = 0.05t(h-3) + t = (0.05 \times 18) \times (12-3) + 18 = 26.1℃$

49 난방부하가 2250 kcal/h인 경우 온수방열기의 방열면적은? (단, 방열기의 방열량은 표준방열량으로 한다.)
① 3.5 m² ② 4.5 m² ③ 5.0 m² ④ 8.3 m²

해설 난방부하 = 방열기방열량 × 방열면적
방열면적 = $\dfrac{난방부하}{방열기방열량} = \dfrac{2280}{450} ≒ 5m^2$

50 보일러의 내부 부식에 속하지 않는 것은?
① 점식 ② 구식 ③ 알칼리 부식 ④ 고온 부식

해설 외부부식
① 저온부식 : S, SO_2, SO_3, H_2SO_4
② 고온부식 : V, V_2O_5

51 보일러 사고의 원인 중 보일러 취급상의 사고원인이 아닌 것은?
① 재료 및 설계불량 ② 사용압력초과 운전
③ 저수위 운전 ④ 급수처리 불량

> **해설** 제작상의 원인
> ① 재료불량　② 용접불량　③ 강도불량　④ 구조불량　⑤ 설계불량

52 증기 트랩을 기계식, 온도조절식, 열역학적 트랩으로 구분할 때 온도조절식 트랩에 해당하는 것은?
① 버킷 트랩　　　　　　② 플로트 트랩
③ 열동식 트랩　　　　　④ 디스크형 트랩

> **해설** 증기트랩 : 응축수를 배출하여 수격작용 및 부식방지
> ① 기계적 트랩 : 버킷트, 플로우트
> ② 온도조절 트랩 : 바이메탈, 벨로우즈, 열동식
> ③ 열역학적 트랩 : 오리피스, 디스크

53 배관 중간이나 밸브, 펌프, 열교환기 등의 접속을 위해 사용되는 이음쇠로서 분해, 조립이 필요한 경우에 사용 되는 것은?
① 벤드　　② 리듀셔　　③ 플랜지　　④ 슬리브

54 글랜드 패킹의 종류에 해당하지 않는 것은?
① 아마존 패킹　　　　　② 액상 합성수지 패킹
③ 모울드 패킹　　　　　④ 석면얀

> **해설** 글랜드 패킹 : 밸브회전부분의 기밀을 유지할 목적
> ① 아마존 패킹 : 면포와 내열고무 콤파운드를 가공성형, 압축기용, 그랜드
> ② 모울드 패킹 : 석면, 흑연, 수지 등을 배합 성형한 것으로 펌프 등의 그랜드
> ③ 석면얀 : 석면을 꼬아서 만든 것으로 소형밸브, 수면계 콕크

55 다음 에너지이용 합리화법의 목적에 관한 내용이다. (　　)안의 A, B에 각각 들어갈 용어로 옳은 것은?

> 에너지이용 합리화법은 에너지의 수급을 안정시키고 에너지의 합리적이고 효율적인 이용을 증진하며 에너지소비로 인한 (A)을(를) 줄임으로써 국민 경제의 건전한 발전 및 국민복지의 증진과 (B)의 최소화에 이바지함을 목적으로 한다.

① A = 환경파괴, B = 온실가스
② A = 자연파괴, B = 환경피해
③ A = 환경피해, B = 지구온난화
④ A = 온실가스배출, B = 환경파괴

52. ③　53. ③　54. ②　55. ③

56 에너지법에 따라 에너지기술개발 사업비의 사업에 대한 지원항목에 해당되지 않는 것은?

① 에너지기술의 연구·개발에 관한 사항
② 에너지기술에 관한 국내협력에 관한 사항
③ 에너지기술의 수요조사에 관한 사항
④ 에너지에 관한 연구인력 양성에 관한 사항

해설 에너지기술개발 사업비의 사업에 대한 지원항목
① 에너지에 관한 연구인력 양성에 관한 사항
② 에너지 기술의 수요조사에 관한 사항
③ 에너지 기술의 연구개발에 관한 사항

57 에너지이용 합리화법에 따라 검사에 합격되지 아니한 검사대상기기를 사용한 자에 대한 벌칙은?

① 6개월 이하의 징역 또는 5백만원 이하의 벌금
② 1년 이하의 징역 또는 1천만원 이하의 벌금
③ 2년 이하의 징역 또는 2천만원 이하의 벌금
④ 3년 이하의 징역 또는 3천만원 이하의 벌금

해설 벌칙
① 2년 이상의 징역 또는 2천만원 이하의 벌금
  ㉠ 에너지저장시설의 보유 또는 저장의무의 부과시 정당한 이유 없이 이를 거부하거나 이행하지 아니한 자
  ㉡ 에너지수급의 안정을 기하기 위한 조정·명령 등의 조치를 위반한 자
  ㉢ 공단의 임직원으로 근무하거나 근무하였던 사람이 직무상 알게 된 비밀을 누설하거나 도용한 자
② 1년 이하의 징역 또는 1천만원이하의 벌금
  ㉠ 검사대상기기의 검사를 받지 아니한 자
  ㉡ 검사에 합격되지 아니한 검사대상기기를 사용한 자
③ 2천만원 이하의 벌금
  ㉠ 효율 관리 기자재의 생산 또는 판매금지 명령에 위반한 자
④ 1천만원 이하의 벌금
  ㉠ 검사대상기기조정자를 선임하지 아니한 자
⑤ 500만원 이하의 벌금
  ㉠ 효율관리기자재에 대한 에너지사용량의 측정결과를 신고하지 아니한 자
  ㉡ 대기전력경고표지대상제품에 대한 측정결과를 신고하지 아니한 자
  ㉢ 대기전력경고표지를 하지 아니한 자
  ㉣ 대기전력저감우수제품임을 표시하거나 거짓 표시를 한 자
  ㉤ 대기전력저감기준에 미달하는 경우 시정명령을 정당한 사유 없이 이행하지 아니한 자

정답 56. ② 57. ②

⑪ 고효율에너지인증대상기자재의 인증을 받은 자가 아닌 자는 해당 고효율에너지인증대상기자재에 고효율에너지기자재의 인증 표시를 위반하여 인증 표시를 한 자

58 에너지이용 합리화법상 시공업자단체의 설립, 정관의 기재 사항과 감독에 관하여 필요한 사항은 누구의 령으로 정하는가?
① 대통령령　　　　　　　② 산업통상자원부령
③ 고용노동부령　　　　　④ 환경부령

59 에너지이용 합리화법에 따라 고효율 에너지 인증대상 기자재에 포함되지 않는 것은?
① 펌프　　　　　　　　　② 전력용 변압기
③ LED 조명기기　　　　　④ 산업건물용 보일러

해설 고효율 에너지 인증대상기자재
① 펌프　　　　　　　　② 산업건물용 보일러
③ 무정전전원장치　　　④ 폐열회수형환기장치
⑤ LED조명기기 등

60 에너지이용 합리화법상 열사용기자재가 아닌 것은?
① 강철제보일러　　　　　② 구멍탄용 온수보일러
③ 전기순간온수기　　　　④ 2종 압력용기

해설 열사용기자재
① 보일러 : 강철제 보일러, 주철제 보일러, 온수보일러, 구멍탄온수보일러, 축열식전기보일러
② 압력용기 : 1종압력 용기, 2종압력용기
③ 요로 : 요업요로(터널가마, 회전가마, 셔틀가마, 연속식유리용융가마 유리용융도가니가마) 금속요로 (용선로, 금속소둔로, 철금속가열로, 비철금속용융로)

58. ①　59. ②　60. ③

제1회 에너지관리기능사 모의고사문제

01 분사관을 이용해 선단에 노즐을 설치하여 청소하는 것으로 주로 고온의 전열면에 사용하는 슈트블로워의 형식은?

① 롱레트랙터블형
② 로터리형
③ 건형
④ 에어히터클리너형

해설 슈트블로우의 종류
① 롱래트렉타블형 : 고온의 전열면
② 로우터리형 : 저온의 전열면
③ 연소노벽블러워 : 쇼트렉터블형
④ 전열면 블러워 : 건타입형

02 보일러 실제 증발량이 7000 kg/h이고, 최대연속 증발량이 8 t/h일 때, 이 보일러 부하율은 몇 %인가?

① 80.5%
② 85%
③ 87.5%
④ 90%

해설 보일러부하율 = $\dfrac{실제증발량}{최대연속증발량} \times 100$

$= \dfrac{7000}{8 \times 1000} \times 100 = 87.5\%$

03 급수온도 21℃에서 압력 14 kgf/cm², 온도 250℃의 증기를 시간당 14000 kg을 발생하는 경우의 상당증발량은 약 몇 kg/h인가? (단, 발생증기의 엔탈피는 635 kcal/kg이다.)

① 15948
② 25326
③ 3235
④ 48159

해설 상당증발량 = $\dfrac{G \times (h'' - h')}{539}$

$= \dfrac{14000 \times (635 - 21)}{539} = 15948$ kg/h

정답 1. ① 2. ③ 3. ①

04
피드백 제어를 가장 옳게 설명한 것은?
① 일정하게 정해진 순서에 의해 행하는 제어
② 모든 조건이 충족되지 않으면 정지되어 버리는 제어
③ 출력측의 신호를 입력측으로 되돌려 정정 동작을 행하는 제어
④ 사람의 손에 의해 조작되는 제어

- 피드백 제어 : 출력측의 신호를 입력측으로 되돌려 정정 동작을 하는 제어
- 시컨스 제어 : 처음 정해진 순서에 의해 제어의 각 단계를 제어
- 케스 케이드 제어 : 1차 제어장치 제어명령을 말하고 2차 제어장치가 이 명령을 바탕으로 제어

05
보일러 보존 시 건조제로 주로 쓰이는 것이 아닌 것은?
① 실리카겔
② 활성알루미나
③ 염화마그네슘
④ 염화칼슘

 건조제
① CaO(생석회 = 산화칼슘)
② $CaCl_2$(염화칼슘)
③ SiO_2(실리카 겔 = 이산화규소)
④ Al_2O_3(활성알루미나 = 산화알루미늄)

06
신설 보일러의 설치 제작 시 부착된 페인트, 유지, 녹 등을 제거하기 위해 소다보링(Soda Boiling)할 때 주입하는 약액 조성에 포함되지 않는 것은?
① 탄산나트륨
② 수산화나트륨
③ 불화수소산
④ 제3인산나트륨

 소다보링시 주입하는 약액
① 가성소다
② 탄산소다
③ 제3인산소다

07
열팽창에 의한 배관의 이동을 구속 또는 제한하는 배관지지구인 레스트레인트(restraint)의 종류가 아닌 것은?
① 가이드
② 앵커
③ 스톱
④ 행거

해설 배관의지지

4. ③ 5. ③ 6. ③ 7. ④

(1) 행거 : 배관의 하중을 잡아주는 장치이다.
   ① 리지드 행거(rigid hanger) : I 비임에 턴버클을 이용 지지하는 것으로 상하방향에 변위에 없는 곳에 사용한다.
   ② 스프링 행거(spring hanger) : 턴버클 대신 스프링을 사용한 것이다.
   ③ 콘스탄트 행거(constant hanger) : 배관의 상하이동에 관계없이 관지지력이 일정한 것으로 중추식과 스프링식이 있다.

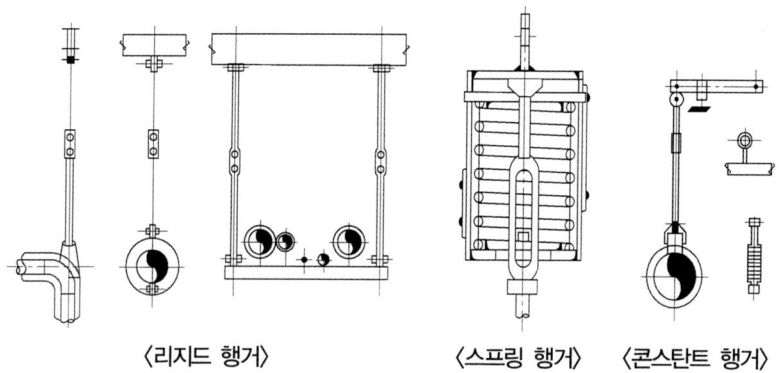

〈리지드 행거〉   〈스프링 행거〉   〈콘스탄트 행거〉

(2) 서포트(support) : 배관의 하중을 밑에서 떠받쳐 지지해 주는 장치이다.
   ① 파이프 슈(pipe shoe) : 관에 직접 집속하는 지지구로 수평배관과 수직배관의 연결부에 사용 된다.
   ② 리지드 서포트(rigid support) : H 비임이나 I비임으로 받침을 만들어 지지한다.
   ③ 스프링 서포트(spring support) : 스프링의 탄성에 의해 상하 이동을 허용한 것이다.
   ④ 로울러 소포트(roller support) : 관의 축 방향의 이동을 허용한 지지구이다.

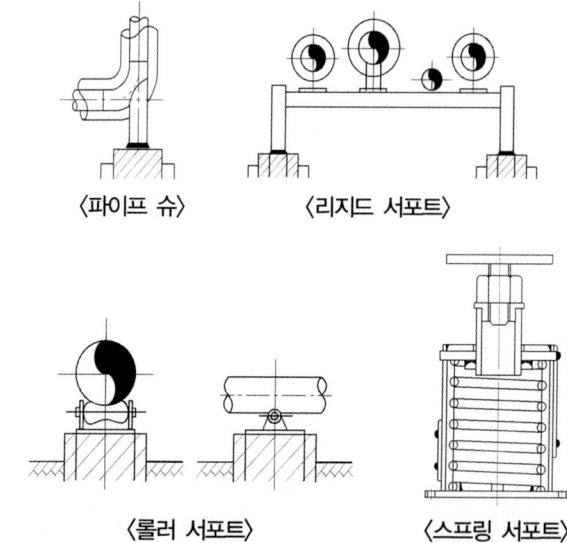

〈파이프 슈〉   〈리지드 서포트〉

〈롤러 서포트〉   〈스프링 서포트〉

(3) 리스트레인(restrain) : 열팽창에 의한 배관의 상하·좌우 이동을 구속 또는 제한하는 장치이다.
   ① 앵커(anchor) : 리지드 서포트의 일종으로 관의 이동 및 회전을 방지하기 위해 지지점에 완전히 고정하는 장치이다.

② 스톱(stop) : 배관의 일정한 방향과 회전만 구속하고 다른 방향은 자유롭게 이동하게 하는 장치이다.
③ 가이드(guide) : 배관의 곡관부분이나 신축 조인트부분에 설치하는 것으로 회전을 제한하거나 축방향의 이동을 허용하며 직각방향으로 구속하는 장치이다.

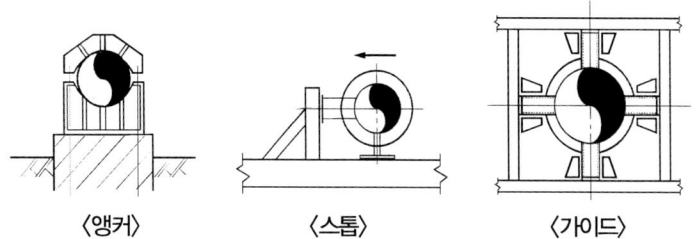

〈앵커〉　　　〈스톱〉　　　〈가이드〉

08

보일러 작업종료시의 주요점검 사항으로 틀린 것은?
① 전기의 스위치가 내려져 있는지 점검한다.
② 난방용 보일러에 대해서는 드레인의 회수를 확인하고 진공펌프를 가동시켜 놓는다.
③ 작업종료 시 증기압력이 어느 정도인지 점검한다.
④ 증기밸브로부터 누설이 없는지 점검한다.

해설 진공펌프 정지

09

엘보나 티와 같이 내경이 나사로 된 부품을 폐쇄할 필요가 있을 때 사용되는 것은?
① 캡　　② 니플　　③ 소켓　　④ 플러그

해설
• 내경이 나사로 된 경우 : 플러그
• 외경이 나사로 된 경우 : 캡

10

글랜드 패킹의 종류에 해당하지 않는 것은?
① 아마존 패킹
② 액상 합성수지 패킹
③ 모울드 패킹
④ 석면얀

해설 글랜드 패킹의 종류 : 밸브의 회전부분에 기밀을 유지할 목적으로 사용
① 아마존 패킹 : 면포와 내열고무 콤파운드를 가공성형한 것으로 압축기용 그랜드에 사용
② 모울드 패킹 : 석면, 흑연, 수지등을 배합성형한 것으로 밸브, 펌프 등의 그랜드에 사용
③ 석면각형 패킹 : 석면을 각형으로 짜서 만든 것으로 내열, 내산성이 좋아 대형밸브 그랜드에 사용
④ 석면얀 : 석면을 꼬아서 만든 것으로 소형밸브, 수면계콕크 주로 소형밸브 그랜드에 사용

11 강철제 증기보일러의 최고사용압력이 $4\ \text{kgf/cm}^2$이면 수압시험압력은 몇 kgf/cm^2로 하는가?

① $2.0\ \text{kgf/cm}^2$ ② $5.2\ \text{kgf/cm}^2$
③ $6.0\ \text{kgf/cm}^2$ ④ $8.0\ \text{kgf/cm}^2$

해설 강철제보일러 수압시험 압력
① 최고사용압력이 $4.3\ \text{kg/cm}^2$ 이하 : $P \times 2$
② 최고사용압력이 $4.3\ \text{kg/cm}^2$ 초과~$15\ \text{kg/cm}^2$ 이하 : $P \times 1.3 + 3$
③ 최고사용압력이 $15\ \text{kg/cm}^2$ 초과 : $P \times 1.5$
∴ $4 \times 2 = 8\ \text{kg/cm}^2$

12 어떤 건물의 소요 난방부하가 $54600\ \text{kcal/h}$이다. 주철제 방열기로 증기난방을 한다면 약 몇 쪽(section)의 방열기를 설치해야 하는가? (단, 표준방열량으로 계산하며, 주철제 방열기의 쪽당 방열면적은 $0.24\ \text{m}^2$이다.)

① 330쪽 ② 350쪽 ③ 380쪽 ④ 400쪽

해설 쪽수 = $\dfrac{\text{난방부하}}{\text{방열기 방열량} \times \text{쪽당 방열면적}}$

$= \dfrac{54600}{650 \times 0.24} = 350\ \text{쪽}$

13 다음 도시가스의 종류를 크게 천연가스와 석유계 가스, 석탄계 가스로 구분할 때 석유계 가스에 속하지 않는 것은?

① 코르크 가스 ② LPG 변성가스
③ 나프타 분해가스 ④ 정제소 가스

해설 석유계가스
① LPG변성가스 ② 나프타분해가스 ③ 정제소가스

14 다음 중 여과식 집진장치의 종류가 아닌 것은?

① 유수식 ② 원통식
③ 평판식 ④ 역기류 분사식

해설 여과식 집진장치의 종류
① 원통식 ② 평판식 ③ 역기류 분사식

참고 습식집진장치 : ① 세정식 ② 유수식 ③ 가압수식

15

다음 중 보일러의 안전장치로 볼 수 없는 것은?
① 급수펌프   ② 화염검출기
③ 고저수위 경보장치   ④ 압력조절기

 안전장치
① 안전밸브   ② 방폭문
③ 고, 저수위경보기   ④ 가용전
⑤ 방출밸브   ⑥ 화염검출기
⑦ 압력조절기   ⑧ 압력제한기

16

다음 중 액화천연가스(LNG)의 주성분은 어느 것인가?
① CH_4 ② C_2H_6
③ C_3H_8 ④ C_4H_{10}

 LNG의 주성분 : CH_4(메탄)
LPG의 주성분 : C_3H_8(프로판)

17

압축기 진동과 서징, 관의 수격작용, 지진 등에서 발생하는 진동을 억제하는 데 사용되는 지지 장치는?
① 벤드벤   ② 플랩 밸브
③ 그랜드 패킹   ④ 브레이스

브레이스 : 압축기진동, 서징, 관의 수격작용 등에서 발생하는 진동을 억제하는데 사용

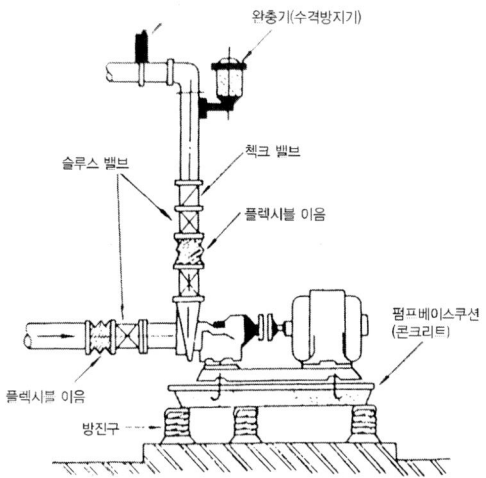

18 전기식 증기압력조절기에서 증기가 벨로즈 내에 직접 침입하지 않도록 설치하는 것으로 가장 적합한 것은?
① 신축 이음쇠　　② 균압 관
③ 사이폰 관　　④ 안전밸브

해설 싸이폰관 : 고온의 증기와 물로부터 압력계 보호
① 싸이폰관 안지름 : 6.5 mm 이상
② 동관 : 6.5 mm 이상
③ 강관 : 12.7 mm 이상

19 측정 장소의 대기 압력을 구하는 식으로 옳은 것은?
① 절대압력 + 게이지압력　　② 게이지압력 - 절대압력
③ 절대압력 - 게이지압력　　④ 진공도 × 대기압력

해설 절대압력 = 게이지압력 + 대기압
게이지압력 = 절대압력 - 대기압
대기압 = 절대압력 – 대기압

20 보일러의 연소장치에서 통풍력을 크게 하는 조건으로 틀린 것은?
① 연돌의 높이를 높인다.　　② 배기가스 온도를 높인다.
③ 연도의 굴곡부를 줄인다.　　④ 연돌의 단면적을 줄인다.

해설 통풍력을 크게 하는 조건
① 연돌의 단면적을 크게 한다.　　② 연도의 굴곡부를 줄인다.
③ 배기가스 온도를 높인다.　　④ 연돌의 높이를 높인다.

21 표준방열량을 가진 증기방열기가 설치된 실내의 난방 부하가 20000 kcal/h일 때 방열면적은 몇 m인가?
① 30.8　　② 36.4
③ 44.4　　④ 57.1

해설 난방부하 = 방열기 방열량 × 방열면적
방열면적 = $\dfrac{난방부하}{방열기 방열량}$ = $\dfrac{20000}{650}$ = 30.769 ≒ 30.8

22
진공환수식 증기난방 배관시공에 관한 설명 중 맞지 않는 것은?
① 증기주관은 흐름 방향에 1/200~1/300의 앞내림 기울기로 하고 도중에 수직 상향부가 필요한 때 트랩장치를 한다.
② 방열기 분기관 등에서 앞단에 트랩장치가 없을 때는 1/50~1/100의 앞올림 기울기로 하여 응축수를 주관에 역류시킨다.
③ 환수관에 수직 상향부가 필요한 때는 리프트 피팅을 써서 응축수가 위쪽으로 배출하게 한다.
④ 리프트 피팅은 될 수 있으면 사용개소를 많게 하고 1단을 2.5 m 이내로 한다.

해설 리프트피팅 : 1단 높이 1.5 m 이내, 2단 높이 1.5 m 이내

23
난방설비와 관련된 설명 중 잘못된 것은?
① 증기난방의 표준방열량은 650 kcal/m²h이다.
② 방열기는 증기 또는 온수 등의 열매를 유입하여 열을 방산하는 기구로 난방의 목적을 달성하는 장치다.
③ 하트포드접속법은 고압증기 난방에 필요한 접속법이다.
④ 온수난방에서 온수순환방식에 따라 크게 중력순환식과 강제순환식으로 구분한다.

해설 하트포드 접속법은 저압증기난방에 적합한 접속법이다.

24
방열기내 온수의 평균온도 85℃, 실내온도 15℃, 방열계수 7.2kcal/m²·h·℃인 경우 방열기 방열량은 얼마인가?
① 450 kcal/m²·h
② 504 kcal/m²·h
③ 509 kcal/m²·h
④ 515 kcal/m²·h

해설 방열기 방열량 = 방열계수 × (평균온도 - 실내온도)
= 7.2 × (85-15) = 504 kcal/m²h

25
일반 보일러(소용량 보일러 및 가스용 온수보일러 제외)에서 온도계를 설치할 필요가 없는 곳은?
① 절탄기가 있는 경우 절탄기 입구 및 출구
② 보일러 본체의 급수 입구
③ 버너 급유 입구(예열을 필요로 할 때)
④ 과열기가 있는 경우 과열기 입구

22. ④ 23. ③ 24. ② 25. ④

해설 온도계 설치
① 급유입구의 급유 온도계
② 보일러 본체 배기가스 온도계
③ 절탄기가 있는 경우 입구 및 출구온도계
④ 공기예열기가 있는 경우 입구 및 출구온도계
⑤ 과열기 또는 재열기가 있는 경우 그 출구온도계

26 보일러 건조보존 시에 사용되는 건조제가 아닌 것은?
① 암모니아 ② 생석회 ③ 실리카겔 ④ 염화칼슘

해설 건조보존시 건조제(흡수제)
① 생석회 ② 실리카겔 ③ 활성알루미나 ④ 염화칼슘

27 보일러 시스템에서 공기예열기 설치 사용 시 특징으로 틀린 것은?
① 연소효율을 높일 수 있다.
② 저온부식이 방지된다.
③ 예열공기의 공급으로 불완전 연소가 감소된다.
④ 노내의 연소속도를 빠르게 할 수 있다.

해설 저온부식생성
저온부식의 원인 : S, SO_2, SO_3, H_2SO_4

28 보일러 기관 작동을 저지시키는 인터록 제어에 속하지 않는 것은?
① 저수위 인터록 ② 저압력 인터록
③ 저연소 인터록 ④ 프리퍼지 인터록

해설 인터록제어 : 구비조건이 맞지 않을 때 그 조건이 충족될 때까지 다음 단계를 정지시키는 것
① 저수위 인터록 ② 저연소 인터록 ③ 불착화 인터록
④ 압력초과 인터록 ⑤ 프리퍼지 인터록

29 보일러의 출열 항목에 속하지 않는 것은?
① 불완전 연소에 의한 열손실
② 연소 잔재물 중의 미연소분에 의한 열손실
③ 공기의 현열손실
④ 방산에 의한 손실열

해설 출열항목
① 배기가스 손실열 ② 불완전연소에 의한 손실열
③ 미연분에 의한 손실열 ④ 방산에 의한 손실열
⑤ 발생증기 보유열

30

무게 80 kgf인 물체를 수직으로 5 m까지 끌어올리기 위한 일을 열량으로 환산하면 약 몇 kcal인가?

① 0.94 kcal ② 0.094 kcal
③ 40 kcal ④ 400 kcal

 해설 1 kcal = 427 kgf . m

$$\therefore\ 80\ \text{kgf} \times 5\ \text{m} = 400\ \text{kgf} \cdot \text{m} \times \frac{1\ \text{kcal}}{427\ \text{kgf} \cdot \text{m}} = 0.936\ \text{kcal}$$

31

실내의 온도분포가 가장 균등한 난방방식은 무엇인가?

① 온풍 난방 ② 방열기 난방
③ 복사 난방 ④ 온돌 난방

해설 복사난방의 특징
① 실내공간의 이용률이 높다. ② 쾌감도가 좋다.
③ 동일방열량에 대해 열손실이 적다. ④ 높이에 따른 온도분포가 균일하다.
⑤ 표면부의 균열발생이 쉽다. ⑥ 설비비가 많이 든다.
⑦ 예열이 길어 부하에 대응하기 어렵다.

32

증기압력이 높아질 때 감소되는 것은?

① 포화 온도 ② 증발 잠열
③ 포화수 엔탈피 ④ 포화증기 엔탈피

 해설 증기압력이 높으면 증발잠열 감소

33

보일러 급수처리의 목적으로 볼 수 없는 것은?

① 부식의 방지 ② 보일러수의 농축방지
③ 스케일생성 방지 ④ 역화(back fire)방지

해설 보일러 급수처리 목적
① 관수 PH 조절 ② 관수농축방지 ③ 슬러지 스케일방지
④ 부식방지 ⑤ 프라이밍, 포밍발생방지

34 액체연료에서의 무화의 목적으로 틀린 것은?

① 연료와 연소용 공기와의 혼합을 고르게 하기 위해
② 연료 단위 중량당 표면적을 작게 하기 위해
③ 연소 효율을 높이기 위해
④ 연소실 열방생률을 높게 하기 위해

해설 무화의 목적
① 연료 단위 중량당 표면적을 크게 하기 위해서
② 연료와 연소용공기와의 혼합을 고르게 하기 위해서
③ 연소실 열 발생률을 높게 하기 위해서
④ 연소 효율을 높게 하기 위해서

35 냉동용 배관 결합 방식에 따른 도시방법 중 용접식을 나타내는 것은?

① ─┼┼─ ② ───●───
③ ─┼─   ④ ─┼┼─

해설
① ─┼┼─ : 플랜지이음 ② ─┼─ : 나사이음
③ ─┼┼─ : 유니온이음 ④ ───●─── : 용접이음

36 보일러에서 역화의 발생 원인이 아닌 것은?

① 점화 시 착화가 지연되었을 경우
② 연료보다 공기를 먼저 공급한 경우
③ 연료 밸브를 과대하게 급히 열었을 경우
④ 프리퍼지가 부족할 경우

해설 역화의 발생원인
① 프리퍼지 및 포스트퍼지 부족 시
② 점화시 착화가 늦은 경우
③ 공기보다 연료먼저 투입 시
④ 압입통풍이 강할 경우
⑤ 흡입통풍이 부족 시
⑥ 2차 공기의 예열 부족 시

37 보일러의 상당증발량을 옳게 설명한 것은?
① 일정 온도의 보일러수가 최종의 증발상태에서 증기가 되었을 때의 중량
② 시간당 증발된 보일러수의 중량
③ 보일러에서 단위시간에 발생하는 증기 또는 온수의 보유열량
④ 시간당 실제증발량이 흡수한 전열량을 온도 100℃의 포화수를 100℃의 증기로 바꿀 때의 열량으로 나눈 값

38 2차 연소의 방지대책으로 적합하지 않은 것은?
① 연도의 가스 포켓이 되는 부분을 없앨 것
② 연소실 내에서 완전연소 시킬 것
③ 2차 공기온도를 낮추어 공급할 것
④ 통풍조절을 잘 할 것

39 보일러 부속품 중 안전장치에 속하는 것은?
① 감압 밸브 ② 주증기 밸브 ③ 가용전 ④ 유량계

해설 안전장치
① 안전밸브 ② 화염검출기 ③ 방폭문
④ 가용전 ⑤ 압력조절기 ⑥ 압력제한기

40 연료유 탱크에 가열장치를 설치한 경우에 대한 설명으로 틀린 것은?
① 열원에는 증기, 온수, 전기 등을 사용한다.
② 전열식 가열장치에 있어서는 직접식 또는 저항밀봉피복식의 구조로 한다.
③ 온수, 증기 등의 열매체가 동절기에 동결할 우려가 있는 경우에는 동결을 방지하는 조치를 취해야 한다.
④ 연료유 탱크의 기름 취출구 등에 온도계를 설치하여야 한다.

41 30마력(PS)인 기관이 1시간 동안 행한 일량을 열량으로 환산하면 약 몇 kcal인가? (단, 이 과정에서 행한 일량은 모두 열량으로 변환된다고 가정한다.)
① 14360 ② 15240 ③ 18970 ④ 20402

37. ④ 38. ③ 39. ③ 40. ② 41. ③

해설 1 PSh = 632 kcal/h
30 PSh = x
$x = \dfrac{30\,\text{PS} \times 632\,\text{kcal/h}}{1\,\text{PSh}} = 18960\,\text{kcal/h}$

42
물을 가열하여 압력을 높이면 어느 지점에서 액체, 기체 상태의 구별이 없어지고 증발잠열이 0 kcal/kg이 된다. 이 점을 무엇이라 하는가?
① 임계점   ② 삼중점   ③ 비등점   ④ 압력점

해설 임계점 : 액체, 기체 상태의 구별이 없어지고 증발잠열이 0 kcal/kg

43
파형 노통보일러의 특징을 설명한 것으로 옳은 것은?
① 제작이 용이하다.
② 내·외면의 청소가 용이하다.
③ 평형 노통보다 전열면적이 크다.
④ 평형 노통보다 외압에 대하여 강도가 적다.

해설 파형노통 보일러의 특징
① 평형 노통보다 전열면적이 크다.
② 평형 노통보다 외압에 대한 강도가 크다.
③ 내외면의 청소가 어렵다.
④ 제작이 까다롭다.

44
보일러 전열면적 $1\,\text{m}^2$ 당 1시간에 발생되는 실제 증발량은 무엇인가?
① 전열면의 증발율   ② 전열면의 출력
③ 전열면의 효율   ④ 상당증발 효율

해설 전열면증발율 $= \dfrac{G}{A}$

45
보일러의 설치·시공기준 상 가스용 보일러의 연료 배관 시 배관의 이음부와 전기계량기 및 전기개폐기와의 유지 거리는 얼마인가? (단, 용접이음매는 제외한다.)
① 15 cm 이상   ② 30 cm 이상
③ 45 cm 이상   ④ 60 cm 이상

해설 유지거리

① 전선 : 15 cm 이상
② 접속기, 점멸기, 굴뚝 : 30 cm 이상
③ 안전기, 계량기, 개폐기, 콘센트 : 60 cm 이상

46
유류 연소 자동점화 보일러의 점화순서상 화염검출기 작동 후 다음 단계는?
① 공기댐퍼 열림
② 전자 밸브 열림
③ 노내압 조정
④ 노내 환기

47
보일러 가동 시 매연 발생의 원인과 가장 거리가 먼 것은?
① 연소실 과열
② 연소실 용적의 과소
③ 연료 중의 불순물 혼입
④ 연소용 공기의 공급 부족

해설 매연발생의 원인
① 연소실 용적이 적은 경우
② 연소실 온도가 낮은 경우
③ 공기와 연료와의 혼합 불량
④ 연료중의 불순물 혼입
⑤ 연소용공기 공급 부족 시
⑥ 연료중의 수분 혼입 시

48
난방부하 계산 시 고려해야 할 사항으로 거리가 먼 것은?
① 유리창 및 문의 크기
② 현관 등의 공간
③ 연료의 발열량
④ 건물 위치

해설 난방부하 계산시 고려할 사항
① 건물위치   ② 현관등의 공간   ③ 유리창 및 문의 크기

49
보일러 사용 시 이상 저수위의 원인이 아닌 것은?
① 증기 취출량이 과대한 경우
② 보일러 연결부에서 누출이 되는 경우
③ 급수장치가 증발능력에 비해 과소한 경우
④ 급수탱크 내 급수량이 많은 경우

해설 이상저수위 원인
① 급수탱크내 급수량 부족시
② 급수장치가 증발능력에 비해 과소한 경우
③ 보일러 연결부에서 누출이 되는 경우
④ 증기 취출량이 과대한 경우

46. ② 47. ① 48. ③ 49. ④

50 증기보일러의 효율 계산식을 바르게 나타낸 것은?
① 효율(%) = (상당증발량×538.8) / (연료소비량×연료의 발열량) × 100
② 효율(%) = (증기소비량×538.8) / (연료소비량×연료의 비중) × 100
③ 효율(%) = (급수량×538.8) / (연료소비량×연료의 발열량) × 100
④ 효율(%) = 급수사용량 / 증기 발열량 × 100

51 보일러 효율 시험방법에 관한 설명으로 틀린 것은?
① 급수온도는 절탄기가 있는 것은 절탄기 입구에서 측정한다.
② 배기가스의 온도는 전열면의 최종 출구에서 측정한다.
③ 포화증기의 압력은 보일러 출구의 압력으로 부르돈관식 압력계로 측정한다.
④ 증기온도의 경우 과열기가 있을 때는 과열기 입구에서 측정한다.

해설 과열기 출구에서 측정한다.

52 일반적으로 보일러의 상용수위는 수면계의 어느 위치와 일치시키는가?
① 수면계의 최상단부   ② 수면계의 2/3위치
③ 수면계의 1/2위치   ④ 수면계의 최하단부

해설 • 상용수위 : 보일러 운전 중 유지해야 할 수위(수면계 중심부 = 수면계 $\frac{1}{2}$)
· 안전저수위 : 보일러 운전 중 유지해야 할 최저수위(수면계 하단부)

53 보일러 윈드박스 주위에 설치되는 장치 또는 부품과 가장 거리가 먼 것은?
① 공기예열기   ② 화염검출기
③ 착화버너   ④ 투시구

해설 윈드박스 주위에 설치되는 장치
① 착화버너 ② 화염검출기 ③ 투시구

54 보일러 1마력을 열량으로 환산하면 약 몇 kcal/h 인가?
① 15.65   ② 539   ③ 1078   ④ 8435

해설 보일러 1마력 : 상당증발량 15.68 kg을 1시간에 증발시킬 수 있는 능력

정답 50. ① 51. ④ 52. ③ 53. ① 54. ④

55
보일러 사고의 원인 중 제작상의 원인에 해당 되지 않는 것은?
① 구조와 불량
② 강도부족
③ 재료의 불량
④ 압력초과

해설
- 제작상의 원인
  ① 재료불량 ② 용접불량 ③ 강도불량 ④ 구조불량 ⑤ 설계불량
- 취급상의 원인
  ① 역화 ② 저수위 ③ 부식 ④ 압력초과

56
수질이 불량하여 보일러에 미치는 영향으로 가장 거리가 먼 것은?
① 보일러의 수명과 열효율에 영향을 준다.
② 고압보다 저압일수록 장애가 더욱 심하다.
③ 부식현상이나 증기의 질이 불순하게 된다.
④ 수질이 불량하면 관계통에 관석이 발생한다.

해설 고압일수록 장애가 더욱 심하다.

57
기름보일러에서 연소 중 화염이 점멸 하는 등 연소 불안정이 발생하는 경우가 있다. 그 원인으로 가장 거리가 먼 것은?
① 기름의 점도가 높을 때
② 기름 속에 수분이 혼입되었을 때
③ 연료의 공급 상태가 불안정한 때
④ 노내가 부압(負壓)인 상태에서 연소했을 때

해설 연소 불안정의 원인
① 연료의 공급상태 불안정시
② 연소용공기의 과대시
③ 기름속에 수분이 혼입 되었을 때
④ 기름의 점도가 높을 때

58
검사대상기기 조종범위 용량이 10 t/h 이하인 보일러의 조종자 자격이 아닌 것은?
① 에너지관리기사
② 에너지관리기능장
③ 에너지관리기능사
④ 인정검사대상기기조종자 교육이수자

55. ④   56. ②   57. ④   58. ④

59 에너지 이용 합리화법 상 열사용기 자재가 아닌 것은?
① 강철제보일러
② 구멍탄용 온수보일러
③ 전기순간온수기
④ 2종 압력용기

해설 열사용기자재
① 보일러 : 강철제 보일러, 주철제 보일러, 온수보일러, 구멍탄온수보일러, 축열식전기보일러
② 압력용기 : 1종압력 용기, 2종압력용기
③ 요로 : 요업요로(터널가마, 회전가마, 셔틀가마, 연속식유리용융가마 유리용융도가니가마)
   금속요로(용선로, 금속소둔로, 철금속가열로, 비철금속용융로)

60 에너지이용 합리화법에 따라 산업통상자원부령으로 정하는 광고매체를 이용하여 효율관리기자재의 광고를 하는 경우에는 그 광고 내용에 에너지소비효율, 에너지소비효율 등급을 포함시켜야 할 의무가 있는 자가 아닌 것은?
① 효율관리기자재의 제조업자
② 효율관리기자재의 광고업자
③ 효율관리기자재의 수입업자
④ 효율관리기자재의 판매업자

해설 광고내용에 에너지소비 효율, 에너지 소비 효율 등급을 포함시켜야 할 의무가 있는자
① 효율관리 기자재의 판매업자
② 효율관리 기자재의 수입업자
③ 효율관리 기자재의 제조업자

CBT문제 제2회 에너지관리기능사 모의고사문제

01 보일러의 연소가스 폭발 시에 대비한 안전장치는?
① 방폭문
② 안전밸브
③ 파괴판
④ 맨홀

해설 안전밸브 : 동내부의 증기, 압력이 이상상승시 증기를 외부로 배출하여 사고 방지

02 10°C의 물 400 kg과 90°C의 더운물 100 kg을 혼합하면 혼합 후의 물의 온도는?
① 26°C
② 36°C
③ 54°C
④ 78°C

해설 평균온도 = $\dfrac{G_1 \Delta t_1 + G \Delta t_2}{G_1 + G_2} = \dfrac{400 \times 10 + 100 \times 90}{400 + 100} = 26°C$

03 인젝터의 작동불량 원인과 관계가 먼 것은?
① 부품이 마모되어 있는 경우
② 내부노즐에 이물질이 부착되어 있는 경우
③ 체크밸브가 고장난 경우
④ 증기압력이 높은 경우

해설 인젝터 작동 불능원인
① 급수온도가 높을 때(50°C 이상시)
② 증기의 압력이 낮거나 높을 때(2 kg/cm² 이하~10 kg/cm² 이상)
③ 증기중의 수분혼입시
④ 인젝터 노즐 불량시
⑤ 흡입측 공기 누입시

1. ① 2. ① 3. ④

04 세정식 집진장치 중 하나인 회전식 집진장치의 특징에 관한 설명으로 틀린 것은?
① 가동부분이 적고 구조가 간단하다.
② 세정용수가 적게 들며, 급수 배관을 따로 설치할 필요가 없으므로 설치공간이 적게 든다.
③ 집진물을 회수할 때 탈수, 여과, 건조 등을 수행할 수 있는 별도의 장치가 필요하다.
④ 비교적 큰 압력손실을 견딜 수 있다.

해설 세정용수가 많이 듦

05 일반적으로 보일러 판넬 내부 온도는 몇 ℃를 넘지 않도록 하는 것이 좋은가?
① 70℃   ② 60℃   ③ 80℃   ④ 90℃

해설 일반적으로 보일러 판넬 내부온도는 60℃를 넘지 않도록 한다.

06 액체연료 중 경질유에 주로 사용하는 기화연소 방식의 종류에 해당하지 않는 것은?
① 포트식   ② 심지식
③ 증발식   ④ 무화식

해설 경질유 기화연소 방식
① 증발식   ② 포트식   ③ 심지식

07 보일러용 가스버너에서 외부혼합형 가스버너의 대표적 형태가 아닌 것은?
① 분젠형   ② 스크롤형
③ 센터파이어형   ④ 다분기관형

해설 가스버너에서 외부 혼합형 가스버너
① 스크롤형   ② 다분기관형   ③ 센터파이어형

08 보일러의 분류 중 원통형 보일러에 속하지 않는 것은?
① 다쿠마 보일러   ② 랭카셔 보일러
③ 케와니 보일러   ④ 코르니시 보일러

해설 원동형 보일러
① 입형보일러 : ㉠ 입현연관 ㉡ 입형횡관 ㉢ 코크란

정답 4. ② 5. ② 6. ④ 7. ① 8. ①

② 횡형보일러 : ㉠ 노통보일러 : 코르니쉬, 랭커셔
㉡ 연관보일러 : 횡연관, 기관차, 케와니
㉢ 노통연관보일러 : 노통연관펙케이지형, 하우덴존슨, 스코치

09
보일러 급수 펌프인 터빈펌프의 일반적인 특징이 아닌 것은?
① 효율이 높고 안정된 성능을 얻을 수 있다.
② 구조가 간단하고 취급이 용이하므로 보수관리가 편리하다.
③ 토출 시 흐름이 고르고 운전상태가 조용하다.
④ 저속회전에 적합하며 소형이면서 경량이다.

해설 고속회전에 적합하며 소형이면서 경량이다.

10
다음 중 임계점에 대한 설명으로 틀린 것은?
① 물의 임계온도는 374.15°C이다.
② 물의 임계압력은 225.65 kgf/cm²이다.
③ 물의 임계점에서의 증발잠열은 539 kcal/kg이다.
④ 포화수에서 증발의 현상이 없고 액체와 기체의 구별이 없어지는 지점을 말한다.

해설 물의 임계점에서의 증발잠열은 0 kcal/kg이다.

11
물질의 온도는 변하지 않고 상(phase)변화만 일으키는데 사용되는 열량은?
① 잠열   ② 비열
③ 현열   ④ 반응열

해설 · 현열 : 상태는 변화지 않고 온도만 변함
· 잠열 : 온도는 변화지 않고 상태만 변함

12
표준대기압 상태에서 0°C 물 1 kg이 100°C 증기로 만드는데 필요한 열량은 몇 kcal 인가? (단, 물의 비열은 1 kcal/kg·°C이고, 증발잠열은 539 kcal/kg이다.)
① 100   ② 500   ③ 539   ④ 639

해설 0°C 물 → 100°C 물(현열) $Q_1 = G_1 \cdot C_1 \cdot \Delta t_1$
100°C 증기(잠열) = 1 × 1 × (100 - 0) = 100
$Q_2 = G_2 \cdot r_2 = 1 \times 539$
∴ $Q_1 + Q_2 = 100 + 539 = 639$ kcal

9. ④   10. ③   11. ①   12. ④

13 다음 중 연소 시에 매연 등의 공해 물질이 가장 적게 발생되는 연료는?
① 석탄 ② 액화천연가스
③ 중유 ④ 경유

14 보일러 마력(Boiler Horsepower)에 대한 정의로 가장 옳은 것은?
① 0°C 물 15.65 kg을 1시간에 증기로 만들 수 있는 능력
② 100°C 물 15.65 kg을 1시간에 증기로 만들 수 있는 능력
③ 0°C 물 15.65 kg을 10분에 증기로 만들 수 있는 능력
④ 100°C 물 15.65 kg을 10분에 증기로 만들 수 있는 능력

해설 보일러마력
① 100°C 물 15.65 kg을 1시간에 증기로 만들 수 있는 능력
② 상당증발량이 15.65 kg을 1시간에 증발시킬 수 있는 능력
　　15.65 × 539 = 8435kcal/h
③ $\dfrac{G_e}{15.65}$

15 보일러 2마력을 열량으로 환산하면 약 몇 kcal/h인가?
① 10,780 ② 13,000
③ 15,650 ④ 16,870

해설 보일러 1마력 = 8435 kcal/h
∴ 2 × 8435 = 16870

16 중유 연소에서 버너에 공급되는 중유의 예열온도가 너무 높을 때 발생되는 이상 현상으로 거리가 먼 것은?
① 카본(탄화물) 생성이 잘 일어날 수 있다.
② 분무상태가 고르지 못할 수 있다.
③ 역화를 일으키기 쉽다.
④ 무화 불량이 발생하기 쉽다.

해설 예열온도가 너무 높을 때
① 기름의 분해 ② 분사불량
③ 연료소비량 증대 ④ 탄화물생성

정답 13. ② 14. ② 15. ④ 16. ①

17

건 배기가스 중의 이산화탄소분 최대값이 15.7%이다. 공기비를 1.2로 할 경우 건 배기가스 중의 이산화소분은 몇 %인가?

① 11.21% ② 12.07%
③ 13.08% ④ 17.58%

해설
$m(\text{공기비}) = \dfrac{CO_2(\max)\%}{CO_2\%}$

$CO_2\% = \dfrac{CO_2(\max)\%}{m} = \dfrac{15.7}{1.2} = 13.08$

18

연료의 연소 시 과잉공기계수(공기비)를 구하는 올바른 식은?

① (연소가스량 / 이론공기량) ② (실제공기량 / 이론공기량)
③ (배기가스량 / 사용공기량) ④ (사용공기량 / 배기가스량)

해설 공기비 $= \dfrac{A}{A_o} = \dfrac{N_2}{N_2 - 3.76 O_2} = \dfrac{CO_2(MAX)\%}{CO_2(\%)}$

19

보일러의 급수장치에 해당되지 않는 것은?

① 비수방지관 ② 급수내관
③ 원심펌프   ④ 인젝터

해설 급수장치 : ① 급수내관 ② 인젝터 ③ 급수펌프

20

화염 검출기의 종류 중 화염의 발열을 이용한 것으로 바이메탈에 의하여 작동되며, 주로 소용량 온수보일러의 연도에 설치되는 것은?

① 플레임아이   ② 스택스위치
③ 플레임로드   ④ 적외선 광전관

해설 화염검출기 종류
① 플레임아이 : 화염의 발광체
② 플레임로드 : 화염의 이온화(전기전도성)
③ 스택스위치 : 화염의 발열(버너 분사정지에 수십초가 걸리므로 주로 소용량 보일러에 사용)

17. ③   18. ②   19. ①   20. ②

21 증기, 물, 기름 배관 등에 사용되며 관내의 이물질, 찌꺼기 등을 제거할 목적으로 사용되는 것은?
① 플로트 밸브 ② 스트레이너
③ 세정밸브 ④ 분수 밸브

해설 스트레이너(여과기) : 관내 이물질, 찌꺼기 등을 제거
· 종류 : Y형, U형, V형 스트레이너

22 액체연료의 일반적인 특징에 관한 설명으로 틀린 것은?
① 유황분이 없어서 기기 부식의 염려가 거의 없다.
② 고체 연료에 비해서 단위 중량당 발열량이 높다.
③ 연소효율이 높고 연소조절이 용이하다.
④ 수송과 저장 및 취급이 용이하다.

해설 액체연료의 일반적인 특징
① 화재 및 역화의 위험이 있다.
② 연소효율 및 전열효율이 좋다.
③ 품질이 균일하여 발열량이 높다.
④ 운반 및 저장취급이 용이
⑤ 연소온도가 높아 국부과열 위험성이 많다.
⑥ 회분이 적고 연소조절이 쉽다.

23 보일러 사고 원인 중 취급 부주의가 아닌 것은?
① 과열 ② 부식 ③ 압력초과 ④ 재료불량

해설 제작상의 결함
① 재료불량 ② 용접불량 ③ 강도불량 ④ 구조불량 ⑤ 설계불량

24 배관의 하중을 위에서 끌어당겨 지지할 목적으로 사용되는 지지구가 아닌 것은?
① 리지드 행거 ② 앵커
③ 콘스탄트 행거 ④ 스프링 행거

해설 배관의 지지
(1) 행거 : 배관의 하중을 위에서 잡아주는 장치이다.
① 리지드 행거(rigid hanger) : I 빔에 턴버클을 이용 지지하는 것으로 상하방향에 변위에 없는 곳에 사용한다.

② 스프링 행거(spring hanger) : 텀버클 대신 스프링을 사용한 것이다.
③ 콘스탄트 행거(constant hanger) : 배관의 상하이동에 관계없이 관지력이 일정한 것으로 중추식과 스프링식이 있다.

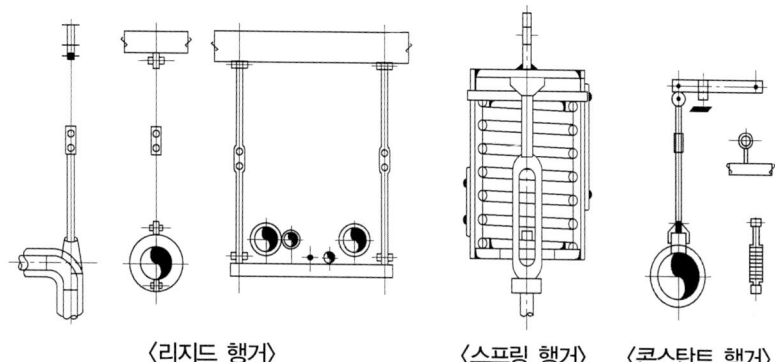

〈리지드 행거〉   〈스프링 행거〉   〈콘스탄트 행거〉

(2) 서포트(support) : 배관의 하중을 밑에서 떠받쳐 지지해 주는 장치이다.
   ① 파이프 슈(pipe shoe) : 관에 직접 접속하는 지지구로 수평배관과 수직배관의 연결부에 사용된다.
   ② 리지드 서포트(rigid support) : H비임이나 I비임으로 받침을 만들어 지지한다.
   ③ 스프링 서포트(spring support) : 스프링의 탄성에 의해 상하 이동을 허용한 것이다.
   ④ 롤러 서포트(roller support) : 관의 축 방향의 이동을 허용한 지지구이다.

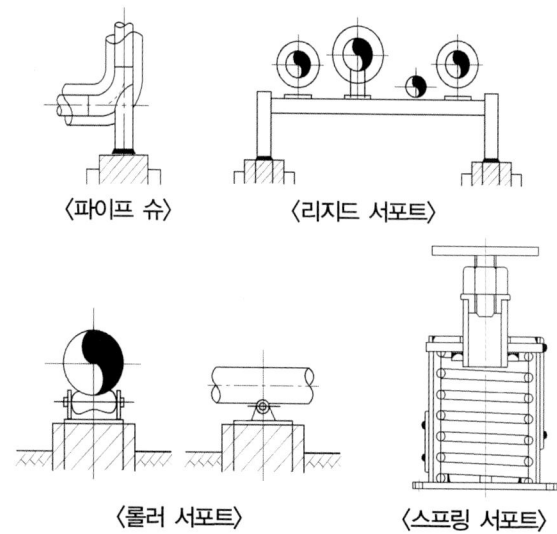

〈파이프 슈〉   〈리지드 서포트〉

〈롤러 서포트〉   〈스프링 서포트〉

(3) 리스트레인(restrain) : 열팽창에 의한 배관의 상하 . 좌우 이동을 구속 또는 제한하는 장치이다.
   ① 앵커(anchor) : 리지드 서포트의 일종으로 관의 이동 및 회전을 방지하기 위해 지지점에 완전히 고정하는 장치이다.
   ② 스톱(stop) : 배관의 일정한 방향과 회전만 구속하고 다른 방향은 자유롭게 이동하게 하는 장치이다.
   ③ 가이드(guide) : 배관의 곡관부분이나 신축 조인트부분에 설치하는 것으로 회전을 제한하거나 축방향의 이동을 허용하며 직각방향으로 구속하는 장치이다.

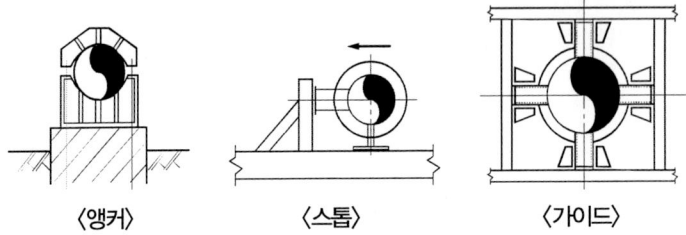

⟨앵커⟩　　⟨스톱⟩　　⟨가이드⟩

25 보일러에서 발생하는 고온 부식의 원인물질로 거리가 먼 것은?
① 나트륨　　② 유황
③ 철　　④ 바나듐

해설
• 고온부식의 원인 : 바나듐, 오산화바나듐
• 저온부식의 원인 : 황, 아황산가스, 무수황산, 황산

26 보일러 동체가 국부적으로 과열되는 경우는?
① 고수위로 운전하는 경우
② 보일러 동 내면에 스케일이 형성된 경우
③ 안전밸브의 기능이 불량한 경우
④ 주증기 밸브의 개폐 동작이 불량한 경우

27 공기예열기 설치 시 이점으로 옳지 않은 것은?
① 예열공기의 공급으로 불완전 연소가 감소한다.
② 배기가스의 열손실이 증가된다.
③ 저질 연료도 연소가 가능하다.
④ 보일러 열효율이 증가한다.

28 보일러 연소실이나 연도에서 화염의 유무를 검출하는 장치가 아닌 것은?
① 스테빌라이저　　② 플레임로드
③ 플레임아이　　④ 스택스위치

정답 25. ③ 26. ② 27. ② 28. ①

해설 화염검출기
① 플레임아이 : 화염의 발광체
② 플레임로드 : 화염의 이온화
③ 스택스위치 : 화염의 발열

29
열사용기자재의 검사 및 검사면제에 관한 기준에 따라 급수장치를 필요로 하는 보일러에는 기준을 만족시키는 주펌프 세트와 보조펌프 세트를 갖춘 급수장치가 있어야 하는데, 특정 조건에 따라 보조펌프 세트를 생략할 수 있다. 다음 중 보조펌프 세트를 생략할 수 없는 경우는?
① 전열면적이 10 m²인 보일러
② 전열면적이 8 m²인 가스용 온수보일러
③ 전열면적이 16 m²인 가스용 온수보일러
④ 전열면적이 50 m²인 관류보일러

해설 보조펌프를 생략할 수 있는 경우
① 전열면적이 12 m² 이하의 보일러
② 전열면적이 14 m² 이하의 가스용 온수보일러
③ 전열면적이 100 m² 이하의 관류보일러

30
주철제 보일러의 특징 설명으로 틀린 것은?
① 내열·내식성이 우수하다.
② 쪽수의 증감에 따라 용량조절이 용이하다.
③ 재질이 주철이므로 충격에 강하다.
④ 고압 및 대용량에 부적당하다.

해설 주철제보일러의 특징
① 인장 및 충격에 약하다.
② 내식 내열성이 우수하다.
③ 고압 및 대용량에 부적합하다.
④ 쪽수의 증감에 따라 용량조절이 가능하다.
⑤ 저압이므로 과열시 피해가 적다.
⑥ 열에 의한 부동팽창으로 균열이 생기기 쉽다.
⑦ 구조가 복잡하여 청소, 검사, 수리곤란

31
자동제어의 신호전달방법 중 신호전송 시 시간지연이 있으며, 전송거리가 100~150 m 정도인 것은?
① 전기식   ② 유압식   ③ 기계식   ④ 공기식

29. ③ 30. ③ 31. ④

32 최근 난방 또는 급탕용으로 사용되는 진공 온수보일러에 대한 설명 중 틀린 것은?
① 열매수의 온도는 운전 시 100℃ 이하이다.
② 운전 시 열매수의 급수는 불필요하다.
③ 본체의 안전장치로서 용해전, 온도퓨즈, 안전밸브 등을 구비한다.
④ 추기장치는 내부에서 발생하는 비응축가스 등을 외부로 배출시킨다.

33 보일러 동 내부 안전저수위보다 약간 높게 설치하여 유지분, 부유물 등을 제거하는 장치로서 연속분출장치에 해당되는 것은?
① 수면 분출장치   ② 수저 분출장치
③ 수중 분출장치   ④ 압력 분출장치

해설 • 수면분출장치 = 연속분출장치
 · 수저분출장치 = 단속분출장치

34 정격압력이 12 kgf/cm² 일 때 보일러의 용량이 가장 큰 것은? (단, 급수온도는 10℃, 증기엔탈피는 663.8 kcal/kg이다.)
① 실제 증발량 1200 kg/h
② 상당 증발량 1500 kg/h
③ 정격 출력 800000 kcal/h
④ 보일러 100마력(B-Hp)

해설 용량 큰 순서
① 보일러 100 마력 : 100 × 15.65 = 1565 kg/h
② 상당증발량 : 1500 kg/h
③ 정격출력 : 800000 ÷ 663.8 = 1205.18 kg/h
④ 실제증발량 : 1200 kg/h

35 보일러 중 노통연관식 보일러는?
① 코르니시 보일러   ② 랭커셔 보일러
③ 스코치 보일러   ④ 다쿠마 보일러

해설 노통연관식보일러
① 노통연관펙케이지형
② 하우텐존슨
③ 스코치

36
보일러 수(水) 중의 경도 성분을 슬러지로 만들기 위하여 사용하는 청관제는?
① 가성취화 억제제
② 연화제
③ 슬러지 조정제
④ 탈산소제

해설 내처리
① PH조정제 : 인산소다, 암모니아, 수산화나트륨
② 연화제 : 인산소다, 탄산소다, 수산화나트륨
③ 탈산소제 : 탄닌, 아황산소다, 히드라진
④ 슬러지 조정제 : 리그린, 녹말, 탄닌

37
증기보일러의 압력계 부착에 대한 설명으로 틀린 것은?
① 압력계와 연결된 관의 크기는 강관을 사용할 때에는 안지름이 6.5 mm 이상이어야 한다.
② 압력계는 눈금판의 눈금이 잘 보이는 위치에 부착하고 얼지 않도록 하여야 한다.
③ 압력계는 사이폰관 또는 동등한 작용을 하는 장치가 부착되어야 한다.
④ 압력계의 콕크는 그 핸들을 수직인 관과 동일방향에 놓은 경우에 열려 있는 것이어야 한다.

해설 압력연결관
① 동관안지름 : 6.5 mm 이상
② 강관안지름 : 12.7 mm 이상

38
연도에서 폐열회수장치의 설치순서가 옳은 것은?
① 재열기 → 절탄기 → 공기예열기 → 과열기
② 과열기 → 재열기 → 절탄기 → 공기예열기
③ 공기예열기 → 과열기 → 절탄기 → 재열기
④ 절탄기 → 과열기 → 공기예열기 → 재열기

해설 폐열회수장치(예열장치) 설치 순서
과열기 → 재열기 → 절탄기 → 공기예열기

39
다음 중 연료의 연소온도에 가장 큰 영향을 미치는 것은?
① 발화점
② 공기비
③ 인화점
④ 회분

36. ② 37. ① 38. ② 39. ②

40 화염 검출기 종류 중 화염의 이온화를 이용한 것으로 가스 점화 버너에 주로 사용하는 것은?
① 플레임 아이 ② 스택스위치
③ 광도전 셀 ④ 프레임 로드

해설 화염 검출기의 종류
① 플레임아이 : 화염의 발광체 이용
② 플레임로드 : 화염의 이온화 이용(전기전도성)
③ 스택스위치 : 화염의 발열(버너분사정지에 수십 초가 걸리므로 주로 소용량 보일러에 사용)

41 액화석유가스(LPG)의 특징에 대한 설명 중 틀린 것은?
① 유황분이 없으며 유독성분도 없다.
② 공기보다 비중이 무거워 누설 시 낮은 곳에 고여 인화 및 폭발성이 크다.
③ 연소 시 액화천연가스(LNG)보다 소량의 공기로 연소한다.
④ 발열량이 크고 저장이 용이하다.

해설 액화석유가스의 특징
① 발열량이 크고 저장이 용이하다.
② LNG보다 다량의 공기가 필요하다.
③ 공기보다 비중이 무거워 누설시 낮은 곳에 고여 인화 및 폭발의 위험이 있다.
④ 유황분이 없으며 유독성분도 없다.
⑤ 연소범위가 좁다.
⑥ 발화온도가 높다.

42 연통에서 배기되는 가스량이 2500 kg/h이고, 배기가스 온도가 230℃, 가스의 평균비열이 0.31 kcal/kg·℃, 외기온도가 18℃이면, 배기가스에 의한 손실열량은?
① 164300 kcal/h ② 174300 kcal/h
③ 184300 kcal/h ④ 194300 kcal/h

해설 손실열량= $G \cdot C \cdot \Delta t = 2500 \times 0.31 \times (230-18) = 164300 \,kcal/h$

43 3요소식 보일러 급수 제어 방식에서 검출하는 3요소는?
① 수위, 증기유량, 급수유량 ② 수위, 공기압, 수압
③ 수위, 연료량, 공기압 ④ 수위, 연료량, 수압

정답 40. ④ 41. ③ 42. ① 43. ①

해설 급수제어 방식
① 1요소식 : 수위
② 2요소식 : 수위, 증기량
③ 3요소식 : 수위, 증기, 급수량

44

입형보일러에 대한 설명으로 거리가 먼 것은?
① 보일러 동을 수직으로 세워 설치한 것이다.
② 구조가 간단하고 설비비가 적게 든다.
③ 내부청소 및 수리나 검사가 불편하다.
④ 열효율이 높고 부하능력이 크다.

해설 열효율이 낮고 부하능력이 낮다.

45

보일러 사고의 원인 중 취급상의 원인이 아닌 것은?
① 부속장치 미비
② 최고 사용압력의 초과
③ 저수위로 인한 보일러의 과열
④ 습기나 연소가스 속의 부식성 가스로 인한 외부부식

해설 취급상의 원인
① 역화 ② 저수위 ③ 압력초과 ④ 부식 ⑤ 과열

46

온수난방에서 상당방열면적이 45 m²일 때 난방부하는? (단, 방열기의 방열량은 표준방열량으로 한다.)
① 16450 kcal/h
② 18500 kcal/h
③ 19450 kcal/h
④ 20250 kcal/h

해설 난방부하 = 방열기방열량 × 상당방열면적 = 450 × 45 = 20250 kcal/h

47

온수난방의 특성을 설명한 것 중 틀린 것은?
① 실내 예열시간이 짧지만 쉽게 냉각되지 않는다.
② 난방부하 변동에 따른 온도조절이 쉽다.
③ 단독주택 또는 소규모 건물에 적용된다.
④ 보일러 취급이 비교적 쉽다.

해설 예열시간이 길고 쉽게 냉각되지 않는다.

48 어떤 방의 온수난방에서 소요되는 열량이 시간당 21000 kcal이고, 송수온도가 85℃이며, 환수온도가 25 ℃라면, 온수의 순환량은? (단, 온수의 비열은 1 kcal/kg·℃이다.)
① 324 kg/h
② 350 kg/h
③ 398 kg/h
④ 423 kg/h

해설 $Q = G \cdot C \cdot \Delta t$

$G = \dfrac{Q}{C \times \Delta t} = \dfrac{21000}{1 \times (85-25)} = 350 \text{ kg/h}$

49 중유의 첨가제 중 슬러지의 생성방지제 역할을 하는 것은?
① 회분개질제
② 탈수제
③ 연소촉진제
④ 안정제

해설 중유첨가제 및 작용
① 연소촉진제 : 분무양호
② 안정제 : 슬러지 생성방지
③ 탈수제 : 수분분리
④ 회분개질제 : 회분의 융점 높여 고온부식방지
⑤ 유동점 강하제 : 중유의 유동점 낮추어 송유 양호

50 중유 예열기의 가열하는 열원의 종류에 따른 분류가 아닌 것은?
① 전기식
② 가스식
③ 온수식
④ 증기식

해설 중유 예열기의 열원
① 전기식   ② 증기식   ③ 온수식

51 연관보일러에서 연관에 대한 설명으로 옳은 것은?
① 관의 내부로 연소가스가 지나가는 관
② 관의 외부로 연소가스가 지나가는 관
③ 관의 내부로 증기가 지나가는 관
④ 관의 내부로 물이 지나가는 관

해설 • 수관보일러 : 관내부로 물이 흐르는 관
 • 연관보일러 : 관내부로 연소가스가 흐르는 관

정답 48. ② 49. ④ 50. ② 51. ①

52
세정식 집진장치 중 하나인 회전식 집진장치의 특징에 관한 설명으로 가장 거리가 먼 것은?

① 구조가 대체로 간단하고 조작이 쉽다.
② 급수 배관을 따로 설치할 필요가 없으므로 설치공간이 적게 든다.
③ 집진물을 회수할 때 탈수, 여과, 건조 등을 수행할 수 있는 별도의 장치가 필요하다.
④ 비교적 큰 압력손실을 견딜 수 있다.

해설 급수배관을 따로 설치하고 설치공간이 많이 차지한다.

53
함진 배기가스를 액방울이나 액막에 충돌시켜 분진 입자를 포집 분리하는 집진장치는?

① 중력식 집진장치
② 관성력식 집진장치
③ 원심력식 집진장치
④ 세정식 집진장치

해설 습식집진장치
① 세정식 : 함진가스를 액방울이나 액막에 충돌시켜 분진입자 포집
② 유수식
③ 가압수식 : 벤튜리스크레버, 씨이클론스크레버, 충전탑

54
유류 보일러 시스템에서 중유를 사용할 때 흡입측의 여과망 눈 크기로 적합한 것은?

① 1~10 mesh
② 20~60 mesh
③ 100~150 mesh
④ 300~500 mesh

해설 유류보일러 시스템에서 중유 사용시 흡입측 여과망크기 20~50 mesh

55
배관 보온재의 선정 시 고려해야 할 사항으로 가장 거리가 먼 것은?

① 안전사용 온도범위
② 보온재의 가격
③ 해체의 편리성
④ 공사 현장의 작업성

해설 배관 보온재 선정시 고려할 사항
① 보온재의 가격
② 공사현장의 작업성
③ 안전사용온도범위

52. ② 53. ④ 54. ② 55. ③

56

압축기 진동과 서징, 관의 수격작용, 지진 등에서 발생하는 진동을 억제하기 위해 사용되는 지지 장치는?

① 벤드벤
② 플랩 밸브
③ 그랜드 패킹
④ 브레이스

 브레이스 : 압축기와 펌프 등에서 발생하는 진동, 서어징 수격작용 등에 의한 진동, 충격 등을 완화하는 완충기

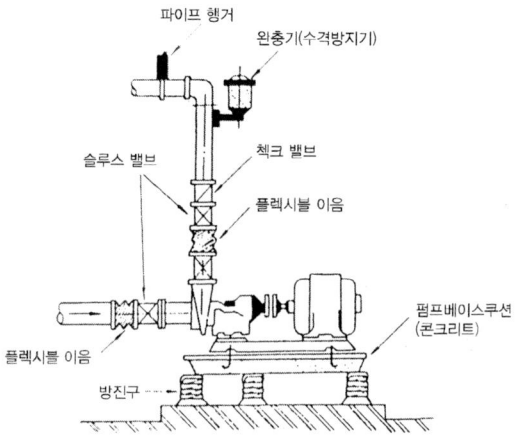

57

중력환수식 온수난방법의 설명으로 틀린 것은?

① 온수의 밀도차에 의해 온수가 순환한다.
② 소규모 주택에 이용된다.
③ 보일러는 최하위 방열기보다 더 낮은 곳에 설치한다.
④ 자연순환이므로 관경을 작게 하여도 된다.

해설 자연순환은 관경을 크게 한다.

58

에너지법에서 정한 지역에너지계획을 수립·시행하여야 하는 자는?

① 행정자치부장관
② 산업통상자원부장관
③ 한국에너지공단 이사장
④ 특별시장·광역시장·도지사 또는 특별자치도지사

59 에너지이용 합리화법에서 효율관리기자재의 제조업자 또는 수협업자가 효율관리기자재의 에너지 사용량을 측정 받는 기관은?
① 산업통상자원부장관이 지정하는 시험기관
② 제조업자 또는 수입업자의 검사기관
③ 환경부장관이 지정하는 진단기관
④ 시·도지사가 지정하는 측정기관

60 에너지이용 합리화법에 따라 고효율 에너지 인증대상 기자재에 포함되지 않는 것은?
① 펌프　　　　　　　② 전력용 변압기
③ LED 조명기기　　　④ 산업건물용 보일러

 고효율 에너지 인증대상기자재
　① 펌프　　　　　　② 산업건물용보일러
　③ 무정전전원장치　　④ 폐열회수형환기장치
　⑤ LED조명기기 등

제3회 에너지관리기능사 모의고사문제

01 다음 연료 중 단위 중량 당 발열량이 가장 큰 것은?
① 등유　　② 경유　　③ 중유　　④ 석탄

해설 등유 > 경유 > 중유 > 석탄

02 증기의 압력에너지를 이용하여 피스톤을 작동시켜 급수를 행하는 비동력 펌프는?
① 워싱턴펌프　　② 기어펌프
③ 볼류트펌프　　④ 디퓨져펌프

해설 왕복식 펌프
① 플런저 펌프 : 동력이나 증기를 사용 내부의 플런저가 수평으로 좌우 왕복 운동을 함으로써 주로 소용량 고압으로 사용
② 워싱턴 펌프 : 증기의 힘으로 내부의 증기 피스톤을 움직여 물 실린더 피스톤이 왕복운동을 함으로써 급수를 행하는 펌프
③ 웨어 펌프 : 워싱턴 펌프 구조와 동일

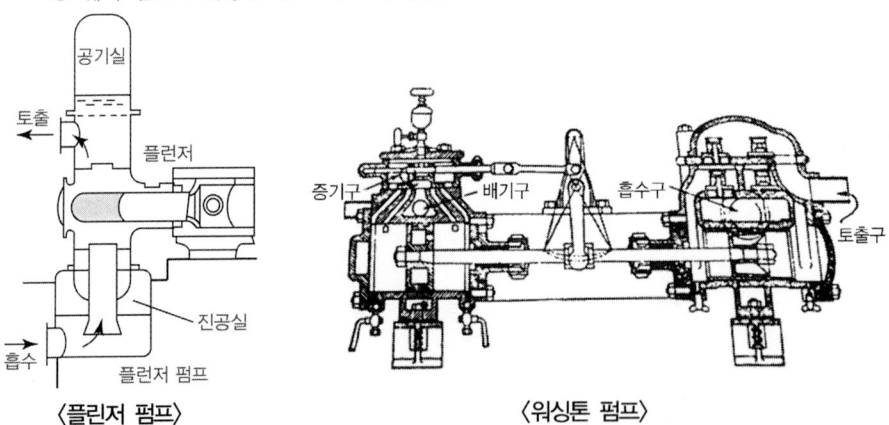

〈플런저 펌프〉　　〈워싱톤 펌프〉

정답 1. ①　2. ①

03 플레임 아이에 대하여 옳게 설명한 것은?

① 연도의 가스온도로 화염의 유무를 검출한다.
② 화염의 도전성을 이용하여 화염의 유무를 검출한다.
③ 화염의 방사선을 감지하여 화염의 유무를 검출한다.
④ 화염의 이온화 현상을 이용해서 화염의 유무를 검출한다.

 화염검출기
① 플레임아이 : 화염의 발광체 이용(화염의 방사선)
② 플레임로드 : 화염의 이온화(전기전도성이용)
③ 스택스위치 : 화염의 발열

04 연소의 3대 조건이 아닌 것은?

① 이산화탄소 공급원
② 가연성 물질
③ 산소 공급원
④ 점화원

 연소의 3대 조건
① 가연율   ② 산소공급원   ③ 점화원

05 어떤 고체연료의 저위발열량이 6940 kcal/kg이고 연소 효율이 92%라 할 때 이 연료의 단위량의 실제 발열량을 계산하면 약 얼마인가?

① 6385 kcal/kg ② 6943 kcal/kg
③ 7543 kcal/kg ④ 8900 kcal/kg

연소효율 = $\dfrac{Qr}{H\ell} \times 100$

$Qr = \dfrac{\text{연소효율} \times H\ell}{100} = \dfrac{92 \times 6940}{100} = 6384.8$

06 급수탱크의 수위조절기에서 전극형 안의 특징에 해당하는 것은?

① 기계적으로 작동이 확실하다.
② 내식성이 강하다.
③ 수면의 유동에서도 영향을 받는다.
④ On-Off의 스팬이 긴 경우는 적합하지 않다.

3. ③ 4. ① 5. ① 6. ④

07
보일러의 인터록제어 중 송풍기 작동 유무와 관련이 가장 큰 것은?
① 저수위 인터록 ② 불착화 인터록
③ 저연소 인터록 ④ 프리퍼지 인터록

해설 인터록 제어 : 구비 조건이 맞지 않을 때 그 조건이 충족될 때까지 다음 단계를 정지시키는 것
① 저연소 인터록
② 저수위 인터록 : 고. 저수위 경보기
③ 불착화 인터록 : 화염 검출기
④ 압력초과 인터록 : 압력제한기, 압력조절기
⑤ 프리퍼지 인터록 : 송풍기

08
KS에서 규정하는 육상용 보일러의 열정산 조건과 관련된 설명으로 틀린 것은?
① 보일러의 정상 조업상태에서 적어도 2시간 이상의 운전결과에 따른다.
② 발열량은 원칙적으로 사용 시 연료의 저발열량(진발열량)으로 하며, 고발열량(총발열량)으로 사용하는 경우에는 기존 발열량을 분명하게 명기해야 한다.
③ 최대 출열량을 시험할 경우에는 반드시 정격부하에서 시험을 한다.
④ 열정산과 관련한 시험 시 시험 보일러는 다른 보일러와 무관한 상태로 하여 실시한다.

해설 열정산의 기준
① 발열량은 고위발열량 기준   ② 측정시간은 2시간
③ 측정은 매 10분마다   ④ 압력변동은 ±7% 이내
⑤ 증기발생량 변동은 ±15%   ⑥ 열계산은 사용연료 1 kg에 대해
⑦ 증기의 건도는 0.98로 한다.   ⑧ 부하는 정격 부하 상태

09
증기 트랩을 기계식 트랩, 온도조절식 트랩, 열역학적 트랩으로 구분할 때 온도조절식 트랩에 해당되는 것은?
① 버킷 트랩   ② 플로트 트랩
③ 열동식 트랩   ④ 디스크형 트랩

해설 증기 트랩 : 관내응축수를 배출하여 수격작용 및 부식 방지
① 기계적 트랩 : 포화수와 포화증기의 비중차 이용 <버킷트 트랩, 플로우르 트랩>
② 온도조절 트랩 : 포화수와 포화증기의 온도차 이용 <바이메탈, 벨로우즈>
③ 열역학적 트랩 : 포화수와 포화증기의 열역학적 특성차 이용 <오리피스, 디스크>

10
저온 배관용 탄소 강관의 종류의 기호로 맞는 것은?
① SPPG   ② SPLT   ③ SPPH   ④ SPPS

해설 배관용 강관
① SPP(배관용탄소강관) : 사용압력이 10 kg/cm² 이하의 증기, 물, 배관에 사용
② SPPS(압력배관용탄소강관) : 사용압력이 10~100 kg/cm² 이하
③ SPPH(고압배관용탄소강관) : 100 kg/cm² 이상
④ SPLT(저온배관용탄소강관) : 빙점이하의 관(0℃ 이하)
⑤ SPHT(고온배관용탄소강관) : 350℃ 이상의 배관에 사용

11
열사용기자재 검사기준에 따라 안전밸브 및 압력방출장치의 규격 기준에 관한 설명으로 옳지 않은 것은?

① 소용량 강철제보일러에서 안전밸브의 크기는 호칭지름 20 A로 할 수 있다.
② 전열면적 5 m² 이하의 증기보일러에서 안전밸브의 크기는 호칭지름 20 A로 할 수 있다.
③ 최대증발량 5 t/h 이하의 관류보일러에서 안전밸브의 크기는 호칭지름 20 A로 할 수 있다.
④ 최고사용압력이 0.1 MPa 이하의 보일러에서 안전밸브의 크기는 호칭지름 20 A로 할 수 있다.

해설 전열면적이 5 m² 이하의 증기보일러는 안전밸브크기 : 25 A 이상

12
다음 보온재 중 안전사용 (최고)온도가 가장 낮은 것은?
① 규산칼슘 보온판　　② 탄산마그네슘 물반죽 보온재
③ 경질 폼라버 보온통　　④ 글라스울 블랭킷

해설 ① 규산칼슘 보온재 : 650℃ 이하
② 탄산 마그네슘 물반죽 보온재 : 250℃ 이하
③ 경질폼라버보온통 : 80℃ 이하
④ 글라스울블랭킷 : 300℃ 이하

13
석탄의 함유 성분에 대해서 그 성분이 많을수록 연소에 미치는 영향에 대한 설명으로 틀린 것은?

① 수분 : 착화성이 저하된다.
② 회분 : 연소효율이 증가한다.
③ 휘발분 : 검은 매연이 발생하기 쉽다.
④ 고정탄소 : 발열량이 증가한다.

해설 회분 : 연소 효율 감소

11. ②　12. ③　13. ②

14. 보일러 저수위 경보장치 종류에 속하지 않는 것은?
① 플로트식 ② 압력제어식
③ 열팽창관식 ④ 전극식

해설 경보장치의 종류
① 부자식(플로우트식) ② 자석식
③ 전극식 ④ 열팽창식(코우프스식)

15. 보일러 통풍에 대한 설명으로 잘못된 것은?
① 자연통풍은 일반적으로 별도의 동력을 사용하지 않고, 연돌로 인한 통풍을 말한다.
② 평형통풍은 통풍조절은 용이하나 통풍력이 약하여 주로 소용량 보일러에서 사용한다.
③ 압입통풍은 연소용 공기를 송풍기로 노 입구에서 대기압보다 높은 압력으로 밀어 넣고 굴뚝의 통풍작용과 같이 통풍을 유지하는 방식이다.
④ 흡입통풍은 크게 연소가스를 직접 통풍기에 빨아들이는 직접흡입식과 통풍기로 대기를 빨아들이게 하고 이를 이젝터로 보내어 그 작용에 의해 연소가스를 빨아들이는 간접흡입식이 있다.

해설 평형통풍은 통풍조절이 용이하고 통풍력이 강하여 주로 대용량 보일러에 사용

16. 강철제 증기보일러의 안전밸브 부착에 관한 설명으로 잘못된 것은?
① 쉽게 검사할 수 있는 곳에 부착한다.
② 밸브 축을 수직으로 하여 부착한다.
③ 밸브의 부착은 플랜지, 용접 또는 나사 접합식으로 한다.
④ 가능한 한 보일러의 동체에 직접 부착시키지 않는다.

해설 가능한 동체에 직접 부착시킨다.

17. 오일 여과기의 기능으로 거리가 먼 것은?
① 펌프를 보호한다.
② 유량계를 보호한다.
③ 연료노즐 및 연료조절 밸브를 보호한다.
④ 분무효과를 높여 연소를 양호하게 하고, 연소생성물을 활성화 시킨다.

해설 오일 여과기의 기능
① 펌프를 보호한다.

정답 14. ② 15. ② 16. ④ 17. ④

② 연료노즐 및 연료조절 밸브를 보호한다.
③ 유량계를 보호한다.

18

보일러 자동제어에서 급수제어의 약호는?
① A.B.C
② F.W.C
③ S.T.C
④ A.C.C

해설 보일러 자동제어(ABC)
① S.T.C : 증기온도제어 ② F.W.C : 급수제어 ③ A.C.C : 자동연소제어

19

연소 시 공기비가 적을 때 나타나는 현상으로 거리가 먼 것은?
① 배기가스 중 NO 및 NO_2의 발생량이 많아진다.
② 불완전연소가 되기 쉽다.
③ 미연소가스에 의한 가스 폭발이 일어나기 쉽다.
④ 미연소가스에 의한 열손실이 증가될 수 있다.

해설 공기비가 적을 때 나타나는 현상
① 불완전연소가 되기 쉽다.
② 미연소가스에 의한 가스폭발이 일어나기 쉽다.
③ 미연소가스에 의한 열손실이 증가 될 수 있다.

20

일반적으로 보일러의 효율을 높이기 위한 방법으로 틀린 것은?
① 보일러 연소실 내의 온도를 낮춘다.
② 보일러 장치의 설계를 최대한 효율이 높도록 한다.
③ 연소장치에 적합한 연료를 사용한다.
④ 공기예열기 등을 사용한다.

해설 보일러 연소실 내의 온도를 높인다.

21

배관의 나사이음과 비교한 용접이음의 특징으로 잘못 설명된 것은?
① 나사 이음부와 같이 관의 두께에 불균일한 부분이 없다.
② 돌기부가 없어 배관상의 공간효율이 좋다.
③ 이음부의 강도가 적고, 누수의 우려가 크다.
④ 변형과 수축, 잔류응력이 발생할 수 있다.

18. ②   19. ①   20. ①   21. ③

해설 용접이음의 특징
① 이종재료 용접가능
② 중량이 가벼워진다.
③ 재료의 두께에 제한을 받지 않는다.
④ 제품의 성능과 수명 향상
⑤ 보수와 수리 용이
⑥ 수밀, 기밀, 유밀성 양호
⑦ 작업 공정이 간단하다.
⑧ 용접사의 기량에 따라 품질 좌우
⑨ 품질검사 곤란

22 파이프 커터로 관을 절단하면 안으로 거스러미(burr)가 생기는데 이것을 능률적으로 제거하는데 사용되는 공구는?
① 다이 스토크
② 사각줄
③ 파이프 리머
④ 체인 파이프렌치

23 손실열량 3000 kcal/h의 사무실에 온수방열기를 설치할 때 방열기의 소요 섹션 수는 몇 쪽인가? (단, 방열기방열량은 표준방열량으로 하며 1섹션의 방열면적은 $0.26 m^2$이다.)
① 12쪽
② 15쪽
③ 26쪽
④ 32쪽

해설 섹션수 = $\dfrac{난방부하}{방열기방열량 \times 쪽난방열면적}$ = $\dfrac{3000}{450 \times 0.26}$ = 25.64 = 26쪽

24 보일러 운전 중 정전이 발생한 경우의 조치사항으로 적합하지 않은 것은?
① 전원을 차단한다.
② 연료 공급을 멈춘다.
③ 안전밸브를 열어 증기를 분출시킨다.
④ 주증기 밸브를 닫는다.

해설 정전이 발생한 경우 조치사항
① 연료공급 중지 ② 전원차단 ③ 주증기밸브 닫는다 ④ 안전밸브 닫는다

25 자연통풍에 대한 설명으로 가장 옳은 것은?
① 연소에 필요한 공기를 압입 송풍기에 의해 통풍하는 방식이다.
② 연돌로 인한 통풍방식이며, 소형보일러에 적합하다.
③ 축류형 송풍기를 이용하여 연도에서 열가스를 배출하는 방식이다.
④ 송·배풍기를 보일러 전·후면에 부착하여 통풍하는 방식이다.

해설 ① 압입통풍 ③ 흡입통풍 ④ 평형통풍

26 보일러 화염검출장치의 보수나 점검에 대한 설명 중 틀린 것은?
① 프레임아이 장치의 주위온도는 50℃ 이상이 되지 않게 한다.
② 광전관식은 유리나 렌즈를 매주 1회 이상 청소하고 감도유지에 유의한다.
③ 프레임로드는 검출부가 불꽃에 직접 접하므로 소손에 유의하고 자주 청소해 준다.
④ 프레임아이는 불꽃의 직사광이 들어가면 오동작하므로 불꽃의 중심을 향하지 않도록 설치한다.

해설 플레임 아이는 불꽃의 직사광이 들어가야 동작하므로 불꽃의 중심을 향하도록 한다.

27 용적식 유량계가 아닌 것은?
① 로타리형 유량계
② 피토우관식 유량계
③ 루트형 유량계
④ 오벌기어형 유량계

해설 용적식 유량계
① 습식 ② 건식 ③ 오우벌식 ④ 루트식 ⑤ 로터리식

28 건포화증기의 엔탈피와 포화수의 엔탈피의 차는?
① 비열
② 잠열
③ 현열
④ 액체열

해설 건포화증기엔탈피 = 포화수엔탈 + 증발잠열
∴ 증발잠열 = 건포화증기엔탈피-포화수엔탈피

29 가스버너에 리프팅(Lifting) 현상이 발생하는 경우는?
① 가스압이 너무 높은 경우
② 버너부식으로 염공이 커진 경우
③ 버너가 과열된 경우
④ 1차공기의 흡인이 많은 경우

해설 리프팅 현상
① 가스공급압력이 너무 높은 경우 ② 염공이 적은 경우
③ 댐퍼개도 과도시 ④ 노를 구경이 큰 경우

30 유류 연소시의 일반적인 공기비는?
① 0.95~1.1
② 1.6~1.8
③ 1.2~1.4
④ 1.8~2.0

26. ④ 27. ② 28. ② 29. ① 30. ③

해설 공기비(m)
① 기체연료 : 1.1~1.3
② 액체연료 : 1.2~1.4
③ 고체연료 : 1.5~2.0

31 보일러 연소실 내의 미연소가스 폭발에 대비하여 설치하는 안전장치는?
① 가용전
② 방출밸브
③ 안전밸브
④ 방폭문

해설 방폭문 : 연소실 내의 미연소가스 폭발시 폭발가스를 외부로 배출하여 사고 방지
설치위치 : 연소실 후부나 좌우측

32 슈트블로워(soot blower) 사용 시 주의 사항으로 거리가 먼 것은?
① 한 곳으로 집중하여 사용하지 말 것
② 분출기 내의 응축수를 배출시킨 후 사용할 것
③ 보일러 가동을 정지 후 사용할 것
④ 연도 내 배풍기를 사용하여 유인통풍을 증가시킬 것

해설 슈트블로워 사용 시 주의사항
① 부하가 적거나(50% 이하) 소화 후 사용하지 말 것
② 분출하기 전 연도 내 배풍기를 사용 유인통풍을 증가시킬 것
③ 분출기내의 응축수를 배출시킨 후 사용할 것
④ 한곳으로 집중적으로 사용함으로서 전열면에 무리를 가하지 않을 것

33 수격작용을 방지하기 위한 조치로 거리가 먼 것은?
① 송기에 앞서서 관을 충분히 데운다.
② 송기할 때 주증기 밸브는 급히 열지 않고 천천히 연다.
③ 증기관은 증기가 흐르는 방향으로 경사가 지도록 한다.
④ 증기관에 드레인이 고이도록 중간을 낮게 배관한다.

해설 수격작용 방지책
① 주증기밸브 서개
② 관을 보온한다.
③ 증기트랩설치
④ 관의 기울기를 준다.
⑤ 관의 굴곡을 피한다.

정답 31. ④ 32. ③ 33. ④

34

보일러의 부하율에 대한 설명으로 적합한 것은?

① 보일러의 최대증발량에 대한 실제증발량의 비율
② 증기발생량의 연료소비량으로 나눈 값
③ 보일러에서 증기가 흡수한 총열량을 급수량으로 나눈 값
④ 보일러 전열면적 1m² 에서 시간당 발생되는 증기열량

해설 부하율 = $\dfrac{\text{실제증발량}}{\text{최대증발량}}$

35

에너지법에서 사용하는 "에너지"의 정의를 가장 올바르게 나타낸 것은?

① "에너지"라 함은 석유·가스 등 열을 발생하는 열원을 말한다.
② "에너지"라 함은 제품의 원료로 사용되는 것을 말한다.
③ "에너지"라 함은 태양, 조파, 수력과 같이 일을 만들어 낼 수 있는 힘이나 능력을 말한다.
④ "에너지"라 함은 연료·열 및 전기를 말한다.

36

증기보일러에 설치하는 유리수면계는 2개 이상이어야 하는데 1개만 설치해도 되는 경우는?

① 소형관류보일러
② 최고사용압력 2 MPa 미만의 보일러
③ 동체 안지름 800 mm 미만의 보일러
④ 1개 이상의 원격지시 수면계를 설치한 보일러

해설 수면계의 개수
① 증기보일러에는 2개 이상의 유리수면계 부착(단, 소용량 및 소형관류보일러는 1개 이상 설치) 단관식 관류보일러는 제외
② 최고사용압력이 10 kg/cm² 이하로서 동체안지름이 750 mm 미만인 경우에 있어서는 수면계중 1개는 다른 종류의 수면측정장치로 할 수 있다.
③ 2개 이상의 원격지시 수면계를 시설하는 경우에 한하여 유리수면계를 1개 이상으로 할 수 있다.

37

보일러에 사용되는 열교환기 중 배기가스의 폐열을 이용하는 교환기가 아닌 것은?

① 절탄기
② 공기예열기
③ 방열기
④ 과열기

34. ① 35. ④ 36. ① 37. ③

해설 폐열회수장치(여열장치)
① 과열기
② 재열기
③ 절탄기(이코노마이져) : 배기가스여열을 이용 급수를 예열하는 장치
④ 공기예열기 : 배기가스 여열을 이용 연소용공기를 예열하는 장치

38

압력이 일정할 때 과열 증기에 대한 설명으로 가장 적절한 것은?
① 습포화 증기에 열을 가해 온도를 높인 증기
② 건포화 증기에 압력을 높인 증기
③ 습포화 증기에 과열도를 높인 증기
④ 건포화 증기에 열을 가해 온도를 높인 증기

해설 과열증기 : 건포화 증기에 열을 가해 온도를 높인 증기

39

수관식 보일러에 속하지 않는 것은?
① 입형횡관식
② 자연순환식
③ 강제순환식
④ 관류식

해설 수관식 보일러
① 자연순환식 수관보일러 : 바브콕, 쓰네기찌, 타꾸마, 2동D형, 3동A형
② 강제순환식 수관보일러 : 벨록스 라몽
③ 관류식 수관 보일러 : 슬쳐, 옛보스, 벤숀, 람진

40

매시간 425 kg의 연료를 연소시켜 4800 kg/h의 증기를 발생시키는 보일러의 효율은 약 얼마인가? (단, 연료의 발열량 : 9750 kcal/kg, 증기엔탈피: 676 kcal/kg, 급수온도 : 20℃이다.)
① 76%   ② 81%   ③ 85%   ④ 90%

해설 효율 = $\dfrac{\text{실제증발량}(\text{증기엔탈피} - \text{급수온도})}{\text{연료소비량} \times \text{저위발열량}} \times 100 = \dfrac{4800 \times (676 - 20)}{425 \times 9750} \times 100$
= 75.989%

41

게이지 압력이 1.57 MPa이고 대기압이 0.103 MPa일 때 절대압력은 몇 MPa인가?
① 1.467   ② 1.673   ③ 1.783   ④ 2.008

해설 절대압력 = 게이지압력 + 대기압 = 1.57+0.103 = 1.673 MPa

정답 38. ④   39. ①   40. ①   41. ②

42

다음 중 압력의 단위가 아닌 것은?
① mmHg
② bar
③ N/m²
④ kg·m/s

해설 압력의 단위 : kg/cm², kPa, MPa, inHg, mmH₂O, bar, mmHg, N/m², Pa, CmHg, mH₂O 등

43

보일러 연도에 설치하는 댐퍼의 설치 목적과 관계가 없는 것은?
① 매연 및 그을음의 제거
② 통풍력의 조절
③ 연소가스 흐름의 차단
④ 주연도와 부연도가 있을 때 가스의 흐름을 전환

해설 댐퍼의 설치목적
① 연소가스 흐름 차단
② 통풍력 조절
③ 주연도와 부연도가 있을 때 가스흐름 전환

44

보일러 급수내관의 설치 위치로 옳은 것은?
① 보일러의 기준수위와 일치되게 설치한다.
② 보일러의 상용수위보다 50 mm 정도 높게 설치한다.
③ 보일러의 안전저수위보다 50 mm 정도 높게 설치한다.
④ 보일러의 안전저수위보다 50 mm 정도 낮게 설치한다.

해설 급수내관설치 : 안전저수위보다 50 mm 하부에 설치

45

단열재를 사용하여 얻을 수 있는 효과에 해당하지 않는 것은?
① 축열용량이 작아진다.
② 열전도율이 작아진다.
③ 노 내의 온도분포가 균일하게 된다.
④ 스폴링 현상을 증가시킨다.

해설 스폴링 현상(박락현상) : 내화벽돌이 얇게 금이 가는 현상

42. ④ 43. ① 44. ④ 45. ④

46 보일러 강판이나 강관을 제조할 때 재질 내부에 가스체 등이 함유되어 두 장의 층을 형성하고 있는 상태의 흠은?
① 블리스터　　　　　　　　② 팽출
③ 압궤　　　　　　　　　　④ 라미네이션

> • 블리스터 : 라미네이션 상태에서 고온의 열가스접촉으로 인해 표면이 부풀어 오르는 현상
> • 압궤 : 노통, 연소실, 관판
> • 팽출 : 수관, 연관, 보일러동저부

47 증기난방의 중력 환수식에서 단관식인 경우 배관 기울기로 적당한 것은?
① 1/100~1/200 정도의 순 기울기　　② 1/200~1/300 정도의 순 기울기
③ 1/300~1/400 정도의 순 기울기　　④ 1/400~1/500 정도의 순 기울기

> 배관방법에 의한 구배
> ① 단관중력 환수식 : ㉠ 상향공급식(역류관) $\frac{1}{50} \sim \frac{1}{100}$
> 　　　　　　　　　㉡ 하향공급식(순류관) $\frac{1}{100} \sim \frac{1}{200}$
> ② 복관중력 환수식 : ㉠ $\frac{1}{200}$
> ③ 진공 환수식 : ㉠ $\frac{1}{200} \sim \frac{1}{300}$

48 관의 방향을 바꾸거나 분기할 때 사용되는 이음쇠가 아닌 것은?
① 벤드　　　　　　　　　　② 크로스
③ 엘보　　　　　　　　　　④ 니플

> 나사이음 사용목적별 분류
> ① 배관의 방향을 바꿀 때 : 엘보우, 벤드
> ② 관 끝을 막을 때 : 플러그, 캡
> ③ 서로다른 지름의 관을 연결시 : 이경엘보, 이경티, 이경소켓, 붓싱
> ④ 같은 지름의관 직선 연결 시 : 플랜지, 유니온, 니플, 소켓
> ⑤ 관을 도중에서 분기할 때 : 티, 와이, 크로스

49 동작유체의 상태변화에서 에너지의 이동이 없는 변화는?
① 등온변화　　　　　　　　② 정적변화
③ 정압변화　　　　　　　　④ 단열변화

정답 46. ④　47. ①　48. ④　49. ④

해설 상태변화
① 단열변화 : 에너지 이동이 없는 변화
② 정적변화 : 체적이 일정한 변화
③ 등온변화 : 온도가 일정한 변화
④ 정압변화 : 압력이 일정한 변화

50 보일러의 안전장치에 해당되지 않는 것은?
① 방폭문
② 수위계
③ 화염검출기
④ 가용마개

해설 안전장치
① 안전밸브   ② 가용전   ③ 방출밸브
④ 화염검출기 ⑤ 고, 저수위 경보기 ⑥ 방폭문

51 다음 중 수관식 보일러 종류가 아닌 것은?
① 다꾸마 보일러
② 가르베 보일러
③ 야로우 보일러
④ 하우덴 존슨 보일러

해설 수관식 보일러
① 자연순환식 수관 보일러 : 바브콕, 쓰네기찌, 타꾸마, 2동D형, 3동A형
② 강제순환식 수관 보일러 : 벨록스, 라몽
③ 관류식 수관 보일러 : 슬처, 옛모스, 벤숀, 람진

52 과열증기에서 과열도는 무엇인가?
① 과열증기의 압력과 포화증기의 압력 차이다.
② 과열증기온도와 포화증기온도와의 차이다.
③ 과열증기온도에 증발열을 합한 것이다.
④ 과열증기온도에 증발열을 뺀 것이다.

해설 과열도 = 과열증기온도 - 포화증기온도

53 보일러 급수처리의 목적으로 볼 수 없는 것은?
① 부식의 방지
② 보일러수와 농축방지
③ 스케일생성 방지
④ 역화 방지

50. ② 51. ④ 52. ② 53. ④

> **해설** 급수처리 목적
> ① 관수 PH 조절   ② 관수농축 방지
> ③ 프라이밍, 포밍발생방지   ④ 슬러지 및 스케일 생성 방지
> ⑤ 부식방지

54 보일러의 자동제어에서 제어량에 따른 조작량의 대상으로 옳은 것은?
① 증기온도 : 연소가스량   ② 증기압력 : 연료량
③ 보일러수위 : 공기량   ④ 노내압력 : 급수량

> **해설** 제어량과 조작량의 관계
>
> | 제어 | 제어량 | 조작량 |
> | --- | --- | --- |
> | S.T.C | 과열증기온도 | 전열량 |
> | F.W.C | 보일러수위 | 급수량 |
> | A.C.C | 증기압력계제어 | 연료량, 공기량 |
> | | 노내압력계제어 | 연소가스량, 송풍량 |

55 열사용기자재 중 온수를 발생하는 소형온수보일러의 적용 범위로 옳은 것은?
① 전열면적 12 m² 이하, 최고사용압력 0.25 MPa 이하의 온수를 발생하는 것
② 전열면적 14 m² 이하, 최고사용압력 0.25 MPa 이하의 온수를 발생하는 것
③ 전열면적 12 m² 이하, 최고사용압력 0.35 MPa 이하의 온수를 발생하는 것
④ 전열면적 14 m² 이하, 최고사용압력 0.35 MPa 이하의 온수를 발생하는 것

56 에너지이용 합리화법에 따라 산업통상자원부장관 또는 시·도지사로부터 한국에너지공단에 위탁된 업무가 아닌 것은?
① 에너지사용계획의 검토
② 고효율시험기관의 지정
③ 대기전력경고표지대상제품의 측정결과 신고의 접수
④ 대기전력저감대상제품의 측정결과 신고의 접수

> **해설** 한국에너지 관리 공단에 위탁된 업무
> ① 신에너지 및 재생에너지 개발사업의 촉진
> ② 에너지관리에 관한 조사·연구·교육 및 홍보
> ③ 에너지이용 합리화사업을 위한 토지·건물 및 시설 등의 취득·설치·운영·대여 및 양도
> ④ 집단에너지사업의 촉진을 위한 자원 및 관리
> ⑤ 에너지사용기자재의 효율관리 및 열사용기자재의 안전관리
> ⑥ 사회취약계층의 에너지이용 지원

정답 54. ② 55. ④ 56. ②

⑦ 에너지이용 합리화 및 이를 통한 온실가스의 배출을 줄이기 위한 사업
⑧ 에너지기술의 개발·도입·지도 및 보급
⑨ 에너지이용 합리화, 신에너지 및 재생에너지의 개발과 보급, 집단에너지공급사업을 위한 자금의 융자 및 지원
⑩ 에너지절약사업과 이를 통한 온실가스의 배출을 줄이는 사업을 하는데 필요한 자원
⑪ 에너지진단 및 에너지관리지도

57
에너지이용 합리화법상 시공업자단체의 설립, 정관의 기재 사항과 감독에 관하여 필요한 사항은 누구의 령으로 정하는가?
① 대통령령
② 산업통상자원부령
③ 고용노동부령
④ 환경부령

58
증기보일러에는 2개 이상의 안전밸브를 설치하여야 하는 반면에 1개 이상으로 설치 가능한 보일러의 최대 전열면적은?
① 50 m²
② 60 m²
③ 70 m²
④ 80 m²

 안전밸브
① 전열면적이 50 m² 이하 : 1개 설치
② 전열면적이 50 m² 초과 : 2개 설치

59
다음 방열기 도시기호 중 벽걸이 종형 도시기호는?
① W – H
② W - V
③ W - II
④ W - III

 방열기 도시기호
① 2주형(II)
② 3주형(III)
③ 3세주형
④ 5세주형
⑤ W-H : 벽걸이형 수평형
⑥ W-V : 벽걸이형 수직형

60
배관의 관 끝을 막을 때 사용하는 부품은?
① 엘보
② 소켓
③ 티
④ 캡

 나사이음분류
① 관 끝을 막을 때 : 플러그, 캡
② 배관방향을 바꿀 때 : 엘보우, 벤드
③ 관을 도중에서 분기할 때 : 티, 와이, 크로스
④ 서로 다른 지름의 관을 직선연결 시 : 유니온, 플랜지, 소켓, 니플

57. ① 58. ① 59. ② 60. ④

CBT문제 제4회 에너지관리기능사 모의고사문제

01 수관식 보일러에서 건조 증기를 얻기 위하여 설치하는 것은?
① 급수내관
② 기수 분리기
③ 수위 경보기
④ 과열 저감기

해설 기수분리기 : 증기중에 수분을 분리하여 건조증기를 얻기 위한 장치
· 종류 : 싸이클론식 : 스크레버식, 건조스크린식, 베플식

02 수소 15%, 수분 0.5% 중유의 고위발열량이 10000 kcal/kg이다. 이 중유의 저위발열량은 몇 kcal/kg인가?
① 8795
② 8984
③ 9085
④ 9187

해설 저위발열량 = H_h - 600(9H+W) = 10000 - 600(9×0.15+0.005) = 9187 kcal/kg

03 보일러 분출장치의 분출시기로 적절하지 않은 것은?
① 보일러 가동 직전
② 프라이밍, 포밍현상이 일어날 때
③ 연속가동 시 열부하가 가장 높을 때
④ 관수가 농축되어 있을 때

해설 분출장치의 분출시기
① 연속가동시 부하가 가장 가벼울 때
② 관수농축시
③ 프라이밍 포밍 발생시
④ 보일러가동 전

04 보일러에서 C중유를 사용할 경우 중유예열장치로 예열할 때 적정 예열 범위는?
① 40°C~45°C
② 80°C~105°C
③ 130°C~160°C
④ 200°C~250°C

정답 1. ② 2. ④ 3. ③ 4. ②

05 난방부하 계산과정에서 고려하지 않아도 되는 것은?
① 난방형식
② 유리창의 크기 및 문의 크기
③ 주위환경 조건
④ 실내와 외기의 온도

 난방부하 계산시 고려할 사항
① 실내와 외기의 온도
② 주위 환경 조건
③ 유리창의 크기 및 문의 크기

06 보일러 운전자가 송기 시 취할 사항으로 맞는 것은?
① 증기헤더, 과열기 등의 응축수는 배출되지 않도록 한다.
② 송기 후에는 응축수 밸브를 완전히 열어 둔다.
③ 기수공발이나 수격작용이 일어나지 않도록 주의한다.
④ 주증기관은 스톱밸브를 신속히 열어 열 손실이 없도록 한다.

 증기헤더, 과열기 등의 응축수는 배출되도록 한다.
송기 후에는 응축수 밸브를 닫는다.
주증기관은 5분 이상 만개한다.

07 다음 중 무기질 보온재에 속하는 것은?
① 펠트(felt)
② 규조토
③ 코르크(cork)
④ 기포성 수지

무기질 보온재
① 암면 : 600℃
② 그라스울(유리섬유) : 300℃ 이하
③ 양모, 우모펠트 : 100℃ 이하
④ 석면 : 400℃ 이하
⑤ 규산칼슘 : 650℃ 이하
⑥ 규조토 : 500℃ 이하

08 수관식 보일러의 일반적인 특징이 아닌 것은?
① 구조상 저압으로 운용되어야 하며 소용량으로 제작해야 한다.
② 전열면적을 크게 할 수 있으므로 열효율이 높은 편이다.
③ 급수 처리에 주의가 필요하다.
④ 연소실을 마음대로 크게 만들 수 있으므로 연소상태가 좋으며 또한 여러 종류의 연료 및 연소 방식이 적용된다.

5. ① 6. ③ 7. ② 8. ①

해설 수관식 보일러의 특징
① 사실상 전체가 전열면이기 때문에 효율이 대단히 높다.
② 설치면적이 적고 발생열량이 크다.
③ 고온, 고압의 증기를 발생 열의 이용도를 높였다.
④ 외분식이어서 연료의 질에 장애를 받지 않으며 연소상태도 양호
⑤ 내부구조를 콤펙트화 하여 연소가스의 대류나 복사전열이 잘 이루진다.
⑥ 제작이 까다로우며 비용도 많이 든다.
⑦ 구조가 복잡하여 청소, 검사, 수리곤란
⑧ 외분식이어서 노벽방산 손실이 많다.
⑨ 완벽한 급수처리를 요한다.

09 고체연료와 비교하여 액체연료 사용 시의 장점을 잘못 설명한 것은?
① 인화의 위험성이 없으며 역화가 발생하지 않는다.
② 그을음이 적게 발생하고 연소효율도 높다.
③ 품질이 비교적 균일하며 발열량이 크다.
④ 저장 및 운반 취급이 용이하다.

해설 인화의 위험성이 있고 역화의 위험성이 있다.

10 급유장치에서 보일러 가동 중 연소의 소화, 압력초과 등 이상 현상 발생 시 긴급히 연료를 차단하는 것은?
① 압력조절 스위치
② 압력제한 스위치
③ 감압밸브
④ 전자밸브

해설 감압밸브
① 고압의 증기를 저압의 증기로 바꾸어줌
② 부하측의 압력을 일정하게 유지
③ 고압과 저압을 동시 사용

11 보일러에서 사용하는 급유펌프에 대한 일반적인 설명으로 틀린 것은?
① 급유펌프는 점성을 가진 기름을 이송하므로 기어펌프나 스크루펌프 등을 주로 사용한다.
② 급유탱크에서 버너까지 연료를 공급하는 펌프를 수송펌프(supply pump)라 한다.
③ 급유펌프의 용량은 서비스탱크를 1시간 내에 급유할 수 있는 것으로 한다.
④ 펌프 구동용 전동기는 작동유의 정도를 고려하여 30% 정도 여유를 주어 선정한다.

해설 급유탱크에서 버너까지 연료를 공급하는 펌프를 이송펌프라 한다.

12 열사용기자재 검사기준에 따라 온수발생 보일러에 안전밸브를 설치해야 되는 경우는 온수온도 몇 °C 이상인 경우인가?
① 60°C ② 80°C
③ 100°C ④ 120°C

13 보일러 급수펌프 중 비용적식 펌프로서 원심펌프인 것은?
① 워싱턴펌프 ② 웨어펌프
③ 플런저펌프 ④ 볼류트펌프

> 해설 원심펌프 : ① 터빈펌프
> ② 볼류트펌프(센트리퓨럴펌프)

14 증기 중에 수분이 많을 경우의 설명으로 잘못된 것은?
① 건조도가 저하된다.
② 증기의 손실이 많아진다.
③ 증기 엔탈피가 증가한다.
④ 수격작용이 발생할 수 있다.

> 해설 공기 중에 수분이 많을 경우
> ① 증기엔탈피 감소
> ② 수격작용 감소
> ③ 증기의 손실이 많아진다.
> ④ 건조도가 저하한다.

15 전열면적이 30 m²인 수직 연관보일러를 2시간 연소시킨 결과 3000 kg의 증기가 발생하였다. 이 보일러의 증발률은 약 몇 kg/m²h인가?
① 20 ② 30
③ 40 ④ 50

> 해설 증발률 $= \dfrac{G}{A} = \dfrac{3000}{30 \times 2} = 50 \text{ kg/m}^2\text{h}$

12. ④ 13. ④ 14. ③ 15. ④

16 수위 경보기의 종류에 속하지 않는 것은?

① 맥도널식 ② 전극식
③ 배플식   ④ 마그네틱식

해설 수위경보기의 종류
① 부자식(플로우트식)   ② 자석식
③ 전극식   ④ 열팽창식

17 보일러와 관련한 기초 열역학에서 사용하는 용어에 대한 설명으로 틀린 것은?

① 절대압력 : 완전 진공상태를 0으로 기준하여 측정한 압력
② 비체적 : 단위 체적당 질량으로 단위는 kg/m³임
③ 현열 : 물질 상태의 변화 없이 온도가 변화하는데 필요한 열량
④ 잠열 : 온도의 변화 없이 물질 상태가 변화하는데 필요한 열량

해설 비체적 : m^3/kg

18 다음 보기 중에서 보일러의 운전정지 순서를 올바르게 나열한 것은?

[보기]
㉠ 증기밸브를 닫고, 드레인 밸브를 연다.
㉡ 공기의 공급을 정지시킨다.
㉢ 댐퍼를 닫는다.
㉣ 연료의 공급을 정지시킨다.

① ㉡ → ㉣ → ㉠ → ㉢   ② ㉣ → ㉡ → ㉠ → ㉢
③ ㉢ → ㉣ → ㉠ → ㉡   ④ ㉠ → ㉣ → ㉡ → ㉢

해설 보일러 운전 정지 순서
연료공급정지 → 공기공급정지 → 증기밸브닫고 드레인밸브연다 → 댐퍼를 닫는다

19 원통형보일러의 일반적인 특징에 관한 설명으로 틀린 것은?

① 구조가 간단하고 취급이 용이하다.
② 수부가 크므로 열 비축량이 크다.
③ 폭발 시에도 비산 면적이 작아 재해가 크게 발생하지 않는다.
④ 사용증기량의 변동에 따른 발생 증기의 압력변동이 작다.

정답 16. ③ 17. ② 18. ② 19. ③

원통형 보일러의 일반적인 특징
① 급수처리가 간단하다.
② 수면이 넓어 기수공발이 적다.
③ 구조가 간단하고 취급이 용이
④ 청소, 검사, 수리용이
⑤ 관수의 보유량이 많아 부하변동에 큰 영향이 없다.
⑥ 보유수량이 많아 파열시 피해가 크다.
⑦ 예열부하가 커서 부하에 대응하기 어렵다.
⑧ 내분식이어서 연료의 질이나 연소공간의 확보가 어려움
⑨ 전열면적이 적어 효율이 적다.

20 1보일러 마력은 몇 kg/h의 상당증발량의 값을 가지는가?
① 15.65　　② 79.8
③ 539　　　④ 860

 보일러 마력 : 상당증발량이 15.65 kg을 증발시킬 수 있는 능력
　　　　　15.65×539 = 8435 kcal/h

21 보일러에서 사용하는 수면계 설치 기준에 관한 설명 중 잘못된 것은?
① 유리 수면계는 보일러의 최고사용압력과 그에 상당하는 증기온도에서 원활히 작용하는 기능을 가져야 한다.
② 소용량 및 소형관류보일러에는 2개 이상의 유리 수면계를 부착해야 한다.
③ 최고사용압력 1 MPa 이하로서 동체 안지름이 750 mm 미만인 경우에 있어서는 수면계 중 1개는 다른 종류의 수면측정 장치로 할 수 있다.
④ 2개 이상의 원격지시 수면계를 시설하는 경우에 한하여 유리 수면계를 1개 이상으로 할 수 있다.

해설 소용량 보일러 및 소형 관류 보일러는 1개 이상의 유리 수면계를 부착하여야 한다.

22 어떤 물질의 단위질량(1kg)에서 온도를 1℃ 높이는 데 소요되는 열량을 무엇이라고 하는가?
① 열용량　　② 비열
③ 잠열　　　④ 엔탈피

해설 ・비열(kcal/kg℃) : 어떤 물질 1kg을 1℃ 올리는데 필요한 열량
　　・열용량(kcal/℃) : 어떤 물질을 1℃ 올리는데 필요한 열량
　　・잠열 : 온도변화 없이 상태만 변함

23
원통보일러에서 급수의 pH범위(25°C 기준)로 가장 적합한 것은?
① pH3 ~ pH5
② pH7 ~ pH9
③ pH11 ~ pH12
④ pH14 ~ pH15

24
배관계에 설치한 밸브의 오작동 방지 및 배관계 취급의 적정화를 도모하기 위해 배관에 식별(識別)표시를 하는데 관계가 없는 것은?
① 지지하중
② 식별색
③ 상태표시
④ 물질표시

해설 배관의 식별표기
① 상태표시 ② 물질표시 ③ 식별색

25
다음 중 난방부하의 단위로 옳은 것은?
① kcal/kg
② kcal/h
③ kg/h
④ kcal/m²·h

해설 단위

① 전열면열부하 = $\dfrac{G \times (h'' - h')}{A} = \dfrac{\text{kg/h} \times \text{kcal/kg}}{\text{m}^2} = \text{kcal/m}^2\text{h}$

② 연소실열부하 = $\dfrac{G_f \times H_l}{V} = \dfrac{\text{kg/h} \times \text{kcal/kg}}{\text{m}^3} = \text{kcal/m}^3\text{h}$

③ 전열면증발율 = $\dfrac{G}{A} = \dfrac{\text{kg/h}}{\text{m}^2} = \text{kg/m}^2\text{h}$

④ 증발배수 = $\dfrac{G}{G_f} = \text{kg/kg}$

26
다음 중 잠열에 해당되는 것은?
① 기화열
② 생성열
③ 중화열
④ 반응열

27
액체연료 중 경질유에 주로 사용하는 기화연소 방식의 종류에 해당하지 않는 것은?
① 포트식
② 심지식
③ 증발식
④ 무화식

정답 23. ② 24. ① 25. ② 26. ① 27. ④

기화연소방식의 종류
① 증발식 ② 포트식 ③ 심지식

28
보일러에서 실제 증발량(kg/h)을 연료 소모량(kg/h)으로 나눈 값은?
① 증발 배수
② 전열면 증발량
③ 연소실 열부하
④ 상당 증발량

- 전열면 증발량 = $\dfrac{G}{A} = \dfrac{\text{kg/h}}{\text{m}^2} = \text{kg/m}^2\text{h}$
- 연소실 열부하 = $\dfrac{G_f \times H_l}{V} = \dfrac{\text{kg/h} \times \text{kcal/kg}}{\text{m}^3} = \text{kcal/m}^3\text{h}$
- 상당증발량 = $\dfrac{G \times (h'' - h')}{539} = \text{kg/h}$

29
기체연료의 발열량 단위로 옳은 것은?
① kcal/m²
② kcal/cm²
③ kcal/mm²
④ kcal/Nm³

- 기체연료 : kcal/Nm³   · 고체연료 : kcal/kg

30
복사난방의 특징에 관한 설명으로 옳지 않은 것은?
① 쾌감도가 좋다.
② 고장 발견이 용이하고, 시설비가 싸다.
③ 실내공간의 이용률이 높다.
④ 동일 방열량에 대한 열손실이 적다.

복사난방의 특징
① 고장발견이 어렵고, 시설비가 비싸다. ② 쾌감도가 좋다.
③ 실내공간의 이용률이 좋다. ④ 동일방열량에 대한 열손실이 적다.
⑤ 온도분포가 균일하다. ⑥ 예열이 길어 부하에 대응하기 어렵다.
⑦ 표면부의 균열 발생이 쉽다.

31
연료 중 표면 연소하는 것은?
① 목탄
② 경유
③ 석탄
④ LPG

28. ①   29. ④   30. ②   31. ①

해설 연소형태
① 표면연소 : ㉠ 코크스 ㉡ 목탄 ㉢ 숯 ㉣ 금속분
② 분해연소 : ㉠ 석탄 ㉡ 목재 ㉢ 종이 ㉣ 플라스틱
③ 증발연소 : ㉠ 알콜 ㉡ 에테르 ㉢ 등유 ㉣ 가솔린 등(액체연료)
　　　　　　㉤ 나프탈렌 ㉥ 송지 ㉦ 장뇌
④ 자기연소 : ㉠ TNT ㉡ 피크린산 등
⑤ 확산연소 : ㉠ 수소 ㉡ 메탄 등

32
500 W의 전열기로서 2 kg의 물을 18°C로부터 100°C까지 가열하는 데 소요되는 시간은 얼마인가? (단, 전열기 효율은 100%로 가정한다.)
① 약 10분　② 약 16분　③ 약 20분　④ 약 23분

해설
1 kWh = 860 kcal/h
0.5 kWh = x
$x = \dfrac{0.5 \times 860}{1\,\text{kWh}} = 430$ kcal/h
$Q = G \cdot C \cdot \Delta t = 2 \times (100-18) = 164$ kcal
∴ $\dfrac{164\,\text{kcal}}{430\,\text{kcal/h}} = 0.38\text{h} \times 60\,\text{min/1h} = 22.88$분

33
어떤 보일러의 5시간 동안 증발량이 5000 kg이고, 그때의 급수 엔탈피가 25 kcal/kg, 증기엔탈피가 675 kcal/kg이라면 상당증발량은 약 몇 kg/h인가?
① 1106　② 1206　③ 1304　④ 1451

해설 상당증발량 $= \dfrac{G \times (h'' - h')}{539} = \dfrac{5000 \times (675-25)}{539 \times 5} = 1205.9$ kg/h

34
흑체로부터의 복사 전열량은 절대온도의 몇 승에 비례하는가?
① 2승　② 3승　③ 4승　④ 5승

해설 복사전열량 $= 4.88 \times \delta \times A \times \left(\left(\dfrac{T_1}{100}\right)^4 - \left(\dfrac{T_2}{100}\right)^4\right)$ (kcal)
δ(흑도), A(면적) m²

35
강관의 스케줄 번호를 나타내는 것은?
① 관의 중심　② 관의 두께　③ 관의 외경　④ 관의 내경

해설 SCH.NO(관의 두께표시) = $\frac{P}{S} \times 10$

P(kg/cm²) 사용압력, S(kg/mm²) 허용응력

36

다른 보온재에 비하여 단열 효과가 낮으며 500°C 이하의 파이프, 탱크, 노벽 등에 사용하는 것은?

① 규조토　　　　　　　　　② 암면
③ 그라스 울　　　　　　　　④ 펠트

해설 안전사용온도
① 규조토 : 500°C 이하　　② 암면 : 600°C 이하
③ 그라스울 : 300°C 이하　　④ 펠트 : 100°C 이하

37

액면계 중 직접식 액면계에 속하는 것은?

① 압력식　　② 방사선식　　③ 초음파식　　④ 유리관식

해설 직접식 액면계
① 부자식(플로우식)　② 직관식(유리관식)

38

보일러 집진장치의 형식과 종류를 짝지은 것 중 틀린 것은?

① 가압수식 - 제트 스크러버　　② 여과식 - 충격식 스크러버
③ 원심력식 - 사이클론　　　　　④ 전기식 - 코트렐

해설 여과식 : 백필터

39

대형보일러인 경우에 송풍기가 작동되지 않으면 전자 밸브가 열리지 않고, 점화를 저지하는 인터록의 종류는?

① 저연소 인터록　　　　　② 압력초과 인터록
③ 프리퍼지 인터록　　　　④ 불착화 인터록

해설 인터록 : 구비조건이 맞지 않을 때 그 조건이 충족될 때까지 다음단계를 정지시키는 것
① 저연소 인터록
② 저수위인터록
③ 불착화 인터록 : 화염검출기
④ 압력초과 인터록 : 압력차단 스위치(압력조절기, 압력제한기)
⑤ 프리퍼지 인터록 : 송풍기

36. ① 37. ④ 38. ② 39. ③

40 보일러용 가스버너 중 외부혼합식에 속하지 않는 것은?
① 파이럿 버너
② 센터파이어형 버너
③ 링형 버너
④ 멀티스폿형 버너

해설 보일러용 가스버너 중 외부혼합식
① 링형 버너   ② 센터파이어형 버너   ③ 멀티스폿형 버너

41 보일러 자동제어 신호전달 방식 중 공기압 신호전송의 특징 설명으로 틀린 것은?
① 배관이 용이하고 보존이 비교적 쉽다.
② 내열성이 우수하나 압축성이므로 신호전달에 지연된다.
③ 신호전달 거리가 100~150 m 정도이다.
④ 온도제어 등에 부적합하고 위험이 크다.

해설 신호전달방식
① 공기압식
  ㉠ 사용조작압력 0.2~1 kg/cm²   ㉡ 배관보존이 용이하고 비교적 쉽다.
  ㉢ 신호전달거리가 100~150 m   ㉣ 신호전달의 지연이 있다.
  ㉤ 온도제어에 적합하고 위험성이 없다.
② 유압식
  ㉠ 사용조작압력 0.2~1 kg/cm²   ㉡ 신호전달거리 150~300 m
  ㉢ 인화의 위험성이 있다.   ㉣ 높은 유압이 필요하다.
③ 전기식
  ㉠ 신호전달의 지연이 없고 배선이 용이   ㉡ 신호전달거리 300~1000 m
  ㉢ 높은 기술을 요하며 가격이 비싸다.   ㉣ 대규모 조작력이 필요한 경우 사용

42 과잉공기량에 관한 설명으로 옳은 것은?
① (실제공기량) × (이론공기량)
② (실제공기량) / (이론공기량)
③ (실제공기량) + (이론공기량)
④ (실제공기량) - (이론공기량)

해설 실제공기량(A) = 공기비 + 이론공기량
공기비 = 실제공기량-이론공기량

43 후향 날개 형식으로 보일러의 압입송풍에 많이 사용되는 송풍기는?
① 다익형 송풍기
② 축류형 송풍기
③ 터보형 송풍기
④ 플레이트형 송풍기

해설 • 터보형 송풍기 : 후향날개   • 다익형 송풍기 : 전향날개

44

중유 보일러의 연소 보조 장치에 속하지 않는 것은?
① 여과기 ② 인젝터
③ 화염 검출기 ④ 오일 프리히터

해설 연소보조장치
① 여과기 ② 화염검출기
③ 오일프리히터 ④ 서비스탱크

45

온수난방 배관 시공법에 대한 설명 중 틀린 것은?
① 배관구배는 일반적으로 1/250 이상으로 한다.
② 배관 중에 공기가 모이지 않게 배관한다.
③ 온수관의 수평배관에서 관경을 바꿀 때는 편심이음쇠를 사용한다.
④ 지관이 주관 아래로 분기될 때는 90°이상으로 끝올림 구배로 한다.

해설 지관이 주관아래로 분기될 때는 45° 이상으로 끝올림 구배로 한다.

46

주철제 벽걸이 방열기의 호칭 방법은?
① W - 형 × 쪽수 ② 종별 - 치수 × 쪽수
③ 종별 - 쪽수 × 형 ④ 치수 - 종별 × 쪽수

해설 방열기 호칭법 : 종별 - 형 × 쪽수

47

보일러 점화 시 역화의 원인과 관계가 없는 것은?
① 착화가 지연될 경우
② 점화원을 사용한 경우
③ 프리퍼지가 불충분한 경우
④ 연료 공급밸브를 급개하여 다량으로 분무한 경우

해설 역화의 원인
① 프리퍼지, 포스트퍼지 부족시
② 점화시 착화가 늦은 경우
③ 공기보다 연료먼저 투입 시
④ 압입통풍이 강할 때
⑤ 흡입통풍이 부족 시
⑥ 2차공기의 예열 부족 시

44. ② 45. ④ 46. ① 47. ②

48 배관계의 식별 표시는 물질의 종류에 따라 달리한다. 물질과 식별색의 연결이 틀린 것은?
① 물 : 파랑
② 기름 : 연한 주황
③ 증기 : 어두운 빨강
④ 가스 : 연한 노랑

해설 기름 : 연한빨강

49 다음 열효율 증대장치 중에서 고온부식이 잘 일어나는 장치는?
① 공기예열기
② 과열기
③ 증발전열면
④ 절탄기

해설 • 저온부식 : 절탄기, 공기예열기   • 고온부식 : 과열기, 재열기

50 보일러 인터록과 관계가 없는 것은?
① 압력초과 인터록
② 저수위 인터록
③ 불착화 인터록
④ 급수장치 인터록

해설 인터록
① 저수위 인터록
② 저연소 인터록
③ 불착화 인터록 : 화염검출기
④ 압력초과 인터록 : 압력조절기, 압력제한기와 관련
⑤ 프리퍼지 인터록 : 송풍기와 관련

51 절탄기에 대한 설명으로 옳은 것은?
① 절탄기의 설치방식은 혼합식과 분배식이 있다.
② 절탄기의 급수예열 온도는 포화온도 이상으로 한다.
③ 연료의 절약과 증발량의 감소 및 열효율을 감소시킨다.
④ 급수와 보일러수의 온도차 감소로 열응력을 줄여준다.

52 보일러의 수위제어 검출방식의 종류로 가장 거리가 먼 것은?
① 피스톤식
② 전극식
③ 플루트식
④ 열팽창관식

정답 48. ② 49. ② 50. ④ 51. ④ 52. ①

 수위검출방식
① 부자식(플로우트식)　② 자석식　③ 전극식　④ 열팽창식(코우프스식)

53

전열면적이 40 m²인 수직 연관보일러를 2시간 연소시킨 결과 4000 kg의 증기가 발생하였다. 이 보일러의 증발률은?

① 40 kg/m²·h
② 30 kg/m²·h
③ 60 kg/m²·h
④ 50 kg/m²·h

전열면증발률 = $\dfrac{G}{A} = \dfrac{4000}{40\text{m}^2 \times 2} = 50 \text{ kg/m}^2\text{h}$

54

분진가스를 집진기내에 충돌시키거나 열가스의 흐름을 반전시켜 급격한 기류의 방향 전환에 의해 분진을 포집하는 집진장치는?

① 중력식 집진장치
② 관성력식 집진장차
③ 사이클론식 집진장치
④ 멀티사이클론식 집진장치

 건식 집진 장치
① 중력침강식 : 함진배기 중의 입자를 중력에 의해 포집하는 방식으로 수십 μ 이상의 거칠은 입자의 포집에 사용되며 압력손실은 대략 5~10[mmAq] 정도이다. 처리가스속도가 늦을수록, 흐름이 균일할수록 집진율이 높다.
② 관성력식 : 함진가스를 방해판 등에 충돌시켜 기류의 급격한 전환에 의해 침강력을 가지게 될 때 분리포집하는 방식으로 전환각도가 적고 전환회수가 많을수록 집진율이 높다.

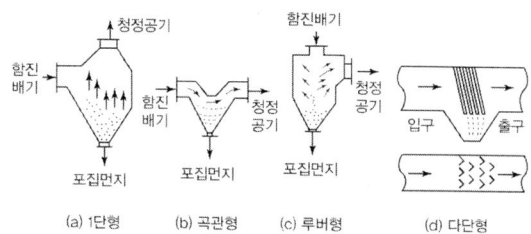

(a) 1단형　(b) 곡관형　(c) 루버형　(d) 다단형

③ 원심력식 : 함진가스에 선회운동을 주어 입자에 작용하는 원심력에 의하여 입자를 분리하는 방식

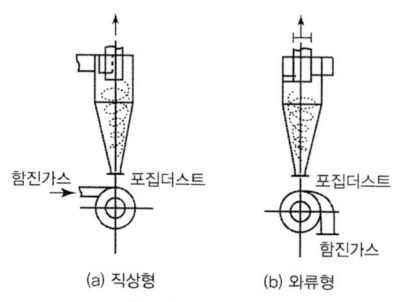

(a) 직상형　(b) 와류형

〈원심력 집진장치〉

④ 여과식 : 함진가스를 여과제(filter)를 통하여 분리, 포착하는 방식이다. 내면여과방식과 표면여과방식으로 나뉘며 표면여과방식 중 대표적인 백(bag) 필터가 있다.

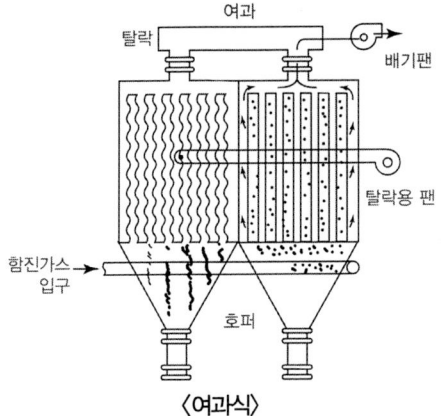

〈여과식〉

⑤ 전기식 (습식에도 포함된다) : 고압의 직류전원을 사용하여 방전극 근처에서 양이온과 자유전자로부터 이루어지는 프라즈마 형성에 의해 입자를 전리하는 방식으로 이러한 방전을 코로나 방전현상이라 하며 가스 중 함유입자는 음이온으로 되어 부착 분리되어 제거하는 장치이다(코트렐 집진장치가 대표적이다).

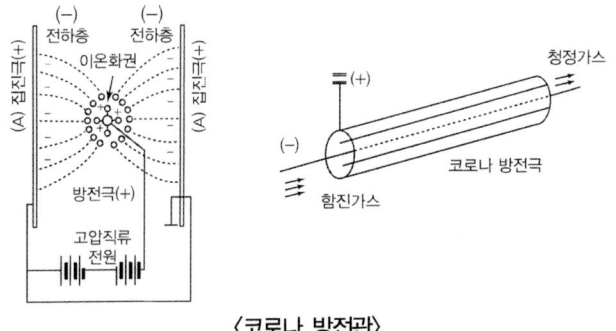

〈코로나 방전관〉

※ 특징
① 압력손실이 적다.
② 적용범위가 넓다.
③ 더스트의 외부 배출이 용이하다.
④ 미세입자의 포집이 용이하고 가장 높은 집진율을 얻을 수 있다.

습식집진장치
① 세정식 : 물 또는 다른 액체의 액면 또는 액막에 의해 함유가스를 세정하여 가스흐름으로부터 분진입자 포집
② 가압수식 : ㉠ 벤튜리스크레버 ㉡ 싸이클론스크레버 ㉢ 충전탑

55
온수난방에서 방열기내 온수의 평균온도가 82℃, 실내온도가 18℃이고, 방열기의 방열계수가 6.8 kcal/m²·h·℃인 경우 방열기의 방열량은?
① 650.9 kcal/m²·h   ② 557.6 kcal/m²·h
③ 450.7 kcal/m²·h   ④ 435.2 kcal/m²·h

해설) 방열기 방열량 = 방열계수 × (평균온도 - 실내온도) = 6.8 × (82-18) = 435.2 kcal/m²h

56
파이프와 파이프를 홈 조인트로 체결하기 위하여 파이프 끝을 가공하는 기계는?
① 띠톱 기계
② 파이프 벤딩기
③ 동력파이프 나사절삭기
④ 그루빙 조인트 머신

57
온수난방 설비의 밀폐식 팽창탱크에 설치되지 않는 것은?
① 수위계   ② 압력계
③ 배기관   ④ 안전밸브

해설) 팽창탱크

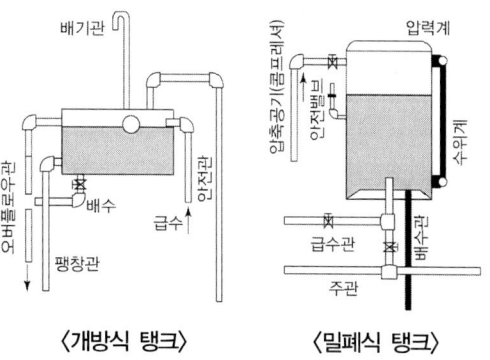

〈개방식 탱크〉   〈밀폐식 탱크〉

58
에너지이용합리화법상 에너지 진단기관의 지정기준은 누구의 령으로 정하는가?
① 대통령   ② 시·도지사
③ 시공업자단체장   ④ 산업통상자원부장관

59 저탄소 녹색성장 기본법에서 사람의 활동에 수반하여 발생하는 온실가스가 대기 중에 축적되어 온실가스 농도를 증가시킴으로써 지구 전체적으로 지표 및 대기의 온도가 추가적으로 상승하는 현상을 나타내는 용어는?
① 지구온난화
② 기후변화
③ 자원순환
④ 녹색경영

60 에너지이용 합리화법에 따라 검사에 합격되지 아니한 검사대상기기를 사용한 자에 대한 벌칙은?
① 6개월 이하의 징역 또는 5백만원 이하의 벌금
② 1년 이하의 징역 또는 1천만원 이하의 벌금
③ 2년 이하의 징역 또는 2천만원 이하의 벌금
④ 3년 이하의 징역 또는 3천만원 이하의 벌금

해설 벌칙
① 2년 이상의 징역 또는 2천만원 이하의 벌금
  ㉠ 에너지저장시설의 보유 또는 저장의무의 부과시 정당한 이유 없이 이를 거부하거나 이행하지 아니한 자
  ㉡ 에너지수급의 안정을 기하기 위한 조정·명령 등의 조치를 위반한 자
  ㉢ 공단의 임직원으로 근무하거나 근무하였던 사람이 직무상 알게 된 비밀을 누설하거나 도용한 자
② 1년 이하의 징역 또는 1천만원이하의 벌금
  ㉠ 검사대상기기의 검사를 받지 아니한 자
  ㉡ 검사에 합격되지 아니한 검사대상기기를 사용한 자
③ 2천만원 이하의 벌금
  ㉠ 효율 관리 기자재의 생산 또는 판매금지 명령에 위반한 자
④ 1천만원 이하의 벌금
  ㉠ 검사대상기기조정자를 선임하지 아니한 자
⑤ 500만원 이하의 벌금
  ㉠ 효율관리기자재에 대한 에너지사용량의 측정결과를 신고하지 아니한 자
  ㉡ 대기전력경고표지대상제품에 대한 측정결과를 신고하지 아니한 자
  ㉢ 대기전력경고표지를 하지 아니한 자
  ㉣ 대기전력저감우수제품임을 표시하거나 거짓 표시를 한 자
  ㉤ 대기전력저감기준에 미달하는 경우 시정명령을 정당한 사유 없이 이행하지 아니한 자
  ㉥ 고효율에너지인증대상기자재의 인증을 받은 자가 아닌 자는 해당 고효율에너지인증대 상기자재에 고효율에너지기자재의 인증 표시를 위반하여 인증 표시를 한 자

CBT문제 제5회 에너지관리기능사 모의고사문제

01 30℃물 300kg과 60℃물 200kg을 혼합하면 물의 온도는 몇 ℃인가?
① 22℃ ② 32℃
④ 42℃ ④ 52℃

해설 평균온도 $= \dfrac{G_1 \triangle t_1 + G_2 \triangle t_2}{G_1 + G_2} = \dfrac{300 \times 30 + 200 \times 60}{300 + 200} = 42℃$

02 고위발열량이 9800kcal/kg인 연료 3kg이 연소시 총 저위발열량은 약 얼마인가? (단, 연료 1kg당 수소분은 15%, 수분은 1%의 비율로 들어있다)
① 8994 ② 26952
③ 36874 ④ 25112

해설 $H\ell = Hh - 600(9H + w)$
$= 9800 - 600(9 \times 0.15 + 0.01)$
$= 8984 \times 3 = 26952 kcal/kg$

03 보일러를 옥내에 설치할 경우 보일러 동체 최상부로부터 천정 배관 또는 그 밖의 보일러 동체 상부에 있는 구조물까지의 거리는 일반적으로 몇m 이상 이어야 하는가?
① 1.0 ② 1.2
③ 1.5 ④ 1.8

해설 보일러 동체에서 벽, 배관, 기타 보일러 측부에 있는 구조물까지의 거리는 1.2 m 이상이어야 한다. 단, 소형보일러는 0.6 m 이상으로 할 수 있다.

01. ③ 02. ② 03. ②

04 증기 보일러에서 최소한 몇 개 이상의 유리 수면계를 부착해야 하는가?
① 1개 이상
② 2개 이상
③ 3개 이상
④ 4개 이상

해설 소용량 보일러 및 소형 관류 보일러는 1개 이상의 유리 수면계를 부착하여야 한다.

05 보일러 내부 점검 사항 중 틀린 것은?
① 전열면의 스케일 부착 여부
② 보일러 내의 급수관내 각종 부품의 정확한 부착여부
③ 배기가스의 온도 측정
④ 본체의 부식이나 손상의 발생 유무

해설 배기가스온도측정 : 전열면 최종출구

06 최고사용압력이 0.2MPa 인 강철제 보일러의 수압시험 압력은?
① 0.2MPa
② 0.4MPa
③ 0.6MPa
④ 0.8MPa

해설 강철제 보일러의 수압시험 압력
① 최고사용압력이 0.43 MPa 이하 : 최고사용압력 × 2
② 최고사용압력이 0.43 MPa 초과 1.5 MPa 이하 : 최고사용압력 3+0.3
③ 최고사용압력이 1.5 MPa 초과 : 최고사용압력 × 1.5

07 다음에서 백파이어(back fire)의 원인에 해당 되지 않는 것은?
① 댐퍼를 너무 조인 경우나 흡인통풍이 부족 할 경우
② 점화시 착화가 늦은 경우
③ 공기보다 먼저 연료를 공급 했을 경우
④ 노내가 부압일 경우

해설 역화의 원인
① 프리퍼지 및 포스트퍼지 부족 시
② 점화시 착화가 늦은 경우
③ 공기보다 연료먼저 투입 시
④ 압입통풍이 강할 때
⑤ 흡입통풍이 약할 때
⑥ 2차공기의 예열 부족 시

08

포밍, 프라이밍의 방지 대책으로 적합하지 않은 것은?

① 주증기 밸브를 천천히 개방 할 것
② 정상 수위로 운전 할 것
③ 급격한 과연소를 하지 않을 것
④ 수저 또는 수면 분출을 하지 말 것

해설 수저 또는 수면 분출을 할 것

09

보일러 가동 중 수면계가 파손되었을 때 수면계에 연결된 콕크를 잠궈야 하는데 어느 콕크를 먼저 잠궈야 하는가?

① 증기콕크
② 물콕크
③ 드레인 콕크
④ 순서가 없다

해설 수면계 점검 순서
① 물 콕크와 증기 콕을 닫는다.
② 드레인 밸브를 연다.
③ 물 콕을 열고 통수 확인 후 닫는다.
④ 증기 콕을 열고 통수 확인을 한다.
⑤ 드레인 밸브를 닫는다.
⑥ 물 밸브를 천천히 연다.

10

캐리오버의 발생원인이 아닌 것은?

① 보일러 부하가 과대한 경우
② 기수분리 장치가 불완전 할 경우
③ 보일러 수면이 너무 낮을 경우
④ 구조상 증기실이 작고 증발 수면이 작을 경우

해설 캐리오버 발생원인
① 기수분리장치가 불완전한 경우
② 구조상 증기실이 적은 경우
③ 증발수면이 작은 경우
④ 보일러 부하가 과대한 경우

08. ④ 09. ② 10. ③

11
오일 프리히터(기름예열기)에 대한 설명으로 잘못된 것은?
① 예열방식은 전기식과 증기식이 있다.
② 기름의 유동성과 무화를 좋게하기 위해 사용한다.
③ 히터 용량은 가열용량 이상이 되어야 한다.
④ 중유의 예열온도는 100℃ 이상이 되어야 한다.

해설 중유의 예열온도는 95~105℃까지

12
프라이밍이나 포밍이 일어난 경우 적절한 조치가 아닌 것은?
① 증기 밸브를 열고 수면계의 수위 안정을 기다린다.
② 연소량을 가볍게 한다.
③ 수면 분출장치가 있는 경우 분출을 행한다.
④ 보일러 수의 일부를 취출하여 새로운 물을 넣는다.

해설 증기밸브를 닫고 수면계 수위 안정을 기다린다.

13
온수발생 능력이 시간당 300000Kcal인 온수 보일러가 있다. 이 보일러에 필요한 연료공급량은 매분당 얼마인가? (단, 보일러의 효율은 80%이고 연료의 저위발열량은 10000Kcal/kg이다)
① 0.025kg/min
② 0.625kg/min
③ 1.0kg/min
④ 5kg/min

해설 효율 = $\dfrac{난방부하}{연료소비량 \times 저위발열량} \times 100$

$= \dfrac{300 \times 1000}{0.8 \times 1000} = 37.5 kg/h \div 60 min/h$

$= 0.625 kg/min$

14
연소실에서 가마울림 현상이 발생 하였다. 방지대책이 아닌 것은?
① 연소실과 연도를 개조한다.
② 수분이 적은 연료를 사용한다.
③ 2차공기의 송풍을 조절한다.
④ 연소실 내에서 천천히 연소 시킨다.

해설 가마울림 현상 방지대책
① 연소실 내에서 빠르게 연소시킨다.
② 수분이 적은 연료를 사용한다.
③ 연소실과 연도를 개조한다.
④ 2차 공기의 송풍을 조절한다.

정답 11. ④ 12. ① 13. ② 14. ④

15 보일러 급수 중 함유된 산소성분을 제거하기 위하여 탈산제로 쓰이는 것은?
① 하이드라이진
② 탄산칼슘
③ 수산화마그네슘
④ 중탄산칼슘

해설 탈산제 : 탄닌, 아황산소다, 히드라진

16 보일러의 스케일의 방지대책에서 잘못된 것은?
① 급수중의 염류, 불순물을 되도록 제거한다.
② 보일러 페인트를 두껍게 바른다.
③ 보일러수의 농축을 방지 하기 위하여 적당히 분출시킨다.
④ 보일러수에 약품을 넣어서 스케일 성분이 고착하지 않도록 한다.

해설 스케일의 방지대책
① 급수 중의 염류 제거
② 급수 중의 불순물 제거
③ 관수 농축 방지
④ 관수분출
⑤ 관수에 약품을 넣어서 성분이 고착하지 않도록 한다.

17 강철제 또는 주철제 보일러의 용량이 몇(T/h)이상이면 유량계를 설치해야 하는가?
① 1
② 1.5
③ 2
④ 3

해설 보일러의 용량이 1T/h이상 시 유량계 설치

18 점화불량의 원인이 아닌 것은?
① 프리퍼지 과대
② 노즐막힘
③ 1차 공기압 과대
④ 드래프트 불량

해설 점화불량의 원인
① 1차 공기압 과대
② 노즐막힘
③ 드래프트 불량

15. ① 16. ② 17. ① 18. ①

19 보일러가 부식하는 원인과 관계가 없는 것은 다음에서 어느 것인가?
① 보일러수의 PH저하
② 물속에 함유된 산소의 작용
③ 물속에 함유된 탄산가스의 영향
④ 물속에 함유된 암모니아의 영향

 보일러가 부식하는 원인
① 관수의 pH 저하
② 물속에 함유된 산소의 작용
③ 물속에 함유된 CO_2의 작용

20 다음은 보일러 연소실이 가스폭발 위험성 제거를 위한 조치사항이다. 직접 관계가 없는 것은 어느 것인가?
① 연소실 내의 연료누설 잠입을 방지 할 것
② 댐퍼는 완전히 밀폐 시킬 것
③ 공기보다 연료를 먼저 보내지 말 것
④ 점화에 실패한 경우는 프리퍼지를 할 것

 댐퍼는 완전히 개방 시킬 것

21 주증기관으로 증기와 함께 수분 및 불순물이 함께 취출되는 현상은?
① 수격작용
② 프라이밍
③ 캐리오버
④ 포밍

- 포밍 : 유지분등으로 인해 수면이 거품으로 뒤덮히는 현상
- 프라이밍 : 과열, 고수위, 압력변화등으로 인하여 수면에서 물방울이 튀어오르면서 수면을 불안정하게 만드는 현상
- 캐리오버 : 증기중에 수분에 함께 주증기관으로 취출되는 현상
- 수격작용 : 주증기밸브 급개로 인해 관내 응축수가 관벽을 치는 현상

22 보일러 저온 부식의 방지 대책으로 옳지 못한 것은?
① 황분이 적은 연료를 사용한다.
② 적정 공기량으로 연소 할 것
③ 연소 배기가스 온도가 너무 낮아지지 않도록 할 것
④ 노점 온도를 높여 줄 것

정답 19. ④ 20. ② 21. ③ 22. ④

저온부식 방지 대책
① 연료중의 황분을 제거
② 첨가제를 사용한다.
③ 저온의 전열면에 내식재료 사용
④ 저온의 전열면에 보호피막을 한다.
⑤ 양질의 연료를 선택한다.
⑥ 적정공기비로 연소시킨다.
⑦ 노점온도를 낮출 것

23
보일러 배관내에 설치되는 기수분리기의 종류가 아닌 것은?
① 방향전환을 이용 한 것
② 장애판을 이용 한 것
③ 원심력을 이용 한 것
④ 노즐을 이용 한 것

 기수분리기의 종류
① 싸이클론식(원심력식)
② 스크레버식(장애판)
③ 건조스크린식(망이용)
④ 베플식(관성력식)

24
보일러 급수처리 방법 중 용존물 처리법이 아닌 것은?
① 기폭법
② 침강법
② 탈기법
④ 증류법

해설 외처리법
① 용존산소 제거법
  ㉠ 탈기법 : CO_2, O_2 가스체 제거
  ㉡ 기폭법 : Fe, Mn, CO_2 제거
② 현탁질 고형물제거법
  ㉠ 침전법
  ㉡ 여과법
  ㉢ 응집법
③ 용해고형물 제거법
  ㉠ 이온교환법
  ㉡ 증류법
  ㉢ 약제법

23. ④ 24. ②

25
다음은 보일러 내에 들어가 청소 할 때의 주의 사항이다. 옳지 못한 것은?
① 전등을 켜기위한 이동용 전선은 캡타이어 케이블을 사용하지 말 것
② 증기정지 밸브에는 증기 또는 물이 역류하지 않도록 맹판을 부착 할 것
③ 덮개를 열고 나서 내부에 충분히 공기가 유통 하도록 환기 시킬 것
④ 맨홀을 열기전에 압력이 남아 있는지를 확인 할 것

해설 전등을 켜기 위한 이동용 전선은 캡타이어 케이블을 사용할 것

26
수면계의 수면이 불안정한 원인 중 옳은 것은?
① 고수위가 된 경우
② 급수가 되지 않을 경우
③ 비수가 발생한 경우
④ 분출판에서 누수가 생길 경우

해설 수면계의 수면이 불안정한 이유 : 비수가 발생한 경우

27
어떤 중유의 응고점이 15℃라면 이 중유의 유동점은?
① 17.5℃
② 19.5℃
③ 20℃
④ 22℃

해설 유동점 = 응고점 + 2.5℃
       = 15 + 2.5
       = 17.5℃

28
자동제어시 어느조건이 구비되지 않으면 그 다음 동작을 정지 시키는 장치는?
① 인터록
② 스텍스위치
③ 파일롯 밸브
④ 대시포트

해설 인터록 : 구비조건이 맞지 않을 때 그 조건이 충족될 때까지 다음 단계를 정지시키는 것

정답 25. ① 26. ③ 27. ① 28. ①

29

공기예열기에 대한 다음 설명 중 잘못 된 것은?
① 열효율이 높아진다.
② 연소상태가 좋아진다.
③ 연료중의 황분에 의한 부식이 방지 된다.
④ 적은 과잉공기로 완전연소 시킬 수 있다.

해설 공기예열기 설치시 특징
① 저온부식 발생
② 열효율이 높아진다.
③ 적은공기로 완전연소 시킬 수 있다.
④ 연소상태가 좋아진다.
⑤ 연도 내 재 및 퇴적물 생성
⑥ 통풍저항 증가

30

실내 온도 조절기 설치시 주의사항으로 잘못된 것은?
① 직사광선을 피할 것
② 수평으로 설치 할 것
③ 실내 온도를 표준으로 유지할 수 있는 곳에 설치 할 것
④ 방열기 상단이나 현관 등을 피할 것

해설 실내온도 조절기 설치시 주의사항
① 수직으로 설치할 것
② 지면으로부터 1.5m 이내
③ 직사광선을 피할 것
④ 방열기 상단이나 현관등을 피할 것
⑤ 실내온도를 표준으로 유지할 수 있는 곳에 설치할 것

31

급수펌프의 종류가 아닌 것은?
① 인젝터
② 터빈펌프
③ 플런저 펌프
④ 이젝터

해설 급수펌프의 종류
① 인젝터
② 터빈펌프
③ 워싱턴펌프
④ 웨어펌프
⑤ 플런저펌프

29. ③ 30. ② 31. ④

32 다음 자동제어에 관한 설명 중 틀린 것은?
① 신호전달 방법은 공기압식, 유압식, 전기식으로 분류 할 수 있다.
② 온도를 제어 하는 경우 비례 동작만으로도 충분하다.
③ 외란이란 제어계의 상태를 교란 시키는 외적 작용 이다.
④ 편차는 목표치와 측정치와의 차이이다.

해설 온도를 제어하는 경우는 비례, 적분, 미분동작으로 충분

33 LNG의 주성분은?
① 메탄   ② 프로판
③ 부탄   ④ 에탄

해설 LNG의 주성분 : CH_4(메탄)
LPG의 주성분 : C_3H_8(프로판)

34 보일러 급수 중의 불순물과 관계 없는 것은?
① 부식   ② 슬러지
③ 브리스터   ④ 물 때

해설 브리스터 : 라미네이션 상태에서 고온의 열가스 접촉으로 인하여 표면이 부풀어 오르는 현상

35 연료의 가연성분이 아닌 것은?
① C   ② G
③ S   ④ O

해설 가연성분 : ① 탄소 ② 수소 ③ 황

36 자연통풍의 원리로서 가장 옳은 것은?
① 기체는 가열되면 그 체적이 늘고 무거워 진다.
② 기체는 가열되면 그 체적이 증대하여 가벼워 진다.
③ 기체는 가열되면 그 체적이 감소되어 가벼워 진다.
④ 기체는 가열되면 그 체적은 변하지 않으나 가벼워 진다.

정답 32. ② 33. ① 34. ③ 35. ④ 36. ②

자연통풍의 원리
기체는 가열되면 그 체적이 증대하여 가벼워진다.

37

다음 중 표면 연소에 속하는 것은?
① 코크스 및 목탄 ② 석유 및 휘발유
③ 액화석유가스   ④ 경유 및 중유

 연소형태
① 표면연소 : ㉠ 코크스 ㉡ 목탄   ㉢ 숯   ㉣ 금속분
② 분해연소 : ㉠ 석탄   ㉡ 목재   ㉢ 종이   ㉣ 플라스틱
③ 증발연소 : ㉠ 알콜   ㉡ 에테르 ㉢ 등유   ㉣ 가솔린 등(액체연료)
           ㉤ 나프탈렌 ㉥ 송지   ㉦ 장뇌
④ 자기연소 : ㉠ TNT   ㉡ 피크린산 등
⑤ 확산연소 : ㉠ 수소   ㉡ 메탄 등

38

노통이 1개인 코르니쉬 보일러의 노통길이가 4500mm이고, 외경이 3000mm, 두께가 10mm일 때 전열면적은?
① 42.1   ② 42.4
③ 53.6   ④ 54

 $A = \pi DL$
$= 3.14 \times 3 \times 4.5$
$= 42.39 m^2$

39

X를 습포화증기의 건조도라 할 때 가장 좋은 증기는?
① X = 1   ② X = 0
③ X = 0.1   ④ X = 0.01

 $x = 0$(포화수)
$x = 0 < x < 1$(습포화증기)
$x = 1$(건포화증기)
$x = 1$ 이상 (과열증기)

40
온수보일러의 용량이 40000Kcal/h이다. 급탕관의 크기는 호칭지름 얼마로 해야 하는가?
① 15mm 이상
② 20mm 이상
③ 25mm 이상
④ 30mm 이상

해설 급탕관의 크기
① 보일러 용량이 5만 kcal/h 이하 : 15A이상
② 보일러 용량이 5만 kcal/h 초과 : 20A이상

41
물 1200kg을 30℃에서 100℃까지 온도를 올리는데 필요한 열량은?
① 36000Kcal
② 45000Kcal
③ 70000Kcal
④ 84000Kcal

해설
$Q = G \cdot C \cdot \triangle t$
$= 1200 \times (100 - 30)$
$= 84000 kcal$

42
비교적 저압에서 고온의 증기를 얻을 수 있는 보일러는?
① 가르메 보일러
② 주철제 보일러
③ 다우삼 보일러
④ 도플러 보일러

해설 열매체 보일러 : 비교적 낮은 압력에서도 고온의 증기를 얻을 수 있는 보일러
종류 : 수은, 다우삼, 모빌섬, 카네크롤, 세큐리티53

43
증기 보일러의 압력계가 15.2kg/cm²를 표시하고 있을 때 대기압이 750mmHg라면 보일러 속의 증기의 절대압력은 얼마인가?
① 14.2kg/cm²
② 16.2kg/cm²
③ 18.2kg/cm²
④ 20.2kg/cm²

해설 절대압력 = 게이지 압력 + 대기압
$= 15.2 kg/cm^2 + \dfrac{750}{760} \times 1.0332$
$= 16.2 kg/cm^2$

정답 40. ① 41. ④ 42. ③ 43. ②

44

발열량이 10000Kcal/m³인 도시가스 150m³를 연소시켜 엔탈피 635Kcal/kg인 증기 2000kg을 발생시켰다면 열손실은 몇 Kcal인가? (단, 급수온도는 25℃이다)

① 219500
② 280000
③ 320000
④ 512000

 열손실 $= Gf \times H\ell - G(h'' - h')$
$= 150 \times 10000 - 2000(635 - 25)$
$= 219500$

45

보일러 동내부에서 급수내관의 적당한 설치 위치는?

① 보일러 동 최하부
② 수부와 증기부가 만나는 곳
③ 보일러 안전저수위 보다 약간 높은 곳
④ 보일러 안전저수위 보다 약간 낮은 곳

 급수내관의 설치 위치 : 안전저수위 50mm 하부

46

보일러 화염검출기 중 화염 검출의 응답이 느려 버너 분사 정지에 수십초가 걸리므로 주로 소용량 보일러에 사용되는 것은?

① 스텍스위치
② 플레임 아이
③ 플레임 로드
④ 광전관식 검출기

화염검출기의 종류
① 플레임 아이 : 화염의 발광체 이용
② 플레임 로드 : 화염의 이온화 현상(전기전도성)
③ 스텍스위치 : 화염의 발열(버너 분사 정지에 수십초가 걸리므로 주로 소용량 보일러에 사용)

47

연소가스의 접촉으로 가열되는 형식으로 대류열을 이용한 과열기는?

① 복사 과열기
② 연소 과열기
③ 접촉, 복사과열기
④ 접촉 과열기

열가스 접촉에 의한 분류
① 접속과열기
② 복사과열기
③ 접촉, 복사과열기

44. ① 45. ④ 46. ① 47. ④

48
전열면적이 40m²인 입형 연관보일러를 2시간 연소시킨 결과 4000kg의 증기가 발생하였다. 이 보일러의 증발률은?
① 40kg/m²h
② 50kg/m²h
③ 60kg/m²h
④ 70kg/m²h

해설 증발률 = $\dfrac{G}{A} = \dfrac{4000}{40 \times 2} = 50$ kg/m²h

49
공기비를 m, 이론공기량을 A_o라고 할 때 실제공기량 A를 구하는 공식은?
① $A = m \cdot A_o$
② $A = m/A_o$
③ $A = 1/(m \cdot A_o)$
④ $A = A_o - m$

해설 A(실제공기량) $= m$(공기비) $\times A_o$(이론공기량)
$m = \dfrac{A}{A_o}$, $A_o = \dfrac{A}{m}$

50
배관 지지기구의 종류가 아닌 것은?
① 파이프슈
② 소켓
③ 콘스탄트 행거
④ 롤러 서포트

해설 배관의 지지
① 행거 : ㉠ 스프링 행거 ㉡ 리지드 행거 ㉢ 콘스탄트행거
② 서포트 : ㉠ 스프링서포트 ㉡ 리지드서포트 ㉢ 롤러서포트 ㉣ 파이프슈
③ 레스트레인트 : ㉠ 앵커 ㉡ 스톱 ㉢ 가이드

51
다음 보온재 중 유기질 보온재에 속하는 것은?
① 탄산마그네슘
② 규조토
③ 기포성 수지
④ 유리섬유

해설 무기질 보온재
① 탄산마그네슘 : 250℃ 이하
② 글라스울(유리섬유) : 300℃ 이하
③ 석면 : 400℃ 이하
④ 규조토 : 500℃ 이하
⑤ 암면 : 600℃ 이하
⑥ 규산칼슘 : 650℃ 이하
⑦ 펄라이트 : 650℃ 이하

52
온수난방 시공시 이상적인 기울기는 얼마인가?
① 1/100 이상
② 1/150 이상
③ 1/200 이상
④ 1/250 이상

53
압력배관용 탄소강관의 KS 규격 기호는?
① SPP
② SPLT
③ SPPH
④ SPPS

해설 강관의 종류
① SPP(배관용탄소강관) : 사용압력이 1MPa 이하의 증기, 물, 배관에 사용
② SPPS(압력배관용탄소강관) : 사용압력이 1MPa이상 10MPa 미만
③ SPPH(고압배관용탄소강관) : 10MPa 이상
④ SPLT(저온배관용탄소강관) : 빙점이하의 관(0°C 이하)
⑤ SPHT(고온배관용탄소강관) : 350°C 이상의 배관에 사용

54
배관의 관 끝을 막을 때 사용하는 것은?
① 엘보
② 캡
③ 소켓
④ 티

해설 나사이음분류
① 관 끝을 막을 때 : 플러그, 캡
② 배관방향을 바꿀 때 : 엘보우, 벤드
③ 관을 도중에서 분기할 때 : 티, 와이, 크로스
④ 서로 다른 지름의 관을 직선연결 시 : 유니온, 플랜지, 소켓, 니플

55
난방부하가 2280Kcal/h인 경우 증기방열기의 방열면적은?(단, 방열기의 방열량은 표준방열량으로 한다.)
① 3.5m²
② 4.5m²
③ 5.0m²
④ 6.0m²

해설 난방부하 = 방열기방열량 × 방열면적

방열면적 = $\dfrac{난방부하}{방열기방열량}$ = $\dfrac{2280}{650}$ ≒ 3.5m²

56
에너지이용 합리화법에 따라 검사에 합격되지 아니한 검사대상기기를 사용한 자에 대한 벌칙은?

① 6개월 이하의 징역 또는 5백만원 이하의 벌금
② 1년이하의 징역 또는 1천만원 이하의 벌금
③ 2년이하의징역 또는 2천만원 이하의 벌금
④ 3년이하의 징역 또는 3천만원 이하의 벌금

해설 벌칙
① 2년 이상의 징역 또는 2천만원 이하의 벌금
  ㉠ 에너지저장시설의 보유 또는 저장의무의 부과시 정당한 이유 없이 이를 거부하거나 이행하지 아니한 자
  ㉡ 에너지수급의 안정을 기하기 위한 조정·명령 등의 조치를 위반한 자
  ㉢ 공단의 임직원으로 근무하거나 근무하였던 사람이 직무상 알게 된 비밀을 누설하거나 도용한 자
② 1년 이하의 징역 또는 1천만원이하의 벌금
  ㉠ 검사대상기기의 검사를 받지 아니한 자
  ㉡ 검사에 합격되지 아니한 검사대상기기를 사용한 자
③ 2천만원 이하의 벌금
  ㉠ 효율 관리 기자재의 생산 또는 판매금지 명령에 위반한 자
④ 1천만원 이하의 벌금
  ㉠ 검사대상기기조정자를 선임하지 아니한 자
⑤ 500만원 이하의 벌금
  ㉠ 효율관리기자재에 대한 에너지사용량의 측정결과를 신고하지 아니한 자
  ㉡ 대기전력경고표지대상제품에 대한 측정결과를 신고하지 아니한 자
  ㉢ 대기전력경고표지를 하지 아니한 자
  ㉣ 대기전력저감우수제품임을 표시하거나 거짓 표시를 한 자
  ㉤ 대기전력저감기준에 미달하는 경우 시정명령을 정당한 사유 없이 이행하지 아니한 자
  ㉥ 고효율에너지인증대상기자재의 인증을 받은 자가 아닌 자는 해당 고효율에너지인증대상기자재에 고효율에너지기자재의 인증 표시를 위반하여 인증 표시를 한 자

57
에너지 이용 합리화법상 열사용기자재가 아닌 것은?

① 강철제보일러
② 주철제보일러
③ 2종압력용기
④ 전기순간온수기

해설 열사용기자재
① 보일러 : 강철제보일러, 주철제보일러, 온수보일러, 축열식전기보일러
② 압력용기 : 1종압력용기, 2종압력용기
③ 요업요로 : 용선로, 비철금속용융로, 금속소둔로, 철금속가열로, 금속균열로

정답 56. ② 57. ④

58
에너지이용합리화법상 에너지 진단기관의 지정기준은 누구의 령으로 정하는가?
① 대통령령
② 산업통상자원부장관
③ 시·도지사
④ 시공업 단체장

해설 에너지진단기관의 지정기준 : 대통령령

59
에너지 이용 합리화법상 목표에너지원 단위란?
① 에너지를 사용하여 만드는 제품의 종류별 연간 에너지 사용목표량
② 에너지를 사용하여 만드는 제품의 단위당 에너지 사용목표량
③ 자동차 등의 단위연료 당 목표주행거리
④ 건축물의 총 면적당 에너지사용목표량

해설 목표에너지원단위(산업통상자원부장관) : 에너지를 사용하여 만드는 제품단위당 에너지사용목표량

60
에너지이용 합리화법 시행령에서 에너지다소비업자라 함은 연료·열 및 전력의 연간 사용량 합계가 얼마 이상인 경우인가?
① 5백 티오이 이상
② 1천 티오이 이상
③ 1천5백 티오이 이상
④ 2천 티오이 이상

해설 에너지다소비업자 : 연료, 열, 및 전력의 연간사용량 합계 2천티오이 이상

CBT문제 제6회 에너지관리기능사 모의고사문제

01 증기보일러 안전밸브의 호칭지름은 특별한 경우를 제외하고는 어느정도라야 하는가?
① 20A
② 25A
③ 15A
④ 32A

해설 안전밸브의 호칭 지름 : 25A 이상
전열면적 5m² 이하 : 25A 이상
전열면적 5m² 초과 : 30A 이상

02 유류연소 자동점화 보일러의 점화순서상 화염검출부 다음 단계는?
① 점화버너 작동
② 전자밸브 열림
③ 노내압 조정
④ 노내환기

해설 노내환기 → 버너동작 → 노내압조정 → 파일로트버너작동 → 화염검출 → 전자밸브열림

03 보일러 판의 가성취화 특징으로 잘못 설명된 것은?
① 보일러 수면 위 부분에서 발생 한다.
② 리벳과 리벳 사이에서 발생하기 쉽다.
③ 주로 인장응력을 받는 이음부에 생긴다.
④ 방향은 불규칙이다.

해설 발생하는 장소 또는 수면하부의 리벳과 리벳사이에서 발생

정답 01. ② 02. ② 03. ①

04

개방형 팽창탱크는 최고층의 방열기에서 탱크 수면까지의 높이가 몇 m이상인 곳에 설치하는가?

① 1m
② 2m
③ 3m
④ 4m

해설 개방형 팽창탱크는 최고층의 방열기에서 탱크수면까지 높이 : 1m 이상

05

난방부하가 5000Kcal/h, 방열기 입구온도 80℃, 출구온도 60℃, 온수의 비열이 1Kcal/kg℃일 때 온수순환량은 몇 kg/h인가?

① 250
② 400
③ 10000
④ 12500

해설
$Q = G \times C \times \triangle t$
$G = \dfrac{Q}{C \times \triangle T} = \dfrac{5000}{1 \times (80-60)} = 250 kg/h$

06

보일러 압력계의 최고눈금은 보일러 최고사용 압력의 몇 배이어야 하는가?

① 1 ~ 1.5
② 1.5 ~ 3
③ 3 ~ 4
④ 3.5 ~ 5

해설 부착하는 압력계는 최고눈금은 보일러의 최고사용압력의 1.5배 이상 3배 이하

07

강철제 또는 주철제 유류용 증기보일러의 계속사용 성능검사시 열효율 기준에 대한 설명으로 옳은 것은?

① 보일러 용량(T/h)이 작을수록 열효율이 높아야 한다.
② 용량에 구분없이 80% 이상이어야 한다.
③ 용량에 구분없이 90% 이상이어야 한다.
④ 용량이 클수록 열효율이 높아야 한다.

해설 용량이 크면 열효율이 높다.

08 급수의 불순물중에 주로 스케일과 가열의 원인이 되는 것은?
① 염류
② 산분
③ 알카리분
④ 유지분

해설 염류 : 탄산염, 인산염, 규산염, 황산염은 스케일의 원인

09 다음 설명이 옳지 않은 것을 고르시오
① 자연통풍 : 굴뚝의 압력차를 이용 한 것
② 강제통풍 : 송풍기를 이용 한 것
③ 압입통풍 : 굴뚝 및 흡출 송풍기를 사용한 것
④ 평형통풍 : 압입 및 흡출송풍기를 겸용 한 것

해설 통풍방식
① 압입통풍
  ㉠ 배기가스유속 8m/s 이하
  ㉡ 연소실 입구 설치
  ㉢ 정압을 얻음
② 흡입통풍
  ㉠ 배기가스유속 8~10m/s
  ㉡ 연도중심부 설치
  ㉢ 부압을 얻음
③ 평형통풍
  ㉠ 배기가스유속 10m/s 초과
  ㉡ 연소실입구 + 연도중심부 설치
  ㉢ 정압과 부압 얻음
  ㉣ 가장 강한 통풍력을 얻을 수 있다.

10 전열면적이 20m² 이상인 온수발생 강철제 보일러의 방출관 안지름은 얼마 이상으로 하여야 하는가?
① 25mm
② 30mm
③ 40mm
④ 50mm

해설 방출관의 안지름
① 전열면적 10m² 미만 : 25A 이상
② 전열면적 10m² 이상 15m² 미만 : 30A 이상
③ 전열면적 15m² 이상 20m² 미만 : 40A 이상
④ 전열면적 20m² 이상 : 50A 이상

정답 08. ① 09. ③ 10. ④

11 보일러를 처음 시동 할 때 취급자는 보일러의 측면에서 점화 하여야 한다. 그 이유는?
① 보일러 조작 상태를 잘 관찰할 수 있으므로
② 점화불씨의 노내 상태를 관찰하기 위해서
③ 역화에 의한 재해(화상)을 막기 위해서
④ 연료 조절밸브의 조작을 쉽게 하기 위해서

해설 역화에 의한 재해를 막기 위해

12 보일러에서 증기가 발생 할 때 보일러수에 있는 고형물, 용존물이 증기와 함께 증기관으로 배출되는 현상은?
① 포밍(foaming)
② 프라이밍(priming)
③ 캐리오버(carry over)
④ 블로우(blow)

해설 캐리오버(기수공발) : 증기중에 수분이 함께 혼입되어 나가는 현상

13 급수처리법에서 산소 등의 용해가스를 제거하고 물을 저압에서 가열하여 적상 또는 무상으로 흘러 내리게 하는 물리적인 처리법을 무엇이라고 하는가?
① 여과법
② 증류법
③ 탈기법
④ 염기 치환법

해설 외처리법
① 용존산소제거법
  ㉠ 탈기법 : CO_2, O_2 가스체 제거
  ㉡ 기폭법 : Fe, Mn, CO_2 제거
② 현탁질고형물제거법
  ㉠ 침전법
  ㉡ 여과법
  ㉢ 응집법
③ 용해고형물제거법
  ㉠ 이온교환법
  ㉡ 약제법
  ㉢ 증류법

14 다음은 급수할 때의 주의사항이다. 옳은 것은 어느 것인가?
① 증기사용량이 적을 때는 수위를 높게 유지 하도록 한다.
② 급수는 과부족 없이 항상 상용수위를 유지하도록 한다.
③ 증기사용량이 많을때는 수위를 얕게 유지 하도록 한다.
④ 증기 압력이 높을 때에는 수위를 높게 유지 하도록 한다.

해설 상용수위 : 보일러 운전 중 유지해야할 최저수위

15 증기보일러의 분출밸브의 크기는 호칭 얼마 이상이어야 하는가?
① 15mm ② 25mm
③ 35mm ④ 40mm

해설 분출밸브 크기 : 25A 이상
① 급수관, 급수밸브, 팽창관 : 15A 이상
② 안전밸브, 압력방출장치 : 25A 이상
③ 송수주관, 환수주관 : 32A 이상

16 점식의 방지방법으로 적절한 것은?
① 경판의 브리징 스페이스를 좁게 한다.
② 연도 댐퍼의 개도를 적절히 유지 시킨다.
③ 연도의 이상 연소가스를 방지 한다.
④ 보일러 수 중의 용존가스를 제거한다.

해설 용존산소 : 점식의 원인

17 증기 파이프 내의 워터햄머링(Water hammering)현상을 방지하기 위한 예방책이 아닌 것은?
① 증기관의 보온을 완전히 할 것
② 드레인이 고이기 쉬운 곳이나 대형의 정지 밸브에는 드레인 빼기를 설비 할 것
③ 증기정지 밸브를 열고난 다음 필히 드레인 밸브를 열어서 드레인을 배제 할 것
④ 증기정지 밸브를 여는 경우에는 먼저 조금 열어 소량의 증기를 통하게 하고 증기관의 난관을 행하고 그 뒤에 정지 밸브를 천천히 열 것

정답 14. ② 15. ② 16. ④ 17. ③

해설 수격작용방지법
① 주증기 밸브 서개
② 증기트랩 설치
③ 관의 굴곡을 피한다.
④ 관의 기울기를 준다.
⑤ 증기관을 보온한다.

18 프라이밍과 포밍이 발생하였을 때의 조치로서 옳지 않은 것은 어느 것인가?
① 증기밸브를 열고 수면계 수위의 안정을 기다린다.
② 보일러수의 일부를 분출하여 새로운 물을 넣는다.
③ 안전밸브, 수면계의 시험과 압력계 연락관을 분출하여 본다.
④ 연소를 가볍게 한다.

해설 증기밸브를 닫고 수위의 안정을 기다린다.

19 보일러 설치 검사 기준상 안전밸브의 작동시험에서 안전밸브가 2개 이상인 경우 그 중 한 개는 최고사용압력이하 기타는 최고사용압력의 몇 배 이하에서 분출해야 하는가?
① 1.03
② 1.04
③ 1.05
④ 1.06

해설 안전밸브 2개
 • 1개 : 최고사용압력이하
 • 1개 : 최고사용압력이하×1.03배 이하

20 아래는 증기 사용중의 주의사항이다. 이 중 틀리게 서술된 것은?
① 수면계의 수위를 항시 주시하여 보일러 수가 항시 일정수위(상용수위)가 되도록 한다.
② 압력이 가능한한 일정하게 보존되도록 보일러 부하에 응해서 연소효율을 가감한다.
③ 보일러 수의 농축을 방지하기 위해 물의 일부를 분출시켜 새로운 급수를 보급하여 신진대사를 꾀한다.
④ 댐퍼에 의해 통풍량을 조절하는 경우에는 여는 것을 느리게 닫는 것은 빠르게 전개시킨다.

해설 여는 것은 빠르게 닫는 것은 느리게

18. ① 19. ① 20. ④

21 압력 중 1공학기압에 해당하는 것은?
① 760mmHg
② 1kg/cm²
③ 10.33mH₂O
④ 14.7psi

해설 공학기압 = 1 at = 1 kg/cm² = 1000 g/cm² = 10000 kg/m²
= 14.2 PSI = 10 mH₂O = 1000cmH₂O = 10000mmH₂O
= 73.55 cmHg = 735.5 mmHg = 0.1 MPa

22 연소장치에서 과잉공기율은 여러 가지 조건에 따라 다르나 중유의 버너 연소장치에서는 어느 정도인가?
① 1.2 – 1.4
② 1.1 – 1.3
③ 1.5 – 2.0
④ 2.0 – 3.0

해설 공기비(m)
① 기체 : 1.1~1.3
② 액체 : 1.2~1.4
③ 고체 : 1.5~2.0

23 유압식 버너의 유량과 유압과의 관계는?
① 유량은 유압의 2승에 비례한다.
② 유량은 유압에 정비례 한다.
③ 유량은 유압의 평방근에 비례한다.
④ 유량은 유압의 4승에 비례한다.

해설 $Q = \sqrt{P}$ (유량은 유압의 제곱근에 비례한다.)

24 증발량이 3500kg/h인 보일러의 증기엔탈피가 640Kcal/kg이고 급수엔탈피는 20Kcal/kg이다. 이 보일러의 상당증발량은?
① 3786kg/h
② 4156kg/h
③ 2760kg/h
④ 4026kg/h

해설 상당증발량$(G_e) = \dfrac{G_e \times (h'' - h')}{539} = \dfrac{3500 \times (640 - 20)}{539} = 4025.97$ kg/h

25

보일러 효율의 설명 중 옳은 것은?
① 보일러가 실제로 흡수한 열량과 실제로 노내에서 발생한 열량과의 비
② 보일러의 연소장치에서 발생한 열량과 연소한 연료가 가지는 전 열량과의 비이다
③ 보일러가 실제로 흡수한 열량과 연소한 연료가 가지는 전 열량과의 비이다
④ 연료 1kg이 가지는 이론상의 발열량과 보일러가 실제로 흡수한 열량과의 비

 효율 : 연료 1kg이 가지는 이론상의 발열량과 보일러가 실제로 흡수한 열량과의 비

26

다음 급수펌프 중에서 왕복식이며 증기를 동력으로 사용하는 것 중 옳은 것은?
① 인젝터   ② 워싱턴 펌프
③ 터빈 펌프   ④ 기어 펌프

 왕복펌프
① 워싱턴 펌프 : 증기를 동력으로 사용
② 웨어 펌프 : 증기를 동력으로 사용
③ 플런져 펌프 : 전기 + 동력

27

상당증발량이 6.0t/h, 연료소비량 0.4t/h인 보일러의 효율은 몇 %인가 (단, 연료의 저위발열량은 9750Kcal/kg 이다)
① 81   ② 82
③ 83   ④ 84

효율 $= \dfrac{G_e \times 539}{G_f \times H_l} \times 100 = \dfrac{6000 \times 539}{400 \times 9750} \times 100 = 83\%$

28

주증기관에 설치하는 익스펜션조인트의 목적은?
① 증기속의 복수를 제거하기 위하여
② 증기의 통과를 잘 시키게 하기 위해서
③ 열팽창에 의한 관의 고장을 막기 위해서
④ 증기속의 수분을 분리 하기 위해서

신축이음(익스펜션조인트) 설치 목적 : 열팽창에 의한 관의 고장을 막기 위해서

25. ④ 26. ② 27. ② 28. ③

29

다음 중 안전장치의 종류가 아닌 것은?

① 고·저수위 경보기　　② 가용전
③ 안전밸브　　　　　　④ 드레인 콕

해설 안전장치의 종류
① 안전밸브
② 화염검출기
③ 가용전
④ 방폭문
⑤ 고·저수위 경보기
⑥ 압력차단스위치

30

원심펌프의 특징이 아닌 것은?

① 고양정에 적합하다.
② 액의 맥동이 없고 흡입, 토출밸브가 있다.
③ 펌프에 충분히 액을 채워야 한다.
④ 용량에 비해 설치면적이 적고 소형이다.

해설 원심펌프의 특징
① 고양정에 적합하다.
② 액의 맥동이 없고 흡입, 토출밸브가 있다.
③ 펌프에 충분히 액을 채워야 한다.

31

보일러의 증기 드럼을 원통형으로 제작해야하는 가장 타당한 이유?

① 강도상 유리 하기 때문에　　② 청소, 검사가 쉽기 때문에
③ 용접제작이 간단하기 때문에　　④ 설치가 편리하기 때문에

해설 증기드럼을 원통형으로 제작하는 이유
강도상 유리하기 때문에

정답 29. ④　30. ④　31. ①

32

노통연관식 보일러의 특징 설명으로 옳은 것은?

① 바브콕 보일러가 이에 속한다. ② 연소성을 내화벽돌로 쌓는다.
③ 내분식 보일러의 일종이다. ④ 연소실이 보일러 드럼 밖에 있다.

 노통연관식 보일러의 특징
① 내분식이어서 열손실이 적다.
② 구조가 복잡하여 청소·검사·수리 곤란
③ 전열면적이 크고 증발능력이 우수
④ 증발속도가 빨라 과열로 인한 스케일 부착이 쉽다.

33

서로 관계없이 연결된 것은?

① 스팀트랩 – 응축수 ② 방열관 – 안전밸브
③ 인젝터 – 급수장치 ④ 부르돈관 – 압력계

 안전장치 : 안전밸브

34

1kg·m의 일량을 joule 단위로 환산하면?

① 4.9joule ② 9.8joule
③ 18.6joule ④ 24joule

해설 $1J = 0.24cal$
$1kcal = 427kg·m$
$x = 1kg·m$
$x = \dfrac{1kcal \times 1kg·m}{427kg·m} = 0.00234kcal \times 1000cal/kcal = 2.34cal$
$1J = 0.24cal$
$x = 2.34cal$
$x = \dfrac{1J \times 2.34cal}{0.24cal} = 9.76J$

35

적정관 내에서 유속이 가장 빠른 것은?

① 물 ② 포화증기
③ 건포화증기 ④ 과열증기

해설 유속이 빠른 순서
과열증기 > 건포화증기 > 습포화증기 > 물

36 제어동작 중에서 편차의 변화속도에 비례하여 제어동작을 하는 것은?
① 이위치동작
② 비례동작
③ 적분동작
④ 미분동작

해설 연속동작
① P동작(비례동작) : 잔류편차가 남는 동작
② I동작(적분동작) : 잔류편차가 남지 않는 동작
③ D동작(미분동작) : 편차변화 속도 비례하여 조작량 가감

37 코프스식 자동급수조정 장치는 다음 중 어느 것을 이용하는가?
① 공기의 열팽창
② 금속관의 열팽창
③ 액체의 열팽창
④ 증기의 압력변화

해설 코프스식 자동급수조정 장치는 무엇을 이용하는가
금속관의 열팽창

38 보일러 자동제어 영문 약호 중 연소제어를 뜻하는 것은?
① A.B.C
② S.T.C
③ A.C.C
④ F.W.C

해설 A.B.C(보일러 자동제어)
① S.T.C : 증기온도제어
② F.W.C : 급수제어
③ A.C.C : 자동연소제어

39 보일러의 연소에 있어서 매연의 발생 원인으로 잘못된 것은?
① 통풍력이 부족한 경우
② 연소실의 용적이 너무 클 경우
③ 연료가 불량한 경우
④ 연소장치가 불량한 경우

해설 매연 발생 원인
① 연소실용적이 적을 때
② 연소실온도가 낮을 때
③ 연료와 연소장치가 맞지 않을 때
④ 공기량이 부족시
⑤ 연료와 공기의 혼합이 부적정시
⑥ 배기가스 온도가 낮을 때

정답 36. ④ 37. ② 38. ③ 39. ②

40

다음 중 건식 집진 장치에 해당하는 것은?

① 백 필터
② 벤튜리 스크레버
③ 제트 스크레버
④ 타이젠 워셔식

해설 건식 집진장치

① 중력침강식 : 함진배기 중의 입자를 중력에 의해 포집하는 방식으로 수십 u 이상의 거칠은 입자의 포집에 사용되며 압력손실은 대략 5~10[mmAq] 정도이다. 처리가스속도가 늦을수록, 흐름이 균일할수록 집진율이 높다.

② 관성력식 : 함진가스를 방해판 등에 충돌시켜 기류의 급격한 전환에 의해 침강력을 가지게 될 때 분리포집하는 방식으로 전환각도가 적고 전환회수가 많을수록 집진율이 높다.

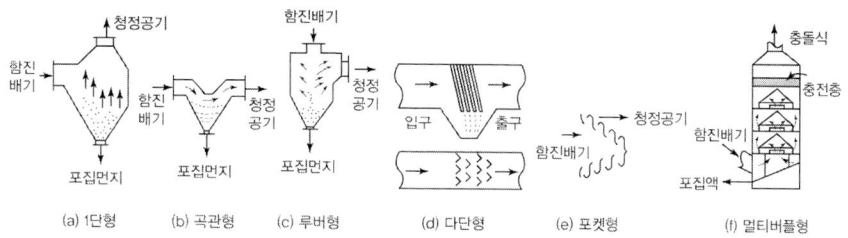

〈관성력 제진장치의 형식과 구조〉

③ 원심력식 : 함진가스에 선회운동을 주어 입자에 작용하는 원심력에 의하여 입자를 분리하는 방식으로 내통경은 적게 처리가스 속도는 크게 하면 집진율이 높아진다. 접선유입식, 축류식 등이 있으며 소형의 싸이클론을 다수 설치한 블로우 다운 방식의 멀티싸이클론이 있다.

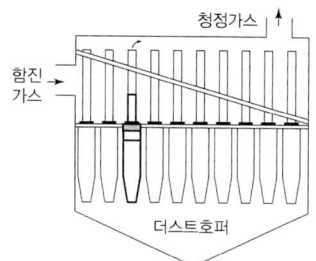

④ 여과식 : 함진가스를 여과제(filter)를 통하여 분리, 포착하는 방식이다. 내면여과방식과 표면여과방식으로 나뉘며 표면여과방식 중 대표적인 백(bag) 필터가 있다.

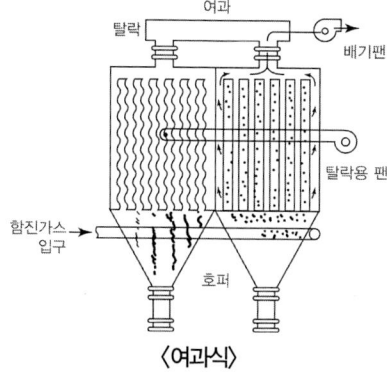

〈여과식〉

40. ①

⑤ 전기식(습식에도 포함된다) : 고압의 직류전원을 사용하여 방전극 근처에서 양이온과 자유 전자로부터 이루어지는 프라즈마 형성에 의해 입자를 전리하는 방식으로 이러한 방전을 코로나 방전현상이라 하며 가스 중 함유입자는 음이온으로 되어 부착 분리되어 제거하는 장치이다. (코트렐 집진장치가 대표적이다.)

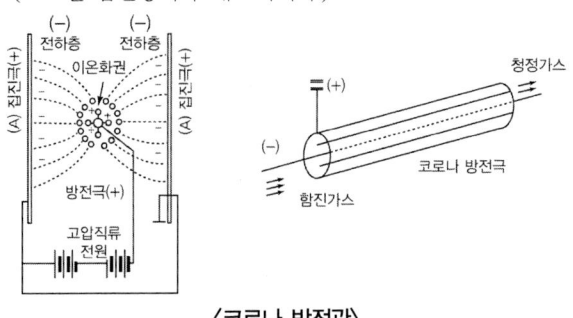

〈코로나 방전관〉

※ 특징
① 압력손실이 적다.
② 적용범위가 넓다.
③ 더스트의 외부 배출이 용이하다.
④ 미세입자의 포집이 용이하고 가장 높은 집진율을 얻을 수 있다.

41

액체연료의 무화방식이 아닌 것은?
① 진동 무화식
② 정전기 무화식
③ 이유체 무화식
④ 낙하 무화식

해설 액체연료의 무화방식
① 유압무화식
② 이유체 무화식
③ 진동 무화식
④ 정전기 무화식

42

온수보일러의 최고사용압력이 0.3MPa이면 수압시험압력은 몇 MPa인가?
① 0.5MPa
② 0.6MPa
③ 0.7MPa
④ 0.8MPa

해설 수압시험압력 = P×2 = 0.3×2 = 0.6MPa

43

15℃의 물을 보일러에 급수하여 게이지 압력이 0.4MPa의 증기 600kg/h를 만들 때의 보일러 마력은 얼마인가? (단, 이때의 전열량은 672Kcal/kg 이다)

① 37.94
② 40.72
③ 46.75
④ 53.74

 보일러 마력 $= \dfrac{G \times (h'' - h')}{15.65 \times 539} = \dfrac{600 \times (672 - 15)}{15.65 \times 539} = 46.75$

44

고압보일러실 또는 보일러 설치장소에 연료가 저장 되어 있을 경우에는 보일러 외측으로부터 최소한 얼마나 떨어져 있어야 하는가?

① 거리에 관계없다
② 1m 이상
③ 2m 이상
④ 3m 이상

 연료가 저장 시 외측으로부터 최소 2m 이상 유지

45

보일러의 필요한 부위에 보일러의 온도계를 설치해야 하는데 다음 중 온도계를 꼭 설치하지 않아도 되는 곳은?

① 연도
② 기름저장
③ 급수 입구 부분
④ 급유 입구 부분

온도계 설치
① 급수입구 : 급수온도계
② 급유입구 : 급유온도계
③ 보일러본체 : 배기가스 온도계
④ 절탄기, 공기예열기 : 입·출구 온도계
⑤ 과열기, 재열기 : 출구온도계

43. ③ 44. ② 45. ②

46 개방식 팽창탱크에서 필요가 없는 것은?
① 배기관　　② 급수관
③ 팽창관　　④ 압력계

해설 팽창탱크

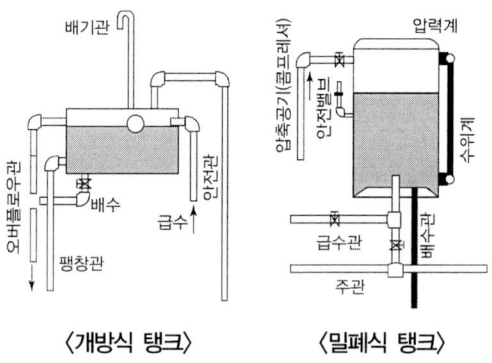

〈개방식 탱크〉　〈밀폐식 탱크〉

47 보일러 수압시험시 시험수압은 규정된 압력의 몇 % 이상을 초과하지 않도록 해야 하는가?
① 3%　　② 4%
③ 5%　　④ 6%

해설 수압시험시 시험수압은 규정된 압력 6% 초과 금지

48 특수보일러 중 간접가열 보일러에 해당하는 것은?
① 베록스 보일러　　② 슈미트 보일러
③ 벤슨 보일러　　④ 코르니쉬 보일러

해설 특수보일러
① 열매체보일러 : ㉠ 모빌섬 ㉡ 수은 ㉢ 다우삼 ㉣ 카네크롤 ㉤ 세큐리티53
② 간접가열보일러 : ㉠ 슈미트 ㉡ 레플러보일러
③ 폐열보일러 : ㉠ 하이네 ㉡ 리히보일러

정답 46. ④　47. ④　48. ②

49
보일러 강판이나 강관을 제조할 때 재질내부에 가스체 등이 함유되어 두 장의 층을 형성하고 있는 상태의 흠은?
① 라미네이션 ② 브리스터
③ 압궤 ④ 팽출

- 블리스터 : 라미네이션 상태에서 고온의 열가스 접촉으로 인해 표면이 부풀어 오르는 현상
- 압궤 : 노통, 연소실, 관판
- 팽출 : 수관, 연관, 보일러동저부

50
호칭지름 15A의 강관을 각도 90도로 구부릴 때 곡선부의 길이는 약 몇 mm인가?(단, 곡선부의 반지름은 90mm로 한다)
① 141.4 ② 145.5
③ 150.2 ④ 155.3

곡선부의 길이 $= \dfrac{2\pi RQ}{360} = \dfrac{2 \times 3.14 \times 90 \times 90}{360} = 141.3$ mm

51
과잉공기량에 대한 설명으로 옳은 것은?
① (실제공기량) × (이론공기량) ② (실제공기량) / (이론공기량)
③ (실제공기량) − (이론공기량) ④ (실제공기량) + (이론공기량)

공기비 $= \dfrac{A}{A_o} = \dfrac{N_2}{N_2 - 3.76 O_2} = \dfrac{CO_2(MAX)\%}{CO_2(\%)}$

52
다음 중 안전사용온도가 가장 높은 것은?
① 규산칼슘 ② 암면
③ 펄라이트 ④ 세라믹 화이버

안전사용온도
① 탄산마그네슘 : 250℃ 이하   ② 그라스울 : 300℃ 이하
③ 석면 400℃ 이하   ④ 규조토 : 500℃ 이하
⑤ 암면 : 600℃ 이하   ⑥ 규산칼슘, 펄라이트 : 650℃ 이하
⑦ 실리카화이버 : 1100℃ 이하   ⑧ 세라믹 화이버 : 1300℃ 이하

49. ① 50. ① 51. ③ 52. ④

53
동관 끝을 원형으로 정형하기 위해 사용하는 공구는?
① 플레어링 툴 세트　　　② 사이징 툴
③ 튜브벤더　　　　　　　④ 익스팬더

해설 동관용 공구
① 사이징 투울 : 동관의 끝을 정확하게 원형으로 가공하는 공구
② 튜브 벤더 : 동관 굽힘용 공구
③ 익스펜더 : 동관의 확관용 공구
④ 플레어링 투울 : 동관의 압축 접합용 공구

54
물의 임계압력은 약 몇 MPa인가?
① 17.52MPa　　　　　　② 22.56MPa
③ 37.41MPa　　　　　　④ 53.97MPa

해설 ② 물의 임계압력은 225.65 kgf/cm^2(22.56MPa)이다.

55
에너지 다소비업자가 매년 1월31일까지 신고해야 할 사항에 포함되지 않는 것은?
① 전년도의 분기별 에너지사용량 및 제품생산량
② 에너지사용기자재의 현황
③ 전년도의 분기별 에너지 절감량
④ 당해연도의 분기별 에너지사용량 및 제품생산량

해설 에너지다소비업자가 매년 1월 31일까지 신고사항
① 전년도의 에너지사용량, 제품생산량
② 전년도의 에너지이용 합리화실적 및 해당연도의 계획
③ 해당연도의 에너지사용예정량, 제품생산예정량
④ 에너지 관리자의 현황
⑤ 에너지사용 기자재의 현황

56
에너지법에서 정하는 에너지사용자의 의미로 가장 옳은 것은?
① 에너지 사용시설의 소유자 또는 관리자　② 에너지를 저장, 판매하는자
③ 에너지를 생산, 수입하는자　　　　　　　④ 에너지 보급계획을 세우는자

정답 53. ② 54. ② 55. ③ 56. ②

57
에너지이용 합리화법의 목적과 거리가 먼 것은?
① 에너지 수급 안정
② 에너지의 효율적인 이용증진
③ 에너지소비로 인한 환경피해 감소
④ 에너지 소비 촉진

 에너지 이용 합리화법의 목적
① 에너지의 수급안정
② 에너지소비로 인한 환경피해를 줄임
③ 지구온난화의 최소화에 이바지
④ 에너지의 합리적이고 효율적인 이용을 증진
⑤ 국민경제의 건전한 발전 및 국민복지의 증진

58
에너지이용 합리화법상 효율관리 기자재에 해당하지 않는 것은?
① 전기냉장고
② 자동차
③ 전기냉방기
④ 범용선반

 효율 관리 기자재
① 전기 냉장고   ② 전기 냉방기   ③ 전기 세탁기
④ 조명기기   ⑤ 자동차   ⑥ 삼상 유도 전동기

59
에너지이용 합리화법에 따라 산업통상자원부령으로 정하는 광고매체를 이용하여 효율관리기자재의 광고를 하는 경우에는 그 광고 내용에 에너지소비효율, 에너지소비효율 등급을 포함시켜야 할 의무가 있는 자가 아닌 것은?
① 효율관리기자재의 제조업자
② 효율관리기자재의 광고업자
③ 효율관리기자재의 수입업자
④ 효율관리기자재의 판매업자

 광고내용에 에너지소비 효율, 에너지 소비 효율 등급을 포함시켜야 할 의무가 있는자
① 효율관리 기자재의 판매업자
② 효율관리 기자재의 수입업자
③ 효율관리 기자재의 제조업자

60
에너지이용합리화법 시행령 상 에너지 저장의무부과대상자에 해당되는 자는?
① 연간 2만 석유환산톤 이상의 에너지를 사용하는 자
② 연간 1만 5천 석유환산톤 이상의 에너지를 사용하는 자
③ 연간 1만 석유환산톤 이상의 에너지를 사용하는 자
④ 연간 5천 석유환산톤 이상의 에너지를 사용하는 자

에너지저장 의무 부과대상자 : 연간 2만 TOE 이상의 에너지를 사용하는 자

CBT문제 제7회 에너지관리기능사 모의고사문제

01 오일프리히터의 종류에 속하지 않는 것은?
① 증기식
② 직화식
③ 온수식
④ 전기식

해설 오리프리히터(유예열기)의 종류
① 전기식
② 증기식
③ 온수식

02 보일러 수중에 함유한 산소에 의해서 생기는 부식은?
① 점식
② 가성취화
③ 구루빙
④ 전면부식

해설 구루빙(구식) : 수면선을 따라 얕은 패임(U, V자형)의 띠모양을 형성하는 부식

03 후향 날개 형식으로 보일러의 압입송풍에 많이 사용되는 송풍기는?
① 다익형 송풍기
② 축류형 송풍기
③ 터보형 송풍기
④ 플레이트형 송풍기

해설
· 터보형 송풍기 : 후향날개
· 다익형 송풍기 : 전향날개

정답 01. ② 02. ③ 03. ③

04

랭커셔 보일러는 어디에 속하는가?
① 관류 보일러
② 연관 보일러
③ 수관 보일러
④ 노통 보일러

- 관류보일러 : 슬처, 옛모스, 벤숀, 람진
- 노통보일러 : 코르니쉬, 랭커셔
- 수관보일러
  ㉠ 자연순환식 : 바브콕, 쓰네기찌, 타꾸마, 2동D형
  ㉡ 강제순환식 : 벨록스, 라몽

05

10℃의 물 400 kg과 90℃의 더운물 100 kg을 혼합하면 혼합 후의 물의 온도는?
① 26℃
② 36℃
③ 54℃
④ 78℃

평균온도 $= \dfrac{G_1 \Delta t_1 + G \Delta t_2}{G_1 + G_2} = \dfrac{400 \times 10 + 100 \times 90}{400 + 100} = 26℃$

06

온수난방 배관 시공법의 설명으로 잘못된 것은?
① 온수난방은 보통 1/250 이상의 끝올림 구배를 주는 것이 이상적이다.
② 수평 배관에서 관경을 바꿀 때는 편심 레듀서를 사용하는 것이 좋다.
③ 지관이 주관 아래로 분기될 때는 45° 이상 끝내림 구배로 배관한다.
④ 팽창탱크에 이르는 팽창관에는 조정용 밸브를 단다.

팽창관에는 어떠한 밸브도 설치하면 안된다.

07

다음 중 강제순환보일러의 순환비를 구하는 식으로 옳은 것은?
① $\dfrac{발생증기량}{공급급수량}$
② $\dfrac{공급급수량}{발생증기량}$
③ $\dfrac{증기발생량}{연료사용량}$
④ $\dfrac{연료사용량}{증기발생량}$

 순환비 $= \dfrac{급수량}{증발량}$

04. ④ 05. ① 06. ④ 07. ②

08

어떤 거실의 난방부하가 5000 kcal/h이고, 주철제 온수 방열기로 난방할 때 필요한 방열기 쪽수는? (단, 방열기 1쪽당 방열면적은 0.26 m²이고, 방열량은 표준 방열량으로 한다.)

① 11쪽　　② 21쪽
③ 30쪽　　④ 43쪽

해설 방열기 쪽수 = $\dfrac{\text{난방부하}}{\text{방열기방열량} \times \text{쪽당방열면적}} = \dfrac{5000}{450 \times 0.26} = 42.73 ≒ 43$쪽

09

주철제·섹셔널보일러의 특징이 아닌 것은?

① 강판제 보일러에 비하여 부식성이 적다.
② 조립식이므로 보일러 용량을 쉽게 증감할 수 있다.
③ 재질이 주철이므로 사고 재해가 많다.
④ 고압 및 대용량에 부적당하다.

해설 주철제 섹션 보일러의 특징
① 인장 및 충격에 약하다.
② 열에 의한 부동팽창으로 균열이 생기기 쉽다.
③ 구조복잡, 청소, 수리, 검사 곤란
④ 저압이므로(1kg/cm² 이하) 파열사고시 피해가 적다.
⑤ 내식, 내열성이 우수하다.

10

방열기의 구조에 관한 설명으로 옳지 않은 것은?

① 주요 구조 부분은 금속재료나 그 밖의 강도와 내구성을 가지는 적절한 재질의 것을 사용해야 한다.
② 엘리먼트 부분은 사용하는 온수 또는 증기의 온도 및 압력을 충분히 견디어 낼 수 있는 것으로 한다.
③ 온수를 사용하는 것에는 보온을 위해 엘리먼트 내에 공기를 빼는 구조가 없도록 한다.
④ 배관 접속부는 시공이 쉽고 점검이 용이해야 한다.

해설 공기를 빼는 구조를 하여야 한다.

11

펌프를 가동할 때 반드시 프라이밍을 해주어야 하는 것은?
① 원심 펌프   ② 피스톤 펌프
③ 워싱톤 펌프   ④ 프런져 펌프

 프라이밍관으로 프라이밍을 해주어야 함
- 프라이밍 : 펌프에 물을 채워주는 것

12

난방부하를 구성하는 인자에 속하는 것은?
① 관류 열손실   ② 환기에 의한 취득열량
③ 유리창으로 통한 취득 열량   ④ 벽, 지붕 등을 통한 취득열량

13

배관 지지기구의 종류가 아닌 것은?
① 파이프 슈   ② 콘스탄트 행거
③ 리지드 서포트   ④ 소켓

해설 배관의 지지
① 행거 : ㉠ 스프링 행거 ㉡ 리지드 행거 ㉢ 콘스탄트행거
② 서포트 : ㉠ 스프링서포트 ㉡ 리지드서포트 ㉢ 롤러서포트 ㉣ 파이프슈
③ 레스트레인트 : ㉠ 앵커 ㉡ 스톱 ㉢ 가이드

14

비점이 낮은 물질인 수은, 다우섬 등을 사용하여 저압에서도 고온을 얻을 수 있는 보일러는?
① 관류식 보일러   ② 열매체식 보일러
③ 노통연관식 보일러   ④ 자연순환 수관식 보일러

 열매체 보일러 : 낮은 압력에서도 고온의 증기를 얻을 수 있는 보일러
- 종류 : ① 수은   ② 다우삼   ③ 모빌섬   ④ 카네크롤   ⑤ 세큐리티53

11. ① 12. ① 13. ④ 14. ②

15 안전밸브의 누설 원인으로 잘못된 것은?
① 공작 불량으로 밸브와 밸브 시트가 맞지 않을 경우
② 스프링의 불량으로 밸브가 닫히지 않을 경우
③ 밸브와 밸브 시트 사이에 불순물이 끼어 있을 때
④ 스프링의 탄성압이 너무 강할 때

해설 • 스프링 장력 감쇄시(탄성압 약할 때)
• 밸브축이 이완된 경우

16 급수 중 불순물에 의한 장해나 처리방법에 대한 설명으로 틀린 것은?
① 현탁고형물의 처리방법에는 침강분리, 여과, 응집침전 등이 있다.
② 경도성분은 이온 교환으로 연화시킨다.
③ 유지류는 거품의 원인이 되나, 이온교환수지의 능력을 향상시킨다.
④ 용존산소는 급수계통 및 보일러 본체의 수관을 산화 부식시킨다.

해설 이온교환수지의 능력을 감소시킨다.

17 보일러의 마력을 옳게 나타낸 것은?
① 보일러마력 = 15.65 × 매시 상당증발량
② 보일러마력 = 15.65 × 매시 실제증발량
③ 보일러마력 = 15.65 ÷ 매시 상당증발량
④ 보일러마력 = 매시 상당증발량 ÷ 15.65

해설 보일러 마력 $= \dfrac{G_e}{15.65} = \dfrac{G \times (h'' - h')}{15.65 \times 539}$

18 연관보다 노통이 높은 노통 연관 보일러의 안전 저수면의 위치는?
① 노통 상면에서 100mm 상부   ② 노통 상면에서 75mm 상부
③ 연관 최상부에서 100mm 상부 ④ 연관 최상부에서 75mm 상부

해설 • 연관보다 노통이 높은 경우 : 노통상부 100mm 상방
• 노통보다 연관이 높은 경우 : 연관최상부 75mm 상방

정답 15. ④ 16. ③ 17. ④ 18. ①

19 보일러 수위에 대한 설명으로 옳은 것은?
① 항상 상용수위를 유지한다.
② 증기 사용량이 적을 때는 수위를 높게 유지한다.
③ 증기 사용량이 많을 때는 수위를 얕게 유지한다.
④ 증기 압력이 높을 때는 수위를 높게 유지한다.

해설 상용수위 : 보일러 운전 중 유지해야할 수위

20 보일러 중에서 관류 보일러에 속하는 것은?
① 코크란 보일러   ② 코르니시 보일러
③ 스코치 보일러   ④ 슐쳐 보일러

해설 관류보일러의 종류
① 슐처   ② 옛모스   ③ 벤숀   ④ 람진

21 신설 보일러의 사용 전 내부 점검 사항으로 틀린 것은?
① 기수분리기, 기타 부품의 부착상황을 확인하고 공구나 볼트, 너트, 헝겊조각 등이 보일러에 들어있는지 점검한다.
② 내부에 이상이 없는지 확인하고 맨홀, 검사구 등 수압시험에 사용한 평판 등이 제거되어 있는지 각 구멍을 점검한 후 닫혀있는 뚜껑을 전부 열어 개방한다.
③ 내부의 공기를 빼고 밸브를 열어 놓은 상태로 급수하고 수위가 상승할 때 저수위 경보기, 연료차단장치 등의 인터록이 정확하게 작동하는지 확인한다.
④ 만수시킨 후 공기가 완전히 빠졌는지 확인한 뒤 공기빼기밸브를 닫고 정상사용압력보다 10%이상의 수압을 가하여 각부가 새지 않는지 확인한다.

19. ① 20. ④ 21. ②

22 보일러 가스폭발 방지에 관한 설명으로 잘못 된 것은?
① 점화할 때는 미리 충분한 프리퍼지를 한다.
② 연로속의 수분이나 슬러지 등은 충분히 배출 한다.
③ 배관이나 버너 각부의 밸브는 그 개폐상태에 이상이 없는가를 확인 한다.
④ 연소량을 증가시킬 경우에는 먼저 연료량을 증가시킨 후에 증기 공급량을 증가시킨다.

해설 공급량을 증가시키고 연료량을 증가시킨다.

23 보일러에 발생하는 증기온도의 조절방법이 아닌 것은?
① 과열 저감기에 의한 방법
② 연소실내의 화염위치를 조절하는 방법
③ 열가스유량을 공기로 조절하는 방법
④ 열가스 통로에 설치한 댐퍼로 조절하는 방법

해설 과열증기온도조절 방법
① 열가스 유량으로 조절하는 방법
② 과열기 전용화로에 의한 방법
③ 과열증기에 습증기나 급수를 분무하는 방법
④ 배기가스 재순환 방법

24 증기 또는 온수 보일러로써 여러 개의 섹션(section)을 조합하여 제작하는 보일러는?
① 열매체 보일러   ② 강철제 보일러
③ 관류 보일러   ④ 주철제 보일러

해설 주철제 보일러 특징
① 섹션증감으로 용량조절이 가능
② 저압이므로 파열시 피해가 적다.
③ 내식, 내열성이 우수
④ 복잡한 구조로 제작이 가능
⑤ 열에 의한 부동팽창으로 균열이 생기기 쉽다.
⑥ 고압, 대용량에 부적합하다.
⑦ 구조가 복잡하므로 내부청소 및 검사 곤란
⑧ 인장 및 충격에 약하다.

정답 22. ④ 23. ③ 24. ④

25
장기 휴지보일러의 사용전 준비사항으로 연소계통의 점검에 관한 설명으로 틀린 것은?
① 기름탱크의 유량, 가스압력을 확인하여 연료공급에 차질이 생기지 않도록 한다.
② 연료배관은 연료가 누설되지 않는지 점검하고 연료밸브를 닫아 놓는다.
③ 화염검출기의 오염여부를 확인하고 유리면을 깨끗이 닦는다.
④ 연도 댐퍼가 잠겨 있는지 확인하고 열어 놓는다.

해설 연료밸브를 열어 놓는다.

26
유리 수면계의 유리관의 최하부는 다음의 어느 것이라야 하는가?
① 안전 저수면의 위치
② 상용 수면의 위치
③ 급수내관의 상부의 위치
④ 급수 밸브의 위치

해설
· 상용수위 : 수면계전길이의 1/2(수면계중심부)
· 안전저수위 : 수면계하단부

27
보일러의 성능시험방법으로 적합하지 않는 것은?
① 수위는 최초 측정시와 최종 측정시가 일치하여야 한다.
② 실측이 가능하지 않은 경우의 주철제 보일러 증기 건도는 97%로 한다.
③ 측정은 매 20분마다 실시한다.
④ B-B유를 사용하는 경우 연료의 비중은 0.92이다.

해설 측정은 매 10분마다 실시한다.

28
보일러 사고를 제작상의 원인과 취급상의 원인으로 구별할 때 취급상의 원인에 해당하지 않는 것은?
① 구조 불량
② 압력 초과
③ 저수위 사고
④ 가스 폭발

해설 제작상의 원인
① 재료 불량 ② 용접불량 ③ 강도불량 ④ 구조불량 ⑤ 설계불량

25. ② 26. ① 27. ③ 28. ①

29
보일러 스케일 생성의 방지대책으로 가장 잘못된 것은?
① 급수 중의 염류, 불순물을 되도록 제거한다.
② 보일러 동 내부에 페인트를 두껍게 바른다.
③ 보일러 수의 농축을 방지하기 위하여 적절히 분출시킨다.
④ 보일러 수에 약품을 넣어서 스케일 성분이 고착하지 않도록 한다.

해설 동 내부에 페인트를 바르면 안된다.

30
보일러 내부에 스케일이 형성된 경우 나타나는 현상이 아닌 것은?
① 전열량 감소
② 연료 소비량 증대
③ 관수 순환 촉진
④ 전열면 국부과열

해설 스케일의 원인
① 연료 소비량 증대
② 열전도율 저하
③ 관수순환불량
④ 전열면 국부가열
⑤ 전열량감소
⑥ 통수공 차단

31
어떤 보일러의 증발량이 10 t/h이고, 보일러 본체의 전열면적이 500 m²일 때 이 보일러의 증발률은 몇 kg/m² · h인가?
① 20 kg/m²·h
② 0.2 kg/m²·h
③ 0.02 kg/m²·h
④ 25 kg/m²·h

해설 전열면증발율 = $\dfrac{G}{A} = \dfrac{10 \times 1000}{500 \, m^2} = 20 \, kg/m^2 h$

32
사용 중인 보일러의 점화 전에 점검해야 될 사항으로 가장 거리가 먼 것은?
① 급수장치, 급수계통 점검
② 보일러 동내 물때 점검
③ 연소장치, 통풍장치의 점검
④ 수면계의 수위확인 및 조정

해설 점화전 점검사항
① 자동제어장치의 점검
② 연료 및 연소장치의 점검
③ 분출 및 분출장치의 점검
④ 수위점검
⑤ 프리피지, 포스트퍼지 점검

33

보일러의 열손실에 해당되지 않는 것은?
① 불완전 연소 가스에 의한 열손실
② 방열에 의한 열손실
③ 연소 잔재물 중 미연소분에 의한 열손실
④ 연료의 현열에 의한 열손실

 열손실(출열항목)
① 방사에 의한 손실열　　② 미연분에 의한 손실열
③ 배기가스에 의한 손실열　　④ 불완전연소에 의한 손실열
⑤ 발생증기 보유열

34

풍량이 120m³/min, 풍압 35mmAq, 송풍기의 소요동력은 약 얼마인가? (단, 효율은 60%이다.)
① 1.14kW
② 2.27kW
③ 3.21kW
④ 4.42kW

 $kW = \dfrac{120 \times 35}{102 \times 0.6 \times 60} = 1.14 kW$

35

증기보일러의 운전 중 수면계가 파손된 경우 제일 먼저 조치할 사항은?
① 드레인콕을 닫는다.
② 물 콕을 닫는다.
③ 급수밸브를 닫는다.
④ 펌프를 기동하여 급수한다.

수면계 점검 순서
① 물 콕크와 증기 콕을 닫는다.
② 드레인 밸브를 연다.
③ 물 콕을 열고 통수 확인 후 닫는다.
④ 증기 콕을 열고 통수 확인을 한다.
⑤ 드레인 밸브를 닫는다.
⑥ 물 밸브를 천천히 연다.

36 보일러 화염검출기 중 화염 검출의 응답이 느려 버너 분사 정지에 수십초가 걸리므로 주로 소용량 보일러에 사용되는 것은?
① 플레임 로드　　　　　　② 플레임 아이
③ 스택 스위치　　　　　　④ 광전관식 검출기

해설　화염검출기의 종류
　　① 플레임 아이 : 화염의 발광체 이용
　　② 플레임 로드 : 화염의 이온화 현상(전기전도성)
　　③ 스텍스위치 : 화염의 발열(버너 분사 정지에 수십초가 걸리므로 주로 소용량 보일러에 사용)

37 프로판(propane) 가스의 연소식은 다음과 같다. 프로판 가스 10 kg을 완전 연소시키는 데 필요한 이론산소량은?

$$C_3H_8 + 5O_2 \rightarrow 3CO_2 + 4H_2O$$

① 약 11.6 Nm³　　　　　　② 약 13.8 Nm³
③ 약 22.4 Nm³　　　　　　④ 약 25.5 Nm³

해설　$C_3H_8 + 5O_2 \rightarrow 3CO_2 + 4H_2O$
　　44 kg　　5×22.4 Nm³
　　10 kg　　　　x

$$x = \frac{10\,\text{kg} \times 5 \times 22.4\,\text{Nm}^3}{44\,\text{kg}} = 25.45\,\text{Nm}^3/\text{kg}$$

38 압력(壓力)에 대한 설명으로 옳은 것은?
① 단위 면적당 작용하는 힘이다.
② 단위 부피당 작용하는 힘이다.
③ 물체의 무게를 비중량으로 나눈 값이다.
④ 물체의 무게에 비중량을 곱한 값이다.

해설　압력(P) = $\dfrac{W}{A}$ (단위면적당 작용하는 힘)

정답　36. ③　37. ④　38. ①

39

제어장치에서 인터록(inter lock)이란?
① 정해진 순서에 따라 차례로 동작이 진행되는 것
② 구비조건에 맞지 않을 때 작동을 정지시키는 것
③ 증기압력의 연료량, 공기량을 조절하는 것
④ 제어량과 목표치를 비교하여 동작시키는 것

해설 인터록 : 구비조건이 맞지 않을 때 그 조건이 충족될 때까지 다음 단계를 정지시키는 것
① 종류
  ㉠ 저수위 인터록　　　　㉡ 저연소 인터록
  ㉢ 불착화 인터록　　　　㉣ 압력초과 인터록
  ㉤ 프리퍼지 인터록

40

보일러 연소 시 가마울림 현상을 방지하기 위한 대책으로 잘못된 것은?
① 수분이 많은 연료를 사용한다.
② 2차 공기를 가열하여 통풍조절을 적정하게 한다.
③ 연소실내에서 완전 연소시킨다.
④ 연소실이나 연도를 연소가스가 원활하게 흐르도록 개량한다.

해설 가마울림현상 방지대책
① 2차연소를 하지 않는다.
② 2차공기를 예열하여 통풍조절을 적정하게 한다.
③ 연료층의 수분을 제거한다.
④ 연소실내에서 완전연소시킨다.
⑤ 연소실이나 연도를 연소가스가 원활하게 흐르도록 개량한다.
⑥ 연도의 단면이 급격히 변화하지 않도록 한다.
⑦ 무리한 연소와 연소량의 급격한 변동은 피한다.
⑧ 연료와 공기의 혼합을 적정하게 한다.

41

비교적 저압에서 고온의 증기를 얻을 수 있는 특수 열매체 보일러는?
① 스코치 보일러　　　　② 슈밋트 보일러
③ 다우삼 보일러　　　　④ 레플러 보일러

해설 열매체 보일러 : 비교적 낮은 압력에서도 고온의 증기를 얻을 수 있는 보일러
종류 : 수은, 다우삼, 모빌섬, 카네크롤, 세큐리티53

39. ②　40. ①　41. ③

42 보일러의 연소시 주의사항 중 급격한 연소가 되어서는 안 되는 이유로 가장 옳은 것은?
① 보일러 수(水)의 순환을 해친다.
② 급수탱크 파손의 원인이 된다.
③ 보일러와 벽돌 쌓은 접촉부에 틈을 증가시킨다.
④ 보일러 효율을 증가시킨다.

43 연소방식을 기화연소방식과 무화연소방식으로 구분할 때 일반적으로 무화연소방식을 적용해야 하는 연료는?
① 톨루엔 ② 중유
③ 등유 ④ 경유

해설 중유 : 무화연소방식
등유·경유 : 기화연소방식

44 다음 부품 중 전후에 바이패스를 설치해서는 안 되는 부품은?
① 급수관 ② 연료차단밸브
③ 감압밸브 ④ 유류배관의 유량계

해설 바이패스밸브설치
① 수량계 ② 펌프 ③ 유량계 ④ 감압밸브

45 주철제 보일러인 섹셔널 보일러의 일반적인 조합 방법이 아닌 것은?
① 전후조합 ② 좌우조합
③ 맞세움조합 ④ 상하조합

해설 주철제 보일러인 섹셔널 보일러의 일반적인 조합방법
① 전후조합 ② 좌우조합 ③ 맞세움조합

정답 42. ③ 43. ② 44. ② 45. ④

46

로터리 밸브의 일종으로 원통 또는 원뿔에 구멍을 뚫고 축을 회전함에 따라 개폐하는 것으로 플러그 밸브라고도 하며 0~90° 사이에 임의의 각도로 회전함으로써 유량을 조절하는 밸브는?

① 글로브 밸브　　② 체크 밸브
③ 슬루스 밸브　　④ 콕(Cock)

47

어떤 보일러의 3시간 동안 증발량이 4500kg이고, 그 때의 급수 엔탈피가 25 kcal/kg, 증기엔탈피가 680kcal/kg이라면 상당증발량은 약 몇 kg/hr인가?

① 551　　② 1,684
③ 1,823　　④ 3,051

 상당증발량 = $\dfrac{G \times (h'' - h')}{539} = \dfrac{4500 \times (680 - 25)}{539 \times 3} = 1822.82$ kg/h

48

보일러 연료의 구비조건으로 틀린 것은?

① 공기 중에 쉽게 연소할 것　　② 단위 중량당 발열량이 클 것
③ 연소 시 회분 배출량이 많을 것　　④ 저장이나 운반, 취급이 용이할 것

연료의 구비조건
① 가격이 쌀 것
② 구입이 용이할 것
③ 저장이나 운반, 취급이 용이할 것
④ 단위중량당 발열량이 클 것
⑤ 공기중에서 쉽게 연소할 것

49

수관식 보일러의 일반적인 특징에 관한 설명으로 틀린 것은?

① 구조상 고압 대용량에 적합하다.
② 전열면적을 크게 할 수 있으므로 일반적으로 열효율이 좋다.
③ 부하변동에 따른 압력이나 수위의 변동이 적으므로 제어가 편리하다.
④ 급수 및 보일러수 처리에 주의가 필요하며 특히 고압보일러에서는 엄격한 수질관리가 필요하다.

해설 수관식 보일러의 특징
① 부하변동에 대한 압력변화가 크다.
② 증기의 발생 열량이 크다.
③ 외분식이어서 연료의 질에 장애를 받지 않는다.
④ 전열 면적이 커서 증기의 발생이 빠르다.
⑤ 관수의 순환이 빠르고 효율이 좋다.
⑥ 급수처리가 까다롭다.
⑦ 구조가 복잡하여 청소, 검사, 수리가 곤란하다.

50

증기 트랩의 역할이 아닌 것은?

① 수격작용을 방지한다.
② 관의 부식을 막는다.
③ 열효율을 증가시킨다.
④ 응축수의 제거를 방지한다.

해설 증기트랩(Steam Trap) : 관내응축수를 배출, 수격작용방지, 부식방지

51

증기의 압력을 높일 때 변하는 현상으로 틀린 것은?

① 현열이 증대한다.
② 증발 잠열이 증대한다.
③ 증기의 비체적이 증대한다.
④ 포화수 온도가 높아진다.

해설 증기압력을 높일 때 : 증발잠열감소

52

비접촉식 온도계의 종류가 아닌 것은?
① 광전관식 온도계
② 방사 온도계
③ 광고 온도계
④ 열전대 온도계

 비접촉식 온도계의 종류
① 광고 ② 방사 ③ 색 ④ 광전관식

53

중유 연소 시 보일러 저온부식의 방지대책으로 거리가 먼 것은?
① 저온의 전열면에 내식재료를 사용한다.
② 첨가제를 사용하여 황산가스의 노점을 높여 준다.
③ 공기예열기 및 급수예열장치 등에 보호피막을 한다.
④ 배기가스 중의 산소함유량을 낮추어 아황산가스의 산화를 제한한다.

 저온부식 방지 대책
① 연료중의 황분을 제거
② 첨가제를 사용한다.
③ 저온의 전열면에 내식재료 사용
④ 저온의 전열면에 보호피막을 한다.
⑤ 양질의 연료를 선택한다.
⑥ 적정공기비로 연소시킨다.

54

다음 중 보일러의 유관 보존법 중 그 기간이 가장 긴 방법은 어느 것인가?
① 보통만수 보존법
② 보통밀폐 건조 보존법
③ 석회밀폐 건조 보존법
④ 나트륨 만수 보존법

 ・건조 보존법(6개월 이상) : 장기보존
・흡습제 : 생석회, 염화칼슘, 활성알루미나, 실리카겔
  (CaO) ($CaCl_2$) (Al_2O_3) (SiO_2)

52. ④ 53. ② 54. ③

55

이동 및 회전을 방지하기 위해 지지점 위치에 완전히 고정하는 지지금속으로, 열팽창 신축에 의한 영향이 다른 부분에 미치지 않도록 배관을 분리하여 설치·고정해야 하는 리스트레인트의 종류는?

① 앵커
② 리지드 행거
③ 파이프 슈
④ 브레이스

해설 리스트레인(restrain) : 열팽창에 의한 배관의 상하·좌우 이동을 구속 또는 제한하는 장치이다.
① 앵커(anchor) : 리지드 서포트의 일종으로 관의 이동 및 회전을 방지하기 위해 지지점에 완전히 고정하는 장치이다.
② 스톱(stop) : 배관의 일정한 방향과 회전만 구속하고 다른 방향은 자유롭게 이동하게 하는 장치이다.
③ 가이드(guide) : 배관의 곡관부분이나 신축 조인트부분에 설치하는 것으로 회전을 제한하거나 축방향의 이동을 허용하며 직각방향으로 구속하는 장치이다.

56

에너지이용합리화법상의 목표에너지 단위를 가장 옳게 설명한 것은?

① 에너지를 사용하여 만드는 제품의 단위당 폐연료 사용량
② 에너지를 사용하여 만드는 제품의 연간 폐열 사용량
③ 에너지를 사용하여 만드는 제품의 단위당 에너지 사용 목표량
④ 에너지를 사용하여 만드는 제품의 연간 폐열 에너지 사용 목표량

해설 목표에너지원단위 : 산업통상자원부장관
에너지를 사용하여 만드는 제품단위당 에너지 사용목표량

57

에너지이용 합리화법령상 산업통상자원부장관이 에너지다소비사업자에게 개선명령을 할 수 있는 경우는 에너지관리 지도 결과 몇 % 이상 에너지 효율개선이 기대되는 경우인가?

① 2%
② 3%
③ 5%
④ 10%

해설 개선명령을 할 수 있는 경우
· 에너지관리지도결과 10% 이상
· 에너지 효율개선이 기대되는 경우

58 신에너지 및 재생에너지 개발·이용·보급·촉진법에 따라 건축물인증기관으로부터 건축물인증을 받지 아니하고 건축물인증의 표시 또는 이와 유사한 표시를 하거나 건축물인증을 받은 것으로 홍보한 자에 대해 부과하는 과태료 기준으로 맞는 것은?
① 5백만 원 이하의 과태료 부과
② 1천만 원 이하의 과태료 부과
③ 2천만 원 이하의 과태료 부과
④ 3천만 원 이하의 과태료 부과

59 에너지다소비사업자가 매년 1월 31일까지 신고해야 할 사항에 포함되지 않는 것은?
① 전년도의 분기별 에너지사용량·제품생산량
② 해당 연도의 분기별 에너지사용예정량·제품생산예정량
③ 에너지사용기자재의 현황
④ 전년도의 분기별 에너지 절감량

해설 에너지다소비업자의 신고
① 전년도의 에너지 사용량, 제품생산량
② 전년도의 에너지 이용합리화 실적 및 해당연도의 계획
③ 에너지 관리자의 현황
④ 에너지 사용기자재의 현황
⑤ 당해 연도의 에너지사용예정량 및 제품생산 예정량

60 특정열사용기자재 중 산업통상자원부령으로 정하는 검사대상기기를 폐기한 경우에는 폐기한 날부터 며칠 이내에 폐기신고서를 제출해야 하는가?
① 7일 이내에
② 10일 이내에
③ 15일 이내에
④ 30일 이내에

해설 변경신고, 중지신고, 폐기신고 : 15일 이내

58. ② 59. ④ 60. ③

제8회 에너지관리기능사 모의고사문제

01 보일러의 폐열회수장치에 대한 설명 중 가장 거리가 먼 것은?
① 공기예열기는 배기가스와 연소용 공기를 열교환하여 연소용 공기를 가열하기 위한 것이다.
② 절탄기는 배기가스의 여열을 이용하여 급수를 예열하는 급수예열기를 말한다.
③ 공기예열기의 형식은 전열방법에 따라 전도식과 재생식, 히트파이프식으로 분류된다.
④ 급수예열기는 설치하지 않아도 되지만 공기예열기는 반드시 설치하여야 한다.

해설 절탄기(급수예열기) 반드시 설치

02 보일러등 수면 위에 있는 농축수를 분출시키는 장치는?
① 간헐 분출장치 ② 배수 분출장치
③ 단속 분출장치 ④ 연속 분출장치

해설 분출장치
• 수면분출장치=연속분출장치
• 수저분출장치=단속분출장치

03 흑체로부터의 복사 전열량은 절대온도의 몇 승에 비례하는가?
① 2승 ② 3승
③ 4승 ④ 5승

해설 복사전열량 $= 4.88 \times \delta \times A \times \left(\left(\dfrac{T_1}{100}\right)^4 - \left(\dfrac{T_2}{100}\right)^4\right)$(kcal)
(흑도), A(면적) cm²

정답 01. ④ 02. ④ 03. ③

04 동작유체의 상태변화에서 에너지의 이동이 없는 변화는?
① 등온변화 ② 정적변화
③ 정압변화 ④ 단열변화

 상태변화
① 단열변화 : 에너지 이동이 없는 변화
② 정적변화 : 체적이 일정한 변화
③ 등온변화 : 온도가 일정한 변화
④ 정압변화 : 압력이 일정한 변화

05 다음 열효율 증대장치 중에서 고온부식이 잘 일어나는 장치는?
① 공기예열기 ② 과열기
③ 증발전열면 ④ 절탄기

 • 저온부식 : 절탄기, 공기예열기
• 고온부식 : 과열기, 재열기

06 보일러 1마력에 대한 표시로 옳은 것은?
① 전열면적 10 m^2 ② 상당증발량 15.65 kg/h
③ 전열면적 8 ft^2 ④ 상당증발량 30.6 lb/h

 보일러 마력 : 상당증발량이 15.65 kg을 1시간에 증발시킬 수 있는 능력으로서 열량으로는 8435 kcal/h이다.
15.65 kg/h × 539 kcal/kg = 8435

04. ④ 05. ② 06. ②

07 도시가스 배관의 설치에서 배관의 이음부(용접이음매 제외)와 전기점멸기 및 전기접속기와의 거리는 최소 얼마 이상 유지해야 하는가?
① 10 cm
② 15 cm
③ 30 cm
④ 60 cm

해설 배관 이음부와의 거리
① 전선 : 15 cm 이상
② 접속기, 점멸기 굴뚝 : 30 cm 이상
③ 안전기, 계량기, 개폐기, 콘센트 : 60 cm 이상

08 고압보일러실 또는 보일러 설치장소에 연료가 저장 되어 있을 경우에는 보일러 외측으로부터 최소한 얼마나 떨어져 있어야 하는가?
① 거리에 관계없다
② 1m 이상
③ 2m 이상
④ 3m 이상

해설 연료가 저장 시 외측으로부터 최소 2m 이상 유지

09 온수보일러의 최고 사용압력이 0.3MPa이면 수압시험압력은 몇 MPa인가?
① 0.5
② 0.6
③ 0.7
④ 0.8

해설 강철제온수보일러=최고사용압력×2
=0.3MPa×2
=0.6MPa

10

증기주관의 관말트랩 배관의 드레인 포켓과 냉각관 시공 요령이다. 다음 ( )안에 적절한 것은?

> 증기주관에서 응축수를 건식환수관에 배출하려면 주관과 동경으로 (㉠)mm 이상 내리고 하부로 (㉡)mm 이상 연장하여 (㉢)을(를) 만들어준다. 냉각관은 (㉣) 앞에서 1.5 m 이상 나관으로 배관한다.

	㉠	㉡	㉢	㉣
①	150	100	트랩	드레인 포켓
②	100	150	드레인 포켓	트랩
③	150	100	드레인 포켓	드레인 밸브
④	100	150	드레인 밸브	드레인 포켓

해설 냉각관 : 건식 환수방식의 관말에 설치하는 것으로 관내 응축수에서 생긴 플래시(flash) 증기로 인해 보일러에 수격작용이 발생되는 것을 방지하기 위해 설치한다. 주관과 수직으로 100[mm] 이상 내리고 하부로 150[mm] 이상 연장하여 관내 슬러그 등 협잡물을 제거할 목적으로 드레인 포켓(drain pocket)을 만들어 준다. 이때 트랩까지 1.5[m] 이상 보온을 하지 않은 나관배관으로 냉각관을 설치하며 선단에는 관말 트랩으로 최종 처리하게 된다.

11

온수난방 설비의 내림구배 배관에서 배관 아랫면을 일치시키고자 할 때 사용되는 이음쇠는?

① 소켓 ② 편심 레듀셔
③ 유니언 ④ 이경엘보

12

보일러수에 불순물이 많이 포함되어 보일러수의 비등과 함께 수면부근에게 거품의 층을 형성하여 수위가 불안정하게 되는 현상은?

① 포밍 ② 프라이밍
③ 캐리오버 ④ 공동현상

해설
• 프라이밍 : 과열, 고수위, 압력변화 등으로 인해 수면에서 물방울이 튀어 오르면 수면을 불안정하게 만드는 현상
• 캐리오버 : 증기 중에 수분이 함께 밖으로 이송되는 현상

10. ② 11. ② 12. ①

13 일반 보일러(소용량 보일러 및 가스용 온수보일러 제외)에서 온도계를 설치할 필요가 없는 곳은?

① 절탄기가 있는 경우 절탄기 입구 및 출구
② 보일러 본체의 급수 입구
③ 버너 급유 입구(예열을 필요로 할 때)
④ 과열기가 있는 경우 과열기 입구

해설 온도계 설치
① 급유입구의 급유 온도계
② 보일러 본체 배기가스 온도계
③ 절탄기가 있는 경우 입구 및 출구온도계
④ 공기예열기가 있는 경우 입구 및 출구온도계
⑤ 과열기 또는 재열기가 있는 경우 그 출구온도계

14 보일러에서 발생한 증기를 송기할 때의 주의사항으로 틀린 것은?

① 주증기관 내의 응축수를 배출시킨다.
② 주증기 밸브를 서서히 연다.
③ 송기한 후에 압력계의 증기압 변동에 주의한다.
④ 송기한 후에 밸브의 개폐상태에 대한 이상 유무를 점검하고 드레인 밸브를 열어 놓는다.

해설 드레인 밸브를 닫는다.

15 캐리오버로 인하여 나타날 수 있는 결과로 거리가 먼 것은?

① 수격현상   ② 프라이밍
③ 열효율 저하   ④ 배관의 부식

해설 캐리오버(기수공발) : 공기중에 수분이 함께 혼입되어 나가는 현상
① 수격작용   ② 배관의 부식   ③ 열효율저하

정답 13. ④ 14. ④ 15. ②

16

보일러 안전밸브 부착에 관한 설명으로 잘못된 것은?

① 안전밸브 부착은 바이패스 회로를 적용한다.
② 쉽게 검사할 수 있는 장소에 부착한다.
③ 밸브 측을 수직으로 한다.
④ 가능한 한 보일러 동체에 직접 부착한다.

 안전밸브는 바이패스 밸브 설치하지 않음

17

송풍기에서 전향날개의 대표적인 형태로 시로코형 송풍기라고도 하며 원심송풍기로서 회전차의 직경이 작고 소형 경량인 송풍기는?

① 다익송풍기　　　　　　② 터보송풍기
③ 플레이트송풍기　　　　④ 축류송풍기

・터보송풍기 : 후향날개
・다익송풍기 : 전향날개

18

가스용 보일러의 연료배관 굵기가 25mm인 경우 배관의 고정은 몇 m마다 하는가? (단, 보일러실 내부에 설치하는 경우이다.)

① 1　　　　　　　　　　② 2
③ 3　　　　　　　　　　④ 4

배관의 고정
① 관경이 13A미만 : 1m마다
② 관경이 13~33A미만 : 2m마다
③ 관경이 33A 이상 : 3m마다

16. ①　17. ①　18. ②

19 다음 보온재 중 무기질 보온재는?
① 암면
② 펠트
③ 코르크
④ 기포성수지

해설 무기질 보온재
① 탄산마그네슘 : 250°C 이하
② 글라스울 : 300°C 이하
③ 석면 : 400°C 이하
④ 규조토 : 500°C 이하
⑤ 암면 : 600°C 이하
⑥ 규산칼슘, 펄라이트 : 650°C 이하

20 다음 중 보일러수 분출의 목적이 아닌 것은?
① 보일러수의 농축을 방지한다.
② 프라이밍, 포밍을 방지한다.
③ 관수의 순환을 좋게 한다.
④ 포화증기를 과열증기로 증기의 온도를 상승시킨다.

해설 분출목적
① 관수 PH 조절
② 관수농축방지
③ 슬러지 스케일 생성 방지
④ 프라이밍, 포밍발생 방지
⑤ 부식 방지

21 프로판 가스가 완전 연소될 때 생성되는 것은?
① CO와 C_3H_8
② C_4H_{10}와 CO_2
③ CO_2와 H_2O
④ CO와 CO_2

해설 프로판가스의 완전연소 반응식 : $C_3H_8 + 5O_2 \rightarrow 3CO_2 + 4H_2O$

22 증기보일러의 전열면적이 얼마 이하이면 안전밸브를 1개만 부착해도 되는가?
① $50m^2$ 이하
② $80m^2$ 이하
③ $100m^2$ 이하
④ $200m^2$ 이하

해설 · 전열면적이 $50\,m^2$ 이하 : 1개
· 전열면적이 $50\,m^2$ 초과 : 2개

정답 19. ① 20. ④ 21. ③ 22. ①

23

보일러 설치검사기준에서 몇 도 이하의 온수발생보일러에는 방출밸브를 설치하여야 하는가?

① 353K
② 373K
③ 393K
④ 413K

 ① 온수 발생 보일러에는 압력이 보일러 최고사용 압력에 달하면 즉시 작동하는 방출밸브 또는 안전밸브를 1개 이상 갖추어야 한다.
② 393K의 온도를 초과하는 온수발생 보일러에는 안전밸브를 설치하여야 하며 그 크기는 호칭지름 25 A 이상이어야 한다.
③ 액상식 열매체 보일러 및 온도 393K 이하의 온수발생 보일러에는 방출밸브를 설치하며 그 지름 20 A 이상으로 함

24

전기식 증기압력조절기에서 증기가 벨로즈 내에 직접 침입하지 않도록 설치하는 것으로 가장 적합한 것은?

① 신축 이음쇠
② 균압 관
③ 사이폰 관
④ 안전밸브

싸이폰관 : 고온의 증기와 물로부터 압력계 보호
① 싸이폰관 안지름 : 6.5 mm 이상
② 동관 : 6.5 mm 이상
③ 강관 : 12.7 mm 이상

25

보일러의 수면계와 관련된 설명 중 틀린 것은?

① 증기보일러에는 2개(소용량 및 소형관류보일러는 1개) 이상의 유리수면계를 부착하여야 한다. 다만, 단관식 관류보일러는 제외한다.
② 유리수면계는 보일러 동체에만 부착하여야 하며 수주관에 부착하는 것은 금지하고 있다.
③ 2개 이상의 원격지시수면계를 시설하는 경우에 한하여 유리수면계를 1개 이상으로 할 수 있다.
④ 유리수면계는 상·하에 밸브 또는 콕크를 갖추어야 하며, 한눈에 그것의 개·폐 여부를 알 수 있는 구조이어야 한다. 다만, 소형관류보일러에서는 밸브 또는 콕크를 갖추지 아니할 수 있다.

수면계는 수주관에 부착해야 한다.
① 최고사용압력이 10 kg/cm² 이하로서 동체안지름이 750 mm 미만인 경우에 있어서는 수면계층 1개는 다른 종류의 수면측정장치로 할 수 있다.
② 2개 이상의 원격지시 수면계를 시설하는 경우에 한하여 유리수면계를 1개 이상으로 할 수 있다.

23. ③ 24. ③ 25. ②

26
구식 발생의 방지 대책이 아닌 것은?
① 재료에 온도의 급격한 변화를 없게 한다.
② 브리징 스페이스를 적게 한다.
③ 노통 플랜지 둥근 부분의 굽힘 반지름을 크게 한다.
④ 열응력을 크게 받지 않도록 한다.

해설
・브리징스페이스(breathing space) : 노통의 세로방향 열응력으로 인한 신축을 흡수하기 위해 설치
・방지책
① 반복적 열응력을 적게 한다.
② 플랜지 만곡부의 반경을 가능한 크게 한다.
③ 브리징 스페이스를 크게 한다.

27
육용 보일러 열 정산의 조건과 관련된 설명 중 틀린 것은?
① 전기 에너지는 1 kW당 860 kcal/h로 환산한다.
② 보일러 효율 산정 방식은 입출열법과 열 손실법으로 실시한다.
③ 열 정산 시험시의 연료 단위량은, 액체 및 고체연료의 경우 1 kg에 대하여 열 정산을 한다.
④ 보일러의 열 정산은 원칙적으로 정격 부하 이하에서 정상 상태로 3시간 이상의 운전 결과에 따라 한다.

해설 보일러 열정산은 원칙적으로 정격부하 이하에서 정상상태로 2시간 이상의 운전결과에 따른다.

28
보일러 배기가스의 자연 통풍력을 증가시키는 방법으로 틀린 것은?
① 연도의 길이를 짧게 한다.   ② 배기가스 온도를 낮춘다.
③ 연돌 높이를 증가시킨다.   ④ 연돌의 단면적을 크게 한다.

해설 배기가스 온도를 높인다.

정답 26. ② 27. ④ 28. ②

29
분출밸브의 최고사용압력은 보일러 최고사용압력의 몇 배 이상이어야 하는가?
① 0.5배
② 1.0배
③ 1.25배
④ 2.0배

30
다음은 점화시의 주의 사항들이다. 그 내용이 잘못된 것은?
① 버너가 2개일 때는 동시 점화할 것
② 노내의 통풍압을 제일 먼저 조절할 것
③ 프리퍼지를 실시할 것
④ 점화 후에는 정상 연소가 되는지 확인할 것

 버너가 2개일 때 : 각각 점화

31
점화전 댐퍼를 열고 노내와 연도에 체류하고 있는 가연성가스를 송풍기로 취출시키는 작업은?
① 분출
② 송풍
③ 프리퍼지
④ 포스트퍼지

• 프리퍼지 : 점화전 댐퍼를 열고 노내와 연도에 체류하고 있는 가연성 가스를 송풍기로 취출시키는 방법
• 포스트 퍼지 : 점화 후 댐퍼를 열고 노내와 연도에 체류하고 있는 가연성 가스를 송풍기를 이용 취출시키는 것

32
증기보일러의 효율 계산식을 바르게 나타낸 것은?
① 효율(%) = (상당증발량×538.8) / (연료소비량×연료의 발열량) × 100
② 효율(%) = (증기소비량×538.8) / (연료소비량×연료의 비중) × 100
③ 효율(%) = (급수량×538.8) / (연료소비량×연료의 발열량) × 100
④ 효율(%) = 급수사용량 / 증기 발열량 × 100

효율 = $\dfrac{G \times (h'' - h')}{G_f \times H_l} \times 100 = \dfrac{G_e \times 539}{G_f \times H_l} \times 100$

29. ③ 30. ① 31. ③ 32. ①

33
연소안전장치 중 플레임 아이(flame eye)로 사용되지 않는 것은?
① 광전광 ② CdS cell
③ PbS cell ④ CdP cell

해설 플레임아이의 종류
① 황화카드뮴셀(CdS셀) ② 황화납셀(PbS 셀)
③ 광전관 ④ 자외선 광전관

34
강철제 또는 주철제 보일러를 옥외에 설치할 때의 시공기준 설명으로 잘못된것은?
① 보일러에는 풍우방지 케이싱 또는 설비를 해야 한다.
② 노출된 절연재 등에는 방수처리를 해야 한다.
③ 증기관 등의 동파방지설비를 하여야 한다.
④ 건물로 부터 2m 이상 떨어져 설치해야 한다.

해설 연료저장탱크는 보일러 외측으로부터 2m 이상

35
보일러 산세정 후 중화 방청제로 사용하는 약품이 아닌 것은?
① 히드라진 ② 인산소다
③ 아황산소다 ④ 구연산

해설 중화방청제 : 가성소다, 탄산소다, 인산소다, 암모니아, 히드라진

36
보일러의 성능에 관한 설명으로 틀린 것은?
① 연소실로 공급된 연소가 완전연소시 발생될 열량과 드럼 내부에 있는 물이 그 열을 흡수하여 증기를 발생하는데 이용된 열량과의 비율을 보일러 효율이라 한다.
② 전열면 $1m^2$당 1시간 동안 발생되는 증발량을 상당증발량으로 표시한 것을 증발률이라고 한다.
③ 27.25kg/h의 상당증발량을 1보일러 마력이라 한다.
④ 상당증발량 G_e와 실제증발량 G_a의 비 즉, G_e/G_a를 증발계수라고 한다.

해설 1보일러마력 : 상당증발량이 15.65kg을 1시간에 증발시킬 수 있는 능력
15.65kg/h × 539kcal/kg = 8,435kcal/h

정답 33. ④ 34. ④ 35. ④ 36. ③

37

지역난방의 특징 설명으로 잘못된 것은?
① 각 건물에 보일러를 설치하는 경우에 비해 열효율이 좋다.
② 설비의 고도화에 따라 도시 매연이 증가된다.
③ 연료비와 인건비를 줄일 수 있다.
④ 각 건물에 보일러를 설치하는 경우에 비해 건물의 유효면적이 증대된다.

> **해설** 지역난방의 특징
> ① 연료비와 인건비를 줄일 수 있다.
> ② 설비의 고도화에 따라 도시매연 감소
> ③ 각 건물에 보일러를 설치하는 경우에 비해 열효율이 좋다.
> ④ 각 건물에 보일러를 설치하는 경우에 비해 유효면적이 증대된다.

38

주 버너를 착화할 때 지연시간이 길면 어떤 현상이 발생하는가?
① 연소가 불안정해진다.
② 불이 꺼진다.
③ 연소가스 폭발이 생긴다.
④ 보일러 운전이 정지된다.

> **해설** 가연성가스축적으로 인한 역화발생

39

온수난방의 특징 설명으로 틀린 것은?
① 실내의 쾌감도가 좋다.
② 온도조절이 용이하다.
③ 예열시간이 짧다.
④ 화상의 우려가 적다.

> **해설** 온도난방의 특징
> ① 실내온도의 쾌감도가 높다.
> ② 난방부하의 변동에 따라 온도조절이 쉽다.
> ③ 밀폐식일 경우 배관의 부식이 적어 수명이 길다.
> ④ 증기난방에 비해 관경이 크고 시설비가 적다.

40 안전·보건표지의 색체, 색도기준 및 용도에서 화학물질 취급 장소에서의 유해·위험경고를 나타내는 색체는?
① 흰색　　　　　　　　② 빨간색
③ 녹색　　　　　　　　④ 청색

해설　① 적색 : 정지, 고도의 위험
　　　② 녹색 : 진행유도, 구급, 안전
　　　③ 청색 : 지시, 조심
　　　④ 백색 : 통로, 정리정돈

41 보일러 본체에서 수부가 클 경우의 설명으로 틀린 것은?
① 부하 변동에 대한 압력 변화가 크다.
② 증기 발생시간이 길어진다.
③ 열효율이 낮아진다.
④ 보유 수량이 많으므로 파열시 피해가 크다.

해설　수부가 클 경우
　　　① 보유수량이 많으므로 파열시 피해가 크다.
　　　② 열효율이 낮다.
　　　③ 증기발생 기간이 길어진다.
　　　④ 부하변동에 대한 압력변화가 적다.
　　　⑤ 급수처리가 간단하다.
　　　⑥ 수면이 넓어 기수공발이 적다.

42 보일러 안전관리상 가장 중요한 것은?
① 안전밸브 작동요령 숙지　　② 안전저수위 이하 감수방지
③ 버너 조절요령 숙지　　　　④ 화염검출기 및 댐퍼작동

정답　40. ②　41. ①　42. ②

43

보일러 자동제어에서 신호전달방식이 아닌 것은?
① 공기압식　　　　　② 자석식
③ 유압식　　　　　　④ 전기식

 신호전달방식
① 공기압식 : 신호전달거리 100~150 m
② 유압식 : 신호전달거리 150~300 m
③ 전기식 : 신호전달거리 300~10000 m

44

회전이음, 지블이음이라고도 하며, 주로 증기 및 온수난방용 배관에 설치하는 신축이음 방식은?
① 벨로스형　　　　　② 스위블형
③ 슬리브형　　　　　④ 루프형

 신축이음
① 스위블형
　㉠ 회전이음, 지블이음　　　㉡ 나사의 회전에 의해 신축흡수
　㉢ 2개 이상의 엘보우를 사용 시공　㉣ 방열기용
　㉤ 도시기호 :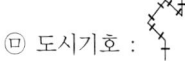

45

수격작용 방지하기 위한 방법과 관련이 없는 것은?
① 증기관의 보온　　　　② 증기관 말단에 트랩설치
③ 비수방지관 설치　　　④ 급수내관의 설치

 ① 기수분리기 및 비수방지관 설치
② 관의 굴곡부를 피한다.
③ 주증기밸브서개
④ 증기트랩설치
⑤ 관의 기울기를 준다.
⑥ 증기관을 보온한다.

46

다음 중 복사난방의 일반적인 특징이 아닌 것은?
① 외기온도의 급변화에 따른 온도조절이 곤란하다.
② 배관길이가 짧아도 되므로 설비비가 적게 든다.
③ 방열기가 없으므로 바닥면의 이용도가 높다.
④ 공기의 대류가 적으므로 바닥면의 먼지가 상승하지 않는다.

해설 복사난방의 특징
① 방열기 등의 설치공간이 불필요하여 실내공간의 이용률이 높다.
② 공기 등의 미진을 태우지 않아도 쾌감도가 좋다.
③ 동일방열량에 대해 열손실이 적다.
④ 높이에 따른 온도분포가 균일하다.
⑤ 예열이 길어 부하에 대응하기 어렵다.
⑥ 설비비가 많이 든다.
⑦ 매입배관으로 고장수리, 점검이 어렵다.

47

기수공발을 일으키는 물리적인 원인이 아닌 것은?
① 보일러 수면이 높다.
② 수실이 증기실보다 작다.
③ 증기정지 밸브를 급개한다.
④ 부하가 돌연 증가한다.

해설 ・증기실이 크므로 : 건조증기를 얻음
・기수공발(캐리오버) : 발생증기 중에 물방울이 포함되어 함께 이동되는 현상

48

보일러 자동제어에서 3요소식 수위제어의 3가지 검출요소와 무관한 것은?
① 노내 압력
② 수위
③ 증기유량
④ 급수유량

해설 수위제어 방식
① 1요소식 : 수위
② 2요소식 : 수위, 급수량
③ 3요소식 : 수위, 급수, 증기량

49

환산 증발 배수에 관한 설명으로 가장 적합한 것은?

① 연료 1[kg]이 발생시킨 증발능력을 말한다.
② 보일러에서 발생한 순수 열량을 표준 상태의 증발잠열로 나눈 값이다.
③ 보일러의 전열면적 1[m²]당 1시간 동안의 실제 증발량이다.
④ 보일러 전열면적 1[m²]당 1시간 동안의 보일러 열출력이다.

해설 환산증발배수 = $\dfrac{\text{환산증발량}}{\text{연료소비량}}$ (연료 1 kg이 발생시킨 증발능력)

$= \dfrac{G \times (h'' - h')}{G_f \times 539}$

50

보일러 분출장치의 분출시기로 적절하지 않은 것은?

① 보일러 가동 직전
② 프라이밍, 포밍현상이 일어날 때
③ 연속가동 시 열부하가 가장 높을 때
④ 관수가 농축되어 있을 때

해설 분출장치의 분출시기
① 연속가동시 부하가 가장 가벼울 때
② 관수농축시
③ 프라이밍 포밍 발생시
④ 보일러가동 전

51

보일러설치기술규격에서 보일러의 분류에 대한 설명 중 틀린 것은?

① 주철제보일러의 최고사용압력은 증기보일러일 경우 0.5 MPa까지, 온수온도는 373K (100°C)까지로 국한된다.
② 일반적으로 보일러는 사용매체에 따라 증기보일러, 온수보일러 및 열매체 보일러로 분류한다.
③ 보일러의 재질에 따라 강철제보일러와 주철제보일러로 분류한다.
④ 연료에 따라 유류보일러, 가스보일러, 석탄보일러, 목재보일러, 폐열보일러, 특수연료 보일러 등이 있다.

해설 증기보일러의 경우 0.35MPa 이하

49. ① 50. ③ 51. ①

52 보일러 청관제로 사용되는 약품 중 보일러 수의 알칼리도 조정 또는 연화용으로 사용되는 것은?
① 염화나트륨
② 황산칼슘
③ 전분
④ 수산화나트륨

해설 연화제 : 인산소다, 암모니아, 수산화나트륨

53 다음 중 열량(에너지)의 단위가 아닌 것은?
① J   ② cal   ③ N   ④ BTU

해설 열량의 단위 : ① J ② cal ③ BTu ④ CHu

54 온수난방설비에서 복관식 배관방식에 대한 특징으로 틀린 것은?
① 단관식보다 배관 설비비가 적게 든다.
② 역귀환 방식의 배관을 할 수 있다.
③ 발열량을 밸브에 의하여 임으로 조정할 수 있다.
④ 온도변화가 거의 없고 안정성이 높다.

해설 단관식보다 배관설비비가 많이 든다.

55 슈트 블로워의 설치 목적은?
① 급수 중의 이물질을 제거하기 위한 장치
② 포화증기를 과열 증기로 만드는 장치
③ 증발관 내의 비수를 방지하기 위한 장치
④ 보일러 전열면에 부착된 그을음이나 재 등을 불어내는 장치

해설 슈트블로워(매연분출기) : 전열면에 부착된(수관식보일러)에서 그을음, 분진 등을 증기, 공기, 물 분사 등으로 인해 제거

정답 52. ④ 53. ③ 54. ① 55. ④

56

다음은 저탄소 녹색성장 기본법에 명시된 용어의 뜻이다. ( )안에 알맞은 것은?

온실가스란 (㉠) 메탄, 아산화질소, 수소불화탄소, 과불화탄소, 육불화황 및 그 밖에 대통령령으로 정하는 것으로 (㉡) 복사열을 흡수하거나 재방출하여 온실효과를 유발하는 대기 중의 가스 상태의 물질을 말한다.

	㉠	㉡
①	일산화탄소	자외선
②	일산화탄소	적외선
③	이산화탄소	자외선
④	이산화탄소	적외선

57

에너지절약 전문기업의 등록은 누구에게 하도록 위탁되어 있는가?
① 지식경제부장관
② 에너지관리공단 이사장
③ 시공업자단체의 장
④ 시·도지사

해설 에너지 절약 전문 기업의 등록 : 에너지관리공단 이사장
① 에너지사용계획의 검토(에너지사용계획의 검토기준, 검토방법, 그 밖에 필요한 사항은 산업통상자원부령으로 정함)
② 에너지사용계획의 조정·보완 이행여부의 점검 및 실태파악
③ 효율관리기자재의 측정결과 신고의 접수
④ 대기전력경고표지대상제품의 측정결과 신고의 접수
⑤ 고효율에너지기자재 인증 신청의 접수 및 인증
⑥ 고효율에너지기자재의 인증취소 또는 인증사용정지 명령
⑦ 에너지절약전문기업의 등록 및 관리·감독
⑧ 온실가스배출 감축실적의 등록 및 관리
⑨ 에너지다소비자업자 신고의 접수
⑩ 에너지관리지도
⑪ 냉난방온도의 유지·관리여부에 대한 점검 및 실태 파악
⑫ 검사대상기기의 검사, 검사증의 교부 및 검사대상기기 폐기 등의 신고의 접수

56. ④ 57. ②

58 에너지법에서 사용하는 "에너지"의 정의를 가장 올바르게 나타낸 것은?
① "에너지"라 함은 석유·가스 등 열을 발생하는 열원을 말한다.
② "에너지"라 함은 제품의 원료로 사용되는 것을 말한다.
③ "에너지"라 함은 태양, 조파, 수력과 같이 일을 만들어 낼 수 있는 힘이나 능력을 말한다.
④ "에너지"라 함은 연료·열 및 전기를 말한다.

59 에너지이용합리화법에서 정한 검사대상기기 조종자의 자격에서 에너지관리기능사가 조정할 수 있는 조종범위로서 옳지 않은 것은?
① 용량이 15 t/h 이하인 보일러
② 온수발생 및 열매체를 가열하는 보일러로서 용량이 581.5킬로와트 이하인 것
③ 최고사용압력이 1 MPa 이하이고, 전열면적이 10 m² 이하인 증기보일러
④ 압력용기

해설 용량이 10 t/h이하의 보일러

60 저탄소녹색성장 기본법에 의거 온실가스 감축목표 등의 설정·관리 및 필요한 조치에 관한 사항을 관장하는 기관으로 옳은 것은?
① 농림축산식품부 : 건물·교통 분야　② 환경부 : 농업·축산 분야
③ 국토교통부 : 폐기물 분야　　　　 ④ 산업통상자원부 : 산업·발전 분야

CBT문제 제9회 에너지관리기능사 모의고사문제

01 화염의 착화 및 형상을 안정화하는 보염장치의 종류가 아닌 것은?
① 윈드박스
② 콤버스터
③ 스테빌라이져
④ 플레임아이

 보염장치의 종류
① 버너타일
② 스테빌라이져
③ 윈드박스
④ 콤버스터

02 사용중인 보일러의 상용출력에 포함되지 않는 항목은?
① 난방부하
② 급탕부하
③ 배관부하
④ 예열부하

 정격출력=난방부하+급탕부하+배관부하+예열부하
상용출력=난방부하+급탕부하+배관부하

03 최고사용압력이 0.3MPa인 강철제 보일러의 수압시험압력으로 맞는 것은?
① 0.3MPa
② 0.6MPa
③ 0.69MPa
④ 0.45MPa

 강철제보일러의 수압시험압력
① 최고사용압력이 0.43MPa이하 : P×2
② 최고사용압력이 0.43MPa이상 1.5MPa 이하 : P×1.3+0.3
③ 최고사용압력이 1.5MPa초과 : P×1.5
∴ 0.3MPa×2=0.6MPa

01. ④ 02. ④ 03. ②

04

난방부하가 21kW인 사무실의 방열면적(m²)을 구하시오. (단, 방열기의 방열량은 523.3W/m²이다.)

① 40.13m²
② 30.13m²
③ 20.13m²
④ 10.13m²

 난방부하 = 방열기 방열량×방열면적

$$방열면적 = \frac{난방부하}{방열기방열량} = \frac{21kW}{0.523kW/m^2} = 40.13 m^2$$

05

자동제어의 신호전달 방식이 아닌 것은?

① 공기압
② 유압
③ 전기압
④ 스프링

 자동제어의 신호전달방식

① 공기압식
- ㉠ 사용압력 : 0.02~0.1MPa 이하
- ㉡ 신호전달거리 100~150m
- ㉢ 배관보존용이
- ㉣ 신호전달의 지연이 있다.
- ㉤ 희망특성을 살리기 어렵다.

② 유압식
- ㉠ 사용압력 0.02~0.1MPa이하
- ㉡ 인화의 위험성이 있다.
- ㉢ 신호전달거리 150~300m

③ 전기식
- ㉠ 신호전달거리 300~10,000m
- ㉡ 신호전달의 지연이 없다.
- ㉢ 대규모 시설이 사용

06

화학적세관인 산세척의 공정순서를 올바르게 나열한 것은?

① 전처리 → 수세 → 산세척 → 수세 → 중화방청
② 수세 → 전처리 → 산세척 → 수세 → 중화방청
③ 수세 → 중화방청 → 산세척 → 수세 → 전처리
④ 전처리 → 수세 → 산세척 → 중화방청 → 수세

산세관공정 순서

전기리처리 → 수세 → 산처리 → 수세 → 중화처리 → 수세 → 방청처리

정답 04. ① 05. ④ 06. ①

07
배관 및 설비의 기능과 강도를 보강하기 위한 버팀(스테이)의 종류가 아닌 것은?
① 관스테이 ② 볼트스테이
③ 볼스테이 ④ 가셋스테이

해설 스테이의 종류
① 보울트스테이
② 관스테이
③ 가셋스테이
④ 도그스테이
⑤ 도리스테이

08
펌프가동 중 흐르는 물의 압력이 저하하여 내부에서 기포를 발생하며 물이 기화되는 캐비테이션의 원인으로 거리가 먼 것은?
① 펌프의 회전수가 높을 때
② 흡입관의 길이가 길 때
③ 저속운전일 때
④ 흡입관의 관경이 적어 마찰저항이 생길 때

해설 캐비테이션(공동현상)
① 영향
  ㉠ 소음과 진동발생
  ㉡ 깃의 침식
  ㉢ 양정과 효율곡선저하
② 원인
  ㉠ 과속으로 유량 증대시
  ㉡ 관로내의 온도상승시
  ㉢ 흡입양정이 지나치게 길 때
  ㉣ 흡입관 마찰저항 증대시
③ 방지법
  ㉠ 양흡입 펌프를 사용한다.
  ㉡ 펌프를 두 대 이상 설치
  ㉢ 회전수를 줄인다(유속을 줄인다)
  ㉣ 관경을 크게 한다.
  ㉤ 임펠러를 액중에 완전히 잠기게 한다.
  ㉥ 펌프의 설치위치를 낮춘다.

07. ③　08. ③

09

90℃의 물 1,000kg에 15℃의 물 2,000kg을 혼합시키면 온도는 몇 ℃가 되는가?

① 40
② 30
③ 20
④ 10

해설 평균온도$(t_m) = \dfrac{G_1 \cdot C_1 \cdot \triangle t_1 + G_2 \cdot C_2 \cdot \triangle t_2}{G_1 \times C_1 + G_2 \times C_2}$

$= \dfrac{1,000 \times 1 \times 90 + 2,000 \times 1 \times 15}{1,000 \times 1 + 2,000 \times 1}$

$= 40℃$

10

에너지 다소비업자는 석유환산톤이 2,000TOE이상인 사업자로 산자부령으로 정하는 바에 따라 전년도의 분기별 에너지사용량·제품생산량을 그 지역의 관할 시·도지사에게 매년 언제까지 신고해야 하는가?

① 1월 31일
② 3월 31일
③ 5월 31일
④ 9월 31일

해설 시·도지사에게 1월 31일까지 신고

11

연소 시 공기비가 클 때 생기는 현상으로 틀린 것은?

① 불완전연소로 매연이 증가한다.
② 배기가스의 농도가 증대한다.
③ 연소실의 온도저하로 열손실이 증대한다.
④ NOx, SOx가 증대한다.

해설 공기비가 적을 때 생기는 현상
① 불완전 연소에 의해 매연 발생량이 증가한다.
② 미연소에 의한 열손실증가
③ 미연소가스에 의한 역화의 우려가 있다.

12

에너지이용 합리화법에 따라 고시한 효율관리기자재 운영규정에 따라 가정용 가스보일러의 최저 소비효율 기준은 몇 %인가?

① 63%
② 68%
③ 76%
④ 86%

해설 가정용 보일러의 최저효율 기준 : 76%

정답 09. ① 10. ① 11. ① 12. ③

13 다음 중 용어의 설명이 잘못된 것은?

① 팽출 : 수관이 열팽창에 의해 볼록하게 외부로 돌출되는 현상
② 압궤 : 노통이 내부로 오목하게 함몰되는 현상
③ 라미네이션 : 강판이 2장의 층이 생겨 갈라지고 부풀어 오르는 현상
④ 블리스터 : 고노도의 알카리수 중의 강재에 균열이 발생하는 현상

 라미네이션(Lamination) : 보일러 강판이 2장으로 분리되어 있는 현상

14 폐열회수장치로 포화증기를 과열증기로 만드는 과열기의 형식 중 그 분류에 해당되지 않은 것은?

① 접촉식 ② 병류식
③ 방사식 ④ 복사대류식

 (1) 열가스 흐름에 의한 분류
　　① 병류형 ② 향류형 ③ 혼류형
(2) 열가스 접촉에 의한 분류
　　① 접촉(대류)과열기 ② 복사(방사)과열기 ③ 접촉·복사과열기

15 보일러용 오일 연료에서 성분분석 결과 수소 12%, 수분 0.3%라면 저위발열량은? (단, 연료의 고위 발열량은 44,520kJ/kg이다.)

① 31,790kJ ② 41,790kJ
③ 51,790kJ ④ 61,790kJ

$H_l = H_h - 600(9H + W)$
$= 10,600 - 600(9 \times 0.12 + 0.003)$
$= 9,950.2 kcal \times 4.2$
$= 41,790.84 kJ$

16 다음 각각의 자동제어에 관한 설명 중 맞는 것은?
① 목표 값이 일정한 자동제어를 추치제어라고 한다.
② 어느 한쪽의 조건이 구비되지 않으면 다른 제어를 정지시키는 것은 피드백 제어이다.
③ 결과가 원인으로 되어 제어단계를 진행하는 것을 인터록 제어라고 한다.
④ 미리 정해진 순서에 따라 제어의 각 단계를 차례로 진행하는 제어는 시퀀스 제어이다.

해설
- 시퀀스제어 : 처음 정해진 순서에 의해 제어의 각 단계를 순차적으로 제어(신호등, 엘리베이터, 에스컬레이터 등)
- 피드백제어 : 출력 측의 신호를 입력측으로 되돌려 정정동작을 행하는 제어
- 인터록제어 : 구비조건이 맞지 않으면 그 조건이 충족될 때까지 다음단계를 정지시키는 것

17 보일러 자동제어를 제어동작에 따라 구분할 때 연속동작에 해당되는 것은?
① 다위치 동작　　　② 2위치 동작
③ 비례적분 동작　　④ on-off 동작

해설
(1) 연속동작
① P동작(비례동작) : 잔류편차가 남는 동작
② I동작(적분동작) : 잔류편차가 남지 않는 동작
③ D동작(미분동작) : 편차의 변화속도에 비례하여 조작량 가감
④ PI동작
⑤ PD동작
⑥ PID동작
(2) 불연속동작(on-off동작)
① 이위치동작
② 다위치동작
③ 불연속속도조작

18 어떤 물질의 단위 질량(1kg)에서 온도를 1℃ 높이는데 소요되는 열량을 무엇이라고 하는가?
① 열용량　　　② 비열
③ 잠열　　　　④ 엔탈피

해설 비열
① 정의 : 어떤 물질 1kg(1g)을 1℃ 올리는데 필요한 열량
② 단위 : kJ/kg℃
③ 비열비(K)는 항상 1보다 크다.

19

플루우트 증기트랩은 어떤 형식의 트랩인가?
① 열역학 ② 기계적
③ 온도조절용 ④ 차압식

해설 증기트랩 : 관내응축수를 배출하여 수격작용 및 부식방지
① 기계적트랩 : 포화수와 포화증기의 비중차 이용
  종류 : 버킷트, 플로우트트랩
② 온도조절트랩 : 포화수와 포화증기의 온도차 이용
  종류 : 바이메탈, 벨로우즈, 열동식 트랩
③ 열역학적트랩 : 포화수와 포화증기의 열역학적인 특성차 이용
  종류 : 오리피스, 디스크 트랩

20

호칭지름 15A의 강관을 굽힘 반지름 80mm, 각도 120°로 굽힘시 필요한 중심 곡선부 길이는 약 몇 mm인가?
① 147.5 ② 251.2
③ 125.6 ④ 167.4

해설 곡선길이(L) = $\frac{2\pi R Q}{360} = \frac{2 \times 3.14 \times 80 \times 120}{360} = 167.46mm$

21

열사용기자재 검사기준에 따라 전열면적 12m²인 보일러의 급수밸브 크기는 호칭 몇 A이상이어야 하는가?
① 15 ② 20
③ 25 ④ 32

해설 급수밸브의 크기
① 전열면적이 10m²이하 : 15A이상
② 전열면적이 10m²초과 : 20A이상

19. ② 20. ④ 21. ②

22

보일러 휴지법중 장기보전법에 해당되지 않는 것은?

① 가열 건조보전법　　② 석회밀폐 건조보전
③ 질소봉입 건조보전　④ 소다만수 보전법

해설 보일러 보존법
① 건조보존법(장기보존) : 6개월 이상
　흡습제 : CaO, CaCl$_2$, Al$_2$O$_3$, SiO$_2$
② 만수보존법(단기보존) : 2~3개월
　첨가약품 : 가성소다, 아황산소다, 탄산소다
③ 질소봉입법

23

산업통상자원부장관이 에너지 저장의무를 부과할 수 있는 대상자로 맞는 것은?

① 연간 5천 석유환산톤 이상의 에너지를 사용하는 자
② 연간 6천 석유환산톤 이상의 에너지를 사용하는 자
③ 연간 1만 석유환산톤 이상의 에너지를 사용하는 자
④ 연간 2만 석유환산톤 이상의 에너지를 사용하는 자

24

복사난방에 대한 특징을 설명한 것으로 틀린 것은?

① 바닥의 이용도가 높다.
② 실내의 온도분포가 균등하다.
③ 외기온도 급변에 따른 온도 조절이 불리하다.
④ 온도변화가 심한 지역의 설치에 효율적이다.

해설 복사난방의 특징
① 열손실이 적다.
② 실내온도분포가 균일하다.
③ 실내쾌감도가 좋다.
④ 실내바닥면의 이용도가 좋다.
⑤ 매입배관이므로 검사, 수리곤란
⑥ 설비비가 비싸다.
⑦ 표면에 균열의 우려가 있다.
⑧ 예열시간이 길어 부하에 대응하기 어렵다.

25 보일러 분출 작업 시의 주의사항으로 틀린 것은?
① 분출 작업이 끝날 때까지 다른 작업을 하지 않는다.
② 분출 작업은 2대의 보일러를 동시에 행하지 않는다.
③ 분출 작업 종료 후는 분출밸브를 확실히 닫고 누수를 확인한다.
④ 분출 작업은 가급적 보일러 부하가 클 때 실시한다.

해설 분출작업시는 부하가 가장 작을 때한다.

26 50kW의 전기 온수보일러의 용량을 kJ로 환산하면?
① 430,000
② 180,600
③ 200,500
④ 320,000

해설 50kW×860kcal/h=43,000kcal/h×4.2=180,600kJ

27 버너에서 연료분사 후 소정의 시간이 경과하여도 착화를 볼 수 없을 때 전자밸브를 닫아 연소를 저지하는 인터록 제어는?
① 저수위 인터록
② 저연소 인터록
③ 불착화 인터록
④ 프리퍼지 인터록

해설 인터록의 종류
① 저수위 인터록 : 안전저수위 이하로 감수시 전자밸브를 닫아 연료공급차단
② 저연소 인터록
③ 불착화 인터록 : 불착화시 전자밸브를 닫아 연료 공급차단 사고방지
④ 압력초과 인터록
⑤ 프리퍼지 인터록 : 송풍기 미작동시 전자밸브가 열리지 않음

28 50kg의 -10℃의 얼음을 100℃의 증기로 만드는데 소요되는 열량은 몇 kJ인가? (단, 물과 얼음의 비열은 각각 1kJ/kg℃, 0.5kJ/kg℃이다.)
① 140020
② 145620
③ 152020
④ 155060

해설 ① -10℃ 얼음 → 0℃ 얼음(현열)
$Q_1 = G_1 \times C_1 \times \triangle t_1$
$= 50kg \times 2.1 \times (0-(-10))℃$
$= 1,050kJ$

25. ④ 26. ② 27. ③ 28. ③

② 0°C 얼음 → 0°C 물(잠열)
$Q_2 = G_2 \times r_2$
$= 50kg \times 336 = 16,800 kJ$

③ 0°C 물 → 100°C물(현열)
$Q_3 = G_3 \times C_3 \times \triangle t_3$
$= 50kg \times 4.2 \times (100-0) = 21,000 kJ$

④ 100°C 물 → 100°C 수증기
$Q_4 = G_4 \times r_4$
$= 50kg \times 2,264 kJ/kg = 113,200 kJ$
$Q_T = (1,050 + 16,800 + 21,000 + 113,200) = 152,050 kJ$

29

액체의 속도와 압력을 높여주는 유체기계인 펌프 중 왕복동 계열의 펌프가 아닌 것은?

① 워싱턴 펌프　　　② 다이어프램 펌프
③ 피스톤식 펌프　　④ 터빈 펌프

해설 왕복식 펌프
① 피스톤 펌프
② 플런저 펌프
③ 다이어프램 펌프
④ 워싱턴펌프
⑤ 웨어펌프

30

중유 연소에서 버너에 공급되는 중유의 예열온도가 너무 높을 때 발생되는 이상현상으로 거리가 먼 것은?

① 카본(탄화물)이 생성되어 화염의 편류현상이 생긴다.
② 무화가 불량하여 불완전연소가 된다.
③ 역화를 일으키기 쉽다.
④ 화염의 분무상태가 고르지 못할 수 있다.

해설 예열온도가 높을 때 발생되는 현상
① 기름의 분해
② 분사불량
③ 탄화물 생성
④ 연료소비량 증대
⑤ 역화의 우려가 있다.

31 에너지이용 합리화법상 에너지 소비효율 등급 또는 에너지 소비효율을 해당 효율관리 기자재에 표시할 수 있도록 효율관리 기자재의 에너지 사용량을 측정하는 기관은?
① 효율관리 진단기관
② 효율관리 측정기관
③ 효율관리 시험기관
④ 효율관리 표준기관

32 다음 중 수면계의 기능시험을 실시해야 할 시기로 옳지 않은 것은?
① 2개의 수면계 수위가 불일치할 때
② 수면계 수위변화가 빠르고 민감하게 움직일 때
③ 포밍, 프라이밍이 발생 시
④ 수면계 유리의 교체 및 보수를 행하였을 때

 수면계의 기능시험을 실시해야 할 시기
① 2개의 수면계 수위가 다를 때
② 수면계 교체시
③ 포밍, 프라이밍 발생 시

33 난방부하가 100,800kJ/h인 아파트에 효율이 80%인 유류 보일러로 난방하는 경우 연료의 소모량은 몇 kg/h인가? (단, 유류보일러의 저위발열량은 40,950kJ/kg이다.)
① 2.56
② 3.08
③ 3.46
④ 4.26

 효율$(\eta) = \dfrac{난방부하}{G_f \times H_l} \times 100$

$G_f(kg/h) = \dfrac{100,800}{0.8 \times 40,950} = 3.07$

31. ③ 32. ② 33. ②

34

다음 아래 그림은 몇 요소식 수위제어 방식을 나타낸 것인가?

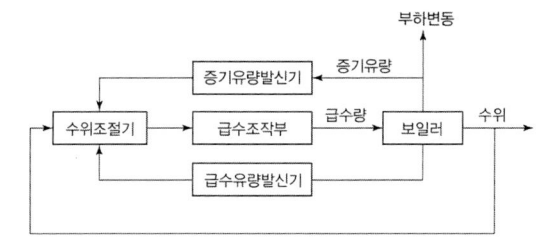

① 1요소
② 2요소
③ 3요소
④ 다요소

해설 1요소식

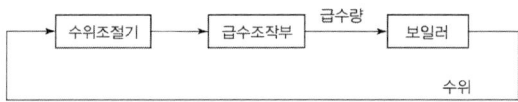

2요소식

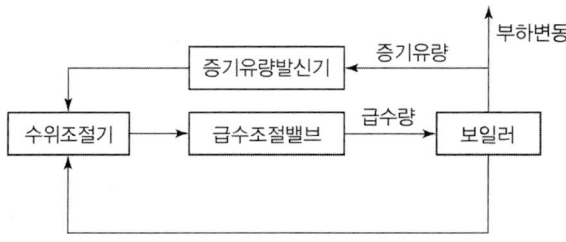

35

열전도율이 0.756W/mh°C이고, 두께가 10mm, 열전달면적 10m², 내면온도 50°C, 외면온도 30°C일 때 벽을 통한 손실열량은 몇 kW/h인가?

① 15.12kW/h
② 16.12kW/h
③ 17.12kW/h
④ 13.12kW/h

해설
$$Q = \frac{\lambda \cdot A \cdot \triangle t}{d}$$
$$= \frac{0.756 \times 10 \times (50-30)}{0.01} = 15,120\,W \div 1,000\,W/kW$$
$$= 15.12\,kW$$

정답 34. ③ 35. ①

36

풍량이 150m³/min이고 풍압이 6kPa인 송풍기가 있다. 송풍기의 전압효율이 60%일 때, 송풍기의 축동력(kW)을 구하시오.

① 23.5kW
② 24.5kW
③ 25.5kW
④ 26.5kW

해설

$$kW = \frac{Q \times P}{102 \times \eta}$$

$$= \frac{Q \times P}{102 \times \eta \times 60} = \frac{150 \times 611.81}{102 \times 0.6 \times 60} = 24.99 kW$$

$$= \frac{Q \times P}{102 \times \eta \times 3,600}$$

∴ 101.325kPa = 10,332mmH₂O
6kPa = x

$$x = \frac{6kPa \times 10,332 mmH_2O}{101.325} = 611.81 mmH_2O$$

37

연도에서 폐열 회수장치의 설치 순서가 옳은 것은?

① 재열기 → 절탄기 → 공기예열기 → 과열기
② 과열기 → 재열기 → 절탄기 → 공기예열기
③ 공기예열기 → 과열기 → 절탄기 → 재열기
④ 절탄기 → 과열기 → 공기예열기 → 재열기

해설 폐열회수장치 설치순서
과열기 → 재열기 → 절탄기 → 공기예열기

38

수관보일러의 특징에 대한 설명으로 틀린 것은?

① 자연순환식은 고압이 될수록 물과의 비중차가 적어 순환력이 낮아진다.
② 증발량이 크고 수부가 커서 부하변동에 따른 압력변화가 적으며 효율이 좋다.
③ 용량에 비해 설치면적이 적으며 과열기, 공기예열기 등 설치와 운반이 쉽다.
④ 구조상 고압 대용량에 적합하며 연소실의 크기를 임의로 할 수 있어 연소상태가 좋다.

해설 수관식보일러의 특징
① 고압대용량의 보일러이다.
② 급수처리가 까다롭다.
③ 구조가 복잡하고 청소, 검사, 수리곤란
④ 전체가 전열면이어서 효율이 매우좋다.

36. ② 37. ② 38. ②

⑤ 외분식 보일러이므로 연소실의 크기 제한을 받지 않는다.
⑥ 부하변동에 대한 압력변화가 커서 부하측에 대응하기 쉽다.
⑦ 예열부하가 짧다.

39 증기난방 배관시공 시 환수관이 문 또는 보와 교차할 때 이용되는 배관형식으로 위로는 증기, 아래로는 응축수를 유통할 수 있도록 시공하는 배관은?
① 루프형 배관
② 리프트 피팅 배관
③ 하트포드 배관
④ 냉각 배관

40 증기의 건조도(x) 설명이 옳은 것은?
① 습증기 전체 질량 중 액체가 차지하는 질량비를 말한다.
② 습증기 전체 질량 중 증기가 차지하는 질량비를 말한다.
③ 액체가 차지하는 전체 질량 중 습증기가 차지하는 질량비를 말한다.
④ 증기가 차지하는 전체 질량 중 습증기가 차지하는 질량비를 말한다.

해설 증기의 건조도 : 습증기 전체 질량 중 증기가 차지하는 질량비

41 보일러에 사용되는 안전밸브 및 압력방출장치 크기를 20A 이상으로 할 수 있는 보일러가 아닌 것은?
① 소용량 강철제 보일러
② 최대증발량 5T/h 이하의 관류보일러
③ 최고사용압력 1MPa(10kgf/cm^2)이하의 보일러로 전열면적 5m^{2}이하의 것
④ 최고사용압력 0.1MPa(1kgf/cm^2)이하의 보일러

해설 안전밸브 및 압력방출장치의 크기를 20A이상으로 할 수 있는 경우
① 최고사용압력이 0.1MPa이하의 보일러
② 최고사용압력이 0.5MPa이하이고, 동체의 안지름이 500mm이하 동체의 길이가 1,000mm이하인 것
③ 최고사용압력이 0.5MPa이하이고 전열면적이 2m^{2}이하인 것
④ 최대증발량이 5T/h이하인 관류보일러
⑤ 소용량 강철제 보일러 및 주철제 보일러

42
고온 배관용 탄소강 강관의 KS기호는?
① SPHT
② SPLT
③ SPPS
④ SPA

해설 배관용 강관
① SPP(배관용 탄소강관) : 사용압력이 1MPa이하인 증기, 기름, 물배관에 사용
② SPPS(압력배관용탄소강관) : 사용압력이 1MPa이상 10MPa 미만
③ SPPH(고압배관용탄소강관) : 사용압력이 10MPa이상인 경우
④ SPHT(고온배관용탄소강관) : 온도가 350℃이상인 경우
⑤ SPLT(저온배관용탄소강관) : 빙점이하의 배관에 사용
⑥ SPA(배관용 합금강관)

43
하트포드 접속법(hart-ford connection)을 사용하는 난방방식은?
① 저압 증기난방
② 고압 증기난방
③ 저온 온수난방
④ 고온 온수난방

해설 하트포드 접속법을 사용하는 난방방식 : 저압증기난방

44
온도 25℃의 급수를 공급받아 엔탈피가 725kcal/kg의 증기를 1시간당 2,310kg을 발생시키는 보일러의 상당 증발량은?
① 1,500kg/h
② 3,000kg/h
③ 4,500kg/h
④ 6,000kg/h

해설 $G_c = \dfrac{G \times (h'' - h')}{539} = \dfrac{2,310 \times (725 - 25)}{539} = 3,000 kg/h$

42. ① 43. ① 44. ②

45

진공환수식 증기 난방장치의 리프트 이음 시 1단 흡상 높이는 최고 몇 m 이하로 하는가?

① 1.0
② 1.5
③ 2.0
④ 2.5

해설 리프트 이음

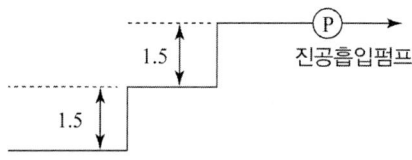

① 1단 흡상높이 : 1.5m 이하
② 2단 흡상높이 : 1.5m 이하

46

도시가스 배관의 설치에서 배관의 이음부(용접이음매 제외)와 전기점멸기 및 전기 접속기와의 거리는 최소 얼마 이상 유지해야 하는가?

① 10cm
② 15cm
③ 30cm
④ 60cm

해설 도시가스배관의 배관이음부와의 거리
① 절연조치를 하지 않은 전선 : 15cm 이상
② 절연조치를 한 전선 : 10cm 이상
③ 전기접속기, 전기점멸기, 굴뚝 : 30cm이상
④ 전기안전기, 전기개폐기, 전기계량기, 전기콘센트 : 60cm 이상

47

보일러 부속장치에 관한 설명으로 틀린 것은?

① 기수분리기 : 증기 중에 혼입된 수분을 분리하는 장치
② 슈트블로워 : 보일러 동 저면의 스케일, 침전물 등을 밖으로 배출하는 장치
③ 오일스트레이너 : 연료 속의 불순물 제거 및 유량계 펌프 등의 고장을 방지하는 장치
④ 스팀 트랩 : 응축수를 자동으로 배출하는 장치

해설 슈트블로우(sootblow) : 수관식 보일러에서 손으로 쉽게 청소 하지 못하는 곳에 증기, 공기, 물분사를 이용하여 전열면에 부착된 그을음, 재 등을 제거하는 장치

정답 45. ② 46. ③ 47. ②

48

보일러의 내부 부식에 속하지 않는 것은?

① 점식 ② 구식
③ 알칼리 부식 ④ 고온 부식

해설 외부부식
① 고온부식 : 원인(V, V_2O_5)
② 저온부식 : 원인(S, SO_2, SO_3, H_2SO_4)

49

에너지이용합리화법에 따라 검사에 합격되지 아니한 검사대상기기를 사용한 자에 대한 벌칙은?

① 6개월 이하의 징역 또는 5백만원 이하의 벌금
② 1년 이하의 징역 또는 1천만원 이하의 벌금
③ 2년 이하의 징역 또는 2천만원 이하의 벌금
④ 3년 이하의 징역 또는 3천만원 이하의 벌금

해설 벌금
① 1천만원 이하의 벌금
  ㉠ 검사대상기기 조종자를 선임하지 아니한 자
② 2천만원 이하의 벌금
  ㉡ 효율관리기자재의 생산 또는 판매금지 명령 위반자
③ 1년 이하의 징역 또는 1천만원 이하의 벌금
  ㉠ 검사대상기기의 검사를 받지 아니한 자
  ㉡ <u>검사에 합격되지 아니한 검사대상기기를 사용한 자</u>
④ 2년 이하의 징역 또는 2천만원 이하의 벌금
  ㉠ 에너지저장시설의 보유 또는 저장의무의 부과 시 정당한 이유없이 이를 거부하거나 이행하지 아니한 자
  ㉡ 에너지수급의 안정을 기하기 위한 조정, 명령등의 조치를 위반한 자

50

배기가스 중에 함유되어 있는 CO_2, O_2, CO 3가지 성분을 순서대로 측정하는 가스분석기는?

① 전기식 CO_2계 ② 헴펠가스분석계
③ 오르자트 가스분석계 ④ 가스크로마토그래피

해설 오르자트 분석법
① CO_2 : KOH 30% 수용액
② O_2 : 알카리성 피롤카롤 용액
③ CO : 암모니아성 염화제1동용액

51 이상기체 상태방정식에서 모든 가스는 온도가 일정할 때 가스의 비체적은 압력에 반비례한다는 법칙은?

① 보일의 법칙
② 샤를의 법칙
③ 줄의 법칙
④ 보일샤를의 법칙

해설 이상기체 상태방정식

(1) 보일의 법칙(T=일정)

$$P_1 V_1 = P_2 V_2$$

$$\therefore V_2 = \frac{P_1 \times V_1}{P_2}$$

∴ 온도가 일정할 때 기체의 체적은 압력에 반비례한다.

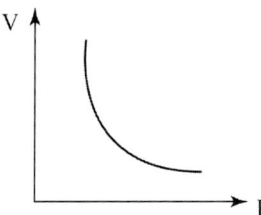

(2) 샤를의 법칙(P=일정)

$$\frac{V_1}{T_1} = \frac{V_2}{T_2}$$

$$V_2 = \frac{V_1 \times T_2}{T_1}$$

∴ 압력이 일정할 때 기체의 체적은 절대온도에 비례한다.

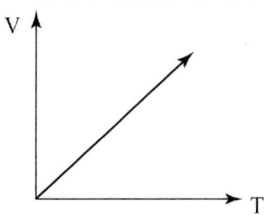

(3) 보일-샤를의 법칙

$$\frac{P_1 V_1}{T_1} = \frac{P_2 V_2}{T_2} \quad V_2 = \frac{P_1 \times V_1 \times T_2}{T_1 \times P_2}$$

∴ 기체의 체적은 압력에 반비례하고 절대온도에 비례한다.

52

제어장치에서 인터록(inter lock)이란?
① 정해진 순서에 따라 차례로 동작이 진행되는 것
② 구비조건에 맞지 않을 때 작동을 정지시키는 것
③ 증기압력의 연료량, 공기량을 조절하는 것
④ 제어량과 목표치를 비교하여 동작시키는 것

해설 인터록이란 : 구비조건이 맞지 않을 때 그 조건이 충족될 때까지 다음 단계를 정지시키는 것
① 저수위 인터록
② 저연소 인터록
③ 불착화 인터록
④ 압력초과 인터록
⑤ 프리퍼지 인터록

53

상용 보일러의 점화 전 준비 사항에 관한 설명으로 틀린 것은?
① 수저 분출밸브 및 분출 콕의 기능을 확인하고, 조금씩 분출되도록 약간 개방하여 둔다.
② 수면계에 의하여 수위가 적정한지 확인한다.
③ 급수배관의 밸브가 열려 있는지 급수펌프의 기능은 정상인지 확인한다.
④ 공기빼기 밸브는 증기가 발생하기 전까지 열어 놓는다.

54

배관의 나사이음과 비교한 용접이음에 관한 설명으로 틀린 것은?
① 나사 이음부와 같이 관의 두께에 불균일한 부분이 없다.
② 돌기부가 없어 배관상의 공간효율이 좋다.
③ 이음부의 강도가 적고, 누수의 우려가 크다.
④ 변형과 수축, 잔류응력이 발생할 수 있다.

해설 용접이음의 특징
① 이종금속재료 용접이 가능하다.
② 중량이 가벼워진다.
③ 재료의 두께에 제한이 없다.
④ 제품의 성능과 수명 향상
⑤ 보수와 수리가 용이하다.
⑥ 수밀, 기밀, 유밀성이 좋다.
⑦ 작업공정이 간단하다.
⑧ 용접사의 기량에 따라 품질좌우
⑨ 품질검사가 곤란하다.
⑩ 이음부의 강도가 크다.
⑪ 잔류응력이 발생한다.

52. ② 53. ① 54. ③

55

보일러의 고온부식 방지 대책에 해당되지 않는 것은?
① 전열면을 내식 처리한다.
② 첨가제를 사용하여, 회분의 융점을 낮춘다.
③ 전열면의 온도를 설계온도 이하로 유지한다.
④ 연료 중의 바나듐 성분을 제거한다.

해설 고온부식 방지책
① 연료 중의 바나듐을 제거한다.
② 회분개질제를 사용 회분의 융점높여 고온부식 방지
③ 고온의 전열면 표면에 내식재료 사용
④ 고온의 전열면 표면에 방청도장을 입힌다.
⑤ 첨가제를 사용한다(돌로마이트 알루미나 분말)
⑥ 양질의 연료를 선택한다.

56

비중(60°F/60°F)0.95인 액체 연료의 A.P.I도는?
① 16.55
② 15.55
③ 13.45
④ 17.45

해설 API도 $= \dfrac{141.5}{비중} - 131.5 = \dfrac{141.5}{0.95} = 131.5 = 17.44$

57

기체연료의 특징으로 잘못된 것은?
① 매연발생이 적고 대기오염도가 작다.
② 연소의 자동제어에 적합하다.
③ 이론공기량에 가까운 공기로 완전 연소가 가능하다.
④ 경제적이고 수송 및 저장이 편리하다.

해설 기체연료의 특징
① 적은 공기량으로 완전연소 가능
② 가스누설 시 폭발의 위험이 있다.
③ 발열량이 낮은 연료로 고온을 얻을 수 있다.
④ 운반, 저장이 어렵다.
⑤ 황분, 회분이 거의 없어 전열면 오손이 없다.
⑥ 연소효율, 전열효율이 좋다.
⑦ 고온도 분위기 생성가능
⑧ 집중가열, 균일가열 가능
⑨ 연소의 자동제어가 적합하다.

정답 55. ② 56. ④ 57. ④

58 보일러 효율 시험방법에 관한 설명으로 틀린 것은?
① 급수온도는 절탄기가 있는 것은 절탄기 입구에서 측정한다.
② 배기가스의 온도는 전열면의 최종 출구에서 측정한다.
③ 포화증기의 압력은 보일러 출구의 압력으로 부르돈관식 압력계로 측정한다.
④ 증기온도의 경우 과열기가 있을 때는 과열기 입구에서 측정한다.

해설 온도측정
① 급수로는 급수입구 온도계
② 급유온도는 급유입구 온도계
③ 보일러 본체 배기가스 온도계
④ 절탄기, 공기예열기 입,출구 온도계
⑤ 과열기, 재열기 출구 온도계

59 에너지이용합리화법상 검사대상기기 조종자가 퇴직하는 경우 퇴직 이전에 다른 검사대상기기 조종자를 선임하지 아니한 자에 대한 벌칙으로 맞는 것은?
① 1천만원 이하의 벌금
② 2천만원 이하의 벌금
③ 5백만원 이하의 벌금
④ 2년 이하의 징역

60 주철제 보일러의 특징 설명으로 틀린 것은?
① 내열·내식성이 우수하다.
② 쪽수의 증감에 따라 용량조절이 용이하다.
③ 재질이 주철이므로 충격에 강하다.
④ 고압 및 대용량에 부적당하다.

해설 주철제 보일러의 특징
① 인장 및 충격에 약하다.
② 구조가 복잡하여 청소, 검사, 수리곤란
③ 열응력 발생으로 인한 동내부 부동팽창 우려가 있다.
④ 고압 대용량에 부적합
⑤ 섹션증감으로 용량변경 가능
⑥ 저압이므로 파열시 피해가 적다.

58. ① 59. ① 60. ③

CBT문제 제10회 에너지관리기능사 모의고사문제

01 증발량 3,500kgf/h인 보일러의 증기 엔탈피가 2,679kJ/kg이고, 급수엔탈피가 84kJ/kg 이다. 이 보일러의 상당 증발량은 얼마인가?
① 약 3786kgf/h   ② 약 4156kgf/h
③ 약 2760kgf/h   ④ 약 4026kgf/h

해설 상당증발량(G_e) = $\dfrac{3,500 \times (2,679 - 84)}{2.256}$ = 4,025.93 kg/h

02 파형 노통보일러의 특징을 설명한 것으로 옳은 것은?
① 제작이 용이하다.
② 내·외면의 청소가 용이하다.
③ 평형 노통보다 전열면적이 크다.
④ 평형 노통보다 외압에 대하여 강도가 적다.

해설 파형노통 보일러의 특징
① 평형 노통보다 전열면적이 크다.
② 평형 노통보다 외압에 대한 강도가 크다.
③ 내외면의 청소가 어렵다.
④ 제작이 까다롭다.

03 오일 프리히터의 사용 목적이 아닌 것은?
① 연료의 점도를 높여 준다.   ② 연료의 유동성을 증가시켜 준다.
③ 완전연소에 도움을 준다.   ④ 분무상태를 양호하게 한다.

해설 연료의 점도를 낮추어준다.

정답 01. ④ 02. ③ 03. ①

04

상당증발량이 6,000kg/h, 연료 소비량이 400kg/h인 보일러의 효율은 약 몇 %인가? (단, 연료의 저위발열량은 40,600kJ/kg이다.)

① 81.3%   ② 83.4%
③ 85.8%   ④ 79.2%

해설 효율 = $\dfrac{6,000 \times 2,256}{400 \times 40,600} \times 100 = 83.34\%$

05

화염검출기 기능불량과 대책을 연결한 것으로 잘못된 것은?

① 집광렌즈 오염 – 분리 후 청소
② 증폭기 노후 - 교체
③ 동력선의 영향 – 검출회로와 동력선 분리
④ 점화전극의 고전압이 프레임 로드에 흐를 때 – 전극과 불꽃 사이를 넓게 분리

해설 전극과 불꽃사이를 좁게 분리한다.

06

가스절단 조건에 대한 설명 중 틀린 것은?

① 금속 산화물의 용융온도가 모재의 용융온도 보다 낮을 것
② 모재의 연소온도가 그 용융점 보다 낮을 것
③ 모재의 성분 중 산화를 방해하는 원소가 많을 것
④ 금속 산화물 유동성이 좋으며, 모재로부터 이탈 될 수 있을 것

해설 모재의 성분 중 산화를 방해하는 원소가 적을 것

07

다음 중 가스관의 누설검사 시 사용하는 물질로 가장 적합한 것은?

① 소금물   ② 증류수
③ 비눗물   ④ 기름

해설 가스배관누설검사시 가장 많이 사용 : 비눗물

04. ② 05. ④ 06. ③ 07. ③

08 증기난방에서 저압증기 환수관이 진공펌프의 흡입구보다 낮은 위치에 있을 때 응축수를 원활히 끌어올리기 위해 설치하는 것은?

① 하트포드 접속(hartford connection)　② 플래시 레그(flash leg)
③ 리프트 피팅 (lift fitting)　　　　　　④ 냉각관(cooling leg)

해설 리프트 피팅 : 저압증기 환수관이 진공 펌프의 흡입구보다 낮은 위치에 있을 때 응축수를 원활히 끌어올리기 위하여 설치하는 것으로 높이가 1.5[m] 이하는 1단, 3.0[m] 이하는 2단으로 시공하며 환수주관보다 1~2 정도 작은 치수로 급수 펌프 근처에서 1개소만 설치한다.

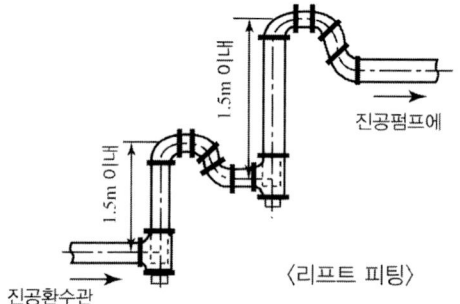
〈리프트 피팅〉

09 온수난방에 대한 특징을 설명한 것으로 틀린 것은?

① 증기난방에 비해 소요방열면적과 배관경이 적게 되므로 시설비가 적어진다.
② 난방부하의 변동에 따라 온도조절이 쉽다.
③ 실내온도의 쾌감도가 비교적 높다.
④ 밀폐식일 경우 배관의 부식이 적어 수명이 길다.

해설 온수난방의 특징
① 실내온도의 쾌감도가 높다.
② 난방부하의 변동에 따라 온도조절이 쉽다.
③ 밀폐식일 경우 배관의 부식이 적어 수명이 길다.
④ 증기난방에 비해 관경이 크고 시설비가 적다.

10

다음 중 수관식 보일러 종류가 아닌 것은?

① 다꾸마 보일러
② 가르베 보일러
③ 야로우 보일러
④ 하우덴 존슨 보일러

 수관식 보일러
① 자연순환식 수관 보일러 : 바브콕, 쓰네기찌, 타꾸마, 2동D형, 3동A형
② 강제순환식 수관 보일러 : 벨록스, 라몽
③ 관류식 수관 보일러 : 슬쳐, 옛모스, 벤숀, 람진

11

온수난방 설비의 밀폐식 팽창탱크에 설치되지 않는 것은?

① 수위계
② 압력계
③ 배기관
④ 안전밸브

팽창탱크

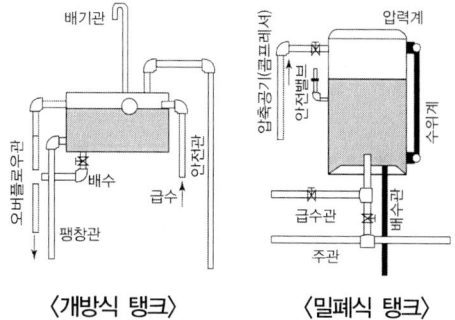

〈개방식 탱크〉   〈밀폐식 탱크〉

12

온수온돌의 방수처리에 대한 설명으로 적절하지 않은 것은?

① 다층건물에 있어서도 전층의 온수온돌에 방수처리를 하는 것이 좋다.
② 방수처리는 내식성이 있는 루핑, 비닐, 방수몰탈로 하며, 습기가 스며들지 않도록 완전히 밀봉한다.
③ 벽면으로 습기가 올라오는 것을 대비하여 온돌바닥보다 약 10 cm 이상 위까지 방수처리를 하는 것이 좋다.
④ 방수처리를 함으로써 열손실을 감소시킬 수 있다.

다층건물 전층의 온수온돌에 방수처리를 하지 않음

10. ④ 11. ③ 12. ①

13 코니시 보일러에서 노통을 보일러 동체에 대하여 편심으로 설치하는 가장 중요한 이유는?
① 물의 순환을 양호하게 하기 위하여
② 전열면적을 크게 하기 위하여
③ 열에 대한 신축을 자유롭게 하기 위하여
④ 스케일의 소제를 쉽게 하기 위하여

14 보일러의 과열방지 대책에 해당하지 않는 것은?
① 보일러 수위를 안전저수위 이하로 운전 할 것
② 화염을 국부적으로 집중시키지 말 것
③ 보일러 수의 순환을 양호하게 할 것
④ 보일러 수를 너무 농축시키지 말 것

해설 보일러수위를 상용수위로 운전할 것

15 에너지이용합리화법상 에너지 수급안정을 위한 조치에 해당하지 않는 것은?
① 에너지의 비축과 저장　② 에너지공급 설비의 가동 및 조업
③ 에너지의 배급　　　　④ 에너지 판매시설의 확충

해설 ① 에너지의 배급
② 에너지의 양도·양수의 제한 또는 금지
③ 에너지의 유통시설과 그 사용 및 유통경로
④ 에너지 공급자 상호간의 에너지의 교환 또는 분배사용
⑤ 에너지의 도입, 수출입 및 위탁가공
⑥ 에너지의 비축과 저장
⑦ 에너지 공급설비의 가동 및 조업
⑧ 지역별 주요수급자별 에너지 할당

16
다음 유류 중 인화점이 가장 낮은 점은?
① 가솔린 ② 등유
③ 경유 ④ 중유

해설 인화점
① 가솔린 : -20 ~ -40℃
② 등유 : 30 ~ 70℃
③ 경유 : 50 ~ 70℃
④ 중유 : 70 ~ 150℃

17
증기 또는 온수 보일러로서 여러 개의 섹션(section)을 조합하여 제작하는 보일러는?
① 열매체 보일러 ② 강철제 보일러
③ 관류 보일러 ④ 주철제 보일러

해설 주철제 보일러 특징
① 섹션증감으로 용량조절이 가능
② 저압이므로 파열시 피해가 적다.
③ 내식, 내열성이 우수
④ 복잡한 구조로 제작이 가능
⑤ 열에 의한 부동팽창으로 균열이 생기기 쉽다.
⑥ 고압, 대용량에 부적합하다.
⑦ 구조가 복잡하므로 내부청소 및 검사 곤란
⑧ 인장 및 충격에 약하다.

18
기체연료 연소의 특징 설명 중 틀린 것은?
① 연소조절이 용이하다.
② 연료의 저장·수송에 큰 시설을 요한다.
③ 회분의 생성이 없고 대기오염의 발생이 적다.
④ 연소실 용적이 커야 한다.

해설 기체연료의 특징
① 적은공기량으로 완전연소 시킬 수 있다.
② 가스 누설시 폭발의 위험이 있다.
③ 발열량이 낮은 연료로 고온을 얻을 수 있다.
④ 운반, 저장이 어렵다.
⑤ 황분, 회분이 거의 없어 전열면 오손이 없다.
⑥ 연소효율 및 전열효율이 좋다.
⑦ 고온을 얻을 수 있다.
⑧ 연소조절, 점화, 소화가 용이하다.

16. ① 17. ④ 18. ④

19 자동제어계의 신호전달 방식 중 전송지연이 적고, 조작력이 크며, 가장 먼 거리까지 전송이 가능한 방식은?
① 공기압식　　　　　　② 유압식
③ 전기식　　　　　　　④ 기계식

해설 전기식 신호전송
① 신호전달거리는 0.3~10[km]까지 가능하다.
② 신호전달의 지연이 없고 배선이 용이하다.
③ 대규모 조작력이 필요한 경우에 사용된다.
④ 높은 기술을 요하며 가격이 비싸다.

20 보일러의 전열면에 부착된 그을음이나 재를 제거하는 장치는?
① 슈트 블로워　　　　　② 수저분출장치
③ 증기트랩　　　　　　④ 기수분리기

해설 슈트블로워
전열면에 부착된 분진, 그을음 등을 증기 분사, 공기분사, 물분사 등을 이용하여 제거

21 게이트밸브(사절밸브)라고도 하며, 유량조절용으로 부적합하나, 구조상 퇴적물이 체류하지 않는 장점이 있고, 유체의 차단을 주목적으로 사용되는 것은?
① 글로브 밸브　　　　　② 슬루스 밸브
③ 체크 밸브　　　　　　④ 앵글밸브

해설 게이트밸브 = 슬로우스밸브 = 사절밸브
① 유량조절용으로 부적합
② 구조상 퇴적물이 체류하지 않음

22 에너지이용합리화법상의 목표에너지원단위를 가장 옳게 설명한 것은?
① 에너지를 사용하여 만드는 제품의 단위당 폐연료사용량
② 에너지를 사용하여 만드는 제품의 연간 폐열사용량
③ 에너지를 사용하여 만드는 제품의 단위당 에너지 사용 목표량
④ 에너지를 사용하여 만드는 제품의 연간 폐열에너지 사용 목표량

해설 목표에너지원단위(산업통상자원부장관) : 에너지를 사용하여 만드는 제품단위당 에너지사용목표량

정답 19. ③　20. ①　21. ②　22. ③

23
LNG에 관한 설명으로 옳은 것은?
① 프로판가스를 기화(氣化)한 것이다. ② 부탄 및 에탄이 주성분인 천연가스이다.
③ 수송 및 취급이 어렵고 독성이 있다. ④ 공기보다 비중이 가볍다.

해설 LNG
① 주성분 : 메탄   ② 공기보다 가볍다.
③ 운반저장이 어렵다.   ④ 비점 : -162℃

24
보일러 열정산 시 증기의 건도는 몇 % 이상에서 시험함을 원칙으로 하는가?
① 96%   ② 97%
③ 98%   ④ 99%

해설 증기의 건도 : 강철제보일러 : 0.98(98% 이상)

25
1보일러 마력을 열량으로 환산하면 몇 kJ/h 인가?
① 35,309kJ/h   ② 39,476kJ/h
③ 31,108kJ/h   ④ 42,563kJ/h

해설 8,435 × 4.186 = 35,309kJ/h

26
보일러의 수면계와 관련된 설명 중 틀린 것은?
① 증기보일러에는 2개 이상(소용량 및 소형관류보일러는 1개)의 유리수면계를 부착하여야 한다. 다만, 단관식 관류보일러는 제외한다.
② 유리수면계는 보일러 동체에만 부착하여야 하며 수주관에 부착하는 것은 금지하고 있다.
③ 2개 이상의 원격지시 수면계를 시설하는 경우에 한하여 유리수면계를 1개 이상으로 할 수 있다.
④ 유리수면계는 상·하에 밸브 또는 콕크를 갖추어야 하며, 한눈에 그것의 개·폐 여부를 알 수 있는 구조이어야 한다. 다만, 소형관류보일러에서는 밸브 또는 콕크를 갖추지 아니할 수 있다.

해설 수면계는 수주관에 부착해야 한다.
① 최고사용압력이 10kg/cm² 이하로서 동체안지름이 750mm 미만인 경우에 있어서는 수면계 중 1개는 다른 종류의 수면측정장치로 할 수 있다.
② 2개 이상의 원격지시 수면계를 시설하는 경우에 한하여 유리수면계를 1개 이상으로 할 수 있다.

23. ④ 24. ③ 25. ① 26. ②

27 보일러의 전열면적이 클 때의 설명으로 틀린 것은?
① 증발량이 많다.　　② 예열이 빠르다.
③ 용량이 적다.　　④ 효율이 높다.

> 해설　전열면적이 클 때
> ① 용량이 많다　② 효율이 높다　③ 예열이 빠르다　④ 증발량이 많다

28 보일러 가동상태 점검사항 중 매우 중요하기 때문에 가장 수시로 점검해야 할 것은?
① 급수의 pH　　② 일정한 수위 유지상태
③ 스케일 부착상태　　④ 연료유 예열상태

> 해설　안전저수위이하로 내려가는지 확인

29 소용량보일러 압력계의 최고 눈금은 보일러의 최고사용압력의 (A)배 이하로 하되, (B)배보다 작아서는 안 된다. A, B에 들어갈 각각의 수치로 맞는 것은?
① A = 1, B = 4　　② A = 3, B = 1.5
③ A = 1.5, B = 3　　④ A = 2, B = 5

> 해설　부착하는 압력계는 최고눈금은 보일러의 최고사용압력의 1.5배 이상 3배 이하

30 글랜드 패킹의 종류에 해당하지 않는 것은?
① 편조 패킹　　② 액상 합성수지 패킹
③ 플라스틱 패킹　　④ 메탈 패킹

> 해설　글랜드 패킹의 종류 : 밸브의 회전부분에 기밀을 유지할 목적으로 사용
> ① 아마존 패킹 : 면포와 내열고무 콤파운드를 가공성형한 것으로 압축기용 그랜드에 사용
> ② 모울드 패킹 : 석면, 흑연, 수지 등을 배합성형한 것으로 밸브, 펌프 등의 그랜드에 사용
> ③ 석면각형 패킹 : 석면을 각형으로 짜서 만든 것으로 내열, 내산성이 좋아 대형밸브 그랜드에 사용
> ④ 석면얀 : 석면을 꼬아서 만든 것으로 소형밸브, 수면계콕크 주로 소형밸브 그랜드에 사용

정답　27. ③　28. ②　29. ②　30. ②

31

증기보일러의 압력계 부착에 대한 설명으로 틀린 것은?

① 압력계는 원칙적으로 보일러의 증기실에 눈금판의 눈금이 잘 보이는 위치에 부착한다.
② 압력계와 연결된 증기관은 최고사용압력에 견디는 것이어야 한다.
③ 압력계와 연결된 증기관은 강관을 사용할 때에는 안지름이 6.5mm 이상이어야 한다.
④ 압력계에는 물을 넣은 안지름 6.5mm 이상의 사이폰관 또는 동등한 작용을 하는 장치를 부착한다.

해설 압력연결관
① 동관안지름 : 6.5mm 이상
② 강관안지름 : 12.7mm 이상

32

신설보일러의 사용 전 점검사항으로 틀린 것은?

① 노벽은 가동 시 열을 받아 과열 건조되므로 습기가 약간 남아 있도록 한다.
② 연도의 배플, 그을음 제거기 상태, 댐퍼의 개폐상태를 점검한다.
③ 기수분리기와 기타 부속품의 부착상태와 공구나 볼트, 너트, 헝겊 조각 등이 남아있는가를 확인한다.
④ 압력계, 수위제어기, 급수장치 등 본체와의 접속부 풀림, 누설, 콕의 개폐 등을 확인한다.

해설 습기가 없도록 한다.

33

통풍장치에서 통풍저항이 큰 대형 보일러나 고성능 보일러에 널리 사용되고 있는 통풍방식은?

① 자연 통풍방식
② 평형 통풍방식
③ 직접흡입 통풍방식
④ 간접흡입 통풍방식

해설 평형통풍은 통풍조절이 용이하고 통풍력이 강하여 주로 대용량 보일러에 사용

34 보일러를 6개월 이상 장기간 사용하지 않고 보존할 때 가장 적합한 보존방법은?
① 만수보존법　　　　② 분해보존법
③ 건조보존법　　　　④ 습식보존법

해설　보일러 보존법
① 건조보존법(석회밀폐보존법) : 6개월 이상 장기보존
　　흡습제 : CaO, $CaCl_2$, Al_2O_3, SiO_2
② 만수보존법(2~3개월) : 단기보존
　　첨가제 : 가성소다, 아황산소다, 탄산소다

35 보일러 운전 중에 연소실에서 연소가 급히 중단되는 현상은?
① 실화　　　　　　　② 역화
③ 무화　　　　　　　④ 매화

해설　보일러가 운전하는 도중에 급히 중단되는 것을 실화(소화)라고 한다.

36 가스유량과 일정한 관계가 있는 다른 양을 측정함으로서 간접적으로 가스유량을 구하는 방식인 추량식 가스미터의 종류가 아닌 것은?
① 델타(delta)형　　　② 터빈(turbine)형
③ 벤튜리(venturi)형　④ 루트(roots)형

해설　용적식 유량계
① 습식　② 건식　③ 오우벌식　④ 루트식　⑤ 로터리식

37 배기가스의 압력손실이 낮고 집진효율이 가장 좋은 집진기는?
① 원심력 집진기　　　② 세정 집진기
③ 여과 집진기　　　　④ 전기 집진기

해설　전기식 (습식에도 포함된다)
고압의 직류전원을 사용하여 방전극 근처에서 양이온과 자유전자로부터 이루어지는 프라즈마 형성에 의해 입자를 전리하는 방식으로 이러한 방전을 코로나 방전현상이라 하며 가스 중 함유입자는 음이온으로 되어 부착 분리되어 제거하는 장치이다(코트렐 집진장치가 대표적이다).

정답　34. ③　35. ①　36. ④　37. ④

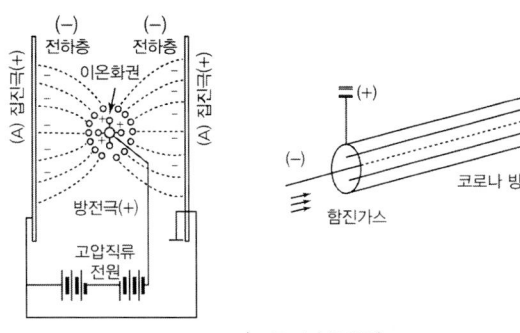

〈코로나 방전관〉

※ 특징
① 압력손실이 적다.
② 적용범위가 넓다.
③ 더스트의 외부 배출이 용이하다.
④ 미세입자의 포집이 용이하고 가장 높은 집진율을 얻을 수 있다.

38
보일러에서 카본이 생성되는 원인으로 거리가 먼 것은?
① 유류의 분무상태 또는 공기와의 혼합이 불량할 때
② 버너 타일공의 각도가 버너의 화염각도 보다 작은 경우
③ 노통보일러와 같이 가느다란 노통을 연소실로 하는 것에서 화염각도가 현저하게 작은 버너를 설치하고 있는 경우
④ 직립보일러와 같이 연소실의 길이가 짧은 노에다가 화염의 길이가 매우 긴 버너를 설치하고 있는 경우

해설 카본이 생성 되는 원인
① 입형 보일러와 같이 연소실의 길이가 짧은 노에다가 화염의 길이가 매우 긴 버너를 설치하고 있는 경우
② 버너타일공의 각도가 버너의 화염각도보다 작은 경우
③ 유류의 분무상태 또는 공기와의 혼합불량시

39
보일러 사고 원인 중 취급 부주의가 아닌 것은?
① 과열   ② 부식
③ 압력초과   ④ 재료불량

해설 제작상의 결함
① 재료불량   ② 용접불량   ③ 강도불량   ④ 구조불량   ⑤ 설계불량

40
증기난방을 고압증기난방과 저압증기난방으로 구분할 때 저압증기난방의 특징에 해당하지 않는 것은?
① 증기의 압력은 약 0.15~0.35kgf/cm²이다.
② 증기 누설의 염려가 적다.
③ 장거리 증기수송이 가능하다.
④ 방열기의 온도는 낮은 편이다.

해설 고압증기난방 : 장거리 증기수송이 가능

41
보일러 과열의 요인 중 하나인 저수위의 발생 원인으로 거리가 먼 것은?
① 분출밸브의 이상으로 보일러수가 누설
② 급수장치가 증발능력에 비해 과소한 경우
③ 증기 토출량에 과소한 경우
④ 수면계의 막힘이나 고장

해설 저수위발생원인
① 증기 토출량 과대
② 수면계의 막힘이나 고장
③ 급수 장치가 증발능력에 비해 과소한 경우
④ 분출밸브의 이상으로 보일러수가 누설

42
랭커셔 보일러는 어디에 속하는가?
① 관류 보일러 ② 연관 보일러
③ 수관 보일러 ④ 노통 보일러

해설 원동형 보일러
① 입형보일러 : ㉠ 입현연관 ㉡ 입형횡관 ㉢ 코크란
② 횡형보일러 : ㉠ 노통보일러 : 코르니쉬, 랭커셔
㉡ 연관보일러 : 횡연관, 기관차, 케와니
㉢ 노통연관보일러 : 노통연관팩케이지형, 하우덴존슨, 스코치

정답 40. ③ 41. ③ 42. ④

43 지역난방의 특징을 설명한 것 중 틀린 것은?
① 설비가 길어지므로 배관 손실이 있다.
② 초기 시설 투자비가 높다.
③ 개개 건물의 공간을 많이 차지한다.
④ 대기오염의 방지를 효과적으로 할 수 있다.

해설 지역난방의 특징
① 열발생설비의 고 효율화, 대기오염의 방지 효과
② 고압의 증기 및 고온수이므로 취급에 어려움이 있다.
③ 시설비가 많이 든다.
④ 고압의 증기 및 고온수이므로 관경을 적게 할 수 있다.
⑤ 작업인원 절감으로 인건비를 줄일 수 있다.
⑥ 폐열의 회수 및 쓰레기 소각 등으로 연료비가 적게 든다.
⑦ 한곳에 집중설비함으로서 건물의 공간을 유효하게 사용

44 보일러 연소장치의 선정기준에 대한 설명으로 틀린 것은?
① 사용 연료의 종류와 형태를 고려한다.
② 연소 효율이 높은 장치를 선택한다.
③ 과잉공기를 많이 사용할 수 있는 장치를 선택한다.
④ 내구성 및 가격 등을 고려한다.

해설 과잉공기를 적게 하여 완전연소 시킬 수 있도록 한다.

45 단관 중력 순환식 온수난방의 배관은 주관을 앞내림 기울기로 하여 공기가 모두 어느 곳으로 빠지게 하는가?
① 드레인 밸브 ② 팽창 탱크
③ 에어벤트 밸브 ④ 체크 밸브

46 보일러 건조보존 시에 사용되는 건조제가 아닌 것은?
① 암모니아 ② 생석회
③ 실리카겔 ④ 염화칼슘

해설 건조보존시 건조제(흡수제)
① 생석회 ② 실리카겔 ③ 활성알루미나 ④ 염화칼슘

43. ③ 44. ③ 45. ② 46. ①

47
주철제 보일러의 최고사용압력이 0.30MPa인 경우 수압시험압력은?
① 0.15MPa ② 0.30MPa
③ 0.43MPa ④ 0.60MPa

해설 주철제 보일러의 수압시험 압력 = 최고사용압력 × 2 = 0.3 × 2 = 0.6 MPa

48
보일러를 장기간 사용하지 않고 보존하는 방법으로 가장 적당한 것은?
① 물을 가득 채워 보존한다.
② 배수하고 물이 없는 상태로 보존한다.
③ 1개월에 1회씩 급수를 공급 교환한다.
④ 건조 후 생석회 등을 넣고 밀봉하여 보존한다.

해설 건조보존법 : 6개월이상(장기보존)
$CaO, CaCl_2, Al_2O_3, SiO_2$

49
검사대상기기 조종범위 용량이 10t/h 이하인 보일러의 조종자 자격이 아닌 것은?
① 에너지관리기사 ② 에너지관리기능장
③ 에너지관리기능사 ④ 인정검사대상기기조종자 교육이수자

해설 용량이 10t/h 이하인 보일러 관리자의 자격
에너지관리기능장, 에너지관리기사, 에너지관리산업기사 또는 에너지관리기능사

50
다음 중 보일러 스테이(stay)의 종류로 거리가 먼 것은?
① 거싯(gusset)스테이 ② 바(bar)스테이
③ 튜브(tube)스테이 ④ 너트(nut)스테이

해설 스테이의 종류

종류	사용장소(목적)
관 스테이	연관과 경판 선단 부위에 관을 확관 마찰이나 마모에 견디게 한다
바아 스테이	경판, 화실, 천정판의 강도 보강용
보울트 스테이	평행판의 강도보강(횡영관 보일러)
가셋트 스테이	경판과 동판의 강도보강(노통 보일러)
도리 스테이	화실 천정판의 강도보강(기관차 보일러)
도그 스테이	맨홀, 청소의 밑봉용

정답 47. ④ 48. ④ 49. ④ 50. ④

51 합성수지 또는 고무질 재료를 사용하여 다공질 제품으로 만든 것이며 열전도율이 극히 낮고 가벼우며 흡수성은 줄지 않으나 굽힘성이 풍부한 보온재는?
① 펠트
② 기포성 수지
③ 하이올
④ 프리웨브

해설 기포성수지
① 합성수지 또는 고무질재료를 사용하여 다공질제품으로 만든 것
② 열전도율이 매우 낮다
③ 가벼우며 흡수성은 좋지 않다
④ 굽힘성이 풍부하다.

52 다음 에너지이용 합리화법의 목적에 관한 내용이다. (   )안의 A, B에 각각 들어갈 용어로 옳은 것은?

[보기]
에너지이용 합리화법은 에너지의 수급을 안정시키고 에너지의 합리적이고 효율적인 이용을 증진하며 에너지소비로 인한 (A)을(를) 줄임으로써 국민 경제의 건전한 발전 및 국민복지의 증진과 (B)의 최소화에 이바지함을 목적으로 한다.

① A = 환경파괴, B = 온실가스
② A = 자연파괴, B = 환경피해
③ A = 환경피해, B = 지구온난화
④ A = 온실가스배출, B = 환경파괴

해설 에너지이용합리화법은 에너지의 수급(需給)을 안정시키고 에너지의 합리적이고 효율적인 이용을 증진하며 에너지소비로 인한 **환경피해**를 줄임으로써 국민경제의 건전한 발전 및 국민복지의 증진과 **지구온난화**의 최소화에 이바지함을 목적으로 한다.

53 열정산의 설명으로 가장 타당한 것은?
① 입열보다 출열이 크다.
② 출열보다 입열이 크다.
③ 입열과 출열은 같아야 한다.
④ 입열과 출연은 무관하다.

해설 열정산에서는 입열과 출열은 반드시 같아야 한다.

54

화염의 이온화를 이용한 화염검출기 종류는?
① 스택 스위치　　　② 플레임 아이
③ 플레임 로드　　　④ 광전관

해설 화염 검출기의 종류
① 플레임 아이 : 화염의 발광체 이용
② 플레임 로드 : 화염의 이온화 현상(전기전도성)
③ 스텍스위치 : 화염의 발열현상이용

55

5,000kcal/kg의 연료 100kg을 연소해서 실제로 보일러에 흡수된 열량이 350,000kcal라면 이 보일러의 효율은 몇 %인가?
① 62%　　　② 66%
③ 70%　　　④ 80%

해설 보일러효율 = $\dfrac{350,000}{5,000 \times 100} \times 100 = 70\%$

$\dfrac{1470,000 kJ}{21,000 kJ/kg \times 100} \times 100 = 70\%$

56

보일러용 가스버너 중 외부혼합식에 속하지 않는 것은?
① 파이럿 버너　　　② 센터파이어형 버너
③ 링버너　　　④ 멀티스폿형 버너

해설 보일러용 가스버너 중 외부혼합식
① 링형 버너　② 센터파이어형 버너　③ 멀티스폿형 버너

57

표준대기압 하에서 물이 끓는 온도를 절대온도(K)로 바르게 나타낸 것은?
① 212K　　　② 273K
③ 373K　　　④ 671.67K

해설 0°C = 273K
100°C = 373K

58. 보일러 취급 시 수격작용 예방조치 사항으로 틀린 것은?

① 송기에 앞서서 증기관의 드레인 빼기장치로 관내의 드레인을 완전히 배출한다.
② 송기에 앞서서 관을 충분히 데운다.
③ 송기할 때에는 주증기밸브는 급개하여 증기를 보낸다.
④ 송기 이외의 경우라도 증기관 계통의 밸브개폐는 조용하게 서서히 조작한다.

 수격작용 : 주증기밸브급개로 인해 관내응축수가 관벽을 치는 현상
① 방지법
  ㉠ 주증기밸브서개   ㉡ 관의기울기를 준다.   ㉢ 증기트랩설치
  ㉣ 관의굴곡을 피한다.   ㉤ 증기관을 보온한다.

59. 증기난방의 분류 중 응축수 환수방법에 따른 종류가 아닌 것은?

① 중력 환수식
② 제어 환수식
③ 진공 환수식
④ 기계 환수식

 응축수 환수방식
① 중력환수식   ② 기계환수식   ③ 진공환수식

60. 보일러의 성능시험방법으로 적합하지 않는 것은?

① 수위는 최초 측정시와 최종 측정시가 일치하여야 한다.
② 실측이 가능하지 않은 경우의 주철제 보일러 증기 건도는 97%로 한다.
③ 측정은 매 20분마다 실시한다.
④ B-B유를 사용하는 경우 연료의 비중은 0.92이다.

측정은 매 10분마다 실시한다.

 **이러닝 강의 및 교재내용 문의**

올배움 홈페이지 www.kisa.co.kr 에
방문하시면 본 교재의 저자직강 강의를 통하여
자격증 단기합격을 할 수 있습니다.
또한 본 교재의 정오표는
올배움 홈페이지를 통해 확인이 가능하며
그 밖의 다른 의견 및 오탈자를 제보해주시면
더 좋은 강의와 교재로 보답하겠습니다.

www.kisa.co.kr

☎ 1544-8509   TALK 카톡ID : kisa

올배움BOOK
홈페이지
바로가기 >

에너지관리기능사 필기

1판 1쇄 발행 2019년 03월 20일	2판 1쇄 발행 2021년 05월 20일
3판 1쇄 발행 2022년 01월 10일	4판 1쇄 발생 2023년 01월 20일
5판 1쇄 발생 2024년 01월 10일	6판 1쇄 발생 2025년 03월 10일

지은이 ▪ 최 갑 규
펴낸이 ▪ 이 정 훈
펴낸곳 ▪
주　　소 ▪ 서울시 금천구 가산디지털1로 168 B동 B105(가산동, 우림라이온스밸리)
전　　화 ▪ 1544-8509 / FAX 0505-909-0777
홈페이지 ▪ www.kisa.co.kr

법인등록번호 ▪ 110111-5784750
I S B N ▪ 979-11-6517-177-3 (13530)

정가 25,000원

이 책에서 내용의 일부 또는 도해를 다음과 같은 행위자들이 사전 승인없이 인용할 경우에는
저작권법 제93조 「손해배상청구권」에 적용 받습니다.
① 단순히 공부할 목적으로 부분 또는 전체를 복제하여 사용하는 학생 또는 복사업자
② 공공기관 및 사설교육기관(학원, 인정직업학교), 단체 등에서 영리를 목적으로 복제·배포
　 하는 대표, 또는 당해 교육자
③ 디스크 복사 및 기타 정보 재생 시스템을 이용하여 사용하는 자

※ 파본은 구입하신 서점에서 교환해 드립니다.